工程力学简明教程

第3版

赵关康　张国民　主编
刘鸿文　吴　镇　主审

机械工业出版社

本书是为适应机械类或近机械类专业（60~90学时）工程力学教学需要而编写的教材。

全书共18章，内容有：静力学基本概念、平面汇交力系、平面一般力系、空间力系、拉伸与压缩、圆轴的扭转、梁的弯曲、应力状态和强度理论、组合变形、压杆稳定、交变应力、点的运动、刚体的基本运动、点的复合运动、刚体的平面运动、动力学基本定律、动能定理、动静法等，书后并附有实验指导。本书的特点是紧密结合工程实际，以结构的静力分析、运动分析、强度和刚度分析为主。考虑到各专业的特点，书中避免过多的理论推导。通过本书的学习，读者能够解决工程实际中一般的力学问题，并为进一步阅读其它力学著作打好基础。本书也可作为工程技术人员的参考书。

图书在版编目（CIP）数据

工程力学简明教程/赵关康等编. —3版. —北京：机械工业出版社，2006.1（2023.1重印）

ISBN 978-7-111-04700-1

Ⅰ. 工… Ⅱ. 赵… Ⅲ. 工程力学—教材 Ⅳ. TB12

中国版本图书馆CIP数据核字（2005）第154429号

机械工业出版社（北京市百万庄大街22号 邮政编码100037）
策划编辑：王海峰 责任编辑：王海峰 版式设计：冉晓华
责任校对：张晓蓉 封面设计：鞠 洋 责任印制：张 博
北京建宏印刷有限公司印刷
2023年1月第3版第12次印刷
184mm×260mm · 18.75印张 · 462千字
ISBN 978-7-111-04700-1
定价：55.00元

电话服务	网络服务
客服电话：010-88361066	机 工 官 网：www.cmpbook.com
010-88379833	机 工 官 博：weibo.com/cmp1952
010-68326294	金 书 网：www.golden-book.com
封底无防伪标均为盗版	机工教育服务网：www.cmpedu.com

第3版序

《工程力学简明教程》是作者们在总结多年教学经验的基础上结合教学实践写成的。理论严谨，论述简洁，内容具有一定的深度和弹性，是一部颇有独特风格的教材。

教程自出版以来，已经十余年，历经第1版、第2版，前后印刷十余次，足见是符合教学需要的。为此，在出版社的倡议下，作者们又对教程作了再次修订写成第3版，使它更适应当前高校的教学情况。

希望教程改版后，仍能吸纳广大师生的意见和建议，使其继续提高，日臻完善。

刘鸿文

2005年6月

第3版前言

俗话说十年磨一剑，距《工程力学简明教程》第2版成书已过去了11年，承蒙学界同仁抬爱和众多院校选用，可以说本教程已经具有自己风格和特色，时间和市场确实是检验本书的试金石。

我们深切地意识到，即便是工程力学这样传统意义上的教科书，也要与时俱进，以适应时代需求，所以当机械工业出版社与我们进行交流时，双方迅速达成共识并在王海峰先生鼓励下写出第3版。

新版的宗旨依然是理论严谨、论述简洁扼要、内容安排适度并具有弹性，对于第八章中点的应力状态、单元体等基本力学概念阐释上赋予了新的内涵，将第十一章交变应力改为选学。新版除了文字上的修订外，重点或结论性内容改为黑体印刷，全书符号按国家规定，习题部分将带*者或较艰深者删除，即使它们具有很好的工程背景也不例外。本教材在每一章后增加了一定数量的思考题，从而使本教程的适用范围更加广泛。

囿于条件，第3版写作工作由赵关康、张国民、蔡炳华完成，同时将第1版前言、第2版前言全部收录，以完整反映本教材的历程。

我们认为，即便是新版，仍有不尽人意之处，如在计算机应用方面仍有待提高。

本教材第3版继续得到刘鸿文、吴镇两位教授的指导和帮助，在此再次致以深切的感谢。

诚挚欢迎和期待使用本教材的师生以及广大读者不吝赐教。

作　者

2005年5月

第 2 版前言

本教材自 1992 年秋出版以来，受到社会的关注与欢迎。基于近年教学实践的积累和课程改革的深化，使作者对原作有了修改的打算。

修订工作已历时一年，结合当前教材建设的新要求，以适应各层次的教学需要，并力求使该教材在众多力学教材中成为有自己风格和特色的一种。

修订工作的宗旨是力求简明，内容适度，理论严谨，习题难易适当，据此对初版教材作了若干增删和调整。例如：第三章增加桁架的例题，以扩大平面力系的应用面；第七章在纯弯曲正应力公式的推导中，着重指出中性层与梁轴的关系，以求理论严谨；第九章弯扭组合变形中论及危险截面上的危险点判定时，除塑性材料外，还简述脆性材料，从而使这一复杂应力状态下的强度问题有更完整的力学内涵，以弥补现有某些工程力学教材中的不足；交变应力内容不再放入附录中，而列入正文，作为第十一章，并附有例、习题；动力学中增加一题有几种解法的内容等等。书中带 * 号的内容为选学内容，不同专业可根据各自情况选用。

参加修订工作的有蔡炳华、陈世禄、潘宏根、范黎光、范国栋、丁寿源、周学文、陈麟达、张国民、赵关康。本书由赵关康、张国民主编，插图由蔡炳华绘制。

第 2 版教材继续得到刘鸿文、吴镇两位教授的指导和帮助，在此我们深表感谢。

在修订过程中，承德石油高等专科学校刘江副教授提出许多宝贵意见，在此表示谢意。

限于编者的水平，疏漏仍属难免，深望读者批评指正，以期教材质量的进一步提高。

编　者

1994 年 8 月

第1版前言

《工程力学简明教程》是为适应机械类或非机械类专业和一些交叉类型专业（如工业管理）的少学时（60~80学时）工程力学教学需要。参照高等工业学校与高等工业专科学校理论力学、材料力学课程教学基本要求而编写的教材。

本书以简明为宗旨，在内容的选定上，突出了静力分析和运动分析，以及在静力分析基础上的构件强度、刚度、稳定性分析。在基本理论的阐述上力求严谨、透彻。本书还以教学适用为目标，在例题、习题的编配上，力求数量充分（习题252题），难易安排适当，为适应实验教学的需要，还编入了实验指导内容。书中标*号的内容供不同专业选用，教师可根据实际情况作必要的取舍。

参加本书编写的有：蔡炳华、陈世禄、潘宏根、范国栋、丁寿源、周学文、陈麟达、朱文灿、张国民、赵关康。全书由赵关康、张国民主编，习题由蔡炳华、范国栋整理。全书插图由陈孩未绘制。

承蒙刘鸿文、吴镇两位教授认真、细致地审阅了全书，提出许多宝贵意见，在此我们谨致以深切的谢意。

在本书编写过程中，还得到汪群教授、俞昊旻教授、陈兆民教授、卢敦诒副教授的热情帮助，在此我们一并表示谢意。

本书采用我国法定计量单位，有关量、单位及符号均执行国家标准的一系列新规定。

限于编者的水平，书中难免有缺点和不妥之处，恳切希望广大读者批评指正。

编　者

1992年2月

目　录

绪 论

工程力学是一门与工程技术联系极为广泛的技术基础学科，它是工程技术的重要理论基础之一。

工程力学既研究物体机械运动的一般规律，又研究物体的强度、刚度和稳定性等内容。

工程力学的研究对象往往相当复杂，在实际力学问题中，常需抓住一些带有本质性的主要因素，略去次要因素，从而抽象成力学模型作为研究对象。当物体的运动范围比它本身的尺寸要大得多时，我们可把物体当作只有一定质量而其形状和大小均可忽略不计的一个质点。物体在力的作用下还要变形，如果这种变形在所研究的问题中可以不考虑或暂不考虑，则可把它当作不变形的物体——刚体。质点和刚体是两种最基本的力学模型。当变形不能忽略时，就要将物体作为变形体来处理。一般说来，任何物体都可以看作是由许多质点组成的，这种质点的集合称为质点系。因此，工程力学的主要研究对象为质点、刚体、质点系和变形体。

本教程主要的研究内容有：第一章至第四章研究刚体的平衡规律，着重讨论静力分析、平衡条件及其在工程上的应用；第五章至第十一章研究变形固体在保证正常工作条件下的强度、刚度和稳定性。变形固体承受载荷时应具有足够的抵抗破坏的能力，即具有足够的强度；变形固体承受载荷时应具有足够的抵抗变形的能力，即具有足够的刚度；变形固体承受载荷后应能保持原有的平衡形态，即具有足够的稳定性。强度、刚度和稳定性是保证变形固体正常工作的三个基本要求。第十二章至第十五章从几何观点研究物体（点、刚体）的运动规律（运动轨迹、速度、加速度），包括点的运动、刚体的基本运动和平面运动。第十六章至第十八章研究物体机械运动的一般规律，从牛顿定律出发，应用动能定理和动静法进行工程中的动态分析。附录中编入了实验指导内容。实验指导部分介绍了材料的拉伸、压缩试验及梁弯曲时正应力的测定。

工程实际中的许多问题，常常需要运用工程力学的知识去解决，因此，工程技术人员需要掌握一定的工程力学知识，在学习中要准确理解基本概念，熟悉基本定理与公式，正确应用概念与理论求解力学问题，以便为解决工程实际问题，为学习不断出现的新理论、新技术、以及从事科学研究工作打下良好的基础。

第一章　静力学的基本概念

静力学主要研究物体平衡时作用于物体上的力所应满足的条件，即物体平衡的普遍规律。

静力学中主要研究两个问题：① **力系的简化**，即将作用于刚体上的力系简化为与其等效的一个简单力系。研究的目的是简化刚体上的受力，便于对问题进行分析和讨论。以后可以看到，这种简化在动力学中，也有很重要的意义；② **力系的平衡**，即刚体平衡时力系所应满足的条件。静力学的中心问题是力系的平衡。

本章介绍静力学的基本概念、基本公理、约束的类型及刚体的受力分析和受力图。

第一节　力　刚体和平衡的概念

力的概念是人们在长期生活和生产实践中逐步形成的。经过科学的抽象，建立了力的概念：力是物体间的相互机械作用，这种作用使物体的运动状态和形状发生改变。前者称为力对物体的外效应，后者称为力对物体的内效应。

在工程实践中，物体间机械作用的形式是多种多样的，例如：重力、压力、摩擦力等等。经验表明，**力对物体的效应（包括外效应和内效应）取决于力的大小、方向和作用点。这三者称为力的三要素。**

力的大小表示机械作用的强弱，可以根据力的效应大小加以测定。力的法定计量单位为牛［顿］，符号为 N。有时以千牛［顿］作为单位，符号为 kN。

力的方向，是指力作用的方位和指向。

力的作用点，是指力作用的位置。物体间的机械作用不外乎通过物体间的直接接触或是通过物质的一种形式——场而起作用的。实际上两个物体直接接触时，力的作用位置分布在一定的面积上，只是当接触面积相对地较小时，才能抽象地将其看作集中于一点，这样的力称为集中力。不能抽象地看作集中力的力称为分布力。这种分布力在刚体中常用与其等效的集中力来替代。通过力的作用点并沿力的方位的直线，称为力的作用线。

由于力既有大小、方向，又服从矢量的运算法则（以后将提到），所以力是矢量，可以用一个带箭头的有向线段来表示，如图 1-1 所示。有向线段的长度（按一定比例）表示力的大小，线段的方位和箭头的指向表示力的方向，线段的起点（或终点）表示力的作用点。本书中，矢量均以黑斜体字表示，如 $\boldsymbol{F}$。

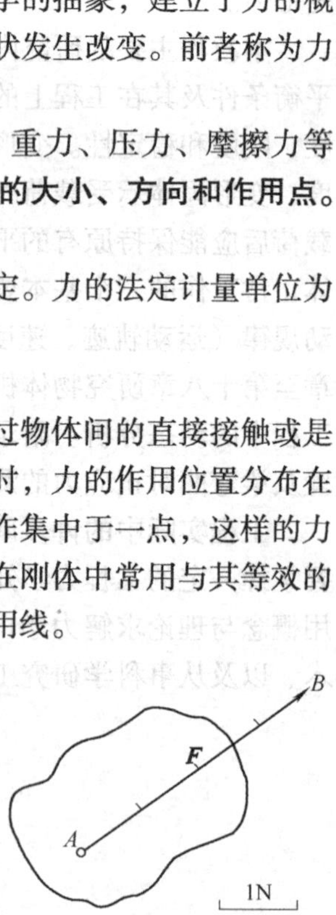

图　1-1

刚体是指受力作用后不变形的物体，这一特征表现为刚体内任意两点的距离始终保持不变。实际上，不变形的物体是不存在的，只是在力学中研究物体的运动或平衡规律时，当将物体的形状改变看作次要因素而忽略不计时，才把物体抽象为刚体。以后，除特别指明需要考虑物体的形状改变外，其余物体均看作抽象化的理想模型——刚体，所以，刚体是一个抽象化的力学模型。

平衡是机械运动的一种特殊情况，在静力学中是指物体相对于地球保持静止或匀速直线运动状态。平衡规律在工程实际中具有广泛的应用。各种机器和建筑物的设计，往往要经过静力分析。以后还可看到，动力学问题也可以应用静力学的方法解决。

第二节　静力学的基本公理

在叙述这些基本公理以前，先阐明几个有关定义。

我们把作用于同一物体上的一群力称为一个力系。如果刚体在一力系作用下保持平衡，则称这一力系为平衡力系。平衡力系中的各个力对刚体的作用效应相互抵消。如果两个力系对同一刚体的作用效应相同，则称这两力系等效，或者说其中一力系是另一力系的等效力系。如果一个力与一个力系等效，则该力就称为这个力系的合力，而力系中的各力，称为此合力的分力。

静力学的全部理论是以下述5个公理为基础的。

公理一　两力平衡公理　作用于同一刚体上的两个力，使刚体保持平衡的必要与充分条件是：这两个力大小相等，方向相反，作用线沿同一直线。

设一刚体受到作用于其上 A、B 两点的 $\boldsymbol{F}_1$、$\boldsymbol{F}_2$ 两个力作用而平衡，如图1-2所示，则这两个力的作用线必与两力作用点 A、B 的连线重合，且大小相等，方向相反，用矢量式表示为

$$\boldsymbol{F}_1 = -\boldsymbol{F}_2$$

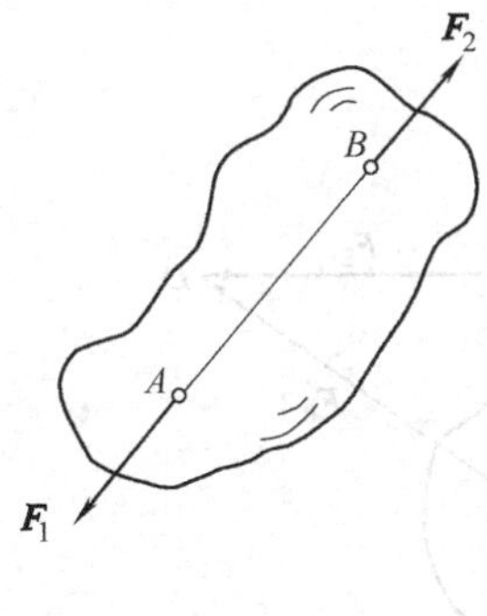

图　1-2

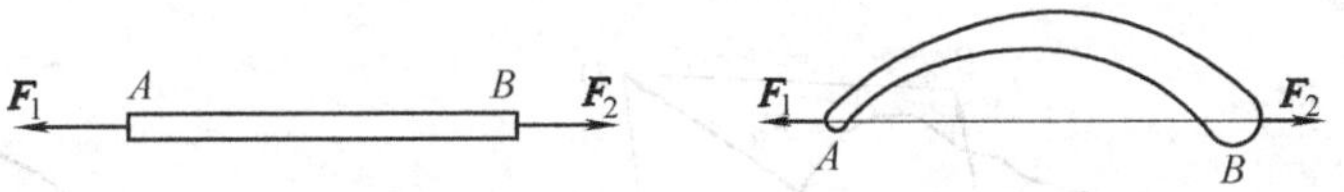

图　1-3

这是最简单的平衡力系。

工程中经常遇到只受两个力作用而平衡的刚体，这类物体称为二力体（对于杆件来说，称为二力杆件），根据公理一，这两个力的作用线必定沿着两个作用点的连线，且大小相等，方向相反，如图1-3所示。

公理二　加减平衡力系公理　在某一力系中加上或减去一个平衡力系后与原力系等效。

公理二只适用于刚体。

根据这一公理，可以得到作用于刚体上的力的一个重要性质——力的可传性原理：作用

于刚体上的力可以沿着其作用线任意移动而不改变对刚体的作用效应。

证明：设作用于刚体上 A 点的力为 $\boldsymbol{F}$，如图1-4 所示。在力的作用线上任取一点 B，按公理二，在 B 点沿力的作用线加上一对相互平衡的力 $\boldsymbol{F}_1$ 和 $\boldsymbol{F}_2$，且令其大小都等于 F，则不改变原力 $\boldsymbol{F}$ 对刚体的效应。同时可以看到，由 $\boldsymbol{F}$，$\boldsymbol{F}_1$，$\boldsymbol{F}_2$ 组成的力系中，$\boldsymbol{F}$ 与 $\boldsymbol{F}_2$ 也是一个平衡力系。按公理二，除去这一平衡力系，仍不改变力 $\boldsymbol{F}_1$ 对刚体的作用效应。于是 $\boldsymbol{F}_1$ 与 $\boldsymbol{F}$ 对刚体的作用效应相同，即 $\boldsymbol{F}_1$ 与 $\boldsymbol{F}$ 具有相同的作用线、相同的大小和相同的方向。这就相当于把力 $\boldsymbol{F}$ 沿着作用线移到了任取的一点 B。

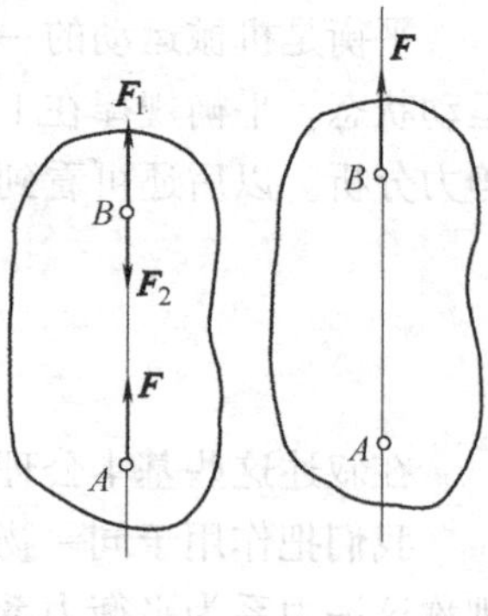

图　1-4

必须强调：这个原理只适用于刚体，而不适用于变形体。因此，对于刚体而言，力的三要素可改为力的大小、方向、作用线。

公理三　力的平行四边形公理　作用于刚体上某点 A（或作用线交于某点 A）的两个力 $\boldsymbol{F}_1$、$\boldsymbol{F}_2$，可以合成为一个力，这个力称为合力，合力的大小、方向、作用线由以这两个力为邻边所组成的平行四边形的对角线来决定。

设在刚体上某点 A 作用有 $\boldsymbol{F}_1$、$\boldsymbol{F}_2$ 两个力，如图1-5 所示，则其合力 $\boldsymbol{F}_R$ 的大小、方向是以 $\boldsymbol{F}_1$、$\boldsymbol{F}_2$ 为邻边作出的平行四边形的对角线，由 A 指向 D。用矢量式表示为

$$\boldsymbol{F}_R=\boldsymbol{F}_1+\boldsymbol{F}_2$$

合力 $\boldsymbol{F}_R$ 的大小、方向可用余弦与正弦定理决定

$$F_R=\sqrt{F_1^2+F_2^2+2F_1F_2\cos\alpha}$$

$$\frac{F_R}{\sin(\pi-\alpha)}=\frac{F_1}{\sin\varphi}\qquad \sin\varphi=\frac{F_1}{F_R}\cos\alpha$$

其中 α、φ 分别为 $\boldsymbol{F}_1$ 与 $\boldsymbol{F}_2$ 和 $\boldsymbol{F}_R$ 与 $\boldsymbol{F}_2$ 的夹角。

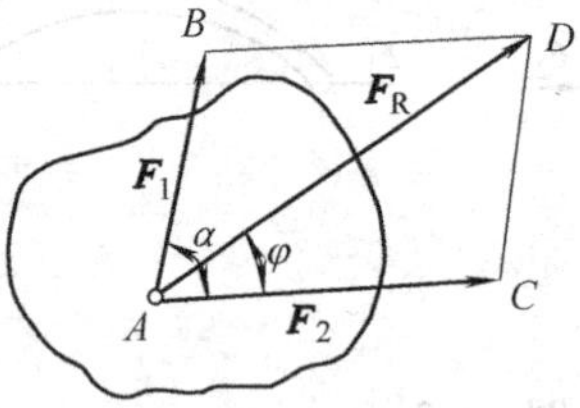

图　1-5

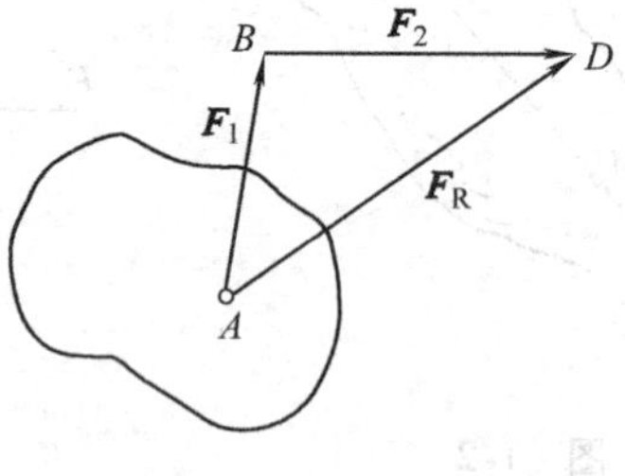

图　1-6

力平行四边形的作图法，可用更简单的作图法替代，如图1-6 所示。只要以力矢量 $\boldsymbol{F}_1$ 的终端 B，作为力矢量 $\boldsymbol{F}_2$ 的起端，连接 $\boldsymbol{F}_1$ 的起端 A 与 $\boldsymbol{F}_2$ 的终端 D，即代表合力 $\boldsymbol{F}_R$。三角形 ABD 称为力三角形。用力三角形求合力的方法称为力三角形法则。如果先作 $\boldsymbol{F}_2$，再作 $\boldsymbol{F}_1$，则并不影响合力的大小、方向。

应用公理一、三，可以导出三力平衡汇交定理：

如果刚体受三个力作用而处于平衡，其中两个力的作用线相交于一点，则第三个力的作

用线必通过该点且三个力共面。

证明：设刚体上有三个力 $\boldsymbol{F}_1$、$\boldsymbol{F}_2$、$\boldsymbol{F}_3$ 作用，如图1-7所示。力 $\boldsymbol{F}_1$ 和 $\boldsymbol{F}_2$ 的作用线相交于 O 点，根据力的可传性原理，将 $\boldsymbol{F}_1$ 和 $\boldsymbol{F}_2$ 分别沿作用线移到 O 点，按公理三可求出它们的合力 $\boldsymbol{F}_\mathrm{R}$，这一合力通过两力的交点，并在两力所作用的平面上。再根据公理一，$\boldsymbol{F}_\mathrm{R}$ 与 $\boldsymbol{F}_3$ 必须共线即 $\boldsymbol{F}_3$ 的作用线必通过 O 点，且在 $\boldsymbol{F}_1$ 与 $\boldsymbol{F}_2$ 所决定的平面内。

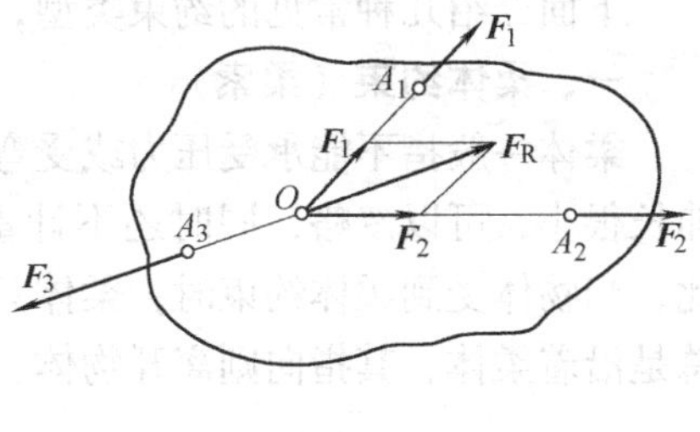

图 1-7

三力平衡汇交定理是共面的三力平衡的必要条件，可为刚体的受力分析提供一种简捷的方法。

公理四　作用与反作用公理　对任一作用力，必定同时有一反作用力，两者大小相等，方向相反，作用线共线，但作用在不同的物体上。

该公理就是牛顿第三定律，表明两物体之间所发生的机械作用一定是相互的，即作用力与反作用力必须成对出现，同时存在也同时消失。应该特别注意，作用力与反作用力是分别作用在相互作用的不同物体上的。公理四是分析物体受力时必须遵循的原则，它为研究由一个物体过渡到多个物体组成的物系问题提供了基础。

公理五　刚化公理　如果变形体在已知力系作用下处于平衡，此时将变形体刚化成为刚体，则平衡状态保持不变。

刚化公理也称为变形体平衡公理，即变形体只有在平衡的前提下才能刚化为刚体。

图1-8所示的一根软绳 AB，在 $\boldsymbol{F}_1$ 与 $\boldsymbol{F}_2$ 二个拉力作用下处于平衡。此时将软绳刚化成为刚体，则平衡状态不变。如果 $\boldsymbol{F}_1$、$\boldsymbol{F}_2$ 为两端的压力，则软绳就不可能保持平衡。反之，若刚体杆受 $\boldsymbol{F}_1$ 与 $\boldsymbol{F}_2$ 压力而平衡时，将刚性杆变为软绳，则平衡不能保持。

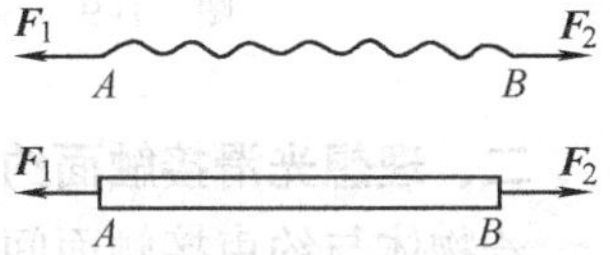

图 1-8

由此可知，刚体的平衡条件，对于变形体而言是平衡的必要条件而不是充分条件，即变形体的平衡条件包括了刚体的平衡条件。因此，把处于平衡的变形体刚化为刚体，可进而应用刚体静力学的全部理论。由此可以看出刚体静力学为研究变形体静力学提供了理论基础。

第三节　约束与约束反力

可以在空间作任意运动的物体称为自由体，如空中自由飞行的飞机等。受到周围物体的限制而不能作任意运动的物体，则称为非自由体，如用绳子悬挂着不能下落的重球，火车在轨道上行驶等。**在力学中，把加于非自由体上使其位移受到一定限制的条件，称为约束。**在静力学中，约束总是以物体间相互接触的方式构成的，如轨道对于火车、绳子对于重球都构成约束。习惯上，往往把周围接触的物体也称为约束。约束对物体的作用力称为约束反力。与约束反力性质相反，那些能主动地改变物体运动状态的力称为主动力，如重力、压力、切削力等。

静力学主要研究非自由体的平衡问题。在这些问题中，主动力往往是已知的，约束反力是未知的，它取决于约束本身的性质、主动力和物体的运动状态。约束反力通常需要根据静力学的平衡条件来确定。

下面介绍几种常见的约束类型，指出如何判断约束反力的某些特征。

一、柔体约束（柔索）

柔体一般指不能承受压力或受弯曲的绳索、链条、带等物体。通常柔体在拉力作用下的伸长很小，可以忽略，同时还不计重量。这些柔体受拉力平衡时，必然张紧成一直线。因此，当物体受到柔体约束时，柔体只能限制物体沿着柔体伸长方向运动。所以柔体约束反力总是沿着柔体，其指向则离开物体，如图 1-9 所示。

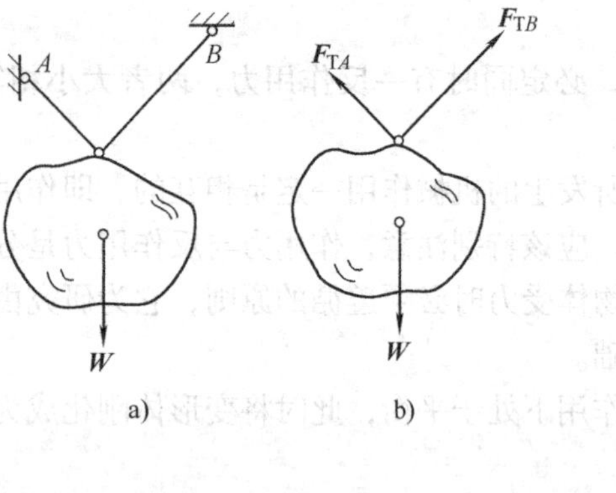

图 1-9

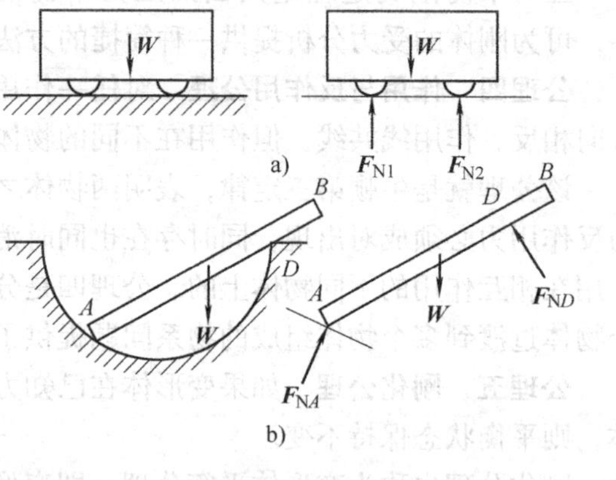

图 1-10

二、理想光滑接触面约束

若物体与约束接触面间的摩擦力可以略去不计时，这样的约束就看作理想光滑接触面约束。因此，不论接触面的形状如何，理想光滑面的约束均使物体不能沿接触面的公法线方向运动，即理想光滑面的约束反力必沿公法线方向，接触点为力的作用点并指向物体。这一类力用符号 $\boldsymbol{F}_N$ 表示，如图 1-10 所示。

三、光滑圆柱铰链约束

两个构件的连接是通过圆柱销子或圆柱形轴来实现的，这种使构件只能绕销轴转动的约束称为圆柱铰链约束。这类约束只能限制构件沿垂直于销钉轴线方向的相对位移。若将销子与销孔间的摩擦略去不计而视为光滑接触，则这类铰链约束称为光滑铰链约束，如图 1-11 所示。

由于销子与销孔之间看成光滑接触，根据光滑接触面约束反力的特点，销子对构件的约束反力应沿着接触处的公法线方向且通过销孔的中心。因为接触点的位置不能预先确定，所以约束反力的方向也不能预先确定。为计算方便，约束反力通常用经过构件被约束处圆孔中心 O 的两个垂直分力 $\boldsymbol{F}_x$ 和 $\boldsymbol{F}_y$ 来表示，如图 1-12 所示。

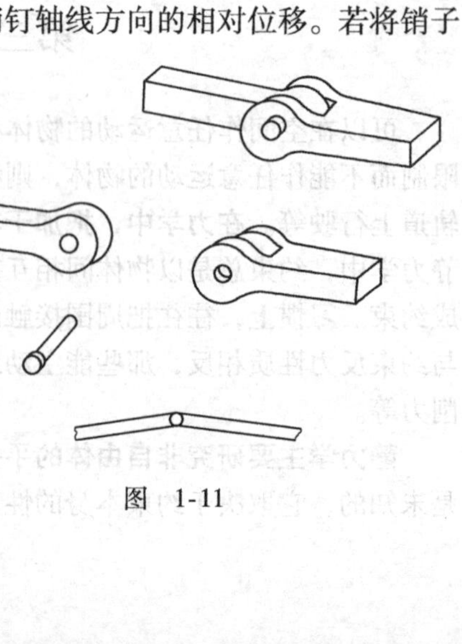

图 1-11

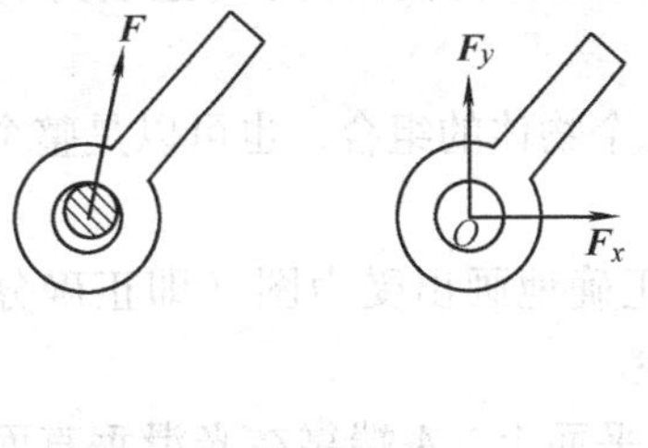

图 1-12

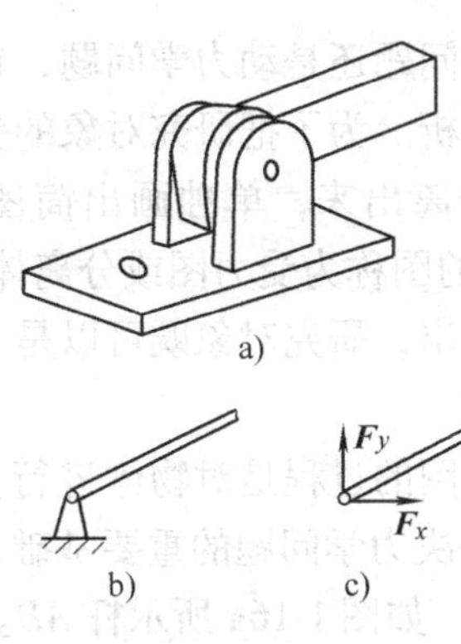

图 1-13

下面介绍工程上常见的几种以铰链约束所构成的支座。

1. 固定铰链支座

用圆柱铰链连接的两个构件，如果其中有一个固结于地面或机器上，则该支座称为固定铰链支座，如图 1-13a 所示。计算时可用简图 1-13b 表示。铰链支座的约束反力在垂直于圆柱销轴线的平面内并通过物体被约束处圆孔中心，方向不定。

图 1-14 所示的向心轴承座因允许转轴沿轴线作微小移动，故它对轴的约束反力也可视为固定铰链支座分析。

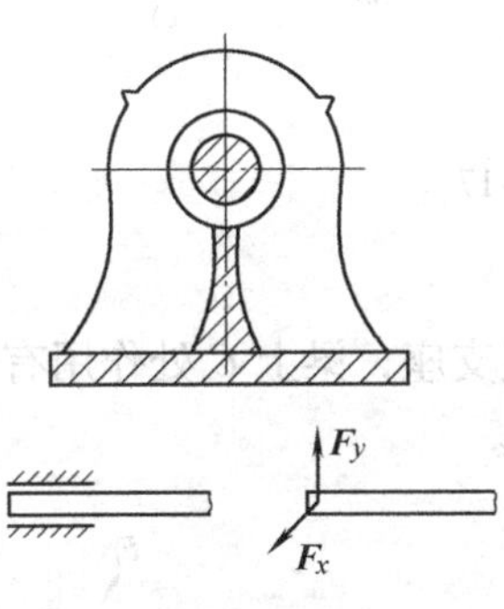

图 1-14

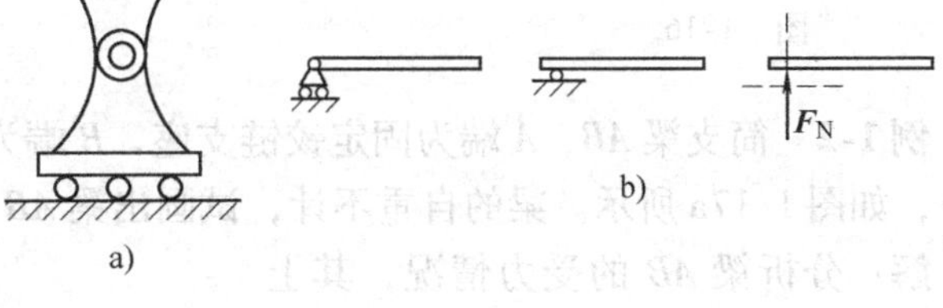

图 1-15

2. 滚动铰链支座

如果在铰链支座和光滑支承面之间用几个辊轴或滚柱连接，就成为滚动铰链支座，如图 1-15a 所示。计算时所用的简图如图 1-15b 所示。

这类支座不能限制被约束物体沿光滑支承面移动，只能限制构件与铰链连接处沿垂直于支承面移动。因而滚动铰链支座类似于理想光滑面，约束反力的方向垂直于支承面且过物体被约束处圆孔中心。

第四节　受力分析　受力图

静力学的任务是研究物体在力系（包括主动力与约束反力）作用下的平衡问题。无论解决静力学问题还是动力学问题，首先应该确定研究对象，然后分析它受哪些力的作用，即进行受力分析。为了把研究对象的受力情况清晰地表示出来，必须将所确定的研究对象从周围物体中分离出来，单独画出简图，然后在研究对象上画出所有的力（主动力、约束反力），这样的图称为受力图或分离体图。

必须指出，研究对象既可以是一个物体，或者是几个物体的组合，也可以是整个物体系统。

画受力图的过程是对物体进行受力分析的过程。正确地画出受力图（即正确分析所受的力）是解决力学问题的重要基础，因此必须熟练掌握。

例 1-1 如图 1-16a 所示杆 *AB*。*B* 端搁在光滑的水平面上，*A* 端靠在光滑垂直面上，在 *D* 处由柔体拉住。试画出杆 *AB* 的受力图。

解： 分析杆 *AB* 的受力情况。作用于 *AB* 杆上的力有重力 $\boldsymbol{W}$；*ED* 柔体的拉力 $\boldsymbol{F}_{T}$，其方向为沿着柔体背离杆 *AB*；光滑水平面与垂直面对杆 *AB* 的约束反力 $\boldsymbol{F}_{NB}$ 与 $\boldsymbol{F}_{NA}$，它们的方向分别垂直于水平面与垂直面，并指向杆 *AB*。所以杆 *AB* 的受力图如图 1-16b 所示。

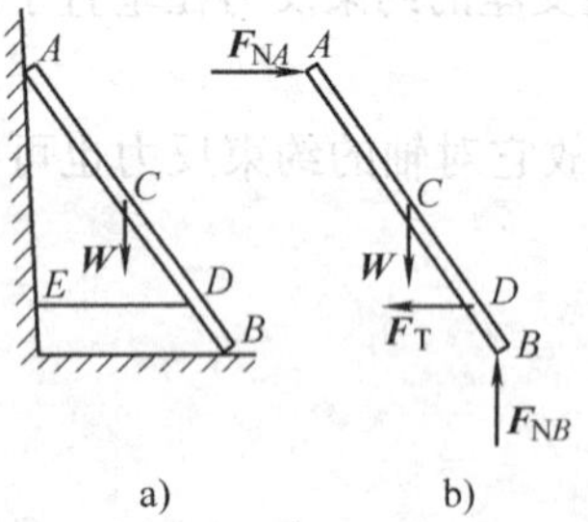

图 1-16

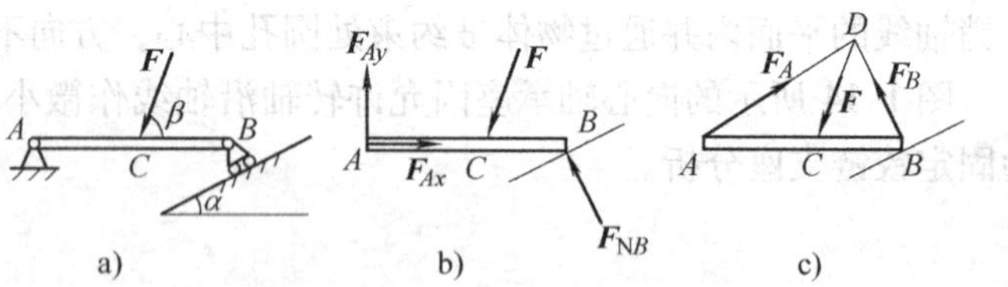

图 1-17

例 1-2 简支梁 *AB*，*A* 端为固定铰链支座，*B* 端为滚动铰链支座，梁上 *C* 处作用有主动力 $\boldsymbol{F}$，如图 1-17a 所示。梁的自重不计，试画出梁 *AB* 的受力图。

解： 分析梁 *AB* 的受力情况，其上作用有主动力 $\boldsymbol{F}$，*A* 处为固定铰链支座，约束反力过 *A* 点但方向不能预先确定，可用两个互相垂直的力 $\boldsymbol{F}_{Ax}$，$\boldsymbol{F}_{Ay}$ 表示。*B* 处为滚动铰链支座，约束反力 $\boldsymbol{F}_{NB}$ 过 *B* 点垂直于支承面。受力图如图 1-17b 所示。

梁 *AB* 受力图还可画成图 1-17c 所示。根据三力平衡汇交定理，梁只受三个力作用而平衡，力 $\boldsymbol{F}$ 与 $\boldsymbol{F}_{NB}$ 的作用线交于 *D* 点，则 *A* 处约束反力 $\boldsymbol{F}_{A}$ 的作用线必定通过 *D* 点。

例 1-3 图 1-18a 所示的结构，由杆 *AC*、*CD* 与滑轮 *B* 铰接组成。物重 *W*，用绳子绕过滑轮系于铅垂墙上，杆、

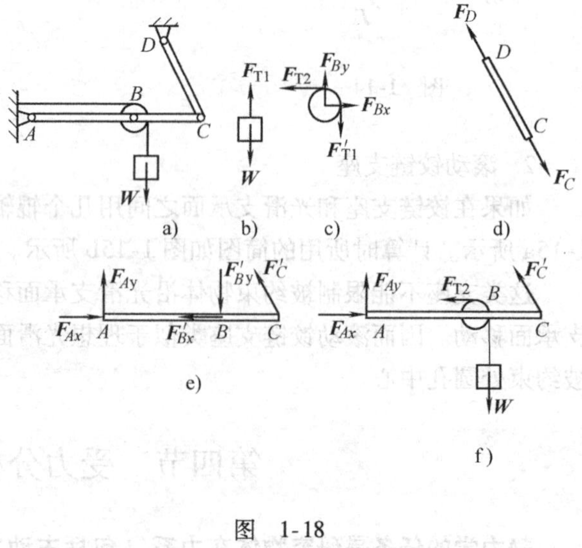

图 1-18

轮及绳子的自重不计，并略去各处的摩擦。试画出滑轮 B、重物、AC 杆、CD 杆及整体的受力图。

解：(1) 以重物为研究对象，分析其受力情况：重物受有重力 $\boldsymbol{W}$ 及绳子约束反力 $\boldsymbol{F}_{T1}$，而 $\boldsymbol{F}_{T1}$ 的作用线沿绳子方向，指向为背离重物，受力图如图 1-18b 所示。

(2) 以滑轮为研究对象，分析受力情况：滑轮上有三处受力，水平方向受绳子拉力 $\boldsymbol{F}_{T2}$，铅垂方向受绳子拉力 $\boldsymbol{F}'_{T1}$，B 处铰链约束，其约束反力以 $\boldsymbol{F}_{Bx}$、$\boldsymbol{F}_{By}$ 表示，受力图如图 1-18c所示。

(3) 以 CD 杆为研究对象，分析受力情况：由于 CD 杆本身重量不计，两端铰接各受到一力作用而平衡，所以是二力杆件，受力图如图 1-18d 所示。显然，该二个约束反力 $\boldsymbol{F}_C$ 与 $\boldsymbol{F}_D$ 的作用线必过两铰链中心的连线，且大小相等，方向相反。

(4) 以 AC 杆为研究对象，分析受力情况：杆上三处均为铰链连接，B 处与轮子 B 处互为作用与反作用关系，以 $\boldsymbol{F}'_{Bx}$、$\boldsymbol{F}'_{By}$ 表示；C 处与 CD 杆 C 处也互为作用与反作用关系，以 $\boldsymbol{F}'_C$ 表示；A 处的固定铰链支座，其约束反力用 $\boldsymbol{F}_{Ax}$，$\boldsymbol{F}_{Ay}$ 表示，其受力图如图 1-18e 所示。

(5) 最后以整体为研究对象。组成该系统的各个物体之间相互作用的力称为物体系统的内力。根据作用与反作用公理，物体系统的内力是成对出现，并且每一对都是大小相等，方向相反，作用在同一点上，因此画整体受力图时内力不必画出。这样系统上受有柔体张力 $\boldsymbol{F}_{T2}$ 和重力 $\boldsymbol{W}$ 及 A、C 处约束反力 $\boldsymbol{F}_{Ax}$、$\boldsymbol{F}_{Ay}$、$\boldsymbol{F}'_C$，其受力图如图 1-18f 所示。

综合上面的例题，可将画受力图的步骤及注意事项归纳如下。

一、步骤

(1) 首先确定研究对象，并画出分离体。研究对象可以是单个物体或者是几个物体的组合，也可以是整个物体系统。

(2) 进行受力分析，画出受力图。首先画上主动力（包括已知力），再根据约束类型，正确画出相应的约束反力。

二、注意事项

(1) 不要多画力，对每个研究对象上所受的每一个力，都应明确地指出，它是哪一个施力体施加的。

(2) 不要漏画约束反力，必须搞清所研究的对象（受力物体）与周围哪些物体（施力物体）相接触，在接触处必画出约束反力。对于由几个物体组成的系统来说，物体间的内力不必画出。

(3) 注意应用二力平衡公理（二力体）及三力平衡汇交定理来确定约束反力作用线的方位。

(4) 当分析物体之间的相互作用力时，要注意这些力的方向是否符合作用与反作用关系。

思 考 题

1-1 二力平衡条件与作用和反作用力定律都是说二力等值、反向、共线，二者有何区别？

1-2 若作用于刚体上的三个力共面且汇交于一点，则刚体一定平衡吗？

1-3 若作用于刚体上的三个力共面，但不汇交于一点，则刚体一定不平衡吗？

1-4 “合力的大小一定比分力大”，这种说法是否正确？为什么？

1-5 哪几条公理或推论只适用于刚体？

习 题

1-1 试画出下列各物体的受力图，除图中表出受力外，均不考虑自重。

1-2 画出下列物体的受力图，考虑用二力平衡公理与三力平衡汇交定理确定约束反力的作用线位置。

1-3 画出下列指定物体的受力图，并画出中间铰链销子 C 的受力图。

1-4 画出下列结构中指定物体的受力图。

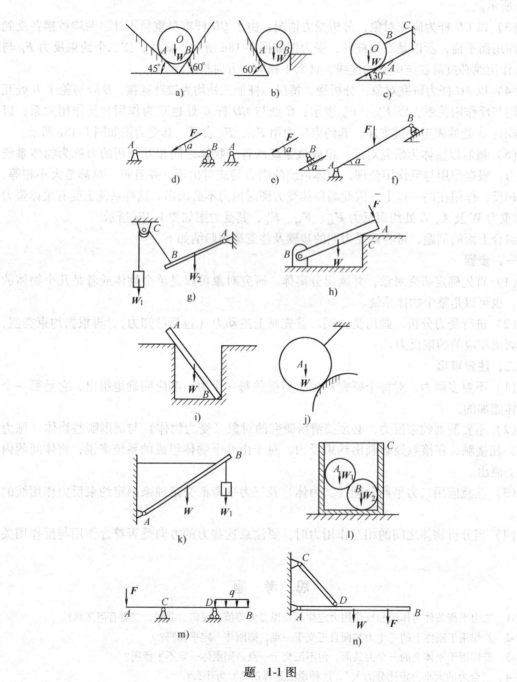

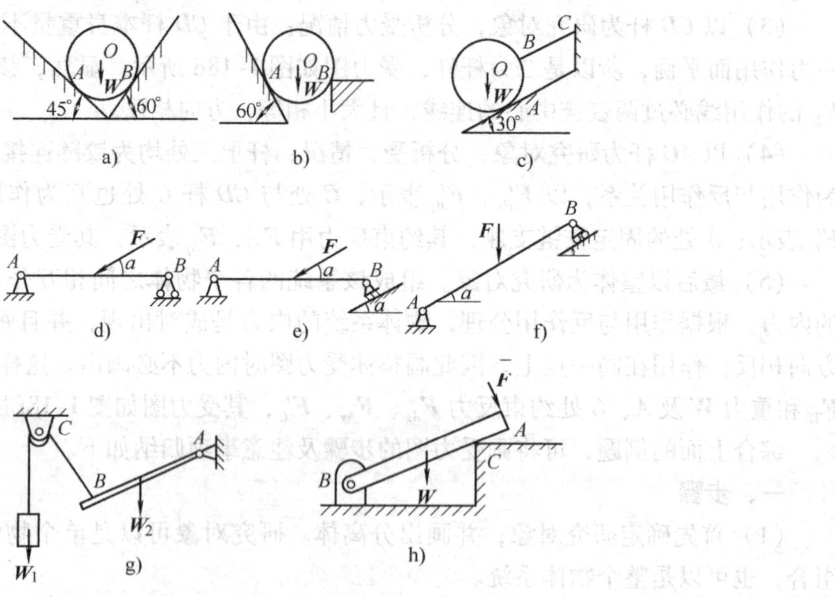

题 1-1图

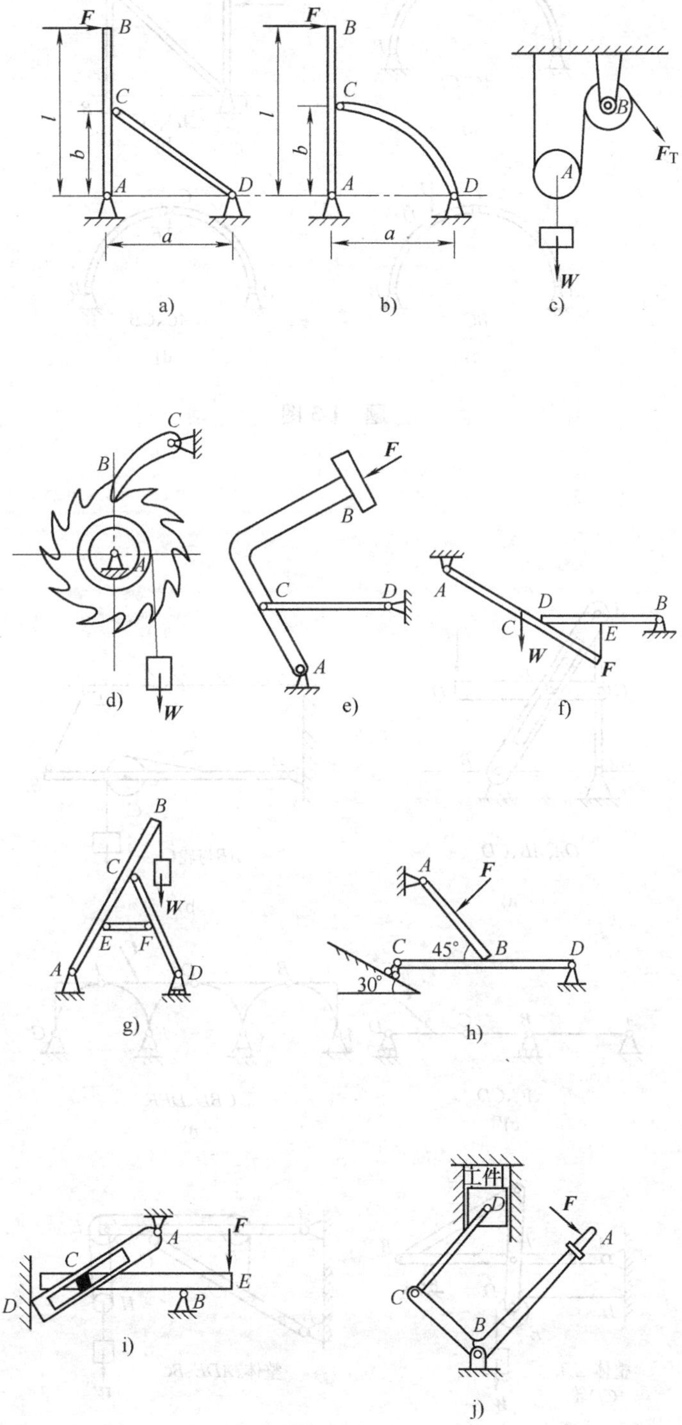

题 1-2 图

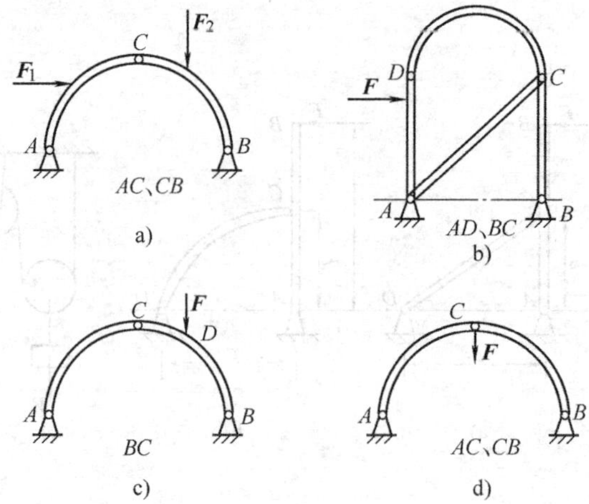

F2
C
F1
A
B
AC、CB
a)
D
C
F
A
B
AD、BC
b)
C
F
D
A
B
BC
c)
C
F
A
B
AC、CB
d)

题 1-3 图

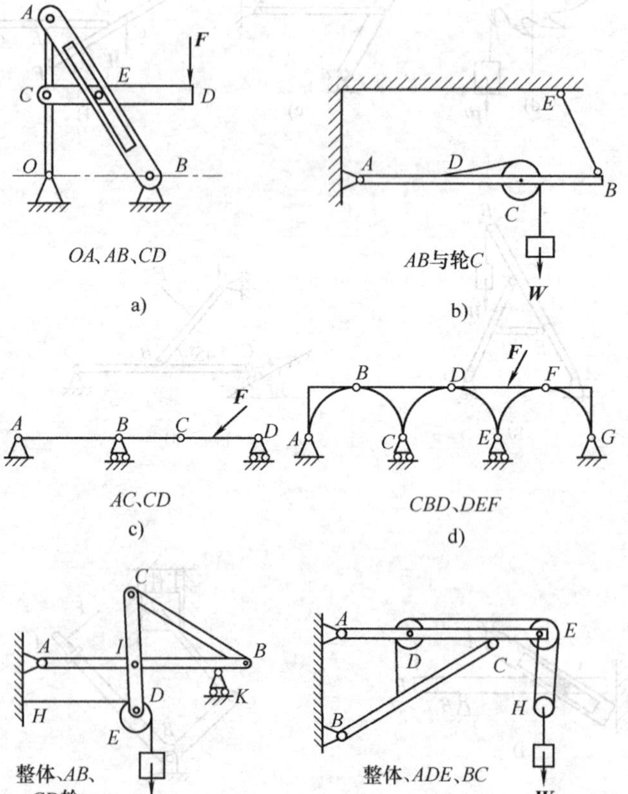

A
F
E
C
D
O
B
OA、AB、CD
a)
E
A
D
B
C
W
AB与轮C
b)
F
A
B
C
D
AC、CD
c)
F
B
D
F
A
C
E
G
CBD、DEF
d)
C
A
I
B
D
K
H
E
W
整体、AB、
CD轮
e)
A
E
D
C
H
B
W
整体、ADE、BC
f)

题 1-4 图

第二章　平面汇交力系

本章介绍平面汇交力系的合成与平衡问题。**各力作用线在同一平面且汇交于一点的力系称为平面汇交力系**。研究平面汇交力系，一方面可以解决工程中关于这类静力学的问题，另一方面也可为研究复杂的平面力系打下基础。本章将介绍两种方法，即几何法与解析法。

第一节　平面汇交力系合成与平衡的几何法

一、平面汇交力系合成的几何法

两个力的合成可根据公理三的力三角形法求得合力的大小与方向。这里以四个力为例进行讨论。

设刚体上作用一平面汇交力系 $\boldsymbol{F}_1$、$\boldsymbol{F}_2$、$\boldsymbol{F}_3$、$\boldsymbol{F}_4$，这些力分别作用在 A_1、A_2、A_3、A_4 点，且作用线汇交于一点 O，如图 2-1a所示。根据力的可传性原理，将这些力沿其作用线移至交点 O，如图 2-1b 所示。一般来说，该力系必定有一个合力，其作用线亦过交点 O。现求其大小与方向。

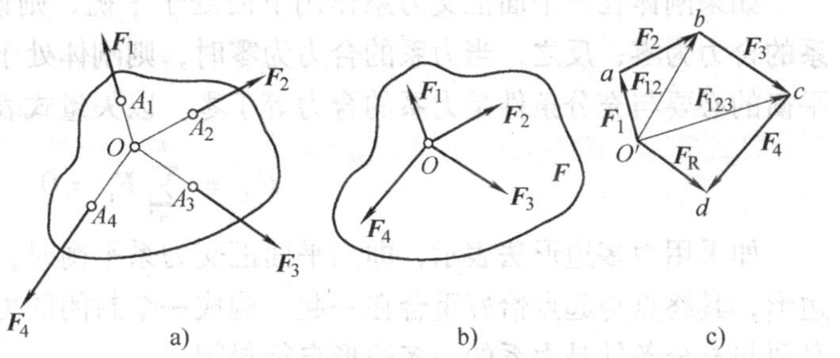

图　2-1

求该力系的合力时，不必采用力平行四边形方法，只要连续应用力三角形法则就可以了。

任选一点 O'为始点，按选定比例尺作矢 $\boldsymbol{O'a}$ 代表 $\boldsymbol{F}_1$，从 a 点作矢 $\boldsymbol{ab}$ 代表 $\boldsymbol{F}_2$。此时矢 $\boldsymbol{O'b}$ 代表 $\boldsymbol{F}_1$ 与 $\boldsymbol{F}_2$ 的合力的大小和方向。即 $\boldsymbol{F}_{12}=\boldsymbol{F}_1+\boldsymbol{F}_2$。再从 b 点作矢 $\boldsymbol{bc}$ 代表 $\boldsymbol{F}_3$，则矢 $\boldsymbol{O'c}$ 代表 $\boldsymbol{F}_1$、$\boldsymbol{F}_2$ 与 $\boldsymbol{F}_3$ 的合力的大小和方向，即 $\boldsymbol{F}_{123}=\boldsymbol{F}_1+\boldsymbol{F}_2+\boldsymbol{F}_3$。继续从 c 点作矢 $\boldsymbol{cd}$ 代表 $\boldsymbol{F}_4$，从而得到矢 $\boldsymbol{O'd}$，它代表合力 $\boldsymbol{F}_{\mathrm{R}}$的大小和方向，即 $\boldsymbol{F}_{\mathrm{R}}=\sum\limits_{i=1}^{4}\boldsymbol{F}_i$，如图 2-1c 所示。

从作图过程中可以观察到，求合力 $\boldsymbol{F}_{\mathrm{R}}$ 无需画出 $\boldsymbol{F}_{12}$、$\boldsymbol{F}_{123}$，可以由力矢 $\boldsymbol{O'a}(\boldsymbol{F}_1)$、$\boldsymbol{ab}(\boldsymbol{F}_2)$、$\boldsymbol{bc}(\boldsymbol{F}_3)$、$\boldsymbol{cd}(\boldsymbol{F}_4)$首尾相接连续画出不封闭的力多边形 $O'abcd$。此时力多边形的封闭边 $\boldsymbol{O'd}$ 即表示力系的合力 $\boldsymbol{F}_{\mathrm{R}}$ 的大小和方向。由各力矢与合力矢构成的多边形称为力多边形。这种求合力的方法称为力多边形法或几何法。

应用此法时应该注意的是：力多边形是力矢 $\boldsymbol{O'a}(\boldsymbol{F}_1)$、$\boldsymbol{ab}(\boldsymbol{F}_2)$、$\boldsymbol{bc}(\boldsymbol{F}_3)$、$\boldsymbol{cd}(\boldsymbol{F}_4)$首尾相接而构成的。连接第一个力矢始点与最后一个力矢终点的力矢量，就是合力 $\boldsymbol{F}_{\mathrm{R}}$ 的大小和方向。

可以看出，**作力多边形时，不论所取的力矢的顺序如何，都不影响合力** $\boldsymbol{F}_{\mathrm{R}}$ **的大小和方**

向。

上述方法可以推广到平面汇交力系有 n 个力的情况，于是可以得出结论：

平面汇交力系合成的结果是一个合力，其作用线过力系的汇交点，合力的大小和方向等于力系的矢量和，即

$$\boldsymbol{F}_{\mathrm{R}} = \sum_{i=1}^{n} \boldsymbol{F}_i \tag{2-1}$$

例 2-1 钢环上受三个力作用，如图 2-2a 所示，其中 $F_1=2\text{kN}$，$F_2=3\text{kN}$，$F_3=4\text{kN}$，试用几何法求这三个力的合力。

解： 取比例尺，以 5mm 代表 1kN，画力多边形。依次作力矢 $\boldsymbol{Oa}=\boldsymbol{F}_3$，$\boldsymbol{ab}=\boldsymbol{F}_2$，$\boldsymbol{bc}=\boldsymbol{F}_1$，如图 2-2b 所示。从 $\boldsymbol{F}_3$ 的起点 O 到 $\boldsymbol{F}_1$ 的终点 c 作矢 $\boldsymbol{Oc}$，即得合力 $\boldsymbol{F}_{\mathrm{R}}$，按比例尺量得 $F_{\mathrm{R}}=6.9\text{kN}$，用量角器测出合力矢 $\boldsymbol{F}_{\mathrm{R}}$ 与铅垂线之间的夹角 $\alpha=9.2°$。

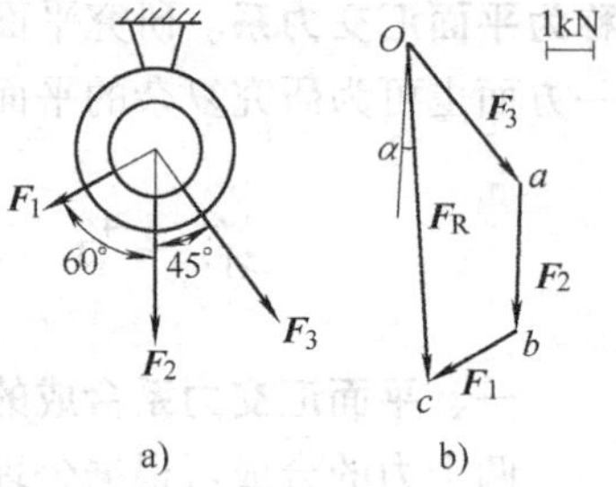

图 2-2

二、平面汇交力系平衡的几何条件

如果刚体在一平面汇交力系作用下而处于平衡，则该力系的合力为零；反之，当力系的合力为零时，则刚体处于平衡。于是我们得到平面汇交力系平衡的必要与充分条件是力系的合力等于零。以矢量式表示为

$$\boldsymbol{F}_{\mathrm{R}} = \sum_{i=1}^{k} \boldsymbol{F}_i = 0 \tag{2-2}$$

如果用力多边形法表示，即当平面汇交力系平衡时，由力系中各力首尾相接而成的力多边形，其终点与起点恰好重合在一起，构成一个封闭的力多边形。可见平面汇交力系平衡的必要与充分条件是力系的力多边形自行封闭。

例 2-2 均质圆球受有重力 $W=1\text{kN}$，放在光滑斜面 AB 上，用绳 AC 拉住以保持平衡，如图 2-3a 所示。如斜面与水平面成 45°角，绳与斜面成 15°角。求绳的张力和斜面对球的反力。

解： 取圆球为研究对象，进行受力分析。圆球受有重力 W、斜面对圆球的法向约束反力 $\boldsymbol{F}_{\mathrm{N}}$ 和绳子的拉力 $\boldsymbol{F}_{\mathrm{T}}$ 三个力作用。约束反力 $\boldsymbol{F}_{\mathrm{N}}$ 的作用线过球心 O 并与重力 W 作用线相交于 O 点，根据三力平衡汇交定理，于是绳的张力 $\boldsymbol{F}_{\mathrm{T}}$ 作用线必过球心 O。受力图如图 2-3b 所示。根据平衡几何条件，三力组成一封闭力三角形，如图 2-3c 所示。应用正弦定理

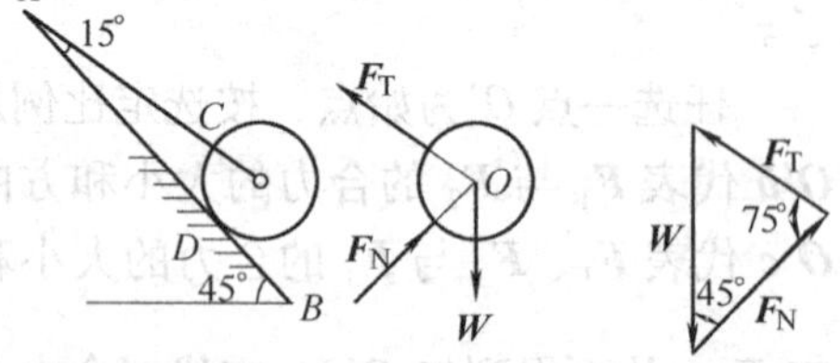

图 2-3

$$\frac{F_{\mathrm{N}}}{\sin 60°}=\frac{F_{\mathrm{T}}}{\sin 45°}=\frac{W}{\sin 75°}$$

得到

$$F_{\mathrm{N}}=\frac{\sin 60°}{\sin 75°}W=897\text{N} \quad F_{\mathrm{T}}=\frac{\sin 45°}{\sin 75°}W=732\text{N}$$

例 2-3 支架 ABC 由横杆 AB 与支撑杆 BC 组成，杆重不计，如图 2-4a 所示。A、B、C 处均为铰链连接，B 端悬挂的重物重力 $W=5\text{kN}$，杆重不计，试求两杆所受的力。

解：由于 AB、BC 杆自重不计，杆端为铰链，故均为二力杆件，两端所受的力的作用线必过直杆的轴线。

取销子 B 为研究对象，其上除作用有绳子的拉力 $\boldsymbol{F}_{T}$（大小等于 W）外，根据作用与反作用关系还有 AB、BC 杆的约束反力 $\boldsymbol{F}_1$、$\boldsymbol{F}_2$，这三个力组成平面汇交力系，受力图如图 2-4b 所示。当销子平衡时，三力组成一封闭力三角形，如图 2-4c 所示。

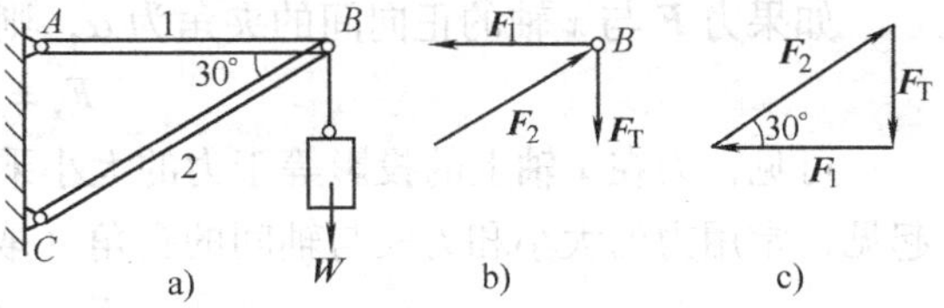

图 2-4

由平衡几何关系求得

$$F_1 = F_{T}\cot30° = W\cot30° = \sqrt{3}W = 8.66\text{kN}$$

$$F_2 = F_{T}/\sin30° = W/\sin30° = 2W = 10\text{kN}$$

根据受力图可知，AB 杆为拉杆，BC 杆为压杆。

综上例题，可以归纳出应用力系平衡的几何条件求解的步骤如下：

（1）根据题意，确定一物体为研究对象。通常是选既作用有已知力，又作用有未知力的物体。

（2）分析该物体的受力情况，画出受力图。

（3）应用平衡几何条件，求出未知力。先作出封闭力多边形，然后根据几何关系求解。

第二节　力的分解

两个汇交力可以合成为一个合力，自然也可以将一个力分解为在同一平面内的两个力。力的合成的结果是惟一的，但是将一个已知力按力的平行四边形公理分解为两个力，则可能有无数结果，如图 2-5 所示。只有在附加足够条件的情况下，才能得到确定的解。

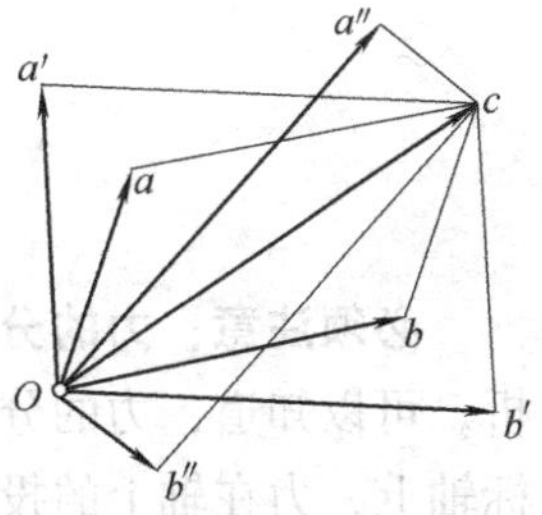

图 2-5

为了求得一个已知力分解为两个分力的惟一确定解，必须在附加下述条件之一：即已知两个分力作用线的方位或两个分力的大小，或其中一个分力大小与另一个分力的方向的情况下才能达到。实际上，这是一个作三角形的问题，大家已经熟悉，这里不再详细讨论。

第三节　平面汇交力系合成与平衡的解析法

现在介绍另一种普遍有效的方法——解析法来处理平面汇交力系合成与平衡问题。为此首先建立力在轴上的投影的概念。

一、力在轴上的投影

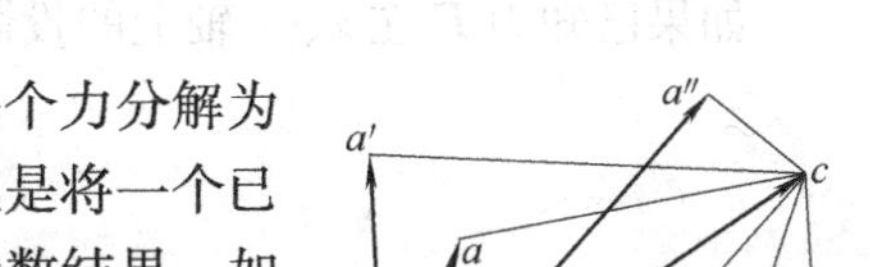

图 2-6

设力 $\boldsymbol{F}$ 与轴 x 在同一平面内，轴 x 的方向如图 2-6a 所示。由力 $\boldsymbol{F}$ 的起点 A 与终点 B 分别作轴 x 的垂线，垂足为 a、b，线段 $\overline{ab}$ 加上适当的正负号，就表示这个力 $\boldsymbol{F}$ 在轴 x 上的投影，以 F_x 表

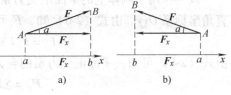

示。其正负号规定如下：自 a 到 b 的指向与 x 轴的正向一致，则取正号；反之，则取负号，如图 2-6b 所示。

如果力 $\boldsymbol{F}$ 与 x 轴的正向间的夹角为 α，则力在 x 轴上的投影可按下式计算：

$$F_x = F\cos\alpha$$

可见，力在 x 轴上的投影等于力的大小乘以力矢与该轴正向间夹角的余弦。为计算方便起见，常用力的大小和力矢与轴间的夹角（取锐角）相乘并加上正负号来表示。即

$$F_x = \pm F\cos\alpha \tag{2-3}$$

如果力 $\boldsymbol{F}$ 在其作用面的两个互相垂直的轴 x、y 上投影，如图 2-7 所示，则其表达式为

$$\left.\begin{aligned} F_x &= F\cos\alpha \\ F_y &= F\cos\beta \end{aligned}\right\} \tag{2-4}$$

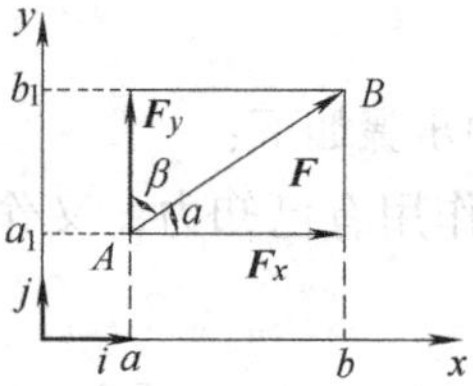

图 2-7

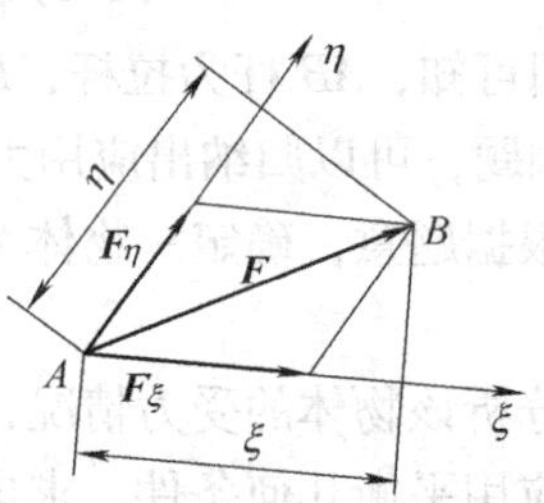

图 2-8

如果已知力 $\boldsymbol{F}$ 在 x、y 轴上的投影 F_x、F_y，则该力的大小与方向可按下式求出

$$\left.\begin{aligned} F &= \sqrt{F_x^2 + F_y^2} \\ \cos\alpha &= F_x/F \\ \cos\beta &= F_y/F \end{aligned}\right\} \tag{2-5}$$

必须注意：力的分力是矢量，力的投影是标量，两者不可混淆。我们对图 2-8 进行分析，可以知道，力的分力为 $\boldsymbol{F}_\xi$，$\boldsymbol{F}_\eta$，而它的投影为 ξ、η，两者并不相等。但是，在正交坐标轴上，力在轴上的投影等于其在该轴的分力的大小，投影的正负号表示分力的指向，如图 2-7 所示，且存在下列关系：

$$\boldsymbol{F}_x = F_x\boldsymbol{i},\ \boldsymbol{F}_y = F_y\boldsymbol{j}$$

即

$$\boldsymbol{F} = \boldsymbol{F}_x + \boldsymbol{F}_y = F_x\boldsymbol{i} + F_y\boldsymbol{j} \tag{2-6}$$

式中，$\boldsymbol{i}$、$\boldsymbol{j}$ 为 x、y 轴正向的单位矢量。

二、合力投影定理

合力投影定理是用解析法求解平面汇交力系合成与平衡问题的理论依据。

设一作用于刚体上的平面汇交力系 $\boldsymbol{F}_1$，$\boldsymbol{F}_2$，…，$\boldsymbol{F}_n$，求其合力 $\boldsymbol{F}_R$ 的大小和方向。建立直角坐标系 Oxy。由式（2-6）知，$\boldsymbol{F}_i$ 可写成坐标形式

$$\boldsymbol{F}_i = F_{ix}\boldsymbol{i} + F_{iy}\boldsymbol{j}\ (i = 1,\ 2,\ \cdots,\ n) \tag{2-7}$$

由式（2-1）可知，平面汇交力系的合力等于力系中各力的矢量和，即

$$\boldsymbol{F}_R = \Sigma\boldsymbol{F}_i\ (i = 1,\ 2,\ \cdots,\ n)$$

合力 $\boldsymbol{F}_R$ 可以写成矢量式

$$F_R = F_{Rx}\boldsymbol{i} + F_{Ry}\boldsymbol{j} \tag{2-8}$$

将式（2-7）、式（2-8）代入式（2-1），得到

$$F_{Rx}\boldsymbol{i} + F_{Ry}\boldsymbol{j} = \left(\sum_{i=1}^{n} F_{ix}\right)\boldsymbol{i} + \left(\sum_{i=1}^{n} F_{iy}\right)\boldsymbol{j}$$

即

$$\left.\begin{aligned} F_{Rx} &= \sum_{i=1}^{n} F_{ix} \\ F_{Ry} &= \sum_{i=1}^{n} F_{iy} \end{aligned}\right\} \tag{2-9}$$

由此得到合力投影定理：**合力在某一轴上的投影，等于各分力在同一轴上投影的代数和。**

由合力投影定理求得合力的投影，就可按下式计算合力的大小和方向：

$$\left.\begin{aligned} F_R &= \sqrt{F_{Rx}^2 + F_{Ry}^2} \\ \cos\alpha &= F_{Rx}/F_R \\ \cos\beta &= F_{Ry}/F_R \end{aligned}\right\} \tag{2-10}$$

上述概念和结论适用于任何矢量。

例 2-4 用解析法求例 2-1 中平面汇交力系的合力。

解：建立平面直角坐标系 Oxy，如图 2-9 所示。根据合力投影定理，得

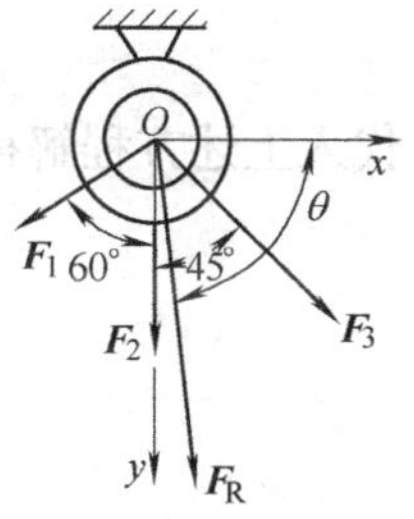

图 2-9

$$\begin{aligned} F_{Rx} &= F_{1x} + F_{2x} + F_{3x} \\ &= -F_1\sin60° + 0 + F_3\sin45° \\ &= 1.096\text{kN} \\ F_{Ry} &= F_{1y} + F_{2y} + F_{3y} \\ &= F_1\cos60° + F_2 + F_3\cos45° \\ &= 6.83\text{kN} \end{aligned}$$

由此求得合力 $\boldsymbol{F}_R$ 的大小及与 x 轴间的夹角为

$$F_R = \sqrt{F_{Rx}^2 + F_{Ry}^2} = 6.917\text{kN}$$

$$\theta = \arctan\left|\frac{F_{Ry}}{F_{Rx}}\right| = 80.88°$$

三、平面汇交力系平衡的解析条件

从前面知道，平面汇交力系平衡的必要与充分条件是力系的合力等于零。从式（2-10）得到

$$F_R = \sqrt{(\Sigma F_x)^2 + (\Sigma F_y)^2} = 0$$

即

$$\left.\begin{aligned} \Sigma F_x &= 0 \\ \Sigma F_y &= 0 \end{aligned}\right\} \tag{2-11}$$

由此可知，平面汇交力系平衡的必要与充分条件是力系中所有力在任选两个坐标轴上投影的代数和均为零。

式（2-11）是平面汇交力系平衡的解析条件，亦称为平面汇交力系的平衡方程。

例 2-5 平面刚架在 B 处受一水平力 $\boldsymbol{F}$ 作用，如图 2-10a 所示。A 处为固定铰支座，D 处为滚动铰支座，刚架自重不计，设 $F=20\text{kN}$，$l=8\text{m}$，$h=4\text{m}$，求 A、D 处的约束反力。

解： 刚架上受有力 $\boldsymbol{F}$ 作用，A、D 处有固定铰支座和滚动铰支座的约束反力，因而刚架受三力作用而处于平衡，力 $\boldsymbol{F}$ 与 $\boldsymbol{F}_{ND}$ 的作用线相交于 C 点，根据三力平衡汇交定理，$\boldsymbol{F}_A$ 的作用线必通过交点 C，指向按图示所设，受力图如图 2-10b 所示。建立坐标系 Axy，列平衡方程

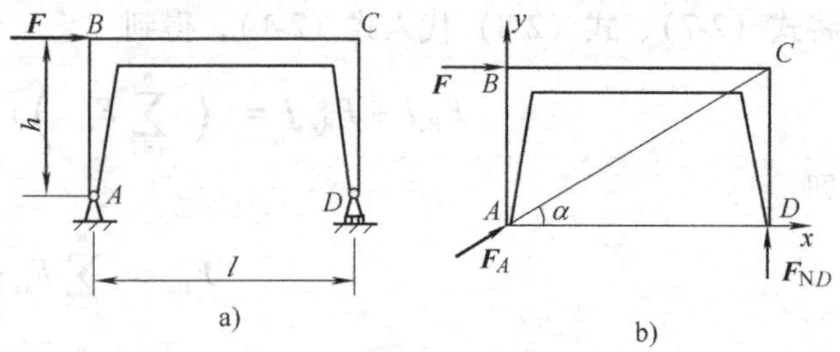

图 2-10

$$\Sigma F_x=0 \quad F+F_A\cos\alpha=0$$
$$\Sigma F_y=0 \quad F_{ND}+F_A\sin\alpha=0$$

由几何关系知道

$$\cos\alpha=2/\sqrt{5},\ \sin\alpha=1/\sqrt{5}$$

代入上述方程解得

$$F_{ND}=\frac{F}{2}=10\text{kN}$$

$$F_A=-\frac{\sqrt{5}}{2}F=-22.4\text{kN}$$

负号表示 $\boldsymbol{F}_A$ 的实际指向与图设指向相反。

例 2-6 匀质杆 AB 长 $2l$，置于半径为 r 的光滑半圆形凹槽内，如图 2-11a 所示。设 $2r>l>\sqrt{\frac{2}{3}}r$，求平衡时杆与水平线之间的夹角 α。

解： 取 AB 杆为研究对象，进行受力分析：AB 杆受重力 $\boldsymbol{W}$ 作用，A、D 处均为理想光滑面约束，其约束反力分别为 $\boldsymbol{F}_{NA}$、$\boldsymbol{F}_{ND}$，由于 $\boldsymbol{F}_{NA}$ 的作用线必过圆心 O 并与重力 $\boldsymbol{W}$ 的作用线交于 E 点，根据三力平衡汇交定理，$\boldsymbol{F}_{ND}$ 的作用线必过 E 点，受力图如图 2-11b 所示。

由几何关系可得

$$\overline{AE}\cos2\alpha=\overline{AC}\cos\alpha=\overline{AM}$$

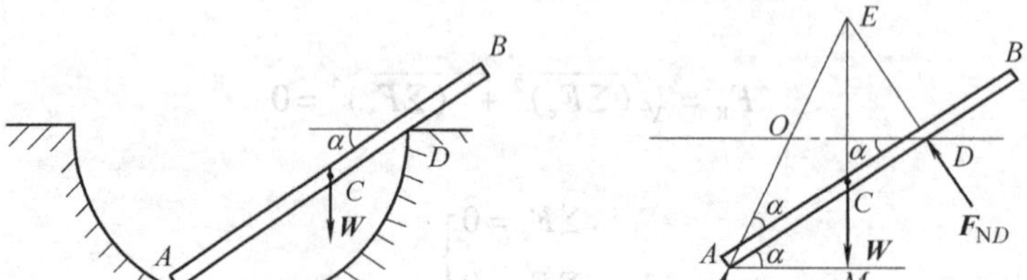

图 2-11

即 $$2r\cos2\alpha - l\cos\alpha = 0$$

将 $\cos2\alpha = 2\cos^2\alpha - 1$ 代入上式，得到

$$4r\cos^2\alpha - l\cos\alpha - 2r = 0$$

由上式可得

$$\cos\alpha = \frac{l \pm \sqrt{l^2 + 32r^2}}{8r}$$

取正号 $$\alpha = \arccos\frac{l + \sqrt{l^2 + 32r^2}}{8r}$$

例 2-7 铰接四杆机构 $ABCD$，由三根不计重量的直杆组成，如图 2-12a 所示。在销子 B 上作用一力 $\boldsymbol{F}_1$，销子 C 上作用一力 $\boldsymbol{F}_2$，方位如图所示。试求 F_1 与 F_2 的比值为多大时，机构才处于平衡状态。

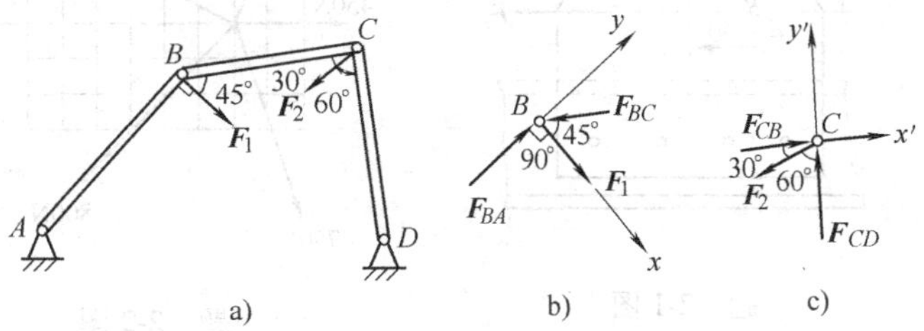

图 2-12

解：假定机构处于平衡状态，由题意可知，各杆均为二力杆件。

先取销子 B 为研究对象，其受力图如图 2-12b 所示。对 x 轴列平衡方程，有

$$\Sigma F_x = 0 \quad F_1 - F_{BC}\cos45° = 0 \tag{1}$$

解得 $$F_{BC} = F_1/\cos45°$$

再取销子 C 为研究对象，受力图如图 2-12c 所示。对 x'轴列平衡方程，有

$$\Sigma F'_x = 0 \quad F_{CB} - F_2\cos30° = 0 \tag{2}$$

解得 $$F_{CB} = F_2\cos30°$$

由于 BC 杆为二力杆，故 $F_{BC} = F_{CB}$，得到

$$F_1/\cos45° = F_2\cos30°$$

即 $$F_1/F_2 = \sqrt{6}/4$$

本题还可用几何法求解，请读者自行计算。

从上面例题可知，用解析法解题的步骤，前二步跟几何法一样，取研究对象，进行受力分析并画受力图。然后取坐标轴，列出平衡方程求解。应用解析法时，对指向未定的约束反力可先假设，再根据计算结果的正负号来判断所设指向是否与实际指向一致。正号表示所设指向与实际指向一致，负号表示与实际指向相反。

思考题

2-1 两个力在同一坐标轴的投影相等，此两个力是否相等？为什么？

2-2 用解析法求平面汇交力系的合力时，若取不同的直角坐标，所求得的合力是否相等？

2-3 用解析法求解平面汇交力系的平衡问题时，x 轴与 y 轴是否一定要相互垂直？当 x 轴与 y 轴不垂直时，建立的平衡方程能满足力系的平衡条件吗？

2-4 利用平面汇交力系的平衡条件可以求解多少个未知量？

2-5 平面汇交力系平衡的必要与充分条件是什么？

习　题

2-1　铆接薄板在孔心 A、B 和 C 处受三力作用，如图所示。已知，$F_1=100\text{N}$，沿铅垂方向；$F_3=50\text{N}$，沿水平方向，并通过 A 点；$F_2=50\text{N}$，力的作用线也通过 A 点。距离 AB 在水平和铅垂方向的投影分别为 6cm 和 8cm，求力系的合力。

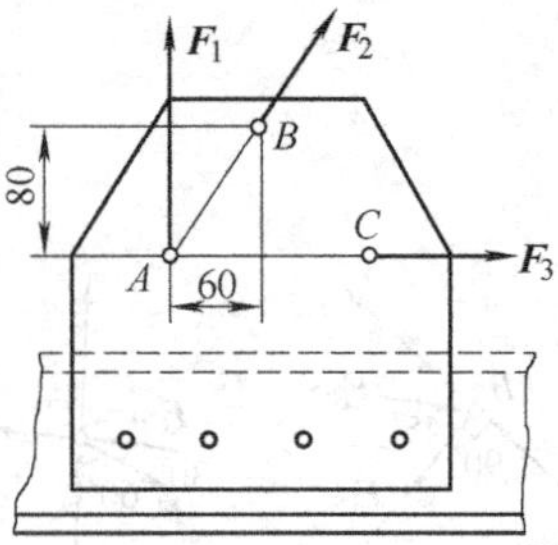

题　2-1 图

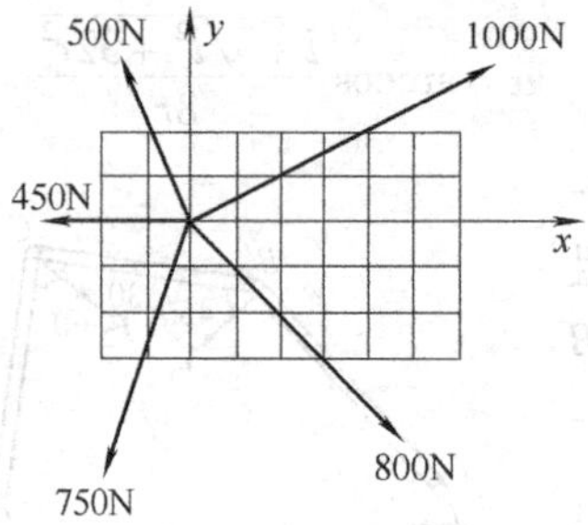

题　2-2 图

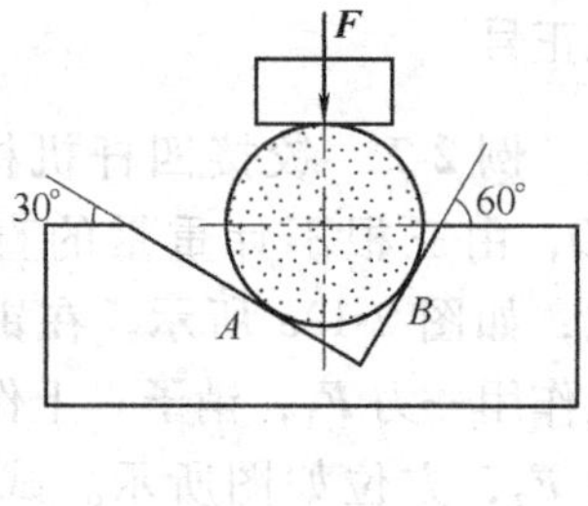

题　2-3 图

2-2　5 个力作用于一点，如图所示。图中方格的边长为 1cm，求力系的合力。

2-3　工件放在 V 形块内，如图所示。若已知压板夹紧力 $F=400\text{N}$，求工件对 V 形块的压力。

2-4　支架由 AB 与 AC 杆组成，A、B、C 三处均为铰接，A 点悬挂的重物受重力 W 作用。试求图示 4 种情况下 AB 及 AC 杆所受的力。

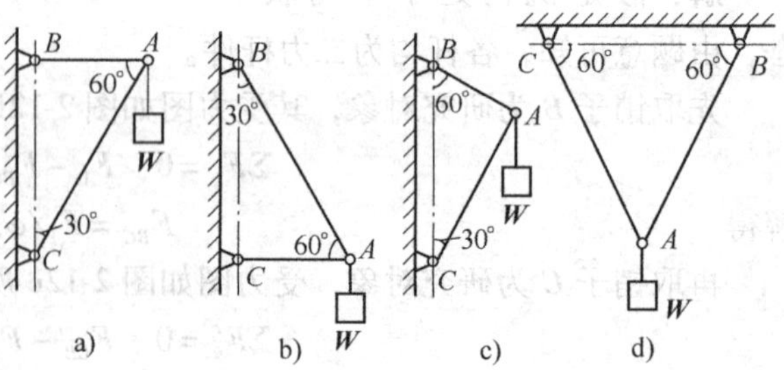

题　2-4 图

2-5　构件 $ABCD$ 受重力 $W=1\text{kN}$。其中构件 AB 与 CD 在 D 处铰接，B、C 两点均为固定铰链支座。如不计构件自重，试求构件 CD 所受的力与支座 B 处的约束反力。

2-6　电动机受重力 $W=5\,000\text{N}$，放在水平梁 AC 的中央，如图所示。梁的 A 端以铰链固定，另一端以撑杆 BC 支持，撑杆与水平梁的交角为 30°。若忽略梁和撑杆的重量，求撑杆 BC 的内力。

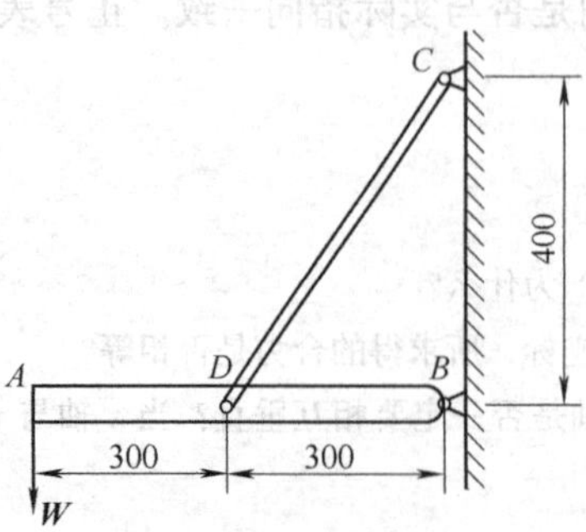

题　2-5 图

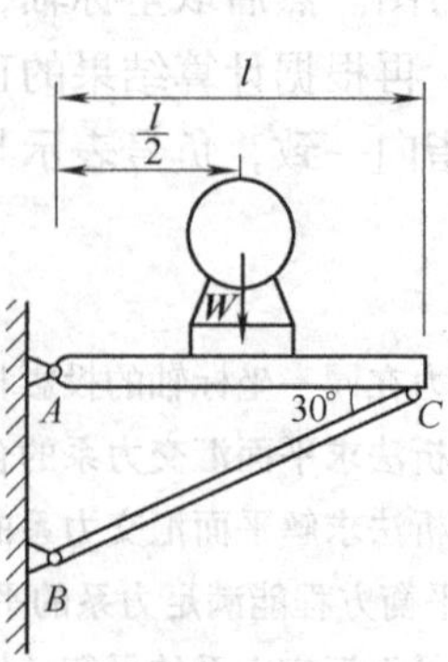

题　2-6 图

2-7 电缆盘受重力 $W=20\text{kN}$，直径 $D=1.2\text{m}$，要越过 $h=0.2\text{m}$ 的台阶，如图所示。试求作用的水平力 $\boldsymbol{F}$ 应多大？若作用力 $\boldsymbol{F}$ 方向可变，则求使缆盘能越过台阶的最小的力 $\boldsymbol{F}$ 的大小和方向。

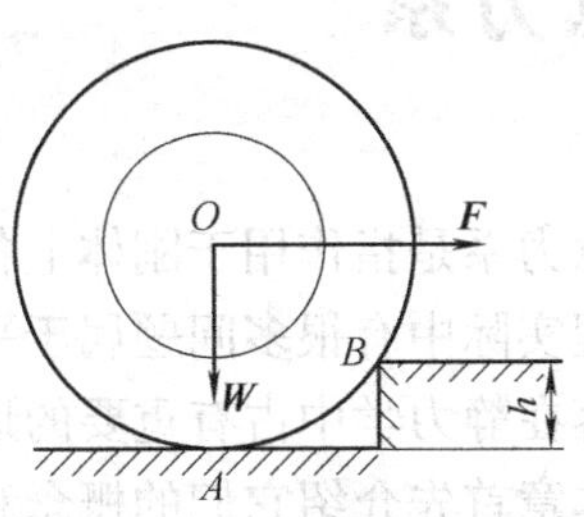

题 2-7 图

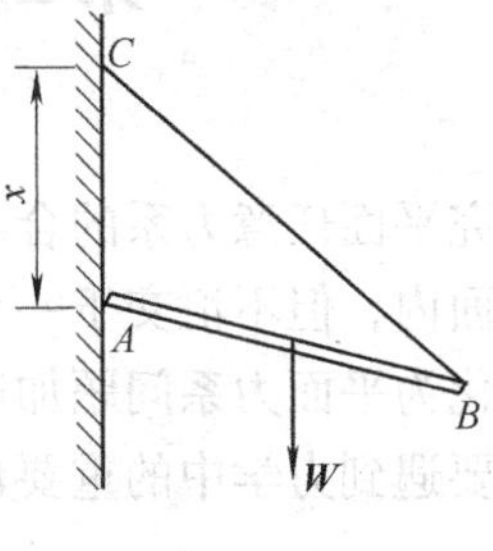

题 2-8 图

2-8 均质构件 AB，长为 l，重力为 $\boldsymbol{W}$，上端 A 靠于铅垂墙上，摩擦可忽略不计，下端 B 则用绳索 BC 吊住。设绳长为 a （$a>l$），试求 C 点在 A 点之上多大距离时，构件才能维持平衡？

2-9 均质构件 AB，长为 l，重力为 W_1，在 B 端用跨过定滑轮 C 的绳索吊起，绳索的末端挂有重 W_2 的重物。设 A、C 两点在同一铅垂线上，且 $AC=AB$。求平衡时 α 角为何值？

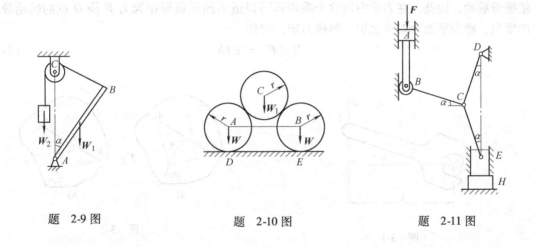

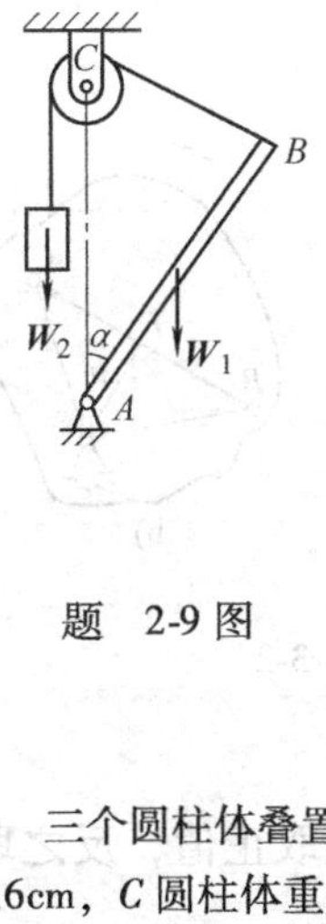

题 2-9 图

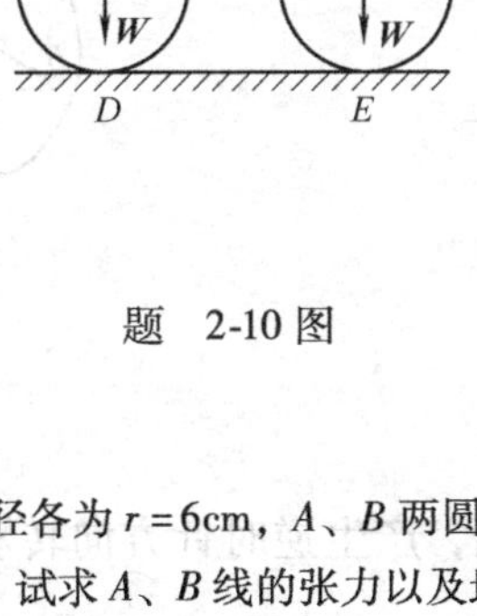

题 2-10 图

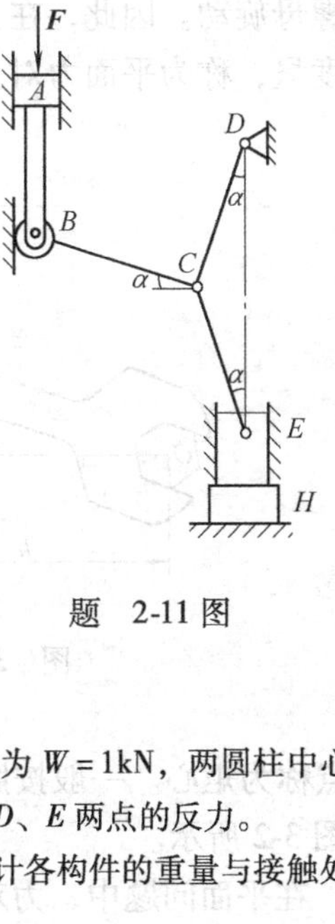

题 2-11 图

2-10 三个圆柱体叠置如图所示，半径各为 $r=6\text{cm}$，A、B 两圆柱体的重力为 $W=1\text{kN}$，两圆柱中心连线 $AB=16\text{cm}$，C 圆柱体重力为 $W_1=2\text{kN}$。试求 A、B 线的张力以及地面接触处 D、E 两点的反力。

2-11 图示液压式夹紧机构，若作用在活塞 A 上的力 $F=1\text{kN}$，$\alpha=10°$，不计各构件的重量与接触处的摩擦。试求工件 H 所受的压紧力。

第三章　平面任意力系

本章研究平面任意力系的合成与平衡问题。平面任意力系是指作用于刚体上各力的作用线在同一平面内，但不汇交于一点又不平行的力系。工程实际中有很多问题属于平面力系问题或可以简化为平面力系问题加以解决，所以本章的内容在静力学中占有重要的地位。在讲平面力系时要遇到力学中的重要概念——力矩和力偶，本章首先介绍它们的概念和有关力学性质。

第一节　平面力对点之矩

现以扳手紧松螺母为例来说明力矩的概念（见图 3-1)。力 $\boldsymbol{F}$ 作用于扳手的 A 端，使扳手绕 O 点（螺母中心）转动。由经验知道，紧松螺母，不仅与力 $\boldsymbol{F}$ 的大小有关，而且还与 O 点至力 $\boldsymbol{F}$ 作用线的垂直距离 h（称为力臂）有关。只有乘积 Fh 达到或超过某值时，才能使螺母旋动。因此，在力学中用这个乘积再冠以适当的正负号作为力 $\boldsymbol{F}$ 绕 O 点的转动效应的度量，称为平面力对点之矩，简称力矩，记作

$$M_O(\boldsymbol{F}) = \pm Fh \tag{3-1}$$

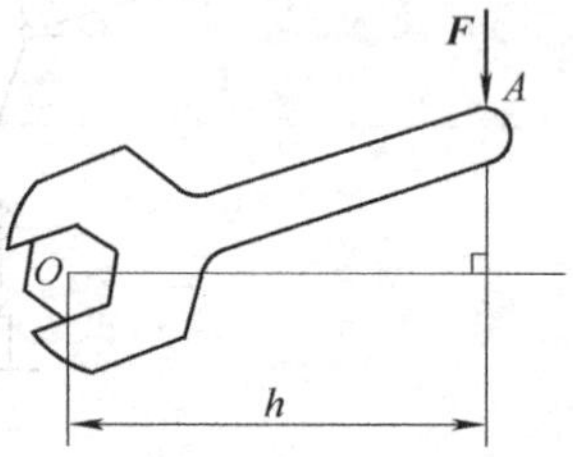

图　3-1

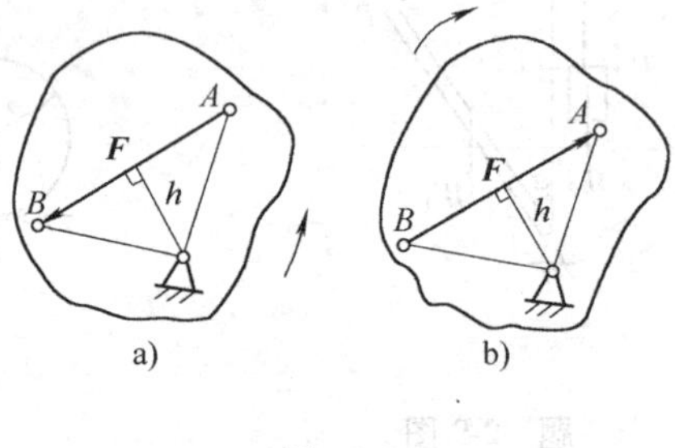

图　3-2

O 点称为矩心。一般按照右手规则，产生逆时针方向转动效应的力矩取正值，反之取负值，如图 3-2 所示。

在平面问题中，力对点之矩只需考虑力矩的大小及转向，因此力矩是标量。

力矩的单位为牛[顿]·米(N·m)或千牛·米(kN·m)。

力矩的大小还可以用以力 $\boldsymbol{F}$ 为底边，矩心 O 为顶点所组成的三角形面积的二倍来表示，即

$$M_O(\boldsymbol{F}) = \pm 2\triangle OAB\ 面积 \tag{3-2}$$

由此可知，当力 $\boldsymbol{F}$ 的作用线通过矩心时（$h=0$)，则力矩等于零。

例 3-1　一半径为 r 的带轮绕 O 转动，如已知紧边带拉力为 $\boldsymbol{F}_{T1}$，松边带拉力为 $\boldsymbol{F}_{T2}$，刹块压紧力为 $\boldsymbol{F}$，如图 3-3 所示。试求各力对转轴 O 之矩。

解：由于带拉力的作用线必沿带轮外缘的切线，故矩心 O 到 $\boldsymbol{F}_{T1}$、$\boldsymbol{F}_{T2}$作用线的垂直距离均为 r。而 $\boldsymbol{F}_{T1}$对 O 点的矩的转向为顺向转向，$\boldsymbol{F}_{T2}$为逆向转向，故有

$$M_O(\boldsymbol{F}_{T1}) = -F_{T1}r, M_O(\boldsymbol{F}_{T2}) = F_{T2}r$$

由于压紧力 $\boldsymbol{F}$ 的作用线通过 O 点，所以

$$M_O(\boldsymbol{F}) = 0$$

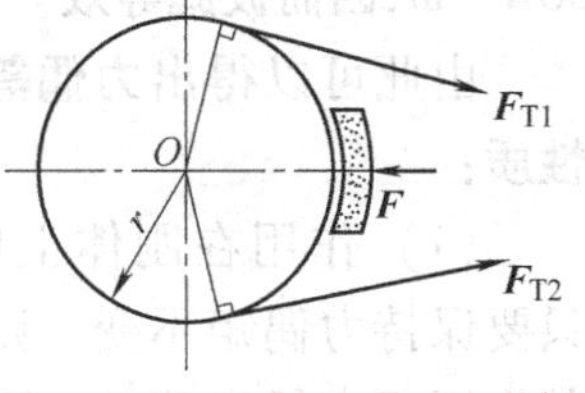

图 3-3

第二节　力　　偶

一、力偶的概念

由两个大小相等、方向相反、作用线平行而不重合的力组成的力系称为力偶。力偶能使刚体产生纯转动效应。它不可能与一个力等效，因而也就不能用一个力来平衡。例如，用两个手指拧动水龙头、用丝锥攻螺纹、转动转向盘等。力偶以（$\boldsymbol{F}$，$\boldsymbol{F}'$）表示，如图 3-4 所示。

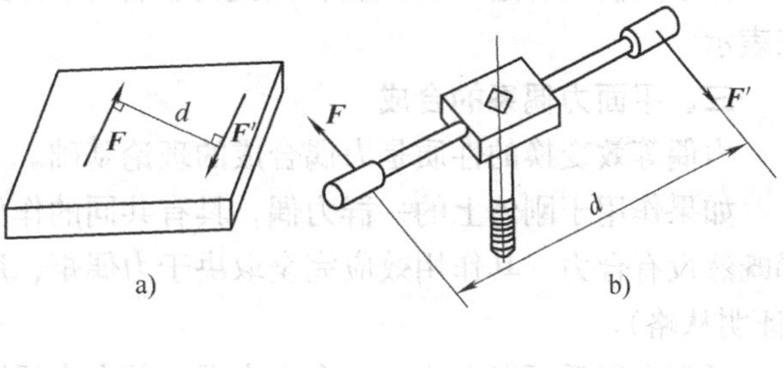

图 3-4

力偶对刚体产生的转动效应，以力偶矩 M 来度量，记作

$$M = \pm Fd \tag{3-3}$$

式中，F 为力偶中的一个力的大小，d 为两个力作用线间的垂直距离，称为力偶臂。两力作用线所组成的平面称为力偶的作用面。按右手规则，力偶使刚体作逆时针方向转动，则力偶矩取正值，反之取负值。对于平面力偶而言，力偶矩 M 可认为是标量。力偶矩的单位为 N · m 或 kN · m。**衡量力偶转动效应的因素有三个，即① 力偶矩的大小；② 力偶的转向；③ 力偶的作用面。**

二、力偶的性质

（1）力偶不能用一个力来替代，故力偶没有合力。但力偶对刚体产生转动效应，故又不是一个平衡力系。因此，要平衡一个力偶，必须用另一个力偶来平衡。

（2）力偶对其所在平面内任一点的矩都等于力偶矩，而与矩心位置无关。

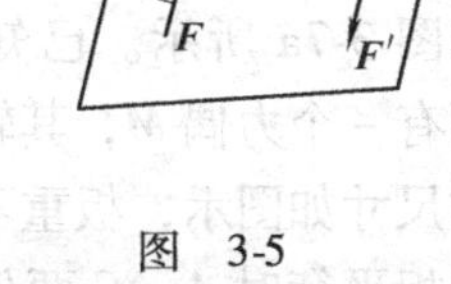

图 3-5

在如图 3-5 所示的力偶平面内任取一点 O 为矩心。设 O 点与力 F 的距离为 x，则力偶的两个力对于 O 点的矩之和为

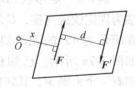

$$-Fx + F'(x + d) = -Fx + F(x + d) = Fd$$

由此可知，力偶对于刚体的转动效应完全决定于力偶矩，而与矩心位置无关。

（3）作用在刚体内同一平面上的两个力偶相互等效的条件是两者的力偶矩相等。

如图 3-6 所示的几个力偶，它们对刚体的转动效应的转向相同，其力偶矩大小均为 50N · m,因而彼此等效。

由此可以得出**力偶等效变换性质**：

（1）作用在刚体上的力偶，只要保持力偶矩不变，则可以在其作用面内任意移动，而不改变它对刚体的效应。

（2）作用在刚体上的力偶，只要保持力偶矩不变，则可以同时改变力偶中力的大小和力偶臂的长短，而不改变它对刚体的效应。

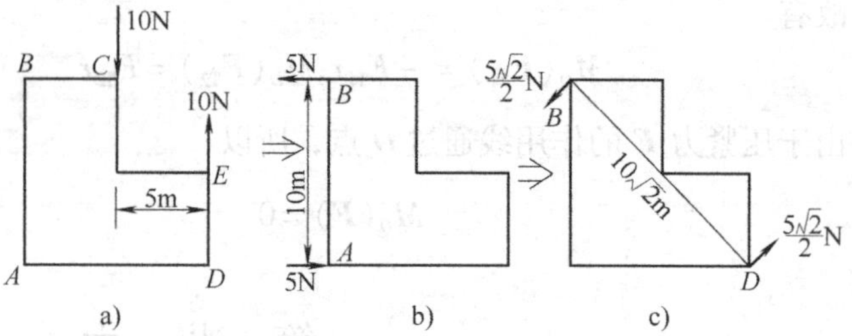

图 3-6

由于力偶具有这样的性质，因此力偶除了用力和力偶臂表示以外，也可以用力偶矩 M 来表示。

三、平面力偶系的合成

力偶等效变换的性质是力偶合成的理论基础。

如果作用于刚体上的一群力偶，具有共同的作用面，则称这一群力偶为平面力偶系。力偶既然没有合力，其作用效应完全取决于力偶矩，所以平面力偶系合成的结果是一个合力偶（证明从略）。

平面力偶系可以合成为一个合力偶，其合力偶矩等于力偶系中各力偶矩的代数和。即

$$M = M_1 + M_2 + \cdots + M_n = \Sigma M_i \tag{3-4}$$

四、平面力偶系的平衡条件

刚体上作用平面力偶系，如果力偶系中各力偶对刚体的作用效应互相抵消，即合力偶矩等于零，则刚体处于平衡状态；反之亦然。因而得到平面力偶系平衡的必要与充分条件是力偶系中各力偶的力偶矩的代数和等于零。即

$$\Sigma M_i = 0 \tag{3-5}$$

上式亦称为平面力偶系的平衡方程。

在实际问题中，所有作用力组成力偶系的情况并不多见，这些理论主要用来解决一般情况下力系的合成与平衡的问题。

例 3-2 矩形板 $ABCD$，A 端为固定铰链支座，C 端放置在倾角为 45° 的光滑斜面上，如图 3-7a 所示。已知板上作用有一个力偶 M，其转向和板的尺寸如图示，板重不计，试求板平衡时 A、C 两处的约束反力。

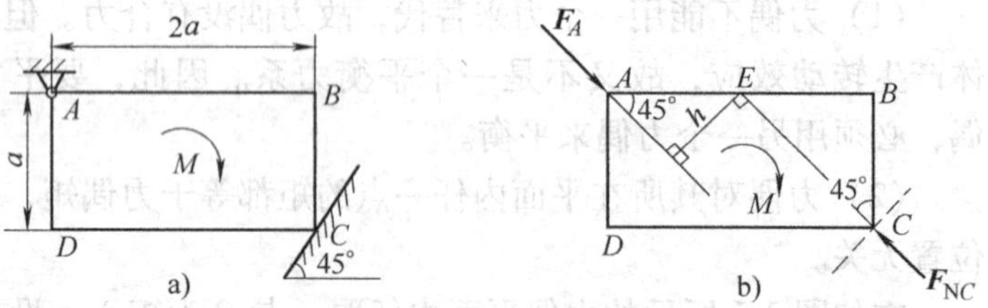

图 3-7

解：取矩形板 $ABCD$ 为研究对象。板上除受主动力偶 M 作用外，在 A、C 处均受到约束反力。由支座性质可知，C 处为光滑面约束，其约束反力 F_{NC} 应沿光滑面的法线方向且指向矩形板。A 处的约束力 F_A 的方位不定。但是板上只有一个力偶作用，而力偶只能与力偶平

衡，所以 $\boldsymbol{F}_A$ 与 $\boldsymbol{F}_{NC}$ 必定组成一个力偶，即 $\boldsymbol{F}_A=-\boldsymbol{F}_{NC}$。受力图见图 3-7b。

由平面力偶系的平衡条件得

$$\Sigma M_i=0 \quad F_{NC}h-M=0$$

式中

$$h=a\cos45^\circ=\frac{\sqrt{2}}{2}a$$

解得

$$F_{NC}=F_A=\frac{M}{h}=\sqrt{2}\frac{M}{a}$$

例 3-3 平衡轴齿轮变速箱，如图 3-8a 所示。已知输入力偶的力偶矩为 $M_1=1\text{kN}\cdot\text{m}$。输出力偶的力偶矩为 $M_2=2.5\text{kN}\cdot\text{m}$。$A$、$B$ 两处用螺栓固定。设 AB 间距离 $d=50\text{cm}$，箱体重量不计。试求螺栓 A、B 与支承面所受的力。

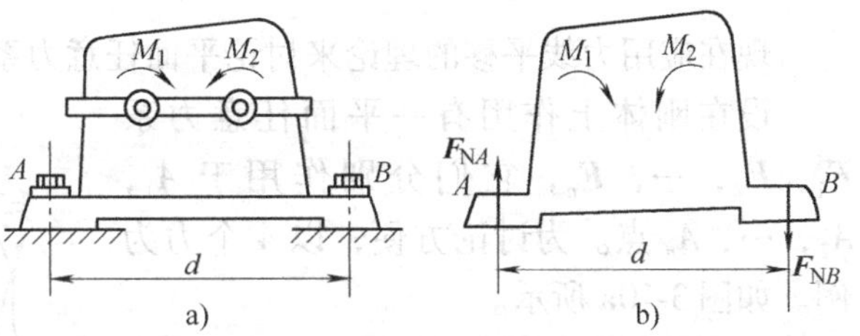

图 3-8

解： 取变速箱为研究对象。作用于变速箱上有两个力偶，其力偶矩分别为 M_1 与 M_2，还受螺栓与支承面的约束反力 $\boldsymbol{F}_{NA}$、$\boldsymbol{F}_{NB}$，按力偶的平衡条件，$\boldsymbol{F}_{NA}$ 与 $\boldsymbol{F}_{NB}$ 必定组成一力偶，即 $\boldsymbol{F}_{NA}=-\boldsymbol{F}_{NB}$，受力图如图 3-8b 所示。这样变速箱在三个力偶作用下处于平衡。

由于 $|M_2|>|M_1|$，可判断箱体有逆时针方向转动趋势，故 $\boldsymbol{F}_{NA}$、$\boldsymbol{F}_{NB}$ 组成一力偶必定是顺时针方向以平衡 M_1 与 M_2 的合力偶。

由平面力偶系的平衡条件

$$\Sigma M_i=0 \quad M_2-M_1-F_{NA}d=0$$

解得

$$F_{NA}=F_{NB}=\frac{M_2-M_1}{d}=\frac{2.5-1}{0.5}\text{kN}=3\text{kN}$$

根据作用与反作用定律，A 处支承面受压力，B 处螺栓受拉力，大小均为 3kN。

第三节　力线平移定理

欲将作用于刚体上 A 点的力 $\boldsymbol{F}$ 平移至任一指定点 O，可根据公理二，在 O 点加上一对与原力 $\boldsymbol{F}$ 相平行的平衡力 $\boldsymbol{F}'$、$\boldsymbol{F}''$，且使 $F'=-F''=F$，如图 3-9 所示。这样不改变原来的力 $\boldsymbol{F}$ 对刚体的效应。显然可将这三个力看作一个作用于 O 点的力 $\boldsymbol{F}'$ 与由（$\boldsymbol{F}'$，$\boldsymbol{F}''$）所组成的力偶，这个力偶称为附加力偶。其力偶矩等于原作用力 $\boldsymbol{F}$ 对 O 点之矩，即

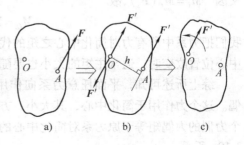

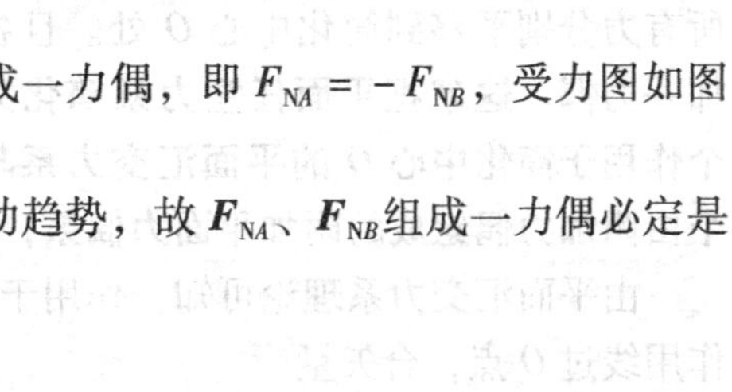

图 3-9

$$M = M_O(\boldsymbol{F}) = Fh$$

由此可以得到：**当一个力的作用线平移至任意指定点时，欲不改变原力对刚体的效应，必须附加一个力偶，其力偶矩等于原力对该指定点的矩。这就是力线平移定理。**

力线平移定理在理论和实际应用方面都具有重要意义，它不仅是力系向一点简化的理论依据，而且还可以直接用来分析和解决许多工程实际中的力学问题。这个定理适用于刚体静力学，而对于研究力的内效应的变形体力学，一般并不适用，只有当不影响变形体在原力作用下的变形条件时，才可应用。

第四节　平面任意力系向已知点的简化　力系的主矢和主矩

现在应用力线平移的理论来讨论平面任意力系向已知点简化的问题。

设在刚体上作用有一平面任意力系 $\boldsymbol{F}_1$，$\boldsymbol{F}_2$，…，$\boldsymbol{F}_n$，它们分别作用于 A_1，A_2，…，A_n 点。为讨论方便，以 4 个力为例。如图 3-10a 所示。

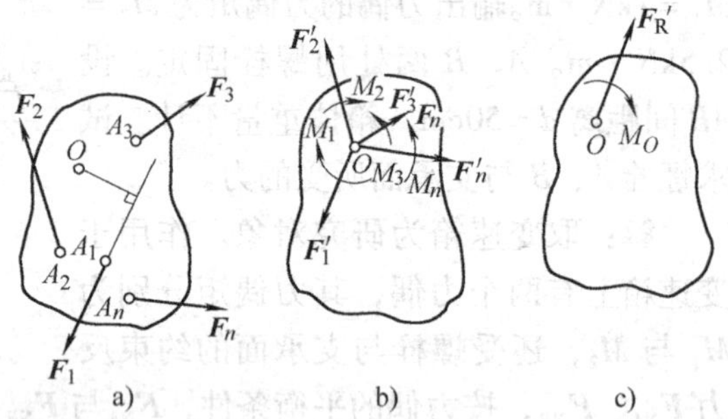

图　3-10

在力系所在的平面内任取一点 O 作为简化中心。应用力线平移定理，将力系中所有力分别平移到简化中心 O 处。且各附加一力偶。**这就把平面任意力系简化为一个作用于简化中心 O 的平面汇交力系与一个由附加力偶组成的附加平面力偶系**，如图 3-10b 所示。

由平面汇交力系理论可知，作用于简化中心 O 的平面汇交力系可合成为一个力 $\boldsymbol{F}'_R$，其作用线过 O 点，合矢量

$$\boldsymbol{F}'_R = \Sigma \boldsymbol{F}'_i$$

又因　$\boldsymbol{F}_i = \boldsymbol{F}'_i$，故

$$\boldsymbol{F}'_R = \Sigma \boldsymbol{F}_i \tag{3-6}$$

我们把原力系的矢量和称为主矢，显然，它与简化中心的位置无关。

由平面力偶系理论可知，附加平面力偶系一般可以合成为一合力偶，其合力偶矩等于各力偶矩的代数和，即

$$M_O = \Sigma M_i$$

又因　$M_i = M_O(\boldsymbol{F}_i)$，故

$$M_O = \Sigma M_i = \Sigma M_O(\boldsymbol{F}_i) \tag{3-7}$$

我们把力系中所有力对简化中心之矩的代数和称为力系对于简化中心的主矩。显然，当简化中心位置改变时，通常主矩的大小也要随之改变。

综上所述可知，平面任意力系向作用面内任一点简化，一般可以得到一个力和一个力偶。这个力作用于简化中心，其大小、方向等于力系的主矢，并与简化中心的位置无关；这个力偶的力偶矩等于原力系对简化中心的主矩，其大小、转向与简化中心的位置有关，如图 3-10c 所示。

我们可以应用上述理论来分析固定端（或插入端）约束及其反力。当梁的一端插入墙

内使梁既不能移动又不能转动时，这类约束称为固定端（或插入端）约束，如图 3-11a 所示。

当梁插入墙内时，墙对梁的作用力分布于梁端插入部分表面，这些力的大小、方向均未确定。如在平面问题中，可以将这些力看作平面任意力系。根据力系的简化理论，可将力系向某一点简化，用一个力与一个力偶来替代，如图 3-11b、c 所示。

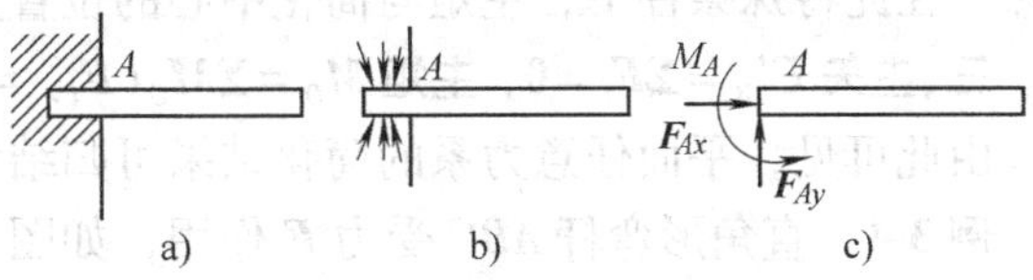

图 3-11

第五节 简化结果的讨论 合力矩定理

平面任意力系向一点简化，一般可以得到一个力和一个力偶，如进一步分析简化结果，则有下列情况：

一、简化为一合力的情况，合力矩定理

简化为合力的情况有下列两种

(1) 主矢 $\boldsymbol{F}'_R=\Sigma\boldsymbol{F}_i\neq0$，主矩 $M_C=\Sigma M_C(\boldsymbol{F}_i)=0$ 的情况，力系简化为一个合力。即合力作用线过简化中心，大小和方向由 $\boldsymbol{F}'_R=\Sigma\boldsymbol{F}_i$ 决定。

(2) 主矢 $\boldsymbol{F}'_R=\Sigma\boldsymbol{F}_i\neq0$，主矩 $M_O=\Sigma M_O(\boldsymbol{F}_i)\neq0$ 的情况，如图 3-12a 所示。因为力与力偶位于同一平面上，在附加力偶保持其力偶矩 M_O 不变的条件下，将力偶矩为 M_O 的力偶用 $\boldsymbol{F}_R$ 和 $\boldsymbol{F}''_R$ 两个力来表示，使 $F_R=-F''_R=F'_R$（图 3-12b），去掉一对平衡力 $\boldsymbol{F}'_R$ 和 $\boldsymbol{F}''_R$，剩下一个过 A 点的力 $\boldsymbol{F}_R$，这个力就是力系的合力。合力的大小和方向与主矢相同，合力的作用线到原简化中心的距离为

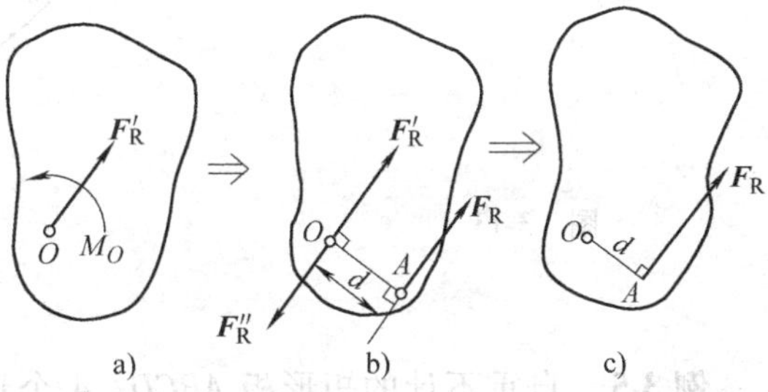

图 3-12

$$d=\left|\frac{M_O}{F'_R}\right| \tag{3-8}$$

如图 3-12c 所示。

力偶矩 M_O 的转向不同，合力的位置有何变化？这个问题请读者思考。

由式（3-8）可以得到：$F_Rd=M_O$，其中 F_Rd 表示合力 $\boldsymbol{F}_R$ 对简化中心之矩，即 $M_O(\boldsymbol{F}_R)=F_Rd$，又 $M_O=\Sigma M_O(\boldsymbol{F}_i)$，所以有

$$M_O(\boldsymbol{F}_R)=\Sigma M_O(\boldsymbol{F}_i) \tag{3-9}$$

这就是平面任意力系情况下的**合力矩定理，即平面任意力系可以合成为一合力时，则其合力对于作用面内任一点之矩等于力系中所有力对于同一点之矩的代数和。**

二、简化为一合力偶的情况

主矢 $F'_R=\Sigma F_i=0$，主矩 $M_O=\Sigma M_O(F_i)\neq 0$，力系简化为一合力偶。其合力偶矩等于原力系的主矩。此时，不论力系向哪一点简化，力系的合成结果都是一个力偶矩不变的力偶。显然，在此特殊条件下，主矩与简化中心的位置无关。

三、主矢 $F'_R=\Sigma F_i=0$，主矩 $M_O=\Sigma M_O(F_i)=0$ 的情况，此为力系的平衡，将在下节讨论

由此可见，平面任意力系的简化结果可归结为：合力、合力偶或平衡这三种情况。

例 3-4 直角形弯杆 ABC 受力 F 作用，如图 3-13 所示，试求 F 对 A 点之矩。

解：本题用力矩的定义求解即直接计算力臂 h 的方法显得繁琐。可应用合力矩定理。将 F 分解为两个正交分力 F_x 与 F_y，则有

$$
\begin{aligned}
M_A(F)&=M_A(F_x)+M_A(F_y)\\
&=F_xa-F_yb=Fa\cos\theta-Fb\sin\theta\\
&=F(a\cos\theta-b\sin\theta)
\end{aligned}
$$

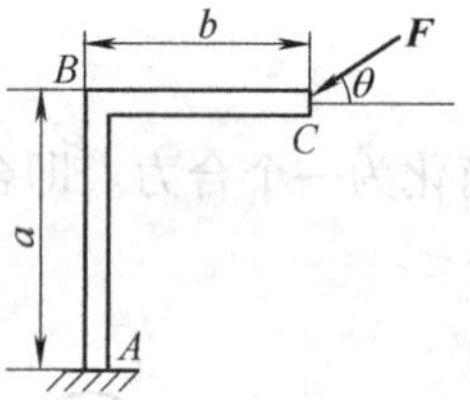

图 3-13

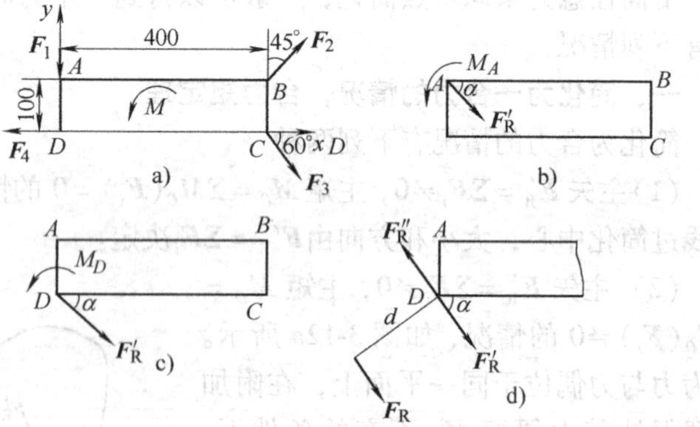

图 3-14

例 3-5 自重不计的矩形板 $ABCD$，4 个顶点分别作用有力 $F_1=2\text{kN}$，$F_2=3\text{kN}$，$F_3=3\text{kN}$，$F_4=2\text{kN}$，方位如图 3-14a 所示。板上还作用一力偶，其力偶矩 $M=1\text{kN}\cdot\text{m}$。试求：（1）力系分别向 A、D 两点的简化结果。（2）简化的最后结果。

解：（1）力系向 A 点简化，取坐标轴如图所示，有

$$F'_{Rx}=\Sigma F_x=F_2\cos45°+F_3\cos60°-F_4=1.62\text{kN}$$

$$F'_{Ry}=\Sigma F_y=-F_1+F_2\sin45°-F_3\sin60°=-2.48\text{kN}$$

$$F'_R=\sqrt{F'^2_{Rx}+F'^2_{Ry}}=2.96\text{kN}$$

$$\tan\alpha=\left|\frac{F'_{Ry}}{F'_{Rx}}\right|=\frac{2.48}{1.62}=1.53$$

$$\alpha=56.8°$$

根据主矩表达式 $M_A=\Sigma M_A$（F_i）有

$$
\begin{aligned}
M_A=\Sigma M_A(F_i)=F_1\cdot 0\text{m}+F_2\sin45°\times0.4\text{m}+\\
F_3\cos60°\times0.1\text{m}-F_3\sin60°\times0.4\text{m}-F_4\times0.1\text{m}+M
\end{aligned}
$$

$$=0.76\text{kN}\cdot\text{m}$$

简化结果如图 3-14b 所示。

力系向 D 点简化，由于主矢与简化中心的位置无关。则 $\boldsymbol{F}'_{\mathrm{R}}$是不变的。而主矩为

$$M_D=\Sigma M_D(\boldsymbol{F}_i)=F_1\cdot 0\text{m}+F_2\sin45°\times0.4\text{m}-F_2\cos45°\times 0.1\text{m}-F_3\sin60°\times0.4\text{m}+M=0.579\text{kN}\cdot\text{m}$$

简化结果如图 3-14c 所示。

(2) 由于力系合成的最后结果，不论简化中心取 A 点或 D 点，都是为合力的情况。我们可以选择向 D 点的简化结果讨论，由式（3-8）知

$$d=M_D/F'_{\mathrm{R}}=\frac{0.597}{2.96}\text{m}=0.202\text{m}$$

这样得到一合力 $\boldsymbol{F}_{\mathrm{R}}$，其大小等于 F'_{R}，方位作用线离开 D 点距离 $d=0.202\text{m}$，如图 3-14d 所示。

取 A 点情况一样，请读者自行计算与分析。

第六节　平面任意力系的平衡条件　平衡方程

由上面知道，平面任意力系简化的结果，不外乎是合力、合力偶或平衡三种情况。如果力系平衡，则主矢 $\boldsymbol{F}'_{\mathrm{R}}=\Sigma\boldsymbol{F}_i$ 与主矩 $M_O=\Sigma M_O(\boldsymbol{F}_i)$必定等于零。反之，如 $\boldsymbol{F}'_{\mathrm{R}}=\Sigma\boldsymbol{F}_i\neq0$，$M_O=\Sigma M_O(\boldsymbol{F}_i)\neq0$，则根据上面的讨论，力系一定处于不平衡状态。于是得到：**平面任意力系平衡的必要与充分条件为力系的主矢与对任意点的主矩都等于零。**即

$$\Sigma\boldsymbol{F}_i=0\quad\Sigma M_O(\boldsymbol{F}_i)=0$$

建立直角坐标系 Oxy，并将上式写成投影式

$$\left.\begin{aligned}\Sigma F_x&=0\\ \Sigma F_y&=0\\ \Sigma M_O(\boldsymbol{F}_i)&=0\end{aligned}\right\}\tag{3-10}$$

因此，平面任意力系平衡的必要与充分条件是力系中所有力在任选两个坐标轴上的投影的代数和以及对作用面内任一点的矩的代数和都等于零。

式（3-10）称为平面任意力系的平衡方程，它有两个投影式和一个力矩式，共有三个独立方程，因此只能求出三个未知量。

应当指出，投影轴与矩心是可以任意选取的。在实际应用时，选取投影轴应尽可能使每一投影方程中只含一个未知数，而矩心则选在未知数最多的交点上。因为式（3-10）中仅有一个力矩方程式，故又称为一矩式。

虽然通过矩心与投影轴的恰当选取可使运算简化一些，但有时仍不可避免解联立方程。因此，为了简化运算，还要适当选择平衡方程的形式。除一矩式外，平衡方程还有以下两种形式。

(1)
$$\left.\begin{aligned}\Sigma F_x&=0\\ \Sigma M_A(\boldsymbol{F}_i)&=0\\ \Sigma M_B(\boldsymbol{F}_i)&=0\end{aligned}\right\}\tag{3-11}$$

式（3-11）称为二矩式。但应用时必须注意，**公式中的投影轴 x 不能与所选两个矩心点 A、B 的连线相垂直。**

$$(2)\qquad \left.\begin{aligned}\Sigma M_A(\boldsymbol{F}_i)=0\\ \Sigma M_B(\boldsymbol{F}_i)=0\\ \Sigma M_C(\boldsymbol{F}_i)=0\end{aligned}\right\}\qquad(3\text{-}12)$$

式（3-12）称为三矩式。**其限制条件是 $\boldsymbol{A}$、$\boldsymbol{B}$、$\boldsymbol{C}$ 三点不共线。**

式（3-11）表明，力系分别向 A、B 点简化，既满足 $\Sigma M_A(\boldsymbol{F}_i)=0$，又满足 $\Sigma M_B(\boldsymbol{F}_i)=0$，则力系不可能简化为一合力偶，只可能简化为一个通过 A、B 两点的合力 $\boldsymbol{F}_{\mathrm{R}}$。但因力系又满足方程 $\Sigma F_x=0$，且 x 轴与 A、B 连线并不垂直，说明这个合力必等于零而力系平衡。因此必须附加这个限制条件：A、B 连线与 x 轴不垂直。

三矩式的论证请读者自行分析。

例 3-6 加料车的载荷与车受重力 $W=240\mathrm{kN}$，重心在 C 点，钢绳平行于倾角 $\alpha=55°$ 的斜面，如图 3-15a 所示。已知 $a=1\mathrm{m}$，$b=1.4\mathrm{m}$，$e=1\mathrm{m}$，$d=1.4\mathrm{m}$，摩擦不计。试求平衡时钢绳的拉力与 A、B 两处所受斜面的约束反力。

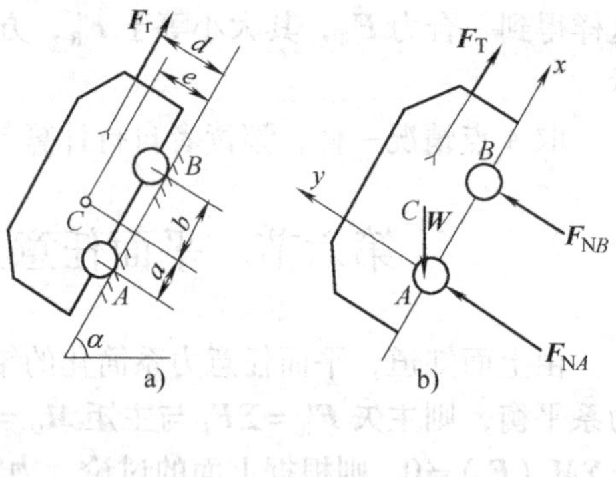

图 3-15

解：以料车为研究对象。料车受重力 $\boldsymbol{W}$、钢绳的拉力 $\boldsymbol{F}_{\mathrm{T}}$ 及 A、B 处约束反力 $\boldsymbol{F}_{\mathrm{NA}}$、$\boldsymbol{F}_{\mathrm{NB}}$，画出受力图，如图 3-15b 所示。这 4 个力组成一平面任意力系。建立直角坐标系 Axy，列平衡方程。

$$\Sigma F_x=0\qquad F_{\mathrm{T}}-W\sin\alpha=0$$

得到

$$F_{\mathrm{T}}=W\sin\alpha=196.6\mathrm{kN}$$

$$\Sigma M_A(\boldsymbol{F})=0\qquad F_{\mathrm{NB}}(a+b)+W\sin\alpha\cdot e-W\cos\alpha\cdot a-F_{\mathrm{T}}d=0$$

得到

$$F_{\mathrm{NB}}=\frac{a\cos\alpha+(d-e)\sin\alpha}{a+b}W=90\mathrm{kN}$$

$$\Sigma F_y=0\qquad F_{\mathrm{NA}}+F_{\mathrm{NB}}-W\cos\alpha=0$$

得到

$$F_{\mathrm{NA}}=W\cos\alpha-F_{\mathrm{NB}}=47.7\mathrm{kN}$$

例 3-7 起重机架受重力 $W_1=10\mathrm{kN}$，可绕铅垂轴 AB 转动，起重机吊钩上挂有重物其重力为 $W_2=40\mathrm{kN}$，如图 3-16a 所示。已知 $a=1.5\mathrm{m}$，$b=3.5\mathrm{m}$，$l=5\mathrm{m}$。试求平衡时轴承 A 与推力轴承 B 处的约束反力。

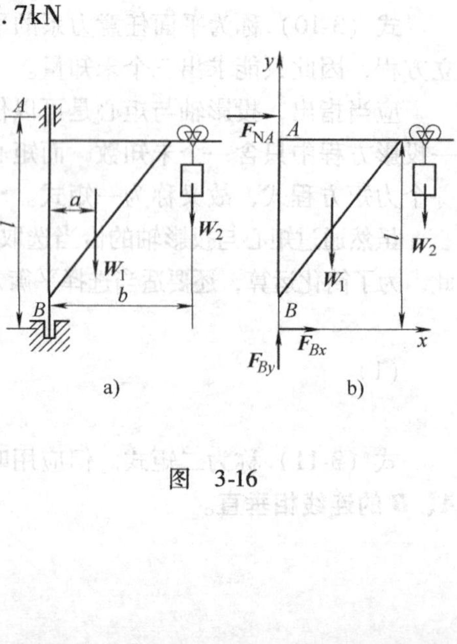

图 3-16

解：取起重机为研究对象。进行受力分析，起重机受有机架的重力 $\boldsymbol{W}_1$ 及重物的重力 $\boldsymbol{W}_2$ 的作用，在 A 处受轴承约束，其约束反力为 $\boldsymbol{F}_{\mathrm{NA}}$，$B$ 处受止推力轴承约束，其约束反力为 $\boldsymbol{F}_{Bx}$、$\boldsymbol{F}_{By}$。其指向均假设沿轴的正向。受力图如图 3-16b 所示。由于以上各力组成平面任意力系，故有

$$\Sigma M_B(\boldsymbol{F}_i)=0 \qquad -F_{NA}l-W_1a-W_2b=0$$

所以
$$F_{NA}=-\frac{W_2b+W_1a}{l}=-31\text{kN}$$

$$\Sigma F_x=0 \qquad F_{NA}+F_{Bx}=0$$

所以
$$F_{Bx}=-F_{NA}=31\text{kN}$$

$$\Sigma F_y=0 \qquad F_{By}-W_1-W_2=0$$

所以
$$F_{By}=W_1+W_2=50\text{kN}$$

所得 F_{Ax}、F_{By}的结果是正值，说明原设指向是真实的，而 F_{NA}是负值，说明所设指向与实际相反。

例 3-8 悬臂梁 AB，尺寸与受载情况如图 3-17a 所示，已知 $\boldsymbol{F}$、q、M、α、l，试求支座 A 处的约束反力。

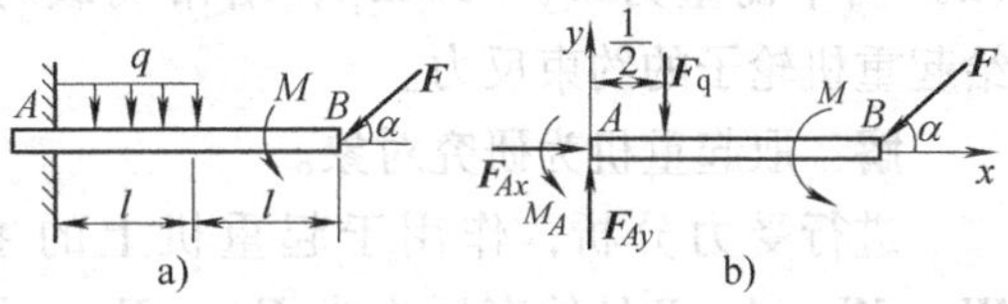

图 3-17

解： 取悬臂梁 AB 为研究对象。进行受力分析，梁 AB 上受集中力 $\boldsymbol{F}$，分布载荷 q，集中力偶 M 作用。A 处为固定端支座，其约束反力为 $\boldsymbol{F}_{Ax}$、$\boldsymbol{F}_{Ay}$，约束反力偶矩为 M_A。

在求解支反力时，分布载荷可以集中载荷来替代，其大小 $F_q=ql$，作用线通过均布载荷的形心。受力图见图 3-17b 所示。

建立坐标系，列平衡方程式

$$\Sigma F_x=0 \qquad F_{Ax}-F\cos\alpha=0$$

所以
$$F_{Ax}=F\cos\alpha$$

$$\Sigma F_y=0 \qquad F_{Ay}-F_q-F\sin\alpha=0$$

所以
$$F_{Ay}=ql+F\sin\alpha$$

$$\Sigma M_A(F)=0 \qquad M_A-F_q\frac{l}{2}+M-F\sin\alpha\cdot 2l=0$$

所以
$$M_A=\frac{1}{2}ql^2+2Fl\sin\alpha-M$$

由解题可知：① 力偶在投影形式的方程式中不出现；② 在矩形式方程中不论矩心取何点，力偶矩直接写入方程中。

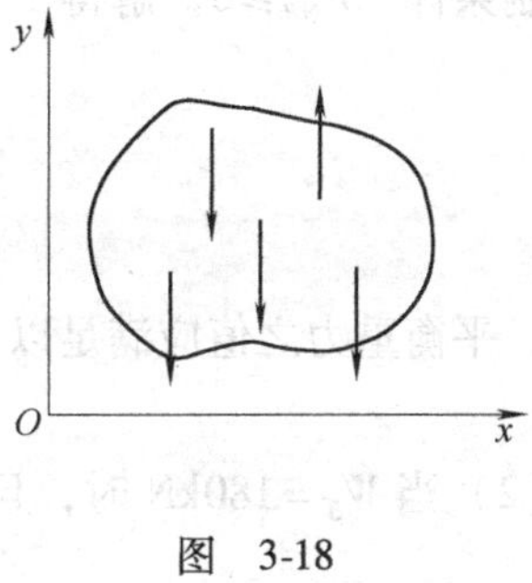

图 3-18

如果平面力系中，各力的作用线互相平行，则称为平面平行力系。我们取坐标轴中 x 轴与所有力的作用线垂直，y 轴与之平行，如图 3-18 所示。由平面任意力系的平衡方程式（3-10）、式（3-11）可知，$\Sigma F_x=0$ 自然满足，因此平行力系独立的平衡方程只有两个。即

$$\left.\begin{aligned}\Sigma F_y=0\\ \Sigma M_O(\boldsymbol{F})=0\end{aligned}\right\} \tag{3-13}$$

其中，y 轴不垂直于各力。或

$$\left.\begin{aligned}\Sigma M_A(\boldsymbol{F})=0\\ \Sigma M_B(\boldsymbol{F})=0\end{aligned}\right\} \tag{3-14}$$

其中 A、B 连线不平行于各力。

例 3-9 塔式起重机如图 3-19 所示。已知机架受重力 $W_1=700\text{kN}$，作用线通过塔架中心。最大起重力为 $W_2=200\text{kN}$，吊臂长为 $a=12\text{m}$，平衡臂长为 $b=a/2$，轨道 AB 的间距为 $l=4\text{m}$，设平衡重力为 W_3。试求：（1）欲使起重机在满载和空载时不倾倒，确定平衡重力 W_3 之值；（2）当平衡重力 $W_3=180\text{kN}$，塔吊满载时，轨道 A、B 给起重机轮子的约束反力。

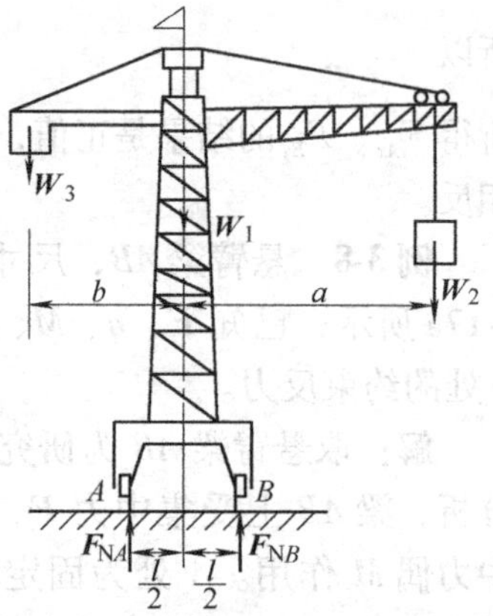

图 3-19

解：取起重机为研究对象。

进行受力分析，作用于起重机上的主动力为 $\boldsymbol{W}_1$、$\boldsymbol{W}_2$、$\boldsymbol{W}_3$，A、B 处约束反力为 $\boldsymbol{F}_{NA}$、$\boldsymbol{F}_{NB}$，组成一平面平行力系。受力图如图 3-19 所示。

（1）当满载时，起重机不向右翻倒，必须满足平衡方程

$$\Sigma M_B(\boldsymbol{F})=0$$

$$W_3\left(b+\frac{l}{2}\right)+W_1\frac{l}{2}-F_{NA}l-W_2\left(a-\frac{l}{2}\right)=0$$

和限制条件　$F_{NA}\geqslant 0$。解得

$$W_3\geqslant\frac{W_2\left(a-\frac{l}{2}\right)-W_1\frac{l}{2}}{\left(b+\frac{l}{2}\right)}=75\text{kN}$$

当空载时，起重机不向左翻倒，则必须满足平衡方程

$$\Sigma M_A(\boldsymbol{F})=0$$

$$W_3\left(b-\frac{l}{2}\right)-W_1\frac{l}{2}+F_{NB}l=0$$

和限制条件　$F_{NB}\geqslant 0$。解得

$$W_3\leqslant\frac{W_1\frac{l}{2}}{\left(b-\frac{l}{2}\right)}=350\text{kN}$$

因此，平衡重力之值应满足以下的关系，才使塔吊安全工作而不致翻倒：

$$75\text{kN}\leqslant W_3\leqslant 350\text{kN}$$

（2）当 $W_3=180\text{kN}$ 时，且满载 $W_2=200\text{kN}$ 时，列平衡方程

$$\Sigma M_A(\boldsymbol{F})=0$$

$$W_3\left(b-\frac{l}{2}\right)-W_1\frac{l}{2}-W_2\left(a+\frac{l}{2}\right)+F_{NB}l=0$$

$$\Sigma F_y=0$$

$$F_{NA}+F_{NB}-W_1-W_2-W_3=0$$

解上述方程得到

$$F_{NA}=210\text{kN},\ F_{NB}=870\text{kN}$$

第七节 物体系统的平衡 静定与静不定的概念

工程中经常遇到不是单个物体而是几个物体所组成的构件，如组合梁、杆件结构、多铰拱架等。由若干个物体所组成的系统称为物体系统（简称物系）。研究物系的平衡问题具有重要的意义。

在系统平衡时，组成系统的各物体之间存在一定关系。为此我们将作用于系统上的力称为系统的外力，系统内各物体之间的相互作用力，称为系统的内力。我们知道，内力总是成对出现的，因而在考虑整个系统平衡时，可以不考虑。必须注意：内力与外力是随研究对象不同而转化的。同一个力在考虑某些物体时是外力，而在考虑另一些物体时可能成为内力。

在研究物系平衡问题时，组成物系的每一个物体或其中某一部分物体都应是平衡的。有时需要求出系统受到的未知力，有时也需要求出物体之间相互作用的内约束力。这样往往要将某些物体分离开来单独进行研究，才能求出所有的未知力。对每一个物体而言，按其受力情况列出平衡方程。假定系统由 n 个物体组成，其所能列出的独立方程的数目，一般说来，等于系统中每一物体的平衡方程数目的总和。这也决定了可以解出未知力的数目。这些未知数中，显然应包含系统内力的未知数。

如果所求的未知力的数目等于独立平衡方程的数目，则可以解出全部未知力。这在力学中称为静定问题。刚体静力学只能讨论静定问题。如果未知力的数目超过独立平衡方程的数目，以致不能解出全部未知力时，则称为静不定问题（或称为超静定问题）。解决静不定问题，往往需要考虑结构的变形。这类问题将在后面讨论。如图 3-20a、b、c 所示即属静定问题。有时为了提高结构的刚性而需要增加约束，从而使问题变为静不定问题，例如图 3-20d、e、f 均属静不定结构。

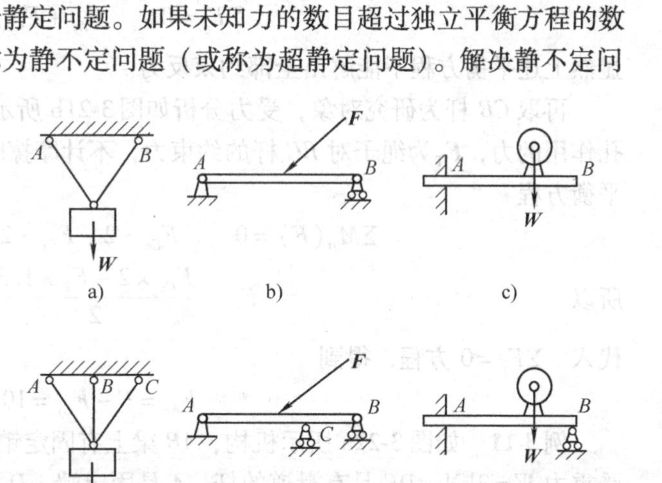

图 3-20

在求解物系的平衡问题中，先要判断系统是否属静定问题。在解决静定问题时，可根据问题条件选择恰当的研究对象，一般可以先取整个系统为研究对象，解出一些未知量，再选择部分或单个物体为研究对象，解出余下的未知量；也可以先取单个物体为研究对象，再选其它单个物体或整体系统为研究对象，解出余下的未知量。总之，在选研究对象和列出平衡方程式时，应力求避免不需要求出的内约束反力在求解联立方程中显露出来。同时，在画受力图时，必须重视各个物体之间的作用与反作用关系。下面举例说明求解物系平衡问题的思路和方法。

例 3-10 构架由 AB 和 BC 所组成，载荷 $F=20\text{kN}$，如图 3-21a 所示。已知 $AD=DB=1\text{m}$、$AC=2\text{m}$，滑轮半径均为 $r=0.3\text{m}$，连接处均为铰链约束。如不计杆与滑轮的重量，求支座 A 和 C 的约束反力。

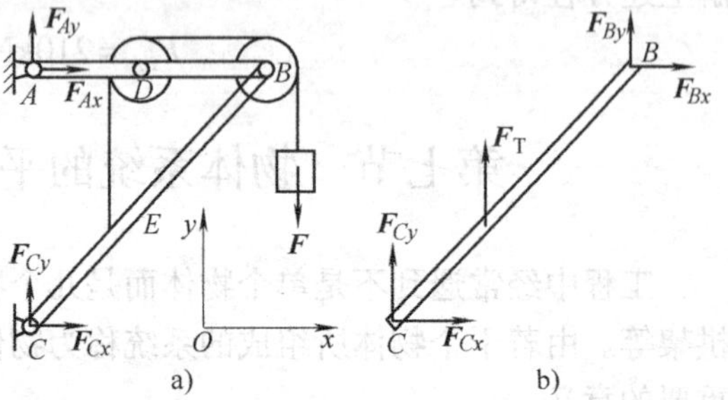

图 3-21

解： 先确定解题方案。本题可先取整个系统为研究对象，求出 A、C 处的部分约束反力。再取 CB 杆或 AB 杆带滑轮为研究对象，求出 A、C 处的全部约束反力。比较起来，取 CB 杆更合适，因为它的受力较为简单。这样，就确定了解题的方案。

取整个系统为研究对象，画出受力如图 3-21a 所示。

列平衡方程

$$\Sigma M_A(\boldsymbol{F})=0 \qquad F_{Cx}\times 2-F(2+0.3)=0$$

所以
$$F_{Cx}=\frac{2.3}{2}F=23\text{kN}$$

$$\Sigma F_x=0 \qquad F_{Ax}+F_{Cx}=0$$

$$F_{Ax}=-F_{Cx}=-23\text{kN}$$

$$\Sigma F_y=0 \qquad F_{Ay}+F_{Cy}-F=0$$

显然上述平衡方程不能解出全部约束反力。

再取 CB 杆为研究对象，受力分析如图 3-21b 所示。$\boldsymbol{F}_{Bx}$、$\boldsymbol{F}_{By}$ 表示铰链 B 对 BC 杆上的销孔作用的力，$\boldsymbol{F}_T$ 为绳子对 BC 杆的约束力，不计摩擦时等于所挂重物的重力，即 $F_T=F$，列平衡方程

$$\Sigma M_B(\boldsymbol{F})=0 \qquad F_{Cx}\cdot 2-F_{Cy}\cdot 2-F_T(1+0.3)=0$$

所以
$$F_{Cy}=\frac{F_{Cx}\times 2-F_T\times 1.3}{2}=10\text{kN}$$

代入 $\Sigma F_y=0$ 方程，得到

$$F_{Ay}=F-F_{Cy}=10\text{kN}$$

例 3-11 如图 3-22a 所示机构，AB 梁上有固定销钉 E，B 为定滑轮，C 为动滑轮，重物受重力 $W=2\text{kN}$。DE 是有滑道的杆。A 是固定端，D 为固定铰支座，E 处为光滑接触，尺寸如图示，杆重不计，B 轮半径 $R=0.2\text{m}$。试求 A、D 处的约束反力。

解： 按题意，因为 A 处有三个约束反力，D 处有两个约束反力，如取整个系统为研究对象，无法确定全部反力。所以需将物系拆开，分析各杆的受力情况。由于 DH 杆上只有三个约束力，故可首先作为研究对象。

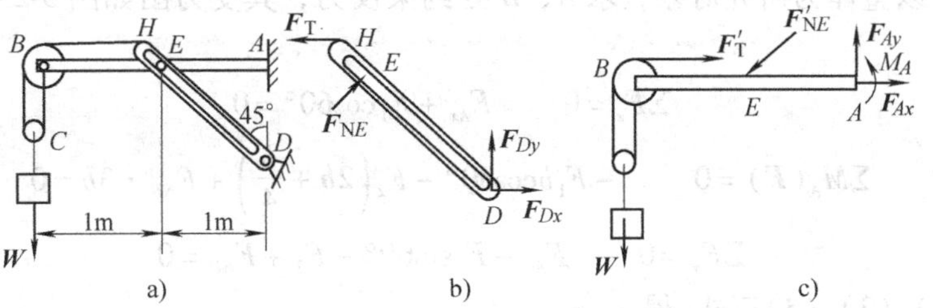

图 3-22

先取 DH 杆为研究对象，分析其受力情况。E 处光滑接触面的反力为 $\boldsymbol{F}_{NE}$，D 处固定铰支座反力为 $\boldsymbol{F}_{Dx}$、$\boldsymbol{F}_{Dy}$，DH 杆 H 端受绳子拉力 $\boldsymbol{F}_{\mathrm{T}}$，且 $F_{\mathrm{T}}=W/2$，受力图如图 3-23b 所示。

列平衡方程

$$\Sigma M_D(\boldsymbol{F})=0 \quad -F_{\mathrm{NE}}\overline{DE}+F_{\mathrm{T}}\,\overline{DH}\cos45°=0$$

$$-F_{\mathrm{NE}}\sqrt{2}+F_{\mathrm{T}}(\sqrt{2}+0.2\sqrt{2})\frac{\sqrt{2}}{2}=0$$

因为 $F_{\mathrm{T}}=W/2$，解出

$$F_{\mathrm{NE}}=848.5\mathrm{N}$$

$$\Sigma F_x=0 \quad F_{Dx}-F_{\mathrm{T}}+F_{NE}\cos45°=0$$

所以

$$F_{Dx}=F_{\mathrm{T}}-F_{NE}\cos45°=400\mathrm{N}$$

$$\Sigma F_y=0 \quad F_{Dy}+F_{NE}\sin45°=0$$

所以

$$F_{Dy}=-600\mathrm{N}$$

再取 AB 梁、B 轮、C 轮组成的体系为研究对象。受力图如图 3-22c 所示。注意作用与反作用关系。列平衡方程

$$\Sigma M_A(\boldsymbol{F})=0 \quad W\cdot\overline{CA}-F'_{\mathrm{T}}R+F'_{\mathrm{NE}}\cos45°\cdot\overline{AE}+M_A=0$$

所以

$$M_A=-4\,500\mathrm{N\cdot m}$$

$$\Sigma F_x=0 \quad F_{Ax}+F'_{\mathrm{T}}-F'_{\mathrm{NE}}\cos45°=0$$

所以 $\quad F_{Ax}=-400\mathrm{N}$

$$\Sigma F_y=0 \quad F_{Ay}-W-F'_{\mathrm{NE}}\sin45°=0$$

所以 $\quad F_{Ay}=2\,600\mathrm{N}$

例 3-12 对称型杆架（亦可称桁架）结构，各杆均由光滑铰链（或可抽象为铰链的连接件）相连接，且重量不计。载荷 $\boldsymbol{F}_1$，$\boldsymbol{F}_2$ 分别作用在 AC 与 BC 的中点，支承结构情况如图 3-23a 所示。若 $\overline{AD}=\overline{DE}=\overline{EB}=\overline{CD}=\overline{CE}=b$。试求：（1）支座 A，B 处的约束反力。（2）结构内 1、2、3、4、5 杆所受的力。

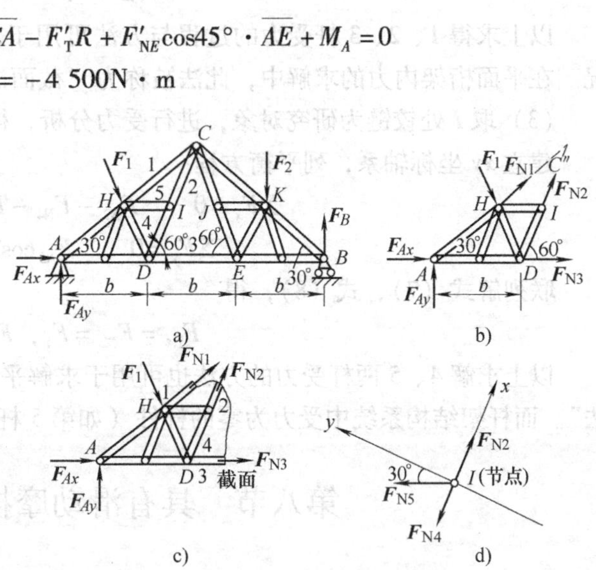

图 3-23

解：（1）以整体为研究对象，求 A、B 处约束反力，其受力图如图 3-23a 所示，建立平衡方程式

$$\Sigma F_x = 0 \qquad F_{Ax} + F_1\cos60° = 0 \tag{1}$$

$$\Sigma M_A(\boldsymbol{F}) = 0 \qquad -F_1 b\cos30° - F_2\left(2b + \frac{b}{4}\right) + F_{NB} \cdot 3b = 0 \tag{2}$$

$$\Sigma F_y = 0 \qquad F_{Ay} - F_1\sin60° - F_2 + F_{NB} = 0 \tag{3}$$

联列解(1)、(2)、(3)三式，得

$$F_{Ax} = -\frac{F_1}{2},\ F_{Ay} = \frac{\sqrt{3}}{3}F_1 + \frac{F_2}{4},\ F_{NB} = \frac{\sqrt{3}}{6}F_1 + \frac{3F_2}{4}$$

（2）取杆架结构中的 $AHID$ 部分为研究对象，求 1、2、3 杆所受的力。因为各杆均为二力杆且受拉、受压情况不能预先判定，故先假设 1、2、3 杆都是受拉，作用力分别为 $\boldsymbol{F}_{N1}$，$\boldsymbol{F}_{N2}$，$\boldsymbol{F}_{N3}$。则 $AHID$ 受力图如图 3-23b 所示。

由于各力位置的特殊性，我们用"三矩式"求解

$$\Sigma M_A(\boldsymbol{F}) = 0 \qquad F_{N2}b\sin60° - F_1 b\cos30° = 0 \tag{4}$$

$$\Sigma M_D(\boldsymbol{F}) = 0 \qquad -F_{N1}b\sin30° - F_{Ay}b = 0 \tag{5}$$

$$\Sigma M_C(\boldsymbol{F}) = 0 \qquad F_{N3}b\sin60° + F_1 b\cos30° + F_{Ax}b\sin60° - F_{Ay}(b + b\sin30°) = 0 \tag{6}$$

联立解（4）、（5）、（6）三式并将 F_{Ax}、F_{Ay} 的已知结果代入$\left(\text{注意 } F_{Ax} \text{应以} -\frac{F_1}{2}\text{代入}\right)$，解得

$$F_{N1} = -\left(\frac{2\sqrt{3}}{3}F_1 + \frac{F_2}{2}\right)\ \text{（应为压杆）},\ F_{N2} = F_1\ \text{（拉杆）}$$

$$F_{N3} = \frac{F_1}{2} + \frac{\sqrt{3}}{4}F_2\ \text{（拉杆）}$$

以上求得 1、2、3 杆受力的过程与方法可用于求解桁架（杆架）结构内各杆内力的情况。在平面桁架内力的求解中，此法被称为"截面法"，见图 3-23c。

（3）取 I 处铰链为研究对象，进行受力分析，得受力图如图 3-23d 所示。

建立 xy 坐标轴系，列平衡方程

$$\Sigma F_x = 0 \qquad F_{N2} - F_{N4} - F_{N5}\sin30° = 0 \tag{7}$$

$$\Sigma F_y = 0 \qquad F_{N5}\cos30° = 0 \tag{8}$$

联列解式（7）、式（8），得

$$F_{N4} = F_{N2} = F_1,\ F_{N5} = 0$$

以上求解 4、5 两杆受力的方法也可用于求解平面桁架的杆件内力。此法称之为"节点法"。而杆架结构系统中受力为零的杆件（如第 5 杆）被称为"零杆"。

第八节　具有滑动摩擦的平衡问题

在前面的讨论中，我们把两物体之间所有接触面都看作是理想光滑的。但是许多工程实际问题，两物体之间的接触面一般都有摩擦。只是在有些问题中，摩擦对所研究的问题属于

次要因素而被略去不计。摩擦现象在自然界中是普遍存在的，并对工程技术和日常生活起着极为重要的作用。我们不去研究摩擦的机理，仅根据工程实际的要求了解摩擦的作用，利用摩擦的有利方面（如摩擦制动、带传动、工件夹具等），克服摩擦的有害方面（如机器由于摩擦磨损、发热消耗能量，损坏零件）。本节就工程问题中常遇到的最基本的滑动摩擦的有关概念及其在求解平衡问题中的应用作一简述。

一、滑动摩擦

1. 滑动摩擦定律

由于物体与物体之间的接触面不是绝对光滑的，当其中一个物体在外力作用下相对于另一物体有相对滑动或相对滑动趋势时，在它的接触面上出现阻碍相对滑动或相对滑动趋势的力，这种力称为滑动摩擦力，如图 3-24 所示。在尚未发生相对滑动时产生的摩擦力称为静摩擦力，以 $\boldsymbol{F}_f$ 表示；有相对滑动时产生的摩擦力称为动摩擦力，以 $\boldsymbol{F}'_f$ 表示。

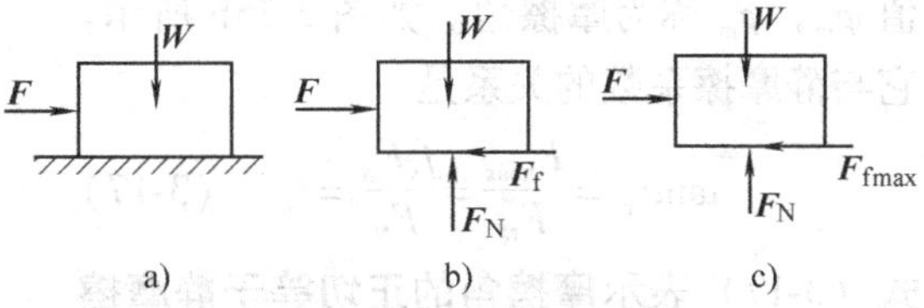

图 3-24

实验表明；当外力 $\boldsymbol{F}$ 逐渐增大时，物块的相对滑动趋势也随之增大。由于物块仍保持静止状态，此时静滑动摩擦力也相应增大。当外力增大到一定数值时，物块则处于将动未动的临界状态，这时静滑动摩擦力达到临界值，称为最大静摩擦力，以 $\boldsymbol{F}_{fmax}$ 或 $\boldsymbol{F}_{fm}$ 表示。可见静摩擦力与一般的约束力不同，它存在一个最大值，即 $F_f \leqslant F_{fmax}$。当外力继续增大时，物块开始滑动，这时为动摩擦力。

在 18 世纪，法国科学家库仑（阿芒屯也得出了同样的结论）根据所作的大量实验建立了如下的近似定律：**最大静摩擦力的大小与接触物体间的法向反力 $\boldsymbol{F}_N$ 成正比，方向与相对滑动趋势方向相反，而与接触面积的大小无关。**以公式表示，即

$$F_{fmax} = f_s F_N \tag{3-15}$$

这就是著名的库仑静摩擦定律。式（3-15）中 f_s 是一个无量纲的比例系数，称为静摩擦因数。它与物体的材料、接触面的粗糙度、温度、湿度等有关，一般由实验测定，可在工程手册中查到。

虽然上述公式是一个近似公式，在一般工程问题中有足够的准确性，因此仍被广泛应用。

关于动摩擦，同样建立了与静摩擦类似的定律，以公式表示，即

$$F'_f = fF_N \tag{3-16}$$

式中，f 称动摩擦因数，实验证明 f 略小于 f_S，一般亦可在工程手册中查到。

综上所述，存在滑动摩擦力时应注意下列三种情况：

（1）物体静止，但有滑动趋势时，摩擦力随滑动趋势增大而增大，其大小与方向可根据平衡条件来决定。

（2）物体处于将动而未动这一临界平衡状态时，静摩擦力达到最大值。即

$$F_f = F_{fmax} = f_s F_N$$

所以，一般来说，在静止状态下

$$0 < F_f \leqslant F_{fmax}$$

(3) 物体开始滑动时，有动滑动摩擦力

$$F'_f = f' F_N$$

2. 摩擦角的概念

当物体受外力作用而产生相对滑动趋势时，如果我们将物体所受到的法向反力 $\boldsymbol{F}_N$ 与静摩擦力 $\boldsymbol{F}_f$ 合成为一力 $\boldsymbol{F}_{Rf}$，如图 3-25a 所示，则力 $\boldsymbol{F}_{Rf}$ 称为全约束反力。

当静摩擦力达到最大值，即 $F_f = F_{fmax}$ 时，此时 $\boldsymbol{F}_{Rf}$ 与 $\boldsymbol{F}_N$ 之间的夹角 φ 达到最大值 φ_m，φ_m 称为摩擦角。如图 3-25b 所示。它与静摩擦系数的关系是

$$\tan\varphi_m = \frac{F_{fmax}}{F_N} = \frac{f_s F_N}{F_N} = f_s \qquad (3\text{-}17)$$

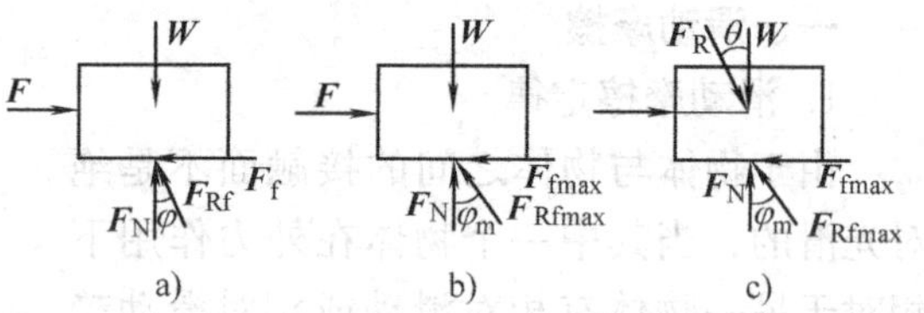

图 3-25

式（3-17）表示**摩擦角的正切等于静摩擦系数**。故摩擦角也是反映物体间摩擦性质的物理量。

摩擦角的概念在工程中具有广泛应用。如果主动力的合力 $\boldsymbol{F}_R$（图 3-25c 所示）的作用线在摩擦角内，则不论 $\boldsymbol{F}_R$ 的数值为多大，物体总处于平衡状态，这种现象在工程上称为“自锁”。即

$$\theta \leqslant \varphi_m \qquad (3\text{-}18)$$

式中，θ 为合力 $\boldsymbol{F}_R$ 的作用线与法线之间的夹角。

当 $\theta < \varphi_m$ 时，物体处于平衡状态，也就是“自锁”。当 $\theta > \varphi_m$ 时，物体不平衡。工程上经常利用这一原理，设计一些机构和夹具，使它自动卡住；或设计一些机构，保证其不卡住。

应用摩擦角的概念可以来测定静摩擦系数。如图 3-26 所示，物块放在一倾角可以改变的斜面上，当物块平衡时，全约束反力 $\boldsymbol{F}_R$ 应铅垂向上与物块的重力 $\boldsymbol{W}$ 相平衡。此时 $\boldsymbol{F}_R$ 与斜面法线之间的夹角 θ 等于斜面的倾角 θ。如果改变斜角 θ，直至物块处于将动未动的临界状态，此时量出的 θ 角就是物块与斜面间的摩擦角的最大值 φ_m。这样就可按式（3-17）算出静摩擦系数。该装置可用来测定织物的静摩擦系数。

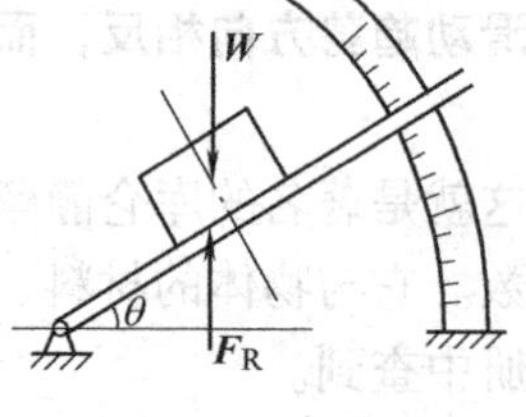

图 3-26

二、具有摩擦的平衡问题

考虑具有摩擦时的物体或物系的平衡问题，在解题步骤上与前面讨论的平衡问题基本相同，只不过在进行分析时必须考虑摩擦力的存在。画受力图时，要弄清哪些地方存在摩擦力。一般平衡状态下的摩擦力需由平衡方程求解，临界状态下的最大静摩擦力则由库仑定律确定，并以 $F_{fmax} = f_s F_N$ 做补充方程。工程问题中常通过分析平衡的临界状态来确定平衡范围。对于考虑摩擦的物系的平衡问题，一般是先拆开，将摩擦力显露出来，以增加补充方程，使问题得以解决。下面举例分析。

例 3-13 重 $W = 1.2$kN 的物块放在一倾角为 30°的斜面上，并受一水平力 $F = 0.5$kN 的作用，如图 3-27 所示。设接触面的静摩擦系数 $f_s = 0.2$。试问：（1）物块在斜面上是静止还是滑动？如静止，摩擦力的大小，方向如何？（2）如需满足物块在斜面上静止，水平力 F 的大小应为多少？

解：分析这一类问题，可先假定物块静止，算出此情况下应具有的摩擦力 F_f 值，然后与可能产生的最大静摩擦力 F_{fmax} 值相比较，就可判断物块滑动与否。

（1）取物块为研究对象。画出受力图（如图 3-27a 所示），此时 $\boldsymbol{F}_f$ 的方向是假设的，建立坐标系，列平衡方程

$\Sigma F_x = 0 \qquad F_f + F\cos30° - W\sin30° = 0$

$F_f = 0.17\text{kN}$

$\Sigma F_y = 0 \quad F_N - F\sin30° - W\cos30° = 0$

$F_N = 1.29\text{kN}$

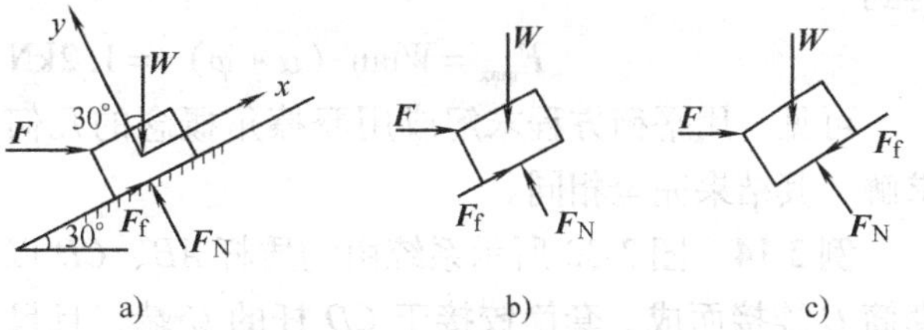

图 3-27

最大静摩擦力

$$F_{fmax} = f_s F_N = 0.2 \times 1.29\text{kN} = 0.26\text{kN}$$

由于 $F_f < F_{fmax}$，因此物块在斜面上静止。摩擦力的大小为 0.17kN，方向沿斜面向上（与假设方向相同）。

（2）按物块处于临界状态处理。若有向下滑动趋势，受力图如图 3-27b 所示，列平衡方程

$$\left.\begin{aligned}&\Sigma F_x = 0 \qquad F_{fmax} + F\cos30° - W\sin30° = 0\\&\Sigma F_y = 0 \qquad F_N - F\sin30° - W\cos30° = 0\\&F_{fmax} = f_s F_N\end{aligned}\right\}$$

联立解得

$$F_{min} = \frac{\sin30° - f_s\cos30°}{\cos30° + f_s\sin30°}W = 0.41\text{kN}$$

也就是说，水平力 F 必须大于 0.41kN，才能阻止物块下降。

如 F 值过大，则有可能使物块有向上的滑动趋势，此时 $\boldsymbol{F}_f$ 的受力方向如图 3-27c 所示。列平衡方程

$$\left.\begin{aligned}&\Sigma F_x = 0 \qquad -F_{fmax} + F\cos30° - W\sin30° = 0\\&\Sigma F_y = 0 \qquad F_N - F\sin30° - W\cos30° = 0\\&F_{fmax} = f_s F_N\end{aligned}\right\}$$

联立解得

$$F_{max} = \frac{\sin30° + f_s\cos30°}{\cos30° - f_s\sin30°}W = 1.05\text{kN}$$

也就是说，水平力 F 必须小于 1.05kN 才能使物块保持静止。

综上分析，可知力 $\boldsymbol{F}$ 的值必须在下述范围内，才能使物块静止。

$$0.41\text{kN} \leqslant F \leqslant 1.05\text{kN}$$

此题亦可以用摩擦角的概念求得。当物块存在向下滑动趋势时，由 $\boldsymbol{F}$、$\boldsymbol{W}$ 与全约束反力 $\boldsymbol{F}_N$ 组成三力平衡，如图 3-28 所示，$\varphi = \arctan f_s = 11.30°$。由几何关系求得

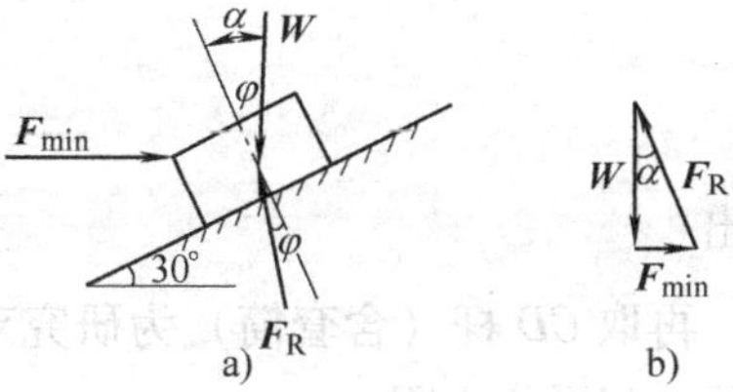

图 3-28

$$F_{min}=W\tan(\alpha-\varphi)=1.2kN\times\tan18.7°=0.41kN$$

同理，若存在向上的滑动趋势时，则受力图如图 3-29 所示。得到

$$F_{max}=W\tan(\alpha+\varphi)=1.2kN\times\tan41.3=1.05kN$$

可见，用平衡方程求解或用摩擦角概念的几何法求解，其结果完全相同。

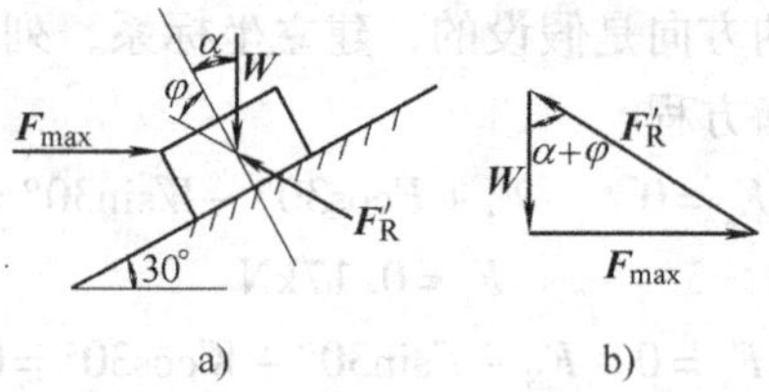

图 3-29

例 3-14 图 3-30 所示系统由均质杆 AB、CD 以小套筒 C 连接而成。套筒铰接于 CD 杆的 C 端，且尺寸大小不计，如图 3-30a 所示。已知 $AB=CD=2l$，杆的重力均为 $\boldsymbol{W}$，套筒与 AB 杆之间的摩擦系数为 f_s。如在直杆 A 端作用一水平力 $\boldsymbol{F}$，试求系统在图示位置平衡时的 F 值范围。

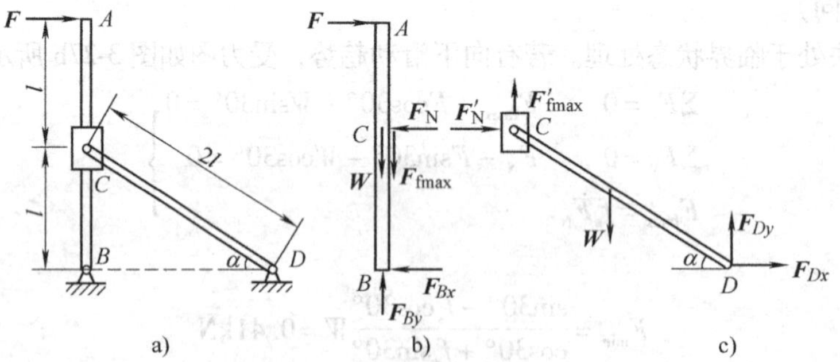

图 3-30

解：本题是考虑摩擦的物系平衡问题。分析题意可以看出，当 F 值不够大时，系统有向左转动的可能。反之，如 F 值过大时，则系统有右转动的可能。为了保证系统平衡，F 值有一定的范围。

如 F 值不够大，假定系统处于向左转动的临界平衡状态。取 AB 杆为研究对象。AB 杆受有重力 $\boldsymbol{W}$，外力 $\boldsymbol{F}$，套筒的约束力 $\boldsymbol{F}_N$、$\boldsymbol{F}_{fmax}$，B 铰处的约束反力 $\boldsymbol{F}_{Bx}$、$\boldsymbol{F}_{By}$，受力图如图 3-30b 所示。列平衡方程

$$\Sigma M_B(\boldsymbol{F})=0 \qquad F_N l-F2l=0$$

$$F_N=2F$$

$$F_{fmax}=f_sF_N$$

解出

$$F_{fmax}=2f_sF$$

再取 CD 杆（含套筒）为研究对象，注意 C 处的作用与反作用关系，受力图如图 3-30c 所示。列平衡方程

$$\Sigma M_D(\boldsymbol{F})=0 \qquad -F_{fmax}2l\cos\alpha-F_N l+Wl\cos\alpha=0$$

将 N、F_{fmax} 与 F、f_s 的关系代入上式，并考虑到 $\alpha=30°$，可解得

$$F=\frac{\sqrt{3}W}{4\ (\sqrt{3}f_s+1)}=F_{\min}$$

如 F 值过大，假定系统处于向右转动的临界平衡状态。分析同上，仅是 F_{fmax} 的方向与图 3-30b、c 所示的方向相反。列平衡方程

$$\Sigma M_B(\boldsymbol{F})=0 \qquad F_N l - F2l=0$$

$$F_{\text{fmax}}=f_s F_N$$

$$\Sigma M_D(\boldsymbol{F})=0 \qquad F_{\text{fmax}}2l\cos\alpha - F_N l + Wl\cos\alpha=0$$

解出

$$F=\frac{\sqrt{3}W}{4\ (1-\sqrt{3}f_s)}=F_{\max}$$

由此可知，保持系统平衡的 F 值范围是

$$\frac{\sqrt{3}W}{4\ (1+\sqrt{3}f_s)}\leqslant F\leqslant\frac{\sqrt{3}W}{4\ (1-\sqrt{3}f_s)}$$

注意：该题还要求 $f_s<\frac{\sqrt{3}}{3}$。

思　考　题

3-1　某平面力系向同平面内任一点简化的结果都相同，此力系简化的最终结果是什么？

3-2　某平面力系向某两点简化的主矩皆为零，此力系简化的最终结果可能是一个力吗？可能是平衡吗？

3-3　应用二矩式方程时，为什么要附加两矩心的连线不能与投影轴垂直？应用三矩式方程时为什么要附加三矩心不能在一条直线上？

3-4　何谓静不定结构？如何判断静不定的次数？

3-5　静摩擦定律中的法向反力指什么？它是否指接触物体的重量？应怎样求？

习　　题

3-1　如图所示，刚架上作用有力 $\boldsymbol{F}$，试分别计算力 $\boldsymbol{F}$ 对点 A 和 B 的矩。$\boldsymbol{F}$、α、a、b 为已知。

3-2　圆盘边缘的 C 点上作用有 60N 的力，位置尺寸如图所示。试用两种方法求此力对 O、A 和 B 三点的矩。

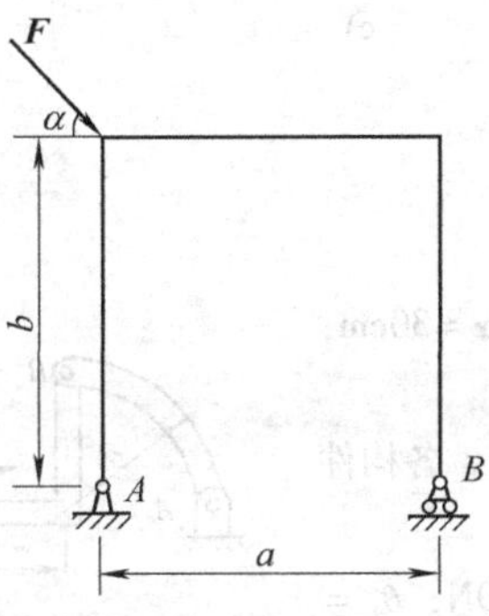

题　3-1 图

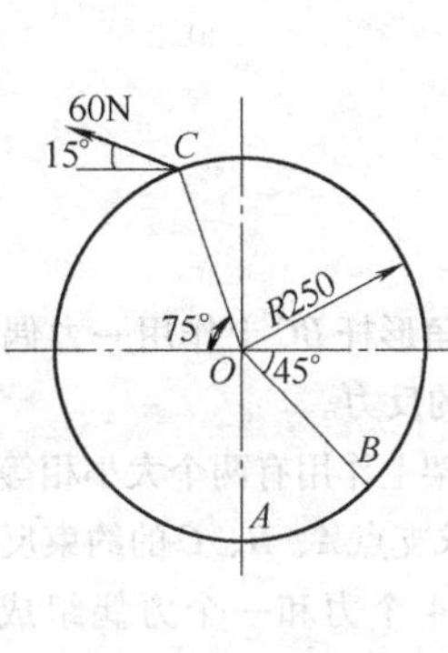

题　3-2 图

3-3 试计算下列各图中力 $\boldsymbol{F}$ 对点 O 的矩。

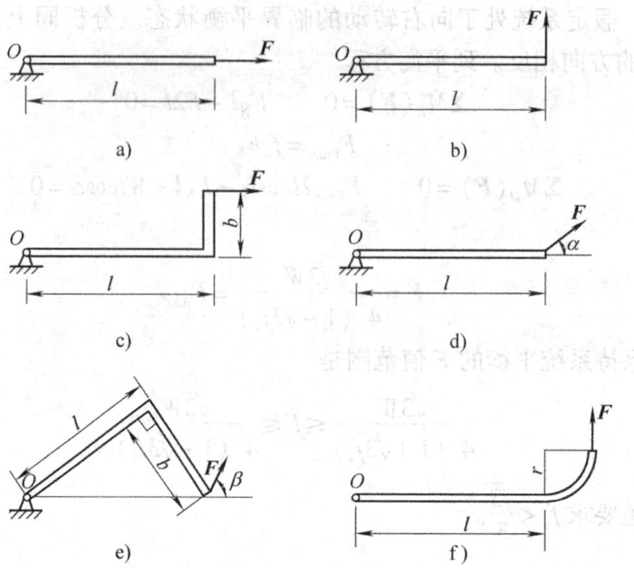

题 3-3 图

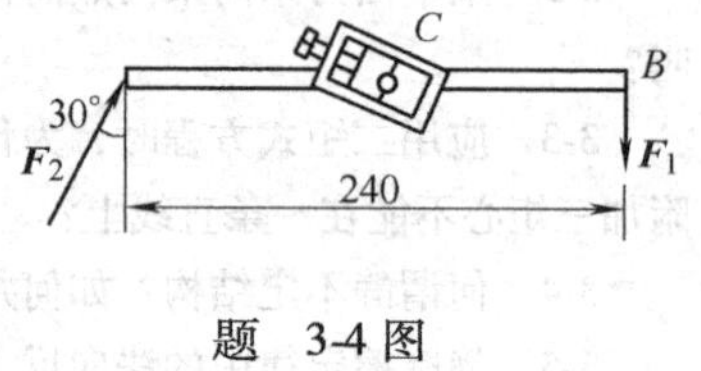

题 3-4 图

3-4 用丝锥攻螺纹时，若作用在丝铰杠上的力分别为 $F_1=20\text{N}$，$F_2=15\text{N}$，方向如图所示。试求铰杠给予丝锥 C 上的作用力 $\boldsymbol{F}_{\text{R}}$ 和力偶矩 M。

3-5 已知梁 AB 上作用一力偶，力偶矩为 M，梁长为 l。求在图 a、b、c 三种情况下，支座 A 和 B 的约束反力。

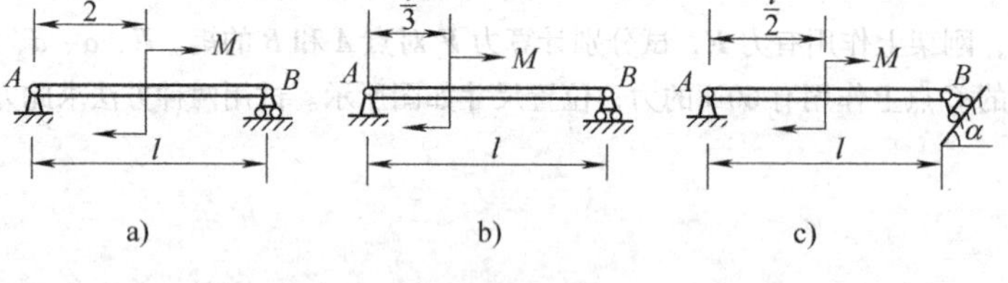

题 3-5 图

3-6 在直角形杆 BC 上作用一力偶，力偶矩 $M=1.5\text{kN}\cdot\text{m}$，$\alpha=30\text{cm}$，求支座 A 和 C 的反力。

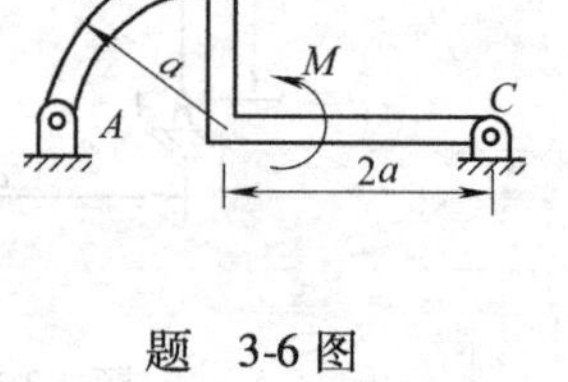

题 3-6 图

3-7 在框架上作用有两个大小相等方向相反的铅垂力 $F=200\text{N}$，各构件的重量不计，求支点 A、B、C 的约束反力。

3-8 图示 4 个力和一个力偶组成一平面力系。已知 $F_1=50\text{N}$，$\theta_1=\arctan\dfrac{3}{4}$、$F_2=30\sqrt{3}\text{N}$，$\theta_2=45°$，$F_3=80\text{N}$，$F_4=10\text{N}$，$M=2\text{N}\cdot\text{m}$。图中长

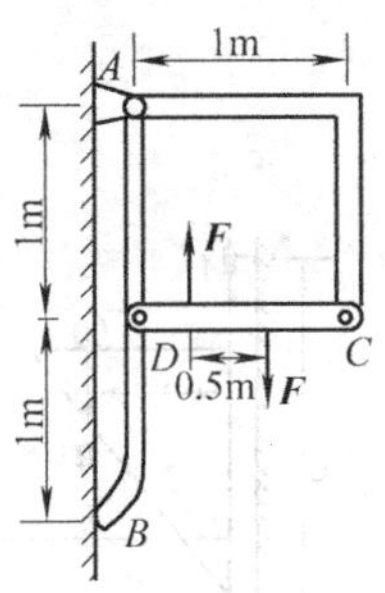

题　3-7 图

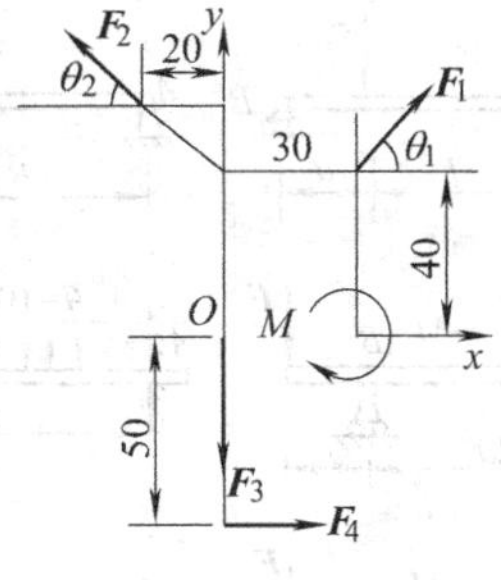

题　3-8 图

度单位为 mm。求：(1) 力系向 O 点简化的结果；(2) 力系的合力 $\boldsymbol{F}$ 的大小、方向和作用线位置，并表示在图上。

3-9　图示三铰拱，在构件 CB 上分别作用一力偶 M（图 3-9a）或力 $\boldsymbol{F}$（图 3-9b）。问当求铰链 A、B、C 的约束反力时，能否将力偶 M 或力 $\boldsymbol{F}$ 分别移到构件 AC 上？为什么？

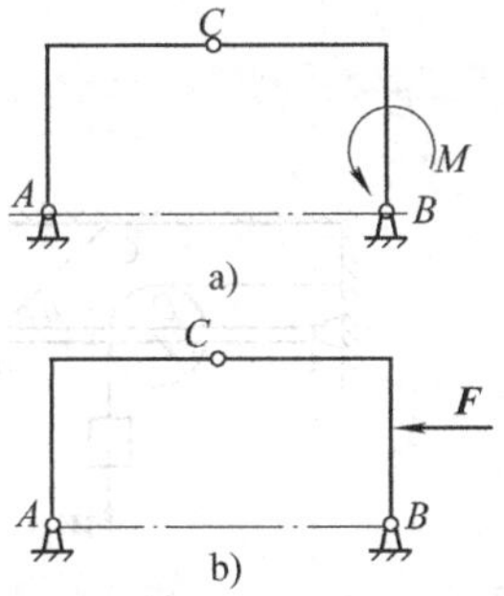

题　3-9 图

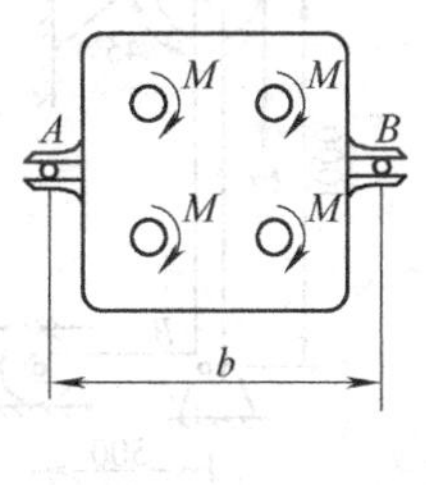

题　3-10 图

3-10　用多轴钻床在一工件上同时钻出 4 个直径相同的孔，每一钻头作用于工件的钻削力偶，其矩的估计值为 $M = 15\text{N}\cdot\text{m}$。求作用于工件的总的钻削力偶矩。如工件用两个圆柱销钉 A、B 来固定，$b = 0.2\text{m}$，设钻削力偶矩由销钉的反力来平衡，求销钉 A、B 反力的大小。

3-11　铰接四连杆机构 $OABO_1$ 在图示位置平衡。已知：$\overline{OA} = 40\text{cm}$，$\overline{O_1B} = 60\text{cm}$，作用在$\overline{OA}$上的力偶 $M_1 = 1\text{N}\cdot\text{m}$。试求力偶矩 M_2 的大小和杆 AB 所受的力。各杆的重量不计。

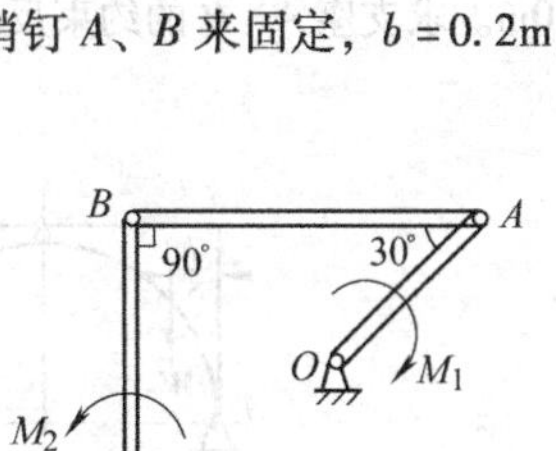

题　3-11 图

3-12　已知梁受载荷如图所示，试求支座的反力。

3-13　起重机的支柱 AB 由点 B 的止推轴承和点 A 的轴承铅直固定。起重机上有载荷 $\boldsymbol{W}_1$ 和 $\boldsymbol{W}_2$ 作用，它们与支柱的距离分别为 a 和 b。如 A、B 两点间的距离为 c，求在轴承 A 和 B 两处的约束反力。

3-14　一定滑轮铰接于曲杆 ABC 的 A 端，并有一绳索绕在该滑轮上。如绳索的一端作用有 800N 的拉力 $\boldsymbol{F}_T$，所有摩擦均可忽略不计。试求曲杆在 B、C 处的约束反力，并说明在 C 处导轮与导轨在上部还是在下部接触。

3-15　水平梁 AB 由铰链 A 和杆 BC 所支持，如图所示。在梁上 D 处用销子安装半径为 $r = 10\text{cm}$ 的滑轮。有一跨过滑轮的绳子，其一端水平地系于墙上，另一端悬挂有重力为 $W = 1\,800\text{N}$ 的重物。已知$\overline{AD} = 20\text{cm}$、$\overline{BD} = 40\text{cm}$、$\alpha = 45°$，且不计梁、杆、滑轮和绳的重量。试求铰链 A 和杆 BC 对梁的反力。

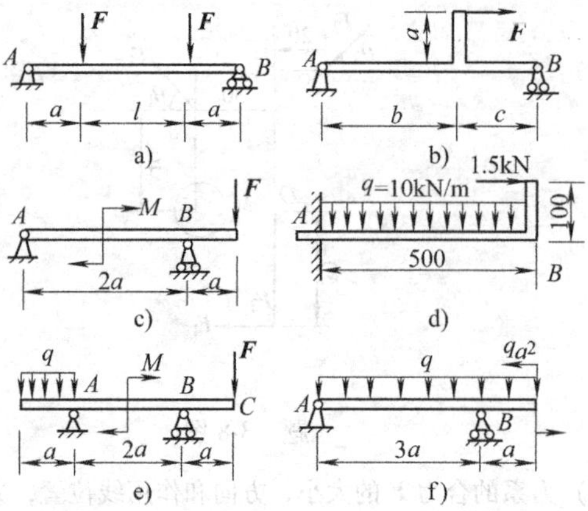

题 3-12 图

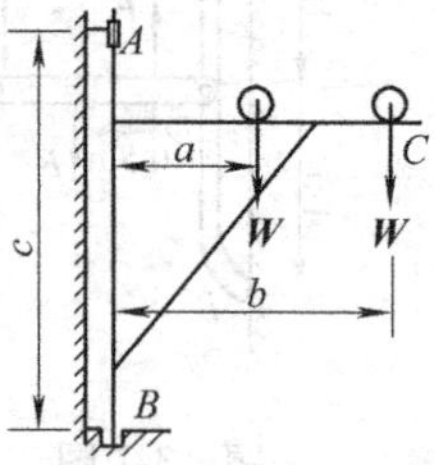

题 3-13 图

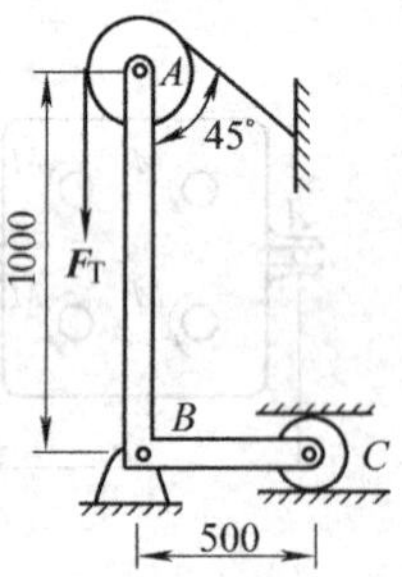

题 3-14 图

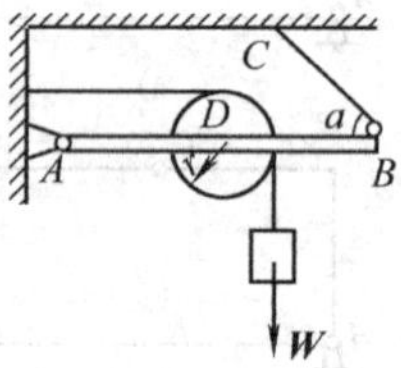

题 3-15 图

3-16 图示三铰拱由两半拱和三个铰链 A、B、C 构成，已知每半拱重力为 $W=300\text{kN}$，$l=32\text{m}$，$h=10\text{m}$。求支座 A、B 的约束反力。

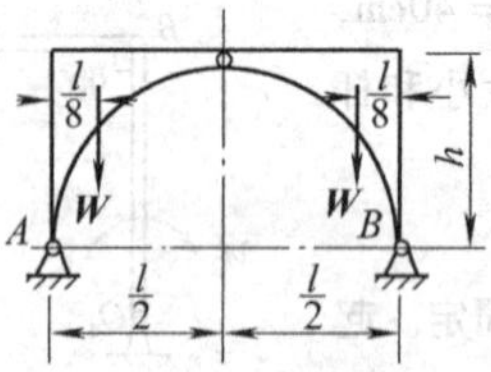

题 3-16 图

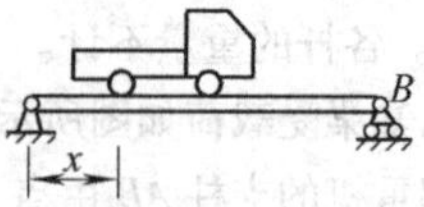

题 3-17 图

3-17 图示汽车停在长 20m 的水平桥上，前轴载荷为 10kN，后轴载荷为 20kN。试问汽车后轮到支座 A 的距离 x 为多大时，方能使支座 A 与 B 所受的压力相等？已知汽车前后两轴间的距离等于 2. 5m。

3-18 液压式汽车超重机固定部分重力为 $W_1=60\text{kN}$，起重臂部分重力为 $W_2=20\text{kN}$，结构尺寸：$a=1.4\text{m}$，$b=0.4\text{m}$，$l_1=1.85\text{m}$，$l_2=1.4\text{m}$。起重时支起支撑腿 A 与 B 如图所示，当 $R=5\text{m}$ 时，试求它的最大起重量。

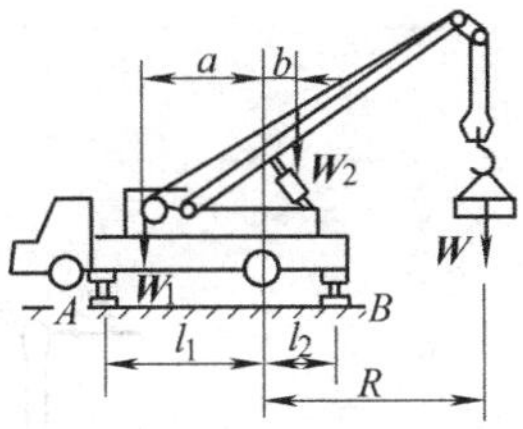

题 3-18 图

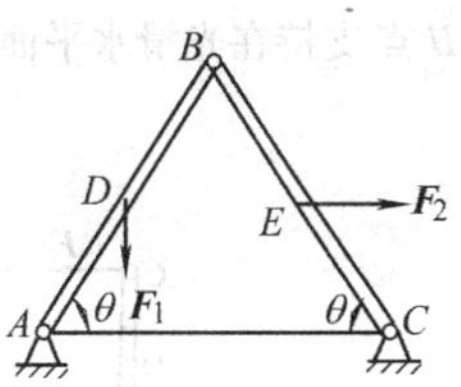

题 3-19 图

3-19 构架由两等长直杆 AB、BC 铰接而成。已知 AC 成水平，$\theta=\arcsin\dfrac{4}{5}$；铅直力 $F_1=0.4\text{kN}$，水平力 $F_2=1.5\text{kN}$，它们分别作用于两杆的中点 D、E，杆重不计，求支座 A、C 的反力。

3-20 曲柄连杆活塞机构的活塞上受力 $F=400\text{N}$。如不计所有构件的重量，问在曲柄上应加多大的力偶矩 M，方能使机构在图示位置平衡？

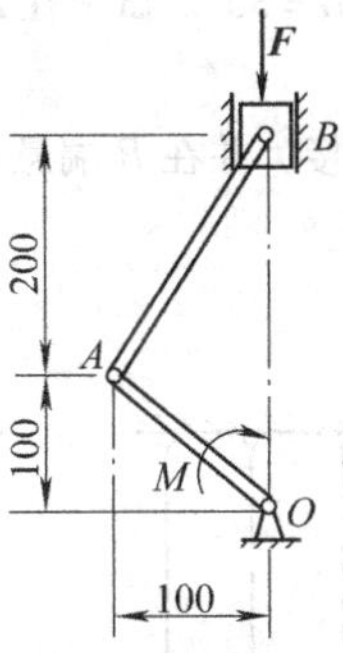

题 3-20 图

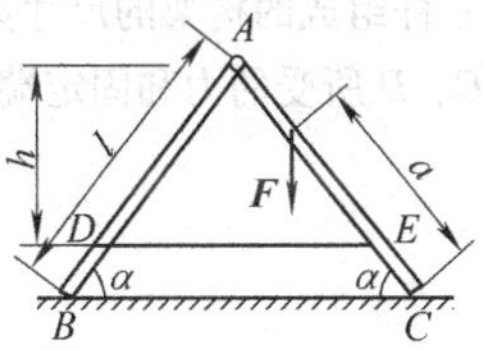

题 3-21 图

3-21 直杆 AB、AC 以铰链连接，一绳分别连接两杆的 D、E 两点，在 AC 杆上作用有铅直力 F，平衡于图示位置。假定杆重不计，接触处均属光滑。试求 A 铰的约束反力与绳子的拉力。

3-22 图示组合梁由 AC 和 DC 两段铰接构成，起重机放在梁上。已知起重机受重力 $W=500\text{kN}$，重心在铅直线 EC 上，起重载荷 $W_1=10\text{kN}$。如不计梁重，求支座 A、B 和 D 的约束反力。

3-23 起重机构如图，尺寸单位为 mm。滑轮直径 $d=200\text{mm}$，钢丝绳的倾斜部分平行于杆 BE，吊起的载荷 $W=10\text{kN}$，其它重量不计。求固定铰链支座 A、B 的反力。

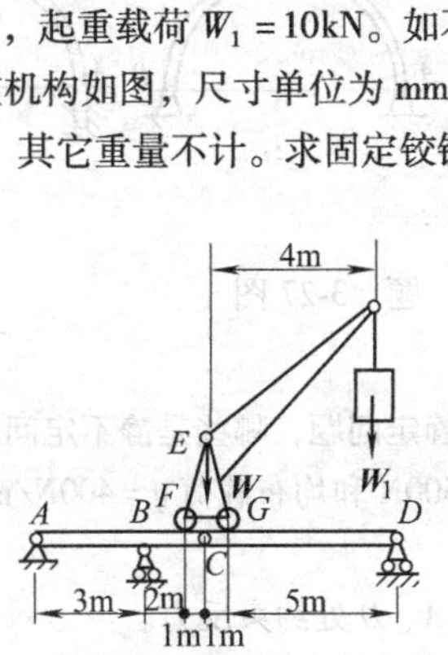

题 3-22 图

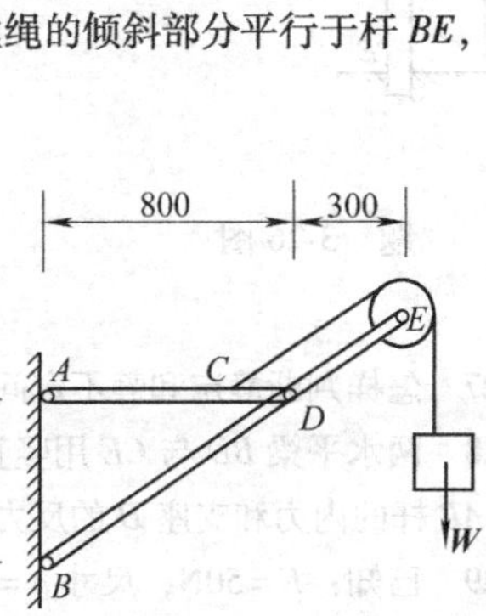

题 3-23 图

3-24　直杆 AD、CE 和直角折杆 BF 铰接成图示构架，图中尺寸的单位为 m。已知水平力 $F=1.2\text{kN}$，杆重不计，H 点支持在光滑水平面上。求铰链 B 的反力。

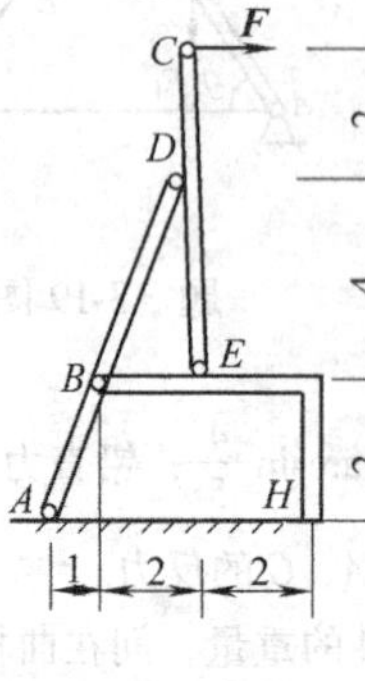

题　3-24 图

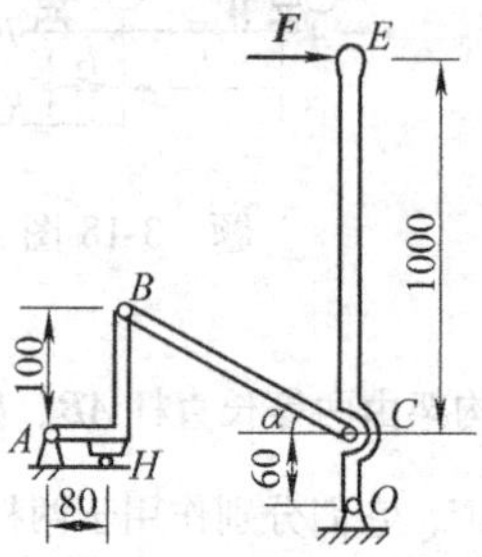

题　3-25 图

3-25　钢筋校直机构如图所示，如在 E 点作用一水平力 $F=90\text{N}$，$\alpha=30°$。试求在 H 处将产生多大的压力 $\boldsymbol{F}_{\text{N}}$，并求铰链支座 A 的约束反力。

3-26　三杆组成的构架的尺寸如图所示。A、C、D 处均为铰链连接，并在 B 端悬挂重物 $W=5\text{kN}$。试求销钉 A、C、D 所受的力和固定端支座 E 的约束反力。各杆自重不计。

题　3-26 图

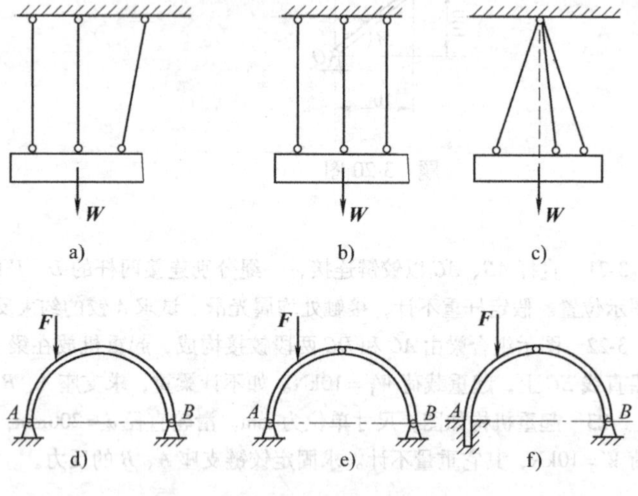

题　3-27 图

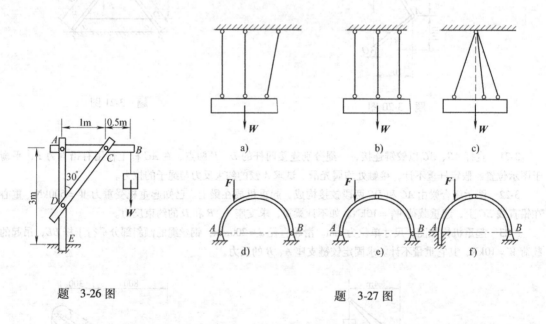

3-27　怎样判断静定和静不定问题？图示 6 种情形中哪些是静定问题，哪些是静不定问题？为什么？

3-28　两水平梁 BD 与 CE 用竖直杆 BC 铰接，受铅直力 $F=500\text{N}$ 和均布载荷 $q=400\text{N/m}$ 作用，杆重不计。求 AB 杆的内力和支座 D 的反力。

3-29　已知：$F=50\text{N}$，尺寸 $a=1\text{m}$，各杆自重不计。求铰链 A、D 处约束反力。

3-30　物体受重力 $W=1\,200\text{N}$，由三杆 AB、BC 和 CE 所组成的构架和滑轮 E 支持，如图所示。已知 $\overline{AD}=\overline{DB}=2\text{m}$，$\overline{CD}=\overline{DE}=1.5\text{m}$，不计杆和滑轮重力。求支承 A 和 B 处的约束反力以及杆 BC 的内力。

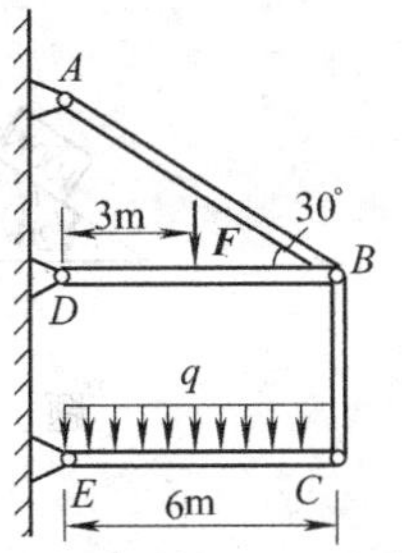

题 3-28 图

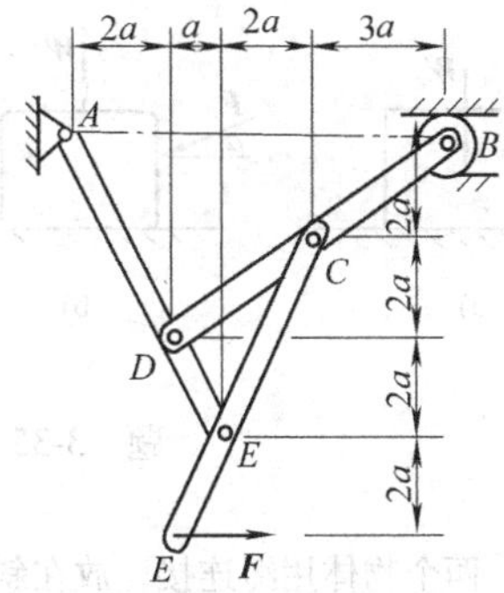

题 3-29 图

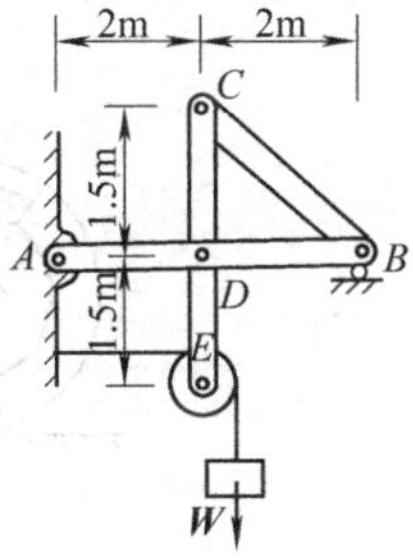

题 3-30 图

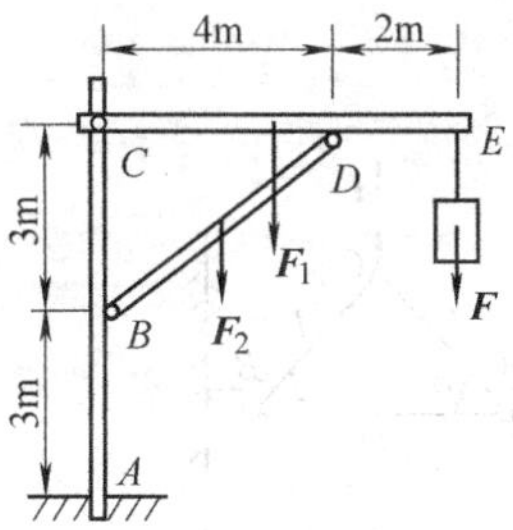

题 3-31 图

3-31 已知：载荷 $F=1\ 000\text{N}$，各杆单位长度的重量为 30N/m，尺寸如图示。求固定端 A 及 B、C 铰的约束反力。

3-32 平面桁架的载荷如图所示，求各杆的内力。

3-33 平面悬臂桁架所受的载荷如图所示。用截面法求杆 1、2 和 3 的内力。

3-34 平面桁架的支座和载荷如图所示。ABC 为等边三角形，E、H 为两腰中点，又 $AD=DB$。求杆 CD 的内力 $\boldsymbol{F}_{\text{N}}$。

3-35 一物块受重力 $W=1\ 000\text{N}$，置于水平面上，接触面间的摩擦系数 $f_{\text{s}}=0.2$，今在物体上作用一个力 $F=250\text{N}$，试指出图示三种情况下，物体处于静止还是发生滑动。图中 $\alpha=\arcsin\dfrac{3}{5}$。

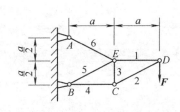

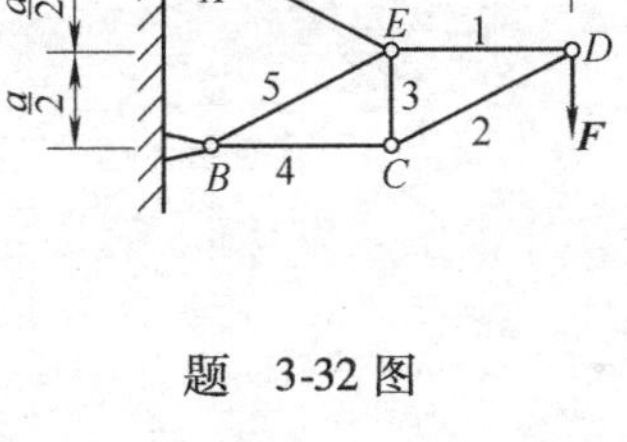

题 3-32 图

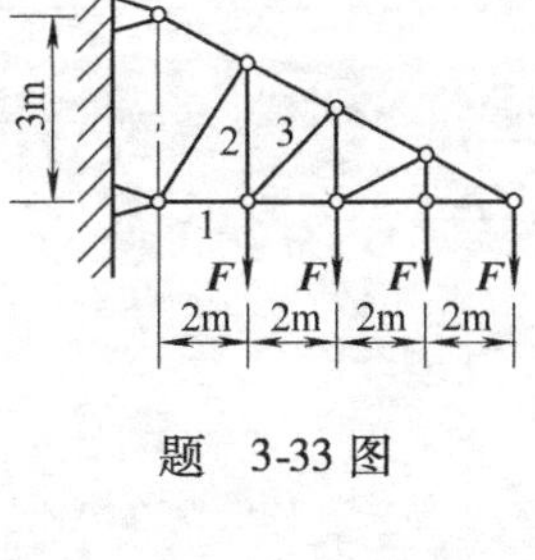

题 3-33 图

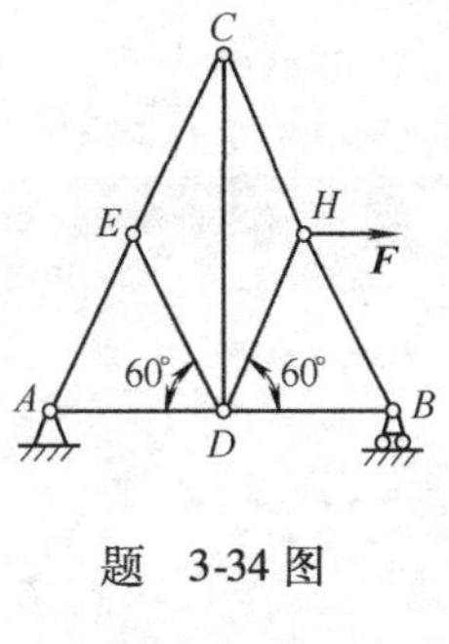

题 3-34 图

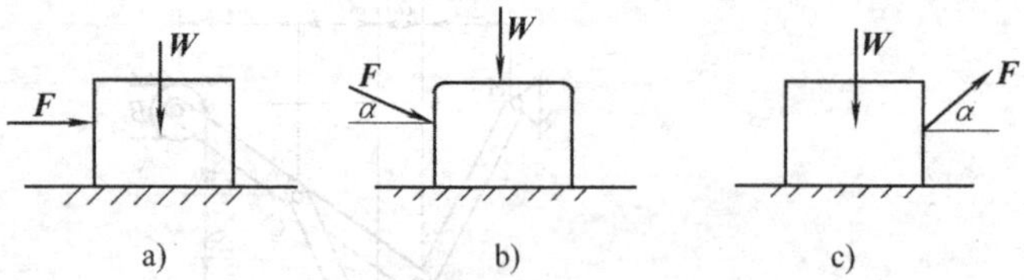

题 3-35 图

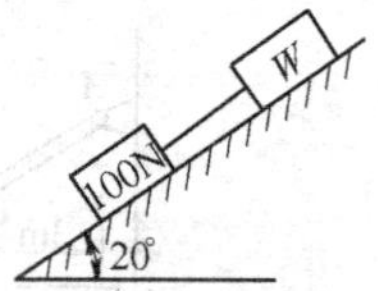

题 3-36 图

3-36 两个物体用绳连接，放在斜面上，如图所示。已知摩擦系数：对于重力为 $W_1=100\text{N}$ 的物体 $f_{s1}=0.2$，对于重力为 W 的物体 $f_s=0.4$。试求（1）当重力为 W 的物体能静止于斜面上时，W 的最小值。（2）当 $W=800\text{N}$ 时，作用于其上的静摩擦力 F_f。

3-37 如图所示为升降机安全装置的计算简图。已知墙壁与滑块间的摩擦系数 $f_s=0.5$，问机构的尺寸比例应为多少方能确保安全制动?

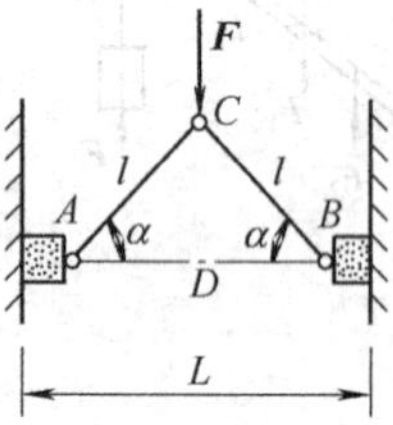

题 3-37 图

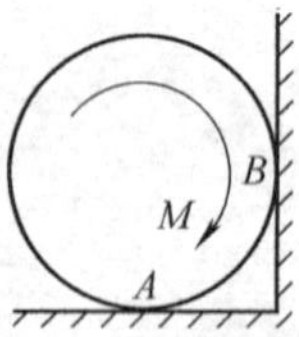

题 3-38 图

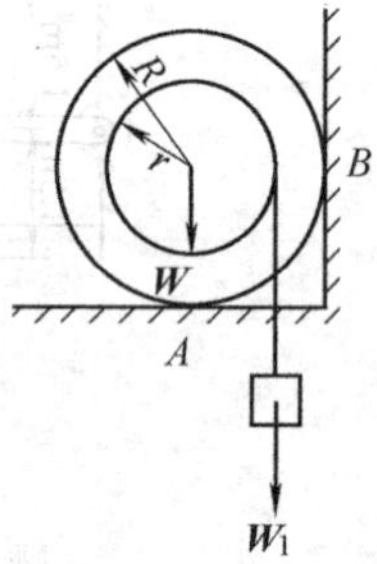

题 3-39 图

3-38 圆柱直径 $d=120\text{mm}$，重力为 $W=200\text{N}$，在力偶作用下紧靠住铅直壁面。圆柱与铅直面和水平面之间的摩擦系数均为 $f_s=0.25$。求能使圆柱开始转动所需的力偶矩 M。

3-39 塔轮的两个半径为 $R=100\text{mm}$，$r=50\text{mm}$，自重力为 $W=200\text{N}$。重力为 $W_1=250\text{N}$ 的物块在缠绕于塔轮上的绳子的末端。塔轮紧靠着铅直面。若塔轮与铅直面和水平面之间的摩擦系数均为 f_s，求为使塔轮保持静止 f_s 所应有的值。

第四章　空间力系

在工程实际中，**如果作用于物体上的力系，其力的作用线不在同一平面内，而是空间分布的，则这样的力系称为空间力系**，如传动轴等，如图 4-1 所示。

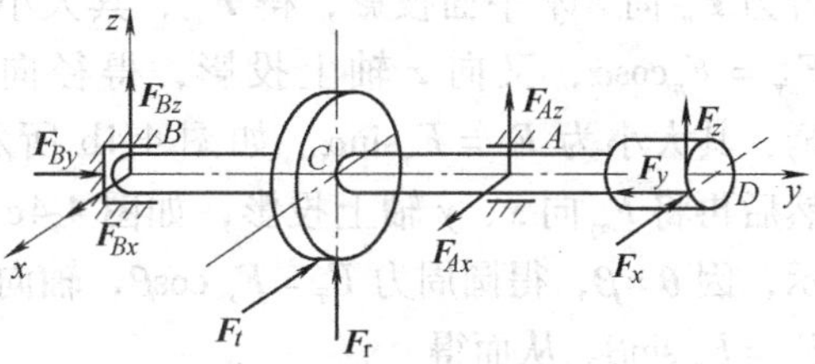

图　4-1

空间力系又可分为空间汇交力系、空间平行力系及空间任意力系。要解决物体在空间力系作用下的平衡问题，首先应掌握空间力在坐标轴上的投影、力对轴之矩的概念及计算方法。

第一节　力在空间直角坐标轴上的投影

我们已经知道，力 $\boldsymbol{F}$ 在某轴上的投影等于该力的大小乘以力与此轴正向间夹角的余弦。在空间力系情况下建立直角坐标系 $Oxyz$，如图 4-2 所示。力 $\boldsymbol{F}$ 在 x、y、z 坐标轴上的投影分别为

$$\left.\begin{aligned} F_x &= F\cos\alpha \\ F_y &= F\cos\beta \\ F_z &= F\cos\gamma \end{aligned}\right\} \tag{4-1}$$

式中，α、β、γ 分别为力 $\boldsymbol{F}$ 与 x、y、z 轴正向的夹角。

在有些情况下，力与三个坐标轴之间的夹角不易求出或夹角没有全部直接给出，则可采用间接投影，如图 4-3 所示。设力 $\boldsymbol{F}$ 与 xy 坐标平面的夹角为 φ，则有 $F_z = F\sin\varphi$ 与 $F_{xy} = F\cos\varphi$。再将 F_{xy} 向 x、y 轴上投影，得到 $F_x = F_{xy}\cos\theta$，$F_y = F_{xy}\sin\theta$。这样可求得力 $\boldsymbol{F}$ 在 x、y、z 轴上的投影为

$$\left.\begin{aligned} F_x &= F\cos\varphi\cos\theta \\ F_y &= F\cos\varphi\sin\theta \\ F_z &= F\sin\varphi \end{aligned}\right\} \tag{4-2}$$

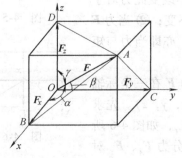

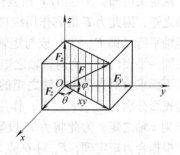

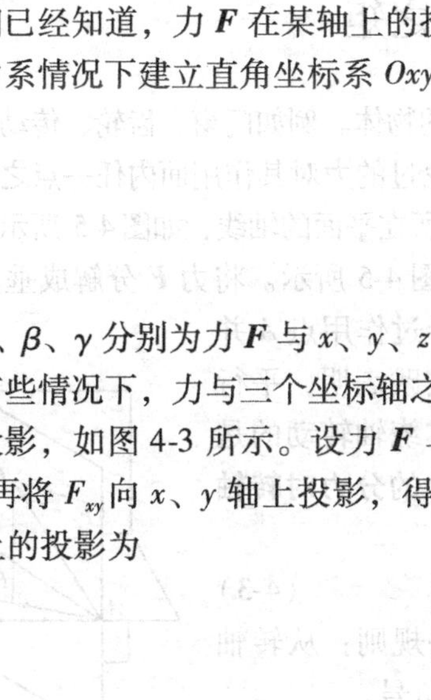

图　4-2

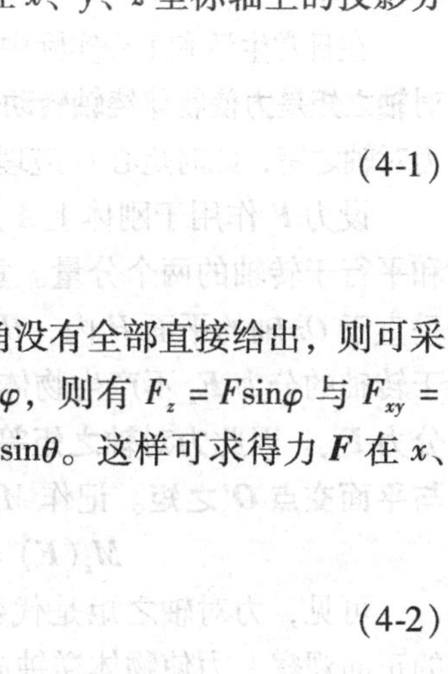

图　4-3

当力 $\boldsymbol{F}$ 位于与某轴相垂直的平面内时，则力 $\boldsymbol{F}$ 在该轴上的投影等于零。

例 4-1 已知斜齿轮上 A 点受到另一齿轮对它作用的啮合力 $\boldsymbol{F}_n$，$\boldsymbol{F}_n$ 沿齿廓在接触处的公法线作用，且垂直于过 A 点的齿面的切面，如图 4-4a 所示。α 为压力角，β 为斜齿轮的螺旋角。试计算圆周力 $\boldsymbol{F}_\tau$、径向力 $\boldsymbol{F}_r$ 和轴向力 $\boldsymbol{F}_a$ 的大小。

解： 建立图示直角坐标系 $Axyz$。先将啮合力 $\boldsymbol{F}_n$ 向 Axy 平面投影，得 $\boldsymbol{F}_{xy}$，其大小为 $F_{xy}=F_n\cos\alpha$，又向 z 轴上投影，得径向力 $\boldsymbol{F}_r$，其大小为 $F_r=F_n\sin\alpha$。如图 4-4b 所示。然后再将 $\boldsymbol{F}_{xy}$ 向 x、y 轴上投影，如图 4-4c 所示，因 $\theta=\beta$，得圆周力 $F_\tau=F_{xy}\cos\beta$，轴向力 $F_\alpha=F_{xy}\sin\beta$。从而得

$$F_\tau=F_n\cos\alpha\ \cos\beta$$

$$F_\alpha=F_n\cos\alpha\ \sin\beta$$

$$F_r=F_n\sin\alpha$$

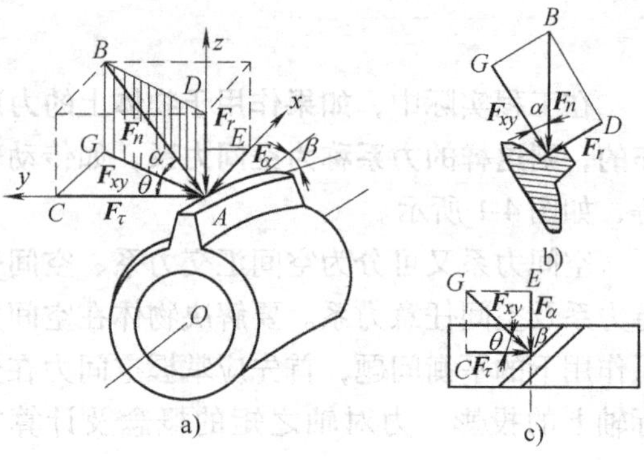

图 4-4

第二节 力对轴之矩

在日常生活和工程实际中，经常遇到绕固定轴转动的物体。例如门窗、齿轮、传动轴等。**力对轴之矩是力使物体绕轴转动效应的度量。**前面已经讨论过的力对其作用面内任一点之矩，就是力对轴之矩，此时矩心 O 应理解为过 O 点并垂直于力系所在平面的轴线，如图 4-5 所示。

设力 $\boldsymbol{F}$ 作用于刚体上 A 点使刚体绕 z 轴转动，如图 4-5 所示。将力 $\boldsymbol{F}$ 分解成垂直于转轴和平行于转轴的两个分量。垂直于转轴的分量 $\boldsymbol{F}_{xy}$ 位于过作用点 A 并垂直于 Oz 轴的平面 H 内，H 面与 Oz 轴的交点 O'。实践表明，平行于转轴的分力 $\boldsymbol{F}_z$ 不产生物体绕轴转动的效应，使物体绕轴转动的是分力 $\boldsymbol{F}_{xy}$。因此**力对轴之矩等于力在垂直于转轴平面上的分力对转轴与平面交点 O' 之矩。**记作 $M_z(\boldsymbol{F})$。即

$$M_z(\boldsymbol{F})=M_{O'}(\boldsymbol{F}_{xy})=\pm F_{xy}h \tag{4-3}$$

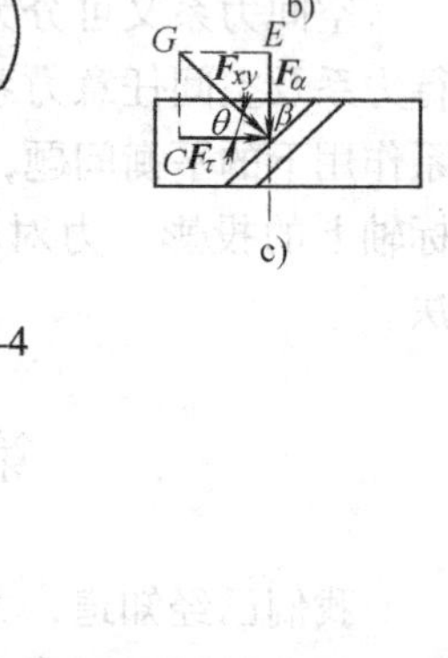

图 4-5

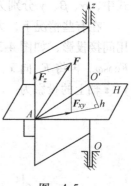

可见，力对轴之矩是代数量，式中正负号按右手规则：从转轴的正向观察，力使物体逆钟向转动取正号；反之则取负号。

从定义可知：① 当力 $\boldsymbol{F}$ 沿其作用线移动时，并不改变此力对于某轴之矩，因此力 $\boldsymbol{F}$ 沿其作用线移动时，$\boldsymbol{F}_{xy}$ 和 h 都不变；② 当力 $\boldsymbol{F}$ 与矩轴平行（即 $F_{xy}=0$）或与矩轴相交（即 $h=0$），亦即当力与矩轴在同一平面内时，力对该轴之矩等于零。

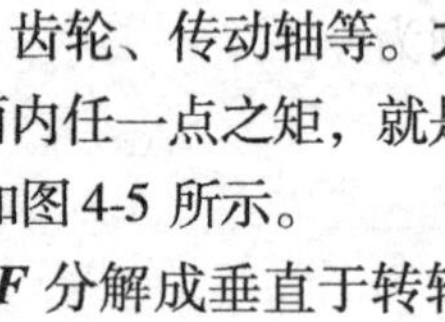

图 4-6

下面求力对直角坐标轴之矩的解析表达式。设力 $\boldsymbol{F}$ 在三坐标轴上的投影分别为 F_x、F_y、F_z，作用点 A 的坐标为（x，y，z）。先求力 $\boldsymbol{F}$ 对 z 轴之矩，为此将力 $\boldsymbol{F}$ 投影到 xy 平面，得 $\boldsymbol{F}_{xy}$，如图 4-6 所示。根据合力矩定理，$\boldsymbol{F}_{xy}$ 对 O 点之矩等于它的两个分力 $\boldsymbol{F}_x$、$\boldsymbol{F}_y$ 对 O 点之矩的代数和，由此得

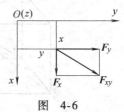

$$M_z(\boldsymbol{F}) = M_o(\boldsymbol{F}_{xy}) = xF_y - yF_x$$

同理可得 $\boldsymbol{F}$ 对 x、y 轴之矩。这样我们得到了力 $\boldsymbol{F}$ 对直角坐标轴之矩的解析表达式为

$$\left.\begin{aligned} M_x(\boldsymbol{F}) &= yF_z - zF_y \\ M_y(\boldsymbol{F}) &= zF_x - xF_z \\ M_z(\boldsymbol{F}) &= xF_y - yF_x \end{aligned}\right\} \quad (4\text{-}4)$$

例 4-2 求图 4-7 所示作用于曲柄端点 A 的力 $\boldsymbol{F}$ 对三轴之矩。图中 $\overline{AB}=a$，$\overline{BC}=b$，$\overline{CD}=c$，$\overline{DO}=d$，$\varphi=30°$，$\theta=60°$。

解：本题可以在求得力 $\boldsymbol{F}$ 的三个分力后，直接对轴求矩叠加，也可用解析式求该力对三轴之矩。应用二次投影法求得各分力的大小。

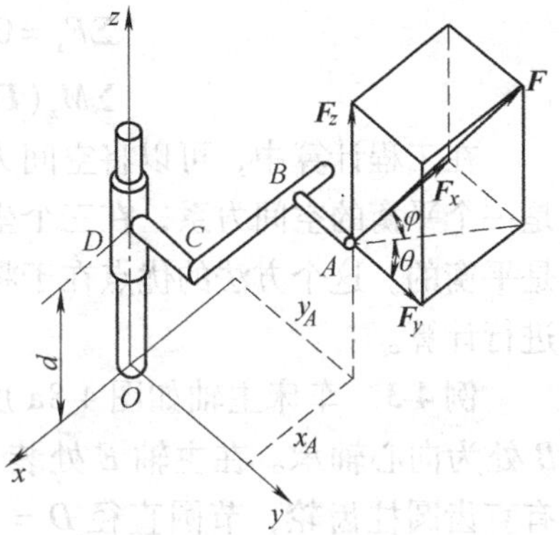

图 4-7

$$F_x = F\cos\varphi\sin\theta = F\cos30°\sin60° = \frac{3}{4}F$$

$$F_y = F\cos\varphi\cos\theta = F\cos30°\cos60° = \frac{\sqrt{3}}{4}F$$

$$F_z = F\sin\varphi = F\sin30° = \frac{F}{2}$$

其投影为

$$F_x = -\frac{3}{4}F,\ F_y = \frac{\sqrt{3}}{4}F,\ F_z = \frac{F}{2}$$

而 $x_A = -b$，$y_A = a+c$，$z_A = d$

可用两种方法分别求得。

（1）用定义求解：

$$M_x(\boldsymbol{F}) = -F_y d + F_z(a+c) = \frac{F}{4}[2(a+c) - \sqrt{3}d]$$

$$M_y(\boldsymbol{F}) = -F_x d + F_z b = \frac{F}{4}(2b - 3d)$$

$$M_z(\boldsymbol{F}) = F_x(a+c) - F_y b = \frac{F}{4}[3(a+c) - \sqrt{3}b]$$

（2）用解析法求解：

$$M_x(\boldsymbol{F}) = y_A F_z - z_A F_y = (a+c)\frac{F}{2} - d\frac{\sqrt{3}}{4}F$$

$$= \frac{F}{4}[2(a+c) - \sqrt{3}d]$$

$$M_y(\boldsymbol{F}) = z_A F_x - x_A F_z = d\left(-\frac{3}{4}F\right) - (-b)\frac{F}{2} = \frac{F}{4}(2b - 3d)$$

$$M_z(\boldsymbol{F}) = x_A F_y - y_A F_x = (-b)\frac{\sqrt{3}}{4}F - (a+c)\left(\frac{3F}{4}\right)$$

$$= \frac{F}{4}[3(a+c) - \sqrt{3}b]$$

结果两者相同，至于具体采用哪种方法求力对轴之矩，应根据计算方便而定。

第三节　空间力系的平衡方程及其应用

在前面已经由平面任意力系的简化结果导出其平衡方程是：$\Sigma F_x=0$，$\Sigma F_y=0$ 及 $\Sigma M_O(\boldsymbol{F})=0$。从物理意义而言，就是平面力系中各力使物体的移动效应、转动效应都相互抵消。物体在空间力系作用下，有可能产生沿空间坐标轴 x、y、z 三个方向的移动效应及绕三个轴的转动效应都互相抵消。从而得到力系中各力在 x、y、z 轴上的投影代数和均等于零及各力对三个轴之矩的代数和均等于零，就是空间任意力系的平衡条件，其平衡方程如下

$$\left.\begin{aligned}&\Sigma F_x=0,\ \Sigma F_y=0,\ \Sigma F_z=0\\&\Sigma M_x(\boldsymbol{F})=0,\Sigma M_y(\boldsymbol{F})=0,\Sigma M_z(\boldsymbol{F})=0\end{aligned}\right\}\tag{4-5}$$

在工程计算中，可以将空间力系的平衡问题化为平面力系的平衡问题形式处理。其依据是一个平衡的空间力系，在三个坐标平面 xy、yz、zx 上的投影所组成的三个平面力系也必定是平衡的。这个方法的优点在于将一个空间力系投影到三个坐标平面上，通过三个平面力系进行计算。

例 4-3　车床主轴如图 4-8a 所示。在 A、B 两处装有轴承，其中 A 处为向心推力轴承，B 处为向心轴承。在主轴 E 处装有直齿圆柱齿轮，节圆直径 $D=198\text{mm}$，压力角 $\alpha=20°$，啮合力 $\boldsymbol{F}_n$ 作用于齿轮最低点 H。车刀切削工件直径 $d=115\text{mm}$，主切削力 $F_z=17.6\text{kN}$，径向切削力 $F_y=7.04\text{kN}$，轴向切削力 $F_x=4.4\text{kN}$。已知：$a=488\text{mm}$，$b=76\text{mm}$，$c=388\text{mm}$。试求齿轮啮合力和轴承的约束反力。

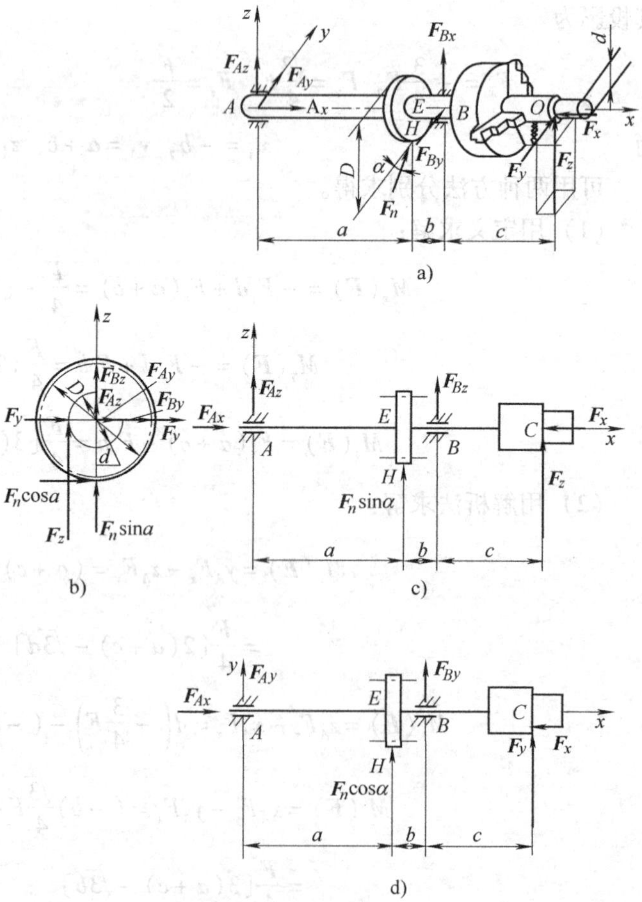

图　4-8

解：（1）取主轴（包含齿轮、卡盘、工件）为研究对象。

（2）受力分析如图 4-8a 所示，其中 $\boldsymbol{F}_{Ax}$、$\boldsymbol{F}_{Ay}$、$\boldsymbol{F}_{Az}$ 及 $\boldsymbol{F}_{By}$、$\boldsymbol{F}_{Bz}$ 为 A、B 处轴承的约束反力，显然主轴是受空间一般力系作用。

（3）建立空间坐标系 $Axyz$，列出空间一般力系的平衡方程式

$$\Sigma M_x(\boldsymbol{F})=0,F_n\cos\alpha\cdot\frac{D}{2}-P_z\frac{d}{2}=0$$

$$\Sigma F_x=0,\quad F_{Ax}-F_x=0$$

$$\Sigma M_y(\boldsymbol{F})=0,\ -F_{Bz}(a+b)-F_n\sin\alpha\cdot a-F_z(a+b+c)=0$$

$$\Sigma F_y=0,\ F_{Ay}+F_{By}+F_n\cos\alpha+F_y=0$$

$$\Sigma M_z(\boldsymbol{F})=0 \qquad F_{By}(a+b)+F_n\cos\alpha\cdot a+F_y(a+b+c)-F_x\frac{d}{2}=0$$

$$\Sigma F_z=0 \qquad F_{Az}+F_{Bz}+F_n\sin\alpha+F_z=0$$

联立求解以上6个平衡方程，代入已知数据可以求得

$$F_n=10.2\text{kN},\ F_{Ax}=4.4\text{kN},\ F_{Ay}=3.06\text{kN}$$

$$F_{Az}=11.59\text{kN},\ F_{By}=-20.30\text{kN},\ F_{Bz}=32.9\text{kN}$$

也可以将空间力系向三个坐标平面投影后，应用平面力系的平衡方程求解：

（1）力系向 Ayz 平面内投影，如图4-8b所示。列出平衡方程

$$\Sigma M_{Ax}=0 \qquad F_n\cos\alpha\cdot\frac{D}{2}-F_z\frac{d}{2}=0$$

（2）再将空间力系向 Axz 平面投影，如图4-8c所示。列出平衡方程

$$\Sigma F_x=0 \qquad F_{Ax}-F_x=0$$

$$\Sigma M_{Ay}=0 \qquad F_{Bz}(a+b)+F_n\sin\alpha\cdot a+F_z(a+b+c)=0$$

$$\Sigma F_z=0 \qquad F_{Az}+F_{Bz}+F_n\sin\alpha=0$$

（3）再向 Axy 平面投影，如图4-8d所示。列出平衡方程

$$\Sigma M_{Az}=0 \qquad F_{By}(a+b)+F_n\cos\alpha\cdot a+F_y(a+b+c)-F_x\frac{d}{2}=0$$

$$\Sigma F_y=0 \qquad F_{Ay}+F_{By}+F_n\cos\alpha+F_y=0$$

联立求解以上6个方程，可得到与空间力系平衡方程求解的同样结果。

空间任意力系的平衡条件包含各种特殊力系的平衡条件，从而可得出各种特殊力系的平衡方程。

1. 空间汇交力系

如果各力作用线汇交于一点的空间力系，称为空间汇交力系。其平衡方程为

$$\Sigma F_x=0,\ \Sigma F_y=0,\ \Sigma F_z=0$$

2. 空间平行力系

各力作用线相互平行的空间力系，称为空间平行力系。其平衡方程为（设各力的作用线平行于 z 轴）

$$\Sigma F_z=0,\Sigma M_x(\boldsymbol{F})=0,\Sigma M_y(\boldsymbol{F})=0$$

思 考 题

4-1 在工程实际中为简化计算，常将空间力系的平衡问题化为平面力系的平衡问题来处理，其理论依据是什么？

4-2 空间任意力系向三个互相垂直的坐标平面投影可得到3个平面力系，每个平面力系可以列出3个平衡方程，这样共可以列出9个平衡方程。这样是否可以求出9个未知量？为什么？

4-3 物体的重心是否恒在物体的内部？

4-4 物体位置变动时，其重心位置是否发生变化，若物体发生了变形，重心位置又如何？

4-5 若将物体沿着通过重心的平面切开，则两部分是否一样重？

习　题

4-1　已知力系中 $F_1=100\text{N}$，$F_2=300\text{N}$，$F_3=200\text{N}$，求力系在各坐标轴上投影的代数和，并求力系对各坐标轴的矩的代数和。

4-2　图示曲轴水平放置，z 轴铅直，曲柄销在 xy 平面内，作用于其中点 D 的力 F 的大小为 $F=20\text{kN}$，力 $\boldsymbol{F}$ 的作用线在垂直于轴线 AB 的横截面内，且与铅直线成 $\theta=30°$ 角。曲柄一端的直齿轮受到的圆周力 $\boldsymbol{F}_\tau$ 和径向力 $\boldsymbol{F}_r$ 都位于横截面内，且力 $\boldsymbol{F}_\tau$ 与 x 轴平行。齿轮节圆半径 $r=200\text{mm}$，啮合角 $\alpha=20°$。已知曲柄长 $DE=180\text{mm}$，图中尺寸单位为 mm。试求平衡时齿轮的啮合力和向心轴承 A、B 的反力。

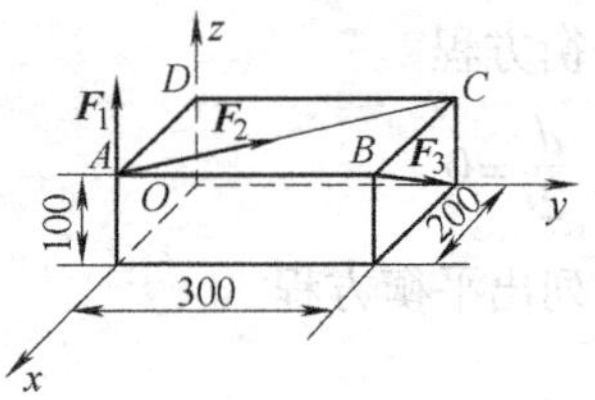

题　4-1 图

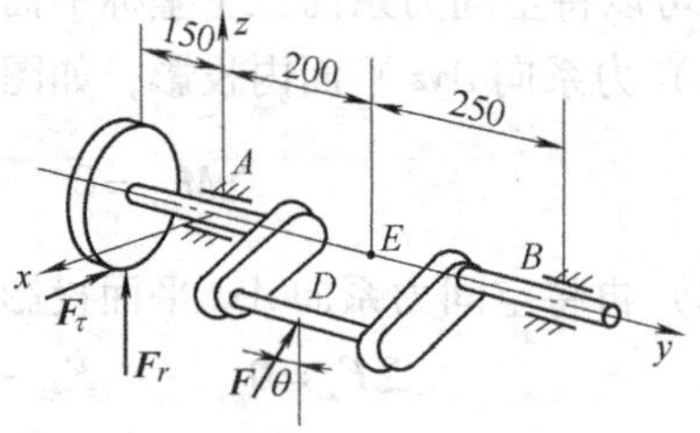

题　4-2 图

4-3　传动轴的联轴节上作用一力偶，其矩为 $M=500\text{N}\cdot\text{m}$。轴上的直齿轮节圆直径 $d=80\text{mm}$，啮合角 $\alpha=20°$。它与另一轴上的齿轮在 D 点相啮合，半径 CD 与铅直线的夹角为 $\theta=60°$。求平衡时齿轮所受的啮合力和两向心轴承的反力。

4-4　水平传动轴上有两个带轮 Ⅰ、Ⅱ，其半径为 $r_1=300\text{mm}$，$r_2=150\text{mm}$，距离 $b=500\text{mm}$。胶带拉力都在垂直于 y 轴的平面内。已知 $\boldsymbol{F}_{T1}$ 和 $\boldsymbol{F}_{T2}$ 沿水平方向，而 $\boldsymbol{F}_{T3}$ 和 $\boldsymbol{F}_{T4}$ 则与铅直线成 $\theta=30°$ 角。设 $\boldsymbol{F}_{T1}=2\boldsymbol{F}_{T2}=2\text{ kN}$，$\boldsymbol{F}_{T3}=2\boldsymbol{F}_{T4}$。求平衡情况下的拉力 $\boldsymbol{F}_{T3}$、$\boldsymbol{F}_{T4}$ 和向心轴承 A、B 的反力。

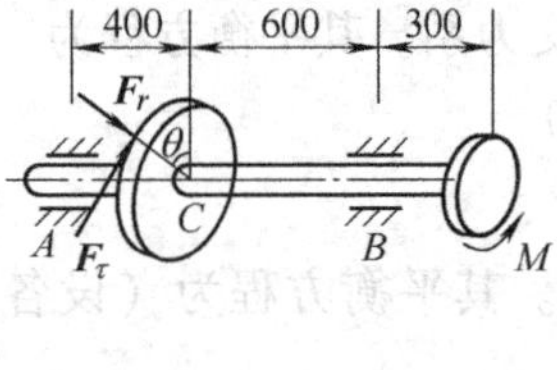

题　4-3 图

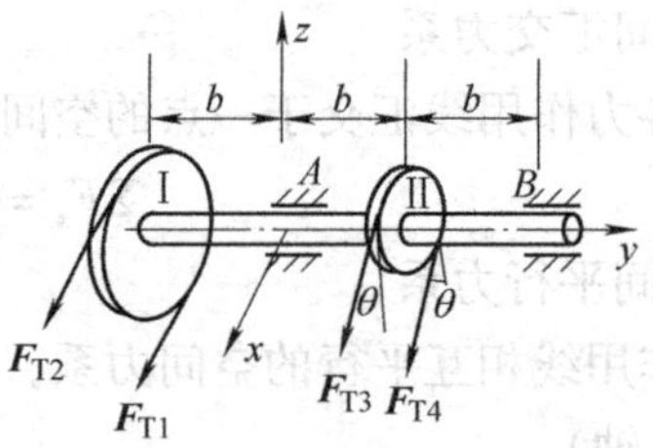

题　4-4 图

第五章　拉伸与压缩

物体在载荷作用下应该有足够的强度、刚度和稳定性，因而在分析这类问题时，必须将物体作为变形体。自本章至第十一章，我们研究简单的变形固体（以杆件为主）在载荷作用下的变形、受力和破坏的规律，为合理设计构件提供分析的基本理论和方法。

第一节　概　　述

工程实际中的机器和结构都是由零件或构件所组成的，当机器或结构工作时，零件或构件都将受到载荷的作用并产生一定程度的变形。同时，它们内部的各部分之间因相对位置的改变还会产生相互作用的内力，当所承受的载荷增加到某一限度时，它们还会发生破坏。

构件的意外破坏，将使机器或结构失去工作能力；构件承载时产生过大的变形，也会影响机器或结构的正常工作。例如车床在切削工件时是通过齿轮将动力传递给主轴的，如果车刀上的切削力过大，就有可能使齿轮的轮齿折断而使车床不能正常工作；此外，切削力过大时，也可能使车床主轴产生过大的变形，从而使加工的工件不能达到预定的精度。这些情况在工程中都是不允许的。因此，为了保证机器或结构能安全、正常地工作，**要求每个构件都有足够的强度（即抵抗破坏的能力）、足够的刚度（即抵抗变形的能力）和足够的稳定性（即维持原有平衡形态的能力）**。但是安全性和经济性之间往往存在着矛盾。工程力学的任务之一就是**研究构件在载荷作用下所表现的力学性能，从而为确定其合理的形状和尺寸，选择适当的材料，即为构件的设计提供必要的理论基础**。

实际构件的形状很多，当它的长度远大于横向尺寸时称为杆。杆的各横截面形心的连线称为杆的轴线。轴线为直线的直杆在工程中的应用最广，所以它是自本章到第十一章的主要研究对象。

因为载荷不同，杆件受力后所产生的变形也不相同，归纳起来有以下几种基本形式：

（1）**拉伸与压缩**。例如三角形托架中的拉杆 *AB* 和压杆 *AC*（图5-1）。

（2）**剪切**。例如联接件中的铆钉（图5-2）。

（3）**扭转**。例如传动轴（图5-3）。

（4）**弯曲**。例如桥式起重机的横梁（图5-4）。

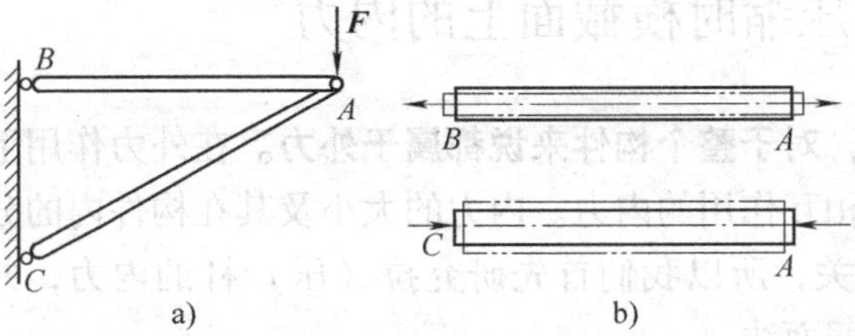

图　5-1

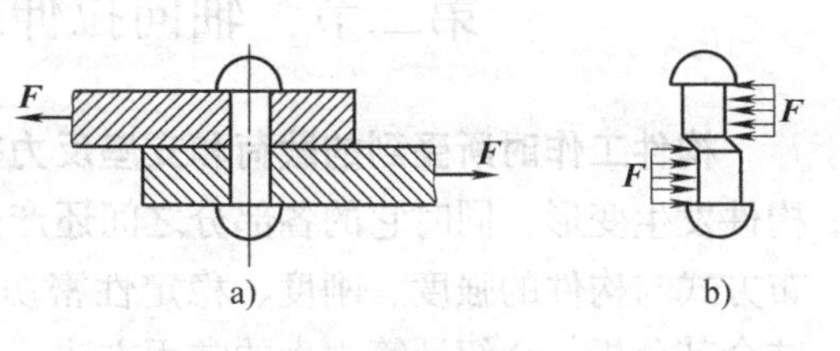

图　5-2

对于变形比较复杂的杆件，也只是这几种基本变形的组合。

为了简化计算，我们常采用以下基本假设作为理论分析的基础。

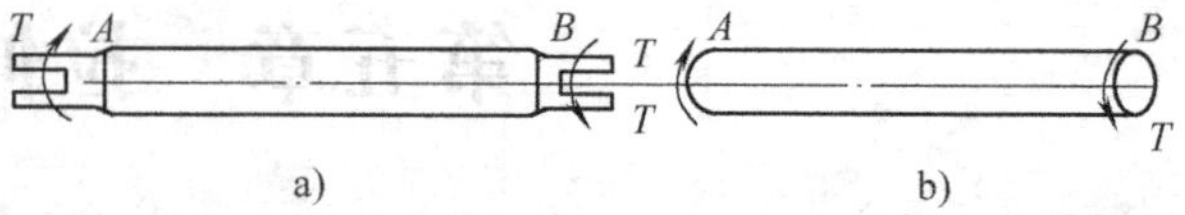

图 5-3

1. 均匀连续假设

这个假设认为，物质毫无空隙地充满了物体的几何空间，且其力学性质在各处都是一样的。

2. 各向同性假设

这个假设认为，材料在不同方向具有相同的力学性质。

3. 小变形条件

这个条件认为，物体在载荷作用下，其几何形状及尺寸的改变与总尺寸相比较十分微小。

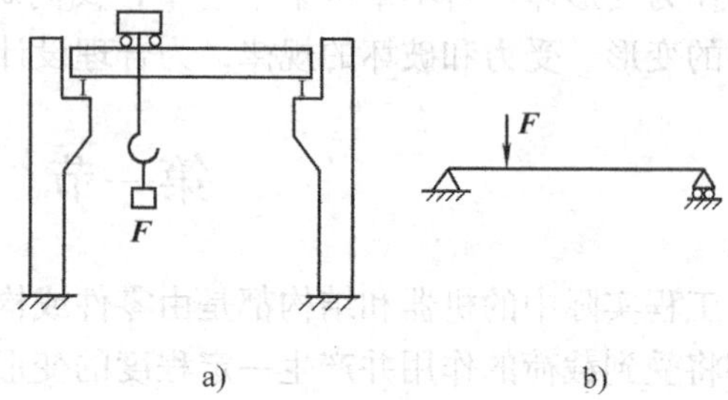

图 5-4

虽然从物质的微观结构而言，材料内部存在空隙，而且各基本组成部分（如金属中的晶粒）的性质也不尽一致，但就工程应用而言，以上假设是对实际材料的一种科学抽象，因而在此基础上所建立的有关理论是合理和足够准确的。

本章先讨论杆件拉伸与压缩时的强度、刚度计算以及材料拉伸与压缩时的力学性质，并适当介绍联接件的强度计算。

轴向拉伸与压缩是杆件的基本变形之一。生产实践中有许多杆件承受轴向拉伸或压缩，例如图 5-5a 所示的悬臂吊车的拉杆 AB，在起重时受到拉伸作用，又如图 5-5b 中的千斤顶螺杆，在顶举重物时受到压缩作用。其它如起重钢索、油压机立柱、内燃机缸盖的联接螺栓，在工作时也都受到轴向拉伸或压缩的作用。

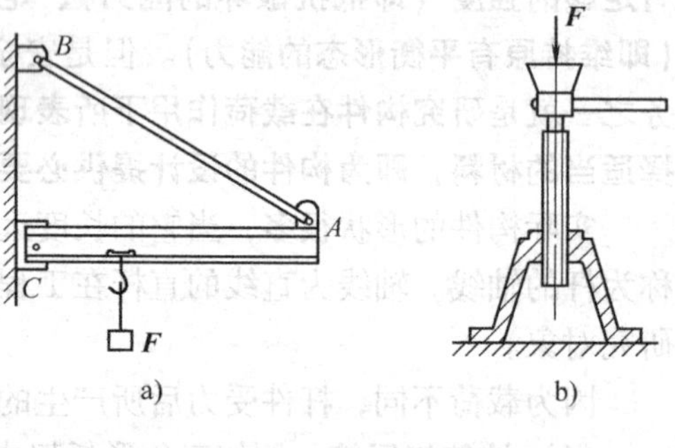

图 5-5

以上各例所列杆件的外形和支承方式虽不相同，但却有共同的特点：**杆件所受外力（或外力的合力）的作用线与杆的轴线重合，杆件的变形为轴向伸长或缩短，简称拉伸与压缩变形。**

第二节 轴向拉伸或压缩时横截面上的内力

构件工作时所受到的载荷和支座反力等，对于整个构件来说都属于外力。在外力作用下构件发生变形，同时它的各部分之间还产生相互作用的内力。内力的大小及其在构件内的分布方式与构件的强度、刚度、稳定性密切相关，所以我们首先研究拉（压）杆的内力，并结合其分析，介绍计算内力的常用方法——截面法。

以图 5-6 所示拉杆为例，如欲求某一横截面 $m-m$ 处的内力，可将该杆沿此横截面假想地截开，并取其中一段，例如左段为研究对象（图5-6b），因为它处于平衡状态，所以除受外力 $\boldsymbol{F}$ 的作用外，在横截面 $m-m$ 上必然有与 $\boldsymbol{F}$ 平衡的力 F_N，它就是右段作用于左段的内力。根据连续性假设，内力显然是连续分布于整个横截面上的，这里的内力 F_N 是指分布内力的合力，其大小和方向可由左段的平衡条件求得

$$\Sigma F_x=0 \qquad F_N-F=0$$

$$F_N=F$$

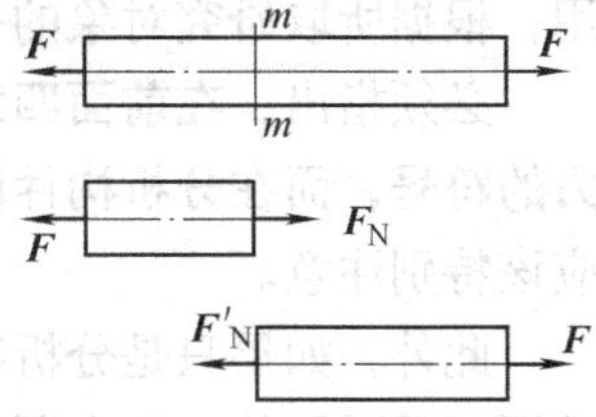

图 5-6

同样，若以右段为研究对象（图5-6c），则横截面上左段作用于右段的内力为 F'_N，由平衡条件可得同样的结果。F_N 与 F'_N 是左右两段杆在横截面 $m-m$ 上的作用力与反作用力，二者大小相等，方向相反。

由于杆件轴向拉压时所有外力均沿轴线方向，因此横截面上的内力也沿轴线方向，这样的内力称为轴力，以符号 F_N 表示。轴力是一个标量，我们规定其指向与横截面外法线方向一致者为正，即杆件受拉时为正，反之为负。图5-6所示杆件在横截面 $m-m$ 上的轴力为正值。

通常横截面的位置不同，截面上的内力也不相同。例如，当直杆上有两个以上的轴向外力作用时，在不同的杆段内，轴力也不相同。为了形象地反映轴力沿杆的轴线方向的变化情况，常采用图线来表示，称之为**轴力图**。现举例说明轴力图的画法。

例5-1 图5-7a所示等截面直杆，$F_1=40\text{kN}$，$F_2=60\text{kN}$，$F_3=50\text{kN}$，$F_4=30\text{kN}$。求各段横截面上的轴力，并画出轴力图。

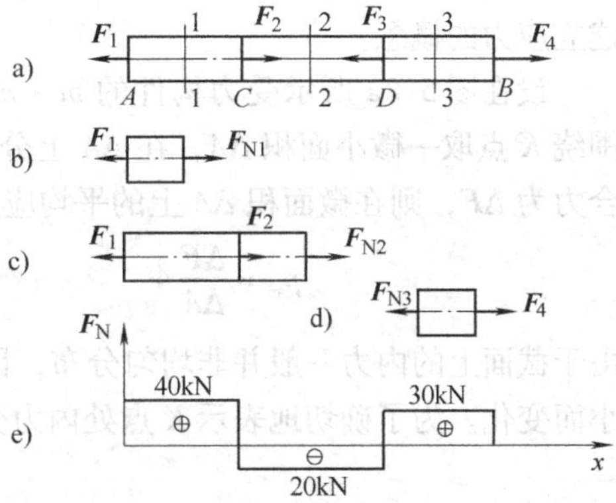

图 5-7

解：(1) 确定各段横截面上的轴力：

由于此杆在截面 C 和截面 D 处有外力作用，杆件 AC 段、CD 段和 DB 段的轴力将不相同，因而需要分段研究。用截面法，在 AC 段的任一横截面1-1处将杆截开，取左段，受力情况如图5-7b所示。

$$\Sigma F_x=0 \qquad F_{N1}-F_1=0$$

$$F_{N1}=F_1=40\text{kN}$$

对于 CD 段，以横截面2-2将杆截开，取左段，受力情况如图5-7c所示。

$$\Sigma F_x=0 \qquad F_{N2}+F_2-F_1=0$$

$$F_{N2}=F_1-F_2=40\text{kN}-60\text{kN}=-20\text{kN}$$

所得的 F_{N2} 为负值，说明该处轴力是压力。最后在 DB 段内任取横截面3-3，截开后取右段（图5-7d）。

$$\Sigma F_x=0 \qquad F_4-F_{N3}=0$$

$$F_{N3}=F_4=30\text{kN}$$

(2) 画轴力图：

取横坐标为截面位置，纵坐标为轴力，按比例尺画轴力图。由于各段中的轴力不变，因

此轴力图由三段水平线组成，如图 5-7e 所示。

截面法是求内力的基本方法，它的步骤是：在需求内力的截面处用一个截面假想地将杆件截开，选取其中一段作为研究对象，并在截面上用正向内力替代弃去部分对保留部分的作用，根据所取研究对象的平衡条件求出内力。

必须指出，**在前面四章的静力学问题中，列平衡方程时，是按力在坐标中的方向来规定力的符号，而在分析构件的强度和刚度问题时，则根据构件的变形来规定内力的符号**，对此应该特别注意。

此外，如果只是分析物体受力后的平衡或运动规律时，可把该物体看成刚体，力的可传性原理是适用的，而在研究构件受力后的变形等问题时，一般不能使用力的可传性原理，也不能用等效力系来替代原力系的作用。

第三节　应力的概念　拉（压）杆横截面上的应力

一、应力的概念

在确定了杆件的内力后，还不能解决它的强度问题。例如有两根材料相同而横截面积不等的杆件，在轴向拉力作用下，随着拉力的不断增加，总是细杆首先拉断。由此可知，构件是否破坏，不能单由内力的大小来决定，而是取决于截面上内力分布的强弱程度。

通常，内力在截面上的分布并非均匀。为了描述截面上某一点处内力分布的强弱程度，必须建立应力的概念。

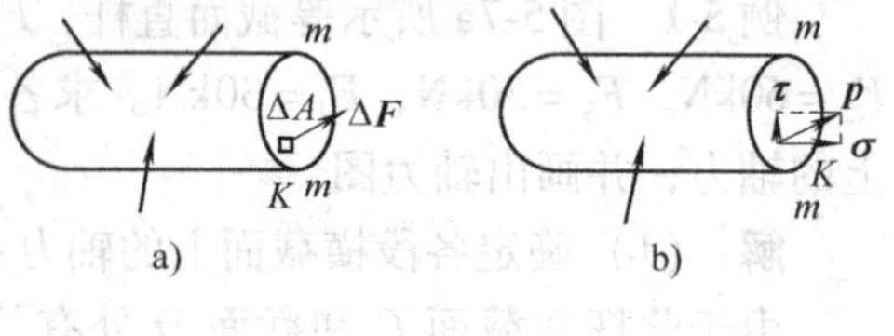

图　5-8

设在图 5-8a 所示受力构件的 $m-m$ 截面上，围绕 K 点取一微小面积 ΔA，在 ΔA 上分布内力的合力为 $\Delta \boldsymbol{F}$，则在微面积 ΔA 上的平均应力定义为

$$p_m = \frac{\Delta \boldsymbol{F}}{\Delta A}4$$

由于截面上的内力一般并非均匀分布，因此平均应力 p_m 的数值和方向都将随所取 ΔA 的大小而变化。为了确切地表示 K 点处内力分布的强弱，应使 ΔA 趋于零，此时极限值

$$p = \lim_{\Delta A \to 0} \frac{\Delta \boldsymbol{F}}{\Delta A} \tag{5-1}$$

称为该截面上 K 点处的应力。因为 $\Delta \boldsymbol{F}$ 为矢量，所以 p 也是矢量，其方向与 $\Delta \boldsymbol{F}$ 的极限方向一致。我们常把它分解成垂直于截面的法向分量 σ 和切于截面的分量 $\boldsymbol{\tau}$（图 5-8b）。σ 称为正应力，$\boldsymbol{\tau}$ 称为切应力（原称剪应力），它们满足如下关系

$$p^2 = \sigma^2 + \tau^2 \tag{5-2}$$

应力的量纲为力/长度^2。在国际单位制中，应力的基本单位是牛［顿］/米^2（N/m^2），称为帕斯卡或简称帕（Pa）。因 Pa 这一单位甚小，在实际使用时常采用兆帕（MPa）或吉帕（GPa），即

$$1MPa = 10^6 Pa, \ 1GPa = 10^9 Pa$$

普通工程构件的尺寸常以毫米为单位，相应的应力单位为牛［顿］/毫米^2（N/mm^2），即兆帕，因此本书的有关例题均按此习惯进行计算。

二、拉（压）杆横截面上的应力

要确定拉（压）杆横截面上各点的应力，必须了解横截上内力的分布规律，而内力的分布规律又与杆的变形情况密切相关。为此，我们先通过实验来观察杆件的变形。

取等截面直杆，加载前在其侧面画两条垂直于轴线的直线ab和cd，杆件拉伸后观察到它们仍是垂直于轴线的直线，只是平行地移到$\overline{a'b'}$、$\overline{c'd'}$（图5-9a）。

由此，我们可作如下假设：横截面在变形后仍保持为垂直于轴线的平面。这就是著名的**平面变形假设**。

对于这个假设还可以作简要的分析说明。图5-9b所示等截面直杆在拉伸变形后，由于杆的形状及受力左右对称，故其中间的对称面1-1在变形后必然保持为平面。假想以1-1面将杆截成二段（图5-9c），同样由于对称性，它们各自的对称面2-2在变形后也保持为平面。照此继续分割即可证明等截面直杆的各横截面在变形后均保持为平面。

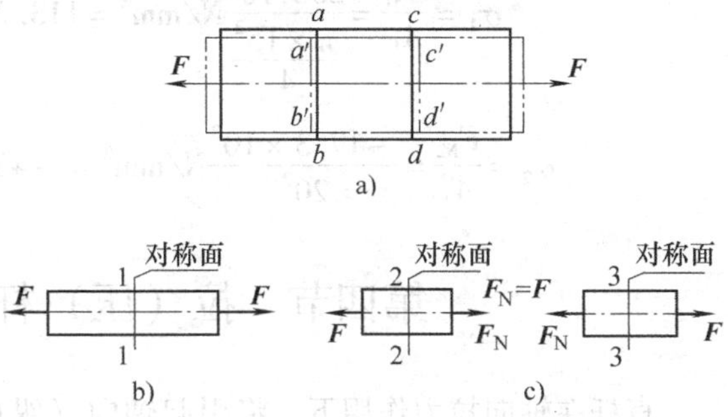

图 5-9

如把杆件看成无数纵向纤维所组成，则根据平面变形假设可知它们的伸长（缩短）完全相同。又因材料性质均匀，各纵向纤维所受的内力必然相等。这就是说，杆件在轴向拉压时，横截面上只有均匀分布的正应力，它们组成一个与杆的轴线平行的同向空间力系，其合力通过杆的轴线，且对轴线之矩等于零，即

$$F_N = \int_A \sigma \mathrm{d}A = \sigma A$$

$$\sigma = \frac{F_N}{A} \tag{5-3}$$

式中，F_N为横截面上的轴力，A为横截面面积。

式（5-3）只适用于等截面直杆的轴向拉压，对于变截面杆，除在截面突变处附近以外，也可适用。此外，在外力作用点附近，应力分布还将受外力作用方式的影响，但这种影响仅局限于外力作用处附近，其范围不超过杆的横向尺寸。

例5-2 图5-10a所示结构，$F=10\text{kN}$，1为圆杆，直径$d=15\text{mm}$，2为正方形截面杆，边长$a=20\text{mm}$，$\alpha=30°$，求各杆应力。

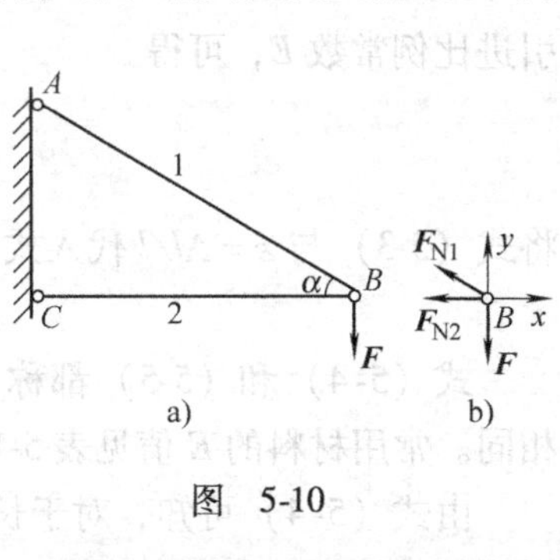

图 5-10

解：（1）计算各杆内力。取节点B为研究对象，两杆对该节点的拉力分别为F_{N1}、F_{N2}（图5-10b），根据平面汇交力系的平衡条件，有

$$\Sigma F_y = 0 \qquad F_{N1}\sin\alpha - F = 0$$

$$F_{N1} = \frac{F}{\sin\alpha} = \frac{10\text{kN}}{\sin 30°} = 20\text{kN}\ （受拉）$$

$$\Sigma F_x = 0 \qquad -F_{N2} - F_{N1}\cos\alpha = 0$$

$$F_{N2}=-F_{N1}\cos\alpha=-20\text{kN}\times\cos30^\circ=-17.3\text{kN}\ (\text{受压})$$

F_{N1}、F_{N2}即为两杆的内力。

（2）各杆应力

$$\sigma_1=\frac{F_{N1}}{A_1}=\frac{20\times10^3}{\frac{\pi\times15^2}{4}}\text{N/mm}^2=113.2\text{N/mm}^2=113.2\text{MPa}\ (\text{拉应力})$$

$$\sigma_2=\frac{F_{N2}}{A_2}=\frac{-17.3\times10^3}{20^2}\text{N/mm}^2=-43.3\text{N/mm}^2=-43.3\text{MPa}\ (\text{压应力})$$

第四节　拉（压）杆的变形　胡克定律

直杆在轴向拉力作用下，将引起轴向（纵向）尺寸的伸长和横向尺寸的缩短。而在轴向压力作用下则将引起轴向缩短和横向伸长。下面我们讨论这些变形问题。

设有一等截面杆，原长为 l，在轴向拉力 $\boldsymbol{F}$ 作用下，长度由 l 变为 l_1（图 5-11），则杆的绝对伸长为

$$\Delta l=l_1-l$$

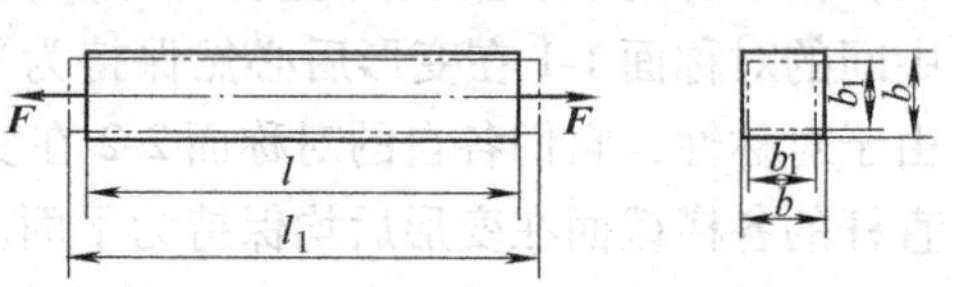

图　5-11

由于绝对伸长量与杆的原长 l 有关，因此可将绝对伸长除以原长，得

$$\varepsilon=\frac{\Delta l}{l}$$

式中，ε 称为相对变形，也称线应变或正应变，它是一个量纲为 1 的量。

多种材料的实验表明，当杆件横截面上的正应力不超过材料的比例极限时，杆件的绝对变形 Δl 与轴力 F_N、杆长 l 成正比，与横截面积 A 成反比，即

$$\Delta l\propto\frac{F_N l}{A}$$

引进比例常数 E，可得

$$\Delta l=\frac{F_N l}{EA}\tag{5-4}$$

将式（5-3）与 $\varepsilon=\Delta l/l$ 代入式（5-4），得

$$\sigma=E\varepsilon\tag{5-5}$$

式（5-4）和（5-5）都称为胡克定律。式中，E 为材料拉压弹性模量，其量纲与应力相同。常用材料的 E 值见表 5-1。

由式（5-4）可知，对于长度、受力相同的杆件，分母 EA 越大，绝对变形 Δl 就越小，说明杆件越不易变形，因此 EA 称为杆件的抗拉（压）刚度。

胡克定律是许多工程问题进行理论分析的基础，因而十分重要。但需要注意的是，只有当应力低于比例极限时胡克定律才能适用。实际上，工程构件的工作应力通常是低于比例极限的。

随着杆件轴向尺寸的变化，其横向尺寸也发生变化。若杆件的横向尺寸在变形前为 b，

变形后 b_1，则横向变形为

$$\Delta b = b_1 - b$$

同样引进横向应变 ε'，其定义为

$$\varepsilon' = \frac{\Delta b}{b}$$

试验表明，在应力不超过比例极限时，横向应变与纵向应变之比的绝对值为一常数，即

$$\mu = \left|\frac{\varepsilon'}{\varepsilon}\right| \tag{5-6}$$

式中，μ 为泊松比，是一个量纲为 1 的量，其数值与材料有关。常用材料的 μ 值见表 5-1。

由于 ε' 和 ε 的符号总是相反，因此有

$$\varepsilon' = -\mu\varepsilon \tag{5-7}$$

表 5-1　几种常用材料的 E、μ 值

材料名称	E/GPa	μ	材料名称		E/GPa	μ
碳　钢	200～220	0.25～0.33	锌及强铝		72	0.33
合金钢	190～220	0.24～0.33	混凝土		14～35	0.16～0.18
灰铸铁	80～150	0.23～0.27	橡　胶		0.0078	0.47
球墨铸铁	160	0.25～0.29	木材	顺纹	9～12	
铜及其合金	74～130	0.31～0.41		横纹	0.49	

例 5-3　如图 5-12 所示厂房柱子，$F_1 = 120\text{kN}$，$F_2 = 200\text{kN}$，$l_1 = 3\text{m}$，$l_2 = 7\text{m}$，横截面面积 $A_1 = 400\text{cm}^2$，$A_2 = 600\text{cm}^2$，$E = 18\text{GPa}$，求柱子的总缩短量 Δl。

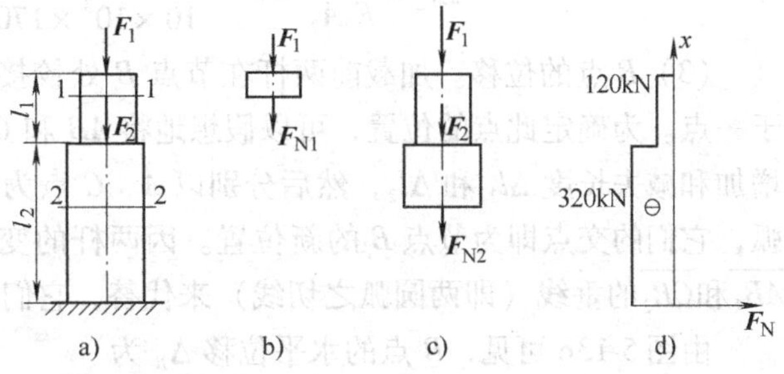

图　5-12

解：（1）各段轴力和轴力图。因外力作用于柱子的两段，故须逐段求出内力。

对于 AC 段，根据图 5-12b，有以下平衡方程式

$$\Sigma F_x = 0 \qquad -F_{N1} - F_1 = 0$$

$$F_{N1} = -F_1 = -120\text{kN}$$

对于 CB 段，根据图 5-12c，有以下平衡方程式

$$\Sigma F_x = 0 \qquad -F_{N2} - F_1 - F_2 = 0$$

$$F_{N2} = -F_1 - F_2 = -120\text{kN} - 200\text{kN} = -320\text{kN}$$

由此可得轴力图如图 5-12d 所示。

（2）柱子的总缩短量。按 AC、CB 两段分别计算该段的柱子变形 Δl_1 和 Δl_2，有

$$\Delta l_1 = \frac{F_{N1} l_1}{EA_1} = -\frac{120 \times 10^3 \times 3 \times 10^3}{18 \times 10^3 \times 400 \times 10^2}\text{mm} = -0.5\text{mm}$$

$$\Delta l_2 = \frac{F_{N2} l_2}{EA_2} = -\frac{320 \times 10^3 \times 7 \times 10^3}{18 \times 10^3 \times 600 \times 10^2} mm = -2.07mm$$

因此柱子的总变形为

$$\Delta l = \Delta l_1 + \Delta l_2 = -0.5mm - 2.07mm = -2.57mm$$

例 5-4 图 5-13 所示结构，AB 为圆截面钢杆，$d = 34mm$，$E_1 = 200GPa$，BC 为木杆，截面为正方形，边长 $a = 170mm$，$E_2 = 10GPa$，$l_2 = 1m$，$\alpha = 30°$，$F = 40kN$，求 B 点的水平位移和垂直位移。

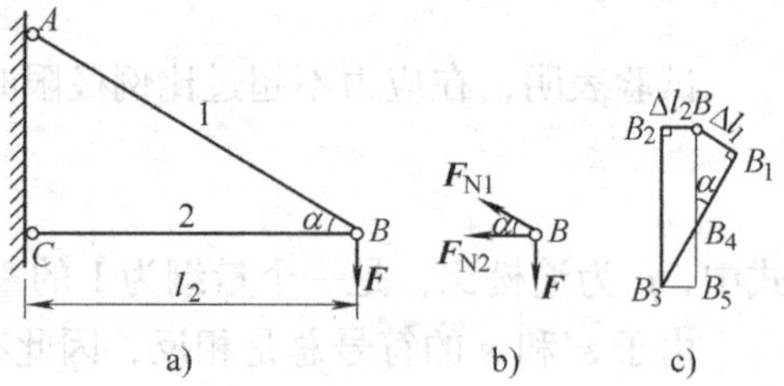

图 5-13

解：（1）各杆内力。取节点 B 为研究对象，两杆对该节点的拉力分别为 F_{N1}、F_{N2}（图5-13b），由平衡条件

$$\Sigma F_y = 0 \qquad F_{N1} = \frac{F}{\sin\alpha} = \frac{40kN}{\sin 30°} = 80kN$$

$$\Sigma F_x = 0 \qquad F_{N2} = -F_{N1}\cos\alpha = -80kN \times \cos 30° = -69.3kN$$

（2）各杆变形

$$\Delta l_1 = \frac{F_{N1} l_1}{E_1 A_1} = \frac{F_{N1} l_2}{E_1 A_1 \cos\alpha} = \frac{80 \times 10^3 \times 1 \times 10^3}{200 \times 10^3 \times \frac{\pi \times 34^2}{4} \times \cos 30°} mm = 0.51mm$$

$$\Delta l_2 = \frac{F_{N2} l_2}{E_2 A_2} = -\frac{69.3 \times 10^3 \times 1 \times 10^3}{10 \times 10^3 \times 170^2} mm = -0.24mm$$

（3）B 点的位移。加载前两杆在节点 B 处铰接，加载后各杆虽发生变形，但仍然铰接于一点。为确定此点的位置，可以假想地将 AB 和 CB 两杆在 B 点拆开，并在其原长上分别增加和减去长度 Δl_1 和 Δl_2，然后分别以 A、C 点为圆心，以 $l_1 + \Delta l_1$ 和 $l_2 - \Delta l_2$ 为半径作圆弧，它们的交点即为节点 B 的新位置。因两杆的变形很微小，故该两圆弧可用分别垂直于 $\overline{AB_1}$ 和 $\overline{CB_2}$ 的垂线（即两圆弧之切线）来代替，它们的交点 B_3 即可视为节点 B 的新位置。

由图 5-13c 可见，B 点的水平位移 Δ_B 为

$$\Delta_B = \overline{BB_2} = |\Delta l_2| = 0.24mm(\leftarrow)$$

而垂直位移 f_B 为

$$f_B = \overline{BB_5} = \overline{BB_4} + \overline{B_4B_5} = \frac{\Delta l_1}{\sin\alpha} + \frac{|\Delta l_2|}{\tan\alpha} = \frac{0.51mm}{\sin 30°} + \frac{0.24mm}{\tan 30°} = 1.44mm(\downarrow)$$

第五节 材料在拉伸和压缩时的力学性质

解决构件的强度和刚度问题，除了要对构件的应力和变形进行分析外，还必须通过实验，研究材料的力学性质。所谓材料的力学性质是指材料从开始受力直至最终破坏时所表现的性能。常温、静载下的拉伸试验是最基本的试验。常温就是指室温，静载就是指加载过程十分平稳缓慢。

为了便于试验结果的相互比较，国家标准对试件的形状和尺寸均有规定。图 5-14a 为圆

截面标准试件，其直径为 d，中间的等直部分（工作段）长为 l，称为标距。试件有两种规格：$l=10d$ 为长试件；$l=5d$ 为短试件。图 5-14b 是矩形截面试件，标距为 l，横截面积为 A，$l=11.3\sqrt{A}$为长试件；$l=5.65\sqrt{A}$为短试件。

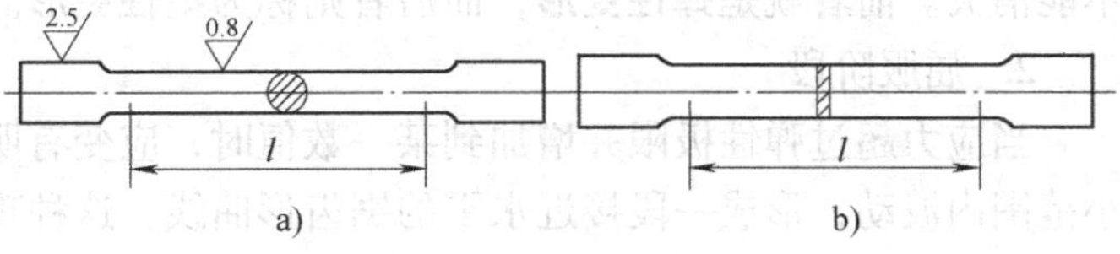

图 5-14

低碳钢和铸铁是工程中应用十分广泛的材料，而且它们的力学性质也比较典型，因此本节着重进行讨论。

一、低碳钢材料拉伸时的力学性质

将低碳钢试件装上试验机，缓慢加载直至拉断。在试验机测力盘上读出一系列拉力 F 的数值，同时还可测出与每一个拉力 F 相对应的伸长量 Δl。以纵坐标表示拉力 F，横坐标表示伸长量 Δl，则可画出 $F-\Delta l$ 曲线，称为拉伸曲线（图 5-15）。

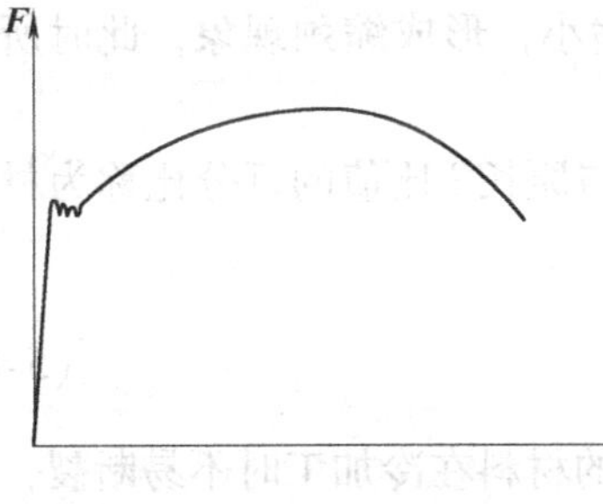

图 5-15

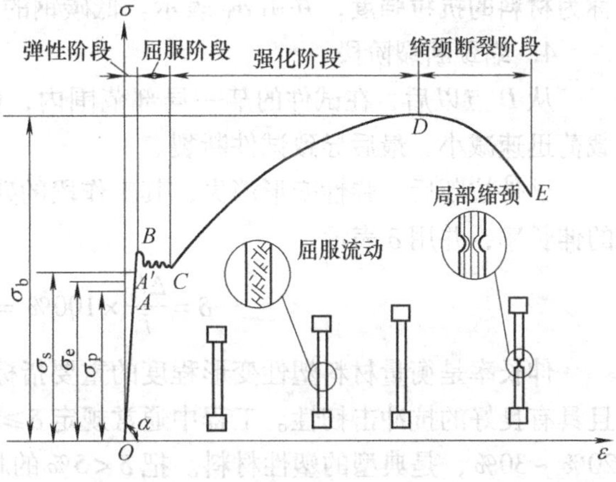

图 5-16

由于拉伸曲线 $F-\Delta l$ 与试件的尺寸有关，为了消除这一影响，可将拉力 F 除以试件的初始横截面面积 A，将伸长量 Δl 除以标距的原有长度 l，从而得到 $\sigma-\varepsilon$ 曲线，称为**应力–应变曲线**（图 5-16）。

根据低碳钢材料的应力–应变曲线的特点，可以将它分为以下四个阶段：

1. 弹性阶段

其特点是卸载后，试件的变形能完全消失，这种变形称为**弹性变形**。弹性阶段最高点 A'所对应的应力，称为材料的**弹性极限**，用 σ_e 表示。

在弹性阶段中，由 O 点到 A 点是直线，说明应力与应变成正比，即 $\sigma=E\varepsilon$。A 点所对应的应力称为材料的**比例极限**，用 σ_p 表示。低碳钢的比例极限约为 200MPa。

超过比例极限后，从 A 点到 A'点的 AA'段已不成直线，但变形仍然是弹性的。在 $\sigma-\varepsilon$ 曲线上，由于 A 点和 A'点非常接近，所以在工程上，对比例极限和弹性极限可不作严格区分。

当应力超过弹性极限后，若再卸载，则试件的一部分变形随之消失，而另一部分变形则不能消失。前者就是**弹性变形**，而后者则称为**塑性变形**。

2. 屈服阶段

当应力超过弹性极限并增加到某一数值时，应变有明显的增加，而应力却下降，接着在小范围内波动，形成一段接近水平的锯齿形曲线，这种现象称为**屈服**（或称流动）。在屈服阶段中的最高应力和最低应力分别称为上屈服点和下屈服点。由于下屈服点数值比较稳定，工程上常以此作为**材料的屈服点**（原称屈服极限），并用 σ_s 表示。对碳钢，$\sigma_s = 240\text{MPa}$。

若试件表面经过磨光，当其屈服时，可以在表面观察到与轴线大致成45°倾角的条纹。这是由于材料内部晶格之间相对滑移而形成的，称为**滑移线**。

当材料屈服时，将出现显著的塑性变形，从而影响构件的正常使用，所以屈服点是衡量这类材料强度的重要指标。

3. 强化阶段

经过屈服阶段之后，材料又恢复了抵抗变形的能力。这时，要使材料继续变形需要增大拉力，这种现象称为强化，即图5-16中的 CD 段曲线。强化阶段最高点 D 所对应的应力，称为**材料的抗拉强度**，并用 σ_b 表示。低碳钢的 $\sigma_b = 400\text{MPa}$。

4. 缩颈断裂阶段

从 D 点以后，在试件的某一局部范围内，横截面显著缩小，形成缩颈现象，此时所需载荷迅速减小，最后导致试件断裂。

试件拉断后，弹性变形消失，其工作段的残余变形 Δl_1 与原长 l 比值的百分比称为材料的伸长率，并用 δ 表示。

$$\delta = \frac{\Delta l_1}{l} \times 100\% = \frac{l_1 - l}{l} \times 100\% \tag{5-8}$$

伸长率是衡量材料塑性变形程度的重要指标，伸长率大的材料在冷加工时不易断裂，而且具有良好的抗冲击韧性。工程中通常规定 $\delta \geqslant 5\%$ 的材料为**塑性材料**，例如低碳钢材料 $\delta = 20\% \sim 30\%$，是典型的塑性材料。把 $\delta < 5\%$ 的材料称为**脆性材料**，如铸铁材料 $\delta = 0.5\% \sim 0.6\%$，属于脆性材料。

衡量材料塑性变形程度的另一指标是截面收缩率。若试件的原始横截面面积为 A，拉断后断口的最小横截面面积为 A_1，则截面收缩率 ψ 为

$$\psi = \frac{A - A_1}{A} \times 100\% \tag{5-9}$$

低碳钢材料的 $\psi = 60\% \sim 70\%$。

应该指出，材料的塑性和脆性在一定条件下可以相互转化。温度、变形速度、受力状态和热处理等都会影响材料的以上性质。

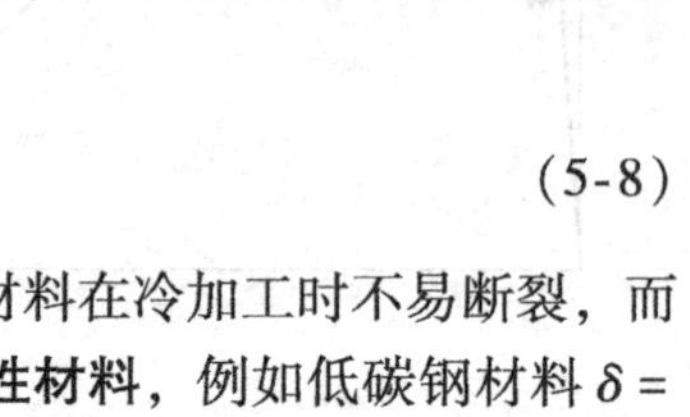

图 5-17

如把低碳钢拉伸到强化阶段的任一点 F，然后，逐渐卸载，则应力和应变关系将沿着与直线$\overline{OA}$接近平行的直线$\overline{FO_1}$回到 O_1 点，如图5-17所示。图中 O_1O_2 表示消失了的弹性变形，而 OO_1 则表示不能恢复的塑性变形。如果在卸载后重新加载，则 $\sigma - \varepsilon$ 曲线将基本沿卸载时的同一直线$\overline{O_1F}$上升到 F

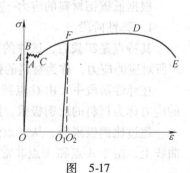

点，然后又沿曲线 *FDE* 变化。

由此可见，在再加载过程中，直到 *F* 点以前，材料的变形是弹性的，过了 *F* 点，才开始有塑性变形。这种将材料拉伸至强化阶段，并卸载以后再加载，使比例极限提高、塑性指标降低的现象称为**冷作硬化**。

工程中常可利用冷作硬化来提高构件在弹性阶段的承载能力，如起重用的钢缆绳，建筑用的钢筋，都采用冷拔工艺提高其强度。

经过冷作硬化的材料，虽然提高了比例极限，但在一定程度上降低了塑性，增加了脆性。若要消除这一现象，则需要进行退火处理。

图 5-18 为 16 锰钢的 $\sigma-\varepsilon$ 曲线。与低碳钢 Q235 的 $\sigma-\varepsilon$ 曲线相比，16 锰钢在拉伸时的应力–应变关系曲线与 Q235 相似．不过它的屈服点 σ_s 和抗拉强度 σ_b 都比 Q235 钢高，而伸长率 δ 则略小。

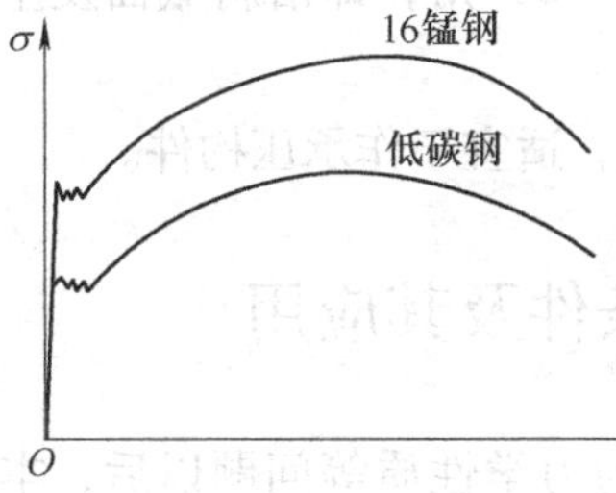

图 5-18

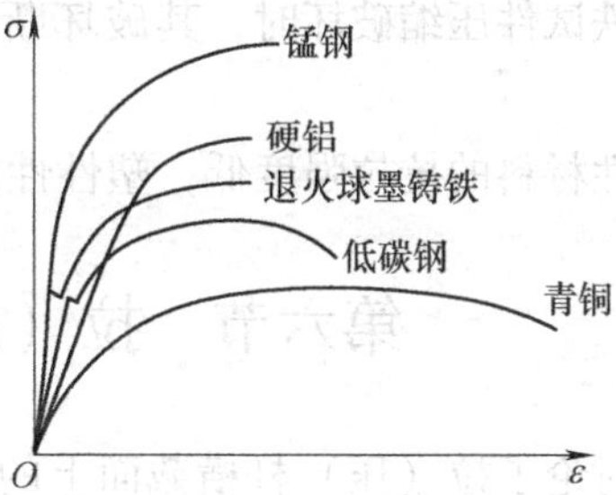

图 5-19

图 5-19 给出了另外几种常用金属材料在拉伸时的 $\sigma-\varepsilon$ 曲线。这些材料的伸长率都大于 5%，因而均属塑性材料。但它们在拉伸过程中没有明显的屈服阶段。对于这类塑性材料，通常以卸载后产生 0.2% 残余线应变时所对应的应力值作为材料的屈服点，并称为**名义屈服点**，用 $\sigma_{0.2}$ 表示，如图 5-20 所示。图中虚线与弹性阶段的直线平行。

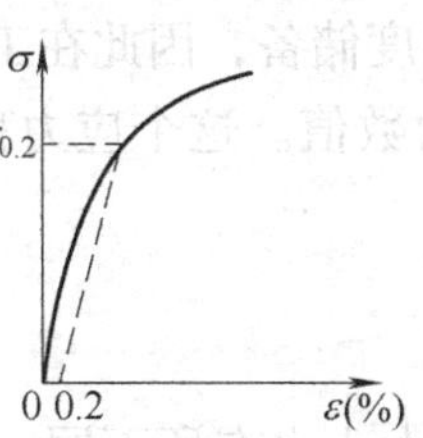

图 5-20

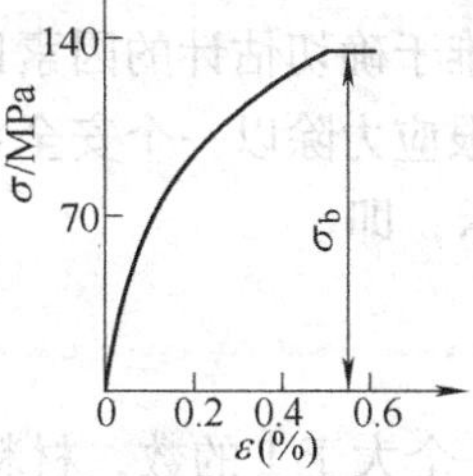

图 5-21

二、铸铁材料拉伸时的力学性质

铸铁材料拉伸时的 $\sigma-\varepsilon$ 曲线如图 5-21 所示。它没有明显的直线部分。在拉应力较低时就被拉断，也没有屈服和缩颈现象，拉断前的应变很小。伸长率也很小，是典型的脆性材料。

铸铁拉断时的最大应力称为抗拉强度 σ_b。常用的铸铁抗拉强度极限很低，约为120～180MPa，因此不宜用作抗拉构件。同时，由于铸铁在拉伸时无屈服现象，因此抗拉强度 σ_b 是衡量材料强度的唯一指标。

三、材料在压缩时的力学性质

低碳钢压缩时的 $\sigma-\varepsilon$ 曲线如图5-22所示，图中虚线表示低碳钢拉伸时的 $\sigma-\varepsilon$ 曲线。在屈服阶段以前，两条曲线重合，说明低碳钢在拉伸和压缩时的弹性模量 E 和屈服点 σ_s 是相同的。在屈服阶段以后，试件愈压愈扁，且不断裂，因而测不出它的抗压强度极限。

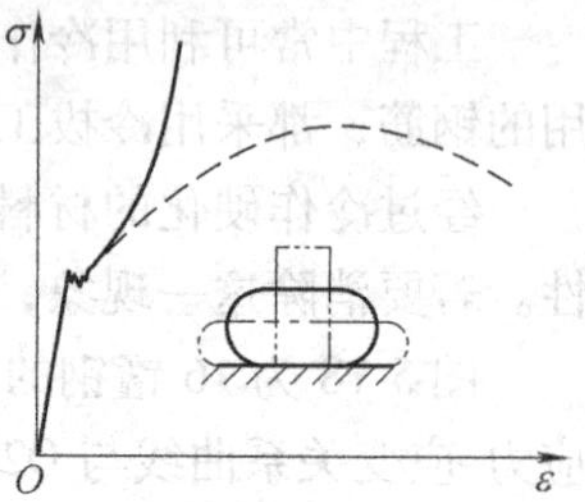

图　5-22

铸铁压缩时的 $\sigma-\varepsilon$ 曲线类似于拉伸，但是压缩时的强度极限是抗拉强度极限的3～4倍。其它脆性材料，如混凝土、砖石等，抗压强度也远高于抗拉强度。

铸铁试件压缩破坏时，其破坏断面与轴线大致成45°～55°角，即沿斜截面发生错动而破坏。

脆性材料的抗拉强度低，塑性性能差，但抗压能力强，适宜于作承压构件。

第六节　拉（压）杆的强度条件及其应用

在讨论了拉（压）杆横截面上的正应力计算和材料的力学性质等问题以后，本节将进一步讨论拉（压）杆的强度计算问题。

一、安全系数和许用应力

在考虑构件的强度问题时，应该使构件内的工作应力低于材料破坏时的极限应力 σ^0。对于塑性材料，当应力达到屈服点时，构件就将发生明显的塑性变形而影响正常工作，这是不允许的，因此其极限应力 σ^0 应取屈服点 σ_s（或 $\sigma_{0.2}$）；对于脆性材料，因为从加载直至破坏都不会产生明显的塑性变形，只有最终断裂才丧失承载能力，因此其极限应力 σ^0 应取抗拉强度 σ_b。

从充分利用材料强度考虑，本应使构件的工作应力接近材料的极限应力。但考虑到机械设计中一些难于确切估计的因素以及构件工作时所必需的强度储备，因此在工程设计时，需将材料的极限应力除以一个安全系数 n 作为允许采用的应力数值。这个应力称为**许用应力**，用 $[\sigma]$ 表示，即

$$[\sigma]=\frac{\sigma^0}{n} \tag{5-10}$$

式中，n 是一个大于1的数，材料的性质不同，安全系数的大小也有所不同。对于塑性材料和脆性材料的许用应力可分别写成

$$\left.\begin{aligned}[\sigma]&=\frac{\sigma_s}{n_s}\left(\text{或}\frac{\sigma_{0.2}}{n_s}\right)\\ [\sigma]&=\frac{\sigma_b}{n_b}\end{aligned}\right\} \tag{5-11}$$

选用安全系数时，要考虑以下主要因素：

（1）载荷的准确性和平稳性。例如起重机因操作失当而引起的起吊速度变化，会引起冲击性的载荷。

（2）工作应力计算的近似性。例如我们将某些结构物简化为桁架进行分析时，认为各杆件以光滑铰链联接，而实际上是铆接或焊接起来的。

（3）材料性质的均匀性。例如铸铁的均匀性不及碳钢，砖石和混凝土的均匀性则更差。

（4）构件必要的强度储备。对于那些因损坏会造成严重后果的构件，应选择足够的安全系数。

安全系数的选取直接与安全性和经济性有关，是一个重要而复杂的问题。在工程设计中，可参照有关规范或手册。在一般强度计算中，对于塑性材料，可取屈服安全系数 $n_s = 1.5 \sim 2.5$。脆性材料，可取强度安全系数 $n_b = 2.5 \sim 3.5$。

塑性材料的拉伸和压缩的许用应力相同，脆性材料的许用拉应力小于许用压应力。

二、拉（压）杆的强度条件及其应用

为了保证拉（压）杆件的正常工作，必须使杆内最大工作应力小于或等于材料的许用应力 $[\sigma]$，即

$$\sigma_{\max} = \left(\frac{F_N}{A}\right)_{\max} \leqslant [\sigma] \tag{5-12}$$

式（5-12）称为**拉（压）杆的强度条件**。对于等截面杆，上式则为

$$\sigma_{\max} = \frac{F_{N\max}}{A} \leqslant [\sigma] \tag{5-13}$$

根据以上强度条件，可以解决以下三类强度计算问题：

（1）强度校核。已知载荷、构件尺寸和材料许用应力，检验构件是否满足强度要求。

（2）截面设计。已知杆件所受载荷和材料许用应力，确定杆件横截面面积及相应尺寸，即

$$A \geqslant \frac{F_{N\max}}{[\sigma]} \tag{a}$$

（3）确定承载能力。已知杆件的尺寸和材料许用应力，根据强度条件可以确定该杆所能承受的最大轴力，即

$$F_{N\max} \leqslant [\sigma]A \tag{b}$$

然后由内力和外力的关系来确定杆件或结构所能承受的载荷。

最后指出，如果最大工作应力 $\sigma_{\max}$ 超过了许用应力 $[\sigma]$，但只要超过量小于许用应力的5%，在工程计算中仍然是允许的。

下面用实例来说明拉（压）杆强度条件的应用。

例 5-5 图 5-23a 表示起重链的受力情况，已知链环用 Q235 经冷弯制成，因此材料具有脆性，它的抗拉强度 $\sigma_b = 370\text{MPa}$，安全系数 $n_b = 4.5$，链环直径 $d = 18\text{mm}$，如起重力 $F_W = 50\text{kN}$，试校核链环的强度。

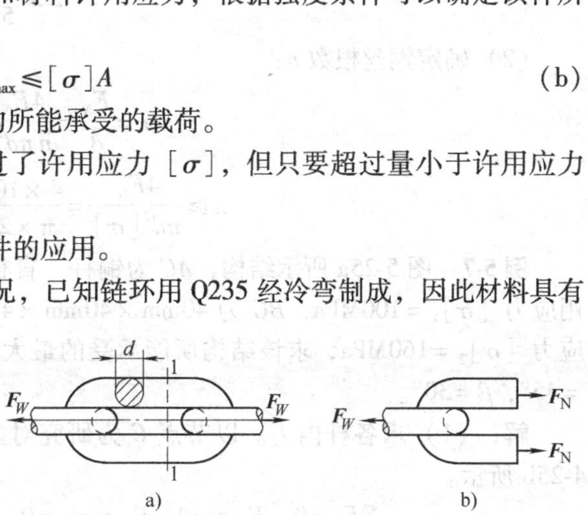

图 5-23

解： 假想将链环沿 1-1 截面切开，如图 5-23b 所示，由于对称，每个横面

上所受的内力为 $F_N=\frac{F_W}{2}$，因此链环截面上的工作应力为

$$\sigma=\frac{F_N}{\frac{\pi d^2}{4}}=\frac{2F_W}{\pi d^2}=\frac{2\times 50\times 10^3}{\pi\times 18^2}\text{MPa}=98.2\text{MPa}$$

链环的许用应力为

$$[\sigma]=\frac{\sigma_b}{n_b}=\frac{370\text{MPa}}{4.5}=82.2\text{MPa}$$

因为 $\sigma>[\sigma]$，所以链环的强度不足。

计算该链环能够安全吊起的重力：

$$\frac{\frac{F_{W\max}}{2}}{\frac{\pi d^2}{4}}\leqslant[\sigma]$$

$$F_{W\max}\leqslant 2\times\frac{\pi d^2}{4}[\sigma]=2\times\frac{\pi\times 18^2}{4}\times 82.2\text{N}=41.8\text{kN}$$

例 5-6 图 5-24a 所示结构，$q=30\text{kN/m}$，钢索 BC 由一组直径 $d=2\text{mm}$ 的钢丝组成，许用应力 $[\sigma]=160\text{MPa}$，$l=4\text{m}$，$h=3\text{m}$。求所需钢丝的根数 n。

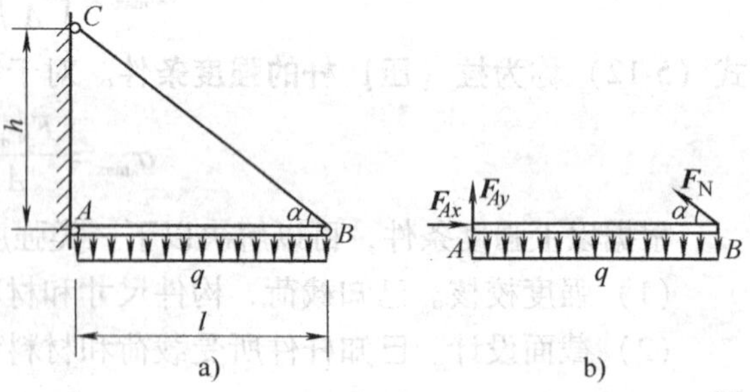

图 5-24

解：（1）求 BC 钢索的内力。以 AB 杆为研究对象，根据它的受力图（图 5-24b），有

$$\Sigma M_A=0\qquad F_N\sin\alpha\cdot l-\frac{q}{2}l^2=0$$

$$F_N=\frac{ql}{2\sin\alpha}=\frac{30\times 4}{2\times\frac{3}{5}}\text{kN}=100\text{kN}$$

（2）确定钢丝根数 n：

$$\sigma=\frac{F_N}{A}=\frac{4F_N}{n\pi d^2}\leqslant[\sigma]$$

$$n\geqslant\frac{4F_N}{\pi d^2[\sigma]}=\frac{4\times 100\times 10^3}{\pi\times 2^2\times 160}=199$$

例 5-7 图 5-25a 所示结构，AC 为铜杆，直径 $d=25\text{mm}$，许用应力 $[\sigma]_1=100\text{MPa}$，BC 为 40mm×40mm×4mm 角钢，许用应力 $[\sigma]_2=160\text{MPa}$，求该结构所能承受的最大载荷 $F_{\max}$。设 $\alpha=45°$，$\beta=30°$。

解：（1）求各杆内力。以节点 C 为研究对象，受力图如图 4-25b 所示。

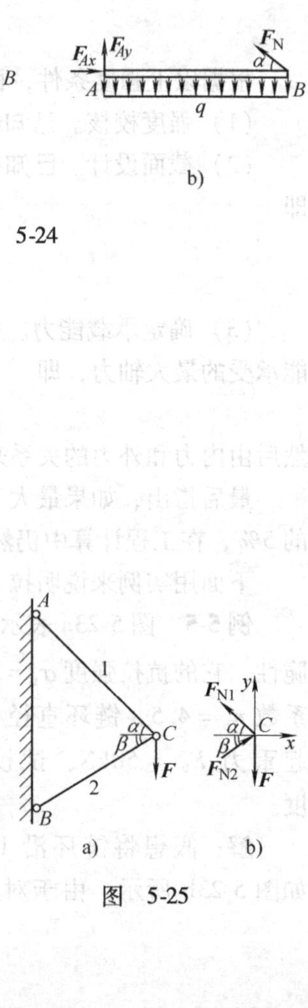

图 5-25

$$\Sigma F_x=0\quad F_{N2}\cos\beta-F_{N1}\cos\alpha=0$$

$$\Sigma F_y=0\quad F_{N2}\sin\beta+F_{N1}\sin\alpha=F$$

可以解出 $F_{N1}=0.897F$（受拉）$F_{N2}=0.732F$（受压）

（2）确定 F_{max}。根据 AC 杆的强度条件，得

$$\sigma_1=\frac{F_{N1}}{A_1}=\frac{4\times0.897F}{\pi d^2}\leqslant[\sigma]_1$$

$$F\leqslant\frac{\pi d^2[\sigma]_1}{4\times0.897}=\frac{\pi\times25^2\times100}{4\times0.897}\text{N}=54.7\text{kN}$$

再根据 BC 杆的强度条件，得

$$\sigma_2=\frac{F_{N2}}{A_2}=\frac{0.732F}{A_2}\leqslant[\sigma]_2$$

$$F\leqslant\frac{A_2[\sigma]_2}{0.732}=\frac{308.6\times160}{0.732}\text{N}=67.5\text{kN}$$

其中 A_2 可从附录 B 的型钢表中查得。

所以 $$F_{max}=54.7\text{kN}$$

第七节　拉（压）杆斜截面上的应力　拉压破坏分析

从材料的拉伸和压缩试验中，我们看到许多现象：低碳钢拉伸到达屈服阶段时，试件表面出现与轴线成45°方向的滑移线；铸铁在拉断时，断口与轴线垂直，而压缩破坏时，其断口与轴线约成45°~55°。这些现象说明，要分析试件的破坏原因，不仅需要了解横截面上的正应力，而且还应了解斜截面上的应力。

一、斜截面上的应力

图5-26a 为一等截面拉杆，横截面面积为 A。运用截面法，假想地将杆沿斜截面 $m-m$ 截开，并研究左段的平衡（图5-26b），得斜截面上的内力 $F_{N\alpha}$ 为

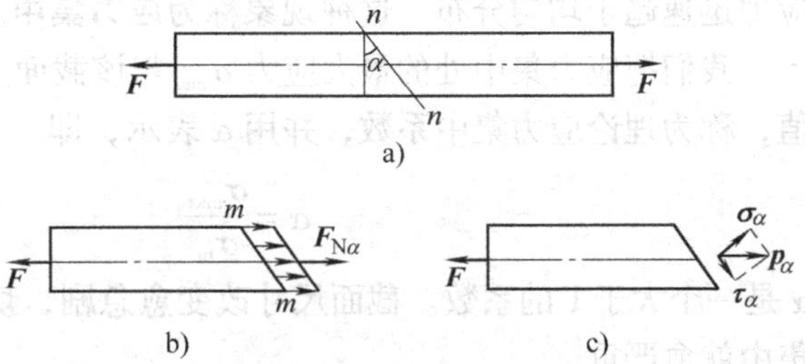

图 5-26

$$F_{N\alpha}=F \qquad \text{(a)}$$

由第三节可知，杆内各纵向纤维的伸长相等，说明斜截面上的应力也是均匀分布的，即

$$p_\alpha=\frac{F_{N\alpha}}{A_\alpha}=\frac{F}{A_\alpha} \qquad \text{(b)}$$

用斜截面面积 $A_\alpha=\dfrac{A}{\cos\alpha}$，则上式改为

$$p_\alpha=\frac{F}{A}\cos\alpha=\sigma\cos\alpha \qquad \text{(c)}$$

式中，$\sigma=\dfrac{F}{A}$为横截面的正应力，α 为杆的轴线与斜截面外法线的夹角。

将 p_α 分解成斜截面上的正应力 σ_α 和切应力 τ_α（图5-26c）

$$\sigma_\alpha=p_\alpha\cos\alpha=\sigma\cos^2\alpha=\frac{\sigma}{2}(1+\cos2\alpha) \qquad \text{(5-14)}$$

$$\tau_\alpha=p_\alpha\sin\alpha=\sigma\cos\alpha\sin\alpha=\frac{\sigma}{2}\sin2\alpha \qquad \text{(5-15)}$$

可见，在拉（压）杆的任一斜截面上，不仅有正应力，还有切应力，它们的大小均随截面的方位而变化。

由公式（5-14）可知，最大正应力 σ_{max} 发生在 $\alpha=0$ 的横截面上，其值为

$$\sigma_{max}=\sigma \tag{d}$$

而最大切应力 τ_{max} 发生在 $\alpha=45°$ 的斜截面上，其值为

$$\tau_{max}=\frac{\sigma}{2} \tag{e}$$

二、拉压破坏分析

通过斜截面上的应力分析可以看到，铸铁在拉伸时，由于横截面上的最大拉应力过大，而铸铁等脆性材料抗拉性能差，因此沿横截面发生断裂；低碳钢在拉伸（压缩）屈服时沿45°方向出现滑移线以及铸铁受压时约沿45°方向断裂，都是由于这一方向的斜截面上的最大切应力过大而造成的。

第八节　应力集中的概念

轴向拉压的等截面杆，在离外力作用点较远处，横截面上的应力是均匀分布的。但在工程实际中，往往需要在构件上钻孔、车螺纹、开键槽或加工成阶梯形。在外力作用下，构件上邻近孔、槽或圆角的局部范围内，应力急剧增大（图 5-27），而离该区域稍远处，应力迅速趋于均匀分布，这种现象称为**应力集中**。

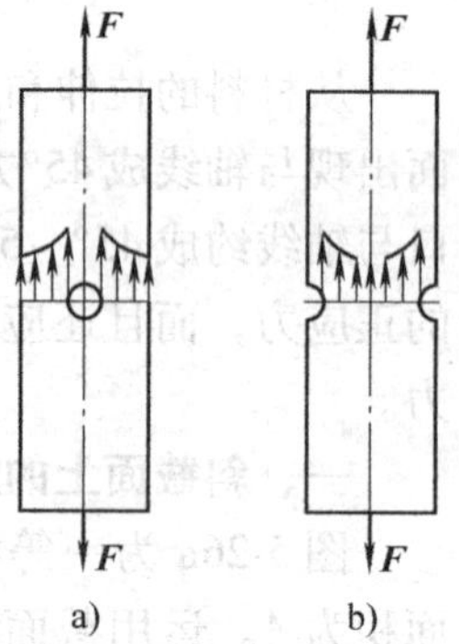

图　5-27

我们把应力集中处的最大应力 σ_{max} 与该截面上平均应力 σ_m 之比值，称为理论应力集中系数，并用 α 表示，即

$$\alpha=\frac{\sigma_{max}}{\sigma_m} \tag{5-16}$$

α 是一个大于 1 的系数。截面尺寸改变愈急剧，切口尖角愈小，应力集中就愈严重。

应力集中现象对于承受静载荷的塑性材料没有明显影响。这是因为当局部最大应力达到屈服点时，将发生塑性变形，应力不再增加。如外力继续增加，则处于弹性变形的其他部分的应力继续增长，直到整个截面上的应力都达到屈服点。可见，材料的塑性具有缓和应力集中的作用。但是，脆性材料没有屈服阶段，应力集中处的最大应力始终率先增加，当它达到抗拉强度 σ_b 时，杆件就会在该处裂开，因此脆性材料必须考虑应力集中的影响。

应该指出，当构件受周期性变化的应力或受冲击载荷作用时，无论是塑性材料还是脆性材料，应力集中对构件的破坏都有显著影响。

*第九节　拉压静不定问题

一、拉压静不定结构

在前面所讨论的杆件或结构中，各杆的约束反力或内力都可以用静力平衡方程求得，这类问题称为**静定问题**。相应的结构称为静定结构。

在工程实际中，有时为了增加构件或结构物的强度和刚度，或者由于构造上的需要，往往要增加构件或约束。例如图 5-28a 所示桁架的内力可由节点 A 的平衡方程求出，所以是静定结构。如在此桁架中增加一根 AD 杆（图 5-28c），显然，仅由两个平衡方程不能求出三个未知内力，这就是**静不定结构**。在静不定结构中，未知力数与平衡方程数之差称为**静不定的次数**。图 5-28c 所示桁架是一次静不定结构。

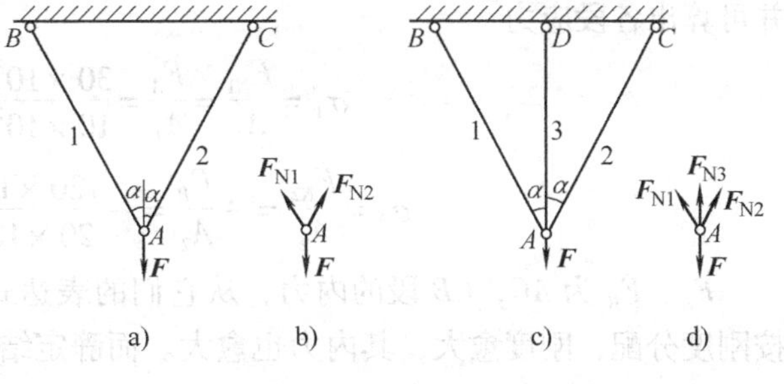

图 5-28

二、静不定问题的解

为了确定静不定问题的未知力，除应建立平衡方程外，还必须寻求补充条件，以建立足够数量的补充方程。这些补充方程可以根据结构中各构件的变形协调关系来建立。例如图 5-28c 所示三杆铰接桁架，在受力 $\boldsymbol{F}$ 作用而发生变形后，各杆仍应连接在一起，这就是此问题的变形协调关系。我们称此为**变形协调条件**。

由于杆件的变形与内力存在着一定的物理关系，将它代入变形协调条件即可建立力的补充方程。当应力不超过比例极限时，变形与内力间的物理关系就是胡克定律。

现以下列各例，说明拉压静不定问题的解法。

例 5-8 图 5-29 所示两端固定变截面杆，AC 段的长度 $l_1=1\text{m}$，截面积 $A_1=10\text{cm}^2$，BC 段的长度 $l_2=0.5\text{m}$，截面积 $A_2=20\text{cm}^2$，已知杆的载荷 $F=150\text{kN}$，求支反力和各段应力。

解：由杆的受力图可见，支反力 $\boldsymbol{F}_A$、$\boldsymbol{F}_B$ 和载荷 $\boldsymbol{F}$ 组成共线力系，平衡方程只有一个，即

$$\Sigma F_x=0 \qquad F_A+F_B=F \tag{a}$$

未知力有两个，因此这是一次静不定问题。

由于杆的两端固定，因而杆 AB 在受力变形后，B 截面的位移应等于零，即其总长不变，所以此问题的变形协调条件为 AC 段的伸长量等于 BC 段的缩短量，即

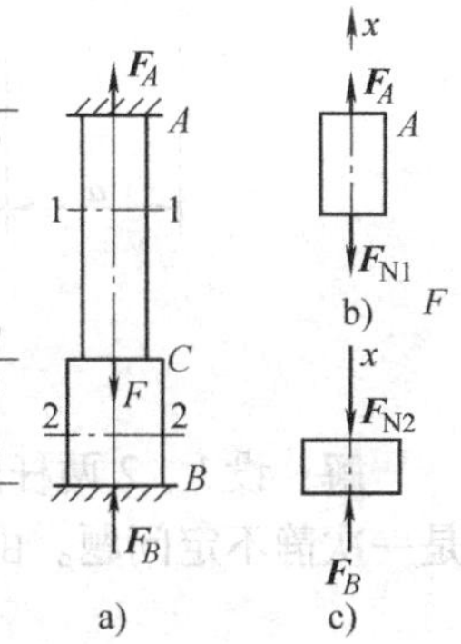

图 5-29

$$\Delta l_1=|\Delta l_2| \tag{b}$$

式中，Δl_1 和 Δl_2 分别为杆的 AC 和 BC 段的变形。按胡克定律，它们与各段中的内力有以下关系

$$\left.\begin{aligned}\Delta l_1&=\frac{F_{N1}l_1}{EA_1}=\frac{F_Al_1}{EA_1}\\ \Delta l_2&=\frac{F_{N2}l_2}{EA_2}=-\frac{F_Bl_2}{EA_2}\end{aligned}\right\} \tag{c}$$

将式（c）代入式（b）并化简，得补充方程为

$$l_1A_2F_A-l_2A_1F_B=0 \tag{d}$$

解（a）、（d）两式，得

$$F_A=\frac{l_2A_1}{l_2A_1+l_1A_2}F=\frac{0.5\times10^3\times10\times10^2}{0.5\times10^3\times10\times10^2+1\times10^3\times20\times10^2}\times150\text{kN}=30\text{kN}$$

$$F_B=\frac{l_1A_2}{l_2A_1+l_1A_2}F=\frac{1\times10^3\times20\times10^2}{0.5\times10^3\times10\times10^2+1\times10^3\times20\times10^2}\times150\text{kN}=120\text{kN}$$

并可算出各段应力

$$\sigma_1=\frac{F_{\text{N1}}}{A_1}=\frac{F_A}{A_1}=\frac{30\times10^3}{10\times10^2}\text{MPa}=30\text{MPa}$$

$$\sigma_2=\frac{F_{\text{N2}}}{A_2}=-\frac{F_B}{A_2}=-\frac{120\times10^3}{20\times10^2}\text{MPa}=-60\text{MPa}$$

F_A、F_B 为 AC，CB 段的内力，从它们的表达式可见：对于静不定结构，各杆内力通常按刚度分配，刚度愈大，其内力也愈大。而静定结构，内力与刚度无关。这是静不定结构区别于静定结构的重要特点。

例 5-9 如图 5-30 所示结构中，设横梁 AB 的变形很小可以省略，1，2 两杆材料相同，横截面积相等，$\alpha=45°$，试求 1、2 两杆的轴力。

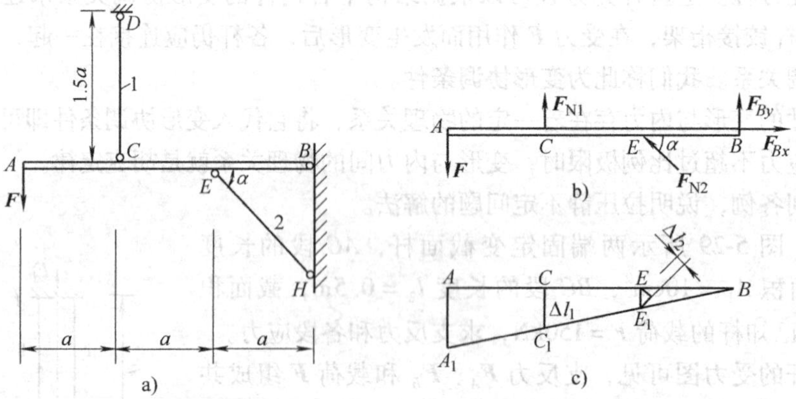

图 5-30

解：设 1、2 两杆的内力分别为 F_{N1}、F_{N2}，其受力图如图 5-30b。由受力图显然可见，这是一次静不定问题。由横梁 AB 的平衡方程 $\Sigma M_B=0$，得

$$2F_{\text{N1}}+F_{\text{N2}}\sin\alpha=3F \tag{a}$$

不计横梁的变形，它将始终保持为直杆。这样，1，2 两杆的变形满足以下关系

$$\Delta l_1=2\frac{|\Delta l_2|}{\sin\alpha} \tag{b}$$

由胡克定律，得

$$\left.\begin{aligned}\Delta l_1&=\frac{F_{\text{N1}}l_1}{EA}=\frac{1.5F_{\text{N1}}a}{EA}\\ \Delta l_2&=-\frac{F_{\text{N2}}l_2}{EA}=-\frac{F_{\text{N2}}a}{EA\sin\alpha}\end{aligned}\right\} \tag{c}$$

将式（c）代入式（b）并化简，得补充方程为

$$1.5\sin^2\alpha\cdot F_{\text{N1}}-2F_{\text{N2}}=0 \tag{d}$$

由式（a）～（d）联立，求得

$$F_{\text{N1}}=\frac{6}{4+1.5\sin^3\alpha}F=1.324F$$

$$F_{N2}=\frac{4.5\sin^2\alpha}{4+1.5\sin^3\alpha}F=0.497F\ （受压）$$

从以上例子可以看出，**解静不定问题必须综合考虑静力学关系、变形几何关系、力与变形间的物理关系等三方面的关系**，这种方法今后还会经常用到。其实，轴向拉压杆件横截面上正应力公式的推导，就已考虑了这三方面的关系。

第十节　剪切和挤压的实用计算

一、概述

工程中的零、构件之间，往往采用铆接（包括螺栓联接）、焊接、榫接、键联接、销钉联接等方式彼此联接。铆钉、螺栓、键和销钉等统称为联接件。本节介绍这些联接件的强度计算。

联接件在工作中主要承受剪切和挤压。图 5-31a 所示为两块板用铆钉相联并受拉力 $\boldsymbol{F}$ 的作用。考察联接件之铆钉的受力特点（图 5-32a），我们可以看到，在铆钉的侧面上有一对大小相等、方向相反、作用线相距很近且垂直于铆钉轴线的外力 $\boldsymbol{F}$ 作用，这将引起铆钉沿 $m-m$ 截面发生剪切变形（即截面间的相互错动），如图 5-32b 所示。我们把这个截面称为受剪面，它与力的作用线平行。有时联接件的受剪面只有一个，如图 5-31a、b 中的铆钉和螺栓以及图 5-31c 中的键；有时则为两个，如图 5-31d 中的插销。

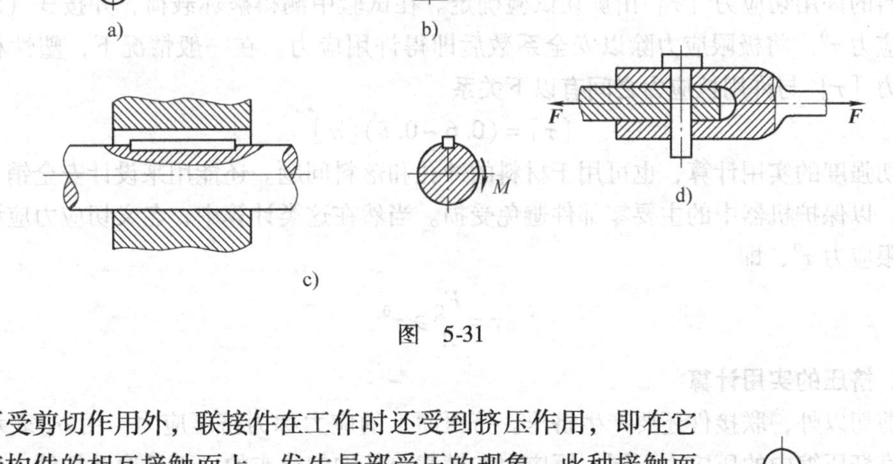

图　5-31

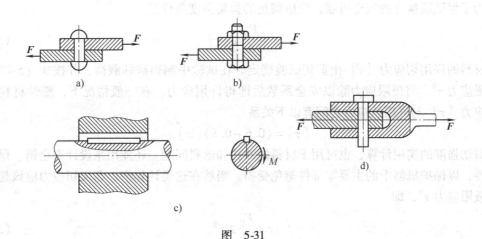

除了受剪切作用外，联接件在工作时还受到挤压作用，即在它与被联接构件的相互接触面上，发生局部受压的现象。此种接触面称为挤压面，它总与力的作用线垂直。挤压面有时是平面，如图 5-31c中的键。有时是半圆柱曲面，如图 5-31a、b、d 中的铆钉、螺栓、插销。当挤压面传递的压力较大时，就会在局部区域产生显著的塑性变形。

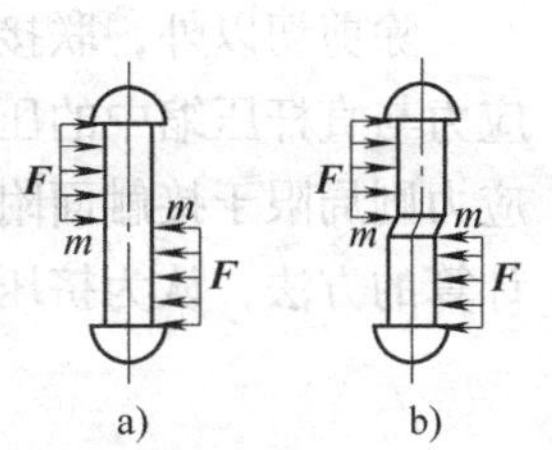

图　5-32

在联接件工作时，剪切和挤压是同时发生的，它们都有可能导致联接破坏。

由于联接件的外形都不是细而长的杆件，实际受力和变形情况比较复杂，很难简化为简单的计算模型进行理论分析，所以，对这类零件的强度计算，工程中采用了“假定计算”的方法，简称实用计算。

二、剪切的实用计算

现在研究图5-33a所示的铆钉剪切的强度计算问题。为此，首先要计算铆钉在剪切面上的内力。应用截面法将铆钉假想地沿 $m-m$ 面截开，并取其中一部分为研究对象（图5-33b）。根据平衡条件可知，在受剪面上的内力主要是切向内力，称为剪力，并用 F_Q 表示。由平衡条件可知

$$F_Q = F$$

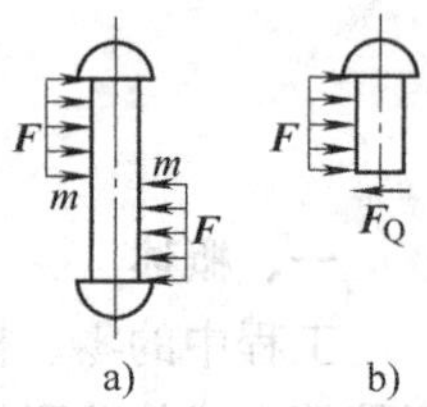

图 5-33

剪力 F_Q 显然是由剪切面上的切应力合成的，但由于实际变形比较复杂，很难确定切应力在该面上的分布规律。在工程计算中就按均匀分布计算切应力的数值，即

$$\tau = \frac{F_Q}{A} \tag{5-17}$$

式中，τ 为剪切面上的切应力，A 为受剪面的面积。

由于这一公式是以切应力按均匀分布假设为前提，因此所得的切应力数值与该面各点的实际应力并非完全相同，故称为名义切应力。

为了保证联接件的安全可靠，它应满足的剪切强度条件是

$$\tau = \frac{F_Q}{A} \leqslant [\tau] \tag{5-18}$$

材料的许用切应力 $[\tau]$ 由剪切试验确定。在试验中测得破坏载荷，并按式（5-17）计算极限应力 τ^0。将极限应力除以安全系数后即得许用应力。在一般情况下，塑性材料的许用切应力 $[\tau]$ 与许用拉应力之间有以下关系

$$[\tau] = (0.6 \sim 0.8)[\sigma]$$

剪切强度的实用计算，也可用于材料的冲孔和落料问题。还能用来设计安全销、保险块等零件，以保护机器中的主要零部件避免受损。当然在这类计算中，名义切应力应该超过材料的极限应力 τ^0，即

$$\tau = \frac{F_Q}{A} \geqslant \tau^0 \tag{5-19}$$

三、挤压的实用计算

除剪切以外，联接件还要产生挤压。挤压面上的应力称为挤压应力，用 σ_{bs} 表示。挤压应力与直杆压缩中的压应力不同。压应力在横截上是均匀分布的，而且遍及杆件内部。挤压应力则局限于接触面附近区域，而且分布情况也相当复杂，因此在工程计算中，也采用假定计算的方法，认为挤压面上的应力是均匀分布的，即挤压应力为

$$\sigma_{bs} = \frac{F_{bs}}{A_{bs}} \tag{5-20}$$

式中，F_{bs} 为挤压面上的挤压力；A_{bs} 为挤压面面积。

挤压面面积 A_{bs} 应根据接触面的情况而确定。对于键联接，接触面为平面，就以接触面面积为挤压面面积。对于螺栓、铆钉等联接件，接触面是半圆柱面，根据理论分析，挤压应力的分布情况如图 5-34 所示，最大挤压应力在挤压面的中点处，如果用圆柱的直径平面面积作为挤压面面积（图 5-35），所算出的结果，可与理论分析所得的最大挤压应力值相近。

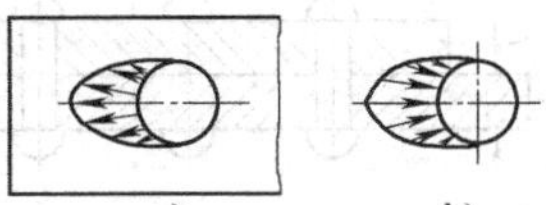

a)　　b)

图　5-34

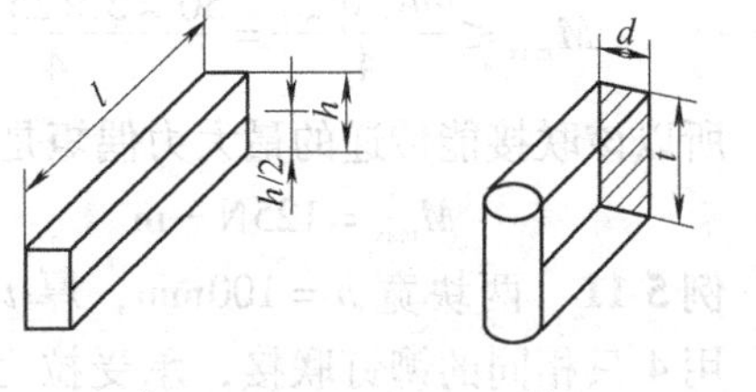

a)　　b)

图　5-35

为了保证挤压面不产生过大的塑性变形，挤压强度条件是

$$\sigma_{bs}=\frac{F_{bs}}{A_{bs}}\leqslant[\sigma_{bs}] \tag{5-21}$$

式中，$[\sigma_{bs}]$ 为材料的许用挤压应力。对于钢材，大致可取

$$[\sigma_{bs}]=(1.7\sim2.0)[\sigma]$$

这里，$[\sigma]$ 是材料的拉伸许用应力。

例 5-10　图 5-36a 所示传动轴以键与齿轮联接，已知轴的直径 $d=50\text{mm}$，键的尺寸 $b\times h\times l=5\text{mm}\times5\text{mm}\times25\text{mm}$，所用材料的许用应力 $[\tau]=40\text{MPa}$，$[\sigma_{bs}]=100\text{MPa}$，求该联接所能传递的最大力偶矩。

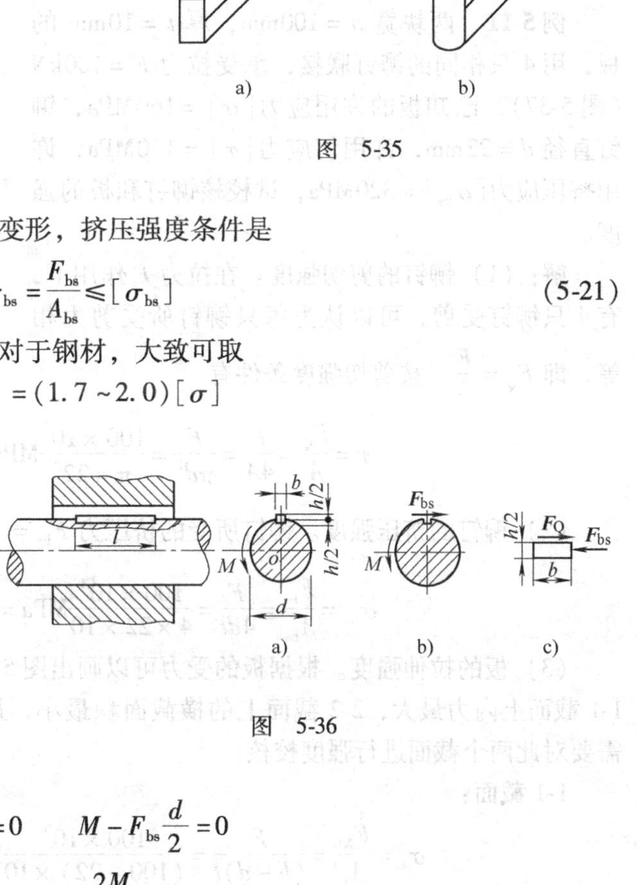

a)　　b)　　c)

图　5-36

解：（1）剪切强度。由齿轮的平衡条件得

$$\Sigma M_0=0 \qquad M-F_{bs}\frac{d}{2}=0$$

$$F_{bs}=\frac{2M}{d}$$

将键沿受剪面假想地切开，其受力图如图 5-36c 所示，则

$$F_Q=F_{bs}=\frac{2M}{d}$$

再按剪切强度条件

$$\tau=\frac{F_Q}{A}=\frac{2M}{dbl}\leqslant[\tau]$$

得出最大力偶矩为

$$M_{max}\leqslant\frac{dbl[\tau]}{2}=\frac{50\times5\times25\times40}{2}\text{N}\cdot\text{mm}=125\times10^3\text{N}\cdot\text{mm}=125\text{N}\cdot\text{m}$$

（2）挤压强度。因键所受的挤压力为 F_{bs}，故挤压强度条件为

$$\sigma_{bs}=\frac{F_{bs}}{A_{bs}}=\frac{2M}{d\dfrac{h}{2}l}\leqslant[\sigma_{bs}]$$

得出最大力偶矩为

$$M_{max}\leqslant\frac{dhl[\sigma_{bs}]}{4}=\frac{50\times5\times25\times100}{4}\text{N}\cdot\text{mm}=156\times10^3\text{N}\cdot\text{mm}=156\text{N}\cdot\text{m}$$

所以该联接能传递的最大力偶矩是

$$M_{max}=125\text{N}\cdot\text{m}$$

例 5-11 两块宽 $b=100\text{mm}$，厚 $t=10\text{mm}$ 的板，用 4 只相同的铆钉联接，承受拉力 $F=100\text{kN}$（图 5-37），已知板的许用应力 $[\sigma]=160\text{MPa}$，铆钉直径 $d=22\text{mm}$，许用切应力 $[\tau]=130\text{MPa}$，许用挤压应力 $[\sigma_{bs}]=320\text{MPa}$，试校核铆钉和板的强度。

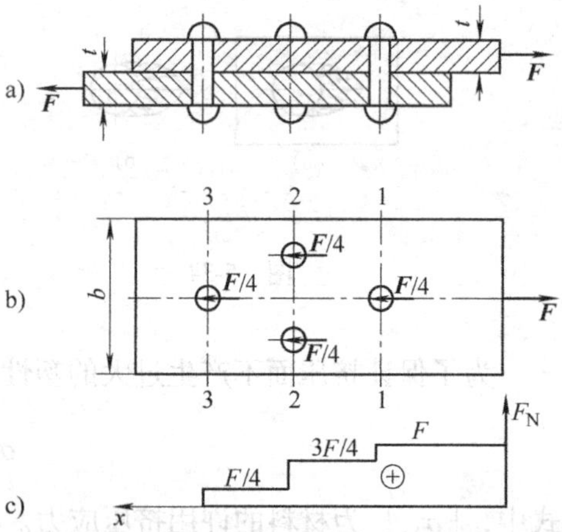

图 5-37

解：（1）铆钉的剪切强度。在拉力 F 作用下，有 4 只铆钉受剪，可以认为每只铆钉所受剪力相等，即 $F_Q=\dfrac{F}{4}$。按剪切强度条件有

$$\tau=\frac{F_Q}{A}=\frac{F}{4A}=\frac{F}{\pi d^2}=\frac{100\times10^3}{\pi\times22^2}\text{MPa}=65.8\text{MPa}<[\tau]$$

（2）铆钉的挤压强度。铆钉所受的挤压力 $F_{bs}=\dfrac{F}{4}$，因此按挤压强度条件有

$$\sigma_{bs}=\frac{F_{bs}}{A_{bs}}=\frac{F}{4dt}=\frac{100\times10^3}{4\times22\times10}\text{MPa}=113.6\text{MPa}<[\sigma_{bs}]$$

（3）板的拉伸强度。根据板的受力可以画出图 5-37c 所示的轴力图。由图可见，在板的 1-1 截面上内力最大，2-2 截面上的横截面积最小，最大拉应力可能出现在这两个截面上，需要对此两个截面进行强度校核。

1-1 截面：

$$\sigma_1=\frac{F_{N1}}{A_1}=\frac{F}{(b-d)t}=\frac{100\times10^3}{(100-22)\times10}\text{MPa}=128.2\text{MPa}<[\sigma]$$

2-2 截面：

$$\sigma_2=\frac{F_{N2}}{A_2}=\frac{\dfrac{3}{4}F}{(b-2d)t}=\frac{75\times10^3}{(100-2\times22)\times10}\text{MPa}=133.9\text{MPa}<[\sigma]$$

因此该板联接结构的强度足够。

思 考 题

5-1 工程力学中对变形固体作了哪些基本假设？为什么要作这些假设？它们的依据是什么？

5-2 轴向拉、压的受力特点是什么？若作用于杆件两端的一对外力等值、反向、共线时，能否产生轴向拉伸、压缩变形？

5-3 两根长度、横截面积相同，但材料不相同的等截面直杆，当它们承受相同的轴力作用时，则两杆在横截面上的应力是否相等？它们的强度是否相同？两杆的总变形是否相等？

5-4 什么是许用应力？什么是强度条件？应用强度条件可以解决哪些方面的问题？

5-5 胡克定律有哪几种表达形式？在什么条件下可以适用？

5-6 低碳钢材料与铸铁材料的力学性能有哪些区别？

5-7 如何求解静不定结构中构件的内力和应力？

5-8 为什么称联接件（剪切和挤压）的强度计算是实用计算？

习 题

5-1 试求图示各杆在指定截面上的轴力，并画轴力图。

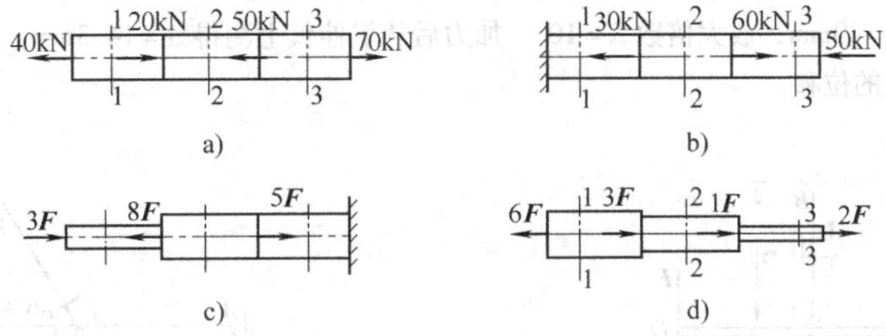

题 5-1 图

5-2 求图示阶梯形直杆在指定横截面上的轴力，并画出轴力图。若横截面积 $A_1 = 200\text{mm}^2$，$A_2 = 300\text{mm}^2$，$A_3 = 400\text{mm}^2$，求各横截面上的应力。

5-3 在圆杆上铣出一槽，如图所示，已知杆受拉力 $F = 15\text{kN}$，直径 $d = 20\text{mm}$，求1-1，2-2截面上的应力（槽的截面积可近似看作矩形）。

5-4 图示刚体由三根截面积均为 $A = 20\text{cm}^2$ 的钢制连杆所支持，在顶端作用水平推力 $F = 100\text{kN}$，试求各杆的应力。

5-5 图示结构中，1、2两根圆杆的截面直径分别为 $d_1 = 10\text{mm}$，$d_2 = 20\text{mm}$，若 $F = 15\text{kN}$，试求两杆的应力（设两根横梁均为刚体）。

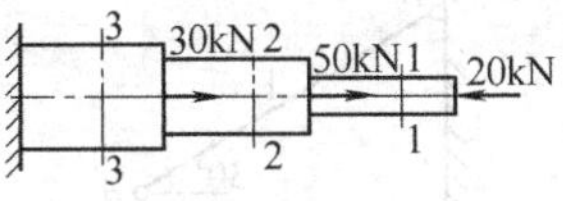

题 5-2 图

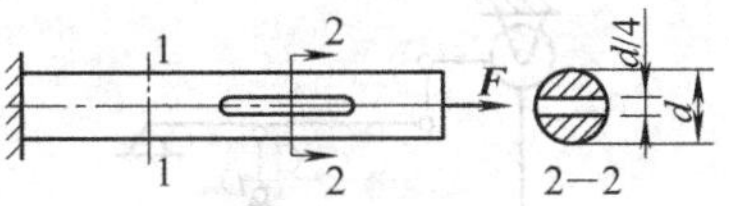

题 5-3 图

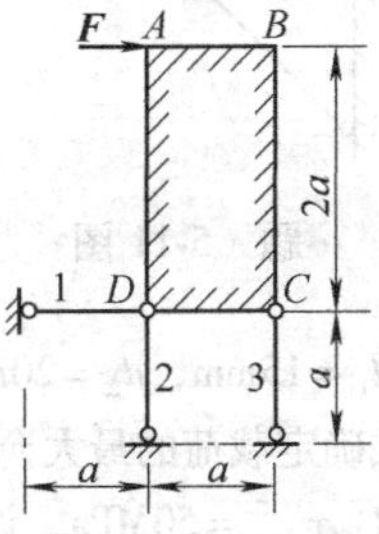

题 5-4 图

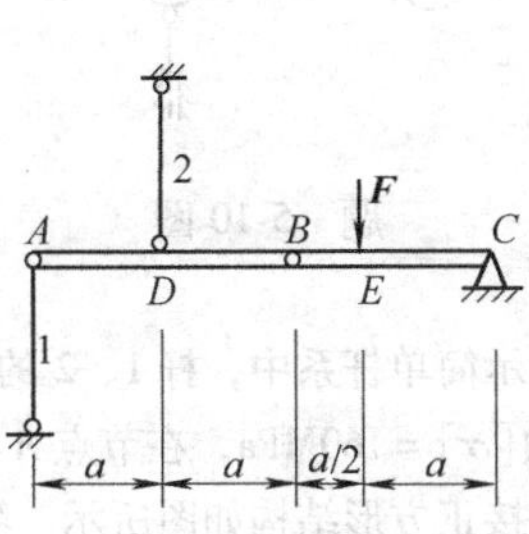

题 5-5 图

5-6 图示矩形试件宽 $b=29.8\text{mm}$，厚 $h=4.1\text{mm}$，在拉伸试验中，载荷每增加 3kN，用电测法测得轴向应变 $\varepsilon=120\times10^{-6}$，横向应变 $\varepsilon'=-38\times10^{-6}$，试求材料的弹性模量 E 和泊松比 μ。

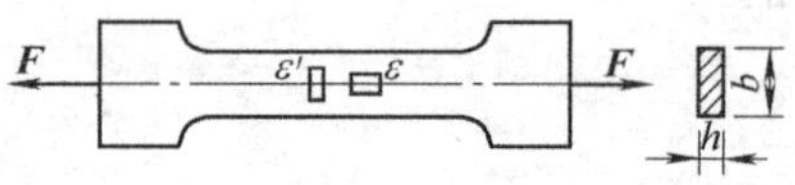

题 5-6 图

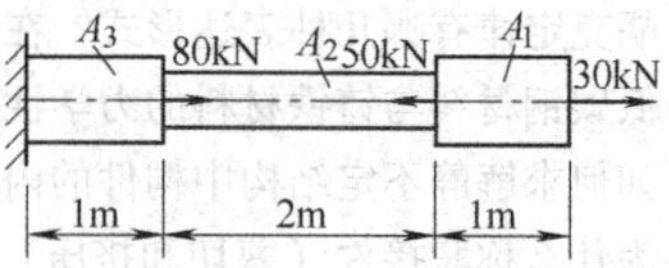

题 5-7 图

5-7 图示阶梯形圆杆受轴向力的作用，若 $A_1=A_3=4\text{cm}^2$，$A_2=2\text{cm}^2$ 弹性模量 $E=200\text{GPa}$，求杆的总伸长。

5-8 图示结构，水平杆为刚性杆，AB 为钢杆，直径 $d=30\text{mm}$，$E=210\text{GPa}$，$a=1\text{m}$，若在 AB 杆上装有引伸仪，其标距 $s=20\text{mm}$，放大倍数 $K=10^3$，加力后从引伸仪上测得 $\Delta=14.3\text{mm}$，试求力 F 的大小并求在该力作用下，D 点的位移。

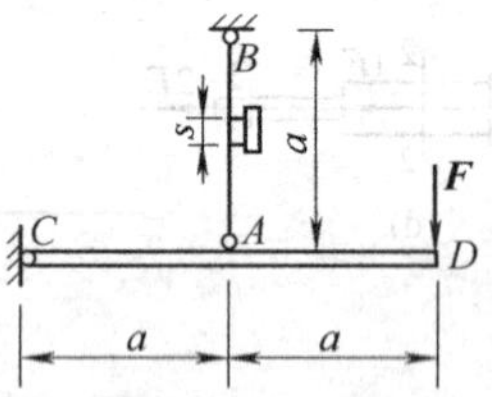

题 5-8 图

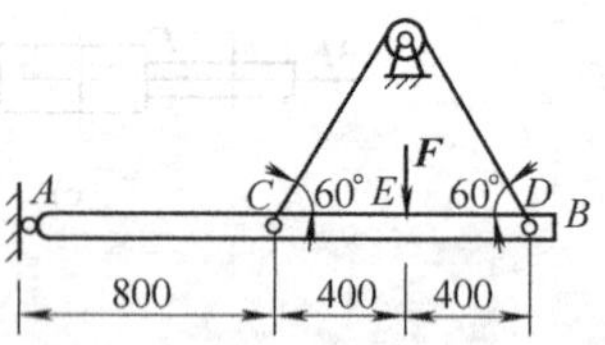

题 5-9 图

5-9 AB 杆为刚性杆，钢索绕过无摩擦的滑轮，其横截面积 $A=76.36\text{mm}^2$，$E=177\text{GPa}$，若 $F=20\text{kN}$，试求钢索内的应力和 E 点的垂直位移。

5-10 图示材料试验机的最大拉力 $F=100\text{kN}$，已知试件 AB 和 CD 杆均为低碳钢材料，$\sigma_p=200\text{MPa}$，$\sigma_s=240\text{MPa}$，$\sigma_b=400\text{MPa}$。(1) 试设计 CD 杆的横截面积 A，取安全系数 $n=2$；(2) 试求该试验机所能拉断试件的最大直径 d；(3) 试求用直径 $d_1=10\text{mm}$ 的试件测量材料的弹性模量 E 时，所加载荷的最大值。

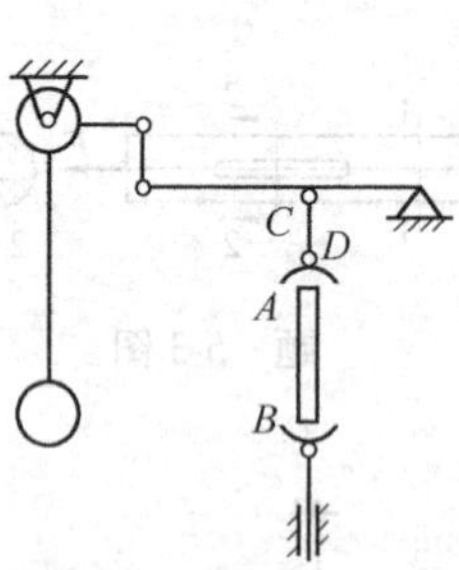

题 5-10 图

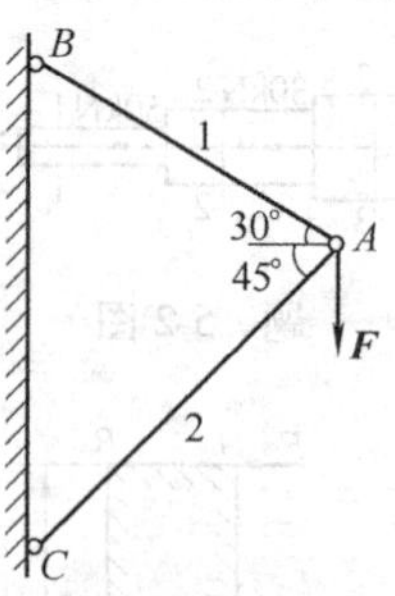

题 5-11 图

5-11 图示简单杆系中，杆 1、2 的横截面均为圆形，直径分别为 $d_1=15\text{mm}$，$d_2=20\text{mm}$。两杆材料相同，许用应力 $[\sigma]=160\text{MPa}$，在节点 A 处受铅垂方向的载荷 $\boldsymbol{F}$ 作用，试确定载荷的最大允许值。

5-12 铰接正方形结构如图所示。各杆材料均为铸铁，许用拉应力 $[\sigma_+]=50\text{MPa}$，许用压应力 $[\sigma_-]=60\text{MPa}$，各杆截面积相等，均为 $A=25\text{cm}^2$，试求结构的许可载荷 F。

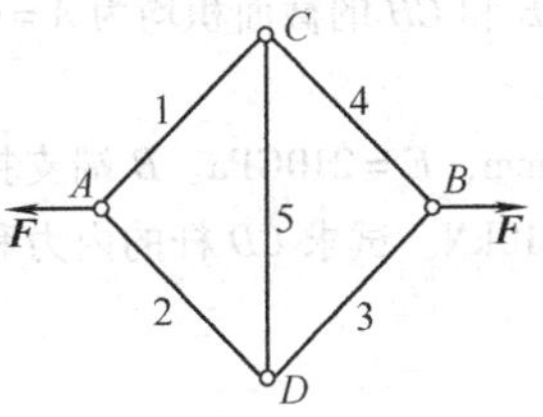

题 5-12 图

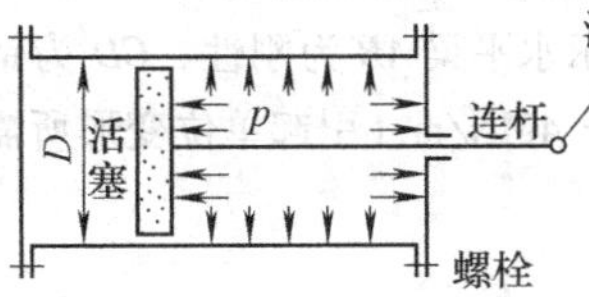

题 5-13 图

5-13 蒸汽机的气缸如图所示，气缸内径 $D=560\text{mm}$，受内压 $p=2.5\text{MPa}$，活塞杆直径 $d=100\text{mm}$，所用材料的许用应力$[\sigma]=100\text{MPa}$。（1）试校核杆的强度；（2）若连接气缸盖的螺栓直径为 $d_1=30\text{mm}$，螺栓材料的许用应力$[\sigma]_1=60\text{MPa}$，试求连接气缸盖所需的螺栓数 n。

5-14 滑轮结构如图所示，两杆材料相同。许用拉应力$[\sigma_+]=40\text{MPa}$，许用压应力$[\sigma_-]=100\text{MPa}$，不计绳子与滑轮间摩擦力，试确定两杆的截面积。

5-15 图示结构中，1 杆为钢杆，许用应力为［σ］，问当 1 杆既要满足强度条件，又要使用材料最少时，夹角 θ 应为多少？

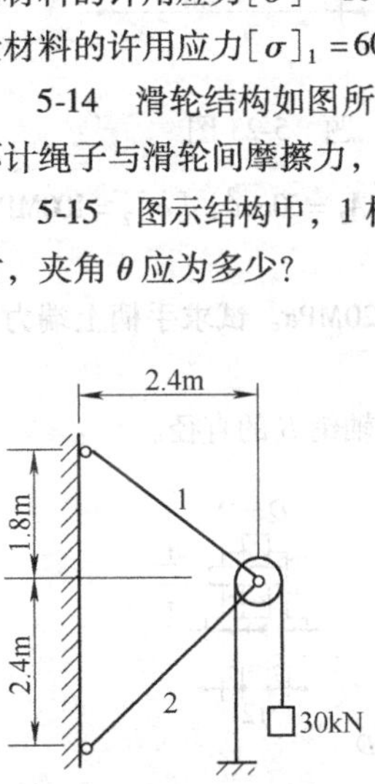

题 5-14 图

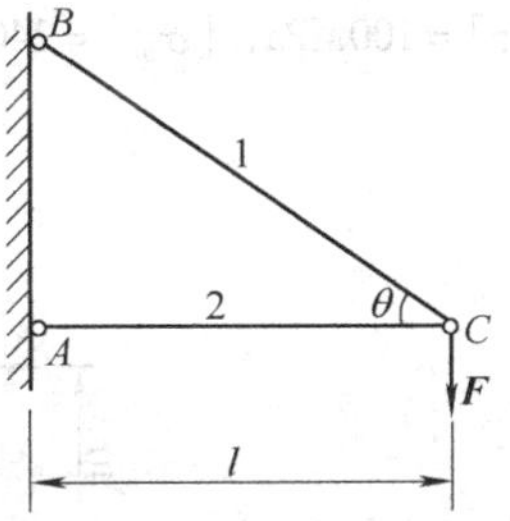

题 5-15 图

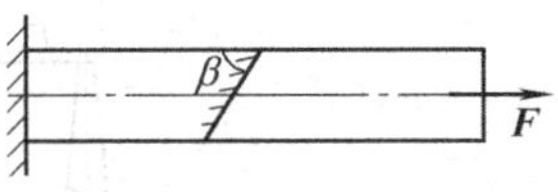

题 5-16 图

5-16 图示杆件受轴向拉力 $F=40\text{kN}$ 的作用，试求指定斜截面上的正应力和切应力。杆的横截面面积 $A=10\text{cm}^2$，$\beta=60°$。

5-17 某一轴向受拉杆件，若 $\sigma_\alpha=50\text{MPa}$，$\tau_\alpha=-20\text{MPa}$，试求该杆的 $\sigma_{\max}$和 $\tau_{\max}$。

5-18 如题 5-16 图所示为轴向受拉圆杆，直径 $d=20\text{mm}$，欲使该杆任意斜截面上的正应力不超过 120MPa，切应力不超过 70MPa，则该杆允许的最大载荷为多少？

5-19 图示拉杆沿 $m-n$ 斜面由两部分胶合而成。设在胶合面上许用拉应力$[\sigma]=100\text{MPa}$，许用切应力$[\tau]=50\text{MPa}$。拉杆横截面积 $A=4\text{cm}^2$，若拉杆所能承受的力由胶合面的强度所控制。试问：为使杆件能承受最大拉力，则 α 角应为多少？并求 F 的许可值。

5-20 图示两端固定变截面杆，AC 段是钢杆 $E_1=200\text{GPa}$，截面积 $A_1=20\text{cm}^2$，BC 段是铜杆，$E_2=100\text{GPa}$，截面积 $A_2=10\text{cm}^2$。求当 $F=200\text{kN}$ 时两段杆中的应力。

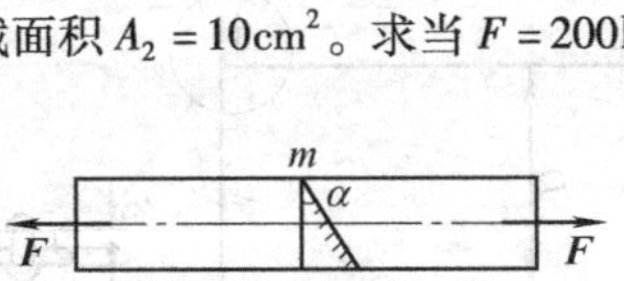

题 5-19 图

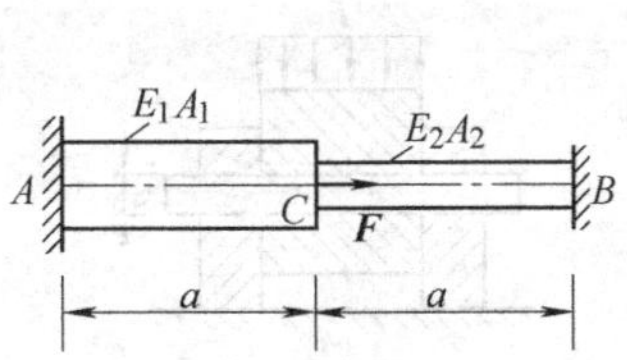

题 5-20 图

5-21　在图示结构中，载荷 F 作用于刚性杆 AD 的顶端，钢丝 BE 和 CH 的截面积均为 $A=6\text{mm}^2$，在加载前钢丝内无应力。求加载后钢丝 BE 和 CH 中的应力。设 $F=600\text{N}$。

5-22　图示水平梁 AB 为刚性。CD 为钢质圆杆，其直径 $d=20\text{mm}$，$E=210\text{GPa}$。B 端支持在弹簧上，若弹簧刚度 $C=4\text{MN/m}$（引起单位变形所需的力），$l=100\text{cm}$，$F=10\text{kN}$。试求 CD 杆的内力和 B 端反力。其中 $\alpha=30°$。

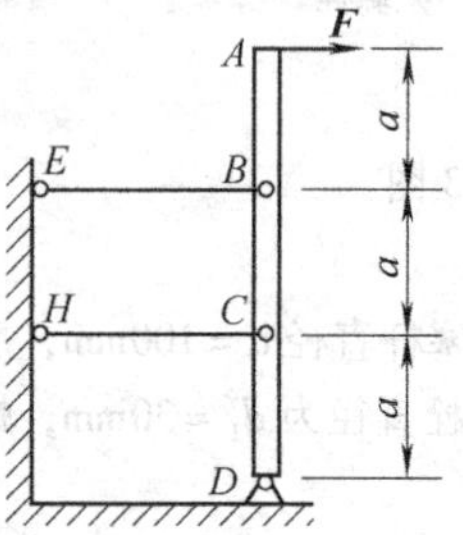

题　5-21 图

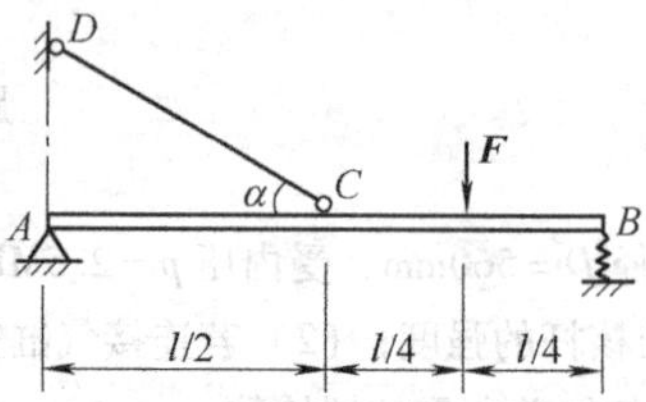

题　5-22 图

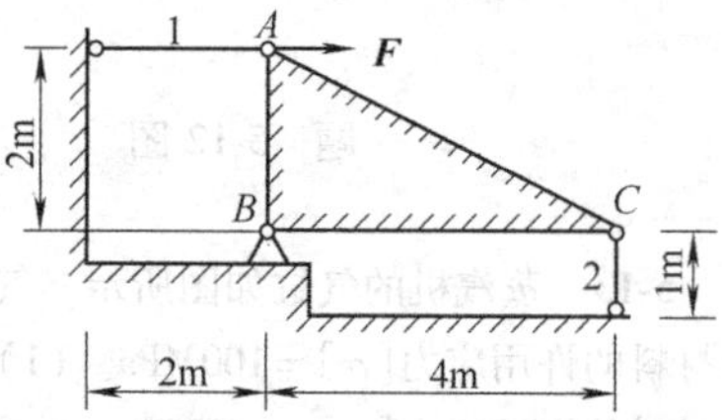

题　5-23 图

5-23　ABC 为刚体。杆 1 为钢杆、$A_1=30\text{cm}^2$，$[\sigma]_1=160\text{MPa}$。杆 2 为铸铁杆，$A_2=50\text{cm}^2$，$[\sigma]_2=100\text{MPa}$。若 $E_1=210\text{GPa}$，$E_2=120\text{GPa}$。试求该结构所能承受的最大载荷 F_{max}。

5-24　已知图示键的长度 $l=35\text{mm}$，$h=b=5\text{mm}$，$[\tau]=100\text{MPa}$，$[\sigma_{bs}]=220\text{MPa}$。试求手柄上端力 F 的最大值。

5-25　图示摇臂，已知 $F_1=50\text{kN}$，$[\tau]=100\text{MPa}$，$[\sigma_{bs}]=240\text{MPa}$。试确定轴销 B 的直径。

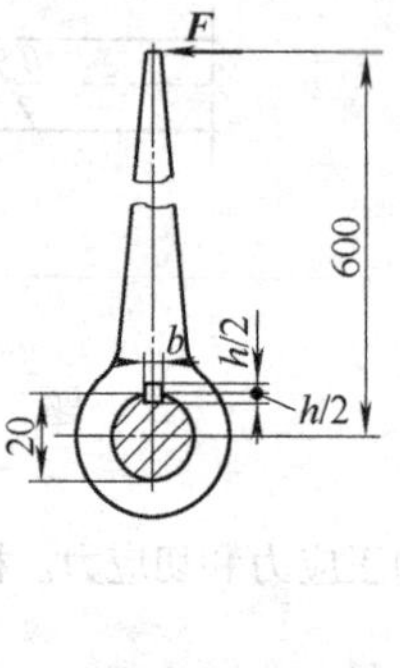

题　5-24 图

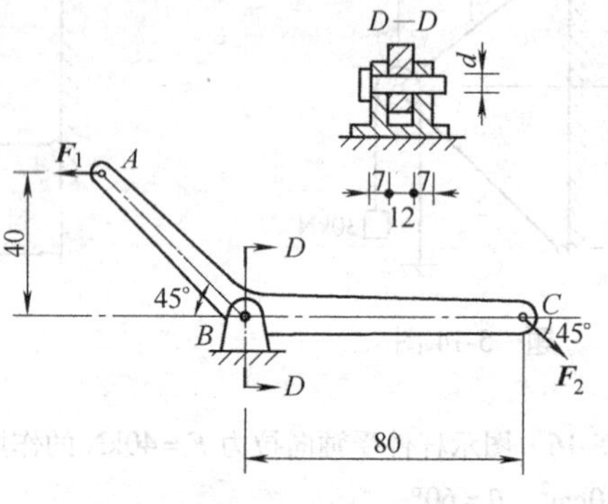

题　5-25 图

5-26　测定剪切强度的装置如图所示，设圆试件的直径 $d=10\text{mm}$，当 $F=31.5\text{kN}$ 时，试件被剪断。试求材料的极限应力 τ_b，若取剪切许用应力 $[\tau]=80\text{MPa}$，求安全系数为多少？

5-27　图示内压筒盖用角铁和铆钉联于筒壁之上。已知筒的内径 $D=100\text{cm}$，内压 $p=1\text{MPa}$，筒壁和角铁的厚度都是 $\delta=10\text{mm}$。若铆钉的直径 $d=20\text{mm}$，许用切应力 $[\tau]=70\text{MPa}$，许用挤压应力 $[\sigma_{bs}]=160\text{MPa}$。许用拉应力 $[\sigma]=40\text{MPa}$。试问联接筒盖与角铁以及联接角铁和筒壁的铆钉各需多少个。

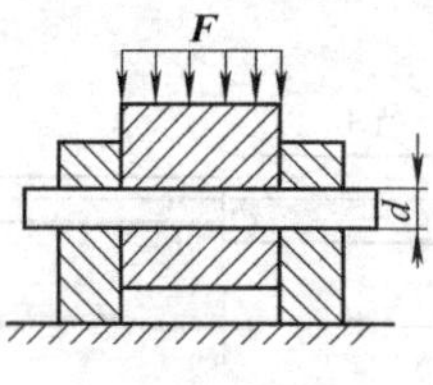

题　5-26 图

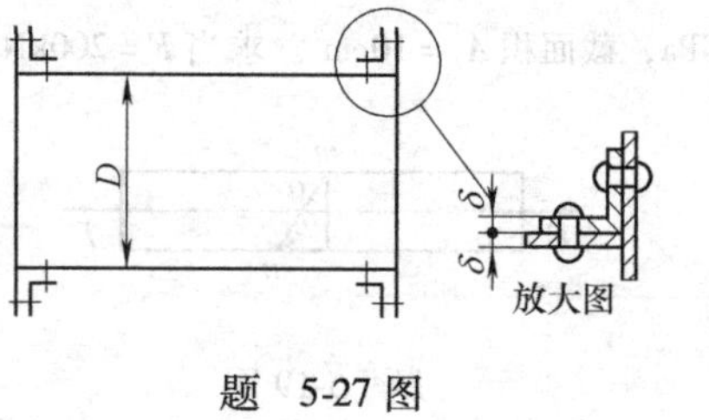

题　5-27 图

5-28 压力机为防止过载，采用图示压环式保险器，当发生过载时，保险器先剪断，从而保证其它主要零部件的安全。设保险器剪切面的高度 $\delta=20\text{mm}$，材料的剪切强度极限 $\tau_b=200\text{MPa}$，压力机的最大许可压力 $F=630\text{kN}$。试确定保险器剪切部分的直径 D。

5-29 直径 $d=40\text{mm}$ 的圆杆，承受拉力 F，它借助于厚 $\delta=10\text{mm}$ 的销栓销住于端部。若许用应力 $[\sigma]=120\text{MPa}$，$[\tau]=80\text{MPa}$，$[\sigma_{bs}]=240\text{MPa}$。试确定许可载荷 F 和尺寸 a 及 b。

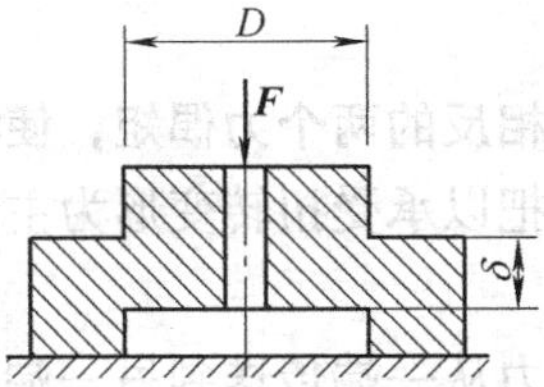

题 5-28 图

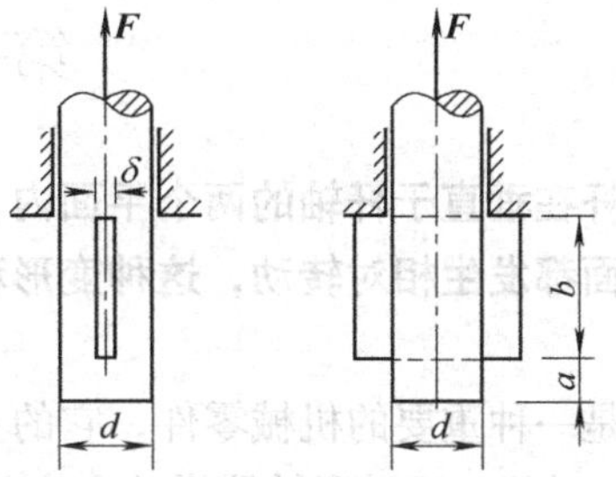

题 5-29 图

第六章　圆轴的扭转

第一节　概　　述

直杆在垂直于杆轴的两个平面内，作用大小相等方向相反的两个力偶矩，使杆的任意两个横截面都发生相对转动，这种变形称为扭转变形。我们把以承受扭转变形为主的杆件称为轴。

轴是一种重要的机械零件，它的主要用途是把机械动力从一端传送到另一端。例如在车床上的电动机，通过联轴器将动力传递给传动轴，从而带动工件旋转以进行机加工（图 6-1）。

工程中还有很多承受扭转的杆件，例如汽车方向盘的轴，当驾驶员要使汽车转弯时，两手就在方向盘平面内施加一个力偶（图 6-2），对垂直于方向盘的轴来说，其上端即受到此力偶的作用，其下端则受到转向器负载的反力偶作用，因此方向盘的轴产生扭转变形。此外，象丝锥、螺钉起子等构件，在工作时也都受到扭转作用。

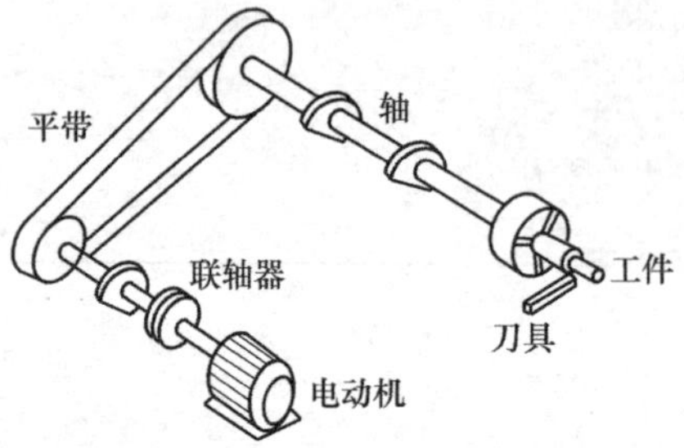

图　6-1

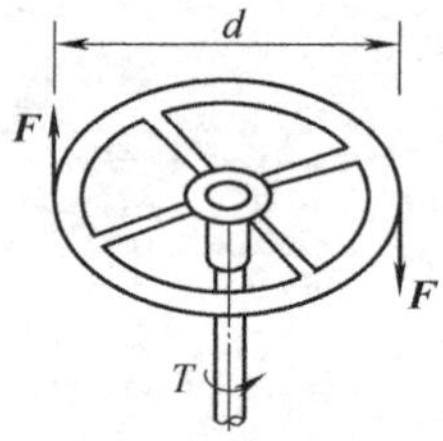

图　6-2

对有些传动轴因需承担带轮或齿轮圆周方向上的力，它们对轴心的矩引起轴的扭转变形，同时它们对轴还有横向力的作用，由此引起轴的弯曲变形，这类问题属于组合变形问题，将在第九章中讨论。**本章仅讨论圆轴的扭转变形。**

第二节　外力偶矩　扭矩和扭矩图

与直杆拉伸、压缩问题相似，在研究圆轴扭转的强度和刚度问题时，先要分析作用于轴上的外力偶矩和横截面上的内力。

一般受扭杆件上的外力偶矩，可以直接由外力求得。但对于传动轴等构件，往往只知道外力偶矩所传输的功率及轴的转速，这时需由已知功率及转速算出外力偶矩。

一、外力偶矩

图 6-3 所示电动机带动轴 AB 和轮 B 以转速 n（r/min）转动，如电动机功率为 P

(kW)，B 轮上就有力偶矩 M（N·m），我们可以将它看成轮缘上的一对力 $\boldsymbol{F}$ 作用的结果，即 $M=FD$，D 为此轮的直径。

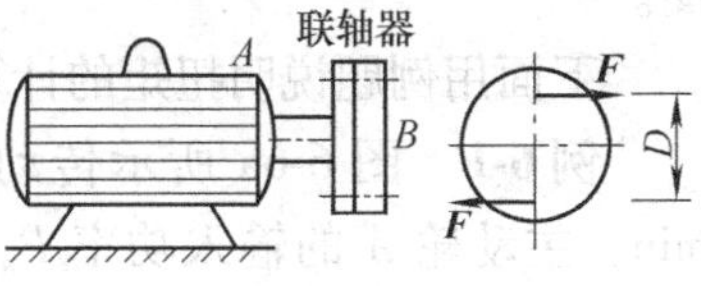

图 6-3

当 B 轮转过 φ 角时，这时力所做的功为 $2F\dfrac{D}{2}\varphi=M\varphi$，于是它在单位时间内所做的功为$\dfrac{M\varphi}{t}=M\omega$，显然它与电动机的功率相等，即

$$P=M\omega$$

式中，ω 为角速度，且有 $\omega=\dfrac{2\pi n}{60}\mathrm{s}^{-1}$。又因 1kW = 1 000N·m/s，代入上式得

$$P\times 1\ 000=M\frac{2\pi n}{60}$$

由此得到外力偶矩 M 的计算公式为

$$M=9\ 549\frac{P}{n} \tag{6-1}$$

从式（6-1）可以看出，轴在传输同样功率时，低速轴所受的力偶矩比高速轴要大。

二、扭矩和扭矩图

当作用在轴上的所有外力偶矩都求得以后，即可用截面法研究横截面上的内力。

如图 6-4a 所示的轴，其两端作用有外力偶矩 M。假想用 $m-m$ 截面将轴截开并以左段为研究对象。因为左段轴处于平衡状态，所以除受外力偶矩 M 的作用外，在横截面上必然存在与 M 平衡的内力偶矩 T（图 6-4b），它就是右段轴对左段轴的作用。由平衡条件得

$$\sum M_x=0$$
$$T-M=0$$
$$T=M$$

T 即称为截面 $m-m$ 上的扭矩。

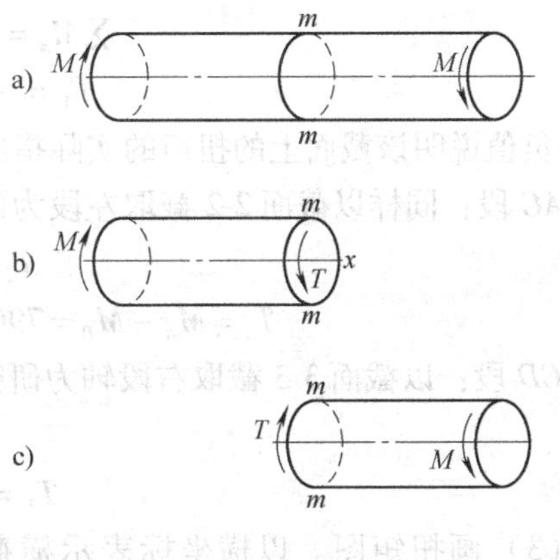

图 6-4

显然，若以右段为研究对象（图 6-4c），则 $m-m$ 截面上的扭矩 T 必定与左段轴 $m-m$ 截面上的扭矩大小相等，转向相反，因为它们也满足作用与反作用的公理。

扭矩也是一个代数量。为了使从两段轴上求得的同一截面上的扭矩的符号相同，我们将其正负号规定如下：按右手螺旋法则将扭矩用矢量表示，若矢量的方向与截面外法线方向一致，则扭矩为正，反之为负，如图 6-5 所示。

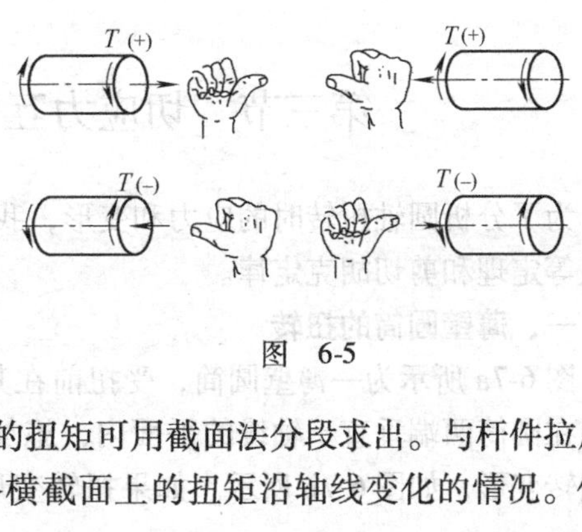

图 6-5

当轴上有多个外力偶矩作用时，各横截面上的扭矩可用截面法分段求出。与杆件拉压问题中画轴力图一样，我们也可以用图线来表示各横截面上的扭矩沿轴线变化的情况。作图

时，以横坐标表示横截面的位置，以纵坐标表示扭矩的代数值。这样作出的图线称为**扭矩图**。

下面用例题说明扭矩的计算和扭矩图的绘制。

例 6-1 图 6-6a 所示传动轴，转速为 $n=240\text{r/min}$，主动轮 A 的输入功率 $P_A=20\text{kW}$，三个从动轮的输出功率分别为 $P_B=12\text{kW}$，$P_C=P_D=4\text{kW}$，试画出该轴的扭矩图。

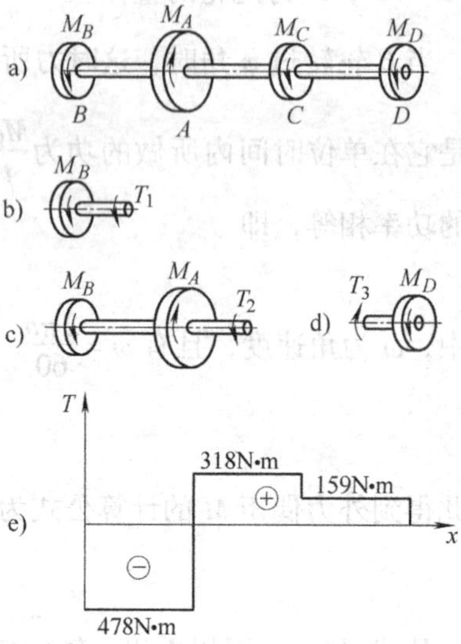

图 6-6

解：（1）计算外力偶矩。由式（6-1）计算各轮所受的外力偶矩分别为

$$M_A=9\ 549\frac{P_A}{n}=9\ 549\frac{20}{240}\text{N}\cdot\text{m}=796\text{N}\cdot\text{m}$$

$$M_B=9\ 549\frac{P_B}{n}=9\ 549\frac{12}{240}\text{N}\cdot\text{m}=478\text{N}\cdot\text{m}$$

$$M_C=M_D=9\ 549\frac{P_C}{n}=9\ 549\frac{4}{240}\text{N}\cdot\text{m}=159\text{N}\cdot\text{m}$$

（2）计算各段扭矩。

BA 段：作截面 1-1，取左段为研究对象，以 T_1 表示截面上的扭矩，设符号为正，受力情况见图 6-6b，由平衡方程得

$$\sum M_x=0 \qquad T_1+M_B=0$$

$$T_1=-M_B=-478\text{N}\cdot\text{m}$$

T_1 为负值说明该截面上的扭矩的实际指向与规定方向相反。

AC 段：同样以截面 2-2 截取左段为研究对象，截面上的扭矩 T_2 为（图 6-6c）

$$T_2+M_B-M_A=0$$

$$T_2=M_A-M_B=796\text{N}\cdot\text{m}-478\text{N}\cdot\text{m}=318\text{N}\cdot\text{m}$$

CD 段：以截面 3-3 截取右段轴为研究对象，截面上的扭矩 T_3 为（图 6-6d）

$$M_D-T_3=0$$

$$T_3=M_D=159\text{N}\cdot\text{m}$$

（3）画扭矩图。以横坐标表示横截面的位置，纵坐标表示扭矩的代数值，按比例尺画扭矩图。由于各段中扭矩是不变的，因此扭矩图由三段水平线所组成，如图 6-6e 所示。

第三节　切应力互等定理　剪切胡克定律

为了分析圆轴扭转时的应力和变形，我们先研究简单的薄壁圆筒扭转问题，并介绍切应力互等定理和剪切胡克定律。

一、薄壁圆筒的扭转

图 6-7a 所示为一薄壁圆筒，受扭前在其表面用许多纵向线和圆周线画成矩形格子。然后，在圆筒两端垂直于轴线的平面内，施加一对转向相反、力偶矩均为 M 的力偶，使之产生扭转变形，如图 6-7b 所示。如果扭转变形很小，我们可以看到：各圆周线的形状和大小

不变，只是绕轴线作相对转动，它们之间的距离不变；各纵向线则倾斜同一角度 γ，所画的矩形都变成平行四边形。

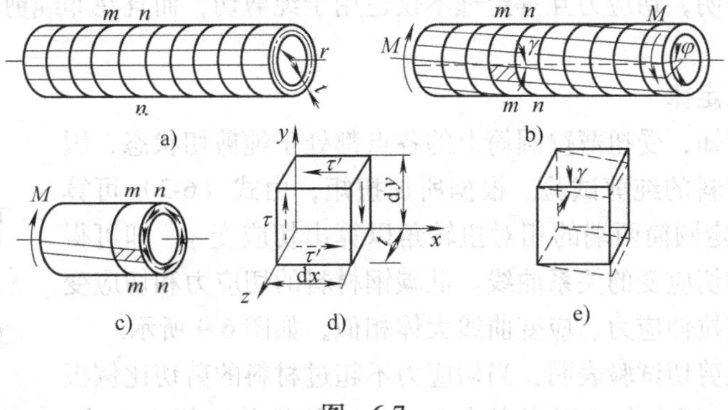

图 6-7

因为 $n-n$ 与 $m-m$ 截面之间的距离不变，说明圆筒横截面上没有正应力而只有切应力(图6-7c)。若用相邻的两个横截面和夹角极小的两个径向纵截面从圆筒中截出一个矩形小块（图6-7d)，则在圆筒受扭以后，这个小块显然会发生图6-7e 所示的变形。这种截出的小块称为单元体。

根据单元体的变形情况，它的左右两个侧面发生相对错动，这就是剪切变形，同时单元体的直角发生微小变化，其改变量 γ 称为切应变（用弧度来度量)。因为只有垂直于圆筒半径的切应力才可能引起这样的切应变，故单元体的左右两侧面上作用有如图6-7d 所示的切应力 τ。

考虑到筒壁很薄，可以认为切应力沿壁厚是均匀分布的，而且因为对称的缘故，沿圆周方向各点的切应力大小相同。所以，横截面上切应力 τ 分布情况如图6-8 所示。

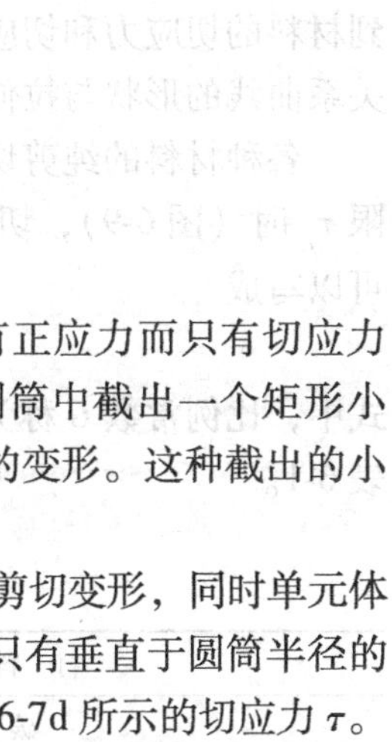

图 6-8

设圆筒的平均半径为 r，壁厚为 $t\left(t\leqslant\frac{r}{10}\right)$，横截面上分布的内力显然只合成对 x 轴的力偶矩，即横截面的扭矩，并且它与所施加的外力偶矩 M 平衡。

$$T=\int_0^{2\pi} r(\tau t r \mathrm{d}\theta)=2\pi r^2 t\tau$$

$$\tau=\frac{T}{2\pi r^2 t}=\frac{2T}{\pi d^2 t} \tag{6-2}$$

式中，$d=2r$ 为平均直径。

二、切应力互等定理

进一步分析单元体的受力可知，在它左、右两个侧面的切应力 τ，将组成一个力偶，力偶矩为 $(\tau t\mathrm{d}y)\mathrm{d}x$，因为单元体处于平衡状态，可推断，在单元体的顶面和底面上，也必然存在切应力 τ'，它所组成的力偶，其力偶矩 $(\tau' t\mathrm{d}x)\mathrm{d}y$ 与上述力偶矩相等，即

$$(\tau t\mathrm{d}y)\mathrm{d}x=(\tau' t\mathrm{d}x)\mathrm{d}y$$

由此得

$$\tau=\tau' \tag{6-3}$$

上式表明：**在单元体相互垂直的两个截面上，切应力必然成对存在，且大小相等；两者都垂直于截面的交线，方向则共同指向或共同背离这一交线，这就是切应力互等定理。**

图 6-7d 所示的单元体，在其四个截面上只有切应力而无正应力作用，这种受力状态称为纯剪切。可以证明，切应力互等定理不仅适用于纯剪切，而且在非纯剪切的情况下也同样成立。

三、剪切胡克定律

从以上分析可知，受扭薄壁圆筒上的各点都处于纯剪切状态，因而可以用来进行材料的纯剪试验。根据所加扭矩，由式（6-2）可算出切应力 τ，再测定圆筒两端的相对扭转角以算出切应变 γ，即可得到材料的切应力和切应变的关系曲线。低碳钢材料的切应力和切应变关系曲线的形状与拉伸应力、应变曲线大体相似，如图 6-9 所示。

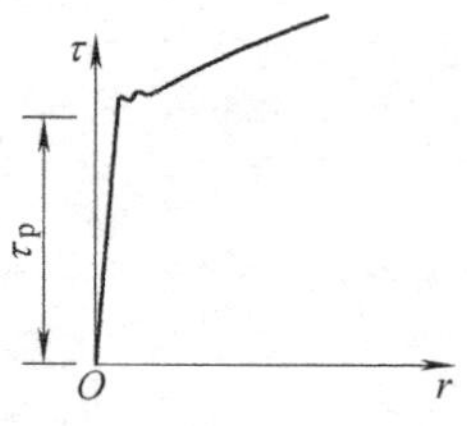

图 6-9

各种材料的纯剪切试验表明：当切应力不超过材料的剪切比例极限 τ_p 时（图 6-9），切应力与切应变成正比。这就是剪切胡克定律。可以写成

$$\tau = G\gamma \tag{6-4}$$

式中，比例常数 G 称为材料的切变模量，其单位是 GPa。几种常用材料的切变模量数值列于表 6-1。

表 6-1　几种常用材料的 G 值

材 料 名 称	G/GPa
碳　　钢	80 ~ 82.4
铸　　钢	81.4
镍　　钢	82.4
硬　　铝	26.5
铜及其合金	34.3 ~ 46.1

切变模量 G、弹性模量 E 以及泊松比 μ，都是与材料性质有关的弹性常数。对于各向同性材料，它们之间存在下列关系

$$G = \frac{E}{2(1+\mu)} \tag{6-5}$$

第四节　圆轴扭转时横截面上的应力

用截面法确定圆轴横截面上的扭矩以后，还必须研究横截面上的应力分布规律，以便求出最大应力并进行强度计算。这一问题仅仅利用静力学条件是不能解决的。而应该象分析轴向拉、压时的应力分布那样，综合考虑变形几何、物理和静力三方面的关系。

一、变形几何关系

图 6-10a 所示圆轴，受扭前在其表面用许多纵向线和圆周线画出矩形格子。将圆轴扭转后，我们可以看到与薄壁圆筒扭转时相同的现象，即：圆周线的形状和大小不变，只是绕轴

相对转动，它们之间的距离不变，各纵向线都倾斜了 γ 角，表面上的矩形变成了平行四边形（图 6-10b）。

根据上述现象，经过推断，可以得出圆轴扭转的基本假设：

（1）圆轴扭转变形前的横截面，在变形后保持为平面，并垂直于轴线。其大小和形状不变，且半径仍为直线。

（2）变形后，相邻横截面间的距离不变。

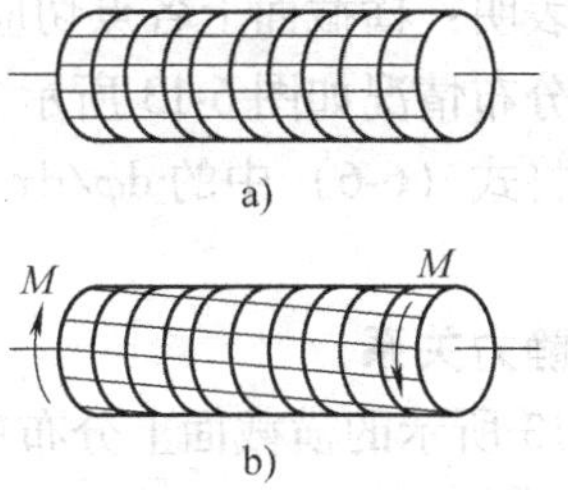

图 6-10

以上所述就是**圆轴扭转变形的平面假设**。根据这个假设，圆轴扭转时各横截面如同刚性平面一样，仅在原处绕轴线转动。

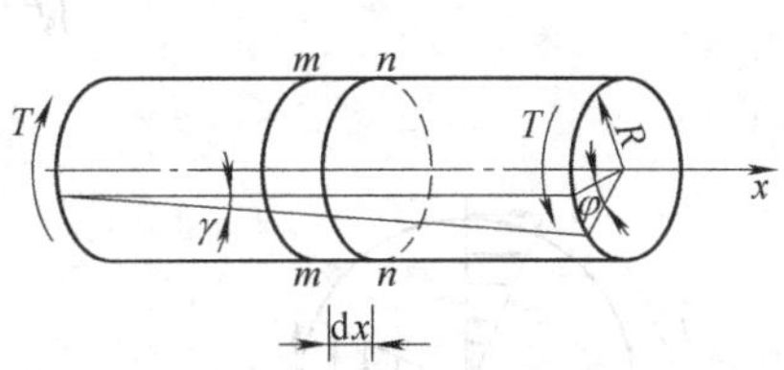

图 6-11

根据变形假设，我们可以得到与薄壁圆筒扭转时相同的推论：圆轴扭转时，横截面上只有垂直于半径方向的切应力，而没有正应力。而且在同一圆周上的各点，其切应力大小相同。

切应力在横截面上沿半径方向的分布规律，需要通过研究图 6-11 的变形情况才能确定。

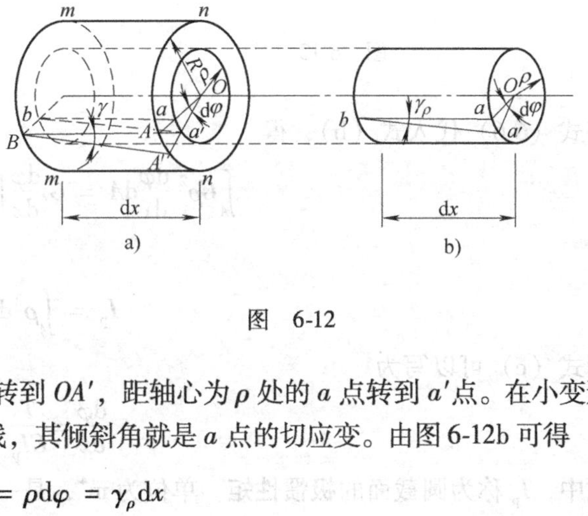

图 6-12

图 6-11 所示圆轴的半径为 R，在扭矩 T 作用下使两端截面产生绕轴转动，其相对转角 φ 称为扭转角。用相邻的横截面 $m-m$ 和 $n-n$ 从轴中截取长为 $\mathrm{d}x$ 的微段，并放大如图 6-12a。按平面假设，横截面 $n-n$ 象刚性平面绕轴线相对于 $m-m$ 转动了扭转角 $\mathrm{d}\varphi$，即半径 OA 转到 OA'，距轴心为 ρ 处的 a 点转到 a' 点。在小变形的情况下，$\mathrm{d}\varphi$ 角很小，ba' 近似为一条直线，其倾斜角就是 a 点的切应变。由图 6-12b 可得

$$\widehat{aa'} = \rho\mathrm{d}\varphi = \gamma_\rho \mathrm{d}x$$

$$\gamma_\rho = \rho\frac{\mathrm{d}\varphi}{\mathrm{d}x} \tag{a}$$

这就是圆轴扭转时切应变沿半径方向的变化规律。式中 $\mathrm{d}\varphi/\mathrm{d}x$ 为扭转角沿 x 轴的变化率。对某个指定截面而言，这是个常量。

二、物理关系

根据剪切胡克定律式（6-4），横截面上距离轴心为 ρ 处的切应力 τ_ρ 与该点的切应变 γ_ρ 成正比，即

$$\tau_\rho = G\gamma_\rho$$

将式（a）代入此式，得

$$\tau_\rho = G\rho \frac{d\varphi}{dx} \tag{6-6}$$

此式表明：横截面上各点切应力的大小，与该点到轴心的距离成正比。因此，横截面上切应力的分布情况如图 6-13 所示。

只要将式（6-6）中的 $d\varphi/dx$ 求出，就能求得截面上的切应力，这就必须依靠静力关系了。

三、静力关系

图 6-13 所示的横截面上分布的切应力，只能合成对轴心的力矩，这就是横截面上的扭矩 T。如在距轴心为 ρ 处取一微面积 dA，则此微面积上的微剪力为 $\tau_\rho dA$（图 6-14），而合成的力矩为

$$\int_A \rho\tau_\rho dA = T \tag{b}$$

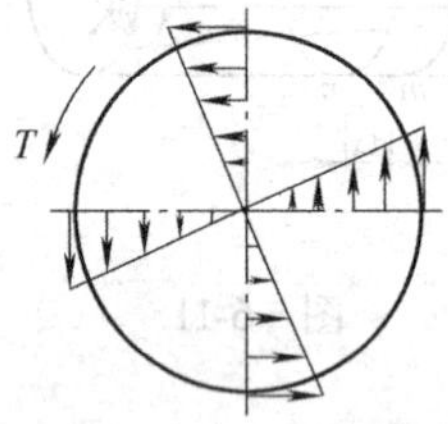

图 6-13

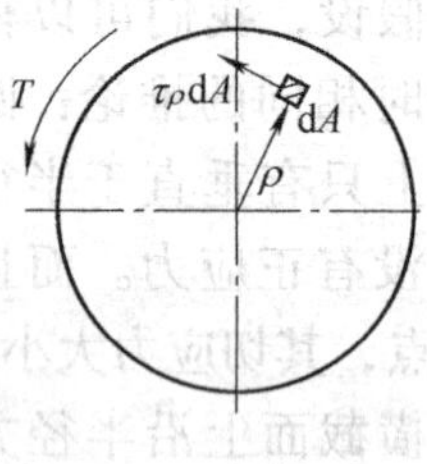

图 6-14

将式（6-6）代入式（b），得

$$\int_A G\rho^2 \frac{d\varphi}{dx} dA = G\frac{d\varphi}{dx}\int_A \rho^2 dA = T \tag{c}$$

令

$$I_p = \int_A \rho^2 d A \tag{d}$$

则式（c）可以写为

$$\frac{d\varphi}{dx} = \frac{T}{GI_p} \tag{6-7}$$

式中，I_p 称为圆截面的**极惯性矩**。单位为 m^4，是一个只与横截面尺寸有关的量。

最后将式（6-7）代入式（6-6），于是得到

$$\tau_\rho = \frac{T\rho}{I_p} \tag{6-8}$$

此即**圆轴扭转切应力**的计算公式。

有关圆轴扭转时的应力和变形计算公式，都是以平面假设为基础而导出的，它已为实验和进一步的理论分析所证实。

由式（6-8）可知，在圆轴横截面外缘各点处（$\rho = R$）切应力达到最大值

$$\tau_{max} = \frac{T}{I_p}R \tag{e}$$

令

$$W_p = \frac{I_p}{R} \tag{6-9}$$

则式（e）可以写为

$$\tau_{max} = \frac{T}{W_p} \tag{6-10}$$

式中，W_p 称为**抗扭截面系数**，单位为 m^3。

由式（6-10）可知，横截面上的最大切应力与扭矩成正比，与抗扭截面系数成反比。

圆轴的极惯性矩 I_p 和抗扭截面系数 W_p，可按图 6-15a 计算。对于直径为 d 的圆截面，若以径向宽度为 $d\rho$ 的环形面积为微面积，即

$$dA = 2\pi\rho d\rho$$

则由式（d）和式（6-9）得到，圆截面的极惯性矩为

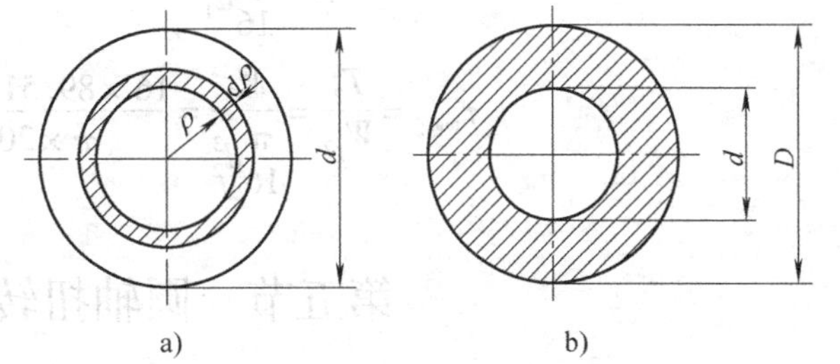

图 6-15

$$I_p = \int_0^{\frac{d}{2}} \rho^2 \cdot 2\pi\rho d\rho = \frac{\pi d^4}{32} \tag{6-11}$$

抗扭截面系数为

$$W_p = \frac{I_p}{\frac{d}{2}} = \frac{\pi d^3}{16} \tag{6-12}$$

对于外径为 D、内径为 d 的空心圆截面轴（图 6-15b），扭转时的应力和变形公式与实心圆轴相同。按相同的计算方法，可得极惯性矩为

$$I_p = \int_{d/2}^{D/2} \rho^2 \cdot 2\pi\rho d\rho = \frac{\pi}{32}(D^4 - d^4) = \frac{\pi D^4}{32}(1-\alpha^4) \tag{6-13}$$

式中，$\alpha = \frac{d}{D}$是内、外径之比值。抗扭截面系数为

$$W_p = \frac{I_p}{\frac{D}{2}} = \frac{\pi D^3}{16}(1-\alpha^4) \tag{6-14}$$

例 6-2 一级圆柱齿轮减速器，如图 6-16 所示。已知传输的功率 $P = 4kW$，主动轴转速 $n_1 = 960r/min$，主动轴的直径 $d_1 = 15mm$，从动轴的直径 $d_2 = 20mm$，两个齿轮的齿数 $Z_1 = 20$，$Z_2 = 45$，试计算两根轴上的最大切应力。

解：（1）计算两轴的外力偶矩。由式（6-1）可以计算主动轴的外力偶矩 M_1 为

$$M_1 = 9\,549\frac{P}{n_1} = 9\,549\frac{4}{960}N\cdot m = 39.8N\cdot m$$

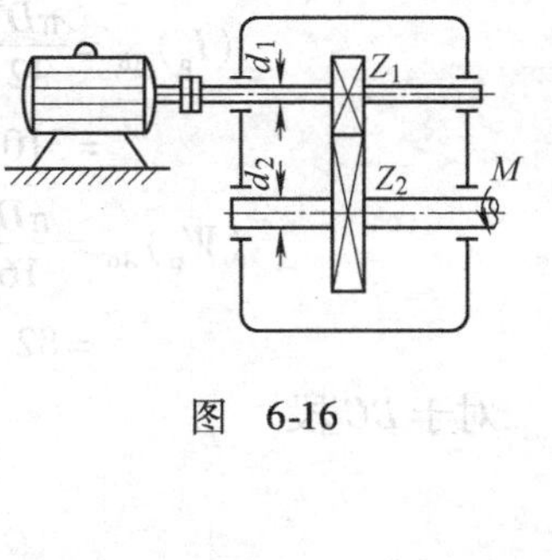

图 6-16

从动轴的转速 n_2 以及外力偶矩 M_2 为

$$n_2 = \frac{Z_1}{Z_2}n_1 = \frac{20}{45} \times 960\text{r/min} = 427\text{r/min}$$

$$M_2 = 9\ 549\ \frac{P}{n_2} = 9\ 549\ \frac{4}{427}\text{N} \cdot \text{m} = 89.5\text{N} \cdot \text{m}$$

（2）计算两轴的最大切应力。由式（6-10）和式（6-12），可以算出两轴最大切应力分别为

$$\tau_{\max_1} = \frac{T_1}{W_{p1}} = \frac{M_1}{\dfrac{\pi}{16}d_1^3} = \frac{16 \times 39.8 \times 10^3}{\pi \times 15^3}\text{MPa} = 60\text{MPa}$$

$$\tau_{\max_2} = \frac{T_2}{W_{p2}} = \frac{M_2}{\dfrac{\pi}{16}d_2^3} = \frac{16 \times 89.51 \times 10^3}{\pi \times 20^3}\text{MPa} = 57\text{MPa}$$

第五节　圆轴扭转时的变形

圆轴扭转时，各横截面将绕轴线产生转动。两个截面间的相对转角 φ 就是圆轴的**扭转变形**。由式（6-7）可知，距离为 dx 的相邻两个横截面间的扭转角 dφ 为

$$\mathrm{d}\varphi = \frac{T}{GI_p}\mathrm{d}x \tag{a}$$

沿 x 轴积分，即可求得距离为 l 的两个横截面之间的扭转角为

$$\varphi = \int_0^l \mathrm{d}\varphi = \int_0^l \frac{T}{GI_p}\mathrm{d}x \tag{b}$$

对于长为 l、扭矩 T 为常值的等截面圆轴，两端横截面间的相对扭转角为

$$\varphi = \frac{Tl}{GI_p} \tag{6-15}$$

扭转角的单位为 rad，转向与扭矩的转向相同，所以它的正负号也随扭矩的正负号而定。

从式（6-15）可以看到：扭转角 φ 与扭矩 T、圆轴长度 l 成正比，而与 GI_p 成反比。在扭矩一定的情况下，GI_p 越大，扭转角 φ 就越小，因此将 GI_p 称为**圆轴的抗扭刚度**。

例 6-3　已知图 6-17a 所示变截面钢轴上的外力偶矩 M_B = 1 800N · m，M_C = 1 200N · m，G = 80GPa，D = 75mm，d = 50mm，求钢轴的最大切应力和最大相对扭转角。

解：（1）画轴的扭矩图。见图 6-17d。

（2）计算极惯性矩和抗扭截面系数：

对于 AB 段

$$(I_p)_{AB} = \frac{\pi D^4}{32} = \frac{\pi \times 75^4}{32}\text{mm}^4 = 310.6 \times 10^4\text{mm}^4$$

$$(W_p)_{AB} = \frac{\pi D^3}{16} = \frac{\pi \times 75^3}{16}\text{mm}^3 = 82.8 \times 10^3\text{mm}^3$$

对于 BC 段

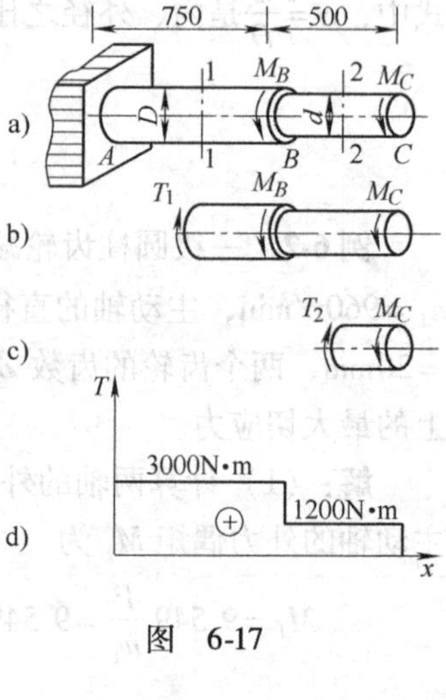

图　6-17

$$(I_p)_{BC}=\frac{\pi d^4}{32}=\frac{\pi\times50^4}{32}\text{mm}^4$$
$$=61.4\times10^4\text{mm}^4$$
$$(W_p)_{BC}=\frac{\pi d^3}{16}=\frac{\pi\times50^3}{16}\text{mm}^3$$
$$=24.5\times10^3\text{mm}^3$$

（3）计算最大切应力和相对扭转角：

对于 AB 段

$$(\tau_{\max})_{AB}=\frac{T_1}{(W_p)_{AB}}=\frac{3\,000\times10^3}{82.8\times10^3}\text{MPa}=36.2\text{MPa}$$

$$\varphi_{AB}=\frac{T_1l_1}{G(I_p)_{AB}}=\frac{3\,000\times10^3\times750}{80\times10^3\times310.6\times10^4}\text{rad}=9.06\times10^{-3}\text{rad}=0.52°$$

对于 BC 段

$$(\tau_{\max})_{BC}=\frac{T_2}{(W_p)_{BC}}=\frac{1\,200\times10^3}{24.5\times10^3}\text{MPa}=49\text{MPa}$$

$$\varphi_{BC}=\frac{T_2l_2}{G(I_p)_{BC}}=\frac{1\,200\times10^3\times500}{80\times10^3\times61.4\times10^4}\text{rad}=12.2\times10^{-3}\text{rad}=0.7°$$

因此钢轴的最大切应力位于 BC 段，$\tau_{\max}=49\text{MPa}$；最大相对扭转角应为 C 截面相对于 A 截面的扭转角 φ_{CA}，数值是

$$\varphi_{CA}=\varphi_{AB}+\varphi_{BC}=21.26\times10^{-3}\text{rad}=1.22°$$

例 6-4 图 6-18a 所示阶梯形圆轴直径分别为 $d_1=70\text{mm}$，$d_2=55\text{mm}$，转速 $n=200\text{r/min}$，轴上轮子 A、B、C 所传递的功率，分别为 $P_A=60\text{kW}$，$P_B=37\text{kW}$，$P_C=23\text{kW}$，$G=80\text{GPa}$，求轴的最大切应力和两个端截面间的相对扭转角。如果将轮子 A 与轮子 B 交换位置，所求结果有何变化？

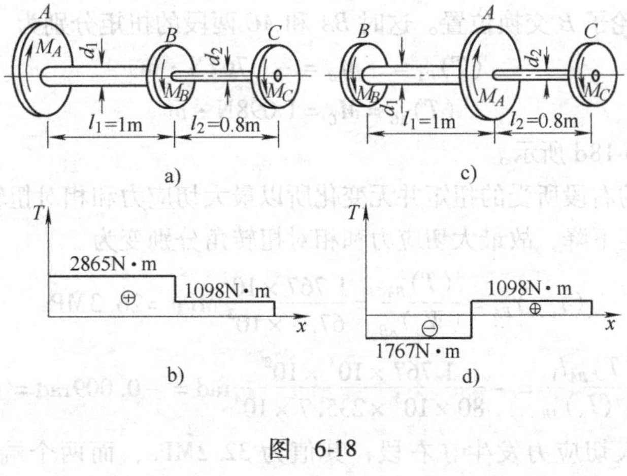

图 6-18

解：（1）计算扭矩并作扭矩图。根据式（6-1）算出作用于各轮上的外力偶矩为

$$M_A=2\,865\text{N}\cdot\text{m}$$

$$M_B = 1\ 767\text{N} \cdot \text{m}$$
$$M_C = 1\ 098\text{N} \cdot \text{m}$$

将圆轴分成 AB 和 BC 两段，求出各段扭矩：

$$(T)_{AB} = M_A = 2\ 865\text{N} \cdot \text{m}$$
$$(T)_{BC} = M_C = 1\ 098\text{N} \cdot \text{m}$$

画出扭矩图如图 6-18b 所示。

（2）计算极惯性矩和抗扭截面系数：

$$(I_p)_{AB} = \frac{\pi d_1^4}{32} = \frac{\pi \times 70^4}{32}\text{mm}^4 = 235.7 \times 10^4 \text{mm}^4$$

$$(W_p)_{AB} = \frac{\pi d_1^3}{16} = \frac{\pi \times 70^3}{16}\text{mm}^3 = 67.3 \times 10^3 \text{mm}^3$$

$$(I_p)_{BC} = \frac{\pi d_2^4}{32} = \frac{\pi \times 55^4}{32}\text{mm}^4 = 89.8 \times 10^4 \text{mm}^4$$

$$(W_p)_{BC} = \frac{\pi d_2^3}{16} = \frac{\pi \times 55^3}{16}\text{mm}^3 = 32.7 \times 10^3 \text{mm}^3$$

（3）计算最大切应力和相对扭转角：

$$(\tau_{\max})_{AB} = \frac{(T)_{AB}}{(W_p)_{AB}} = \frac{2\ 865 \times 10^3}{67.3 \times 10^3}\text{MPa} = 42.6\text{MPa}$$

$$(\tau_{\max})_{BC} = \frac{(T)_{BC}}{(W_p)_{BC}} = \frac{1\ 098 \times 10^3}{32.7 \times 10^3}\text{MPa} = 33.6\text{MPa}$$

$$\varphi_{AB} = \frac{(T)_{AB} l_1}{G(I_p)_{AB}} = \frac{2\ 865 \times 10^3 \times 10^3}{80 \times 10^3 \times 235.7 \times 10^4}\text{rad} = 0.015\text{rad} = 0.86°$$

$$\varphi_{BC} = \frac{(T)_{BC} l_2}{G(I_p)_{BC}} = \frac{1\ 098 \times 10^3 \times 0.8 \times 10^3}{80 \times 10^3 \times 89.8 \times 10^4}\text{rad} = 0.012\text{rad} = 0.69°$$

因此轴的最大切应力是 $\tau_{\max} = 42.6\text{MPa}$，两个端截面的相对扭转角 $\varphi_{AC} = \varphi_{AB} + \varphi_{BC} = 1.55°$

（4）轮子 A 与轮子 B 交换位置。这时 BA 和 AC 两段的扭矩分别为

$$(T)_{BA} = -M_B = -1\ 767\text{N} \cdot \text{m}$$
$$(T)_{AC} = M_C = 1\ 098\text{N} \cdot \text{m}$$

画出扭矩图，如图 6-18d 所示。

由此可见，轴的右段所受的扭矩并无变化所以最大切应力和相对扭转角也没有变化，但轴的左段所受的扭矩下降，故最大切应力和相对扭转角分别变为

$$(\tau_{\max})_{BA} = \frac{(T)_{BA}}{(W_p)_{AB}} = \frac{1\ 767 \times 10^3}{67.3 \times 10^3}\text{MPa} = 26.3\text{MPa}$$

$$\varphi_{BA} = \frac{(T)_{BA} l_1}{G\ (I_p)_{AB}} = -\frac{1\ 767 \times 10^3 \times 10^3}{80 \times 10^3 \times 235.7 \times 10^4}\text{rad} = -0.009\text{rad} = -0.52°$$

这样，轴的最大切应力发生在右段，其值为 32.2MPa，而两个端截面的相对扭转角 $\varphi_{BC} = \varphi_{BA} + \varphi_{AC} = -0.52° + 0.69° = 0.17°$。

显然，轴上轮子的这个布局能降低其所承受的最大扭矩，因此从力学角度考虑比较合理。

第六节　圆轴扭转时的强度和刚度条件

通过以上研究，我们知道圆轴扭转属于纯剪切问题，因此与拉伸或压缩的强度计算相似，要求圆轴的最大工作切应力 τ_{max} 不超过材料的许用切应力〔τ〕，故**强度条件**为

$$\tau_{max} \leqslant [\tau] \tag{6-16}$$

从轴的受力情况或由扭矩图可以确定最大扭矩 T_{max}。对于等截面圆轴，最大切应力就发生于 T_{max} 所在截面的外缘上。由此可以把强度条件写成

$$\tau_{max} = \frac{|T|_{max}}{W_p} \leqslant [\tau] \tag{6-17}$$

对于变截面圆轴，在扭矩不是常数的情况下，应根据扭矩图及抗扭截面系数两者的变化情况来确定危险截面的位置和 τ_{max} 的大小。

在静载荷的情况下，扭转许用切应力与许用拉应力〔σ〕之间有如下的关系

钢　　　　$[\tau] = (0.5 \sim 0.6)[\sigma]$

铸铁　　　$[\tau] = (0.8 \sim 1.0)[\sigma]$

为了保证轴类零件的正常工作，除要求满足强度条件外，还需要满足**刚度条件**。例如机械中的轴若扭转变形过大，会使机器在运转过程中产生较大的振动。尤其对精密机械，刚度要求往往起着主要作用。

由于轴的长度对扭转角有影响，所以工程中常以最大单位长度扭转角 θ_{max} 不得超过许可的单位长度扭转角〔θ〕作为刚度条件，即

$$\theta_{max} = \frac{\varphi}{l} = \frac{|T|_{max}}{GI_p} \leqslant [\theta] \tag{6-18}$$

式中，θ_{max} 的单位是 rad/m。因为在工程中〔θ〕的常用单位是（°）/m，所以式（6-18）还需加以换算，即

$$\theta_{max} = \frac{|T|_{max}}{GI_p} \times \frac{180}{\pi} \leqslant [\theta] \tag{6-18a}$$

〔θ〕的数值按照对机器的要求和轴的工作条件来确定，可以查阅有关设计手册。下面列举几个参考数据：

精密机械的轴　　　　$[\theta] = (0.25 \sim 0.50)(°)/m$

一般传动轴　　　　　$[\theta] = (0.5 \sim 1.0)(°)/m$

精度要求较低的轴　　$[\theta] = (1.0 \sim 2.5)(°)/m$

例 6-5　一钢轴许用切应力［τ］＝85MPa，转速 $n = 3$r/s，许用单位长度扭转角〔θ〕＝1°/m，若传递的功率为 150kW，轴所用材料的切变模量 $G = 80$GPa，试确定轴为实心时的直径 D_1。如工作条件相同，试确定轴为空心时的内径 d_2 和外径 D_2，设 $\alpha = \dfrac{d_2}{D_2} = 0.75$。并比较实心和空心钢轴在长度相等时的重量。

解：（1）按强度条件计算 D_1、d_2、D_2。因为要求轴传递的外力偶矩 M 为

$$M = T = 9\,549\frac{P}{n} = 9\,549\frac{150}{60 \times 3}\text{N} \cdot \text{m} = 7\,958\text{N} \cdot \text{m}$$

由式（6-11）和式（6-13），得实心轴的强度条件为

$$\tau_{\max}=\frac{T}{W_{p1}}=\frac{T}{\frac{\pi D_1^3}{16}}\leqslant[\tau]$$

并算出直径为

$$D_1\geqslant\sqrt[3]{\frac{16T}{\pi[\tau]}}=\sqrt[3]{\frac{16\times 7\ 958\times 10^3}{\pi\times 85}}\text{mm}=78\text{mm}$$

空心轴的强度条件为

$$\tau_{\max 2}=\frac{T}{W_{p2}}=\frac{T}{\frac{\pi}{16}D_2^3(1-\alpha^4)}\leqslant[\tau]$$

故其外径为

$$D_2\leqslant\sqrt[3]{\frac{16T}{\pi[\tau](1-\alpha^4)}}=\sqrt[3]{\frac{16\times 7\ 958\times 10^3}{\pi\times 85\times(1-0.75^4)}}\text{mm}=89\text{mm}$$

内径为

$$d_2=0.75D_2=0.75\times 89\text{mm}=67\text{mm}$$

（2）按刚度条件计算 D_1、D_2。由式（6-18a）和式（6-13）得实心轴的刚度条件为

$$\theta_{\max_1}=\frac{T}{GI_{P1}}\times\frac{180}{\pi}=\frac{T}{G\frac{\pi D_1^4}{32}}\times\frac{180}{\pi}\leqslant[\theta]$$

算出直径为

$$D_1\geqslant\sqrt[4]{\frac{32T\times 180}{G\pi^2[\theta]}}\text{mm}=\sqrt[4]{\frac{32\times 7\ 958\times 10^3\times 180}{80\times 10^3\times\pi^2\times 1}}\text{mm}=87\text{mm}$$

空心轴刚度条件为

$$\theta_{\max_2}=\frac{T}{GI_{P2}}\times\frac{180}{\pi}=\frac{T}{G\frac{\pi D_2^4}{32}(1-\alpha^4)}\times\frac{180}{\pi}\leqslant[\theta]$$

其外径为

$$D_2\geqslant\sqrt[4]{\frac{32T\times 180}{G\pi^2(1-\alpha^4)[\theta]}}=\sqrt[4]{\frac{32\times 7\ 958\times 10^3\times 180}{80\times 10^3\times\pi^2\times(1-0.75^4)\times 1}}\text{mm}=96\text{mm}$$

综合考虑强度和刚度条件，D_1，d_2，D_2 的取值为

$$D_1=87\text{mm}$$

$$D_2=96\text{mm}$$

$$d_2=\alpha D_2=0.75\times 96\text{mm}=72\text{mm}$$

（3）两轴的重量比较。如两轴所受重力分别为 W_1、W_2，则

$$\frac{W_1}{W_2}=\frac{\frac{\pi}{4}D_1^2 l}{\frac{\pi}{4}D_2^2(1-\alpha^2)l}=\frac{D_1^2}{D_2^2(1-\alpha^2)}=\frac{87^2}{96^2(1-0.75^2)}=1.76$$

（4）讨论。从这个例子可以看到：在满足相同的强度要求时，采用空心轴不但所受的重力小，而且还提高了轴的抗扭刚度。这是因为切应力在实心轴的横截面上是按图 6-19a 分布的，而在空心轴上是按图 6-19b 分布的。可见实心轴轴心附近承受切应力的数值很小，而且距离轴心又近，所以在整个截面的扭矩中，所占比例很低。把这部分材料移置到圆截面的外缘，显然可以有效地增加截面的抗扭截面系数 W_p 和极惯性矩 I_p。所以对于大型动力机械和运输机械的传动轴，常采用空心轴以节省材料、减轻重量。但空心轴的加工工艺复杂，而且有的地方因受空间限制，故仍需采用实心轴。

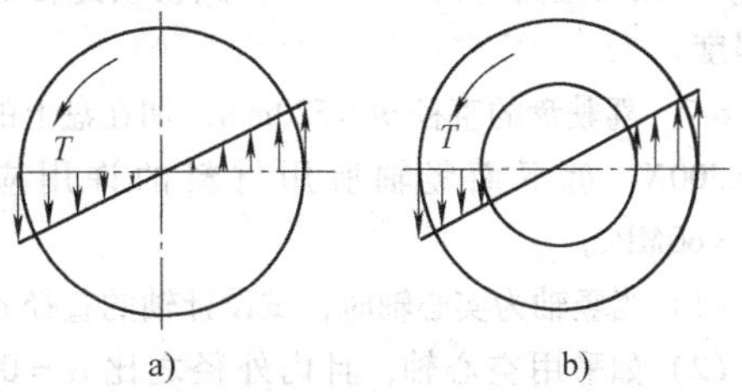

图 6-19

思考题

6-1 在减速箱内是高速轴的直径粗还是低速轴的直径粗？为什么？

6-2 圆轴扭转时在横截面上有何种应力？它们在横截面上如何分布？最大应力发生在哪里？

6-3 材料、横截面积和重量都相同的实心圆轴和空心圆轴，哪根轴的强度高？为什么？

6-4 为提高圆轴的抗扭刚度，是否可以采用优质钢？为什么？

6-5 两根圆轴的长度和直径都相同，但材料不同，在相同的扭矩作用下，它们的最大切应力和相对扭转角是否相同？为什么？

习题

6-1 求图示各轴在指定横截面上的扭矩。

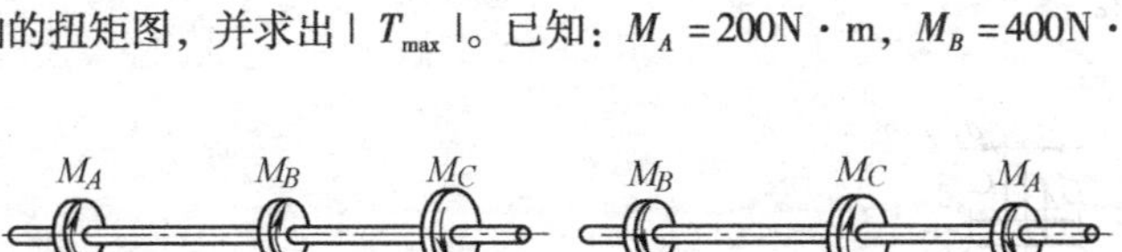

题 6-1 图

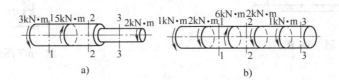

6-2 绘出下列各轴的扭矩图，并求出 $|T_{max}|$。已知：$M_A=200\text{N}\cdot\text{m}$，$M_B=400\text{N}\cdot\text{m}$，$M_C=600\text{N}\cdot\text{m}$。

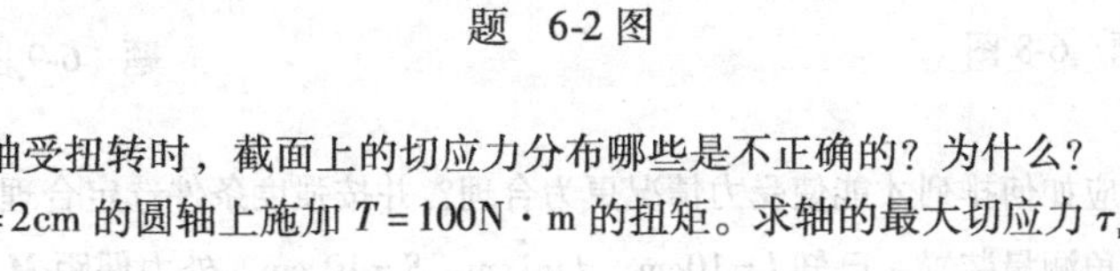

题 6-2 图

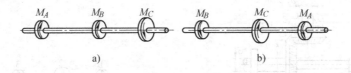

6-3 图中所画圆轴受扭转时，截面上的切应力分布哪些是不正确的？为什么？

6-4 在直径为 $d=2\text{cm}$ 的圆轴上施加 $T=100\text{N}\cdot\text{m}$ 的扭矩。求轴的最大切应力 τ_{max} 以及 $\rho=5\text{mm}$ 处的切应力。

6-5 一根转速 $n=90\text{r/min}$ 的实心传动轴，传递 $P=110\text{kW}$ 的动力。若许用切应力〔τ〕$=40\text{MPa}$，求此轴的最小直径 d。

6-6 图示手摇铰车在工作时由两人摇动，每人加在手柄上的力 $F=250\text{N}$，驱动轴 AB 的直径为 $d=3\text{cm}$，许用切应力〔τ〕$=40\text{MPa}$。试校核此轴的抗扭强度。

6-7 驾驶盘的直径 $\Phi=520\text{mm}$，加在盘上的力 $F=300\text{N}$，盘下面竖轴所用材料的许用应力〔τ〕$=60\text{MPa}$。

（1）当竖轴为实心轴时，试设计轴的直径 d；

（2）如采用空心轴，且内外径之比 $\alpha=0.8$，试设计轴的外径 D；

（3）比较实心轴和空心轴的重量。

6-8 图示 AB 轴的转速 $n=100\text{r/min}$，B 轮输入功率 $P=60\text{kW}$，此功率的一半通过锥形齿轮传给垂直轴 C，另一半由水平轴 H 传走。已知 $D_1=600\text{mm}$，$D_2=240\text{mm}$，$d_1=100\text{mm}$，$d_2=80\text{mm}$，$d_3=60\text{mm}$，〔τ〕$=40\text{MPa}$，试对图示各轴进行强度校核。

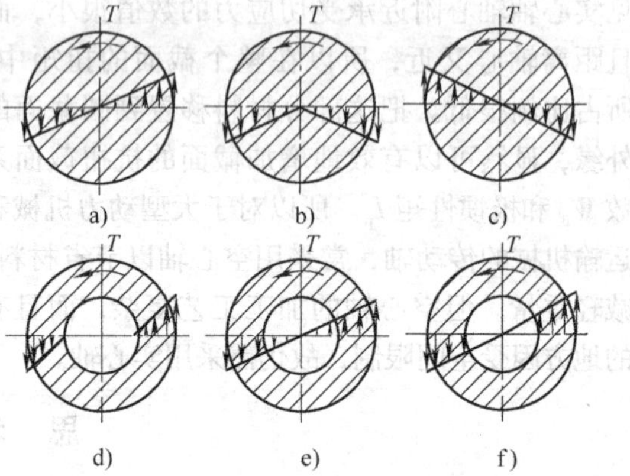

题 6-3 图

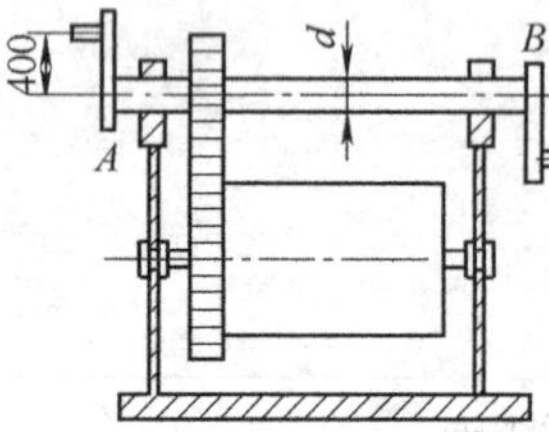

题 6-6 图

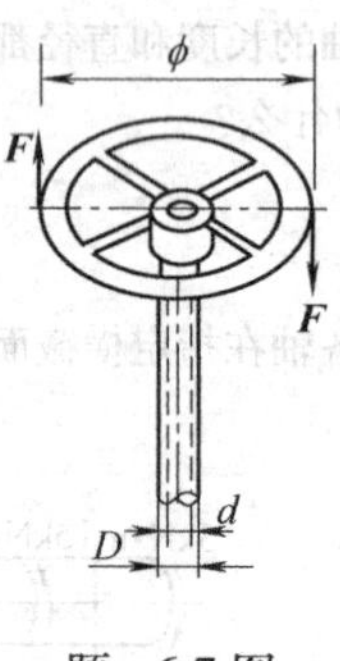

题 6-7 图

6-9 图示传动轴的转速为 $n=200\text{r/min}$，由主动轮 2 输入功率 $P_2=60\text{kW}$，由从动轮 1、3 和 4 分别输出功率为 $P_1=18\text{kW}$，$P_3=12\text{kW}$，$P_4=30\text{kW}$，若〔τ〕$=20\text{MPa}$，〔θ〕$=0.5(°)/\text{m}$，$G=82\text{GPa}$，试按强度和刚度条件选定轴的直径。

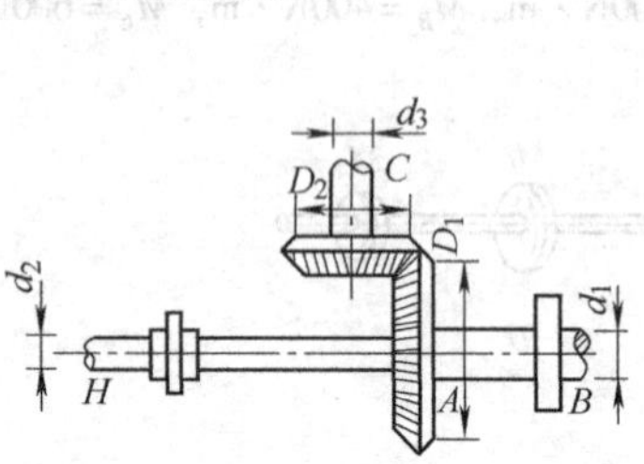

题 6-8 图

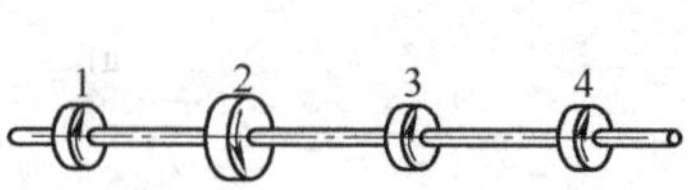

题 6-9 图

6-10 上题中各轮应如何排列才能使受力情况更为合理？并按强度条件选定合理安排后时轴的直径。

6-11 图示为一扭角测量装置。已知 $l=10\text{cm}$，$d=1\text{cm}$，$S=10\ \text{cm}$，外力偶距 $M=2\text{N}\cdot\text{m}$，设百分表上

的读数由 0 增加到 $\delta=25$ 分度格（1 分度 $=0.01\text{mm}$），试计算材料的切变模量 G。

6-12　圆截面杆 AB，左端固定，承受均匀分布的力偶矩 $t=20\text{N}\cdot\text{m/m}$ 的作用。已知直径 $d=20\text{mm}$，$l=2\text{m}$，材料的切变模量 $G=80\text{GPa}$，许用应力 $[\tau]=30\text{MPa}$，单位长度的许用扭转角 $[\theta]=2°/\text{m}$。试进行强度和刚度校核，并计算 A、B 两截面的相对扭转角 φ_{BA}。

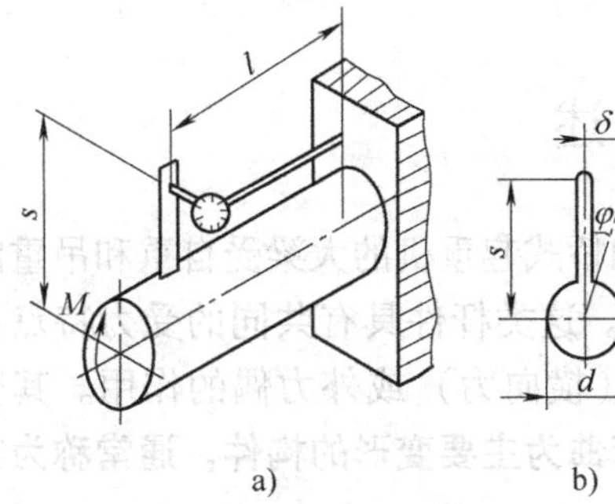

题　6-11 图

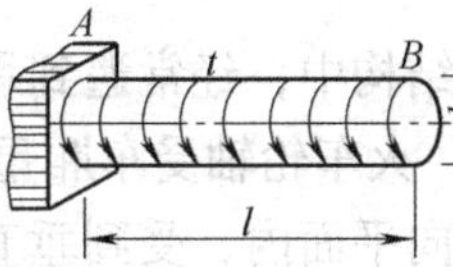

题　6-12 图

第七章 梁的弯曲

第一节 概 述

在机器或结构中，经常遇到承受弯曲的杆件。例如桥式起重机的大梁受自重和吊重的作用（图 7-1a），火车轮轴受车厢重量的作用（图 7-2a）。这类杆件具有共同的受力特点：在通过轴线的纵向平面内，受到垂直于杆件轴线的外力（横向力）或外力偶的作用。其变形特点是：杆的轴线弯成曲线，这种变形称为弯曲。**以弯曲为主要变形的构件，通常称为梁。**

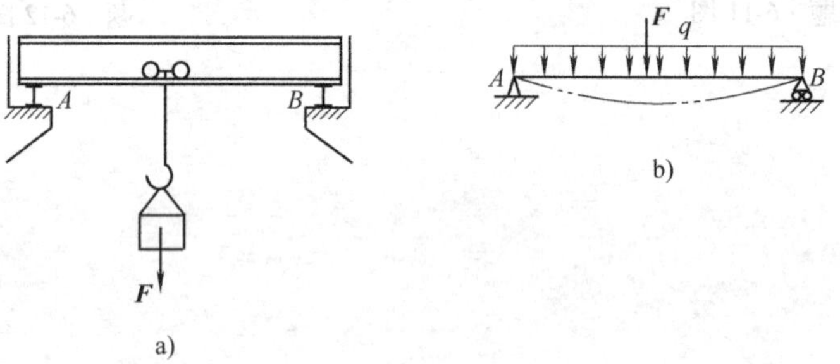

图 7-1

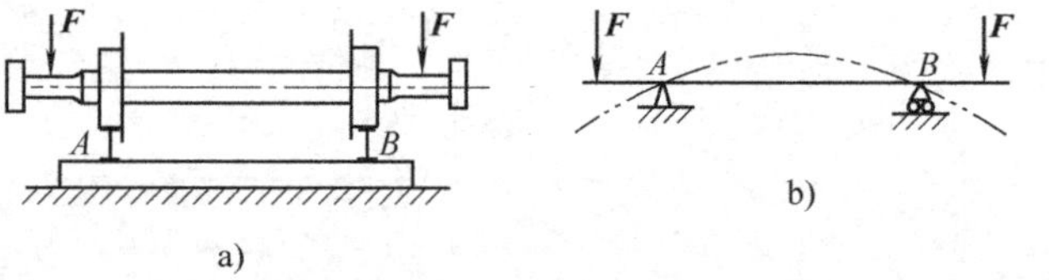

图 7-2

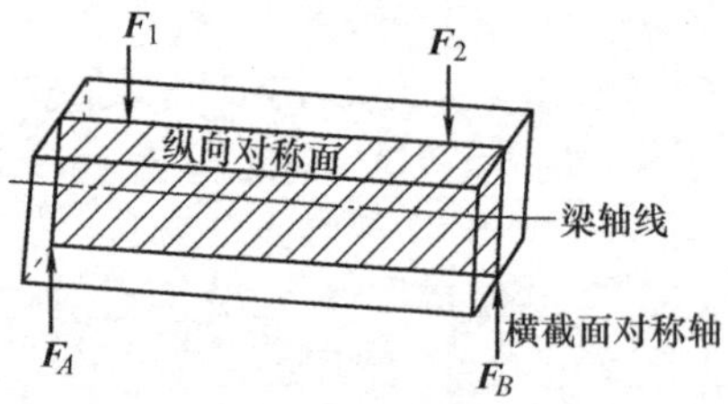

图 7-3

工程中常见的梁，其横截面大多有一根对称轴，通过梁轴线和截面对称轴可以作一个纵向对称面（图 7-3）。当梁上的外力（外力偶）都作用在此纵向对称面内时，梁的轴线将弯曲成一条位于纵向对称面内的平面曲线，这种弯曲称为**对称弯曲**。对称弯曲是工程实际中最常见的情况，本章所研究的是直梁在对称弯曲时的强度和刚度问题。

第二节 梁的载荷和支反力

研究梁的弯曲问题，首先要确定梁所受的全部外力，包括载荷和约束反力。约束反力可以根据约束条件计算，而作用在梁上的载荷一般可以简化为以下三种类型：

(1) 集中力。当载荷的分布范围很小时，可将其简化为集中力，如图 7-1b 和图 7-2b 中所示的力 $\boldsymbol{F}$。

(2) 集中力偶。图 7-4a 表示一圆锥齿轮传动轴，$\boldsymbol{F}$ 为齿轮啮合力中的轴向分量（图中未画啮合力的其它分量）。把 $\boldsymbol{F}$ 向传动轴的轴线简化后可知（图 7-4b），$\boldsymbol{F}$ 除引起 AC 段的压缩变形外，还形成集中力偶 $M = Fr$，引起轴的弯曲变形。此外，如果分布在很短的一段梁上的力能够形成力偶时，也可以简化为集中力偶。

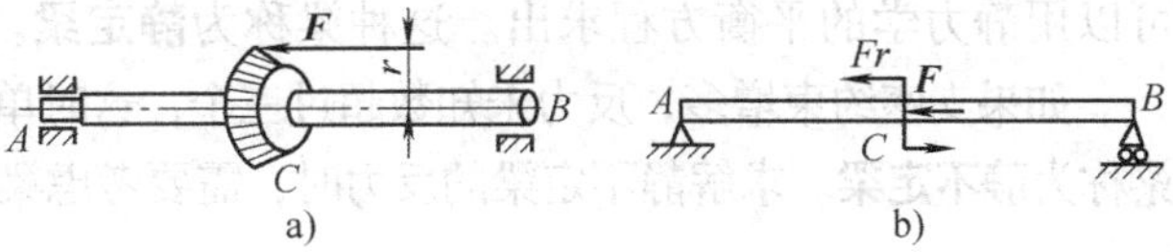

图 7-4

(3) 分布载荷。沿梁的轴线分布在较长范围内的力称为分布载荷。均匀分布的载荷称为均布载荷，如图 7-1b 所示。分布于梁的单位长度上的载荷量称为载荷集度，以 q 表示，单位为 N/m。

梁的支座通常可以简化为以下三种形式：

(1) 固定铰链支座。这种支座限制梁在支承处沿任何方向的移动，但可绕 A 点转动（图 7-5a），因此有两个支反力，以 $\boldsymbol{F}_{Ay}$、$\boldsymbol{F}_{Ax}$ 表示。

(2) 活动铰链支座。这种支座只限制梁在支承处沿垂直于支座平面方向的移动，因此支反力只一个 $\boldsymbol{F}_{Ay}$（图 7-5b）。

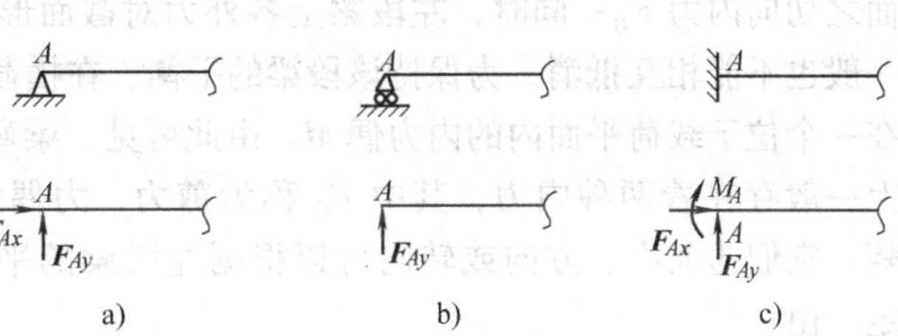

图 7-5

(3) 固定端支座。这种支座既限制梁在支承处沿任何方向的移动，也限制梁绕 A 点的转动，固此支反力除 $\boldsymbol{F}_{Ay}$、$\boldsymbol{F}_{Ax}$ 以外，还有一个力偶 M_A（图 7-5c）。

根据支承情况，在工程中常将梁分为以下三种类型：

(1) 简支梁。梁的一端为固定铰链支座，另一端为活动铰链支座，见图 7-6a。

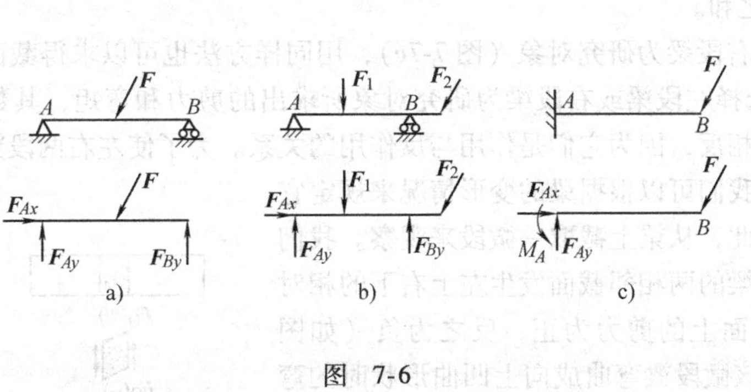

图 7-6

(2) 外伸梁。梁由一个固定铰链支座和一个活动铰链支座所支承，其一端或两端伸出支座之外，见图 7-6b。

(3) 悬臂梁。梁的一端固定，另一端自由，见图 7-6c。

在对称弯曲时，梁上的载荷及反力构成一个平衡的平面力系，而在上面三类梁中，未知反力都只有三个。由静力学知，平面任意力系独立的平衡方程有三个，因此这些梁的反力都可以用静力学的平衡方程求出。这种梁称为**静定梁**。

如果支座约束增多，反力未知数超过三个，这时单靠静力平衡方程不能求出全部反力。这种梁称为**静不定梁**。求解静不定梁的反力时，需要考虑梁的变形，这将在本章第十五节中讨论。

第三节　梁弯曲时的内力——剪力、弯矩

静定梁在载荷作用下，根据平衡方程求得支承反力后，便可进一步研究各横截面上的内力。

图 7-7a 所示一简支梁 AB，受集中载荷 F_1、F_2、F_3 的作用。F_A、F_B 为支反力。现求距 A 端 x 处横截面 $m-m$ 上的内力。为此用截面法沿截面 m-m 假想地将梁截为两段，并取左段为研究对象（图 7-7b）。由于作用于左段梁上的外力 F_A 和 F_1 在垂直方向上一般并不自相平衡，因此，在横截面上必然存在一个沿横截面之切向内力 F_Q；同时，左段梁上各外力对截面形心 O 点之矩一般也不能相互抵消，为保持该段梁的平衡，在横截面上必然存在一个位于载荷平面内的内力偶 M。由此可见，梁弯曲时横截面上一般存在着两种内力，其中 F_Q 称为**剪力**，力偶矩 M 称为**弯矩**。它们的大小、方向或转向可以根据左段梁的平衡方程来确定。由

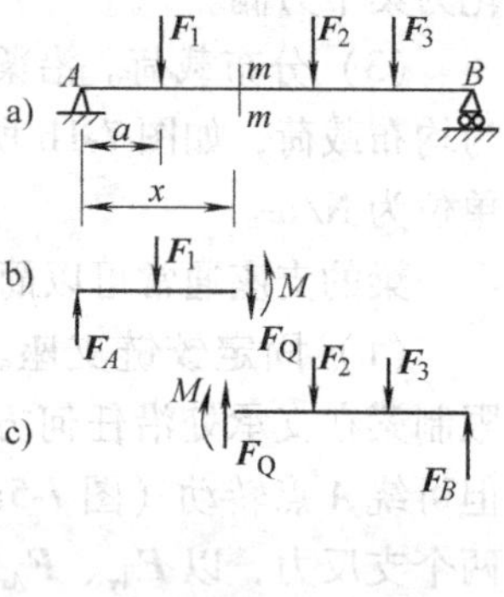

图 7-7

$$\Sigma F_y = 0 \qquad F_A - F_1 - F_Q = 0$$

得
$$F_Q = F_A - F_1 \tag{a}$$

由
$$\Sigma M_O = 0 \qquad -F_A x + F_1(x-a) + M = 0$$

得
$$M = F_A x - F_1(x-a) \tag{b}$$

从式（a）看出，剪力 F_Q 在数值上等于截面 $m-m$ 以左所有外力在梁轴垂线（y 轴）上投影之和。从式（b）看出，弯矩 M 在数值上等于截面 $m-m$ 以左所有外力对截面形心（O 点）的力矩之和。

如果我们取右段梁为研究对象（图 7-7c），用同样方法也可以求得截面 $m-m$ 上的剪力 F_Q 和弯矩 M。选择左段梁或右段梁为研究对象所求出的剪力和弯矩，其数值应该相等，方向或转向则应该相反，因为它们是作用与反作用的关系。为了使左右两段梁在同一截面上的内力符号一致，我们可以根据梁的变形情况来规定它们的正负号。为此，从梁上截取一微段来观察。我们规定：使此微段梁的两相邻截面发生左上右下的相对错动时，则横截面上的剪力为正，反之为负（如图 7-8a 所示）。使该微段梁弯曲成向上凹曲形状时的弯矩为正，弯曲成向上凸出形状时的弯矩为负，如图 7-8b所示。

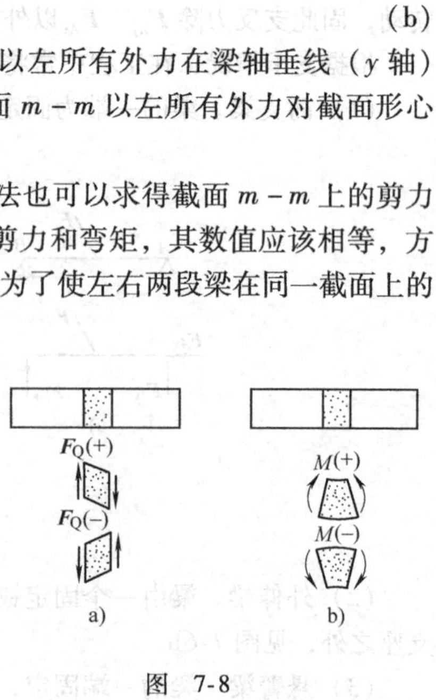

图 7-8

例 7-1　求简支梁 AB（图 7-9a）截面 1-1 及 2-2 剪力和弯矩。

解：(1) 计算梁的支座反力

由平衡方程 $\Sigma M_A=0$ 得

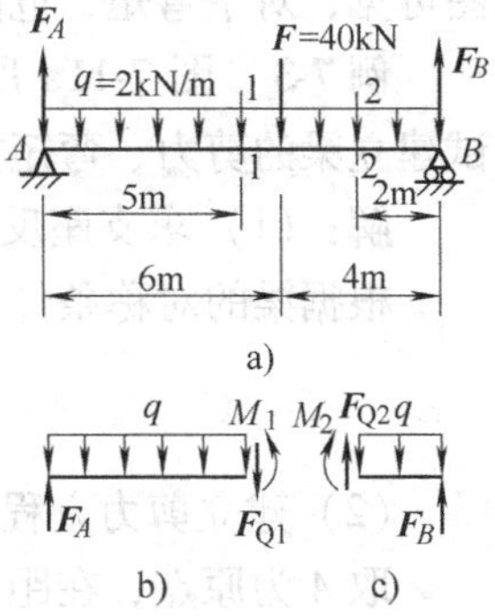

图 7-9

$$F_B\times 10=F\times 6+q\times 10\times 5$$

$$F_B=34\text{kN}$$

$$\Sigma F_y=0 \qquad F_A+F_B=40\text{kN}+2\times 10\text{kN}$$

得
$$F_A=26\text{kN}$$

(2) 求截面 1-1 的剪力 F_{Q1} 及弯矩 M_1

截面 1-1 左边部分梁段上的外力和截面上正向剪力 F_{Q1}、弯矩 M_1 如图 7-9b 所示，由平衡方程可得

$$F_{Q1}=(26-2\times 5)\text{kN}=16\text{kN}$$

$$M_1=\left(26\times 5-2\times 5\times\frac{5}{2}\right)\text{kN}\cdot\text{m}=105\text{kN}\cdot\text{m}$$

(3) 求截面 2-2 的剪力 F_{Q2} 及弯矩 M_2

截面 2-2 右边部分梁段上有均布力、集中力和截面上正向剪力 F_{Q2}、弯矩 M_2，如图 7-9c 所示，由平衡方程可得

$$F_{Q2}=(2\times 2-34)\text{kN}=-30\text{kN}$$

$$M_2=(34\times 2-2\times 2\times 1)\text{kN}\cdot\text{m}=64\text{kN}\cdot\text{m}$$

梁在外力作用下，各截面上的剪力、弯矩一般并不相同，即剪力和弯矩沿梁轴是变化的。如以坐标轴表示横截面沿梁轴线的位置，则梁的各个横截面上的剪力和弯矩可以表示为 x 的函数，即

$$F_Q=F_Q(x) \qquad M=M(x)$$

这两个方程称为**剪力方程和弯矩方程**。

和前述绘制轴力图和扭矩图一样，我们也可用图线表示梁各截面上的剪力 F_Q 和弯矩 M 沿梁轴线变化的情况。作图时，取横坐标轴 x 平行于梁轴线，表示横截面的位置，以 F_Q 及 M 为纵坐标轴，分别绘制 $F_Q=F_Q(x)$ 和 $M=M(x)$ 的图线，称为**剪力图和弯矩图**。

由剪力图、弯矩图可以确定梁的最大剪力和最大弯矩，以及梁危险截面的可能位置。

现举数例以说明建立剪力方程、弯矩方程和绘制剪力图、弯矩图的方法。

例 7-2 如图 7-10a 所示悬臂梁，自由端 **A** 受集中力 F 作用，试建立梁的剪力、弯矩方程，并作此梁的剪力图和弯矩图。

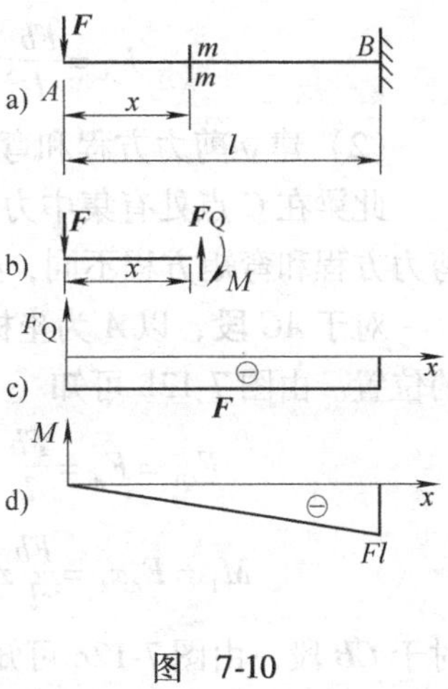

图 7-10

解：(1) 建立剪力方程和弯矩方程

以 A 为坐标原点，在距原点 x 处截取左段梁为研究对象，并将截面上的剪力和弯矩都按正方向画出，如图 7-10b 所示。根据平衡方程，得剪力方程和弯矩方程分别为

$$F_Q=-F \qquad (0<x<l) \qquad \text{(a)}$$

$$M=-Fx \qquad (0\leqslant x<l) \qquad \text{(b)}$$

两式后面的括号内各表示 F_Q 和 M 的定义域。

(2) 画剪力图和弯矩图

从式 (a) 可知，剪力 F_Q 不随截面的位置而变，所以剪力图为一水平线，如图 7-10c 所示。

从式（b）可知，弯矩 M 是 x 的一次函数，故弯矩图为一斜直线，如图 7-10d 所示。由图可见，对于弯矩，危险截面在固定端。

例 7-3　图 7-11a 所示的简支梁，受均布载荷 q 的作用，试建立梁的剪力、弯矩方程，并作此梁的剪力图和弯矩图。

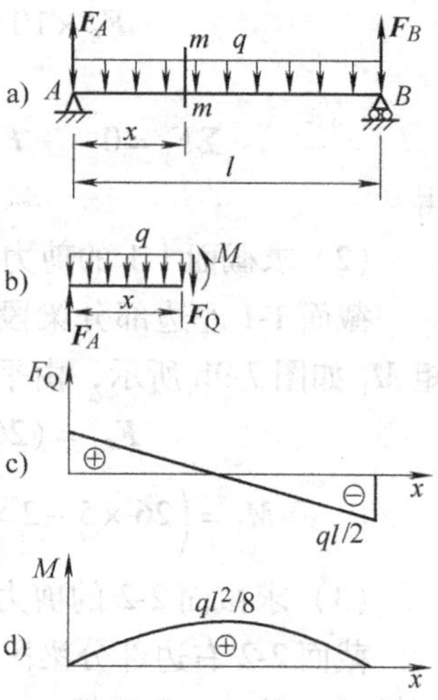

图　7-11

解：(1) 求支座反力

根据梁的对称条件，可知两个支座的反力相等，为

$$F_A = F_B = \frac{1}{2}ql$$

(2) 建立剪力方程和弯矩方程

取 A 为原点，在距 A 点 x 处截取左段梁为研究对象，并设截面上的剪力 F_Q 和弯矩 M 的方向和转向为正（图 7-11b）。由平衡方程得

$$F_Q = F_A - qx = \frac{1}{2}ql - qx \qquad (0 < x < l) \qquad (a)$$

$$M = F_A x - qx\frac{x}{2} = \frac{ql}{2}x - \frac{q}{2}x^2 \quad (0 \leqslant x \leqslant l) \qquad (b)$$

(3) 画剪力图和弯矩图

由式（a）可知，剪力图为一斜直线。如图 7-11c 所示。

由式（b）可知，弯矩图为一抛物线。当 $x = 0$ 和 $x = l$ 时，$M = 0$；在 $x = \dfrac{l}{2}$ 处，$M = \dfrac{1}{8}ql^2$。所作出的弯矩图如图 7-11d 所示。

由图可见，当 $x = \dfrac{l}{2}$ 时，弯矩最大，$M_{max} = \dfrac{1}{8}ql^2$，而在该点截面上，$F_Q = 0$。

例 7-4　如图 7-12a 所示简支梁，在 C 点处受集中力 F 作用，作出梁的剪力图和弯矩图。

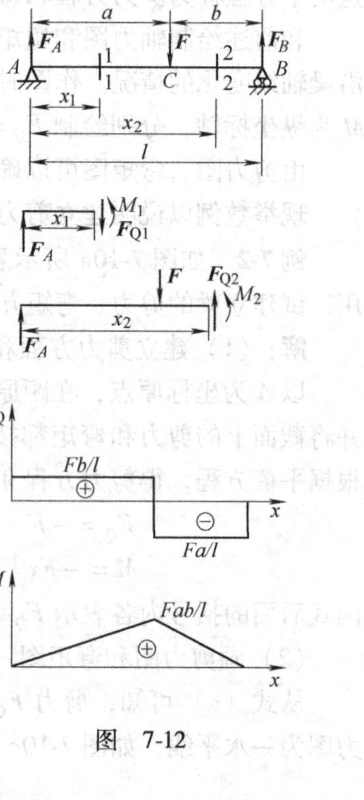

图　7-12

解：(1) 求支座反力

由平衡方程求得

$$F_A = \frac{Fb}{l}, \ F_B = \frac{Fa}{l}$$

(2) 建立剪力方程和弯矩方程

此梁在 C 点处有集中力 F 作用，AC 和 CB 两段梁的剪力方程和弯矩方程不同，必须分段列出。

对于 AC 段，以 A 为坐标原点，并以 x_1 表示横截面的位置。由图 7-12b 可知

$$F_{Q1} = F_A = \frac{Fb}{l} \quad (0 < x_1 < a) \qquad (a)$$

$$M_1 = F_A x_1 = \frac{Fb}{l}x_1 \quad (0 \leqslant x_1 \leqslant a) \qquad (b)$$

对于 CB 段，由图 7-12c 可知

$$F_{Q2} = F_A \quad F = \frac{Fb}{l} - F = -\frac{Fa}{l} \qquad (a < x_2 < l) \tag{c}$$

$$M_2 = F_A x_2 - F(x_2 - a) = \frac{Fa}{l}(l - x_2) \qquad (a \leqslant x_2 \leqslant l) \tag{d}$$

（3）画剪力图和弯矩图

根据式（a）、（c）作剪力图，如图7-12d所示。根据式（b）、（d）作弯矩图，如图7-12e所示。

可以看出，横截面C上的弯矩最大，其值为

$$M_{\max} = \frac{Fab}{l}$$

还可以看出，在集中力作用处，其左右两侧横截面上的弯矩相同，而剪力则发生突变，突变量等于该集中力F之值。

例7-5 图7-13a所示简支梁，在C点处受集中力偶M_0的作用，作出梁的剪力图和弯矩图。

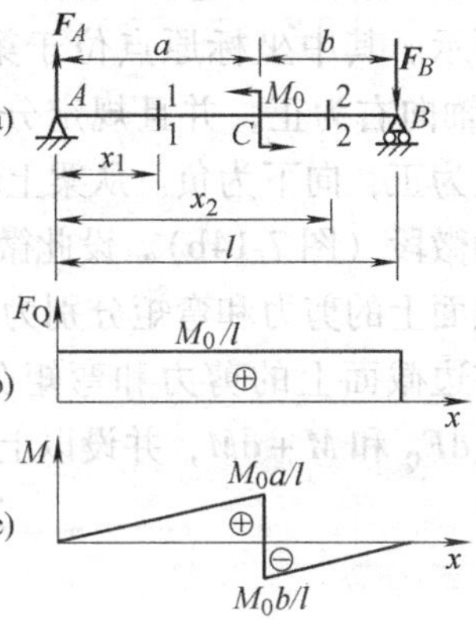

图 7-13

解：（1）求支座反力

由$\Sigma M_A = 0$，$\Sigma M_B = 0$求得

$$F_A = \frac{M_0}{l} \qquad F_B = \frac{M_0}{l}$$

（2）建立剪力、弯矩方程

以集中力偶M_0作用处C点为分界，将梁分为AC和CB两段，分别用F_{Q1}、M_1和F_{Q2}、M_2代表各段的内力，可以得出

$$F_{Q1} = F_A = \frac{M_0}{l} \qquad (0 < x_1 \leqslant a) \tag{a}$$

$$M_1 = F_A \cdot x_1 = \frac{M_0}{l}x_1 \qquad (0 \leqslant x_1 < a) \tag{b}$$

$$F_{Q2} = F_B = \frac{M_0}{l} \qquad (a \leqslant x_2 < l) \tag{c}$$

$$M_2 = -F_B(l - x_2) = -\frac{M_0}{l}(l - x_2) \qquad (a < x_2 \leqslant l) \tag{d}$$

（3）画剪力图、弯矩图

根据式（a）、（c）作剪力图，如图7-13b所示。根据式（b）、（d）作弯矩图，如图7-13c所示。

由图可以看出，在集中力偶作用处，其左右两侧横截面上的剪力相同，但弯矩发生突变，突变量等于该集中力偶M_0之值。

第四节　剪力、弯矩、载荷集度间的关系

在例7-3中，梁的剪力方程和弯矩方程分别为

$$F_Q = \frac{1}{2}ql - qx$$

$$M = \frac{ql}{2}x - \frac{q}{2}x^2$$

它们对 x 的一阶导数分别为

$$\frac{dF_Q}{dx}=-q$$

$$\frac{dM}{dx}=\frac{1}{2}ql-qx=F_Q$$

以上两式表明，剪力对 x 求导数就是载荷集度 q。弯矩对 x 求导数就是剪力。可见剪力、弯矩和载荷集度之间存在一定的关系，这种关系具有普遍性，下面予以证明。

设梁 AB 上作用有分布载荷 $q(x)$，它是 x 的连续函数，如图 7-14a 所示。其中坐标原点位于梁的左端，x 轴向右为正，并且规定分布载荷向上为正，向下为负。从梁上取长为 dx 的微段（图 7-14b）。设此微段梁左边截面上的剪力和弯矩分别为 F_Q 和 M，右边截面上的剪力和弯矩分别为 F_Q+dF_Q 和 $M+dM$，并设以上各内力皆为正向。由微段梁的平衡方程

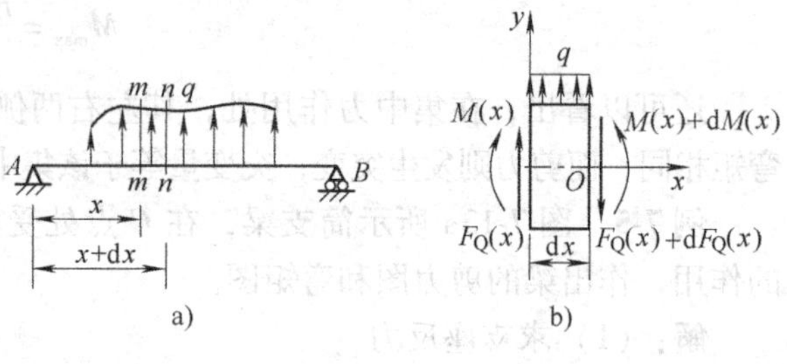

图 7-14

$$\Sigma F_y=0 \qquad F_Q-(F_Q+dF_Q)+qdx=0$$

$$\frac{dF_Q}{dx}=q \tag{7-1}$$

$$\Sigma M_O=0 \qquad M+dM-M-F_Qdx-qdx\frac{dx}{2}=0$$

略去二阶微量 $qdx\frac{dx}{2}$，可得

$$\frac{dM}{dx}=F_Q \tag{7-2}$$

将（7-2）代入式（7-1），又得

$$\frac{d^2M}{dx^2}=q \tag{7-3}$$

以上三式表示了剪力、弯矩、载荷集度之间的微分关系。它们不但有助于校核剪力图和弯矩图，而且还可用于矩形截面梁的弯曲切应力分析（参阅第七节）。根据这些微分关系，并结合上节例题，可以得到如下结论。

（1）梁上某段内 $q=0$ 时，F_Q 为常数，M 为 x 的一次函数。即在无分布载荷的一段梁上，剪力图为水平直线，而弯矩图为倾斜直线。这从例 7-2、例 7-4 和例 7-5 中都可以看出。

（2）梁上某段内 q 为常数时，F_Q 为 x 的一次函数，M 为 x 的二次函数。即在有均布载荷的一段梁上，剪力图为倾斜直线，而弯矩图为二次抛物线。这从例 7-3 中可以看出。

（3）在集中力作用处，剪力图发生突变，突变之值即为集中力之大小。同时弯矩图的斜率也发生突变，成为一个转折点，如例 7-4。

（4）在集中力偶作用处，弯矩图发生突变，突变之值即为集中力偶之大小，如例 7-5。

例 7-6 试作图 7-15a 所示外伸梁的剪力图和弯矩图。

解：（1）由平衡条件求得支反力

$$F_A = 5\text{kN} \qquad F_B = 25\text{kN}$$

（2）画剪力图

在支座 A 稍右一侧的梁截面 A 上，剪力为 5kN。截面 A 到 C 之间为均布载荷，剪力图为斜直线。截面 C 上的剪力为 $(5-20\times1)$ kN $=-15$kN。截面 C 与 B 之间无载荷，剪力图为水平线，在 B 截面上有支反力 F_B，即受集中力的作用，剪力图发生突变，突变值等于 F_B，故 B 支座右侧截面上的剪力为 $(-15+25)$ kN $=10$kN。截面 B 与 D 之间无载荷，剪力图为水平线。外伸梁自由端处有集中力 $F=10$kN，说明剪力图正确无误，如图 7-15b 所示。

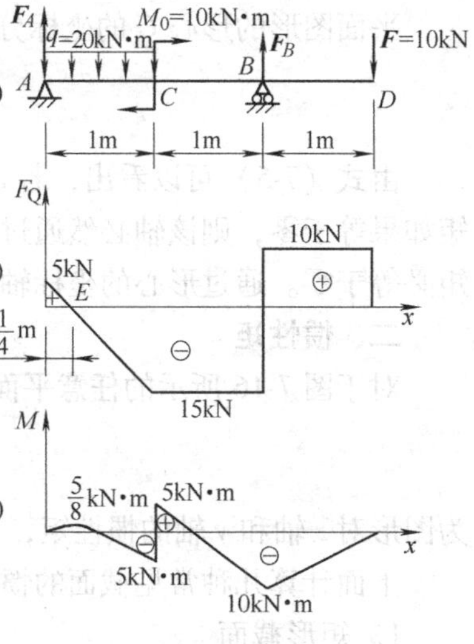

图 7-15

（3）画弯矩图

截面 A 上的弯矩为零。从 A 到 C 梁上有均布载荷，弯矩图为抛物线。算出截面 C 稍左处的弯矩为 $\left(5\times1-20\times1\times\frac{1}{2}\right)\text{kN}\cdot\text{m}=-5\text{kN}\cdot\text{m}$。在这段梁的 E 截面上，剪力等于零，故弯矩有极值。求出 E 至 A 点的距离为 0.25m，即可算出 E 截面上弯矩的极值为

$$M_E=\left(5\times0.25-20\times0.25\times\frac{0.25}{2}\right)\text{kN}\cdot\text{m}=\frac{5}{8}\text{kN}\cdot\text{m}$$

知道了截面 A、E、C 上的弯矩值，即可连出一条抛物线。截面 C 上有一集中力偶 M_0，弯矩图发生突变，变化的数值等于 M_0，所以在截面 C 稍右处的弯矩为 $(-5+10)\text{kN}\cdot\text{m}=5\text{kN}\cdot\text{m}$。从 C 到 B 梁上无载荷，弯矩图为斜直线。算出 B 截面上的弯矩 $M_B=-10\text{kN}\cdot\text{m}$。$B$ 到 D 之间弯矩图也是斜直线，因 $M_D=0$，此斜直线很易画出。于是梁的弯矩图如图 7-15c 所示。

第五节　常见截面的惯性矩　平行移轴公式

在杆的轴向拉压和圆轴扭转的强度、刚度计算中，需要用到横截面面积以及极惯性矩等几何量，它们与横截面的尺寸和形状有关。与此相似，在进行梁的弯曲应力和弯曲变形计算时，还将用到静矩、惯性矩等截面的另外一些几何量，本节将对此加以讨论。

一、截面的静矩

图 7-16 为一任意平面截面的图形，其面积为 A。建立平面直角坐标系 Oyz，在坐标 (y, z) 处取一微面积 dA，将下列积分

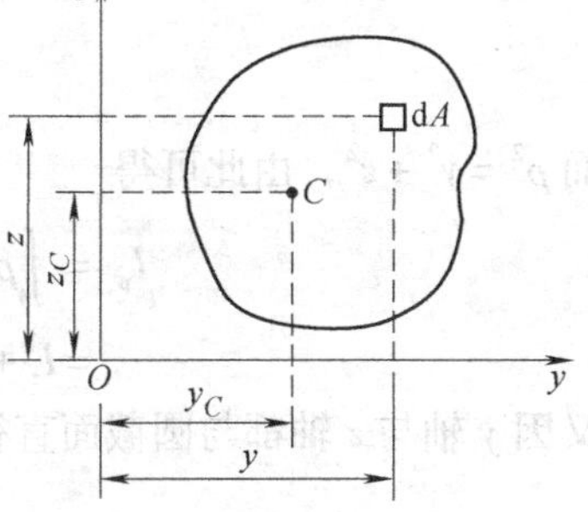

图 7-16

$$\left.\begin{aligned} S_z &= \int_A y\,\mathrm{d}A \\ S_y &= \int_A z\,\mathrm{d}A \end{aligned}\right\} \tag{7-4}$$

分别定义为**图形对 z 轴和 y 轴的静矩**。显然，平面图形的静矩是对某一坐标轴而言的，同一图形对不同的坐标轴，其静矩也不相同。静矩的数值可正、可负，也可能为零，单位为 m^3。

平面图形的形心 C 的坐标分别是

$$y_C=\frac{S_z}{A}\qquad z_C=\frac{S_y}{A}\tag{7-5}$$

由式（7-5）可以看出，若 $S_z=0$ 或 $S_y=0$，则 $y_C=0$ 或 $z_C=0$，说明图形对某一轴的静矩如果等于零，则该轴必然通过图形的形心。反之，若某一轴通过形心，则图形对该轴的静矩必等于零。通过形心的坐标轴称为形心轴。

二、惯性矩

对于图 7-16 所示的任意平面截面图形，我们定义以下两个积分

$$I_z=\int_A y^2\mathrm{d}A\qquad I_y=\int_A z^2\mathrm{d}A\tag{7-6}$$

为图形对 z 轴和 y 轴的惯性矩，单位为 m^4。

下面计算几种常见截面的惯性矩。

1．矩形截面

设矩形截面的高和宽分别为 h 和 b，y 轴和 z 轴通过截面形心 C 且平行于底边。为了计算该截面对轴的惯性矩 I_z，可取狭长条形微面积（图 7-17），即 $\mathrm{d}A=b\mathrm{d}y$。则

$$I_z=\int_A y^2\mathrm{d}A=\int_{-\frac{h}{2}}^{\frac{h}{2}}y^2b\mathrm{d}y=\frac{bh^3}{12}\tag{7-7}$$

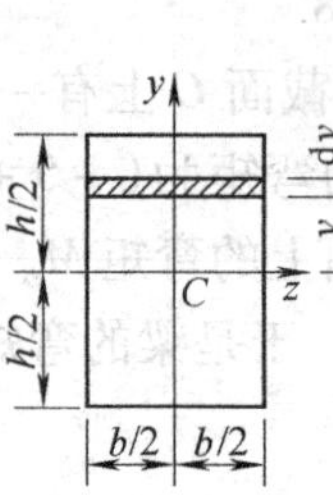

图 7-17

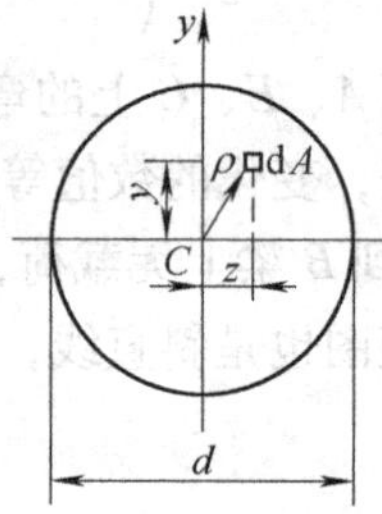

图 7-18

2．圆形截面

设圆形截面的直径为 d，y 轴和 z 轴通过圆心。取微面积 $\mathrm{d}A$，其坐标为 y 和 z，至圆心的距离为 ρ（图 7-18）。因圆形截面的极惯性矩为（见第六章第四节）

$$I_\mathrm{p}=\int_A\rho^2\mathrm{d}A=\frac{\pi d^4}{32}$$

而 $\rho^2=y^2+z^2$，由此可得

$$I_\mathrm{p}=\int_A\rho^2\mathrm{d}A=\int_A(y^2+z^2)\mathrm{d}A=\int_A y^2\mathrm{d}A+\int_A z^2\mathrm{d}A$$
$$=I_z+I_y$$

又因 y 轴与 z 轴都与圆截面直径相重合，由对称关系有 $I_y=I_z$，所以 $I_\mathrm{p}=2I_z=2I_y$，亦即

$$I_z=I_y=\frac{\pi d^4}{64}\tag{7-8}$$

同理可得空心圆截面对形心轴的惯性矩为

$$I_z = \frac{I_p}{2} = \frac{\pi D^4}{64}(1 - \alpha^4) \tag{7-9}$$

式中，D 为空心圆截面的外直径，α 为内外直径的比值。

其它简单图形的惯性矩可查有关手册，而型钢的惯性矩可在型钢规格表中查得（附录 B）。

三、组合截面的惯性矩

工程上常有一些形状比较复杂的截面，它们由几个简单截面或型材截面等组合而成。根据惯性矩的定义，组合截面对于某轴的惯性矩应等于各组成部分对于同一轴的惯性矩之和。因此若截面由 n 个部分组成时，则此截面对 y 轴和 z 轴的惯性矩为

$$I_z = \sum_{i=1}^{n} I_{zi} \qquad I_y = \sum_{i=1}^{n} I_{yi} \tag{7-10}$$

式中，I_{zi}和 I_{yi}分别为各组成部分对 z 轴和 y 轴的惯性矩。

四、平行移轴公式

使用式（7-10）计算组合截面的惯性矩时，首先需要计算 I_{zi}、I_{yi}，但在一般情况下 z 轴和 y 轴并不通过截面各组成部分的形心。在此情况下，若应用下述平行移轴公式，计算便会十分简单。

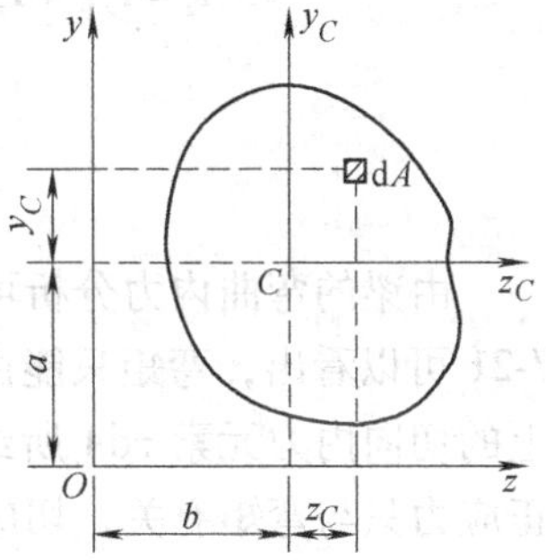

图 7-19

设一任意形状的截面（图 7-19），其面积为 A，形心为 C，形心轴 z_C 与 z 轴平行且相距为 a，并且已知截面对 z_C 轴的惯性矩为 I_{zC}，求截面对 z 轴的惯性矩 I_z。

由式（7-6）得

$$I_z = \int_A y^2 \mathrm{d}A = \int_A (y_C + a)^2 \mathrm{d}A = \int_A y_C^2 \mathrm{d}A + 2a\int_A y_C \mathrm{d}A + a^2\int_A \mathrm{d}A$$

式中第一项是截面对形心轴 z_C 的惯性矩 I_{zC}；第二项中的积分是截面对 z_C 轴的静矩，但因 z_C 是形心轴，故此项积分为零；第三项中的积分为截面积 A。因此上式可表示为

$$I_z = I_{zC} + a^2 A \tag{7-11a}$$

同理可得

$$I_y = I_{yC} + b^2 A \tag{7-11b}$$

这就是惯性矩的平行移轴公式。利用此公式就可以根据截面对于形心轴的惯性矩直接计算截面对于与形心轴平行的其它坐标轴的惯性矩。

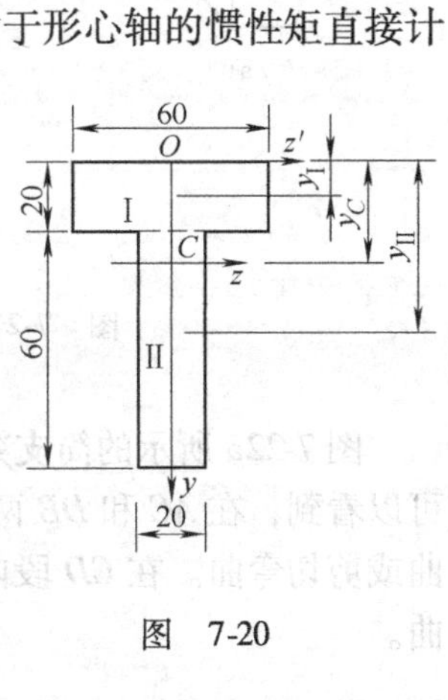

图 7-20

例 7-7 求 T 形截面对形心轴 z 的惯性矩（图 7-20）。

解：（1）确定 T 形截面形心位置

选参考坐标系 Oyz'，如图所示，将 T 形截面分成水平矩形 Ⅰ 和垂直矩形 Ⅱ，它们的面积和形心纵坐标各为

$$A_\text{I} = 60\text{mm} \times 20\text{mm} = 1\ 200\text{mm}^2$$

$$y_\text{I} = \frac{20}{2} = 10\text{mm}$$

$$A_\text{II} = 20\text{mm} \times 60\text{mm} = 1\ 200\text{mm}^2$$

$$y_{\text{II}}=20\text{mm}+\frac{60}{2}=50\text{mm}$$

所以T形截面的形心纵坐标

$$y_C=\frac{A_{\text{I}}y_{\text{I}}+A_{\text{II}}y_{\text{II}}}{A_{\text{I}}+A_{\text{II}}}=\frac{1\,200\times10+1\,200\times50}{1\,200+1\,200}\text{mm}=30\text{mm}$$

（2）计算T形截面对形心轴的惯性矩

根据式（7-7）和式（7-11a）可知，矩形Ⅰ和Ⅱ对形心轴 z 的惯性矩分别为

$$I_{z\text{I}}=\frac{b_1h_1^3}{12}+b_1h_1(y_C-y_{\text{I}})^2=\left[\frac{60\times20^3}{12}+60\times20\times(30-10)^2\right]\text{mm}^4=0.52\times10^6\text{mm}^4$$

$$I_{z\text{II}}=\frac{b_2h_2^3}{12}+b_2h_2(y_{\text{II}}-y_C)^2=\left[\frac{20\times60^3}{2}+20\times60\times(50-30)^2\right]\text{mm}^4=0.84\times10^6\text{mm}^4$$

因此，T形截面对形心轴 z 的惯性矩为

$$I_z=I_{z\text{I}}+I_{z\text{II}}=(0.52\times10^6+0.84\times10^6)\text{mm}^4=1.36\times10^6\text{mm}^4$$

第六节　对称弯曲正应力

由梁的弯曲内力分析可知，在一般情况下梁的横截面上同时有弯矩和剪力的作用。从图7-21可以看出，弯矩只能由横截面上的法向内力元素 $\sigma\text{d}A$ 所组成；而剪力则只能由横截面上的切向内力元素 $\tau\text{d}A$ 所组成。因此，梁的横截面上将同时存在着正应力和切应力，而且正应力只与弯矩有关，切应力只与剪力有关。

对于细长梁，正应力往往是其强度计算的主要因素，因此本节先研究对称弯曲时梁横截面上的正应力，下节再研究它的切应力。

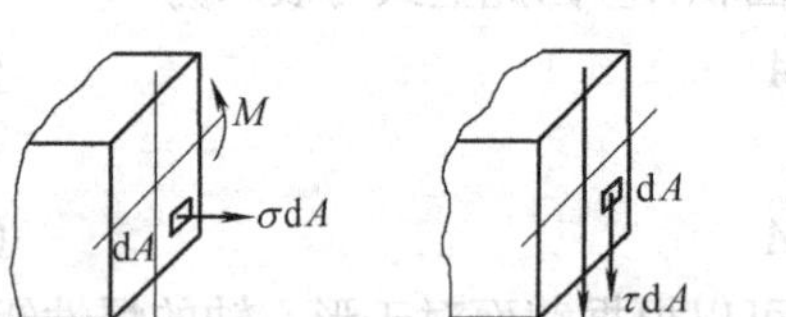

图　7-21

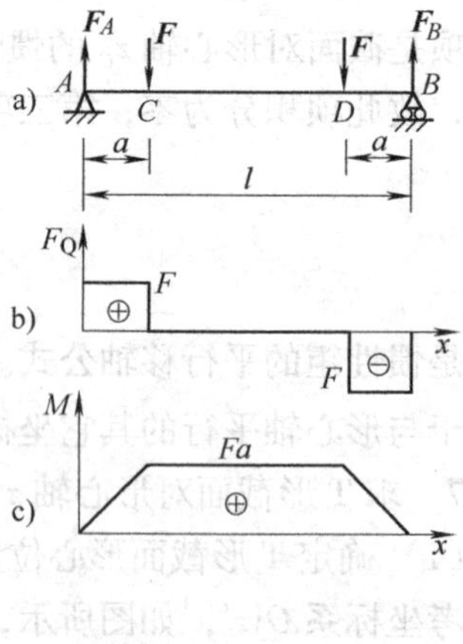

图　7-22

图7-22a所示的简支梁上，有两个集中力 F 作用。从梁的剪力图7-22b和弯矩图7-22c可以看到，在 AC 和 DB 两段中，梁的各横截面上既有弯矩又有剪力，这种情况称为横力弯曲或剪切弯曲。在 CD 段内，梁的各横截面上的剪力为零而弯矩为常量，这种情况称为纯弯曲。

由于梁在纯弯曲时，横截面上只有正应力而没有切应力，所以在我们分析正应力σ与弯矩M之间的关系时，可以取纯弯曲的一段梁来研究。

与轴向拉压和圆轴扭转时应力公式的推导相似，研究纯弯曲时的正应力，也需要考虑变形几何关系、物理关系和静力学关系三个方面。

一、变形几何关系

取一具有纵向对称面的梁，例如矩形截面梁，在其中段的侧面上画两条垂直于梁轴线的相邻横线 mm 和 nn，再画上两条纵向线 aa 和 bb（图 2-23a），然后使梁纯弯曲变形，可以观察到变形后 mm 和 nn 仍为直线，只是相对地转了一个角度；aa 和 bb 都弯成弧线，并仍与横向线保持垂直，内凹一侧的弧线比原长缩短，而外凸一侧的弧线比原长伸长（图 7-23b）。

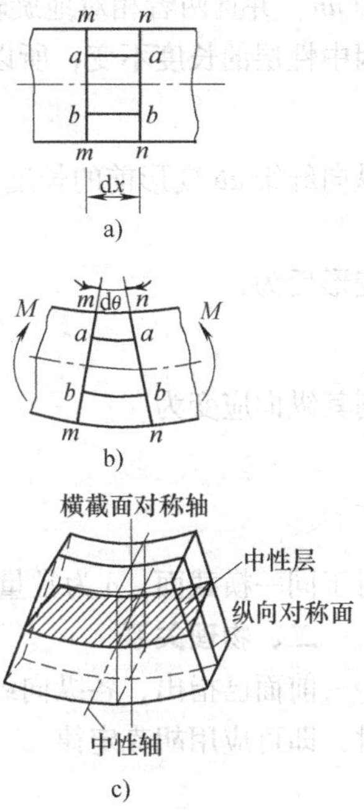

图 7-23

根据上述梁表面的变形现象，可对梁的变形和受力作如下假设：① 变形后原横截面仍保持为平面，并与变形后的梁轴线垂直，只是转动了一个角度，这就是重要的平面假设；② 各纵向纤维之间无挤压作用，处于单向受力状态。

工程实践及进一步的理论分析证实，由平面假设所导出的梁的正应力和变形公式是正确的。对此，我们还可简要地说明如下：图 7-24a 所示梁，在纯弯曲变形后，由于梁的形状及受力的左右对称，显然，其中间的对称面 1-1 在变形后必然保持为平面。假想以 1-1 面将梁截开为二，如图 7-24b 所示，同样由于梁的形状及受力对称，它们各自的对称面 2-2 在变形后也必然保持为平面。继续分割即可证明，纯弯曲梁的各横截面在变形后都保持为一平面。

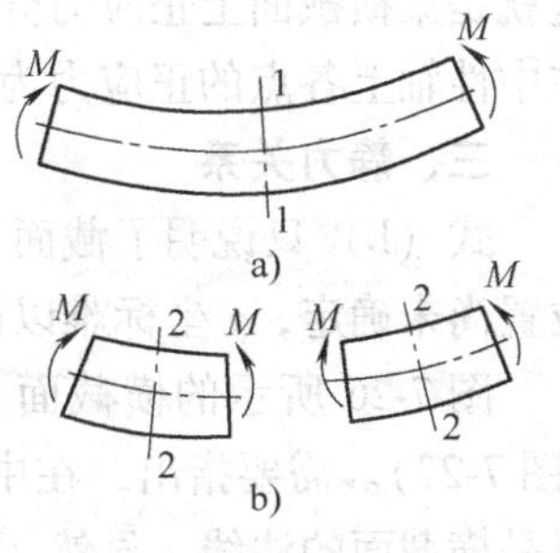

图 7-24

根据平面假设，梁的横截面在变形后仍与纵向线垂直，说明横截面上各点无切应变，即无切应力。这与纯弯曲梁在横截面上没有切应力的结论相符合。

再根据平面假设，设想梁由无数纵向纤维所组成，在弯曲变形后，凹入的一侧纤维缩短，凸出的一侧纤维伸长（图 7-23b）。由于变形的连续性，伸长纤维与缩短纤维之间必然有一层既不伸长也不缩短的纤维层。该纤维层称为**中性层**。中性层与横截面的交线称为该横截面的**中性轴**，如图 7-23c 所示。

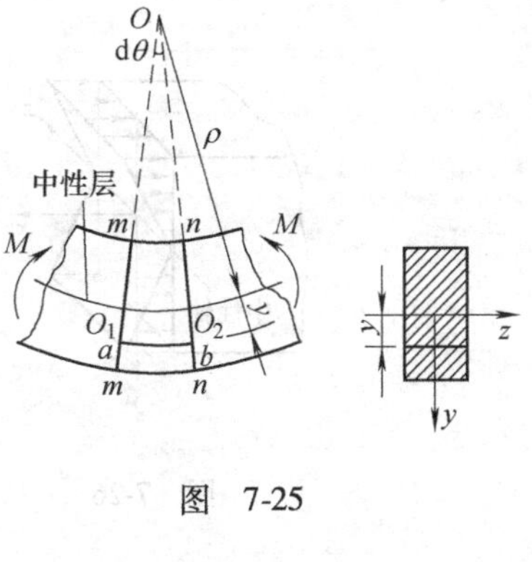

图 7-25

从梁中取出长为 dx 的微段，其变形后的情况如图 7-25所示。O_1O_2 为中性层，位置待定，y 轴为截面对称轴，向下为正，z 轴为中性轴。现研究距中性层 y 处的纵向纤维 ab 的变形情况。

由平面假设知道，在梁变形后，该微段两端的截面保持为平面，即图 7-25 中的直线 mm 和 nn，并且两者相对地旋转了一个角度 $\mathrm{d}\theta$。如以 ρ 表示弯曲后中性层$\widehat{O_1O_2}$的曲率半径，则因中性层的长度不变，所以

$$\widehat{O_1O_2}=\rho\mathrm{d}\theta=\mathrm{d}x$$

纵向纤维 ab 变形前的长度为

$$\overline{ab}=\mathrm{d}x=\rho\mathrm{d}\theta$$

变形后为

$$\widehat{ab}=(\rho+y)\mathrm{d}\theta$$

则其纵向应变为

$$\varepsilon=\frac{\widehat{ab}-\overline{ab}}{\overline{ab}}=\frac{(\rho+y)\mathrm{d}\theta-\rho\mathrm{d}\theta}{\rho\mathrm{d}\theta}=\frac{y}{\rho} \tag{a}$$

对于同一横截面，ρ 为常量，故此式说明，纵向纤维的线应变与它到中性层的距离成正比。

二、物理关系

前面已指出，各纵向纤维处于单向受力状态，因此，当正应力不超过材料的比例极限时，即可应用胡克定律

$$\sigma=E\varepsilon$$

将式（a）代入，得

$$\sigma=E\frac{y}{\rho} \tag{b}$$

这就是梁横截面上正应力分布规律表达式。此式说明，正应力沿截面高度按直线规律变化，在中性轴上各点的正应力为零，如图 7-26 所示。

三、静力关系

式（b）只说明了截面上的正应力分布规律，还不能确定正应力的大小。因为中性轴的位置尚未确定，y 坐标难以计量。同时曲率半径也未求出，这些都要用静力关系来解决。

图 7-26 所示的横截面上的分布正应力，是一个空间平行力系，它由微内力 $\sigma\mathrm{d}A$ 组成（图 7-27）。需要指出，在中性轴位置确定以前，图 7-26、图 7-27 中的 x 轴并非梁的轴线，只是横截面的法线。显然，上述平行力系只能简化成三个内力，即轴力 F_N，对 y 轴和 z 轴的力偶矩 M_y 和 M_z。考虑到 y 为截面对称轴，且该平行力系的分布也对称于 y 轴，所以力偶矩 M_y 必然为零，而

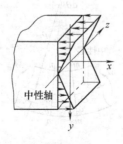

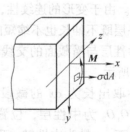

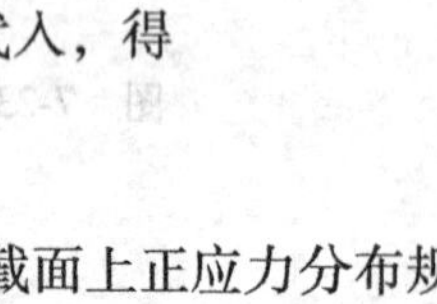

图 7-26

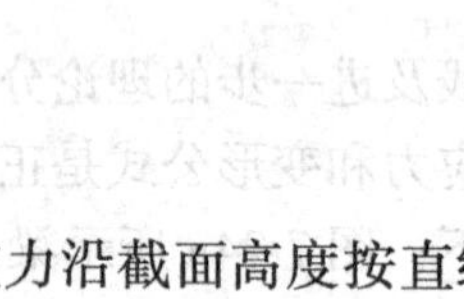

图 7-27

$$F_N = \int_A \sigma \mathrm{d}A$$

$$M_z = \int_A y\sigma \mathrm{d}A$$

由于纯弯曲时，梁横截面上的内力只有一个弯矩 M，因此应该有 $F_N=0$，$M_z=M$，即

$$F_N = \int_A \sigma \mathrm{d}A = 0 \tag{c}$$

$$M_z = \int_A y\sigma \mathrm{d}A = M \tag{d}$$

将式（b）代入式（c），得

$$\int_A \frac{E}{\rho} y\mathrm{d}A = \frac{E}{\rho}\int_A y\mathrm{d}A = 0$$

式中，$\int_A y\mathrm{d}A = S_z$ 是横截面对 z 轴的静矩。由于 $\frac{E}{\rho} \neq 0$，为满足上式，必有 $S_z=0$，即中性轴 z 必然通过横截面的形心。这就确定了中性轴的位置，同时 x 轴也就是梁的轴线。

再将式（b）代入式（d），得

$$\int_A y\frac{Ey}{\rho}\mathrm{d}A = \frac{E}{\rho}\int_A y^2\mathrm{d}A = M$$

式中，$\int_A y^2\mathrm{d}A = I_z$ 是横截面对 z 轴的惯性矩，故上式可化为

$$\frac{1}{\rho} = \frac{M}{EI_z} \tag{7-12}$$

式（7-12）为研究弯曲问题的一个基本公式。它表明中性层的曲率 $\frac{1}{\rho}$ 与弯矩 M 成正比，与 EI_z 成反比。EI_z 愈大，曲率愈小，说明梁愈不易变形，因此 EI_z 称为**梁的抗弯刚度**。

将式（7-12）代入式（b），得

$$\sigma = \frac{My}{I_z} \tag{7-13}$$

此即为纯弯曲梁截面上任一点处正应力的计算公式。此式表明，横截面上的正应力 σ 与该截面上的弯矩 M 成正比，与惯性矩 I_z 成反比，并沿截面高度呈线性分布。在中性轴上的各点正应力为零。在中性轴的上下两侧，一侧受拉，一侧受压。距中性轴愈远，正应力愈大。

当 $y=y_{max}$ 时，弯曲正应力最大，其值为

$$\sigma_{max} = \frac{My_{max}}{I_z}$$

令

$$W_z = \frac{I_z}{y_{max}}$$

则

$$\sigma_{max} = \frac{M}{W_z} \tag{7-14}$$

W_z 称为**抗弯截面系数**，它与截面的形状和尺寸有关，单位为 m^3。对于高为 h、宽为 b 的矩形截面，其抗弯截面系数为

$$W_z=\frac{I_z}{h/2}=\frac{bh^3/12}{h/2}=\frac{bh^2}{6}$$

对于直径为 d 的圆截面则为

$$W_z=\frac{I_z}{d/2}=\frac{\pi d^4/64}{d/2}=\frac{\pi d^3}{32}$$

各种型钢的抗弯截面系数，可在附录 B 的型钢规格表中查到。

需要注意的是，当梁的横截面对中性轴不对称时，例如图 7-28 中的 T 形截面，其最大拉应力和最大压应力并不相等。这时应分别把 y_1 和 y_2 代入式（7-13），计算最大拉应力和最大压应力。

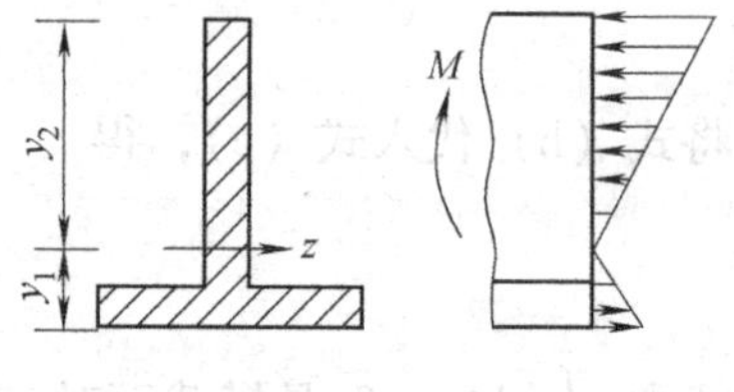

图 7-28

在使用式（7-13）计算梁的弯曲正应力时，应注意公式是在对称弯曲条件下推导出来的，同时要求梁处于纯弯曲状态。由于在横力弯曲的情况下，横截面上还有切应力作用，从而使横截面发生翘曲，平面假设不再成立。但进一步的理论分析证明，对于跨长与截面高度之比 $l/h>5$ 的细长梁，按式（7-13）计算所得的结果误差很小。对于常见的工程梁，l/h 远大于 5，因此式（7-13）完全可以推广应用于横力弯曲的情况。

*第七节　对称弯曲切应力

梁在横力弯曲时，截面上既有弯矩又有剪力，因而横截面上同时有正应力和切应力。通常正应力是强度计算的主要因素，但在某些情况下，例如粗而短的梁，腹板较薄的工字梁等，有时也需要计算弯曲切应力。本节所研究的就是梁截面上的切应力 τ 与剪力 F_Q 的关系。

梁的切应力分布比正应力分布要复杂一些，必须根据截面具体形状作适当假设，然后再进行推导，得出近似公式。因形状复杂的截面往往难于作出适当的假设，所以本节只对几种常见的简单截面进行切应力的分析计算。

一、矩形截面梁

设一宽为 b、高为 h 的矩形截面梁，横截面上的剪力为 F_Q，如图 7-29所示。根据切应力互等定理可知，在横截面的两条侧边上，切应力必沿着侧边。这是因为，如果侧边上某点 C 的切应力 τ 为任意方向时，可将其分解为平行和垂直于侧边的两个分量 τ_y 及 τ_z。根据切应力互等，由于 τ_z 的存在，在梁的侧表面上也必有切应力 τ_z' 存在，且 $\tau_z'=\tau_z$，但在侧表面上并无切应力作用，即 $\tau_z'=0$，故 $\tau_z=0$，所以 C 点的切应力 τ 只能沿侧边方向。

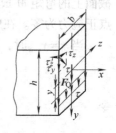

图 7-29

据此，我们对横截面上的切应力可作如下的假设：① 横截面上各点的切应力方向皆平行于截面侧边；② 切应力沿截面宽度均匀分布。即与中性轴等距的各点的切应力数值相等。这对 $h>b$ 的矩形梁是足够准确的。

用截面 $m-m$ 和 $n-n$ 从图 7-30a 所示的简支梁中截取长为 dx 的微段，设截面 $m-m$ 和 $n-n$ 上的弯矩分别为 M 和 $M+\mathrm{d}M$，如所切微段上无横向外力作用，则两截面的剪力均

为 F_Q（图 7-30b）。这样，在同一 y 坐标处，$m-m$ 和 $n-n$ 截面上的弯曲正应力将不相同（图 7-31a）。为了计算横截面上距中性层为 y 处的切应力 τ 的数值，可在该处用一个与中性层平行的纵截面 pp_1，将微段的下面部分 pp_1nm 截出（图 7-31b），并研究其 x 方向的作用力。右侧面 p_1n 上有弯曲正应力，且合成轴向力 F_{N2}。

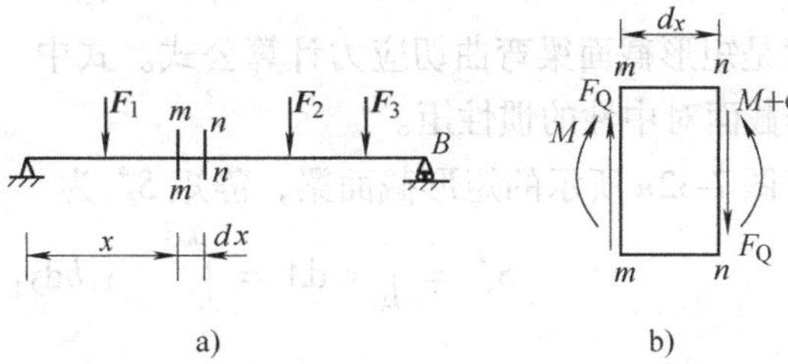

图 7-30

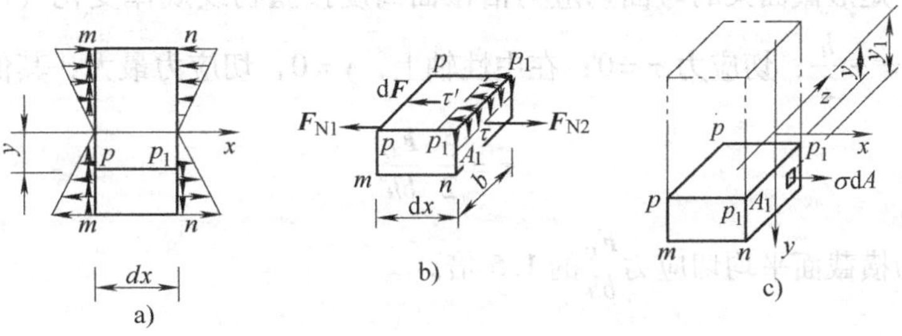

图 7-31

$$F_{N2} = \int_{A_1} \sigma \mathrm{d}A = \int_{A_1} \frac{(M+\mathrm{d}M)y_1}{I_z}\mathrm{d}A = \frac{M+\mathrm{d}M}{I_z}\int_{A_1} y_1 \mathrm{d}A = \frac{M+\mathrm{d}M}{I_z}S_z^* \tag{a}$$

式中，A_1 为右侧面 p_1n 的面积，$S_z^* = \int_{A_1} y_1 \mathrm{d}A$ 是距中性轴为 y 处的横线以外部分横截面面积 A_1 对中性轴的静矩。

同理，在左侧面 pm 上的弯曲正应力所合成的轴向力 F_{N1} 为

$$F_{N1} = \int_{A_1} \frac{My_1}{I_z}\mathrm{d}A = \frac{M}{I_z}S_z^* \tag{b}$$

此外，在顶面 pp_1 上作用着沿宽度均匀分布的切应力 τ'，据切应力互等定理，它应与横截面上的 τ 相等，故顶面上切应力的合力 $\mathrm{d}F$ 为

$$\mathrm{d}F = \tau' b\mathrm{d}x = \tau b\mathrm{d}x \tag{c}$$

这三种 x 方向的作用力，应该满足平衡条件 $\Sigma F_x = 0$，即

$$\mathrm{d}F = F_{N2} - F_{N1}$$

将式（a），（b），（c）代入，得

$$\tau b\mathrm{d}x = \frac{M+\mathrm{d}M}{I_z}S_z^* - \frac{M}{I_z}S_z^* = \frac{\mathrm{d}M}{I_z}S_z^*$$

$$\tau = \frac{S_z^*}{I_z}\,\frac{\mathrm{d}M}{\mathrm{d}x}$$

由式（7-2）$F_Q = \dfrac{\mathrm{d}M}{\mathrm{d}x}$，上式可化为

$$\tau = \frac{F_Q S_z^*}{I_z b} \tag{7-15}$$

这就是矩形截面梁弯曲切应力计算公式。式中，F_Q 为横截面上的剪力，b 为截面宽度，I_z 为整个截面对中性的惯性矩。

对于图 7-32a 所示的矩形截面梁，静矩 S_z^* 为

$$S_z^* = \int_{A_1} y_1 \mathrm{d}A = \int_y^{h/2} y_1 b \mathrm{d}y_1 = \frac{b}{2}\left(\frac{h^2}{4} - y^2\right)$$

而 $I_z = \frac{bh^3}{12}$，代入式（7-15）得

$$\tau = \frac{3F_Q}{2bh}\left[1 - \left(\frac{y}{h/2}\right)^2\right] \tag{7-16}$$

由此可见，矩形截面梁的弯曲切应力沿截面高度按抛物线规律变化（图 7-32b）。在截面的上下缘，$y = \pm\frac{h}{2}$，切应力 $\tau = 0$；在中性轴上，$y = 0$，切应力最大，其值为

$$\tau = \frac{3}{2}\frac{F_Q}{bh} \tag{7-17}$$

即最大切应力为横截面平均切应力 $\frac{F_Q}{bh}$ 的 1.5 倍。

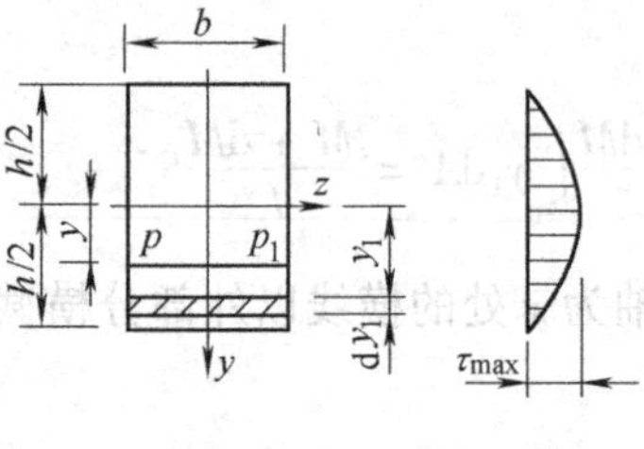

图 7-32

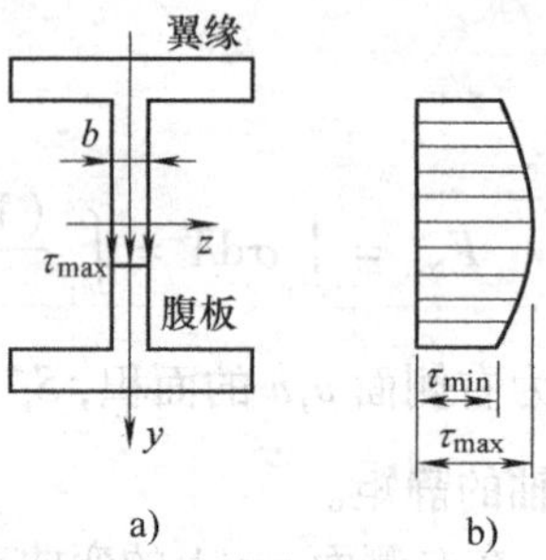

图 7-33

二、工字形截面梁

工字形截面梁由上下翼缘和腹板组成（图 7-33a）。在翼缘上的切应力基本上沿水平方向，且数值不大。在腹板上的切应力，我们可按上述矩形截面相同的假设，应用式（7-15）来计算，这时 I_z 为整个工字形面积对中性轴的惯性矩，b 为腹板宽度，S_z^* 为距中性轴为 y 处的横线以外部分横截面面积对中性轴的静矩。所得出的切应力沿截面高度也是按抛物线规律变化的（图 7-33b）。

计算表明，腹板几乎全部承担了横截面上的剪力 F_Q，且最大切应力与最小切应力相差不大，接近均匀分布。

三、圆形和圆环形截面梁

根据分析结果，圆形和圆环形截面梁的最大弯曲切应力均发生在中性轴上，并且沿中性

轴均匀分布（图 7-34），其值分别为

圆形截面
$$\tau_{\max}=\frac{4}{3}\frac{F_{Q}}{A} \tag{7-18}$$

圆环形截面
$$\tau_{\max}=2\frac{F_{Q}}{A} \tag{7-19}$$

式中，A 为横截面面积。

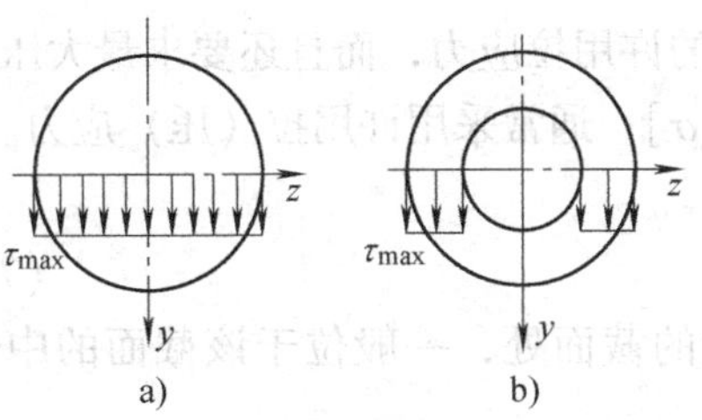

图 7-34

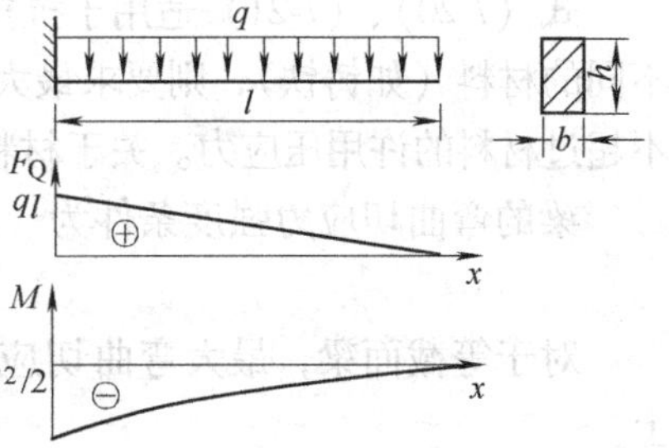

图 7-35

四、弯曲正应力与弯曲切应力比较

以上讨论了梁的弯曲切应力，现将弯曲正应力与弯曲切应力作一比较。

以图 7-35 所示的受均布载荷 q 作用的矩形截面梁为例。由梁的剪力图和弯矩图可知，最大剪力和最大弯矩分别为

$$F_{Q\max}=ql$$

$$|M_{\max}|=\frac{1}{2}ql^2$$

根据式（7-14）得梁的最大弯曲正应力为

$$\sigma_{\max}=\frac{M_{\max}}{W_z}=\frac{\frac{1}{2}ql^2}{\frac{1}{6}bh^2}=\frac{3ql^2}{bh^2}$$

根据式（7-17）得梁的最大弯曲切应力为

$$\tau_{\max}=\frac{3}{2}\frac{F_{Q\max}}{A}=\frac{3ql}{2bh}$$

所以两者之比为

$$\frac{\sigma_{\max}}{\tau_{\max}}=\frac{3ql^2/(bh^2)}{3ql/(2bh)}=2\frac{l}{h}$$

对于细长梁，$l/h>5$，由此可以清楚地看到，弯曲正应力是主要应力。

第八节　弯曲强度条件及其应用

通常梁内同时存在弯曲正应力 σ 和弯曲切应力 τ。最大正应力发生在距中性轴最远的各点，而该处的切应力为零；最大剪应力通常发生在中性轴上，而该处的正应力却为零。因此

进行梁的强度计算时，可以分别考虑正应力和切应力。

梁的弯曲正应力强度条件可由式（7-14）得出

$$\sigma_{max} = \left(\frac{M}{W_z}\right)_{max} \leqslant [\sigma] \tag{7-20}$$

对于等截面梁，抗弯截面系数 W_z 为常数，因此上式可写为

$$\sigma_{max} = \frac{M_{max}}{W_z} \leqslant [\sigma] \tag{7-21}$$

式（7-20）、(7-21）适用于抗拉和抗压强度相同的材料（如碳钢）。对于抗拉和抗压强度不同的材料（如铸铁），则要求最大拉应力不超过材料的许用拉应力，而且还要求最大压应力不超过材料的许用压应力。关于材料的许用弯曲应力［σ］，通常采用许用拉（压）应力。

梁的弯曲切应力强度条件为

$$\tau_{max} \leqslant [\tau] \tag{7-22}$$

对于等截面梁，最大弯曲切应力发生在剪力最大的截面处，一般位于该截面的中性轴上。

对于短跨度的梁、薄壁梁或承受剪力较大的梁，应该进行切应力强度校核。

此外，在某些薄壁梁的某些点，例如工字型截面梁的翼缘与腹板交界处，正应力和切应力都有相当大的数值，这种弯曲正应力和弯曲切应力联合作用下的强度计算，将在第八章中讨论。

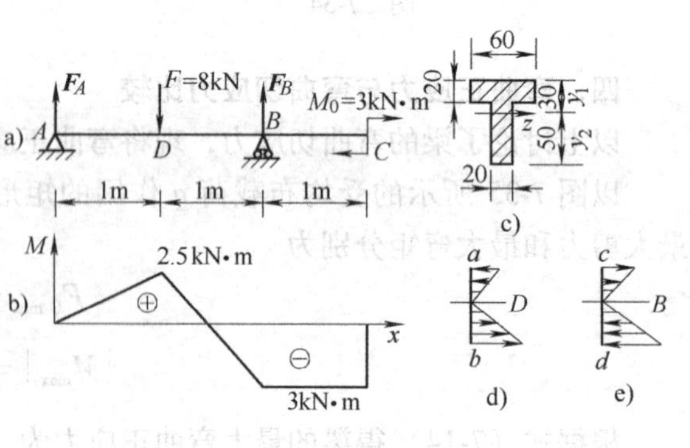

图 7-36

例 7-8 有一 T 形截面铸铁梁受载如图 7-36a 所示，其横截面尺寸见图 7-36c，已知铸铁的抗拉许用应力为 $[\sigma_+] = 80\text{MPa}$，抗压许用应力为 $[\sigma_-] = 160\text{MPa}$，试校核梁的强度。

解：(1) 求支座反力

$$F_A = 2.6\text{kN}，F_B = 5.5\text{kN}$$

(2) 确定截面形心和惯性矩

例 7-7 已确定出截面形心如图 7-36c 所示，而截面对中性轴 z 的惯性矩 $I_z = 1.36 \times 10^6 \text{mm}^4$。

(3) 梁的内力分析和危险截面判断

梁的弯矩图如图 7-36b 所示，在截面 D 和 B 上分别作用有最大正弯矩和最大负弯矩，它们都有可能成为危险截面。

(4) 强度校核

截面 D 和 B 的弯曲正应力分别如图 7-36d、e 所示。

由式（7-13）得截面 D 和截面 B 上的 b、c、d 点处的弯曲正应力分别为

$$\sigma_b = \frac{M_D y_2}{I_z} = \frac{2.5 \times 10^3 \times 10^3 \times 50}{1.36 \times 10^6}\text{MPa} = 91.9\text{MPa}$$

$$\sigma_c = \frac{M_B y_1}{I_z} = \frac{(-3 \times 10^3 \times 10^3) \times (-30)}{1.36 \times 10^6}\text{MPa} = 66.2\text{MPa}$$

$$\sigma_d=\frac{M_B y_2}{I_z}=\frac{(-3\times10^3\times10^3)\times50}{1.36\times10^6}\text{MPa}=-110.3\text{MPa}$$

至于 a 点的弯曲正应力，因该点受压，材料抗压许用应力高，且压应力的数值低于同一截面上 b 点的拉应力，故不再计算。

可见

$$\sigma_{\max}^-=\sigma_d<[\sigma_-]$$

$$\sigma_{\max}^+=\sigma_b>[\sigma_+]$$

说明 D 截面处不能满足强度要求。可采用增大截面尺寸或调整载荷的办法使之符合要求。

例 7-9 图 7-37a 所示简支梁，在 C 点和 D 点处受集中力 F_1 和 F_2 的作用。已知 $F_1=110\text{kN}$，$F_2=50\text{kN}$，$[\sigma]=160\text{MPa}$，$[\tau]=100\text{MPa}$，试选择适当的工字钢型号。

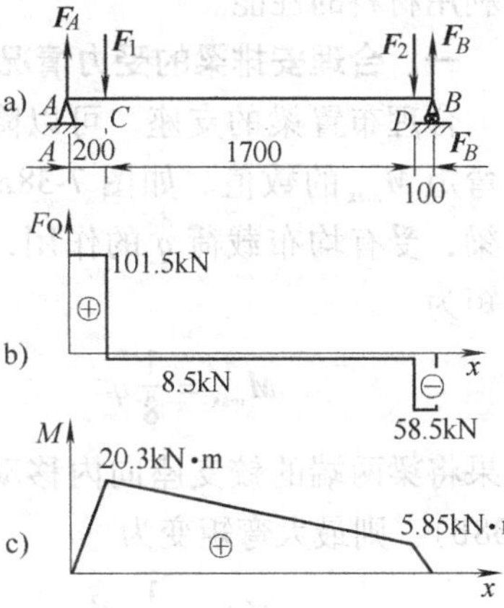

图 7-37

解：(1) 求支座反力

$$F_A=101.5\text{kN}$$

$$F_B=58.5\text{kN}$$

(2) 内力分析

梁的剪力图和弯矩图分别如图 7-37b、c 所示，图中表明

$$F_{Q\max}=101.5\text{kN}$$

$$M_{\max}=20.3\text{kN}\cdot\text{m}$$

(3) 按正应力强度条件选择截面

由弯曲正应力强度条件得梁的抗弯截面系数为

$$W_z\geqslant\frac{M_{\max}}{[\sigma]}=\frac{20.3\times10^3\times10^3}{160}\text{mm}^3=126.9\times10^3\text{mm}^3$$

从型钢表查得 16 工字钢 $W=141\times10^3\text{mm}^3$ 可以满足弯曲正应力的强度条件，故选择 16 工字钢。

(4) 按切应力强度条件校核

由于载荷 F_1 与 F_2 靠近支座，剪力 F_Q 较大，而且是型钢截面，因此还需要校核切应力强度。

从型钢表中查得 16 工字钢 $I_z/S_z=138\text{mm}$，腹板厚度 $d=6\text{mm}$，将有关数据代入最大切应力的计算公式，得

$$\tau_{\max}=\frac{F_{Q\max}S_{z\max}^*}{I_z d}=\frac{F_{Q\max}}{\dfrac{I_z}{S_{z\max}^*}d}=\frac{101.5\times10^3}{138\times6}\text{MPa}=122.6\text{MPa}>100\text{MPa}=[\tau]$$

16 工字梁不满足切应力强度条件，必需重新选择截面。

(5) 重选截面

改选截面较大的 18 工字钢。查表得 18 工字钢 $I_z/S_z=154\text{mm}$，$d=6.5\text{mm}$，则

$$\tau_{\max}=\frac{F_{Q\max}}{I_z/S_{z\max}^*d}=\frac{101.5\times10^3}{154\times6.5}\text{MPa}=101.4\text{MPa}$$

所得的 $\tau_{\max}$ 虽然超过切应力的许用值 $[\tau]=100\text{MPa}$，但因在许用应力 $[\tau]$ 中已考虑安全系

数，所以当最大切应力 τ_{max} 略为超过许用值〔τ〕时，工程中仍是可以允许的。因此最后选用 18 工字钢。

第九节　提高弯曲强度的主要措施

前面已经指出，正应力强度条件式（7-21）是梁的强度计算的主要依据。从这一条件可以看出，要提高梁的承载能力，应从两方面考虑。一方面是合理安排梁的受力情况，以降低最大弯矩 M_{max} 的数值；另一方面是采用合理的截面形状，以提高抗弯截面系数 W_z，并且充分利用材料的性能。

一、合理安排梁的受力情况

合理布置梁的支座，可以降低梁内最大弯矩 M_{max} 的数值。如图 7-38a 所示的简支梁，受有均布载荷 q 的作用，梁的最大弯矩为

$$M_{max} = \frac{1}{8}ql^2$$

如果将梁两端的铰支座向内移动 0.2l（图 7-38b），则最大弯矩变为

$$M_{max} = \frac{1}{40}ql^2$$

即仅为前者的1/5。

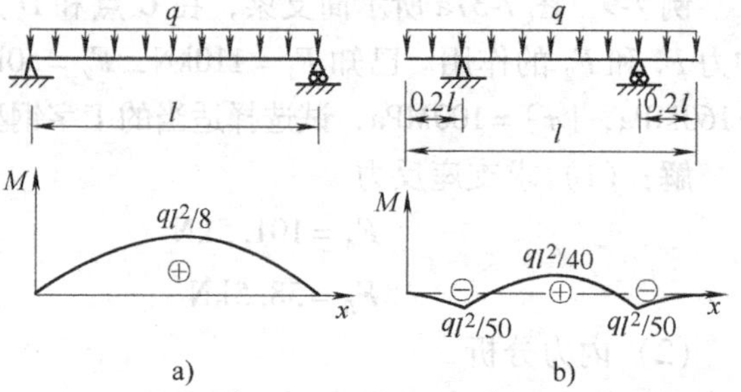

图　7-38

此外，合理布置载荷也可以降低 M_{max} 的数值。如图 7-39a 所示简支梁，在跨度中点受集中载荷 F 的作用时，梁的最大弯矩为

$$M_{max} = \frac{1}{4}Fl$$

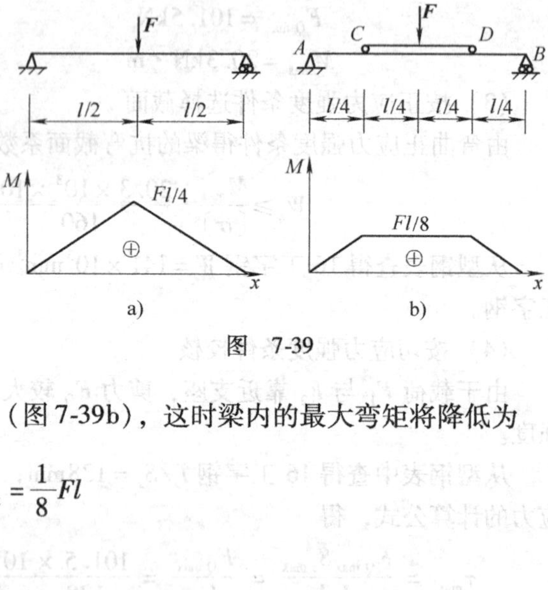

图　7-39

如果在梁的中间安置一根长 $\frac{1}{2}l$ 的辅助梁 CD（图 7-39b），这时梁内的最大弯矩将降低为

$$M_{max} = \frac{1}{8}Fl$$

即为前者的一半。

二、选择合理的截面形状

从弯曲强度考虑，最合理的截面形状是用最经济的截面面积获得最大抗弯截面系数。例如宽为 b，高为 $h(h>b)$ 的矩形截面梁，在抵抗垂直平面内的弯曲变形时，如将截面竖放（图 7-40a），则 $W_z = bh^2/6$，而将截面平放（图 7-40b），则 $W'_z = hb^2/6$，在 $h>b$ 时，显然 $W_z > W'_z$，说明从抗弯强度方面考虑，竖放比横放更合理。总之，如 W_z/A 的值较大，说明截面设计较为合理。

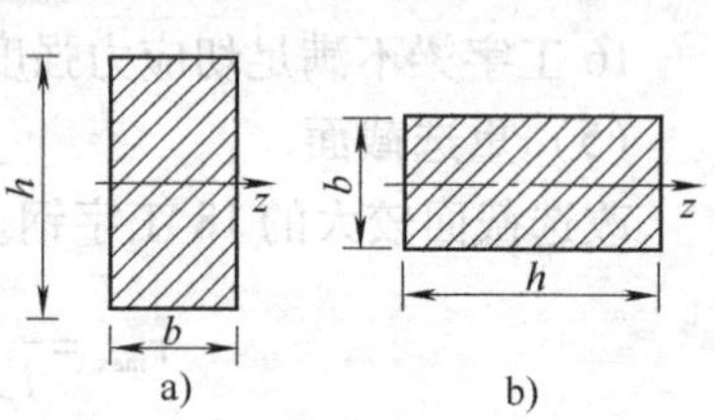

图　7-40

从梁弯曲正应力的分布规律来看，在截面的上下缘正应力最大，而在近中性轴的地方，正应力很小。因此应当尽可能使横截面面积分布在距中性轴较远处，以提高材料的利用率。这就是工字形截面梁比矩形截面梁经济合理的原因。

此外，还应考虑材料的特性。合理的截面应该使截面上的最大拉应力和最大压应力同时接近材料的许用应力。所以对于抗拉强度和抗压强度相等的材料（如碳钢），宜采用对称于中性轴的截面。而对于抗压强度高于抗拉强度的材料（如铸铁），则以采用中性轴偏于受拉一侧的截面为宜。例如图 7-41 所示的 T 形截面梁，当截面中性轴位置符合

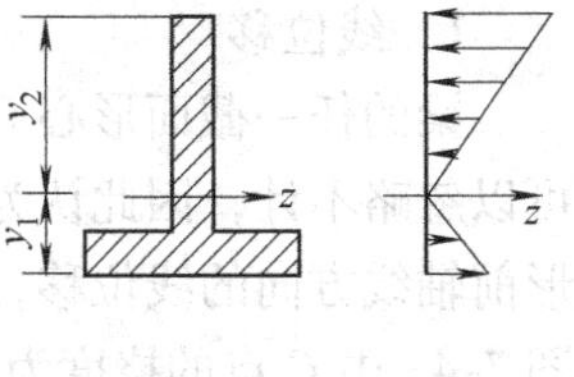

图 7-41

$$\frac{y_1}{y_2}=\frac{[\sigma_+]}{[\sigma_-]}$$

的条件时，则最大拉应力和最大压应力可同时接近许用应力。式中 $[\sigma_+]$ 和 $[\sigma_-]$ 分别表示材料拉伸和压缩的许用应力。

第十节　弯曲变形

为了保证梁的正常工作，不但要求满足强度条件，而且还要满足刚度条件。例如，齿轮轴（图 7-42）弯曲变形过大，不仅会影响齿轮的正常啮合，这会使轴颈和轴承产生不均匀的磨损；机床主轴的刚度不够，会影响加工工件的精度；桥式起重机大梁在起吊重物时，如产生的弯曲变形过大，就会引起梁的很大振动等。

此外，研究弯曲变形也为解决弯曲静不定问题提供必要的基础。

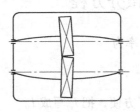

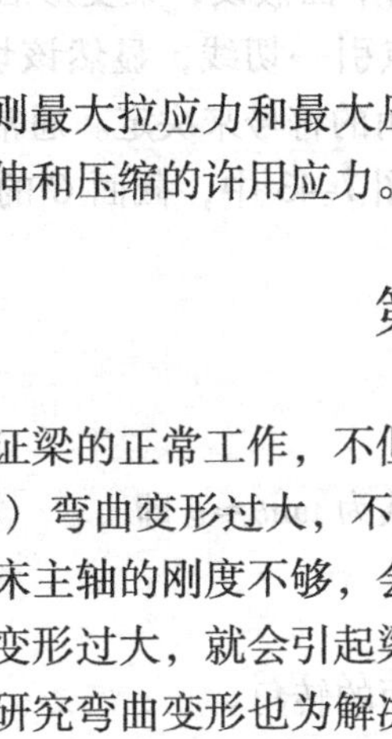
图 7-42

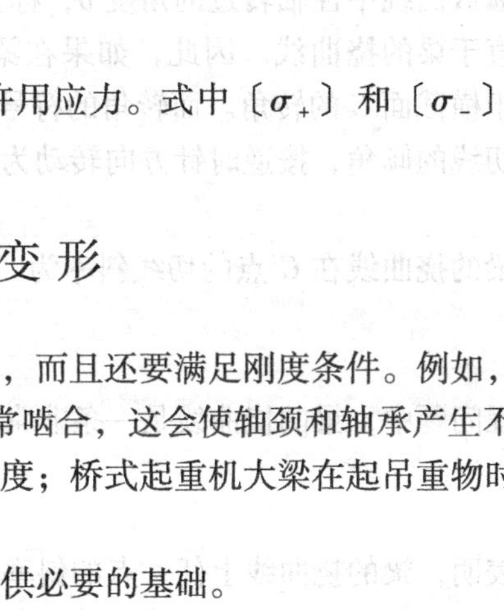

图 7-43

一、挠曲线

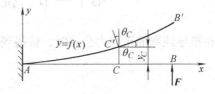

悬臂梁 AB 在外力作用下发生平面弯曲（图 7-43），其轴线由直线变成纵向对称面内的一条光滑连续的平面曲线，该曲线称为梁的挠曲线。取 x 轴与梁变形前的轴线重合，y 轴垂直向上，xy 平面是梁的纵向对称面，于是梁的挠曲线可表示为

$$y=f(x) \tag{a}$$

此式又称为**梁的挠曲线方程**。

二、挠度与转角

梁在弯曲变形时，各横截面将同时产生两种位移：一种是随截面形心（可用梁轴线上

的某一点 C 表示）的移动——**线位移**；另一种是截面绕中性轴的转动——**角位移**。因此，研究梁的变形就应同时确定以上两种位移，这与研究杆的拉压变形、圆轴的扭转变形时，只需计算一种位移有所不同。

1. 线位移

梁的任一截面形心 C 在变形后移到 C'（图 7-43）。由于变形很小，其水平方向的位移可以忽略不计，因此认为 CC' 垂直于变形前梁的轴线。梁的任一横截面的形心在垂直于梁变形前轴线方向的线位移，称为**梁的挠度**，即图 7-43 中的 y_c。挠度的符号由选择的坐标而定，图 7-43 中 C 点的挠度为正值。

2. 角位移

横截面绕中性轴转过的角度 θ，称为截面的转角。根据平面假设，梁变形后，各横截面仍垂直于梁的挠曲线。因此，如果在梁的挠曲线上的 C' 点引一切线，显然该切线的倾角，就等于横截面 C 的转角。而转角的符号，可以根据切线倾角的符号来决定。通常，从 x 轴量起至切线的倾角，按逆时针方向转动为正；反之为负。如图 7-43 中，截面 C 的转角即为正值。

梁的挠曲线在 C' 点的切线斜率为

$$\tan\theta = \frac{dy}{dx} \tag{b}$$

在工程问题中，梁的挠曲线是一条非常平坦的曲线，故可认为 $\tan\theta \approx \theta$ 即

$$\theta = \frac{dy}{dx} \tag{7-23}$$

上式表明，梁的挠曲线上任一点的斜率等于该点处的横截面的转角。

综上所述，只要知道梁的挠曲线方程，即可求得梁轴上任一点的挠度和横截面的转角。

第十一节　挠曲线的近似微分方程

在推导纯弯曲正应力公式时，曾得到梁的挠曲线的曲率为

$$\frac{1}{\rho} = \frac{M}{EI_z} \tag{a}$$

式中，EI_z 为梁的抗弯刚度，ρ 为挠曲线的曲率半径。为了方便，把 I_z 写成 I。

在横力弯曲的情况下，弯矩和剪力都将引起弯曲变形，而式（a）只代表由弯矩引起的那一部分，但由于剪力对细长梁的弯曲变形影响很小，所以式（a）仍然成立，不过，这时曲率 $1/\rho$ 和弯矩 M 皆为 x 的函数，故式（a）可写为

$$\frac{1}{\rho(x)} = \frac{M(x)}{EI} \tag{b}$$

另外，由微积分可知，平面曲线的曲率为

$$\frac{1}{\rho} = \pm\frac{\dfrac{d^2y}{dx^2}}{\left[1+\left(\dfrac{dy}{dx}\right)^2\right]^{3/2}} \tag{c}$$

由式（b）、式（c）得

$$\pm \frac{\frac{d^2y}{dx^2}}{\left[1+\left(\frac{dy}{dx}\right)^2\right]^{3/2}}=\frac{M(x)}{EI} \tag{d}$$

这就是梁的挠曲线微分方程式。因为挠曲线极为平坦，$\frac{dy}{dx}$的数值很微小，即$\left(\frac{dy}{dx}\right)^2$的值远小于1，于是式（d）可简化为

$$\pm \frac{d^2y}{dx^2}=\frac{M(x)}{EI} \tag{e}$$

式中的正负号要按弯矩的符号和 y 轴的方向而定。在第六节中规定，当挠曲线向下凸出时，弯矩为正；反之为负。另外，在我们选定的坐标系中，向下凸出的曲线，其二阶导数$\frac{d^2y}{dx^2}$也为正，而向上凸出的曲线之二阶导数则为负（图7-44）。因此式（e）两边的符号是一致的，即该式左边应该取正号，所以有

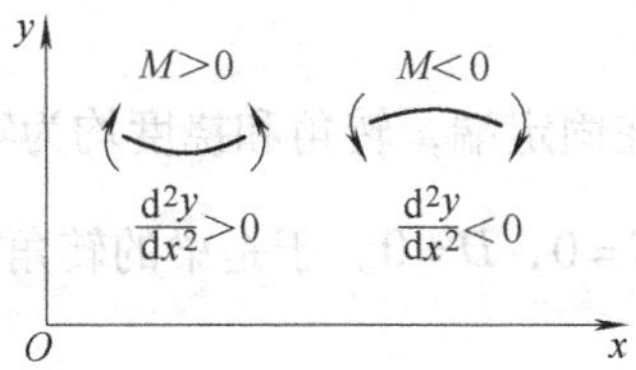

图 7-44

$$\frac{d^2y}{dx^2}=\frac{M(x)}{EI} \tag{7-24}$$

这就是挠曲线近似微分方程式，它是研究弯曲变形的基本方程式。

第十二节　用积分法计算梁的变形

对于等截面梁，EI 为一常数。现将式（7-24）改写成

$$EI\frac{d^2y}{dx^2}=M(x)$$

对此式两边乘以 dx 并积分一次，得转角方程为

$$EI\theta = EI\frac{dy}{dx}=\int M dx + C \tag{7-25}$$

再积分一次，得挠曲线方程为

$$EIy = \iint M dx dx + Cx + D \tag{7-26}$$

式中，两个积分常数 C 和 D 可由边界条件确定。例如梁在固定端的边界条件为：挠度 $y=0$，转角 $\theta=0$；在铰支座处的边界条件为：挠度 $y=0$ 等。

此外，当梁的弯矩方程必须分段建立时，挠曲线微分方程也应分段建立。此时，各积分常数应根据位移边界条件和分段处挠曲线的连续、光滑条件确定。

例 7-10　车床上用卡盘夹紧长度为 $l=90$mm，直径 $d=15$mm 的圆形工件进行切削，如图 7-45a 所示。设车刀作用于工件上的径向力 $F=400$N，工件的材料为 Q235 钢，弹性模量 $E=200$GPa，试求车刀在工件端点切削

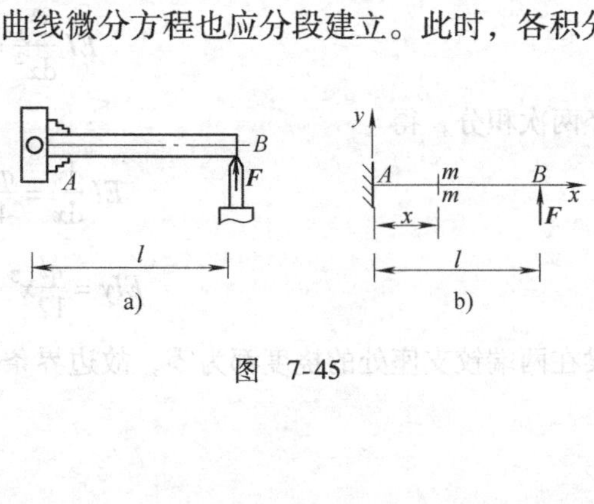

图 7-45

时，工件端点的挠度。

解：工件可简化为悬臂梁，选取坐标如图 7-45b 所示。任意截面上的弯矩为 $M(x)=F(l-x)$，代入式（7-24）得

$$EI\frac{d^2y}{dx^2}=F(l-x)$$

积分得

$$EI\frac{dy}{dx}=Flx-\frac{F}{2}x^2+C \tag{a}$$

$$EIy=\frac{Fl}{2}x^2-\frac{F}{6}x^3+Cx+D \tag{b}$$

在固定端，转角和挠度均为零，即 $x=0$ 时，$\frac{dy}{dx}=0$，$y=0$，代入式（a）、式（b），分别得 $C=0$，$D=0$。于是梁的转角方程和挠曲线方程分别为

$$EI\theta=EI\frac{dy}{dx}=Flx-\frac{F}{2}x^2$$

$$EIy=\frac{Fl}{2}x^2-\frac{F}{6}x^3$$

梁的自由端 B，有最大挠度和最大转角，它们分别是

$$y_{max}=y_B=\frac{Fl^3}{3EI}$$

$$\theta_{max}=\theta_B=\frac{Fl^2}{2EI}$$

式中，y_B 为正，表示 B 点的挠度向上。θ_B 也为正，表示 B 点的截面转角是逆时针的。

将本题数据代入 y_B 的表达式，得工件端点的挠度

$$y_B=\frac{400\times90^3}{3\times200\times10^3\times\frac{\pi\times15^4}{64}}\text{mm}=0.196\text{mm}$$

例 7-11 设有一跨度为 l 的简支梁，受均布载荷 q 的作用（图 7-46），抗弯刚度为 EI。求梁的最大转角和挠度。

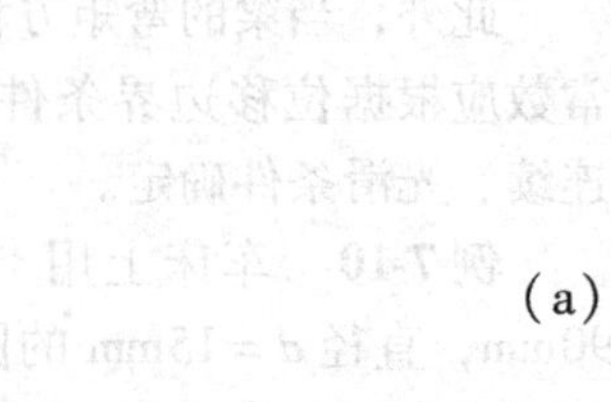

图 7-46

解：选取坐标如图所示，梁任一横截面上的弯矩为

$$M(x)=\frac{ql}{2}x-\frac{q}{2}x^2$$

代入挠曲线微分方程式（7-24），得

$$EI\frac{d^2y}{dx^2}=\frac{ql}{2}x-\frac{q}{2}x^2$$

经两次积分，得

$$EI\frac{dy}{dx}=\frac{ql}{4}x^2-\frac{q}{6}x^3+C \tag{a}$$

$$EIy=\frac{ql}{12}x^3-\frac{q}{24}x^4+Cx+D \tag{b}$$

梁在两端铰支座处的挠度都为零，故边界条件为

$$x=0 \text{ 时} \quad y=0$$
$$x=l \text{ 时} \quad y=0$$

将上述边界条件代入式（b），得出

$$C=-\frac{ql^3}{24},\ D=0$$

于是得到梁的转角方程和挠曲线方程为

$$EI\frac{\mathrm{d}y}{\mathrm{d}x}=EI\theta=\frac{ql}{4}x^2-\frac{q}{6}x^3-\frac{ql^3}{24} \tag{c}$$

$$EIy=\frac{ql}{12}x^3-\frac{q}{24}x^4-\frac{ql^3}{24}x \tag{d}$$

由于梁的外力及其边界条件均对称于梁跨度的中点，所以挠曲线也是对称的。最大挠度在梁跨的中点。以 $x=\frac{l}{2}$ 代入式（d），得

$$y_{\max}=-\frac{5ql^4}{384EI}$$

两支座处的转角相等，均为最大值，为

$$\theta_B=-\theta_A=\frac{ql^3}{24EI}$$

第十三节　用叠加法计算梁的变形

直接积分法是求梁变形的基本方法，其优点是可以求出任一截面的挠度和转角。但在载荷复杂的情况下，运算十分繁琐。叠加法就是利用直接积分法的结果，为工程中常用的较方便的计算方法。表 7-1 列举了几种简单载荷作用下梁的变形。

表 7-1　简单载荷作用下梁的变形

序　号	梁的简图	挠曲线方程	梁端转角	最大挠度
1	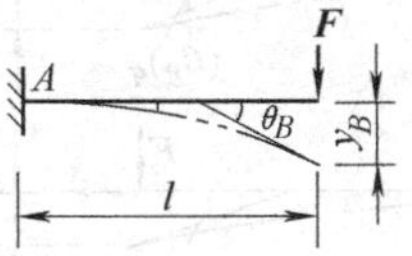	$y=-\frac{Fx^2}{6EI}(3l-x)$	$\theta_B=-\frac{Fl^2}{2EI}$	$y_B=-\frac{Fl^3}{3EI}$
2	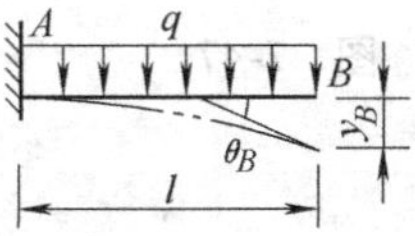	$y=-\frac{qx^2}{24EI}(x^2-4lx+6l^2)$	$\theta_B=-\frac{ql^3}{6EI}$	$y_B=-\frac{ql^4}{8EI}$
3	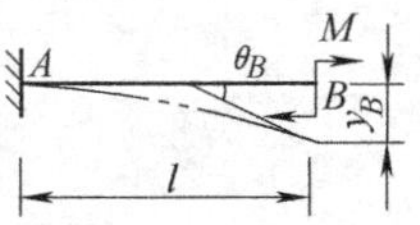	$y=-\frac{Mx^2}{2EI}$	$\theta_B=-\frac{Ml}{EI}$	$y_B=-\frac{Ml^2}{2EI}$

（续）

序号	梁的简图	挠曲线方程	梁端转角	最大挠度
4	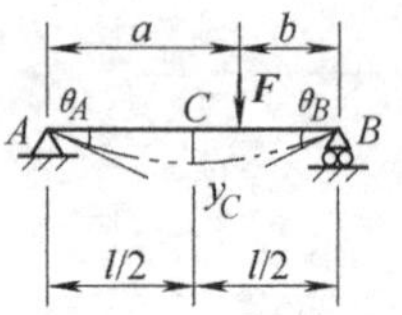	$y=-\frac{Fbx}{6EIl}(l^2-x^2-b^2)$ $0\leqslant x\leqslant a$ $y=-\frac{Fb}{6EIl}\left[\frac{1}{b}(x-a)^3+(l^2-b^2)x-x^3\right]$ $a\leqslant x\leqslant l$	$\theta_A=-\frac{Fab(l+b)}{6EIl}$ $\theta_B=\frac{Fab(l+a)}{6EIl}$	当 $a>b$ 时 在 $x=\sqrt{\frac{l^2-b^2}{3}}$ 处 $y_{\max}=\frac{Fb(l^2-b^2)^{3/2}}{9\sqrt{3}EIl}$ 在 $x=\frac{l}{2}$ 处 $y_C=-\frac{Fb(3l^2-4b^2)}{48EI}$
5	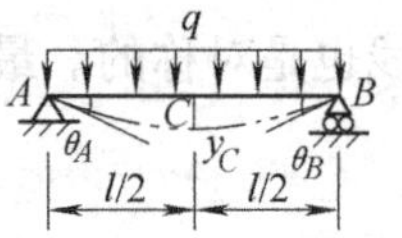	$y=-\frac{qx}{24EI}(l^3-2lx^2+x^3)$	$\theta_A=-\theta_B=-\frac{ql^3}{24EI}$	$y_C=-\frac{5ql^4}{384EI}$
6	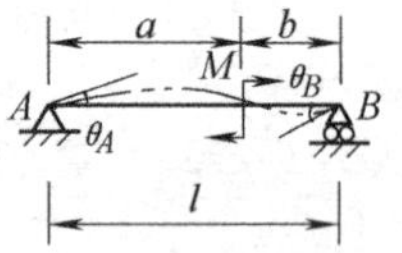	$y=\frac{Mx}{6EIl}(l^2-3b^2-x^2)$ $0\leqslant x\leqslant a$ $y=-\frac{M(l-x)}{6EIl}[l^2-3a^2-(l-x)^2]$ $a\leqslant x\leqslant l$	$\theta_A=\frac{M}{6EIl}(l^2-3b^2)$ $\theta_B=\frac{M}{6EIl}(l^2-3a^2)$	在 $x=\sqrt{\frac{l^2-3b^2}{3}}$ 处 $y_{1\max}=\frac{M(l^2-3b^2)^{3/2}}{9\sqrt{3}lEI}$ 在 $x=\sqrt{\frac{l^2-3a^2}{3}}$ 处 $y_{2\max}=-\frac{M(l^2-3a^2)^{3/2}}{9\sqrt{3}lEI}$

从上节例题及表 7-1 中可以看出，由于梁的变形微小和材料服从胡克定律，转角和挠度都与载荷成线性关系。这样，梁上某一载荷所引起的变形，不受同时作用的其它载荷的影响，即每一个载荷对弯曲变形的影响是各自独立的。因此，当梁上同时作用几个载荷时，可分别算出每一个载荷单独作用时所引起的变形，然后相加，从而算出梁的变形，这就是**叠加原理**。

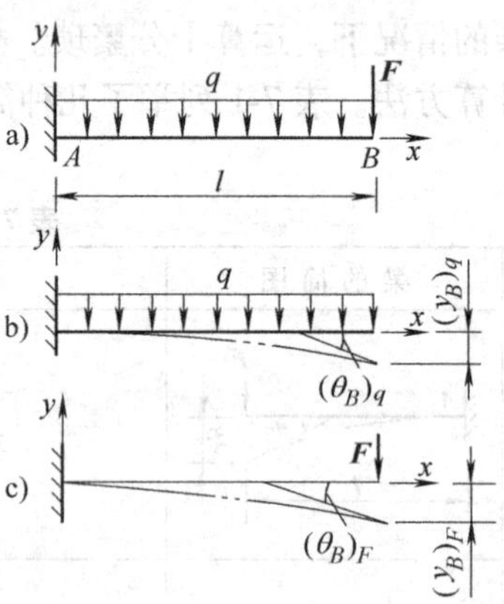

图 7-47

以图 7-47a 所示的悬臂梁为例，B 点的挠度和转角，应等于 F 和 q 单独作用时所得 B 点挠度和转角的代数和，即

$$y_B=(y_B)_F+(y_B)_q$$
$$\theta_B=(\theta_B)_F+(\theta_B)_q$$

由表 7-1 查得

$$(y_B)_F=-\frac{Fl^3}{3EI}\qquad (y_B)_q=-\frac{ql^4}{8EI}$$
$$(\theta_B)_F=-\frac{Fl^2}{2EI}\qquad (\theta_B)_q=-\frac{ql^3}{6EI}$$

于是算出

$$y_B = -\frac{Fl^3}{3EI} - \frac{ql^4}{8EI}$$

$$\theta_B = -\frac{Fl^2}{2EI} - \frac{ql^3}{6EI}$$

例 7-12 悬臂梁的左半段受均布载荷 q 的作用（图 7-48a），抗弯刚度 EI 为常数。求 B 端的挠度与转角。

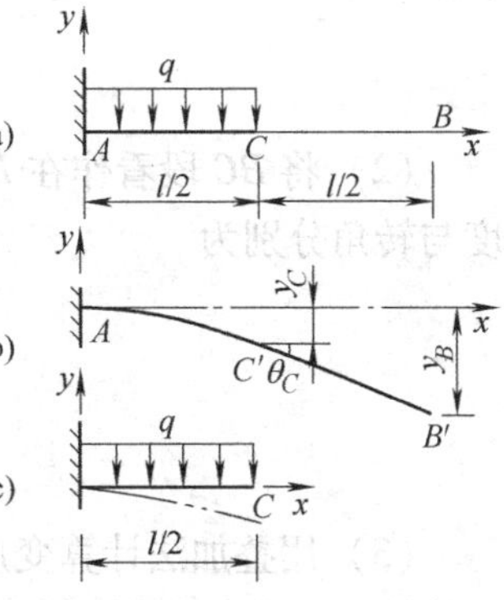

图 7-48

解： 因为 CB 段梁上没有载荷，各截面的弯矩均为零，说明在弯曲过程中不产生变形，即 $C'B'$ 仍为直线。由图 7-48b 可知：

$$y_B = y_C + \theta_C \frac{l}{2}$$

$$\theta_B = \theta_C$$

这里，y_C、θ_C 分别是梁的变形段 AC 上的 C 点的挠度和转角，可由表 7-1 查出：

$$y_C = -\frac{q\left(\frac{l}{2}\right)^4}{8EI} = -\frac{ql^4}{128EI}$$

$$\theta_C = -\frac{q\left(\frac{l}{2}\right)^3}{6EI} = -\frac{ql^3}{48EI}$$

代入上式即得

$$y_B = -\frac{ql^3}{128EI} - \frac{ql^3}{48EI}\frac{l}{2} = -\frac{7ql^4}{384EI}$$

$$\theta_B = -\frac{ql^3}{48EI}$$

例 7-13 图 7-49a 所示外伸梁 AC，在 C 端受集中力 F 作用，抗弯刚度 EI 为常数。求 C 端的挠度与转角。

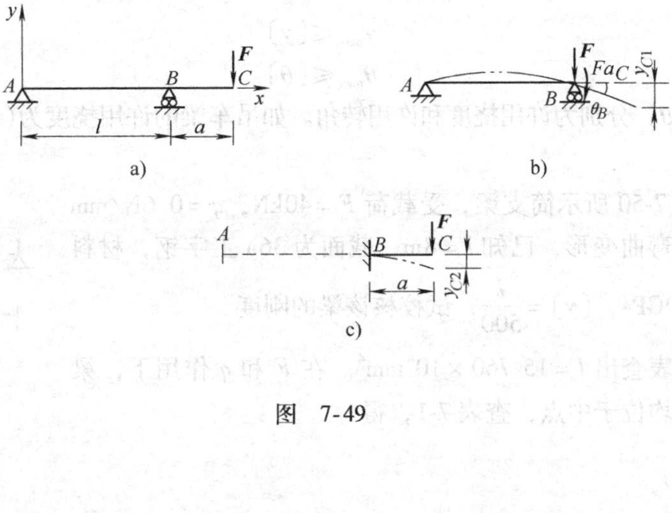

图 7-49

解：该梁的 AB、BC 两段都是变形体，在使用叠加原理计算变形时，可以将它们依次刚体化，分段加以考虑。

（1）考虑 AB 段的变形时，将 BC 段视为刚体（图 7-49b）。这相当于将外力 F 向截面 B 简化，得集中力 F 和集中力偶 Fa。前者不引起 AB 段的变形，而后者引起截面 B 的转角为（表 7-1）

$$\theta_B = -\frac{Fal}{3EI}$$

（2）将 BC 段看作在 B 截面处固定的悬臂梁（图 7-49c），这时查表 7-1 得出 C 点的挠度与转角分别为

$$y_{C_2} = -\frac{Fa^3}{3EI}$$

$$\theta_{C_2} = -\frac{Fa^3}{2EI}$$

（3）用叠加法计算变形。由于 AB 段的变形，使截面 B 产生转角 θ_B，从而使上述悬臂梁整体转动了这一角度，由此引起 C 点的挠度和转角分别为

$$y_{C_1} = \theta_B a = -\frac{Fa^2 l}{3EI}$$

$$\theta_{C_1} = \theta_B = -\frac{Fal}{3EI}$$

将其叠加即得 C 端的总挠度和转角为

$$y_C = y_{C_1} + y_{C_2} = -\frac{Fa^2 l}{3EI} - \frac{Fa^3}{3EI} = -\frac{Fa^2}{3EI}(l+a)$$

$$\theta_C = \theta_{C_1} + \theta_{C_2} = -\frac{Fal}{3EI} - \frac{Fa^2}{2EI} = -\frac{Fa}{6EI}(2l+3a)$$

第十四节　对称弯曲刚度条件和提高弯曲刚度的措施

对于工程中承受弯曲变形的构件，除了强度要求外，常常还有刚度要求。因此，在按强度条件选择了截面尺寸以后，还需进行刚度校核，亦即使梁的最大挠度和最大转角不超过某一规定的限度。

$$y_{max} \leqslant [y] \tag{7-27}$$

$$\theta_{max} \leqslant [\theta] \tag{7-28}$$

式中，$[y]$ 和 $[\theta]$ 分别为许用挠度和许用转角。如吊车梁的许用挠度为（1/400～1/700）l，l 为梁的跨度。

例 7-14　图 7-50 所示简支梁，受载荷 $F=40\text{kN}$，$q=0.6\text{N/mm}$ 共同作用下发生弯曲变形，已知 $l=8\text{m}$，截面为 36a 工字钢，材料弹性模量 $E=200\text{GPa}$，$[y]=\dfrac{l}{500}$，试校核该梁的刚度。

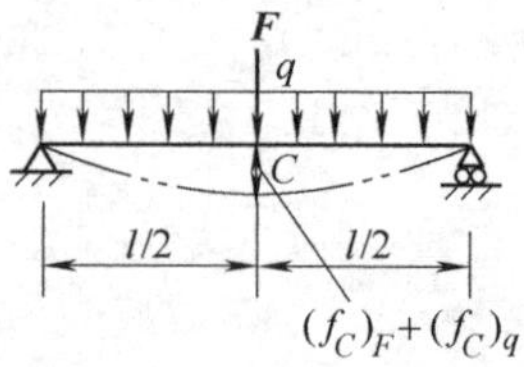

图　7-50

解：由型钢表查出 $I=15\ 760\times10^4\text{mm}^4$。在 F 和 q 作用下，梁产生的最大挠度均位于中点，查表 7-1，得

$$(y_C)_F = -\frac{Fl^3}{48EI} = -\frac{40\times10^3\times(8\times10^3)^3}{48\times200\times10^3\times15\,760\times10^4}\text{mm} = -13.54\text{mm}$$

$$(y_C)_q = -\frac{5ql^4}{384EI} = -\frac{5\times0.6\times(8\times10^3)^4}{384\times200\times10^3\times15\,760\times10^4}\text{mm} = -1.02\text{mm}$$

$$y_{\max} = (y_C)_F + (y_C)_q = -13.54\text{mm} - 1.02\text{mm} = -14.56\text{mm}$$

$$[y] = \frac{l}{500} = \frac{8\times10^3}{500}\text{mm} = 16\text{mm}$$

因为

$$|y_{\max}| < [y]$$

故刚度符合要求。

在讨论了梁的刚度计算以后，下面进一步研究提高梁的刚度所应采取的措施。

由于梁的弯曲变形与弯矩 $M(x)$ 及抗弯刚度有关，而影响弯矩的因素又包括载荷、支承情况及梁的长度。因此，为提高梁的刚度，可以采取类似第九节所述的一些措施：一是选用合理的截面形状或尺寸，从而增大惯性矩 I；二是合理安排载荷的作用位置，以尽量降低弯矩的作用；三是在条件许可时，减小梁的跨度或增加支座。其中第三条措施效果最为显著。

最后应当注意，梁的变形虽然与材料的弹性模量 E 有关，但就钢材而言，高强度钢与普通钢材的弹性模量 E 非常相近，因而采用高强度钢并不能有效提高构件的抗弯刚度。

*第十五节 静不定梁

前面我们讨论了静定梁，在工程中，有时为了提高梁的强度和刚度，或者因构造上的需要，必需增加或加固约束。图 7-51 所示的梁，它有 4 个约束反力，而平衡方程只有 3 个，因此属一次静不定梁。

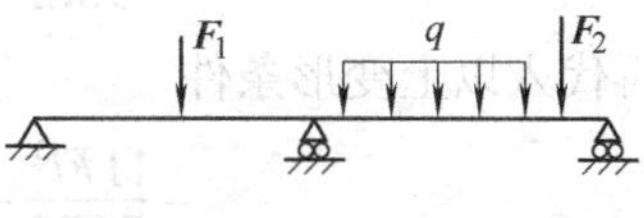

图 7-51

与解拉压静不定问题一样，在解静不定梁时，除列出平衡方程外，还需根据梁的变形条件，列出补充方程，以求出梁的反力。

现以图 7-52a 所示的静不定梁 AB 为例，说明分析静不定梁的基本方法。显然此梁有一个多余反力。如以 F_B 为多余反力，亦即认为此静不定梁，是由图 7-52b 的静定梁增加了一个多余支座（约束）而成的。这种去掉多余约束后得到的静定梁（图 7-52b），称为原静不定梁的**静定基**。在静定基上加上原有集中力 F 和多余反力 F_B，得到如图 7-52c 所示的静定梁，应用叠加原理，即可求得此梁端的总挠度

$$y_B = (y_B)_1 + (y_B)_2$$

式中，$(y_B)_1$、$(y_B)_2$ 分别为集中力 F 和反力 F_B 单独作用下，B 端产生的挠度。

实际上梁在 B 端有支座，因此静定基在 B 端的总挠度应等于零，即

$$y_B = (y_B)_1 + (y_B)_2 = 0 \qquad \text{(a)}$$

这就是用来决定多余反力 F_B 的变形条件（即补充方程）。

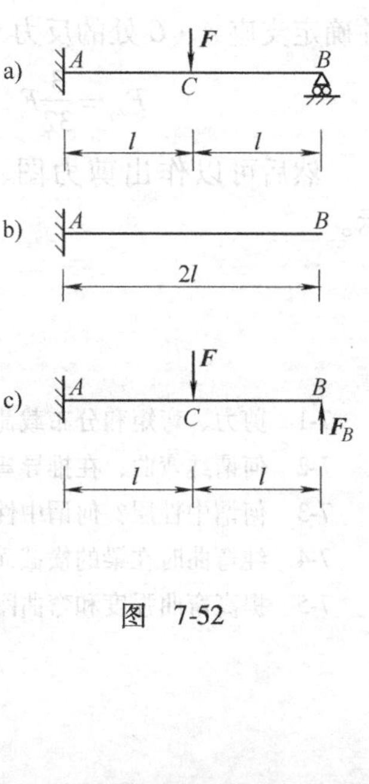

图 7-52

对于图7-53a中的静不定梁，也可选择另外一个反力，例如 M_A 作为多余反力偶，这时静定基就如图7-53b所示。与以上分析类似，可得变形条件为

$$\theta_A = (\theta_A)_1 + (\theta_A)_2 = 0 \qquad \text{(b)}$$

式中，$(\theta_A)_1$、$(\theta_A)_2$ 分别为集中力 F 和集中力偶 M_A 单独作用下，A 端产生的转角。虽然选用的静定基不同，但所得结果却完全相同，请读者自行验证。

由此可知，在解静不定梁时，可以选取不同的静定基和相应的静定梁。

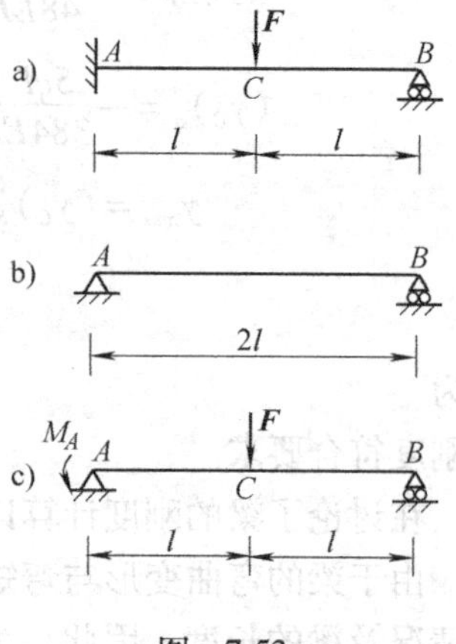

图 7-53

例7-15 图7-54a所示双跨简支梁受集中力 F 作用，求支座反力，并作出剪力图和弯矩图。

解： 这是一次静不定梁。如果将支座 B 作为多余约束，则静定基和相应的静定梁分别如图7-54b、c所示。应用叠加法求得B截面的总挠度为

$$y_B = (y_B)_1 + (y_B)_2$$

因截面 B 处有支座，故其挠度应为零，即

$$y_B = (y_B)_1 + (y_B)_2 = 0$$

$(y_B)_1$、$(y_B)_2$ 分别为集中力 F 和反力 F_B 单独作用时，B 端所产生的挠度，查表7-1，得

$$(y_B)_1 = -\frac{11Fl^3}{96EI} \qquad (y_B)_2 = \frac{F_B l^3}{6EI}$$

再代入以上变形条件

$$-\frac{11Fl^3}{96EI} + \frac{F_B l^3}{6EI} = 0$$

由此算出

$$F_B = \frac{11}{16}F$$

并确定支座 A、C 处的反力

$$F_{Ay} = \frac{3}{32}F \qquad F_C = \frac{13}{32}F$$

然后可以作出剪力图、弯矩图，如图7-54d、e所示。

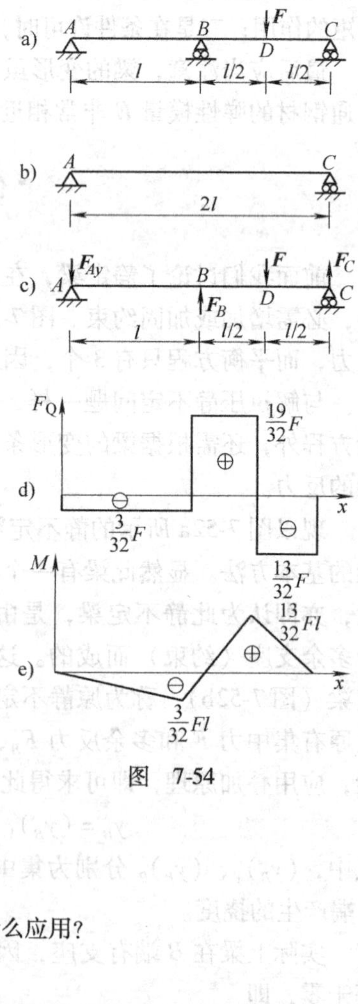

图 7-54

思 考 题

7-1 剪力、弯矩和分布载荷集度之间有什么关系？这些关系有什么应用？

7-2 何谓纯弯曲，在推导弯曲正应力公式时作了哪些假设？

7-3 何谓中性层？何谓中性轴？如何确定中性轴的位置？

7-4 纯弯曲时在梁的横截面上有何种应力？它们在横截面上如何分布？最大应力发生在何处？

7-5 提高弯曲强度和弯曲刚度有哪些主要措施？

7-6　何谓挠度？何谓转角？它们之间有何关系？

7-7　什么是边界条件？什么是变形连续条件？它们有何应用？

7-8　若两根梁的长度、抗弯刚度和弯矩方程都相同，则两梁的变形是否相同？为什么？

习　题

7-1　试计算下列各梁中1-1、2-2截面的剪力和弯矩（各截面无限接近于集中载荷作用点）。

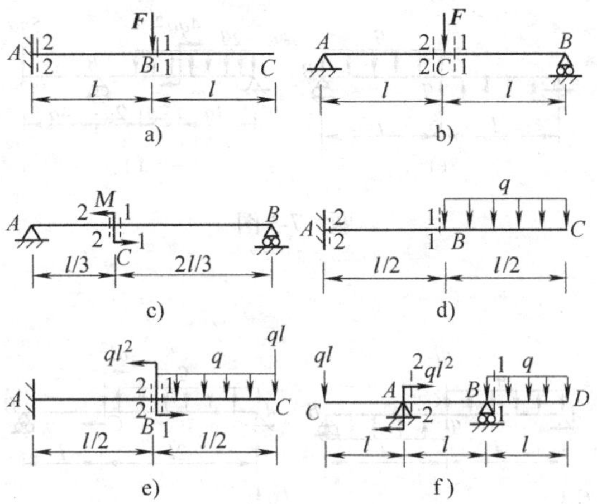

题　7-1图

7-2　试建立下列各梁的剪力、弯矩方程，画出剪力、弯矩图，并求出$|F_{Q\max}|$和$|M_{\max}|$。

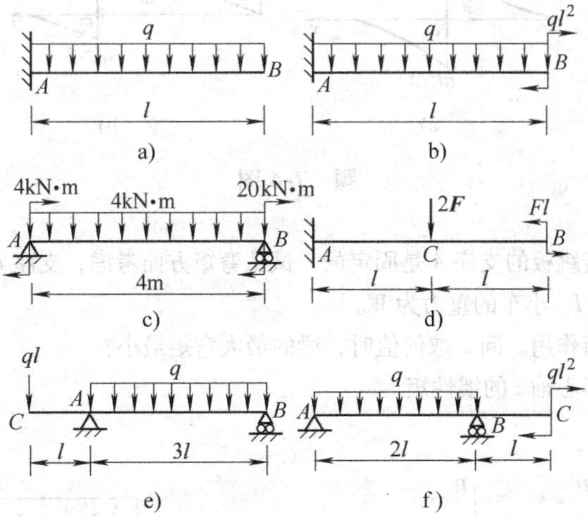

题　7-2图

7-3　利用载荷集度、剪力和弯矩的微分关系作下列各梁的剪力图、弯矩图，并求出$|F_{Q\max}|$和$|M_{\max}|$。

7-4　试利用载荷集度、剪力和弯矩间的微分关系，检查以下剪力图和弯矩图，将错误之处加以改正。

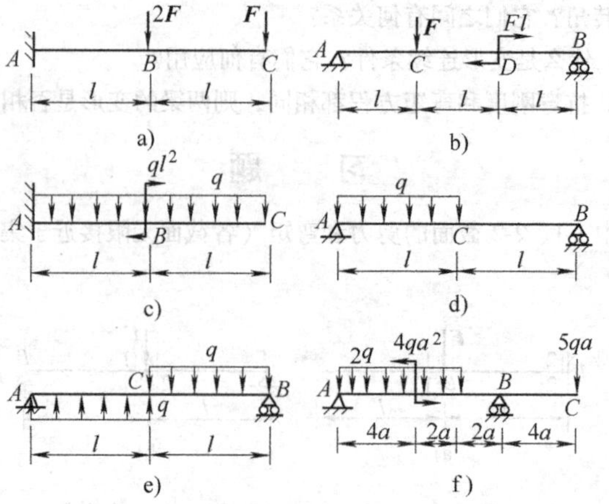

题 7-3 图

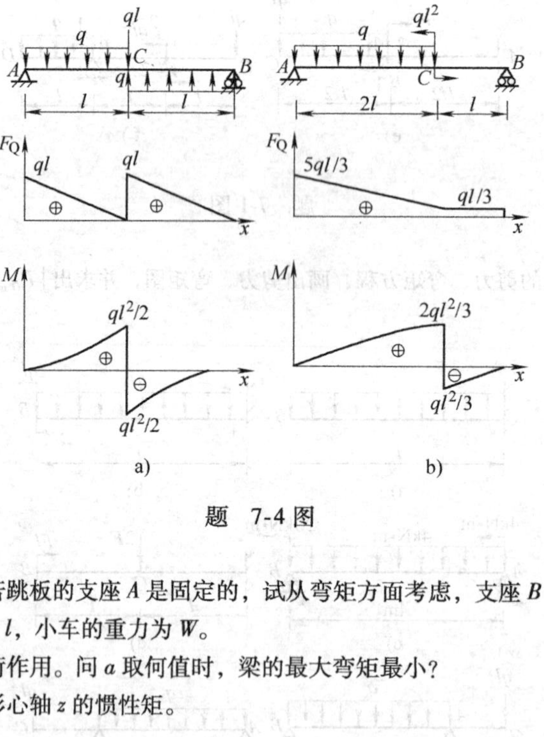

题 7-4 图

7-5 独轮车过跳板，若跳板的支座 A 是固定的，试从弯矩方面考虑，支座 B 在什么位置时，跳板的受力最合理。已知跳板全长为 l，小车的重力为 W。

7-6 图示梁受均布载荷作用。问 a 取何值时，梁的最大弯矩最小?

7-7 求以下各图形对形心轴 z 的惯性矩。

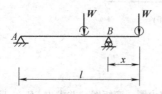

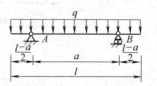

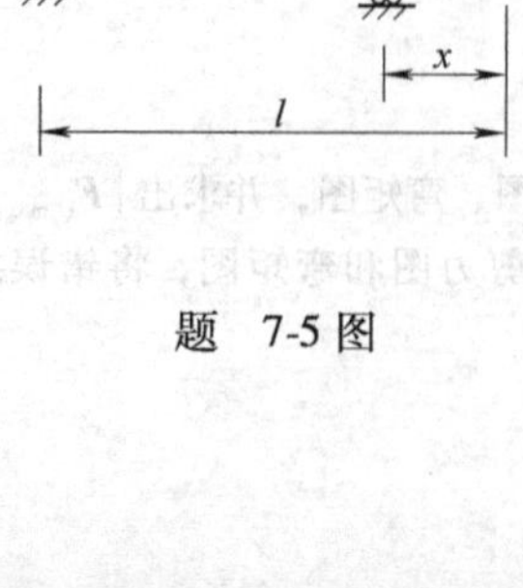

题 7-5 图

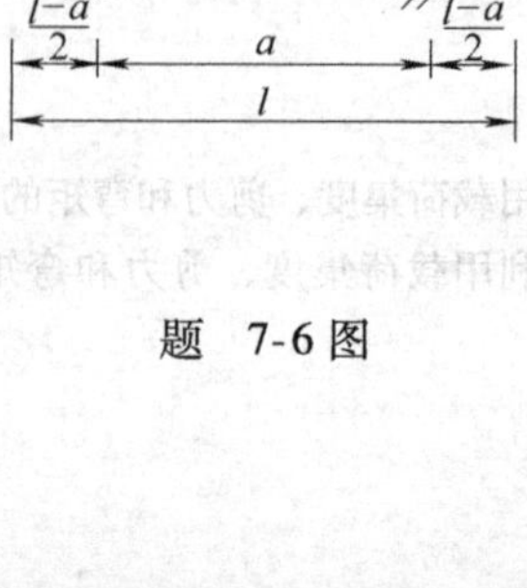

题 7-6 图

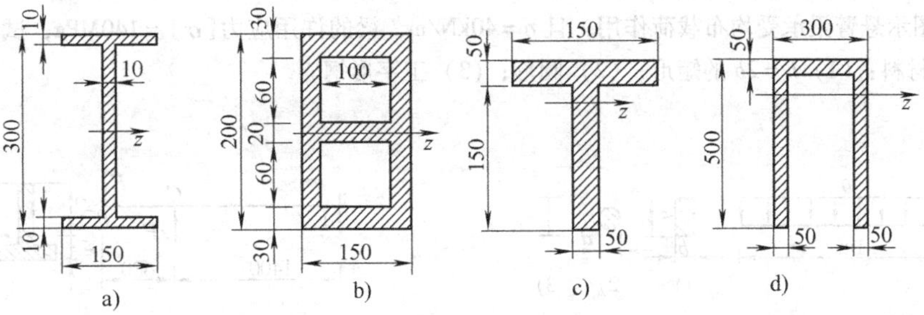

题　7-7 图

7-8　横截面为空心的圆截面梁，受正值弯矩 $M=10\text{kN}\cdot\text{m}$ 的作用，求横截面上 A、B、C 各点处的弯曲正应力。

7-9　矩形截面外伸梁如图所示，已知 $q=10\text{kN/m}$，$l=4\text{m}$，$h=2b$，$[\sigma]=160\text{MPa}$，试确定梁截面尺寸。

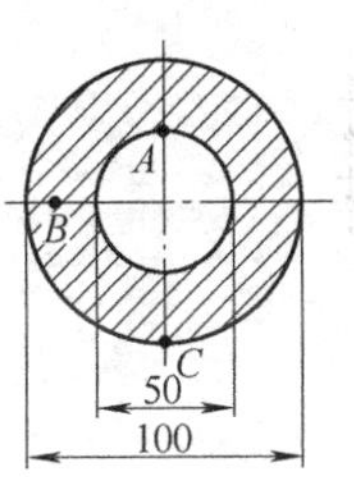

题　7-8 图

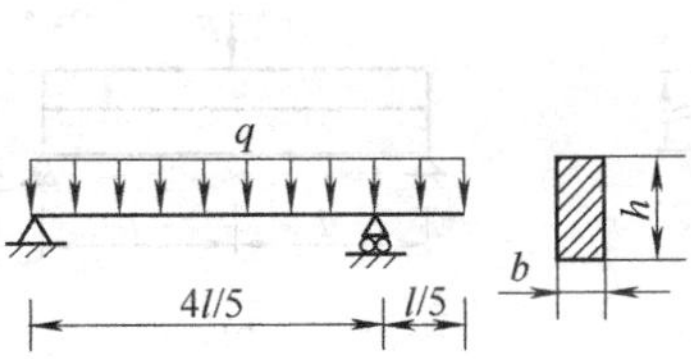

题　7-9 图

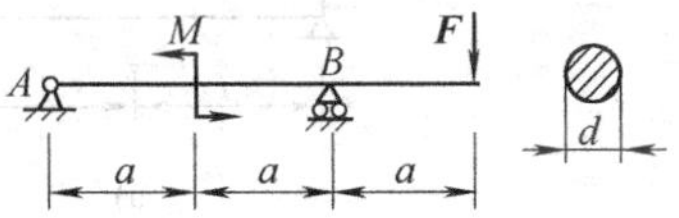

题　7-10 图

7-10　圆截面外伸梁，如图所示，已知 $F=20\text{kN}$，$M=5\text{kN}\cdot\text{m}$，$[\sigma]=160\text{MPa}$，$a=500\text{mm}$，试确定梁的直径 d。

7-11　T 形截面铸铁梁如图所示，欲使梁内最大拉应力与最大压应力之比为 1/4，试求水平翼缘的合理宽度 b。

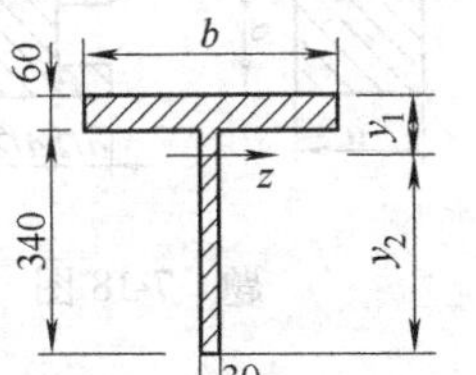

题　7-11 图

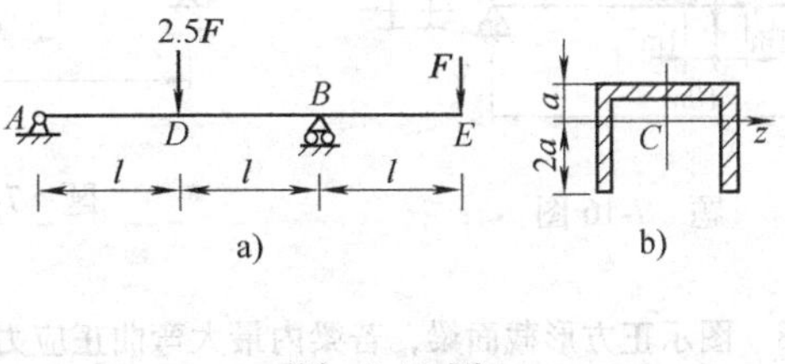

题　7-12 图

7-12　槽形截面梁，受力和尺寸如图 a 所示。形心 C 的位置如图 b 所示。已知许用拉应力与许用压应力之比为 1∶2，试求：

（1）最大拉应力和最大压应力的大小和位置；

（2）全梁危险点位置；

（3）若将截面倒置，有没有好处？

7-13　图示悬臂梁承受均布载荷作用，且 $q=40\mathrm{kN/m}$，梁的许用应力$[\sigma]=140\mathrm{MPa}$，试对以下三种形状比较所耗材料：（1）$h=2b$ 的矩形；（2）圆形；（3）工字形钢。

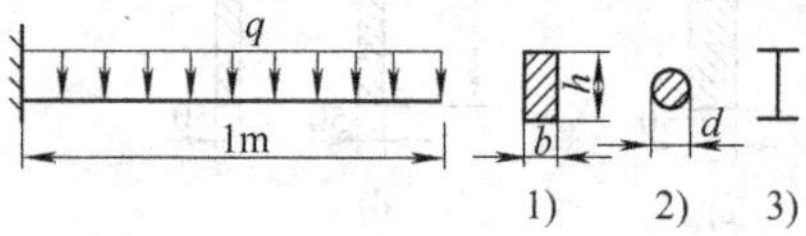

题　7-13 图

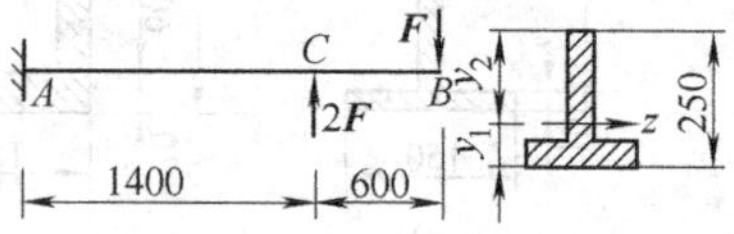

题　7-14 图

7-14　T 形铸铁梁如图所示，已知许用拉应力$[\sigma_+]=40\mathrm{MPa}$，许用压应力$[\sigma_-]=120\mathrm{MPa}$，$I_z=10\ 186\mathrm{cm}^4$，$y_1=9.64\mathrm{cm}$，试求许可载荷 $F_{\max}$。

7-15　两根材料相同，横截面积相等的简支梁如图所示，其中一根为整体的矩形截面梁，另一根为矩形截面叠合梁。当在跨度中点分别受集中力 F 作用时，两种梁内的最大正应力相差多少？

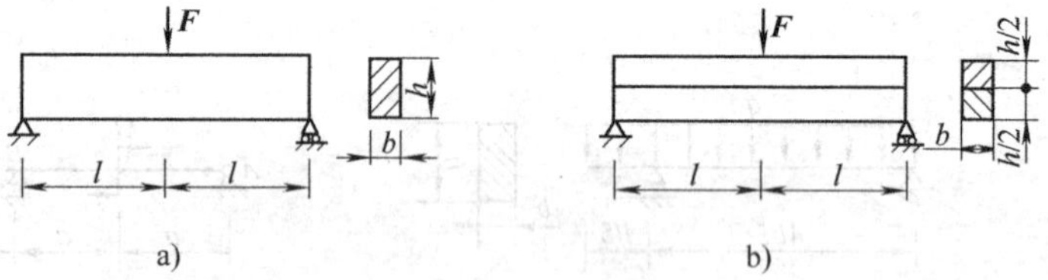

题　7-15 图

7-16　图示起重机和梁，已知起重机受重力 $W=50\mathrm{kN}$，最大起重力 $W_1=10\mathrm{kN}$，梁由两根工字钢所组成，其许用应力$[\sigma]=160\mathrm{MPa}$。试按正应力强度选定工字钢型号。梁的自重不计。

7-17　当力 F 直接作用在简支梁 AB 的中点时，梁内最大正应力超过许用应力 30%，为了消除这一过载现象，可以配置如图所示的辅助梁 CD。试求此辅助梁的跨度 a。

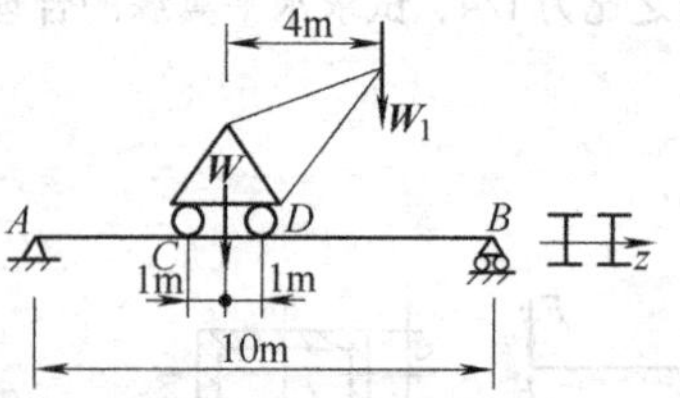

题　7-16 图

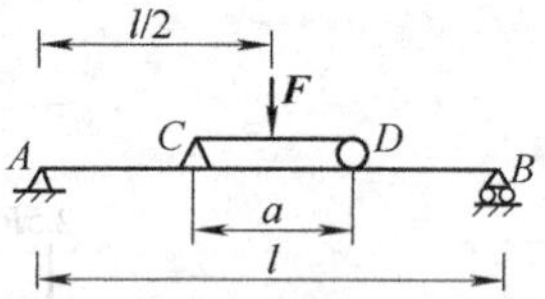

题　7-17 图

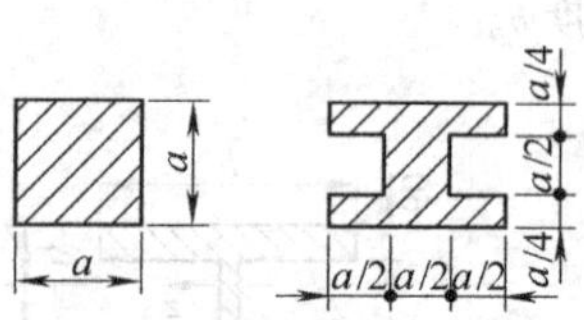

题　7-18 图

7-18　图示正方形截面梁，若梁内最大弯曲正应力超过许用应力的 35%。为此，在不增加截面积的条件下，把截面形状改成图示工字形。试问此时梁的强度条件能够满足吗？

7-19　梁 AB 的截面为 No. 10 工字钢，B 点由直径 $d=20\mathrm{mm}$ 的钢圆杆所支承，已知 $a=1\mathrm{m}$，梁及杆的许用应力$[\sigma]=160\mathrm{MPa}$。试求许可均布载荷 $q_{\max}$。

7-20　试求图示简支梁中最大正应力和最大剪应力，并计算两者的比值。

7-21　图示截面为 20a 工字钢的外伸梁，已知：$q=20\mathrm{kN/m}$，$F=10\mathrm{kN}$，许用应力$[\sigma]=140\mathrm{MPa}$，$[\tau]=100\mathrm{MPa}$。该校核其强度。

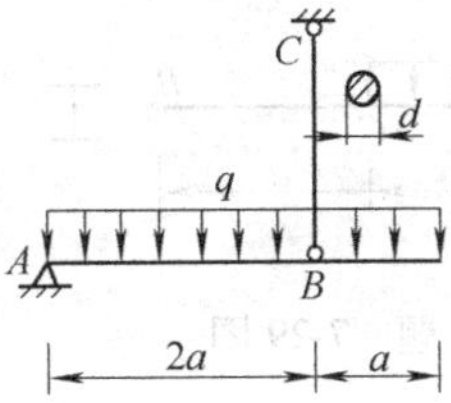

题 7-19 图

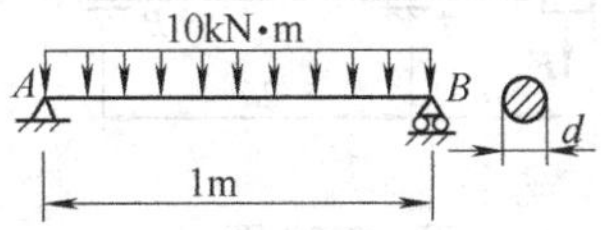

题 7-20 图

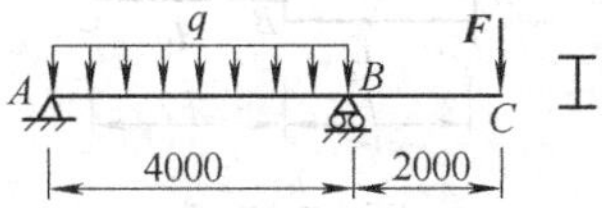

题 7-21 图

7-22 图示外伸梁，已知 $F=15\text{kN}$，$M=5\text{kN}\cdot\text{m}$，$q=10\text{kN/m}$，许用应力$[\sigma]=160\text{MPa}$，$[\tau]=90\text{MPa}$。试选择工字钢的型号。

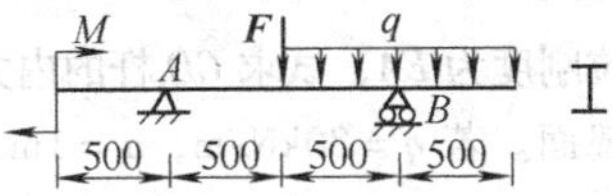

题 7-22 图

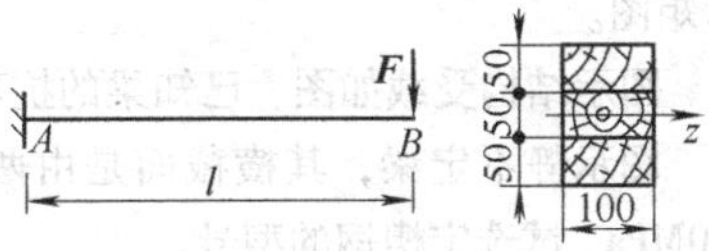

题 7-23 图

7-23 图示悬臂梁，由三根矩形截面的木料胶合而成。若胶合面上的许用应力$[\tau_1]=0.34\text{MPa}$，木材的许用弯曲正应力为$[\sigma]=10\text{MPa}$，许用切应力为$[\tau]=1\text{MPa}$，$l=1\text{m}$。试求梁的许可载荷 $F_{\max}$。

7-24 写出图示各梁 C 点的变形条件。

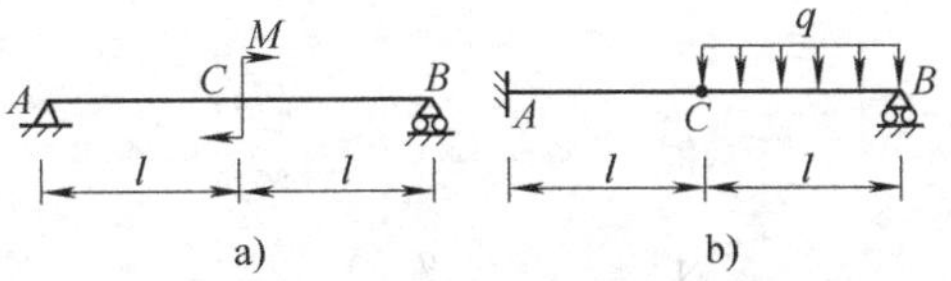

题 7-24 图

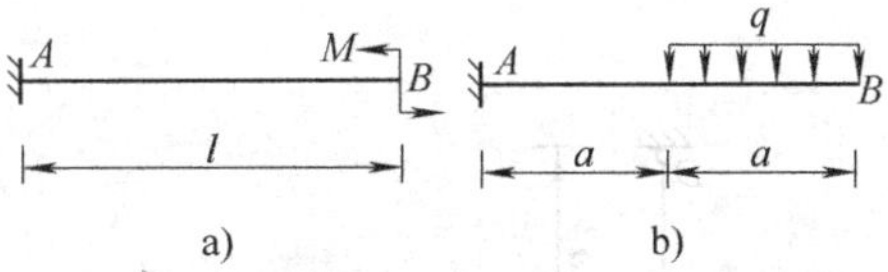

题 7-25 图

7-25 用积分法求图示悬臂梁的转角方程和挠曲线方程，并求出自由端的挠度和转角。设梁的 EI 为常数。

7-26 用叠加法求图示各梁中 B 截面的挠度和转角。梁的抗弯刚度 EI 为已知。

7-27 用叠加法计算图示阶梯梁的最大挠度。已知 $I_2=2I_1$，阶梯梁的两段承受相同的均布载荷。

7-28 图示钢轴，已知 $E=200\text{GPa}$，$F=20\text{kN}$，若规定 A 截面处许用转角$[\theta]=0.5°$，$a=1\text{m}$，试选定此轴的直径。

7-29 图示悬臂梁，$q=15\text{kN/m}$，$a=1\text{m}$，$[\sigma]=100\text{MPa}$，许用挠度$[y]=\dfrac{a}{500}$，$E=200\text{GPa}$。试选择工字钢型号。

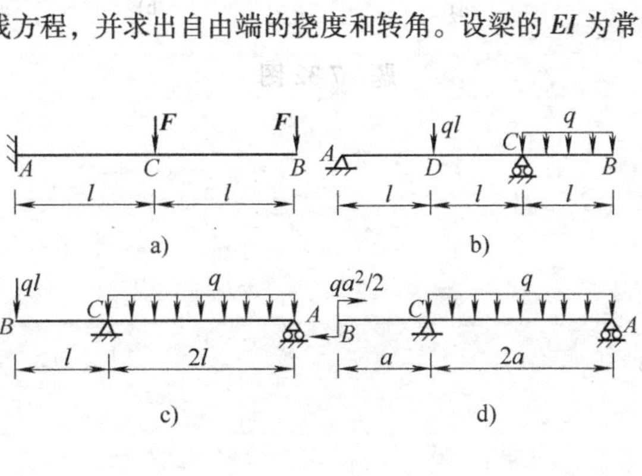

题 7-26 图

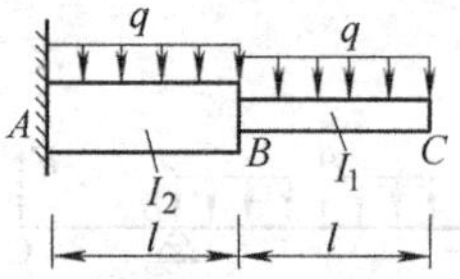

题 7-27 图

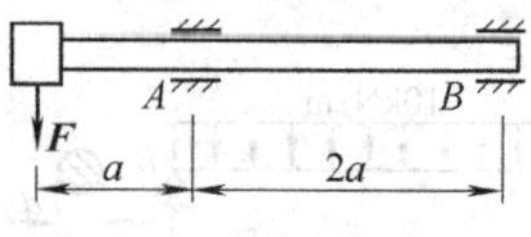

题 7-28 图

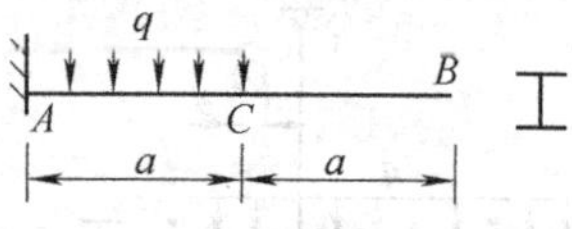

题 7-29 图

7-30 两端简支的输气管道如图所示。已知其外径 $D = 114\text{mm}$，内外径之比 $\alpha = 0.9$，其单位长度的重力 $q = 106\text{N/m}$，材料的弹性模量 $E = 210\text{GPa}$。若管道材料的许用应力$[\sigma] = 120\text{MPa}$，其许可挠度$[y] = \dfrac{l}{400}$。试确定此管道允许的最大跨度 l_{max}。

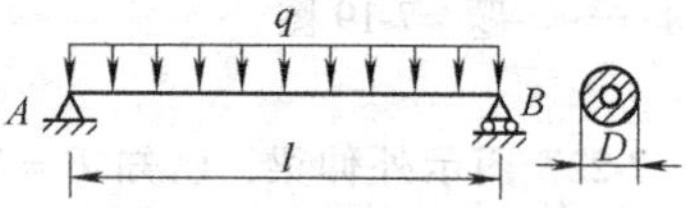

题 7-30 图

7-31 已知图示梁的外力 F 及尺寸 l，试求支座处的反力并画出剪力、弯矩图。

7-32 图示结构受载如图，已知梁的抗弯刚度为 EI，杆的抗拉刚度为 EA，试求 CD 杆的内力。

7-33 图示静不定梁，其横截面是由两个槽钢组成的组合截面。若 $q = 30\text{kN/m}$，$a = 1\text{m}$，许用应力$[\sigma] = 140\text{MPa}$，试选定槽钢的型号。

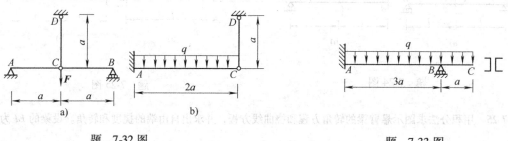

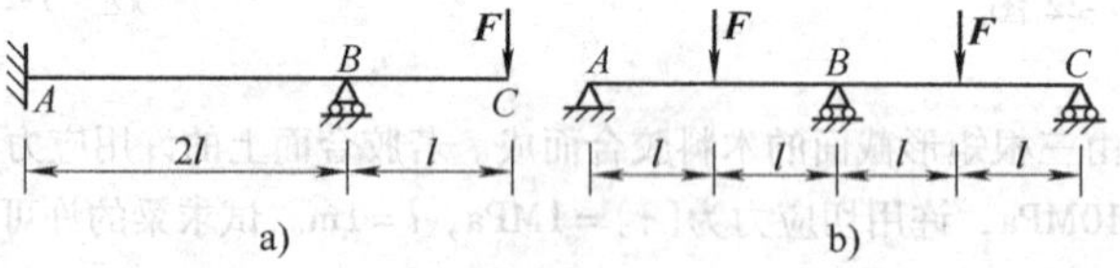

题 7-31 图

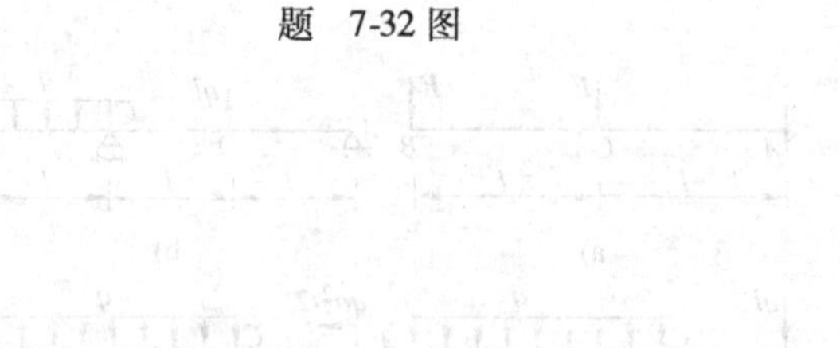

题 7-32 图

题 7-33 图

第八章　应力状态和强度理论

第一节　应力状态的概念

我们已经研究了杆件轴向拉伸（压缩）、圆轴扭转、梁的弯曲等的强度问题，由于这些构件横截面上危险点处仅有正应力或切应力，因此可与许用拉（压）应力〔σ〕或许用切应力〔τ〕相比较而建立强度条件。然而，在工程实际中，还常遇到一些复杂受力的构件，例如机器的传动轴在工作时同时存在弯曲和扭转变形，其横截面上不仅有正应力 σ，还有切应力 τ。为解决这类构件的强度问题，则应考虑 σ 与 τ 的综合影响。为此，**必须研究危险点处的应力状态，并且分析材料在复杂应力状态下的破坏规律，从而建立构件的强度条件。**

对圆轴扭转或直梁弯曲的研究表明，杆内不同位置的点具有不同的应力。而就一点而言，通过此点的截面可以有不同方位，截面上的应力又随方位变化而变化（第五章第七节）。概括地说，受力构件内各点的应力既随点的位置而变化，又与过该点的截面方位相关联，显然这里所述的截面方位及其上面的应力都是矢量（第五章第三节），**所谓一点的应力状态即是讨论两者变化规律，这种性质的物理量叫做张量**（进一步的论述可参阅弹性力学）。

一点的应力状态可用单元体来表示，即在平行于坐标平面的三对（六个）面上标出应力。图 8-1a 所示等直杆轴向拉伸时，杆内某点 A 的应力状态，如图 8-1b 所示，单元体左右两面上有正应力 $\sigma=\dfrac{F}{A}$，另四个为纵截面，在这些面上没有应力。图 8-2 所示为圆轴扭转时，轴表面上 A 点的应力状态，单元体左右两面上有切应力 $\tau=\dfrac{T}{W_{\mathrm{p}}}$，因切应力互等，其上下两面也有与此相等的切应力。图 8-3a 则是一矩形截面简支梁受集中力 F 作用而发生弯曲时，梁内 A、B 点的应力状态，如图 8-3b、c 所示，A 单元体的左右两面有正应力 $\sigma_A=\dfrac{M_Ay_0}{I_z}$和切应力 $\tau_A=\dfrac{F_{QA}S_z^*(y_0)}{I_z\cdot b}$，其中 $M_A=\dfrac{1}{2}Fa$，$F_{QA}=\dfrac{1}{2}F$ 分别为 A 点所在的梁横截面的内力；B 单元体左右两面上有正应力 $\sigma_B=-\dfrac{M_By_0}{I_z}$和切应力 $\tau_B=\dfrac{F_{QB}S_z^*(y_0)}{I_zb}$，其中 $M_B=\dfrac{1}{2}Fa$，$F_{QB}=-\dfrac{1}{2}F$ 分别是 B 点所在的梁横截面的内力。

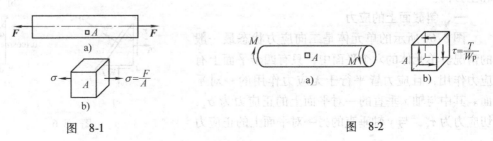

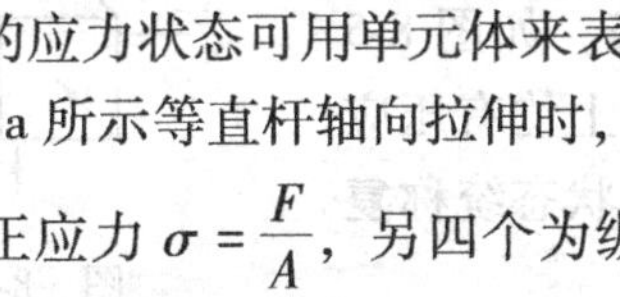

图　8-1

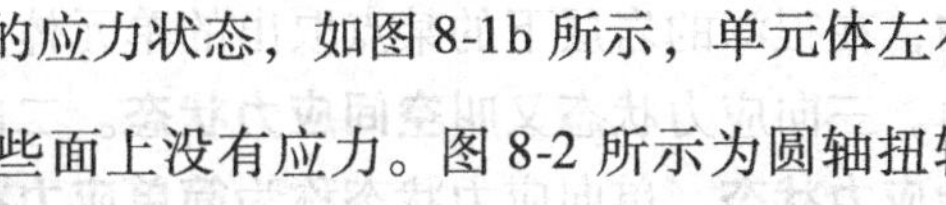

图　8-2

这里对单元体作一些说明。

（1）垂直于 x 轴（y、z 轴）的一对面是重合的，但其代表的外法线方向相反，为方便画成两个。

（2）根据牛顿第三定律，单元体两个相对面上的应力大小相等、方向相反，反映过该点截开物体并分别弃去不同部分所产生的应力。

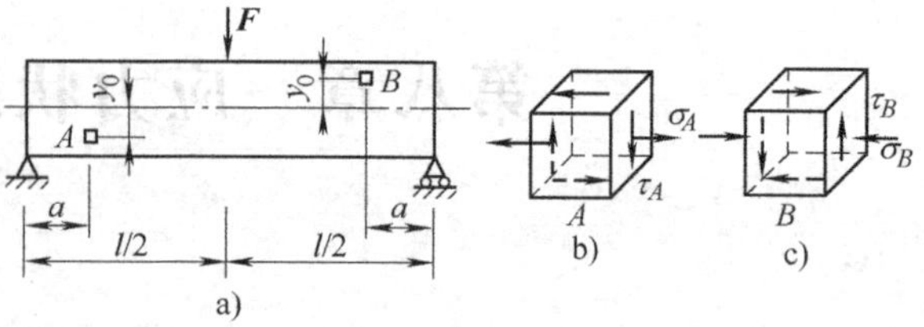

图 8-3

（3）分析表明，只要知道单元体相互垂直的三对截面上的应力，则过该点任一斜截面上的应力都能计算出来，从而完全确定该点的应力状态，这也是单元体画成正六面体的原因。

可以证明，对于任意一个单元体，总可以找到三个互相垂直的平面，在这些平面上只有正应力而没有切应力。**这些切应力为零的平面称为主平面。主平面的法线方向叫主方向。主平面上的正应力称为主应力。**三个主应力常以 σ_1、σ_2、σ_3 表示，并且按代数值的大小依次排列，即 $\sigma_1 > \sigma_2 > \sigma_3$。

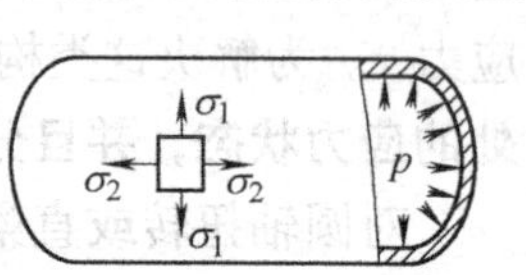

图 8-4

在三个主应力中，只有一个主应力不等于零的应力状态叫做**单向应力状态**，例如等直杆轴向拉伸（压缩）时和纯弯曲梁上各点的应力状态都是单向应力状态。如有两个主应力不等于零的应力状态称为**二向应力状态**，又叫**平面应力状态**。如图 8-4 所示，在受有内压的薄壁圆柱形容器中，以纵向和横向截面所截出的单元体即为一例。如三个主应力均不为零时，则称为**三向应力状态**。如图 8-5 中，在很深的岩层下的某点取出的单元体，在三个方向上均有压应力。三向应力状态又叫**空间应力状态**。二向和三向应力状态统称**复杂应力状态**，单向应力状态称为**简单应力状态**。

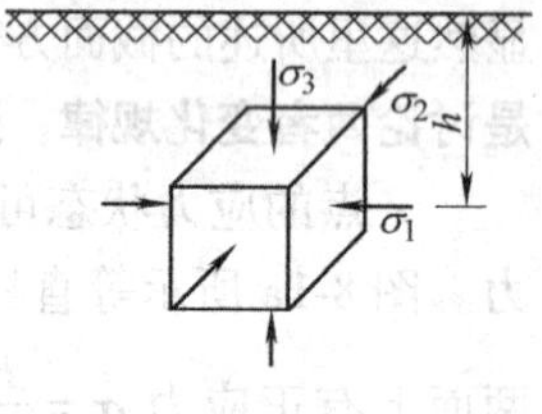

图 8-5

第二节 二向应力状态分析

许多工程构件受力时，危险点处于二向应力状态。为了对这类构件进行强度计算，通常需要确定在危险点处的主应力。因此，我们需要讨论在二向应力状态下，通过已知一点的某些截面上的应力，如何确定该点其他截面上的应力，从而确定主应力和主方向。

一、斜截面上的应力

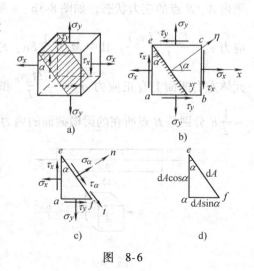

图 8-6a 所示的单元体是二向应力状态最一般的情况。单元体的六个平面中，只有四个平面上有应力作用，且应力皆平行于无应力作用的一对平面。其中与轴 x 垂直的一对平面上的正应力为 σ_x，切应力为 τ_x，与 y 轴垂直的另一对平面上的正应力

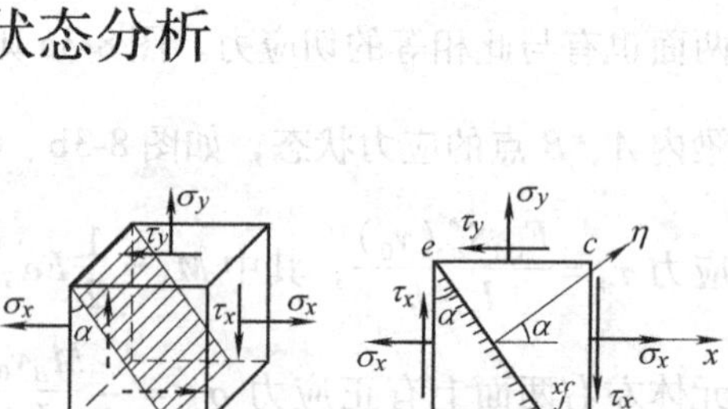

图 8-6

为 σ_y，切应力为 τ_y。现欲求平行于 z 轴的任意斜截面上的应力。

我们规定：正应力以拉应力为正，压应力为负；切应力以绕单元体顺时针转动为正，反之为负。

上述单元体可表示为图 8-6b 所示的平面图。将单元体沿截面 ef 假想地截开，以 α 表示其方位角，规定由 x 轴逆时针转到外法线 n 时为正。斜截面上作用有正应力 σ_α 和切应力 τ_α，研究楔形体 aef 部分的平衡即可求出斜面上的应力（图 8-6c）。

设斜截面的面积为 $\mathrm{d}A$，则 ae 和 af 平面的面积分别为 $\mathrm{d}A\cos\alpha$ 和 $\mathrm{d}A\sin\alpha$（图 8-6d），取 α 面的外法线 n 和切线 t 为投影轴，将各平面上的应力乘以其作用面的面积，可得作用于楔形体 aef 上的各力，而后向上述方向投影，得出以下平衡方程式

$$\sigma_\alpha \mathrm{d}A-(\sigma_x \mathrm{d}A\cos\alpha)\cos\alpha+(\tau_x \mathrm{d}A\cos\alpha)\sin\alpha-(\sigma_y \mathrm{d}A\sin\alpha)\sin\alpha+(\tau_y \mathrm{d}A\sin\alpha)\cos\alpha=0$$

$$\tau_\alpha \mathrm{d}A-(\sigma_x \mathrm{d}A\cos\alpha)\sin\alpha-(\tau_x \mathrm{d}A\cos\alpha)\cos\alpha+(\sigma_y \mathrm{d}A\sin\alpha)\cos\alpha+(\tau_y \mathrm{d}A\sin\alpha)\sin\alpha=0$$

由于切应力互等，所以 τ_x、τ_y 数值相等，再利用三角学公式

$$\cos^2\alpha=\frac{1+\cos2\alpha}{2} \qquad \sin^2\alpha=\frac{1-\cos2\alpha}{2}$$

$$2\sin\alpha\cos\alpha=\sin2\alpha$$

将以上两个方程简化，得出计算斜截面上应力的基本公式

$$\sigma_\alpha=\frac{\sigma_x+\sigma_y}{2}+\frac{\sigma_x-\sigma_y}{2}\cos2\alpha-\tau_x\sin2\alpha \tag{8-1}$$

$$\tau_\alpha=\frac{\sigma_x-\sigma_y}{2}\sin2\alpha+\tau_x\cos2\alpha \tag{8-2}$$

显然，拉杆斜截面上的应力式（5-15）、式（5-16）是这两个公式的特例。

二、应力圆

单元体任意斜截面上的应力 σ_α、τ_α 除用以上解析方法计算外，还可用图解方法进行分析。

若将式（8-1）改为

$$\sigma_\alpha-\frac{\sigma_x+\sigma_y}{2}=\frac{\sigma_x-\sigma_y}{2}\cos2\alpha-\tau_x\sin2\alpha$$

并与式（8-2）各自平方相加，则有

$$\left(\sigma_\alpha-\frac{\sigma_x+\sigma_y}{2}\right)^2+\tau_\alpha^2=\left(\frac{\sigma_x-\sigma_y}{2}\right)^2+\tau_x^2 \tag{a}$$

将此式与普通 $x-y$ 坐标平面内的圆方程

$$(x-a)^2+(y-b)^2=R^2$$

相比较，可以看出，式（a）是在 $\sigma_\alpha-\tau_\alpha$ 坐标平面内的圆方程，圆心 C 的坐标为 $\left(\frac{\sigma_x+\sigma_y}{2},\ 0\right)$，半径为 $\sqrt{\left(\frac{\sigma_x-\sigma_y}{2}\right)^2+\tau_x^2}$，如图 8-7 所示。这个圆称为应力圆，应力圆上任一点的坐标都代表单元体内某一相应平面上的应力。

下面，我们以图 8-8 所示单元体为例，简单说明应力圆的作法。

（1）在 $\sigma-\tau$ 的直角坐标平面内，按适当的比例尺以单元体 x、y 平面上的应力数据确定出两个坐标点 $D(\sigma_x、\tau_x)$ 和 $D'(\sigma_y、\tau_y)$，如图 8-9 所示。

（2）连接 D、D'两点，交横轴于 C 点。以 C 点为圆心，$\overline{CD}$ 为半径画圆，所作的圆即为

应力圆。

有了应力圆以后，如要确定单元体上方位角为 α 的斜截面上的应力 σ_α 及 τ_α 只须将半径 $\overline{CD}$ 沿逆时针方向旋转 2α 到达 $\overline{CE}$ 处，所得 E 点的横坐标和纵坐标即为 σ_α、τ_α。因为由图 8-9 知

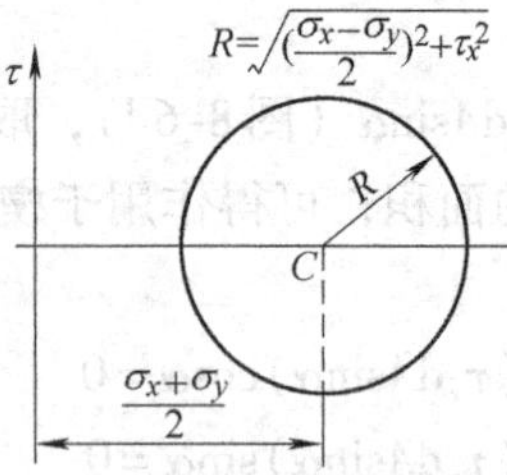

图 8-7

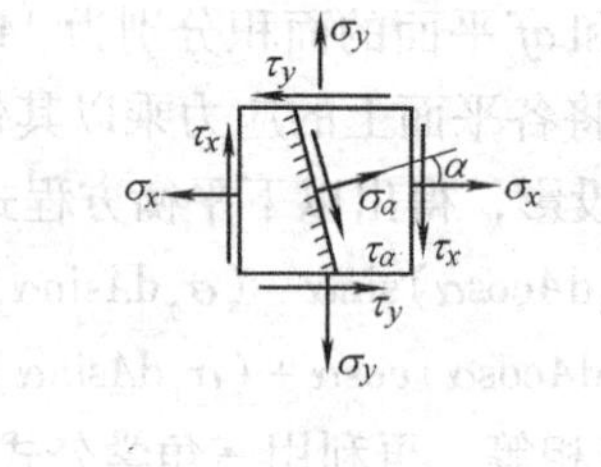

图 8-8

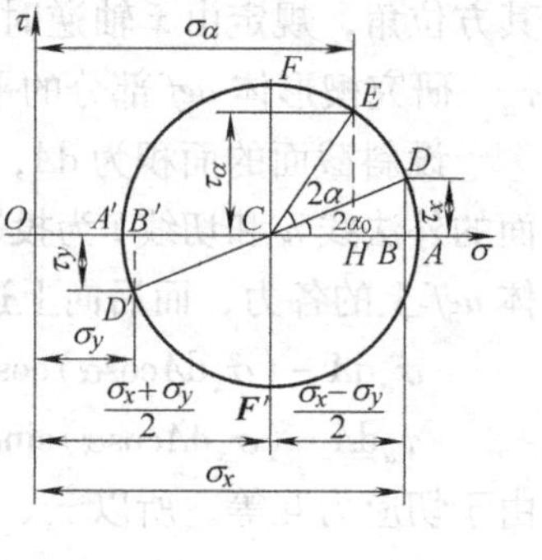

图 8-9

$$
\begin{aligned}
\overline{OH} &= \overline{OC}+\overline{CH}=\overline{OC}+\overline{CE}\cos(2\alpha+2\alpha_0)\\
&=\overline{OC}+\overline{CD}\cos 2\alpha_0\cos 2\alpha-\overline{CD}\sin 2\alpha_0\sin 2\alpha\\
&=\frac{\sigma_x+\sigma_y}{2}+\frac{\sigma_x-\sigma_y}{2}\cos 2\alpha-\tau_x\sin 2\alpha
\end{aligned}
\tag{b}
$$

$$
\begin{aligned}
\overline{EH} &= \overline{CE}\sin(2\alpha+2\alpha_0)\\
&=\overline{CD}\cos 2\alpha_0\sin 2\alpha+\overline{CD}\sin 2\alpha_0\cos 2\alpha\\
&=\frac{\sigma_x-\sigma_y}{2}\sin 2\alpha+\tau_x\cos 2\alpha
\end{aligned}
\tag{c}
$$

与式 (8-1)、式 (8-2) 相比较，可见

$$\overline{OH}=\sigma_\alpha \qquad \overline{EH}=\tau_\alpha$$

这就证明，**应力圆上任一点的横坐标和纵坐标，分别代表单元体某一相应平面上的正应力和切应力**；应力圆上任意两点间的圆弧所对应的圆心角，为单元体上两个对应截面外法线夹角的两倍，而且二者转向相同。

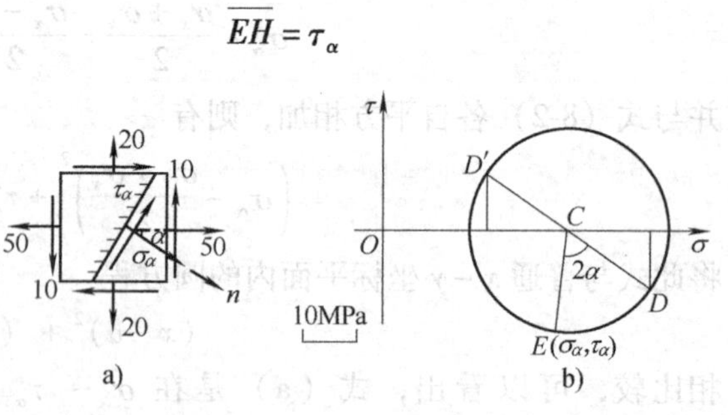

图 8-10

例 8-1 已知受力构件内一点处的平面应力状态如图 8-10a 所示，试用解析法和图解法求出 $\alpha=-30°$ 斜截面上的应力（图中应力单位为 MPa）。

解：（1）解析法。因为 $\sigma_x=50\text{MPa}$，$\tau_x=-10\text{MPa}$，$\sigma_y=20\text{MPa}$，$\alpha=-30°$，代入式 (8-1)、(8-2)，得

$$
\begin{aligned}
\sigma_\alpha &=\left[\frac{50+20}{2}+\frac{50-20}{2}\cos(-2\times30°)-(-10)\sin(-2\times30°)\right]\text{MPa}\\
&=33.8\text{MPa}
\end{aligned}
$$

$$\tau_{\alpha} = \left[\frac{50-20}{2}\sin(-2\times30°) + (-10)\cos(-2\times30°)\right]\text{MPa}$$

$$= -18\text{MPa}$$

(2) 图解法。建立 $\sigma-\tau$ 坐标系，按选定比例尺确定 $D(50, -10)$ 和 $D'(20, 10)$ 两个点，连接$\overline{DD'}$交横坐标轴于 C 点，以 C 点为圆心，$\overline{CD}$ 为半径，画出图 8-10b 所示的应力圆。由半径 $\overline{CD}$ 沿圆周顺时针旋转 60°至 $\overline{CE}$，得到圆周上 E 点，并按选定比例尺量出该点的横坐标和纵坐标值，得到

$$\sigma_{\alpha} = 34\text{MPa} \qquad \tau_{\alpha} = -18\text{MPa}$$

σ_{α}、τ_{α} 的方向如图 8-10a 所示。

三、主应力和主方向

由式（8-1）可知，σ_α 是 α 的函数，当$\frac{d\sigma_{\alpha}}{d\alpha}=0$ 时，σ_{α} 有极值。将式（8-1）对 α 求导数，得

$$\frac{d\sigma_{\alpha}}{d\alpha} = -2\frac{\sigma_x-\sigma_y}{2}\sin2\alpha - 2\tau_x\cos2\alpha$$

若 $\alpha=\alpha_0$ 时，能使导数$\frac{d\sigma_{\alpha}}{d\alpha}=0$，即得

$$\frac{\sigma_x-\sigma_y}{2}\sin2\alpha_0 + \tau_x\cos2\alpha_0 = 0 \tag{d}$$

于是

$$\tan2\alpha_0 = -\frac{2\tau_x}{\sigma_x-\sigma_y} \tag{8-3}$$

因为

$$\tan2\alpha_0 = \tan2(\alpha_0+90°)$$

所以 α_0 和 $\alpha_0+90°$都能满足式（8-3），也就是说，**正应力具有极值的作用面是互相垂直的**。在三角学中有以下关系

$$\left.\begin{aligned}\cos2\alpha_0 &= \pm\frac{1}{\sqrt{1+\tan^2 2\alpha_0}}\\ \sin2\alpha_0 &= \pm\frac{\tan2\alpha_0}{\sqrt{1+\tan^2 2\alpha_0}}\end{aligned}\right\} \tag{e}$$

将式（8-3）代入式（e），得到 $\cos2\alpha_0$ 和 $\sin2\alpha_0$，而后再按异号代入式（8-1），即可得到正应力的两个极值

$$\left.\begin{matrix}\sigma_{max}\\ \sigma_{min}\end{matrix}\right\} = \frac{\sigma_x+\sigma_y}{2} \pm \sqrt{\left(\frac{\sigma_x-\sigma_y}{2}\right)^2 + \tau_x^2} \tag{8-4}$$

如再将式（d）与式（8-2）比较，可见满足式（d）的 α_0 角恰好使 τ_α 等于零，说明 $\alpha=\alpha_0$ 及 $\alpha=\alpha_0+90°$的两个截面就是主平面，主平面上的主应力即是 σ_{max} 及 σ_{min}。关于哪个主应力和哪个角度相对应，可以利用应力圆与单元体的对应关系来判定。也可按以下简便方法确定：考虑正切反三角函数的主值区间，因此$|\alpha_0|\leqslant45°$，如果 $\sigma_x>\sigma_y$，则 σ_{max}方向与 σ_x 成 α_0 角，反之则 σ_{max}方向与 σ_y 成 α_0 角。

利用应力圆也可以求出主应力的数值并确定主平面的方位。在应力圆上 A 及 A' 两点的横坐标为最大值和最小值，而纵坐标均为零（图 8-9），说明这就是主平面上的主应力，即式（8-4）。

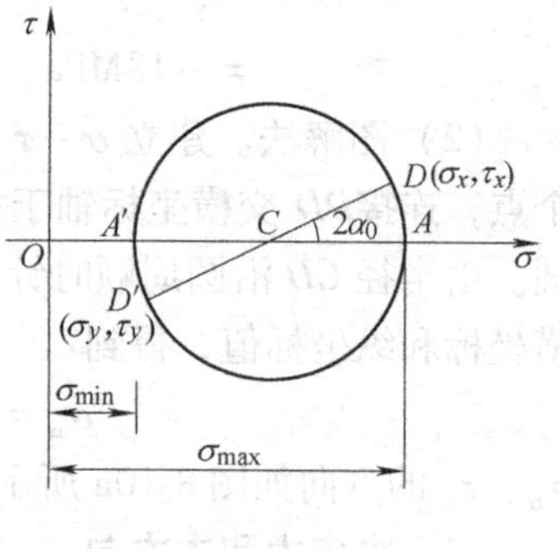

图 8-11

此外，在应力圆上，由 D 点（代表法线为 x 的平面）到 A 点所对应的圆心角为顺时针旋转 $2\alpha_0$，与此相应，在单元体上由 x 轴也按同一方向量取 α_0，这就确定了 σ_{max} 所在主平面的法线方向（图 8-11）。因为 α_0 是按顺时针转向量取的，根据 α 角的符号规定，此角应为负值，由此可导出求主方向的公式（8-3）。

同时，在应力圆上由 A 点到 A' 点所对应的圆心角是 $180°$，说明 σ_{max} 和 σ_{min} 所在的主平面法线之间的夹角为 $90°$。

在得到两个主应力 σ_{max}、σ_{min} 以后，再考虑到单元体与 z 轴垂直的一对平面上没有切应力，故是主平面，而且也没有正应力，即主应力为零。这样，我们就得到单元体的三个主应力并将它们按数值大小排列：当 σ_{max}、σ_{min} 皆为正值时，则 $\sigma_1=\sigma_{max}$，$\sigma_2=\sigma_{min}$，$\sigma_3=0$；如一个是正值，另一个是负值，则 $\sigma_1=\sigma_{max}$，$\sigma_2=0$，$\sigma_3=\sigma_{min}$。其余类推。

四、最大切应力

从应力圆中还可以确定单元体的最大切应力和最小切应力的数值以及所在的截面（图 8-9）。

最大切应力和最小切应力为

$$\left.\begin{aligned}\tau_{max}&=\overline{CF}=\sqrt{\left(\frac{\sigma_x-\sigma_y}{2}\right)^2+\tau_x^2}\\ \tau_{min}&=\overline{CF'}=-\sqrt{\left(\frac{\sigma_x-\sigma_y}{2}\right)^2+\tau_x^2}\end{aligned}\right\}\tag{8-5}$$

可以看出，它们就是应力圆的半径。

$$\begin{matrix}\tau_{max}\\ \tau_{min}\end{matrix}=\pm\frac{\sigma_{max}-\sigma_{min}}{2}\tag{8-6}$$

在应力圆上由 A 点到 F 点所对应的圆心角为 $90°$（图 8-9），故在单元体上，主平面法线与 τ_{max} 所在平面法线的夹角为 $45°$。

例 8-2 已知单元体的应力状态如图 8-12 所示，试用图解法求出主应力的大小，并在单元体上画出主平面的位置（图中应力单位为 MPa）。

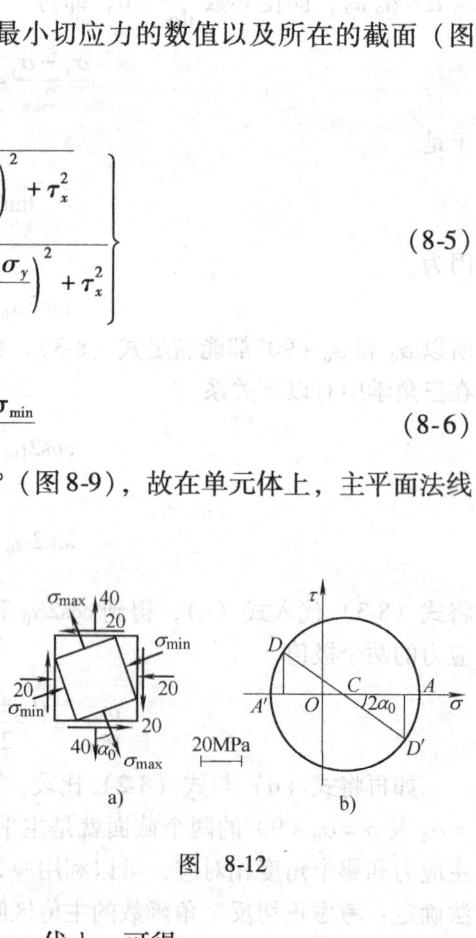

图 8-12

解： 按选定的比例尺在 $\sigma-\tau$ 坐标系中确定 $D(-20,\ 20)$、$D'(40,\ -20)$ 点，并画出应力圆，可以量出主应力 $\sigma_1=\sigma_{max}=46\text{MPa}$，$\sigma_3=\sigma_{min}=-26\text{MPa}$，$2\alpha_0=34°$，因此夹角 α_0 为 $17°$。

例 8-3 图 8-13 所示的应力状态是一种常见的平面应力状态，试确定其主应力。

解： 按解析法式（8-4），以 $\sigma_x=\sigma$，$\sigma_y=0$，$\tau_x=\tau$ 代入，可得

$$\sigma_{max} = \frac{\sigma}{2} + \sqrt{\left(\frac{\sigma}{2}\right)^2 + \tau^2}$$

$$\sigma_{min} = \frac{\sigma}{2} - \sqrt{\left(\frac{\sigma}{2}\right)^2 + \tau^2}$$

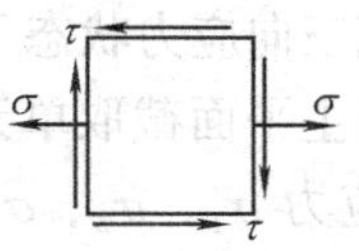

图 8-13

由于 $\sigma_{min} < 0$，所以应力状态的三个主应力是

$$\sigma_1 = \sigma_{max}，\sigma_2 = 0，\sigma_3 = \sigma_{min}。$$

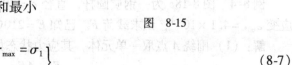

第三节　三向应力状态下的最大应力　广义胡克定律

应力状态的一般形式是三向应力状态。这里只研究三向应力状态下的最大应力，以便在强度理论中应用。

在三向应力状态下，可以用三对互相垂直的主平面来截取单元体（图 8-14a）。已知三个主应力 $\sigma_1 > \sigma_2 > \sigma_3$，现在分析此单元体各斜截面上的应力。

首先分析与 σ_3 平行的任意斜截面 *abcd* 上的应力（图 8-14b）。根据由此类斜截面所分割出的楔形单元的平衡，可知斜面上的应力 σ、τ 的大小与 σ_3 无关，而只取决于 σ_1 和 σ_2，所以，在 $\sigma-\tau$ 平面内，与此类斜截面对应的点必然位于由 σ_1 和 σ_2 所确定的应力圆上，如图 8-15 所示。同理，以 σ_2 和 σ_3 所作的应力圆代表单元体中与 σ_1 平行的各斜截面的应力；以 σ_3、σ_1 所作的应力圆则代表单元体中与 σ_2 平行的各斜截面的应力。

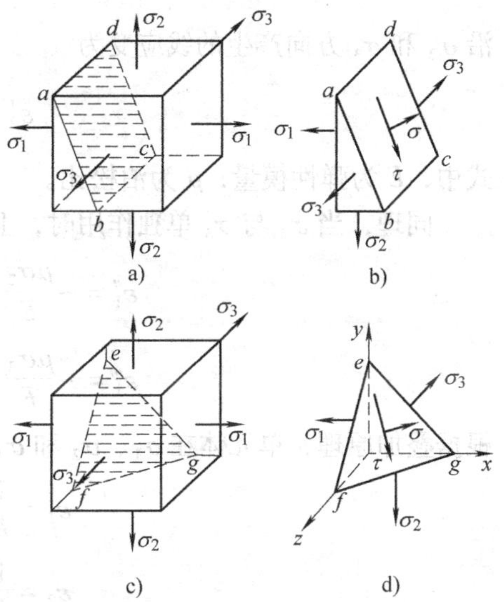

图 8-14

分析还表明，对于与三个主应力都不平行的任意斜截面，它们在 $\sigma-\tau$ 平面上的对应点 *D* 必落在上述三个应力圆所构成的阴影区域内（图 8-14c 和图 8-15）。总之，在 $\sigma-\tau$ 平面上，代表任一斜截面的应力的点，或者位于应力圆的圆周上，或者位于三个圆所构成的阴影区域内。

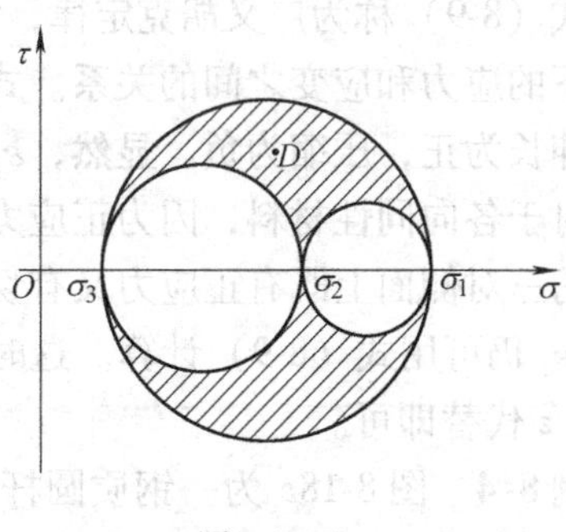

图 8-15

由此可知，在三向应力状态下，最大和最小正应力分别为最大和最小主应力，即

$$\left.\begin{aligned}\sigma_{max} &= \sigma_1\\ \sigma_{min} &= \sigma_3\end{aligned}\right\} \tag{8-7}$$

而最大切应力则为

$$\tau_{max} = \frac{\sigma_1 - \sigma_3}{2} \tag{8-8}$$

并且位于与 σ_1 和 σ_3 均构成45°的截面内。

现在研究三向应力状态下的应力和应变的关系。仍以三对主平面截取单元体，并设各主平面上作用着主应力 σ_1、σ_2、σ_3（图 8-16a），单元体沿三个主应力方向所产生的线应变分别为 ε_1、ε_2 和 ε_3。根据单向拉伸时的应力和应变之间的关系，在 σ_1 单独作用时（图 8-16b），单元体的 σ_1 方向所产生的线应变为

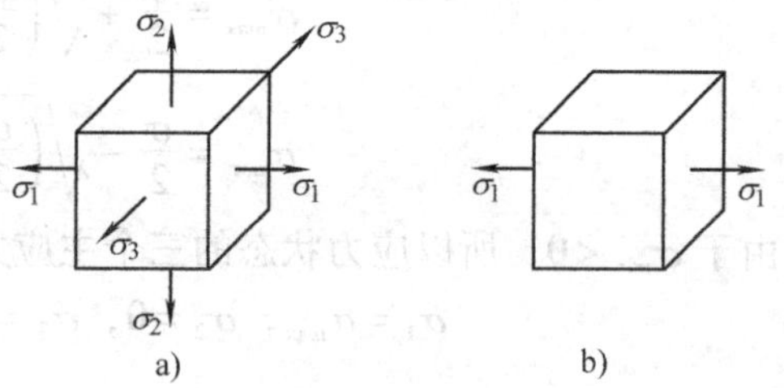

图 8-16

$$\varepsilon_1' = \frac{\sigma_1}{E}$$

沿 σ_2 和 σ_3 方向产生的线应变为

$$\varepsilon_2' = \frac{\mu\sigma_1}{E},\ \varepsilon_3' = -\frac{\mu\sigma_1}{E}$$

式中，E 为弹性模量；μ 为泊松比。

同理，当 σ_2 与 σ_3 单独作用时，上述三个方向的线应变分别为

$$\varepsilon_1'' = -\frac{\mu\sigma_2}{E} \qquad \varepsilon_2'' = \frac{\sigma_2}{E} \qquad \varepsilon_3'' = -\frac{\mu\sigma_2}{E}$$

$$\varepsilon_1''' = -\frac{\mu\sigma_3}{E} \qquad \varepsilon_2''' = -\frac{\mu\sigma_3}{E} \qquad \varepsilon_3''' = \frac{\sigma_3}{E}$$

根据叠加原理，单元体在 σ_1、σ_2 和 σ_3 共同作用下所产生的线应变为

$$\left.\begin{aligned} \varepsilon_1 &= \frac{1}{E}[\sigma_1 - \mu(\sigma_2 + \sigma_3)] \\ \varepsilon_2 &= \frac{1}{E}[\sigma_2 - \mu(\sigma_1 + \sigma_3)] \\ \varepsilon_3 &= \frac{1}{E}[\sigma_3 - \mu(\sigma_1 + \sigma_2)] \end{aligned}\right\} \tag{8-9}$$

关系式（8-9）称为广义胡克定律，它反映了处于线弹性范围内的各向同性材料在复杂应力状态下的应力和应变之间的关系。式中的主应力以拉应力为正，压应力为负，所算得的主应变以伸长为正，压缩为负。显然，ε_1 是数值最大的线应变。

对于各向同性材料，因为正应力不会引起切应变，切应力也不引起线应变，因此，当单元体的三对侧面上既有正应力又有切应力时（图 8-17），沿 σ_x、σ_y 和 σ_z 方向的线应变 ε_x、ε_y 和 ε_z 仍可用式（8-9）计算。这时只需要把该式中应力和应变符号的下标 1、2、3 分别用 x、y、z 代替即可。

例 8-4 图 8-18a 为一钢质圆杆，直径 $d=20\text{mm}$，已知 A 点在与水平线成60°方向的线应变 $\varepsilon_{60°}=4.1\times10^{-4}$，试求载荷 F。已知 $E=210\text{GPa}$，$\mu=0.28$。

解：（1）围绕 A 点取一单元体，其应力状态如图 8-18b 所示。

$$\sigma_y = \frac{F}{A} = \frac{4F}{\pi d^2} \qquad \sigma_x = 0$$

$$\tau_x = \tau_y = 0$$

（2）计算 $\sigma_{60°}$，$\sigma_{-30°}$

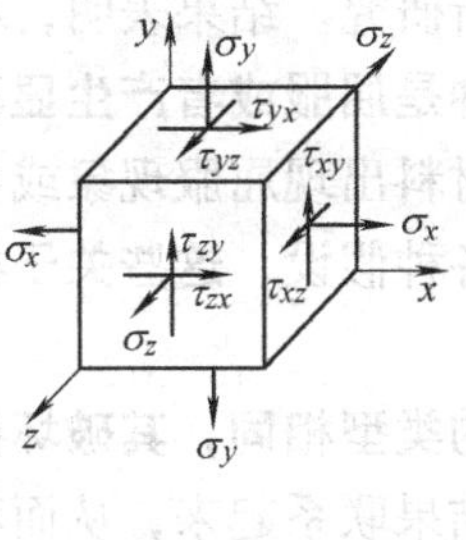

图 8-17

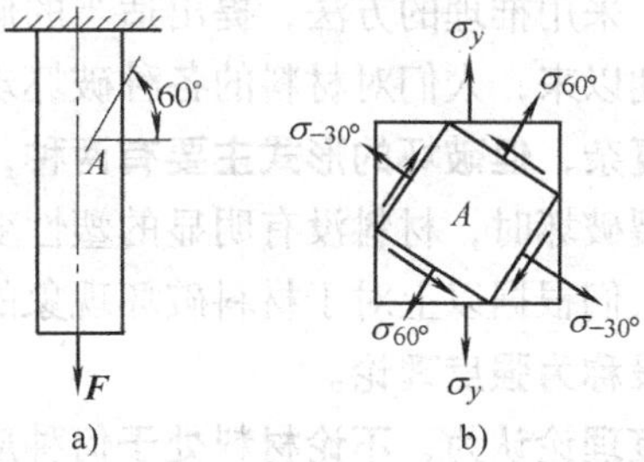

图 8-18

由 $$\sigma_\alpha=\frac{\sigma_x+\sigma_y}{2}+\frac{\sigma_x-\sigma_y}{2}\cos2\alpha-\tau_x\sin2\alpha$$

得 $$\sigma_{60^\circ}=\frac{\sigma_y}{2}-\frac{\sigma_y}{2}\cos120^\circ=\frac{3\sigma_y}{4}$$

同理 $$\sigma_{-30^\circ}=\frac{\sigma_y}{2}-\frac{\sigma_y}{2}\cos60^\circ=\frac{\sigma_y}{4}$$

（3）由广义胡克定律得

$$\varepsilon_{60^\circ}=\frac{1}{E}\left(\sigma_{60^\circ}-\mu\sigma_{-30^\circ}\right)=\frac{\sigma_y}{4E}(3-\mu)$$

$$=\frac{F}{E\pi d^2}(3-\mu)$$

所以 $$F=\frac{E\pi d^2\varepsilon_{60^\circ}}{3-\mu}=\frac{210\times10^3\times\pi\times20^2\times4.1\times10^{-4}}{3-0.28}\text{N}$$

$$=39.8\text{kN}$$

第四节 强度理论简介

当构件内的危险点处于单向应力状态时，例如直杆在轴向拉伸（压缩）的情况下，其强度条件为

$$\sigma_{\max}=\left(\frac{F_N}{A}\right)_{\max}\leqslant[\sigma]$$

式中，许用应力〔σ〕是根据拉伸（压缩）试验而测定的极限应力 σ^0 并且考虑适当的安全系数而获得的，即

$$[\sigma]=\frac{\sigma^0}{n}$$

象这种直接根据试验结果来建立强度条件的方法相当简明直观。然而，工程构件中的危险点经常处于复杂应力状态，如果仿照上述方式来建立复杂应力状态下的强度条件，则必须对材料在各种复杂应力状态下进行试验，以测定相应的极限应力。而复杂应力状态是多种多样乃至变化无穷的，要用试验来确定材料的极限应力既很困难，也过于繁琐。所以关于复杂应力状态下的强度条件，通常并不是用直接试验的方式去建立，而是在分析各种破坏现象的

基础上，采用推理的方法，提出适当的假设而建立的。

长期以来，人们对材料的各种破坏现象进行了大量的分析研究。结果表明，尽管破坏现象比较复杂，**但破坏的形式主要有两种，一种是断裂，另一种是屈服或者产生显著的塑性变形**。断裂破坏时，材料没有明显的塑性变形。屈服破坏时，材料出现屈服现象或显著的塑性变形。人们根据以上对于材料破坏现象的分析和研究，提出各种假设，**这些关于材料破坏规律的假设称为强度理论**。

强度理论认为，不论材料处于何种应力状态，只要破坏的类型相同，其破坏都是由同一因素引起的。这样，就可以把复杂应力状态和简单拉伸试验结果联系起来，从而利用简单拉伸试验结果建立复杂应力状态下的强度条件。

根据材料破坏的两种形式，强度理论也分成两类，**一类是用于断裂破坏的最大拉应力理论和最大伸长线应变理论；另一类是用于屈服破坏的最大切应力理论和形状改变比能理论**。

一、最大拉应力理论（第一强度理论）

这个理论认为：引起材料断裂破坏的主要因素是最大拉应力。不论材料处于何种应力状态，只要最大拉应力 σ_1 达到单向拉伸断裂时的最大拉伸应力值 $\sigma^0=\sigma_b$，材料就将发生断裂破坏。这里 σ^0 是极限应力，σ_b 是材料单向拉伸时的强度极限。

因此发生断裂破坏的条件是

$$\sigma_1=\sigma_b \tag{a}$$

将 σ_b 除以安全系数后，即得材料的许用应力〔σ〕。于是按此理论所建立的、在复杂应力状态下的强度条件是

$$\sigma_1\leqslant[\sigma] \tag{8-10}$$

试验表明，这一理论可以很好地解释铸铁等脆性材料在单向拉伸和扭转时的破坏现象。但是它没有考虑其余两个主应力对于断裂破坏的影响，而且也不能解释材料在单向压缩、三向压缩等没有拉应力的应力状态下的破坏现象。

二、最大伸长线应变理论（第二强度理论）

这个理论认为：引起材料断裂破坏的主要因素是最大伸长线应变。也就是说，不论材料处于何种应力状态，只要最大伸长线应变 ε_1 达到单向拉伸断裂时的最大伸长线应变值 ε^0，材料就将产生断裂破坏。由此得出断裂破坏的条件是

$$\varepsilon_1=\varepsilon^0 \tag{b}$$

在三向应力状态下，式（b）中的 ε_1 可由广义胡克定律式（8-9）求得，为

$$\varepsilon_1=\frac{1}{E}[\sigma_1-\mu(\sigma_2+\sigma_3)]$$

此外，认为脆性材料在简单拉伸时，直到发生断裂，材料的线应变极限值 ε^0 仍可按胡克定律计算，即

$$\varepsilon^0=\frac{\sigma_b}{E}$$

所以上述断裂条件可以写成

$$\frac{1}{E}[\sigma_1-\mu(\sigma_2+\sigma_3)]=\frac{\sigma_b}{E}$$

或

$$\sigma_1-\mu(\sigma_2+\sigma_3)=\sigma_b \tag{c}$$

考虑安全系数以后，可得强度条件为

$$\sigma_1 - \mu(\sigma_2 + \sigma_3) \leqslant [\sigma] \tag{8-11}$$

这一理论可以很好地解释石料或混凝土等脆性材料受轴向压缩时，试件沿纵向面破坏的现象（试件两端加润滑剂），因为这时最大伸长线应变发生在横向。但是按照这个理论，铸铁在二向拉伸时应该比单向拉伸更加安全，但实验结果却不能证实这一点。

三、最大切应力理论（第三强度理论）

这个理论认为：引起材料塑性屈服的主要因素是最大切应力。不论材料处于何种应力状态，只要最大切应力 τ_{max} 达到单向拉伸屈服时的最大切应力值 $\tau^0 = \frac{\sigma_s}{2}$，材料即发生屈服。这样，材料发生屈服破坏的条件为

$$\tau_{max} = \tau^0 = \frac{\sigma_s}{2} \tag{d}$$

在复杂应力状态下的最大切应力 τ_{max} 可由式（8-8）计算

$$\tau_{max} = \frac{\sigma_1 - \sigma_3}{2}$$

代入式（d），得出材料的屈服条件是

$$\sigma_1 - \sigma_3 = \sigma_s \tag{e}$$

考虑安全系数后，可得复杂应力状态下的强度条件为

$$\sigma_1 - \sigma_3 \leqslant [\sigma] \tag{8-12}$$

这一理论与塑性材料的试验结果比较符合，而且概念明确，形式简单，因此在机械工业中广为使用。不足之处是该理论忽略了中间主应力 σ_2 对屈服的影响，使得在二向应力状态下按该理论所得的结果与试验相比稍偏安全。

四、形状改变比能理论（第四强度理论）

这一理论认为：引起材料塑性屈服的主要因素是形状改变比能。不论材料处于何种应力状态，只要形状改变比能达到单向拉伸屈服时的形状改变比能值，材料就将发生屈服。

由于材料在外力作用下产生变形，同时在其内部积储了变形能，单位体积内所积储的变形能称为比能。通常单元体在变形时，其形状和体积都会发生变化，与形状改变相对应的那一部分比能称为形状改变比能。与体积改变相对应的那一部分比能称为体积改变比能。在复杂应力状态下，形状改变比能的表达式为

$$u_f = \frac{1+\mu}{6E}[(\sigma_1 - \sigma_2)^2 + (\sigma_2 - \sigma_3)^2 + (\sigma_3 - \sigma_1)^2] \tag{f}$$

因此，按这一理论所得出的材料塑性屈服条件是

$$u_f = u_f^0 \tag{g}$$

u_f^0 是单向拉伸屈服时的形状改变比能，只要在式（f）中令 $\sigma_1 = \sigma_s$，$\sigma_2 = \sigma_3 = 0$，即得

$$u_f^0 = \frac{1+\mu}{6E}(2\sigma_s^2) \tag{h}$$

将式（f）和式（h）代入式（g），得到材料屈服条件为

$$\sqrt{\frac{1}{2}[(\sigma_1 - \sigma_2)^2 + (\sigma_2 - \sigma_3)^2 + (\sigma_3 - \sigma_1)^2]} = \sigma_s \tag{i}$$

考虑安全系数后，相应的强度条件为

$$\sqrt{\frac{1}{2}[(\sigma_1-\sigma_2)^2+(\sigma_2-\sigma_3)^2+(\sigma_3-\sigma_1)^2]}\leqslant[\sigma] \tag{8-13}$$

对于塑性材料，如钢、铝、铜等，这个理论比最大切应力理论更加符合试验结果。

上述四个强度理论的强度条件可以归纳为一般形式

$$\sigma_r\leqslant[\sigma] \tag{8-14}$$

式中，σ_r 称为**相当应力**。

对于不同的强度理论，相当应力分别是

$$\left.\begin{aligned}\sigma_{r1}&=\sigma_1\\ \sigma_{r2}&=\sigma_1-\mu(\sigma_2+\sigma_3)\\ \sigma_{r3}&=\sigma_1-\sigma_3\\ \sigma_{r4}&=\sqrt{\frac{1}{2}[(\sigma_1-\sigma_2)^2+(\sigma_2-\sigma_3)^2+(\sigma_3-\sigma_1)^2]}\end{aligned}\right\} \tag{8-15}$$

通常在常温和静载荷条件下，脆性材料多发生脆性断裂，宜采用最大拉应力理论或最大伸长线应变理论；塑性材料多发生塑性屈服，宜采用最大切应力理论或形状改变比能理论。但是，材料的破坏不仅与材料的性质有关，而且还与它所处的应力状态有关。因此还要注意在某些特殊情况下，材料所处的应力状态会影响其破坏形式，应该据此选择适当的强度理论。例如，在接近三向均匀压缩的应力状态下，不论塑性材料还是脆性材料，都发生屈服型破坏，因此应该采用第三、第四强度理论；而在接近三向均匀拉伸应力状态下，不论塑性材料还是脆性材料，都发生断裂型破坏，这时则应采用第一、第二强度理论。

有了强度理论，就能够对于复杂应力状态下的构件进行强度计算，其步骤是：

(1) 从构件中的危险点处截取单元体，求出主应力 σ_1、σ_2、σ_3。

(2) 根据材料性质及该点的应力状态选用适当的强度理论，计算出相当应力 σ_r。

(3) 选定材料的许用应力 $[\sigma]$，将相当应力 σ_r 与之相比较，按式 (8-14) 进行强度计算。

例 8-5 试根据第一强度理论，对如图 8-19a 所示脆性材料圆轴扭转时的破坏现象进行分析。

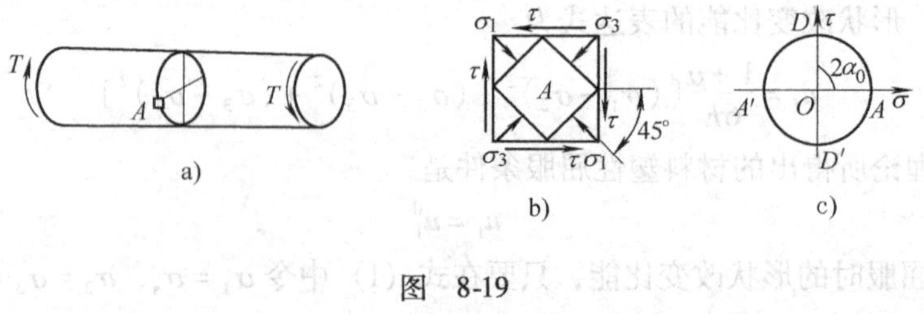

图 8-19

解：由于受扭圆轴表层处的各点切应力最大，所以危险点可选表层上的点 A，单元体的应力状态是纯切应力状态（图 8-19b），画出应力圆（图 8-19c），得出三个主应力为

$$\sigma_1=\tau \qquad \sigma_2=0 \qquad \sigma_3=-\tau$$

以及与 σ_1 对应的主方向

$$\alpha_0 = -45°$$

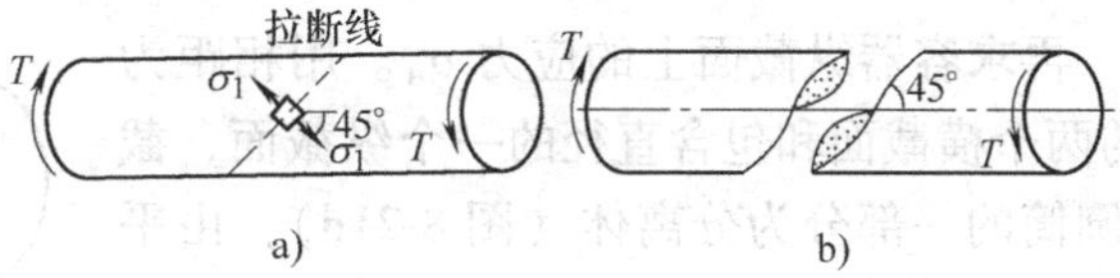

图 8-20

根据第一强度理论，由于沿 $-45°$ 方向的最大拉应力 σ_1 过大，使圆轴在与之垂直的约45°方向的螺旋面上发生断裂（图8-20）。这一现象可以用粉笔的扭断加以简单地验证。

例8-6 在第六章第六节中曾经指出，钢材的许用切应力〔τ〕与它的许用拉应力〔σ〕之间有以下关系

$$[\tau]=(0.5\sim0.6)[\sigma]$$

试按第三、第四强度理论对此予以解释。

解： 因为在纯切应力状态下，三个主应力是 $\sigma_1=\tau$，$\sigma_2=0$，$\sigma_3=-\tau$，按照第三强度理论

$$\sigma_{r3}=\sigma_1-\sigma_3\leqslant[\sigma]$$

即

$$2\tau\leqslant[\sigma]$$

与在纯切应力状态下的强度条件 $\tau\leqslant[\tau]$ 相比较，可得

$$[\tau]=0.5[\sigma]$$

再按第四强度理论

$$\sigma_{r4}=\sqrt{\frac{1}{2}[(\sigma_1-\sigma_2)^2+(\sigma_2-\sigma_3)^2+(\sigma_3-\sigma_1)^2]}$$

$$=\sqrt{\frac{1}{2}[\tau^2+\tau^2+4\tau^2]}$$

$$=\sqrt{3}\tau\leqslant[\sigma]$$

由此得出许用切应力为

$$[\tau]=\frac{[\sigma]}{\sqrt{3}}=0.58[\sigma]$$

这就是说，对于象钢一类的塑性材料，许用切应力通常取为 0.5~0.6〔σ〕。

例8-7 薄壁圆筒如图8-21a所示，承受压强为 p 的内压，其壁厚远小于圆筒的平均直径 $\left(t\leqslant\frac{D}{20}\right)$。试求筒壁上任一点的纵向和横向截面上的应力，并且根据第三、第四强度理论推导圆筒的强度条件。

解： 在内压作用下，圆筒体只产生轴向伸长和环向膨胀的变形，因此可以知道在筒壁的纵、横两种截面上只有正应力而没有切应力，而且，因为容器壁很薄，可以认为器壁内的应力是均布的。

先求横截面上的应力 σ_2。以横截面将圆筒截开，取右边部分为分离体（图8-21c），由平衡方程

$$\sigma_2\pi Dt-p\frac{\pi}{4}D^2=0$$

得

$$\sigma_2 = \frac{pD}{4t}$$

再求容器纵截面上的应力 σ_1。用相距为 l 的两个横截面和包含直径的一个纵截面，截取圆筒的一部分为分离体（图 8-21d），由平衡方程

$$\int_0^{\pi} p\,\frac{D}{2}\sin\theta \mathrm{d}\theta \cdot l - 2\sigma_1 tl = 0$$

得

$$\sigma_1 = \frac{pD}{2t}$$

由此可见，在圆筒上如以纵横两组平面切出单元体，则该单元体的应力状态如图 8-21e 所示，考虑到作用于圆筒内壁上的内压和外壁上的大气压远小于 σ_1、σ_2，因此，可认为在单元体的第三个方向上的正应力为零，于是三个主应力是

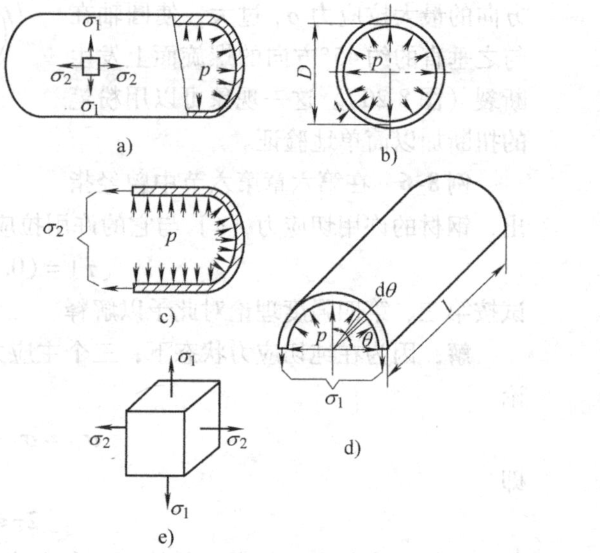

图 8-21

$$\sigma_1 = \frac{pD}{2t} \qquad \sigma_2 = \frac{pD}{4t} \qquad \sigma_3 = 0$$

将三个主应力值按第三、第四强度理论代入式（8-15），得

$$\sigma_{r3} = \frac{pD}{2t} \leqslant [\sigma]$$

$$\sigma_{r4} = \frac{\sqrt{3}pD}{4t} \leqslant [\sigma]$$

这就是受内压的薄壁圆筒的强度条件。

思 考 题

8-1 何谓一点的应力状态？如何研究一点处的应力状态？

8-2 何谓单向应力状态和二向应力状态？圆轴扭转时，圆轴表面各点处于何种应力状态？梁受横力弯曲时梁顶、梁底和其它各点处于何种应力状态？

8-3 何谓主平面？何谓主应力？如何确定主应力的大小和方向？

8-4 何谓广义胡克定律？该定律是怎样建立的？其应用条件是什么？

8-5 横力弯曲时，横截面上既有正应力，又有切应力，因此应属于复杂应力状态，为什么对它的强度计算未选用适当的强度理论，而仅用简单的强度条件？

8-6 当梁处于纯弯曲时，梁内是否存在切应力？为什么？

8-7 若受力构件中某一点处，沿某一方向的线应变等于零，则沿该方向的正应力是否为零？为什么？

8-8 铸铁圆试件受扭破坏时的断口呈何形状？它是由哪种应力引起破坏的？

习 题

8-1 试用单元体表示图示各构件中指定点的应力状态，并算出单元体上的应力值。

8-2 用解析法和图解法计算图示各单元体斜截面上的应力（单位 MPa），并在单元体上图示之。

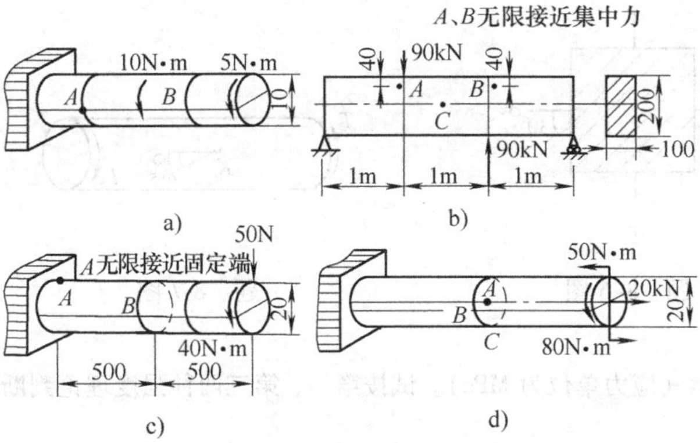

题 8-1 图

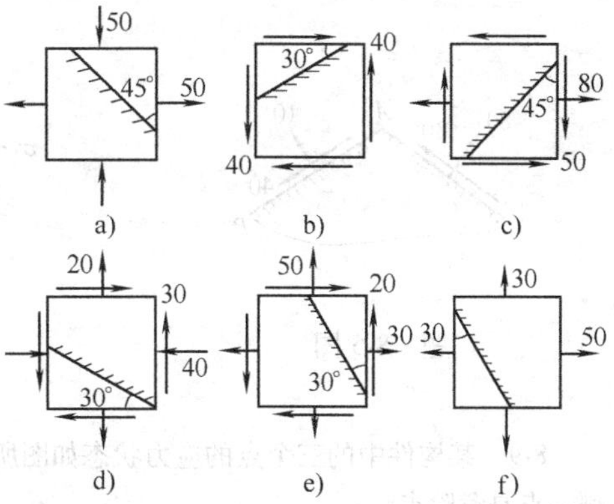

题 8-2 图

8-3 已知单元体的应力状态如图所示。试用解析法或图解法求：（1）主应力的大小和方向；（2）在单元体上画出主平面的位置（图中应力单位为 MPa）

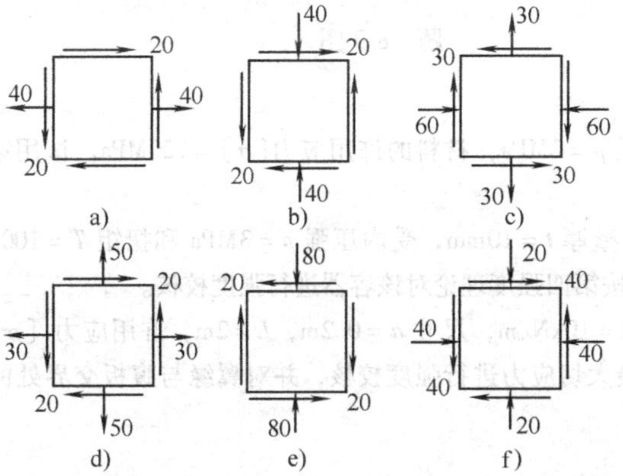

题 8-3 图

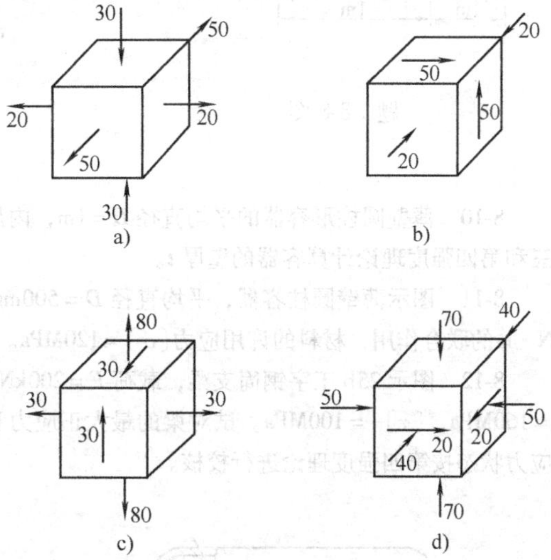

题 8-4 图

8-4 求出图示单元体的主应力和最大切应力（应力单位为 MPa）。

8-5 已知构件中 A 点处斜截面 AB、AC 的应力如图示，试用解析法和图解法确定该点的主应力（应力单位为 MPa）。

8-6 图示粗纹木块，如果沿木纹方向切应力大于 5MPa 时，就会沿木纹剪裂。设 $\sigma_y=8\text{MPa}$，要使木块不发生剪断，σ_x 的值应在什么范围内？

8-7 直径为 d 的圆轴，两端受扭矩 T 的作用，由实验测出轴表面某点 K 与轴线成 15°方向的线应变为 ε_{15°，试求 T 之数值。设材料的弹性模量 E 和 μ 已知。

8-8 在图示矩形截面简支梁的中性层上某一点 K 处，沿与轴线成 30°方向贴有应变片，并测出正应变 $\varepsilon_{30^\circ}=-1.3\times10^{-5}$，试求梁的载荷 F。设梁的弹性模量 $E=200\text{GPa}$，$\mu=0.3$。

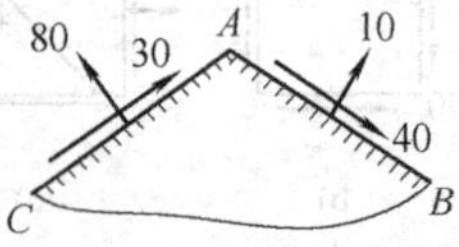

题　8-5 图

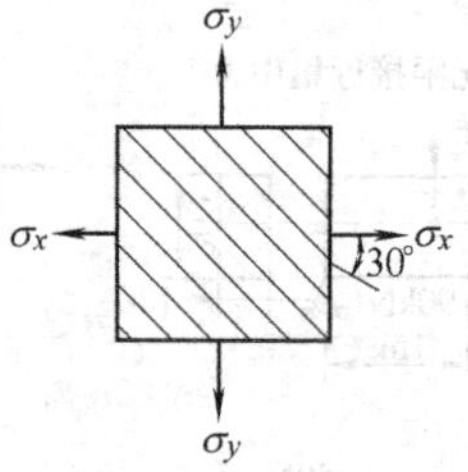

题　8-6 图

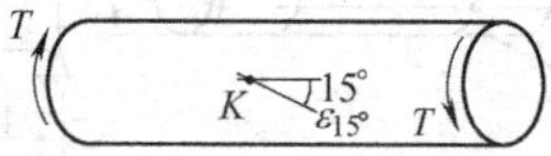

题　8-7 图

8-9　某构件中的三个点的应力状态如图所示（应力单位为 MPa）。试按第一、第三两种强度理论判断哪一点是危险点。

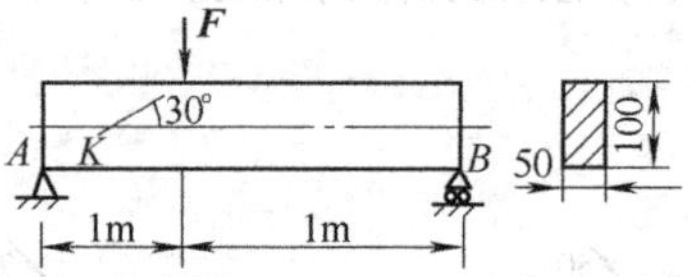

题　8-8 图

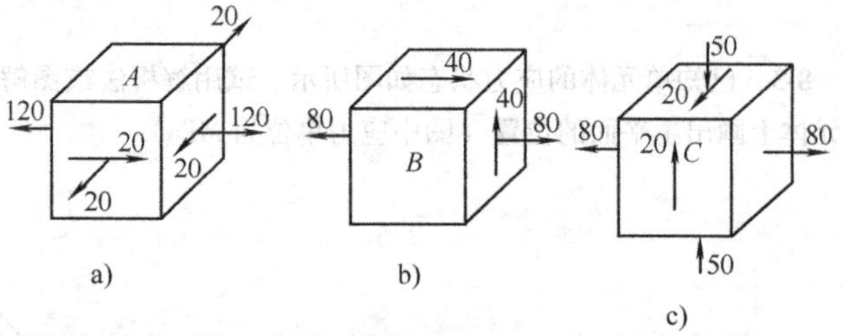

题　8-9 图

8-10　薄壁圆柱形容器的平均直径 $D=1\text{m}$，内压强 $p=2\text{MPa}$，材料的许用应力〔σ〕$=120\text{MPa}$。试用第三和第四强度理论计算容器的壁厚 t。

8-11　图示薄壁圆柱容器，平均直径 $D=500\text{mm}$，壁厚 $t=10\text{mm}$，受内压强 $p=3\text{MPa}$ 和扭矩 $T=100\text{kN}\cdot\text{m}$的联合作用，材料的许用应力〔$\sigma$〕$=120\text{MPa}$。试按第四强度理论对该容器进行强度校核。

8-12　图示 25b 工字钢简支梁，载荷 $F=200\text{kN}$，$q=10\text{kN/m}$，尺寸 $a=0.2\text{m}$，$L=2\text{m}$，许用应力〔σ〕$=160\text{MPa}$，〔τ〕$=100\text{MPa}$。试对梁的最大正应力和最大切应力进行强度校核，并对翼缘与腹板交界处的应力状态按第四强度理论进行校核。

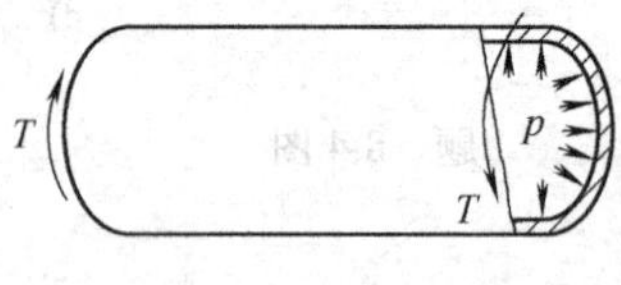

题　8-11 图

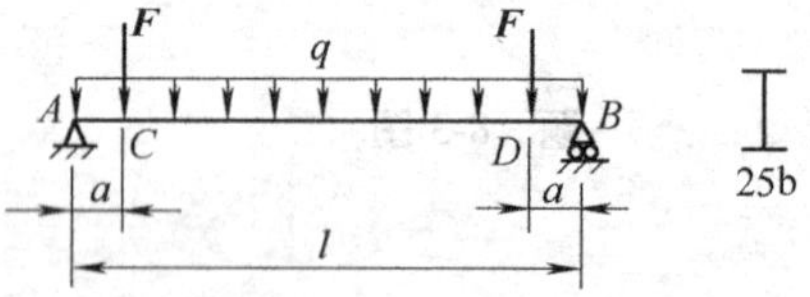

题　8-12 图

第九章　组合变形

第一节　拉伸（压缩）与弯曲的组合变形

前面已分别研究了杆件在轴向拉伸（压缩）、扭转和弯曲等基本变形时的强度和刚度问题，而在工程实际中，许多构件往往同时承受两种或两种以上的基本变形。例如厂房建筑中的立柱（图9-1），吊车传递给柱子的压力不沿柱子的轴线，因而柱子同时产生压缩变形和弯曲变形（图9-1b）。又如图9-2a所示的机器传动轴，齿轮的啮合力使*AB*轴产生弯曲变形和扭转变形（图9-2b）。上述两例中的构件都存在两种基本变形，前者是压缩与弯曲的组合，后者则是弯曲与扭转的组合。在外力作用下的构件，**同时产生两种或两种以上基本变形的情况，称为组合变形**。

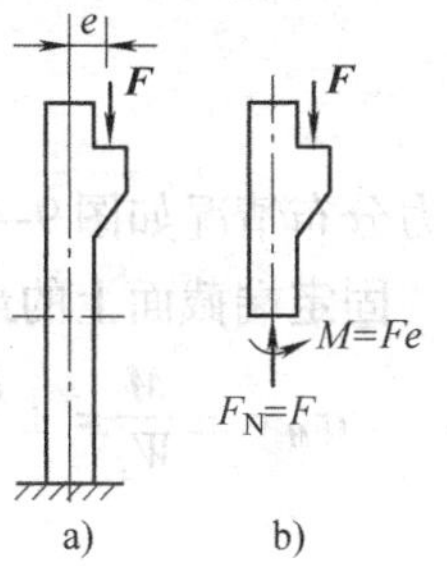

图　9-1

由于我们所研究的都是小变形构件，而且材料服从胡克定律，所以可以应用叠加原理来计算在组合变形时的应力和变形。其基本步骤是：

（1）外力分析。将作用在构件上的载荷进行分解与简化，使构件在每组载荷作用下，只产生一种基本变形。

（2）内力分析。用截面法计算杆件的内力并画出内力图，据此判断危险截面的位置。

（3）应力分析。根据应力分布规律，判断危险截面上的危险点位置，同时算出该点各个应力的数值。

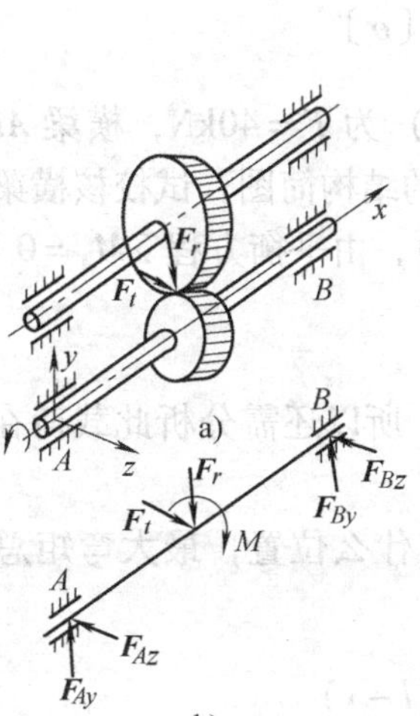

图　9-2

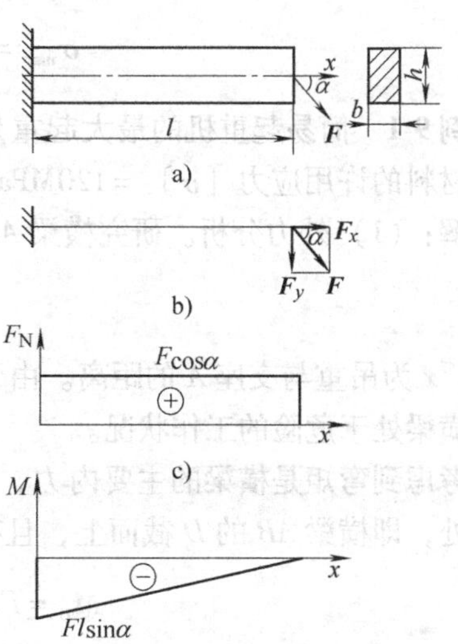

图　9-3

（4）强度计算。由危险点所处的应力状态，求出主应力，结合构件的材料性质，选择适当的强度理论进行强度计算。

组合变形的种类很多，其中最常见的是拉伸（压缩）和弯曲的组合以及弯曲和扭转的组合，本章所讨论的就是这两类组合变形，本节先介绍拉伸（压缩）与弯曲组合变形。

图9-3a 所示为一矩形截面梁，外力 F 作用在纵向对称面内且与梁的轴线成 α 角度，现在讨论梁的强度。

（1）外力分析。如图9-3b 所示，自由端的载荷 F 可以分解成 $F_x = F\cos\alpha$ 及 $F_y = F\sin\alpha$，前者使梁产生拉伸，后者使梁发生弯曲，因此是拉伸与弯曲的组合变形。

（2）内力分析。为了确定危险截面的位置，必须对内力进行分析。F_x 引起各截面上的轴向力 F_N 是相同的（图9-3c）。F_y 引起弯曲，其弯矩图如图9-3d，在固定端截面上的弯矩最大，因此固定端是危险截面。

（3）应力分析。在固定端截面上，与轴向力 F_N 相应的拉应力为

$$\sigma_{F_N} = \frac{F_N}{A} = \frac{F\cos\alpha}{bh}$$

应力分布情况如图9-4b 所示。

固定端截面上的最大弯曲正应力为

$$\sigma_M = \pm\frac{M}{W_z} = \pm\frac{Fl\sin\alpha}{\frac{bh^2}{6}} = \pm\frac{6Fl\sin\alpha}{bh^2}$$

其应力分布如图9-4c 所示。

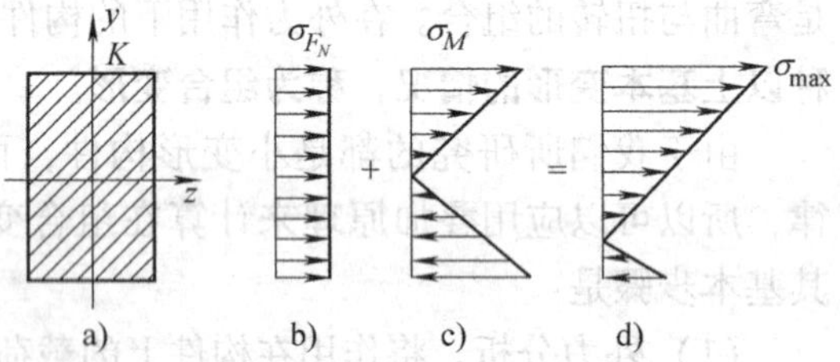

图 9-4

将以上正应力合成，可得图9-4d，显然，危险点在截面的上缘，可选择 K 点为代表。

（4）强度计算。危险点 K 属于单向应力状态，所以强度条件是

$$\sigma_{max} = \sigma_{F_N} + \sigma_M \leqslant [\sigma] \tag{9-1}$$

或

$$\sigma_{max} = \frac{F\cos\alpha}{bh} + \frac{6Fl\sin\alpha}{bh^2} \leqslant [\sigma]$$

例9-1 简易起重机的最大起重量（包括行走小车）为 $F = 40\text{kN}$，横梁 AB 为18 工字钢，材料的许用应力 $[\sigma] = 120\text{MPa}$。图9-5 是起重机的结构简图，试校核横梁 AB 的强度。

解：（1）外力分析。研究横梁 AB 的受力（图9-5b），由平衡方程 $\Sigma M_A = 0$ 可得

$$F_T = \frac{Fx}{l\sin30^\circ} = \frac{2Fx}{l}$$

式中，x 为吊重与支座 A 的距离。由于吊重是移动载荷，所以还需分析此载荷在什么位置时才使横梁处于危险的工作状况。

考虑到弯矩是横梁的主要内力，而且不论吊重 F 在什么位置，最大弯矩总是发生在吊重之处，即横梁 AB 的 D 截面上，且有

$$M_D = F_T\sin30^\circ(l - x) = \frac{Fx}{l}(l - x)$$

$$\frac{dM_D}{dx} = 0$$

$$\frac{F}{l}(l-2x)=0$$

得出

$$x=\frac{l}{2}及\ M_{D\max}=\frac{Fl}{4}$$

说明，吊重位于横梁 AB 的中点时，横梁处于危险工作状况。

根据平衡方程，可以算出吊重位于横梁中点时的约束反力

$$F_T=40\text{kN}\qquad F_{Ax}=20\sqrt{3}\text{kN}$$

$$F_{Ay}=20\text{kN}$$

（2）内力分析。由横梁所受的外力，可作出轴力图 9-5c、弯矩图 9-5d 并判明危险截面为 D。

（3）应力分析。轴向力引起截面上各点的压应力相同，最大弯曲压应力则发生在危险截面的上缘，因此危险点在该截面上缘。

由型钢表查出 18 工字钢的面积 $A=30.6\text{cm}^2$，抗弯截面系数 $W_z=185\text{cm}^3$，可得危险点上由轴向力引起的压应力为

$$\sigma_{F_N}=-\frac{F_T\cos30°}{A}=-\frac{40\times10^3\times\cos30°}{30.6\times10^2}\text{MPa}=-11.3\text{MPa}$$

由弯矩引起的最大弯曲压应力为

$$\sigma_M=-\frac{M_{D\max}}{W_z}=-\frac{Fl}{4W_z}=-\frac{40\times10^3\times2\times10^3}{4\times185\times10^3}\text{MPa}$$

$$=-108.1\text{MPa}$$

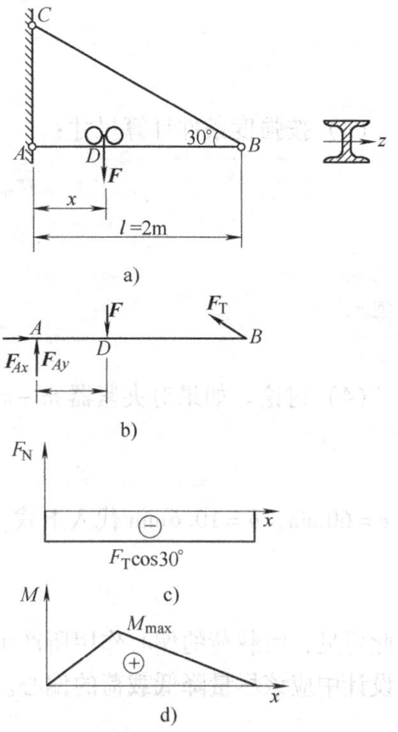

图 9-5

（4）强度计算。危险点处于单向应力状态，强度条件是

$$\sigma_{\max}=|\sigma_{F_N}+\sigma_M|=119.4\text{MPa}<[\sigma]$$

因此横梁 AB 的强度条件是满足的。

例 9-2 用以夹紧工件的夹紧器的截面 $m-m$ 为矩形（图 9-6a），材料的许用应力 $[\sigma]=160\text{MPa}$，最大夹紧力 $F=2\text{kN}$，偏心距 $e=6\text{cm}$，试计算截面尺寸 b。设 $h=2b$。

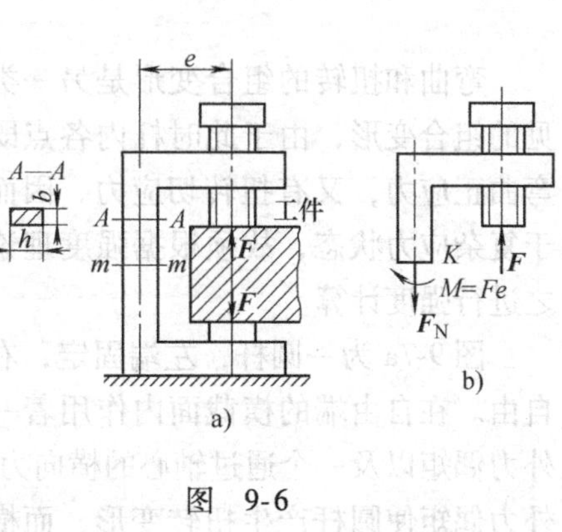

图 9-6

解：（1）外力与内力分析。以截面 $m-m$ 将夹紧器截开，保留上面部分（图 9-6b），由于夹紧力 F 与截面形心有偏心距 e，因此该截面上的内力为

$$F_N=F=2\text{kN}$$

$$M=Fe=120\text{N}\cdot\text{m}$$

显然，与 $m-m$ 截面平行的其它截面上的内力也与此相同。

（2）应力分析。根据拉伸与弯曲应力分布规律，可知危险点在截面内缘上的 K 点。危险点的拉伸正应力为

$$\sigma_{F_N}=\frac{F}{A}=\frac{F}{bh}=\frac{F}{2b^2}$$

最大弯曲拉应力为

$$\sigma_M=\frac{M}{W_z}=\frac{Fe}{\frac{bh^2}{6}}=\frac{3Fe}{2b^3}$$

（3）按强度条件计算尺寸：

$$\sigma_{\max}=\sigma_{F_N}+\sigma_M=\frac{F}{2b^2}+\frac{3Fe}{2b^3}$$
$$=\frac{2\times10^3}{2b^2}+\frac{3\times2\times10^3\times60}{2b^3}\leqslant[\sigma]=160\text{MPa}$$

解得

$$b\geqslant10.6\text{mm}$$

（4）讨论。如果对夹紧器 $m-m$ 截面上两种拉应力求比值，则有

$$\frac{\sigma_M}{\sigma_{F_N}}=\frac{3e}{b}$$

以 $e=60\text{mm}$，$b=10.6\text{mm}$ 代入上式，得

$$\frac{\sigma_M}{\sigma_{F_N}}=\frac{3\times60}{10.6}=17$$

由此可见，因载荷的偏心作用所产生的弯曲拉应力是夹紧器强度问题的主要因素，所以在工程设计中应该尽量降低载荷的偏心。

第二节　弯曲与扭转的组合变形

弯曲和扭转的组合变形是另一类常见的组合变形，由于此时杆内各点既有弯曲正应力，又有扭转切应力，因而处于复杂应力状态，故须根据强度理论对之进行强度计算。

图 9-7a 为一圆杆，左端固定，右端自由。在自由端的横截面内作用着一个外力偶矩以及一个通过轴心的横向力 F。外力偶矩使圆杆产生扭转变形，而横向力使圆杆产生弯曲变形。考虑到由横向力引起的切应力影响很小，可以略去不计，于是圆杆的变形就是弯曲与扭转变形的组合。

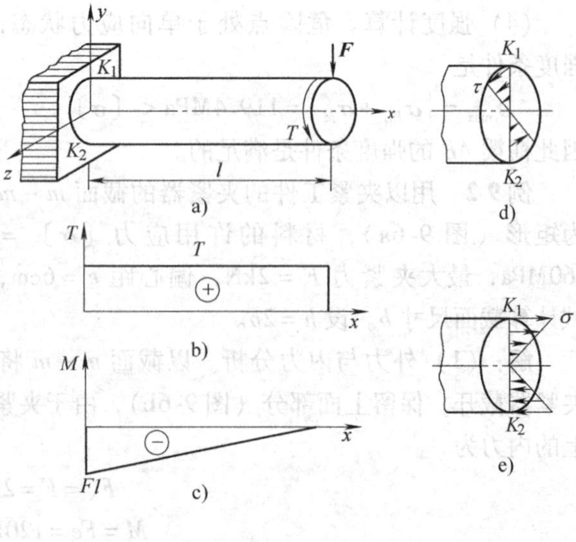

图 9-7

1. 内力分析及危险截面的确定

由圆杆的扭矩图和弯矩图图 9-7b、c 可见，固定端是危险截面。

2. 危险点的确定

按危险截面上弯曲正应力和扭转切应力的分布可知（图 9-7d、e），该截面上下缘 K_1、K_2 两点同时有最大的弯曲正应力和扭转切应力，其值分别为

$$\sigma = \pm\frac{M}{W} = \pm\frac{Fl}{W}$$

$$\tau = \frac{T}{W_p}$$

式中 W、W_p 是圆杆的抗弯和抗扭截面系数。因 K_1、K_2 两点均属复杂应力状态，故需分别进行强度计算。

3. 强度计算

按 K_1、K_2 的应力状态（图 9-8a、b）画出应力圆分别如图 9-8c、d 所示，由于 K_1 点的第一主应力 σ_1 大于 K_2 点的第一主应力，故按第一、第二强度理论计算的相当应力 σ_{r1}、σ_{r2} 也大于K_2 点的相当应力，此时 K_1 点为危险点。如按第三、第四强度理论计算时，两点的相当应力 σ_{r3}、σ_{r4} 相等，则它们同为危险点。总之，圆杆弯扭组合变形的危险点为 K_1，其主应力为（参阅例 8-3）

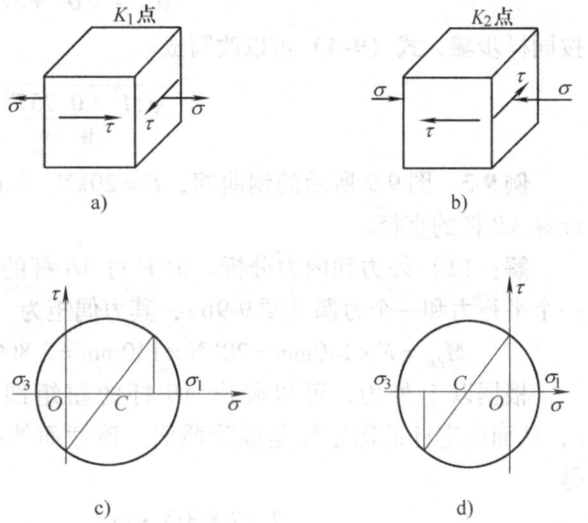

图 9-8

$$\sigma_1 = \sigma_{max} = \frac{\sigma}{2} + \sqrt{\left(\frac{\sigma}{2}\right)^2 + \tau^2}$$

$$\sigma_2 = 0$$

$$\sigma_3 = \sigma_{min} = \frac{\sigma}{2} - \sqrt{\left(\frac{\sigma}{2}\right)^2 + \tau^2}$$

工程中的许多轴类零件（传动轴、齿轮轴）经常处于弯扭组合变形状态，它们多由塑性材料制成，因此选择第三或第四强度理论。

选用第三强度理论计算时，强度条件是

$$\sigma_{r3} = \sigma_1 - \sigma_3 \leqslant [\sigma]$$

将所得的主应力 σ_1、σ_3 代入，得出

$$\sigma_{r3} = \sqrt{\sigma + 4\tau^2} \leqslant [\sigma] \qquad (9\text{-}2)$$

式中

$$\sigma = \frac{M}{W},\ \tau = \frac{T}{W_p}$$

对于实心圆轴有

$$W_p = \frac{\pi d^3}{16} = 2W$$

则式（9-2）可以改写成

$$\sqrt{\left(\frac{M}{W}\right)^2+4\left(\frac{T}{W_p}\right)^2}=\frac{\sqrt{M^2+T^2}}{W}\leqslant[\sigma] \qquad (9\text{-}3)$$

选用第四强度理论计算时，强度条件是

$$\sigma_{r4}=\sqrt{\frac{1}{2}[(\sigma_1-\sigma_2)^2+(\sigma_2-\sigma_3)^2+(\sigma_3-\sigma_1)^2]}\leqslant[\sigma]$$

将主应力 σ_1、σ_2、σ_3 的值代入上式，得

$$\sigma_{r4}=\sqrt{\sigma^2+3\tau^2}\leqslant[\sigma] \qquad (9\text{-}4)$$

按同样步骤，式（9-4）可以改写成

$$\frac{\sqrt{M^2+0.75T^2}}{W}\leqslant[\sigma] \qquad (9\text{-}5)$$

例 9-3 图 9-9 所示的钢曲拐，$F=20\text{kN}$，$[\sigma]=160\text{MPa}$，试计算 AB 杆的直径。

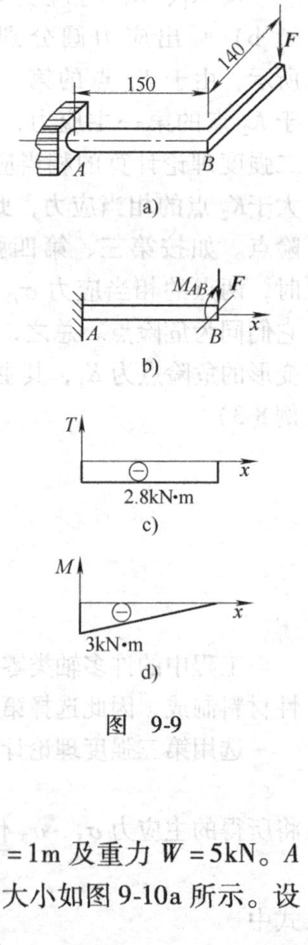

图 9-9

解：（1）外力和内力分析。力 F 对 AB 杆的作用，可简化为一个平行力和一个力偶（图 9-9b），其力偶矩为

$$M_{AB}=F\times140\text{mm}=20\text{kN}\times140\text{mm}=2\,800\text{N}\cdot\text{m}$$

根据以上外力，可以画出 AB 杆的扭矩图和弯矩图 9-9c、d，从而确定杆的固定端是危险截面，该截面的扭矩和弯矩分别是

$$T=2\,800\text{N}\cdot\text{m}$$

$$M=F\times150\text{mm}=20\text{kN}\times150\text{mm}=3\,000\text{N}\cdot\text{m}$$

（2）应力分析与强度计算。不难看出，固定端截面的上、下缘两点是危险点。如按第三强度理论，由式（9-3）知道强度条件为

$$\frac{\sqrt{M^2+T^2}}{W}\leqslant[\sigma]$$

$$\frac{\sqrt{(3\,000\times10^3\text{N}\cdot\text{mm})^2+(2\,800\times10^3\text{N}\cdot\text{mm})^2}}{\dfrac{\pi d^3}{32}}\leqslant160\text{MPa}$$

解出

$$d\geqslant63.9\text{mm}$$

选取 $d=64\text{mm}$。

例 9-4 一钢制圆轴装有两带轮 A 及 B，两轮有相同的直径 $D=1\text{m}$ 及重力 $W=5\text{kN}$。A 轮上带的张力是水平方向的，B 轮带的张力是铅直方向的，它们的大小如图 9-10a 所示。设圆轴的许用应力$[\sigma]=80\text{MPa}$，试按第四强度理论求轴所需的直径。

解：将轮上带的拉力向轴线简化，以作用在轴线上的集中力及力偶矩来代替。轴的计算简图如图 9-10b 所示。在截面 A 上作用向下的轮子重力 5kN 及带的水平拉力 7kN，并有力偶矩$(5-2)\times0.5\text{kN}\cdot\text{m}=1.5\text{kN}\cdot\text{m}$。在截面 B 作用着轮子重力及带张力共 12kN，并有力偶矩 $1.5\text{kN}\cdot\text{m}$。

圆轴的扭矩如图 9-10c 所示，在 AB 段内扭矩 T 为常量，其值为

$$T = 1.5\text{kN}\cdot\text{m}$$

分别绘制垂直平面和水平平面弯矩图。

垂直平面弯矩图如图 9-10d 所示，水平平面弯矩图如图 9-10e 所示。在 C 和 B 截面处的合成弯矩分别为

$$M_C = \sqrt{M_z^2 + M_y^2} = \sqrt{2.1^2 + 1.5^2}\text{kN}\cdot\text{m} = 2.58\text{kN}\cdot\text{m}$$

$$M_B = \sqrt{2.25^2 + 1.05^2}\text{kN}\cdot\text{m} = 2.48\text{kN}\cdot\text{m}$$

由此可画出图 9-10f 所示的合成弯矩图。

由于 $M_C > M_B$，故截面 C 上的合成弯矩最大。根据式（9-5）得

$$\sigma_{r4} = \frac{\sqrt{M_C^2 + 0.75T^2}}{W} \leqslant [\sigma]$$

代入相应数据得

$$\frac{\sqrt{(2.58\times10^6)^2 + 0.75\times(1.5\times10^6)^2}}{\dfrac{\pi d^3}{32}} \leqslant 80$$

解得所需直径　　　　$d = 71.6\text{mm}$

选取 $d = 72\text{mm}$。

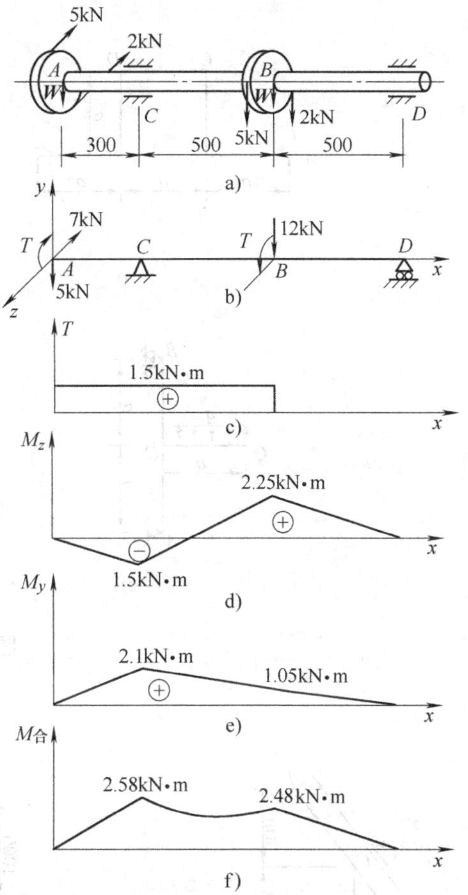

图　9-10

思　考　题

9-1　当构件发生弯、拉（压）组合变形时，其横截面上有哪些内力？正应力是怎样分布的？

9-2　如何确定偏心压缩时中性轴的位置？

9-3　构件受压力作用时，外力作用点与截面形心的关系如何？

9-4　当圆轴发生弯、扭组合变形时，横截面上有哪些内力？应力是怎样分布的？危险点处于何种应力状态？应根据何种强度理论建立圆轴的强度条件？

9-5　当圆轴发生弯、扭、拉（压）组合变形时，如何按第三强度理论建立强度条件？

习　　题

9-1　分析图示构件各段的变形。

9-2　横截面为边长 $a = 10\text{cm}$ 的正方形的简支斜梁，承受垂直载荷 $F = 3\text{kN}$ 作用，求梁中最大拉应力和最大压应力，并指出发生在什么截面上。

9-3　两端铰支的钢柱 AB，截面是外径 $D = 70\text{mm}$，内径 $d = 62\text{mm}$ 的空心圆截面，受偏心力 $F = 5\text{kN}$ 作用，材料许用应力 $[\sigma] = 100\text{MPa}$，试校核其强度。

9-4　图示矩形截面铸铁柱，对称面内有偏心载荷，若 $F = 500\text{kN}$，已知铸铁的许用压应力 $[\sigma_-] =$

160MPa，许用拉应力$[\sigma_+]=40\text{MPa}$，求此柱子允许的最大偏心距e。

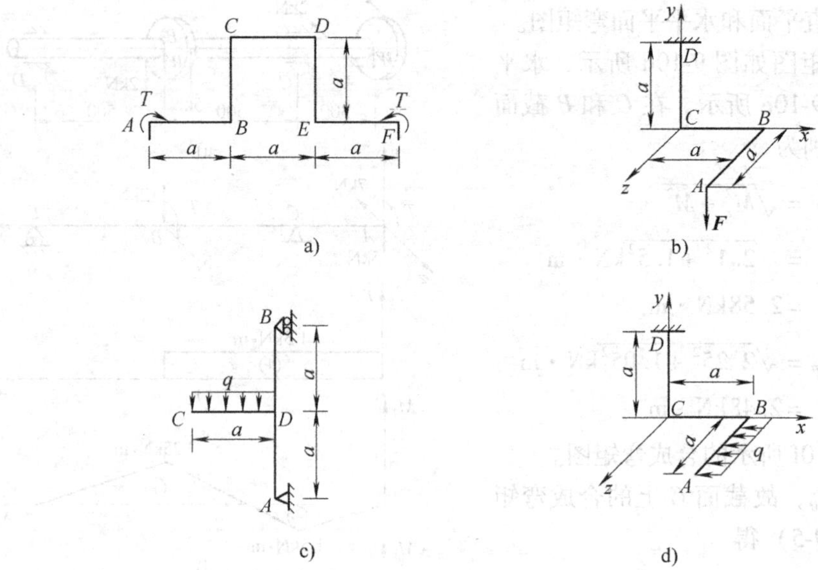

题 9-1 图

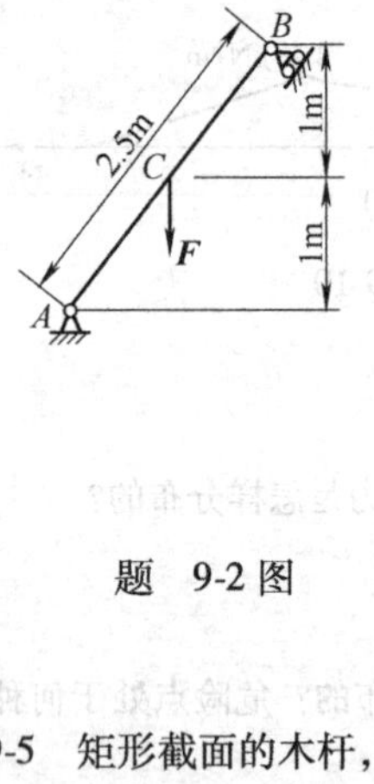

题 9-2 图

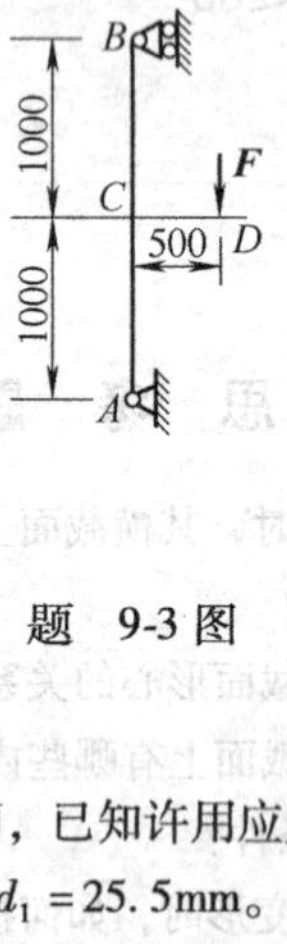

题 9-3 图

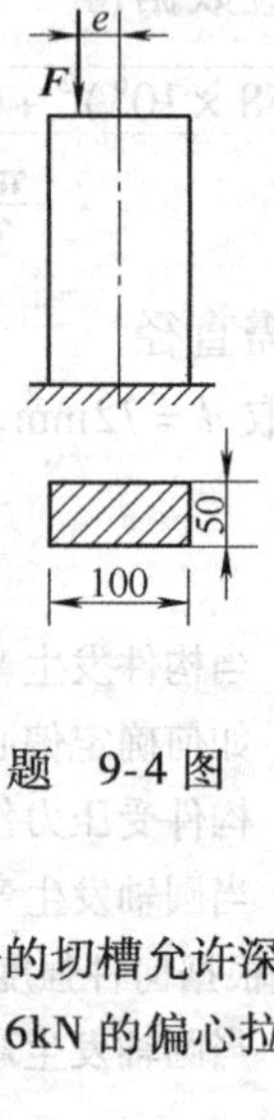

题 9-4 图

9-5 矩形截面的木杆，受有拉力$F=100\text{kN}$，已知许用应力$[\sigma]=6\text{MPa}$，求木杆的切槽允许深度a。

9-6 已知一勾头螺栓装配如图，螺纹内径$d_1=25.5\text{mm}$。当拧紧螺母时承受$F=6\text{kN}$的偏心拉力作用。已知偏心距$e=d_1$，螺栓材料的许用应力$[\sigma]=120\text{MPa}$，试校核螺栓的强度。

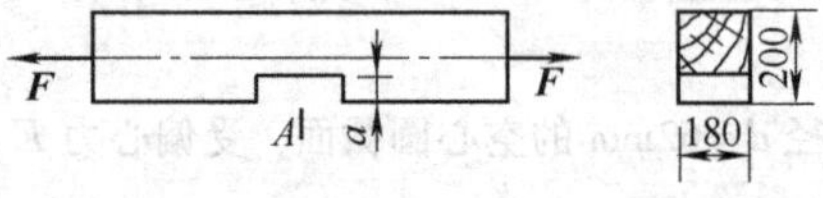

题 9-5 图

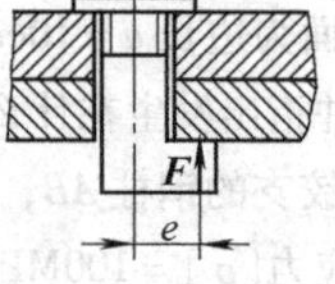

题 9-6 图

9-7　图示为一C形夹钳，材料许用应力〔σ_-〕= 120MPa，〔σ_+〕= 40MPa，截面$A-A$尺寸如图。试求其允许的夹紧力F。

9-8　图示拐轴一端固定，试按第三强度理论决定轴的最大载荷F。已知：$l = 200$mm，$a = 150$mm，$d = 50$mm，材料的许用应力〔σ〕= 130MPa。

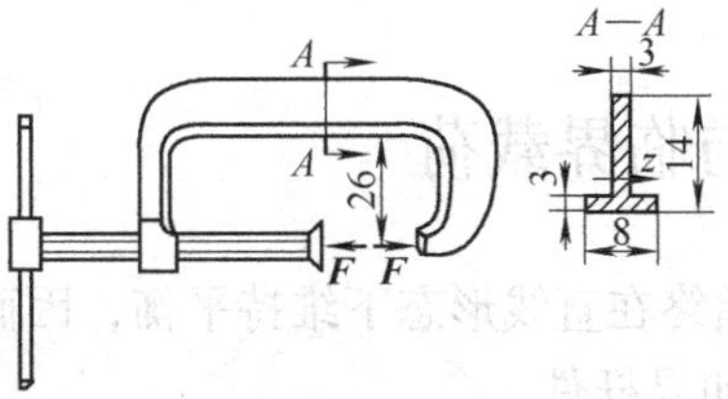

题　9-7 图

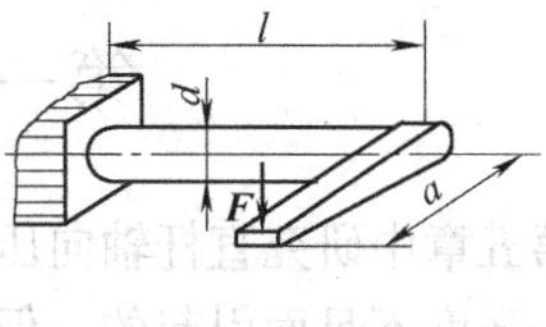

题　9-8 图

9-9　磨床磨平面时，砂轮受到磨削的圆周力$F_1 = 80$N和径向力$F_2 = 400$N的作用。如图所示，若砂轮的直径$D = 10$cm，轴的长度$l = 12$cm，轴的直径$d = 2$cm，许用应力〔σ〕= 70MPa，试按第四强度理论校核轴的强度。

9-10　两个直径均为$D = 600$mm的带轮C，D装在轴上。由C轮传来的功率为$P = 7.5$kW，轴的转速$n = 100$r/min，若带的松边张力$F_1 = 1.5$kN，轴所用材料的许用应力〔σ〕= 80MPa，试按第三强度理论确定轴的直径。

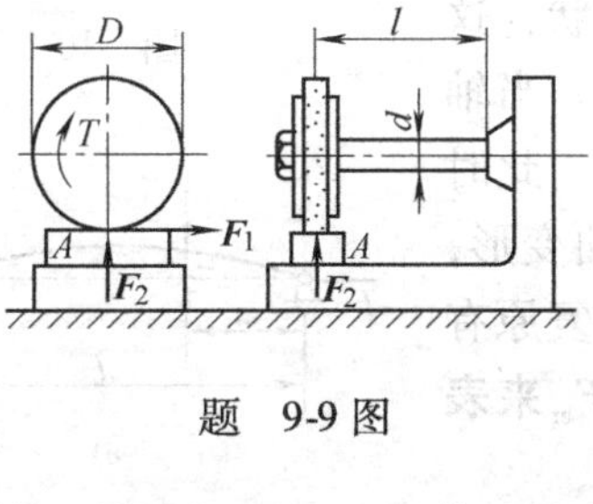

题　9-9 图

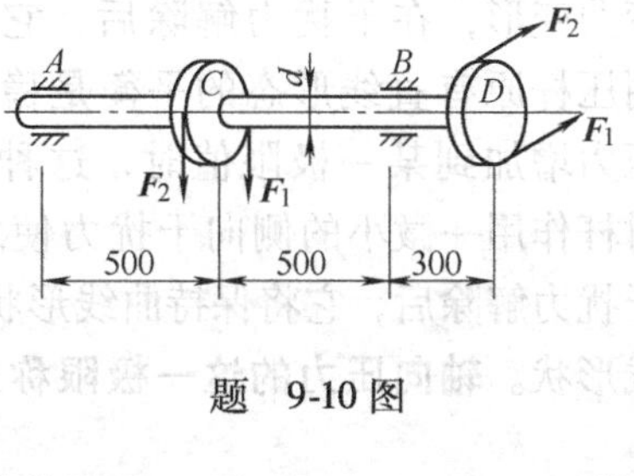

题　9-10 图

9-11　带轮1受重力$W_1 = 1$kN，轮2受重力$W_2 = 0.8$kN，主动轮C以$P = 7.5$kW、$n = 125$r/min带动轴转动，若$F_{T1} = 2F_{t1}$，$F_{T2} = 2F_{t2}$，轴所用材料许用应力〔σ〕= 60MPa，试用第四强度理论确定轴的直径。

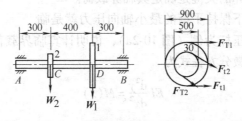

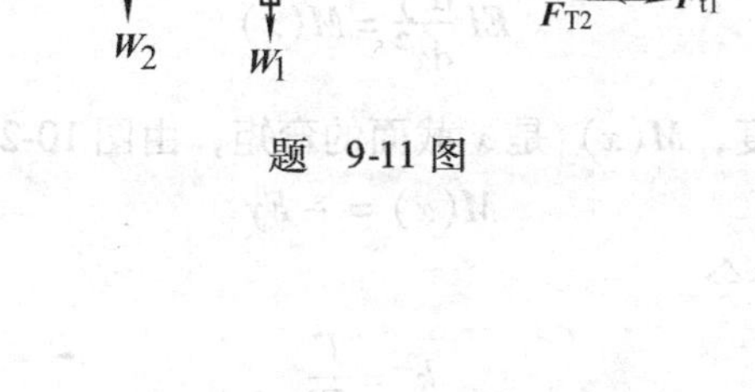

题　9-11 图

第十章 压杆稳定

第一节 压杆稳定与临界载荷

在第五章中研究直杆轴向压缩时，我们认为杆始终在直线形态下维持平衡，因而它的破坏是由于强度不足而引起的。但是在实践中发现，如果杆件比较细长，在轴向压力还未达到强度破坏的数值时，就可能突然变弯从而丧失直线形态平衡，这种现象在**力学中称为失稳**。压杆失稳，会导致含有压杆的结构物或机器的损坏，甚至会造成生命和财产的重大损失。研究压杆的稳定性具有重要意义。

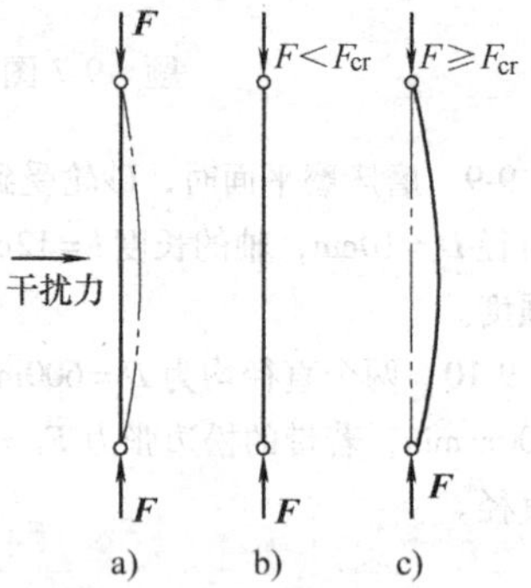

图 10-1

分析图 10-1a 所示两端铰支细长压杆，当它所受的轴向压力 $\boldsymbol{F}$ 低于某一极限值时，该杆一直能保持其直线形态的平衡，即使作用一个微小的侧向干扰力，暂时使它产生轻微弯曲变形，在干扰力解除后，它仍将恢复直线形状，这说明压杆原有直线形态的平衡是稳定的（图 10-1b）。当轴向压力增加到某一极限值时，这种平衡变为不稳定，此时如对杆作用一微小的侧向干扰力使之发生轻微的弯曲变形，在干扰力解除后，它将保持曲线形状的平衡而不再恢复原有直线形状。**轴向压力的这一极限称为临界载荷，用 F_{cr} 来表示**。

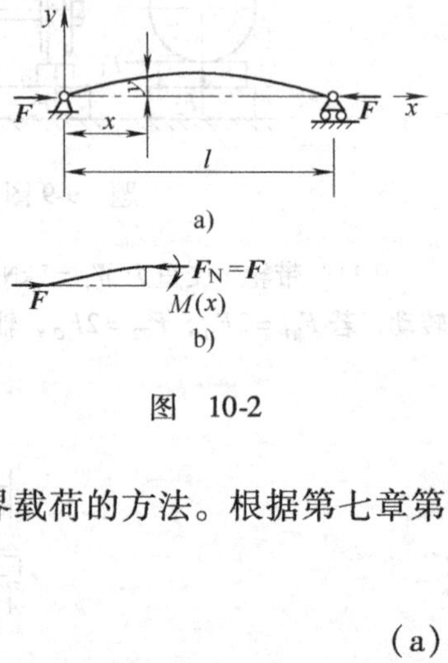

图 10-2

总之，压杆失稳现象的产生就是因为轴向压力达到或超过了它的临界载荷，使压杆的直线形态的平衡变为不稳定所造成的，因而研究失稳破坏的关键是确定其临界载荷。

能使压杆在微弯形态下保持平衡的最小轴向压力就是临界载荷。下面以两端铰支压杆为例（图 10-2a），说明计算临界载荷的方法。根据第七章第十节，杆件微弯后挠曲线微分方程式为

$$EI\frac{\mathrm{d}^2y}{\mathrm{d}x^2}=M(x) \tag{a}$$

式中，EI 是压杆的抗弯刚度，$M(x)$ 是 x 截面的弯矩，由图 10-2b 可知

$$M(x) = -Fy \tag{b}$$

将式（a）代入式（b），并令

$$k^2=\frac{F}{EI} \tag{c}$$

得

$$\frac{d^2y}{dx^2}+k^2y=0 \tag{d}$$

其通解为

$$y=a\sin kx+b\cos kx \tag{e}$$

式中，a、b 为积分常数。根据杆左端的边界条件，$x=0$ 时，$y=0$，代入式（e）可得 $b=0$，再由杆右端的边界条件，$x=l$ 时，$y=0$，即

$$a\sin kl=0 \tag{f}$$

由此解得 $a=0$ 或

$$\sin kl=0 \tag{g}$$

若取 $a=0$，则由式（e）得挠曲线方程 $y=0$，说明杆仍保持直线形式，这与杆在微弯状态保持平衡的前提不符，因此必须取式（g），即要求

$$kl=n\pi\ （n=0，1，2，3\cdots）$$

或

$$k=\frac{n\pi}{l} \tag{h}$$

将式（h）代入式（c），得

$$F=\frac{n^2\pi^2EI}{l^2}\ （n=0，1，2，3\cdots） \tag{i}$$

因为 $n=0$ 时，$F=0$，表示杆上并无压力，这也与所讨论的情况不符，故应舍去。式（i）表明，使杆在微弯状态保持平衡的载荷，在理论上不是惟一的，但其中的最小值才具有实际的工程意义，所以将 $n=1$ 代入，即得两端铰支细长压杆的临界载荷为

$$F_{cr}=\frac{\pi^2EI}{l^2} \tag{10-1}$$

上述公式称为欧拉公式。需要注意的是，因为压杆两端均为球形铰支座，所以公式中的惯性矩 I 应该取其横截面的最小惯性矩，也就是说，压杆在抗弯能力最弱的平面内发生弯曲。

对于其它支承方式的细长压杆，其临界载荷也可用类似的方法确定，例如一端固定、另一端自由的压杆

$$F_{cr}=\frac{\pi^2EI}{(2l)^2} \tag{10-2}$$

两端固定的压杆

$$F_{cr}=\frac{\pi^2EI}{\left(\frac{l}{2}\right)^2} \tag{10-3}$$

它们与式（10-1）相似。为应用方便，将以上各公式统一写成如下形式

$$F_{cr}=\frac{\pi^2EI}{(\mu l)^2} \tag{10-4}$$

式（10-4）仍称欧拉公式。式中 μ 为长度系数，它与压杆两端的支承情况有关，其数值为

两端铰支　　$\mu=1$

一端固定，另一端自由　　$\mu=2$

两端固定 $\mu=0.5$

一端铰支，另一端固定 $\mu=0.7$

在实际中两端铰支的情况最多，偶而与理想的铰支、固支有所不同时，其长度系数可按设计规范的规定选取。

例 10-1 图 10-3 所示细长压杆，两端球形铰支，横截面均为 $A=6\text{cm}^2$，杆长 $l=1\text{m}$，弹性模量 $E=200\text{GPa}$，试用欧拉公式计算不同截面杆的临界载荷，并加以比较。(1) 圆形截面；(2) 空心圆形截面，内外直径之比 $\alpha=\frac{1}{2}$；(3) 矩形截面，$h=2b$。

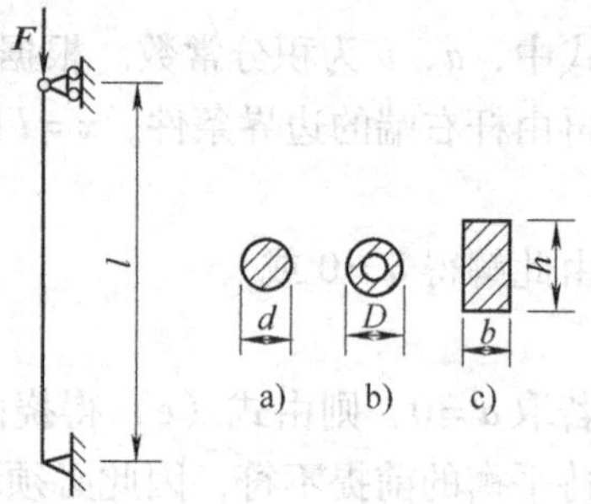

图 10-3

解：(1) 圆形截面。计算直径和截面惯性矩

$$d=\sqrt{\frac{4A}{\pi}}=\sqrt{\frac{4\times6\times10^2}{\pi}}\text{mm}=27.6\text{mm}$$

$$I=\frac{\pi d^4}{64}=\frac{\pi\times27.6^4}{64}\text{mm}^4=2.85\times10^4\text{mm}^4$$

临界载荷为

$$F_{\text{cr}}=\frac{\pi^2EI}{(\mu l)^2}=\frac{\pi^2\times200\times10^3\times2.85\times10^4}{(1\times10^3)^2}\text{N}=56.3\text{kN}$$

(2) 空心圆形截面。计算外直径和截面惯性矩，并算出临界载荷

$$D=\sqrt{\frac{4A}{\pi(1-\alpha^2)}}=\sqrt{\frac{4\times6\times10^2}{\pi(1-0.5)^2}}\text{mm}=31.9\text{mm}$$

$$I=\frac{\pi D^4}{64}(1-\alpha^4)=\frac{\pi\times31.9^4}{64}\times(1-0.5^4)\text{mm}^4=4.77\times10^4\text{mm}^4$$

$$F_{\text{cr}}=\frac{\pi^2EI}{(\mu l)^2}=\frac{\pi^2\times200\times10^3\times4.77\times10^4}{(1\times10^3)^2}\text{N}=94.2\text{kN}$$

(3) 矩形截面。其边长 $b=\sqrt{\frac{A}{2}}$，截面惯性矩和临界载荷分别为

$$I=\frac{hb^3}{12}=\frac{b^4}{6}=\frac{1}{6}\left(\sqrt{\frac{6\times10^2}{2}}\right)^4\text{mm}^4=1.5\times10^4\text{mm}^4$$

$$F_{\text{cr}}=\frac{\pi^2EI}{(\mu l)^2}=\frac{\pi^2\times200\times10^3\times1.5\times10^4}{(1\times10^3)^2}\text{N}=29.6\text{kN}$$

计算表明，在横截面积相同时，空心圆形截面压杆的惯性矩较大，故临界载荷较高。

第二节 临界应力与临界应力总图

由欧拉公式 (10-4) 可以算出压杆处于临界状态时，横截面上的应力为

$$\sigma_{\text{cr}}=\frac{F_{\text{cr}}}{A}=\frac{\pi^2EI}{(\mu l)^2A} \tag{a}$$

若将惯性矩 $I=i^2A$ 代入式 (a)，便得出临界应力的公式

$$\sigma_{\mathrm{cr}}=\frac{\pi^2 E i^2}{(\mu l)^2}=\frac{\pi^2 E}{\lambda^2} \tag{10-5}$$

式中，$i=\sqrt{\frac{I}{A}}$称为惯性半径，是一个与截面形状和尺寸有关的几何量。而

$$\lambda=\frac{\mu l}{i} \tag{10-6}$$

称为柔度或长细比，它是一个量纲为 1 的量，用以综合反映杆长、支承情况及杆的截面形状和尺寸等因素对临界载荷的影响。

在临界载荷公式的推导中，我们曾使用微分方程式，$\frac{\mathrm{d}^2 y}{\mathrm{d}x^2}=\frac{M(x)}{EI}$，但它仅在弹性范围内适用，即只有在临界应力不超过比例极限 σ_{p} 时，式（10-5）才是正确的，故有

$$\sigma_{\mathrm{cr}}=\frac{\pi^2 E}{\lambda^2}\leqslant\sigma_{\mathrm{p}}$$

所以

$$\lambda\geqslant\sqrt{\frac{\pi^2 E}{\sigma_{\mathrm{p}}}} \tag{b}$$

令

$$\sqrt{\frac{\pi^2 E}{\sigma_{\mathrm{p}}}}=\lambda_{\mathrm{p}} \tag{c}$$

于是式（b）可以写为

$$\lambda\geqslant\lambda_{\mathrm{p}} \tag{10-7}$$

这就是计算临界载荷公式（10-4）或计算临界应力公式（10-5）的适用范围。$\lambda\geqslant\lambda_{\mathrm{p}}$ 的压杆称为细长杆或大柔度杆，它的破坏是由于弹性范围内的失稳所致。对于 Q235 钢，$E=210\mathrm{GPa}$，$\sigma_{\mathrm{p}}=200\mathrm{MPa}$，所以

$$\lambda_{\mathrm{p}}=\sqrt{\frac{\pi^2\times 210\times 10^3}{200}}\approx 100$$

压杆的柔度越小，则它抵抗失稳的能力越大。如果压杆的柔度低于某一数值 λ_0，则其破坏与否主要取决于强度条件，即临界应力等于屈服点或强度极限 σ_{b}。$\lambda\leqslant\lambda_0$ 的压杆称为粗短杆或小柔度杆，Q235 钢的 $\lambda_0=61.4$。

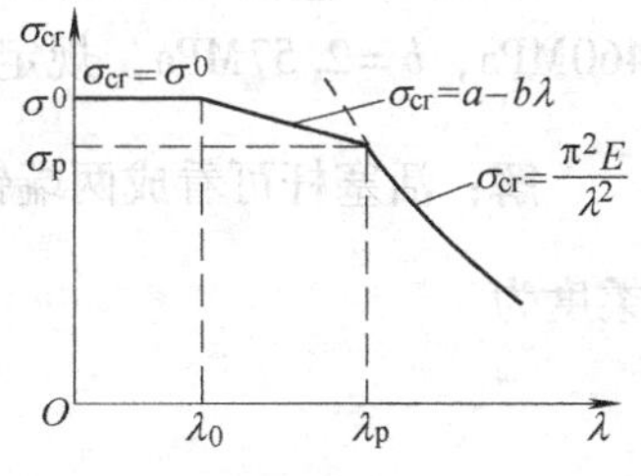

图 10-4

工程中的许多压杆，如内燃机连杆、桁架中的受压杆件，基柔度多界于 λ_{p} 与 λ_0 之间，属于中长杆或中柔度杆，它们的破坏主要是由于超过弹性范围的失稳所致。对于这类中长杆可以采用以下经验公式计算临界应力

$$\sigma_{\mathrm{cr}}=a-b\lambda \tag{10-8}$$

式中，a 和 b 是与材料有关的系数，其数值为

Q235 钢	$a=304\mathrm{MPa}$	$b=1.12\mathrm{MPa}$
铸　铁	$a=332\mathrm{MPa}$	$b=1.45\mathrm{MPa}$
木　材	$a=28.7\mathrm{MPa}$	$b=0.19\mathrm{MPa}$

综上所述，可将各类柔度压杆的临界应力计算公式归纳如下

$$\sigma_{cr}=\begin{cases}\sigma_s & (\lambda \leqslant \lambda_0)\\ a-b\lambda & (\lambda_0<\lambda<\lambda_p)\\ \dfrac{\pi^2 E}{\lambda^2} & (\lambda \geqslant \lambda_p)\end{cases} \tag{10-9}$$

若在 $\sigma_{cr}-\lambda$ 直角坐标系内，将式（10-9）绘成图线，称为压杆的临界应力总图（图 10-4）。对于不同柔度的压杆，都可以从临界应力总图上得到临界应力并据此算出临界载荷。

第三节　压杆的稳定性计算及提高稳定性的措施

为了保证中、大柔度压杆在轴向压力作用下不致失稳，压杆的工作应力 σ 必须满足下述条件

$$\sigma \leqslant \frac{\sigma_{cr}}{[n_{st}]} \tag{10-10}$$

式中，$[n_{st}]$ 是规定的稳定安全系数。考虑到压杆的初始弯曲、加载偏心等因素的不利影响，$[n_{st}]$ 一般比强度安全系数大一些，例如钢质压杆取为 1.8 ~3.0。

由于式（10-10）中的临界应力 σ_{cr}与压杆柔度有关，所以在机械工程中，常用安全系数法校核压杆的稳定性，即

$$n_{st}=\frac{\sigma_{cr}}{\sigma} \geqslant [n_{st}] \tag{10-11}$$

式中，n_{st}为压杆的工作安全系数。

必须指出，对于截面有局部削弱（如螺钉孔）的压杆，应该同时进行强度校核和稳定校核。在校核强度时，需用截面被削弱处的净面积，而在校核稳定时，仍应用总面积。这是因为压杆保持稳定的能力，系对压杆总体而言，截面的局部削弱对临界载荷数值的影响很小。

例 10-2　压缩机的活塞杆受活塞传来轴向压力 $F=100\text{kN}$ 的作用，活塞杆的长度 $l=1\,000\text{mm}$，直径 $d=50\text{mm}$，材料为 45 钢，$\sigma_s=350\text{MPa}$，$\sigma_p=280\text{MPa}$，$E=210\text{GPa}$，$a=460\text{MPa}$，$b=2.57\text{MPa}$，规定压缩机活塞杆安全系数 $[n_{st}]=4$，试进行稳定性校核。

解：活塞杆可看成两端铰支的压杆，故 $\mu=1$。活塞杆的截面为圆形，$i=\sqrt{\dfrac{I}{A}}=\dfrac{d}{4}$，故柔度为

$$\lambda=\frac{\mu l}{i}=\frac{\mu l}{\frac{d}{4}}=\frac{1\times 1\,000}{\frac{50}{4}}=80$$

由式（c）求出

$$\lambda_p=\sqrt{\frac{\pi^2 E}{\sigma_p}}=\sqrt{\frac{\pi^2\times 210\times 10^3}{280}}=86$$

所以 $\lambda<\lambda_p$，不能用欧拉公式计算临界应力。考虑到活塞杆的工作应力为

$$\sigma=\frac{F}{\frac{\pi d^2}{4}}=\frac{100\times 10^3}{\frac{\pi\times 50^2}{4}}\text{MPa}=50.9\text{MPa}$$

低于屈服点 $\sigma_s = 350\text{MPa}$，因而采用经验公式（10-8）计算临界应力：

$$\sigma_{cr} = a - b\lambda = (460 - 2.57 \times 80)\text{MPa} = 254.4\text{MPa}$$

活塞杆的工作安全系数是

$$n_{st} = \frac{\sigma_{cr}}{\sigma} = \frac{254.4}{50.9} = 5 > [n_{st}]$$

所以满足稳定性要求。

提高压杆的稳定性需要综合考虑杆长、约束条件、截面的合理性以及材料性能等各方面因素。

1. 减少压杆的长度

细长压杆的临界载荷与杆长的平方成反比，在可能的情况下，应通过改变结构或增加支座来减小杆长，从而达到显著提高压杆承载能力的目的。如图 10-5 所示，假定增加支座后图 b 中的压杆仍是细长杆，则图 b 中压杆的承载能力是图 a 中的 4 倍。

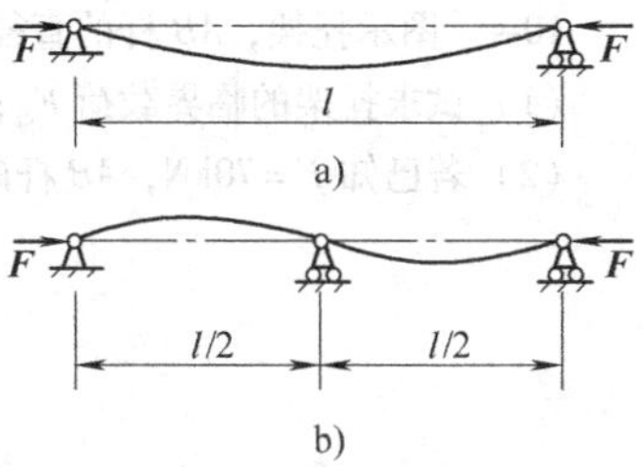

图 10-5

2. 增强约束的牢固性

支座对压杆的约束作用越强，压杆的长度系数 μ 值越小，压杆的临界载荷就越大。如将一端固定另一端自由的压杆（$\mu = 2$）改变为一端固定另一端铰支的压杆（$\mu = 0.7$），则压杆的临界应力是原来的 8.16 倍。通过增强对压杆的约束，使它更不容易发生弯曲变形，可以提高压杆的稳定性。

3. 选用合理的截面形状

在截面面积一定的情况下，可以将压杆设计成中空截面或型钢的组合截面，以增大截面的惯性矩以提高压杆的临界载荷数值，如图 10-6 所示。当压杆在不同的平面内具有相同的约束条件（如球形铰链）时，应采用圆形、方形类的截面，反之可取矩形或工字形类的截面。

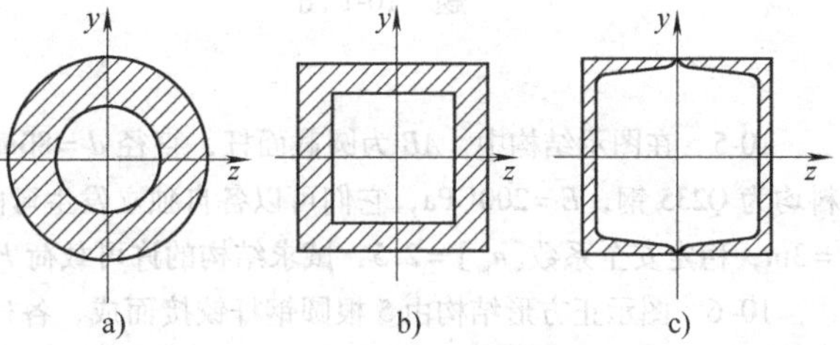

图 10-6

4. 合理选用材料

对于细长杆，材料对临界载荷的影响只与弹性模量 E 有关，而各种钢材的 E 值很接近，选用合金钢、优质钢并不比普通碳钢优越。对于中、小柔度杆，临界应力与材料强度有关，选用优质钢材自然可以提高压杆的承载能力。

思 考 题

10-1 压杆失稳的物理意义是什么？

10-2 压杆失稳后产生的弯曲变形，与横力弯曲产生的弯曲变形有何区别？

10-3 什么是稳定的弹性平衡？什么是不稳定的弹性平衡？

10-4 什么是临界力？临界力与哪些因素有关？

10-5 满足强度条件的压杆，是否一定满足稳定条件？为什么？

习　题

10-1　图示 4 根压杆的材料及截面均相同，试判断哪一根最容易失稳，哪一根最不容易失稳？

10-2　两端铰支的三根圆截面压杆，直径均为 $d=160\text{mm}$，材料均为 Q235 钢，$E=200\text{GPa}$，$\sigma_s=240\text{MPa}$，长度分别为 l_1、l_2、l_3，且 $l_1=2l_2=4l_3=5\text{m}$，试求各杆临界载荷。

10-3　已知柱的上端为铰支，下端为固定，柱的外径 $D=200\text{mm}$，内径 $d=100\text{mm}$，柱长 $l=9\text{m}$，材料为 Q235 钢，$E=200\text{GPa}$，求柱的临界应力 σ_{cr}。

10-4　图示托架，AB 杆的直径 $d=40\text{mm}$，长度 $l=800\text{mm}$，两端可视为铰支，材料为 Q235 钢。

（1）试求托架的临界载荷 F_{cr}；

（2）若已知 $F=70\text{kN}$，AB 杆的稳定安全系数〔n_{st}〕$=2$，而 CD 梁确保安全，试问托架是否安全。

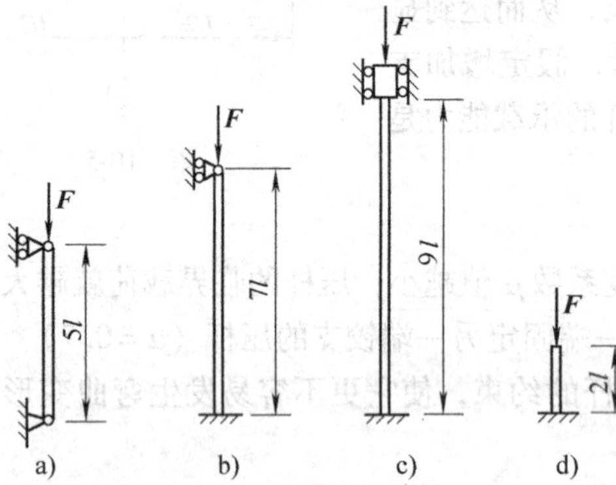

题　10-1 图

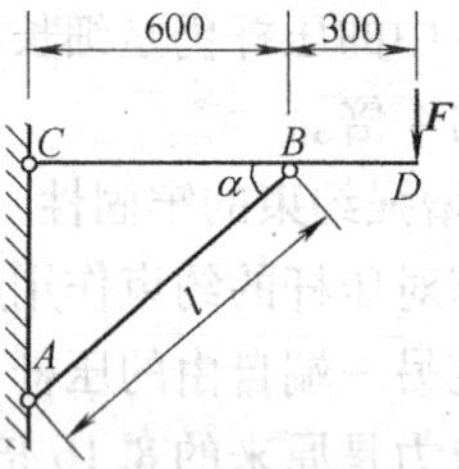

题　10-4 图

10-5　在图示结构中，AB 为圆截面杆，直径 $d=80\text{mm}$，BC 为正方形截面杆，边长 $a=70\text{mm}$，两杆材料均为 Q235 钢，$E=200\text{GPa}$，它们可以各自独立发生弯曲而互不影响。已知 A 端为固定，B、C 为球铰，$l=3\text{m}$，稳定安全系数〔n_{st}〕$=2.5$，试求结构的许可载荷 F。

10-6　图示正方形结构由 5 根圆钢杆铰接而成，各杆直径均为 $d=40\text{mm}$，$a=1\text{m}$，材料为 Q235 钢，$E=200\text{GPa}$，〔σ〕$=160\text{MPa}$，稳定安全系数〔n_{st}〕$=2.5$。

（1）试求结构的许可载荷；

（2）若力 $\boldsymbol{F}$ 的方向改为向外，试问许可载荷是否改变？若改变则其值为多少？

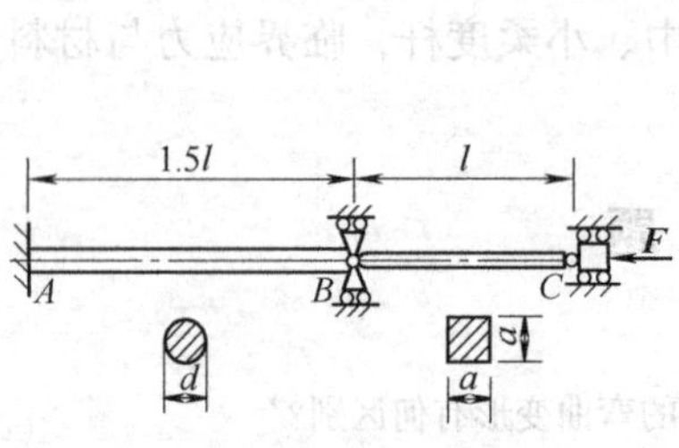

题　10-5 图

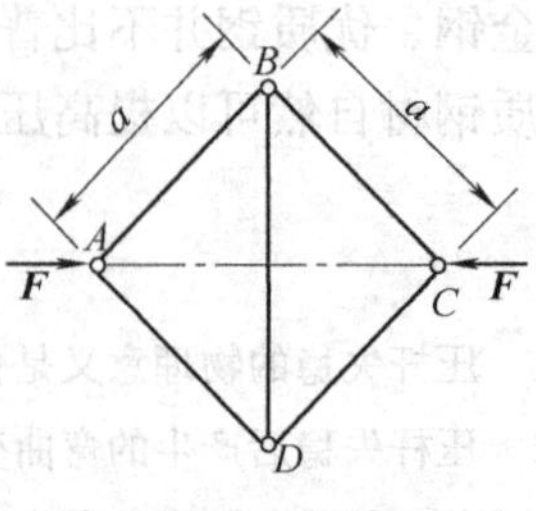

题　10-6 图

*第十一章　交变应力

第一节　交变应力与疲劳破坏

许多工程结构和机器设备中的构件，常常受到周期性变化的应力，**这种应力称为交变应力**。例如图 11-1 所示的内燃机连杆，受到随时间而交替变化的载荷作用，因而杆内所产生的应力也随时间而交替变化。又如图 11-2 所示电动机转轴，其外伸端受到平带拉力 $\boldsymbol{F}$ 的作用，在 $m-m$ 截面处的弯矩为 $M=Fb$，当轴旋转时，该截面上 A 点的弯曲正应力的大小与正负也随时间交替变化。

实践表明，构件在交变应力作用下的破坏与在静应力作用下的破坏有显著的不同，其特点是：

（1）最大工作应力比材料的抗拉（剪）强度（σ_b，τ_b 等）低很多，甚至低于屈服点（σ_s，τ_s 等）就发生断裂。

（2）工作时会发生突然破坏，破坏呈脆性断裂，即使是塑性材料，断裂时也无明显的塑性变形。

（3）断口通常可明显地分为两个区域，一个是光滑区，另一个是晶粒状粗糙区（图 11-3）。

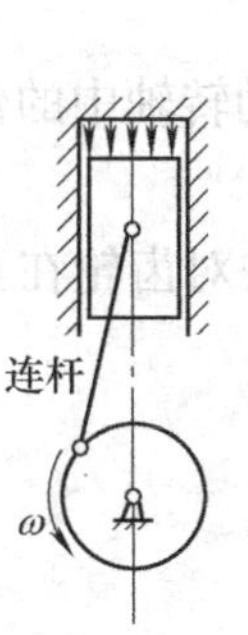

图　11-1

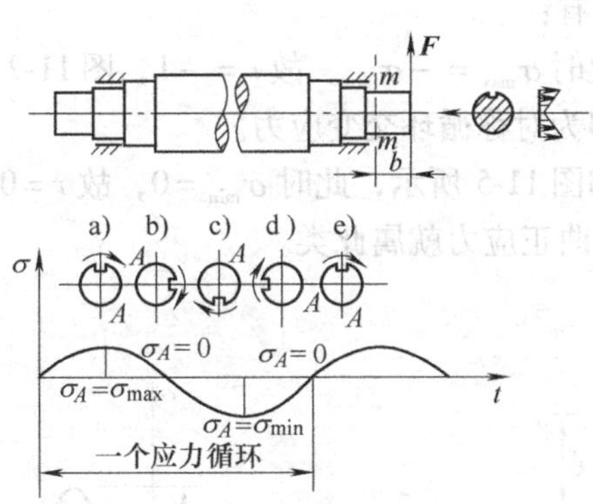

图　11-2

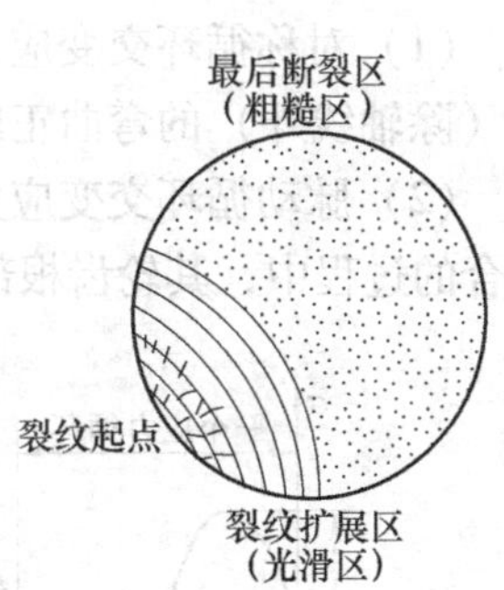

图　11-3

构件在交变应力作用下所产生的上述破坏现象，过去曾误认为是金属材料的结构发生变化所致，并称为疲劳。实际上，在交变应力作用下，材料的结构并无变化，而是当交变应力中的最大应力达到某一数值时，经过多次循环后，构件中的最大应力处或在材料有缺陷处，产生极细微的裂纹，并且随着应力循环次数的增加，裂纹逐渐扩展。由于应力的交替变化，裂纹两侧的材料时而压紧、时而分离（交变正应力），或者时而正向、时而反向地相互错动（交变切应力），因此发生类似研磨的作用，形成断口的光滑区。当裂纹扩展到使截面不能承受所施加的载荷时，构件就发生脆断，形成断口的粗糙区。

由于疲劳破坏在机械零件的损坏中占有相当大的比例，而且在疲劳破坏前并无明显的塑性变形，裂纹的形成又不易及时发现，以致容易造成突发事故，因此，研究材料抵抗疲劳破坏的性能并对构件进行疲劳强度计算是十分重要的。

第二节　交变应力的循环特性

材料抵抗疲劳破坏的性能与交变应力的情况有关，为表示交变应力的变化规律，可将应力 σ 随时间 t 的变化画成曲线，如图 11-4 所示。由最大应力 σ_{max} 经最小应力 σ_{min} 又回到最大应力的过程，称为一个应力循环。最大应力与最小应力的平均值称为平均应力 σ_m，即

$$\sigma_m = \frac{\sigma_{max} + \sigma_{min}}{2} \tag{11-1}$$

而最大应力与最小应力之差的一半称为应力幅度 σ_a，即

$$\sigma_a = \frac{\sigma_{max} - \sigma_{min}}{2} \tag{11-2}$$

交变应力中的平均应力可以认为是静应力部分，而应力幅度则为其变动部分。

应力循环中最小应力与最大应力之比，可以说明应力的变化状况，这个比值称为**应力循环特性**，用 r 表示，即

$$r = \frac{\sigma_{min}}{\sigma_{max}} \tag{11-3}$$

显然，材料的疲劳强度与循环特性 r 有关，因此它是疲劳强度计算中的一个重要参数。

工程中常见的交变应力情况有：

（1）对称循环交变应力。此时 $\sigma_{max} = -\sigma_{min}$，故 $r = -1$，图 11-2 所示电动转轴中的任一点（除轴线外）的弯曲正应力即为对称循环交变应力。

（2）脉动循环交变应力。如图 11-5 所示，此时 $\sigma_{min} = 0$，故 $r = 0$。例如一对齿轮在互相啮合的过程中，其轮齿根部的弯曲正应力就属此类。

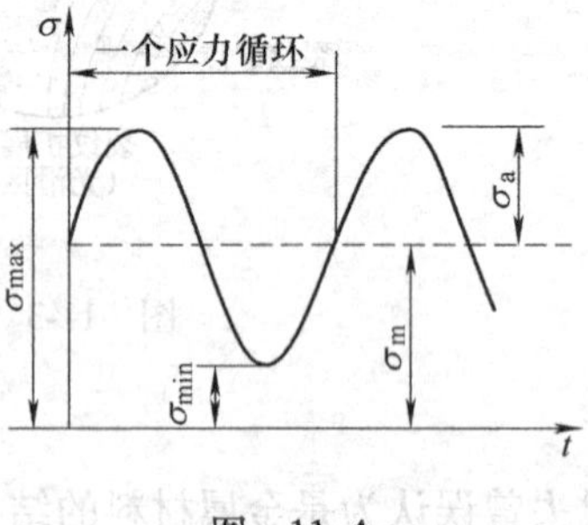

图　11-4

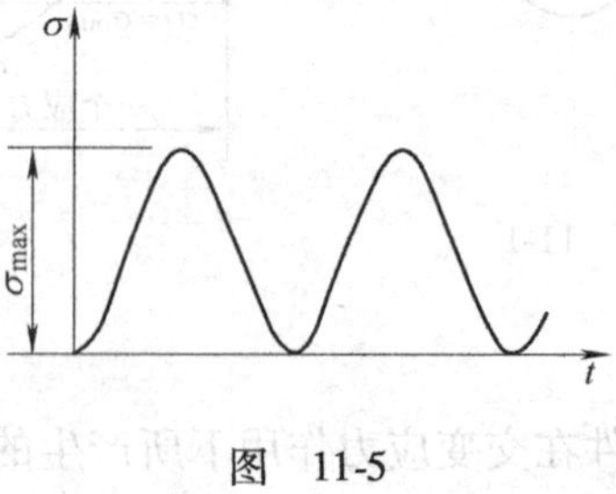

图　11-5

第三节　材料持久极限与构件持久极限

由于构件在交变应力作用下的破坏与在静应力作用下的破坏有显著不同，因此屈服点

或强度等静强度指标，已经不能作为疲劳强度的指标，这时，材料的强度指标应该重新确定。

实验证明，在交变应力下，试件内的最大应力如果不超过某一极限，则此试件可以经历无数次循环而不破坏，这个应力的极限值称为**材料的持久极限**。同一材料在不同循环特性下，其持久极限是不同的。

材料的持久极限要通过疲劳试验来确定，最常见的是弯曲疲劳试验。用直径 $d_0=10\text{mm}$、表面磨光、材料相同的试件（光滑小试件）6 ~8 根，放在图 11-6 所示的疲劳试验机上，依次承受逐渐降低的最大应力 σ_{max}，并记录下断裂前所经历的循环次数 N，以 σ 为纵坐标，N 为横坐标，可以得到 $\sigma-N$ 曲线，通常称此曲线为疲劳曲线（图 11-7）。从疲劳曲线可以看出，随着 σ_{max} 的减小，典线渐趋水平，其水平渐近线的纵坐标 σ_{-1} 就是材料的持久极限。σ_{-1} 的下角标 -1 表示对称循环时的循环特性 $r=-1$。

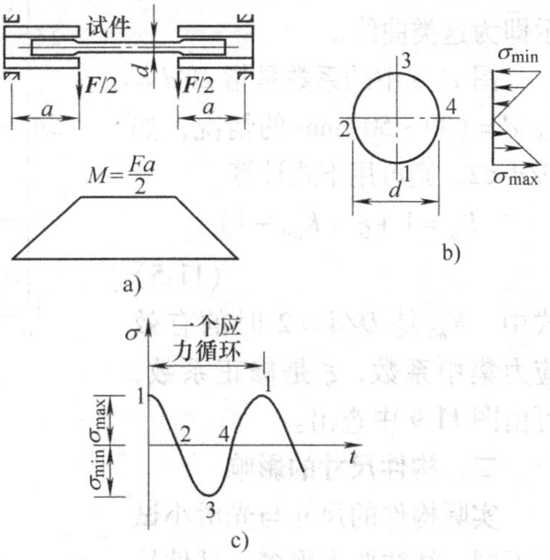

图 11-6

由于试验不可能无限期地进行下去，一般用一规定的循环基数 N_0 来代替无限长的持久寿命。对于铁合金材料 $N_0=2\times(10^6\sim10^7)$，它所对应的最大应力就是材料的持久极限。

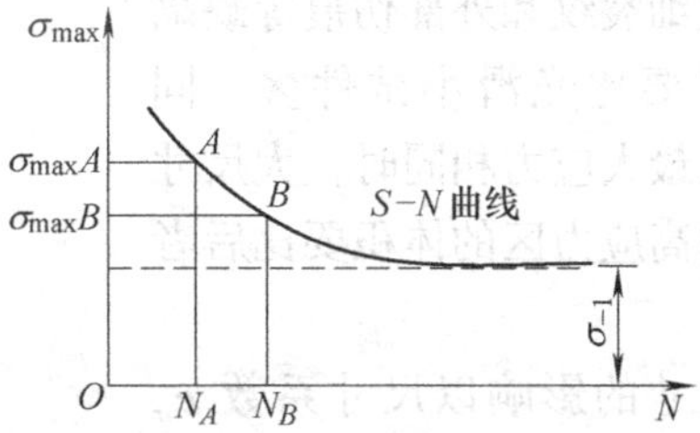

图 11-7

同样，也可通过试验测量材料在扭转交变应力下的疲劳极限 τ_{-1}。试验发现，金属材料的持久极限 σ_{-1}、τ_{-1} 与抗拉强度 σ_b 有如下近似关系：

钢材弯曲　　$\sigma_{-1}=(0.43\sim0.5)\sigma_b$

钢材扭转　　$\tau_{-1}=0.22\sigma_b$

非铁合金弯曲　　$\sigma_{-1}=(0.25\sim0.5)\sigma_b$

疲劳试验表明，用光滑小试件所测定的材料持久极限与实际构件的持久极限有所不同。实际构件的持久极限不但与材料有关，而且还与构件的外形、尺寸、表面粗糙度等因素有关。下面介绍影响构件持久极限的三种主要因素。

一、应力集中的影响

许多构件由于实际需要，常有轴肩、螺纹、键槽、油孔等，因而截面尺寸在这些地方有突变，引起应力集中并易形成疲劳裂纹，从而使构件的持久极限显著降低。在对称循环下，若无应力集中的光滑小试件的持久极限为 σ_{-1}，有应力集中的试件的持久极限为 $(\sigma_{-1})_K$，则两者的比值称为有效应力集中系数，即

$$K_\sigma=\frac{\sigma_{-1}}{(\sigma_{-1})_K} \tag{11-4}$$

K_σ 值恒大于1，其大小与试件的外形、变形的种类及材料的性质有关。根据实验数据，工程中常把有效应力集中系数整理成曲线或计算公式，图11-8所示即为这类曲线。

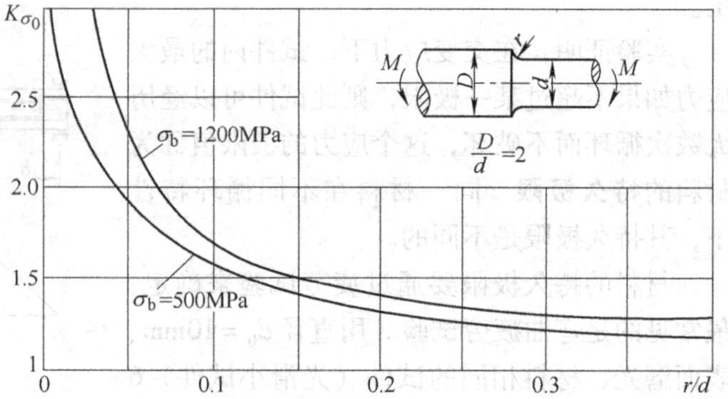

图11-8 弯曲的有效应力集中系数

图11-8中的系数是指 $D/d=2$，$d=(30\sim50)$ mm 的情况，如 $D/d<2$，则可用下式计算

$$K_\sigma=1+\xi\ (K_{\sigma 0}-1) \tag{11-5}$$

式中，$K_{\sigma 0}$ 是 $D/d=2$ 时的有效应力集中系数，ξ 是修正系数，可由图11-9中查出。

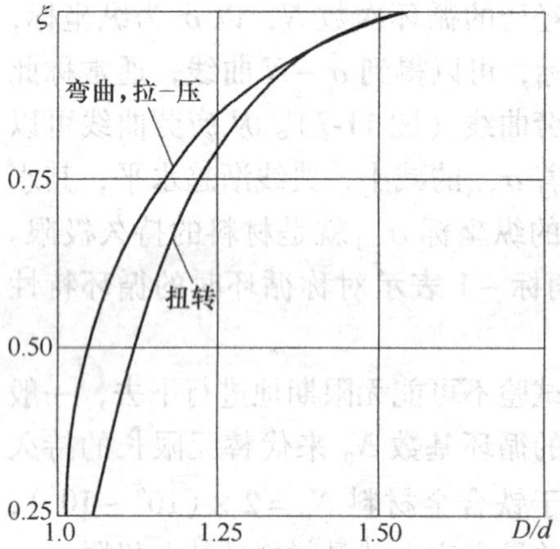

图 11-9

二、构件尺寸的影响

实际构件的尺寸与光滑小试件不同，往往要大得多。试件尺寸越大，持久极限越低。其原因一般认为是由于大尺寸试件内部含有微细裂纹和外部伤痕等缺陷的机率要比光滑小试件多，同时，在最大应力相同时，大尺寸构件的高应力区的体积要比后者更大。

尺寸的影响以尺寸系数 ε_σ 表示。在对称循环下，若光滑小试件的持久极限为 σ_{-1}，光滑大试件的持久极限为 $(\sigma_{-1})_d$，则

$$\varepsilon_\sigma=\frac{(\sigma_{-1})_d}{\sigma_{-1}} \tag{11-6}$$

ε_σ 的值小于1，可查表11-1而求得。

表11-1 尺寸系数

	直径 d/mm	>20～30	>30～40	>40～50	>50～60	>60～70
ε_σ	碳　钢	0.91	0.88	0.84	0.81	0.78
	合金钢	0.83	0.77	0.73	0.70	0.68
	各种钢 ε_τ	0.89	0.81	0.78	0.76	0.74
	直径 d/mm	>70～80	>80～100	>100～120	>120～150	>150～500
ε_σ	碳　钢	0.75	0.73	0.70	0.68	0.60
	合金钢	0.66	0.64	0.62	0.60	0.54
	各种钢 ε_τ	0.73	0.72	0.70	0.68	0.60

三、构件表面质量的影响

通常构件的表层是最大应力所在的区域，疲劳裂纹也易在此形成，因此构件表面质量对它的持久极限也有相当影响，表面粗糙或有尖锐刀痕等都将降低持久极限。表面质量对持久极限的影响用表面质量系数表示。若表面磨光的小试件的持久极限为 σ_{-1}，表面为其它加工情况的构件的持久极限为 $(\sigma_{-1})_{\beta}$，则

$$\beta = \frac{(\sigma_{-1})_{\beta}}{\sigma_{-1}} \tag{11-7}$$

如构件表面质量低于磨光试件时，$\beta<1$，而表面经过强化处理后 $\beta>1$。β 的数值可由表 11-2 查得。

表 11-2　表面质量系数 β

加工方法	表面质量	σ_b（MPa）		
		400	800	1200
磨　削	$R_a0.1 \sim 0.2\mu m$	1	1	1
车　削	$R_a1.6 \sim 4.3\mu m$	0.95	0.90	0.80
粗　车	$R_a3.2 \sim 12.5\mu m$	0.85	0.80	0.65
未加工表面	—	0.75	0.65	0.45

综合考虑上述三个主要因素，对称循环下实际构件的持久极限 σ^*_{-1} 为

$$\sigma^*_{-1} = \frac{\varepsilon_\sigma \beta}{K_\sigma}\sigma_{-1} \tag{11-8}$$

式中，σ_{-1} 是光滑小试件的持久极限。

第四节　对称循环下构件的疲劳强度计算

构件的疲劳强度条件与静强度条件相似，都要求构件的工作应力小于许用应力，但所取的许用应力应以疲劳持久极限为依据。因为对称循环交变应力最为基本，且所积累的试验资料最多，所以着重加以介绍。

对称循环下构件的疲劳许用应力〔σ_{-1}〕，可由构件的持久极限 σ^*_{-1} 除以疲劳安全系数〔n〕得到，即

$$[\sigma_{-1}] = \frac{\sigma^*_{-1}}{[n]} \tag{11-9}$$

将式（11-8）代入上式，得

$$[\sigma_{-1}] = \frac{\varepsilon_\sigma \beta}{K_\sigma}\frac{\sigma_{-1}}{[n]} \tag{11-10}$$

因此，构件的强度条件为

$$\sigma_{max} \leqslant [\sigma_{-1}] \tag{11-11}$$

但在机械设计中，疲劳强度计算常采用安全系数形式的强度条件，也就是要求构件对于疲劳破坏的工作安全系数 n_σ 必须大于或至少等于规定的安全系数〔n〕，即

$$n_\sigma = \frac{\sigma_{-1}^*}{\sigma_{max}} \geqslant [n] \tag{11-12}$$

将式（11-8）代入式（11-12），得对称循环下构件的疲劳强度条件为

$$n_\sigma = \frac{\sigma_{-1}}{\frac{K_\sigma}{\varepsilon_\sigma \beta}\sigma_{max}} \geqslant [n] \tag{11-13}$$

疲劳安全系数〔n〕一般取1.3 ~2.5。

例 11-1 承受对称循环的交变弯矩作用的钢轴如图11-10所示，若轴分别用（1）合金钢 $\sigma_b = 1\,200$MPa，（2）碳钢 $\sigma_b = 600$MPa 制成，试求有效应力集中系数。

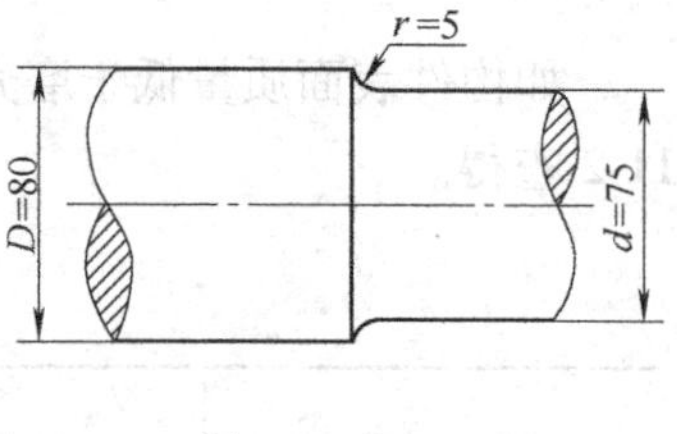

图 11-10

解：（1）根据轴的尺寸可知

$$d = 75\text{mm},\ D = 80\text{mm}$$

$$r/d = 5/75 = 0.067,\ D/d = 80/75 = 1.067$$

（2）确定有效应力集中系数，查图 11－8 可知

$$\sigma_b = 1\,200\text{MPa},\ K_{\sigma0} = 2.1$$

$$\sigma_b = 600\text{MPa},\ K_{\sigma0} = 1.8$$

查图11-9 知 $\xi = 0.59$，于是由式（11-5）求出有效应力集中系数是

$$\sigma_b = 1\,200\text{MPa} \quad K_\sigma = 1 + 0.59(2.1 - 1) = 1.65$$

$$\sigma_b = 600\text{MPa} \quad K_\sigma = 1 + 0.59(1.8 - 1) = 1.47$$

由此可以看出合金钢材料比普通碳素钢对应力集中更敏感。因此在设计用高强度材料制造的零件时，要采用足够大的过渡圆角，或在零件上加卸荷槽、退刀槽、间隔环等来保证截面平缓过渡，以降低应力集中的影响，发挥高强度材料的性能。

例 11-2 桥式吊车的卷筒轴受力如图11-11所示，转动时承受对称循环的交变应力。已知 $F = 20$kN，材料为45 钢，抗拉强度 $\sigma_b = 600$MPa，持久极限 $\sigma_{-1} = 260$MPa，轴的安全系数〔n〕=2，试校核该轴的疲劳强度。

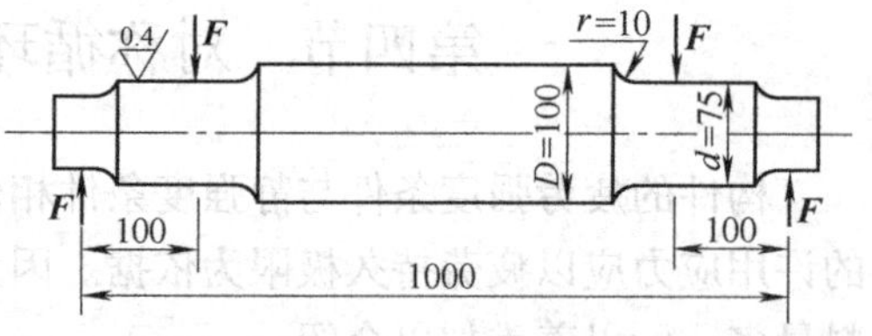

图 11-11

解：（1）轴在不变弯矩下旋转，受力为弯曲对称循环。

$n - n$ 截面为危险截面，该截面弯矩为

$$M = F \times 0.1 = 20 \times 10^3\text{N} \times 0.1\text{m} = 2\,000\text{N} \cdot \text{m}$$

最大弯曲正应力为 $\sigma_{max} = \dfrac{M}{W_z} = \dfrac{2\,000 \times 10^3 \times 32}{\pi \times 75^3}\text{MPa} = 48.3\text{MPa}$

（2）根据轴的尺寸可知

$$d = 75\text{mm},\ D = 100\text{mm}$$

$$\frac{r}{d} = \frac{10}{75} = 0.133 \qquad \frac{D}{d} = \frac{100}{75} = 1.33$$

确定有效应力集中系数查图11-8 可知

$$\sigma_b = 500,\ K_{\sigma0} = 1.40,\ \sigma_b = 1\,200,\ K_{\sigma0} = 1.52$$

由线性插入法可得 $\sigma_b=600\text{MPa}$ 时的 $K_{\sigma0}$ 为

$$K_{\sigma0}=1.40+\frac{600-500}{1\,200-500}(1.52-1.4)=1.42$$

确定修正系数查图 11-9 知 $\xi=0.94$，根据式（11-5）求出有效应力集中系数为

$$K_\sigma=1+0.94(1.42-1)=1.39$$

由表 11-1 和表 11-2 查出尺寸系数 $\varepsilon_\sigma=0.75$，表面质量系数 $\beta=0.925$。

（3）把已求得的 $\sigma_{\max}$，K_σ，ε_σ 和 β 代入式（11-13）可得

$$n_\sigma=\frac{\sigma_{-1}}{\dfrac{K_\sigma}{\varepsilon_\sigma\beta}\sigma_{\max}}=\frac{260}{\dfrac{1.39}{0.75\times0.925}\times48.3}=2.69>[n]$$

故该轴满足强度要求。

思　考　题

11-1　什么是交变应力？在交变应力中什么是应力循环特征、最大应力、最小应力、应力幅和平均应力？

11-2　什么是对称循环、不对称循环和脉动循环？它们的应力循环特征各为何值？

11-3　什么是疲劳破坏？疲劳破坏有何特征？导致疲劳破坏的原因是什么？

11-4　什么是材料的持久极限？什么是构件的持久极限？它们之间有什么区别？

11-5　影响构件持久极限的主因素有哪些？如何提高构件的持久极限？

习　　题

11-1　柴油机发动机的连杆大头螺钉工作时受拉伸交变载荷，最大拉力 $F_{\max}=14.6\text{kN}$，最小拉力 $F_{\min}=12.8\text{kN}$。螺纹内径 $d=11.5\text{mm}$。试求平均应力 σ_m，应力幅 σ_a，循环特性 r，并作 $\sigma-t$ 曲线示意图。

11-2　滑轮上作用有大小和方向都不变的铅垂力，其中图 a 为轴固定不动，滑轮绕轴转动，图 b 为轴与滑轮固结并一起旋转。试分别确定轴上 A 点的应力循环特性。

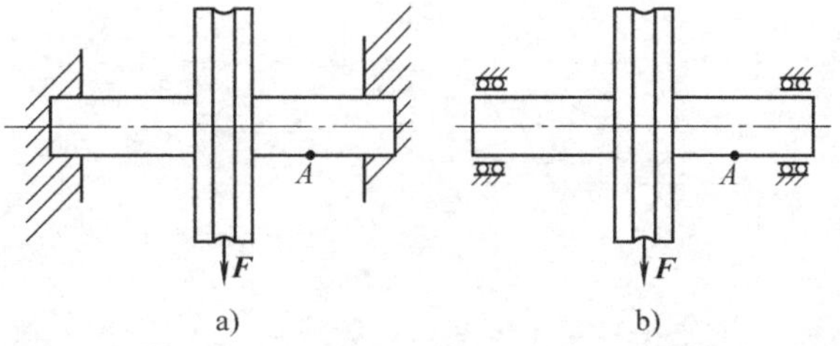

题　11-2 图

11-3　火车轮轴的载荷 $F=110\text{kN}$，材料的 $\sigma_b=500\text{MPa}$，$\sigma_{-1}=240\text{MPa}$。规定安全系数 $[n]=1.5$，试校核Ⅰ－Ⅰ，Ⅱ－Ⅱ截面的强度。

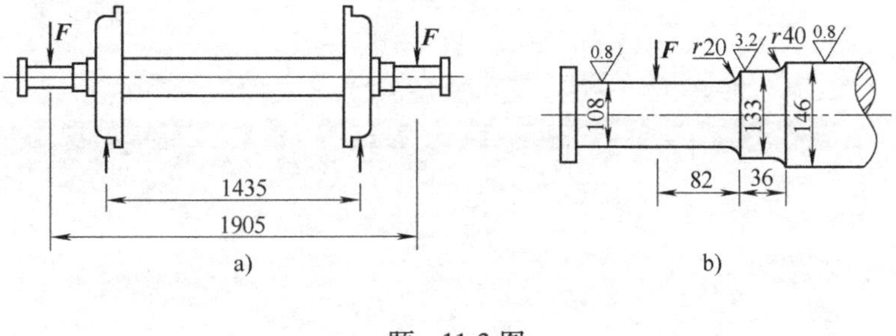

题　11-3 图

11-4　合金钢圆轴如图示，轴受对称循环的交变弯矩作用，其最大值 $M_{max}=650\text{N}\cdot\text{m}$。已知：$D=50\text{mm}$，$d=40\text{mm}$，$r=5\text{mm}$，$\sigma_b=1\ 200\text{MPa}$，$\sigma_{-1}=480\text{MPa}$，轴表面经精车加工，疲劳安全系数为$[n]=1.6$，试校核轴的疲劳强度。

11-5　卷扬机阶梯轴的轴肩上需安装滚珠轴承，因轴承圈上圆角半径很小，装配如不用定距环（图 a），轴肩过渡圆角半径 $r=1\text{mm}$；如增加定距环（图 b），则过渡圆角半径可增加到 $r=5\text{mm}$。已知材料为 Q275 钢，$\sigma_b=520\text{MPa}$，$\sigma_{-1}=220\text{MPa}$，$\beta=1$，规定安全系数 $n=1.7$。试比较轴在 a、b 两种情况下，对称循环的许可弯矩 $[M]$。

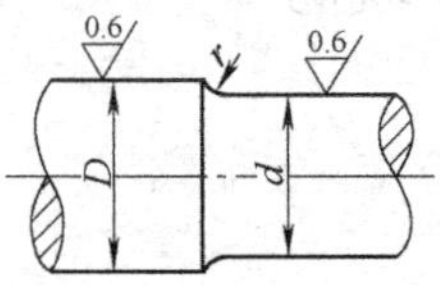

题　11-4 图

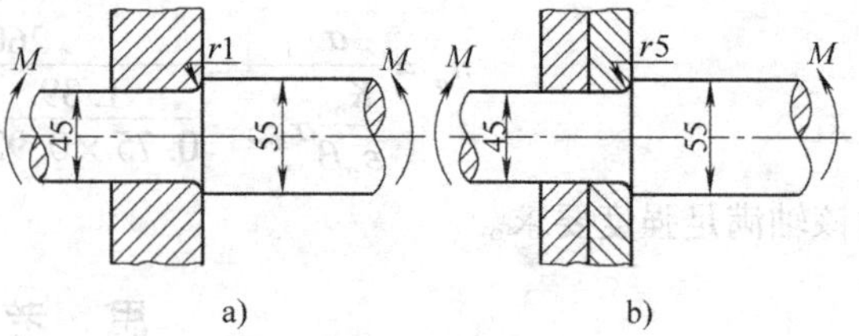

题　11-5 图

第十二章　点的运动

第一节　概　述

从本章到十五章研究物体的运动，即**物体在空间的位置随时间的变化规律**。我们从几何角度研究物体的运动特征（运动轨迹、速度、加速度），而不涉及运动产生的原因。物体的运动分析不仅是动力分析的基础，而且运动分析本身在工程技术中也有着广泛的应用。例如在设计机器时，首先要对各个机件进行运动分析，对于有些受力较小的机件，动力分析往往可以不加考虑，这时进行运动分析，使机件动作符合实际设计的要求，就显得格外重要。

我们知道，物体的运动都是相对的。确定物体的空间位置和描述物体的运动，需要选择另外一个物体作为参考体（或称参照物）。这个作为参考的物体，称为参考系。如用坐标系固连于参考体上就构成参考坐标系。一般说来，在运动学中，参考系的选取是任意的。工程技术中，通常是以地球作为固定参考系。从不同的参考系观察到物体的运动是不同的，这就是运动的相对性。但是物体本身的运动又是独立于参考系的，所以运动又是绝对的。由于运动与静止是相对的，故只有在给定参考系的情形下才有明确的意义。

我们知道，物体的运动必须在时间和空间中进行，在本教程中仍按牛顿力学所规定的时间和空间的概念。

第二节　描述点的运动的方法

描述动点相对于某一参考系的位置，常采用下列几种方法。

一、矢径法

设动点 M 在给定参考系中的位置可由矢径 $\boldsymbol{r}=\boldsymbol{OM}$ 来表示，O 点为在参考系上选定的极点，如图 12-1 所示。当动点运动时，矢径的大小和方向随时间而变化，即

$$\boldsymbol{r}=\boldsymbol{r}\ (t) \tag{12-1}$$

对应于每一时刻 t，由式（12-1）确定 M 点的矢径位置，因而 $\boldsymbol{r}$ 是时间 t 的单值连续函数。称式（12-1）为动点 M 的矢径形式的运动方程。矢径 $\boldsymbol{r}$ 的端点描绘出来的曲线称为矢端曲线，也就是动点的轨迹。根据轨迹不同，点的运动可分为空间曲线运动、平面曲线运动和直线运动等，本教程主要讨论平面运动情况。

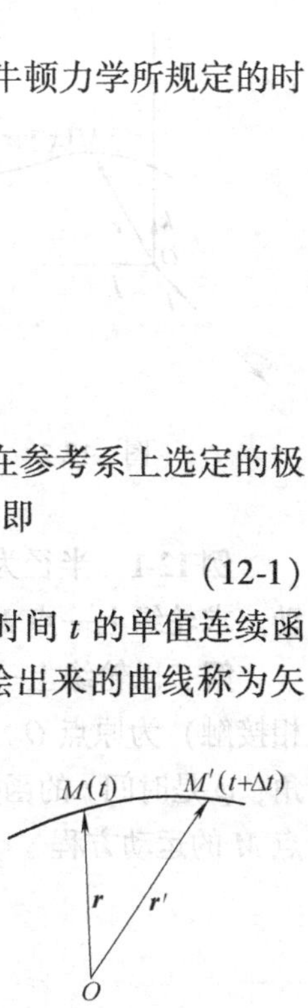

图　12-1

矢径法的优点是表达简明，而且对各种坐标系都适用，在理论推导和论证时尤为方便。

二、直角坐标法

取一直角坐标系 $Oxyz$，$\boldsymbol{i}$、$\boldsymbol{j}$、$\boldsymbol{k}$ 分别为 x、y、z 轴的单位矢量，如

图 12-2 所示。设动点 M 的坐标为（x，y，z），则有

$$\boldsymbol{r}=x\boldsymbol{i}+y\boldsymbol{j}+z\boldsymbol{k} \tag{12-2}$$

坐标（x，y，z）也是时间 t 的单值连续函数，即

$$\left.\begin{aligned} x&=x(t)\\ y&=y(t)\\ z&=z(t) \end{aligned}\right\} \tag{12-3}$$

式（12-3）是动点 M 在直角坐标系中的运动方程。由式（12-3）中消去参数 t，可以得到动点 M 的轨迹方程。

三、自然坐标法

当动点 M 的运动轨迹已知时，采用自然坐标法较为方便 。首先在轨迹上任取一点为坐标原点，并规定轨迹的正负向，如图 12-3 所示，则动点 M 的位置可用弧坐标 s 表示，而

$$s=\pm\overset{\frown}{OM}$$

当动点 M 在 O 点正的一边时，取“+”值，反之则取“-”值。弧坐标 s 亦是时间 t 的单值连续函数，即

$$s=s(t) \tag{12-4}$$

式（12-4）称为动点 M 沿已知轨迹的运动方程，或称为动点 M 在自然法中的运动方程。

综上所述，点的运动完全由运动方程所确定。但是运动方程不能直接反映运动的变化规律，需要引入速度和加速度。所以，**运动方程、速度和加速度是运动学的基本要素。**

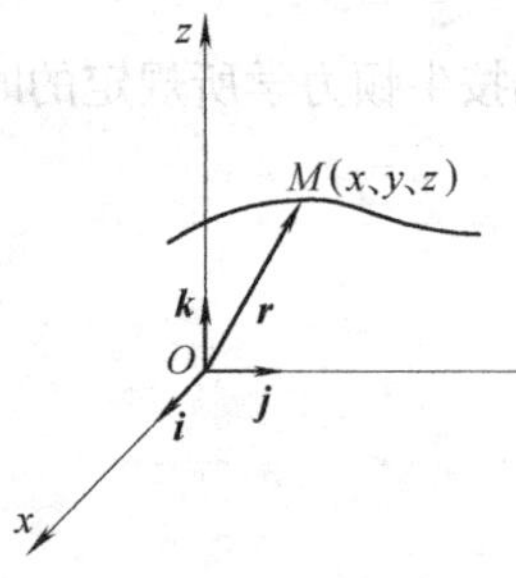

图　12-2

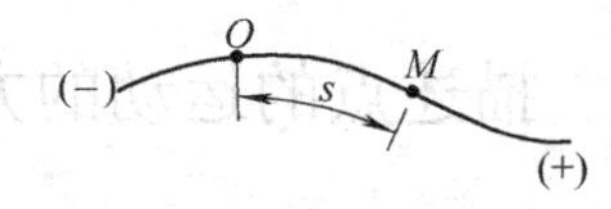

图　12-3

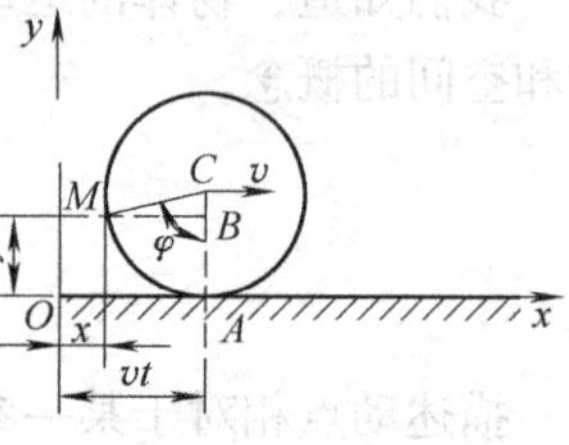

图　12-4

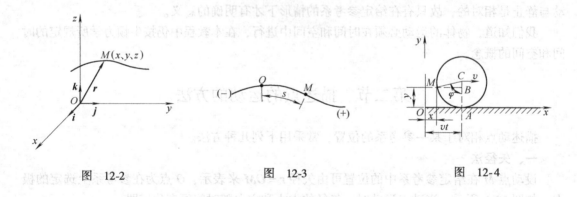

例 12-1　半径为 R 的圆轮沿水平面作直线纯滚动（无滑动地滚动），轮心 C 以等速 v 运动。求轮缘上一点 M 的运动方程（如图 12-4 所示）。

解：以轮缘上一点 M 为动点，取 M 点在它的一个最低位置（过时轮上 M 点恰好与 x 轴相接触）为原点 O。水平轨道为 x 轴，指向为轮子前进方向，而 y 轴铅垂向上。轮子转过 φ 角，φ 是时间 t 的函数。在任意时刻，M 点的位置如图 12-4 所示。根据式（12-3）写出动点 M 的运动方程

$$x=\overline{OA}-\overline{MB}=\overline{OA}-\overline{CM}\sin\varphi$$

$$y=\overline{CA}-\overline{CB}=\overline{CA}-\overline{CM}\cos\varphi$$

由纯滚动得　$\overset{\frown}{AM}=OA$，即

$$R\varphi = vt \qquad \varphi = \frac{v}{R}t$$

代入上式，得到

$$\left.\begin{aligned} x &= vt - R\sin\frac{v}{R}t \\ y &= R - R\cos\frac{v}{R}t \end{aligned}\right\} \tag{a}$$

式（a）为 M 点的运动方程，容易看出，式（a）就是旋轮线的参数方程，即 M 点的运动轨迹是一条旋轮线。

第三节　矢径法求点的速度、加速度

矢径法虽然在普通物理中已经论述过，但是由于它具有几何直观性和鲜明的力学概念，所以在这里再作一些简述。

一、位移

当动点 M 作直线运动时，如图 12-5a 所示，设动点在瞬时 t 的位置是 M，在瞬时 $t+\Delta t$ 的位置是 M'，分别用矢径 $\boldsymbol{r}$ 与 $\boldsymbol{r}'$ 来表示。在时间间隔 Δt 内，M 与 M' 两点间的位移为 $\boldsymbol{MM'}$，或者 $\boldsymbol{r}' - \boldsymbol{r} = \boldsymbol{MM'} = \Delta\boldsymbol{r}$，$\Delta\boldsymbol{r}$ 为矢径 $\boldsymbol{r}$ 的增量。

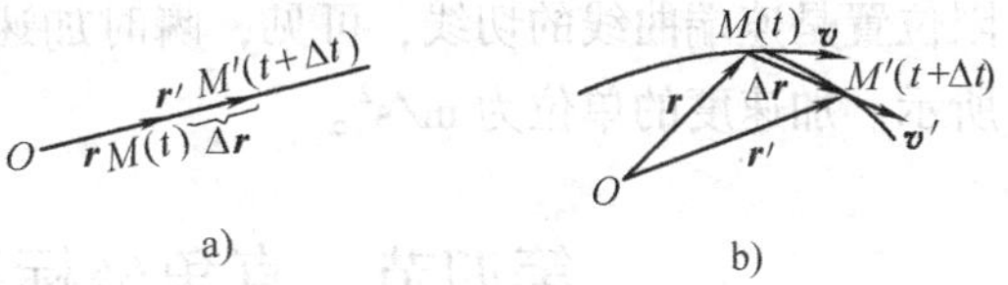

图　12-5

当动点作曲线运动时，如图 12-5b 所示，这时动点在时间间隔 Δt 内的位移是

$$\boldsymbol{MM'} = \boldsymbol{r}' - \boldsymbol{r} = \Delta\boldsymbol{r}$$

当 Δt 很小时，$\Delta\boldsymbol{r}$ 与弧 $\overset{\frown}{MM'}$ 差别很小，这时 $\Delta\boldsymbol{r}$ 近似地表示点的真实运动。

二、速度

矢径对时间的平均变化率，称为动点在 Δt 时间内的平均速度，以 $\boldsymbol{v}^*$ 表示，即

$$\boldsymbol{v}^* = \frac{\boldsymbol{MM'}}{\Delta t} = \frac{\Delta\boldsymbol{r}}{\Delta t}$$

由于时间是标量，所以 $\boldsymbol{v}^*$ 的方向应与 $\Delta\boldsymbol{r}$ 的方向相同，大小为 $\left|\frac{\Delta\boldsymbol{r}}{\Delta t}\right|$。平均速度只表示点在 Δt 内运动的平均情况。

当 $\Delta t \to 0$ 时，极限 $\lim\limits_{\Delta t\to 0}\frac{\Delta\boldsymbol{r}}{\Delta t}$ 就是动点在瞬时 t 的瞬时速度 $\boldsymbol{v}$，即

$$\boldsymbol{v} = \lim_{\Delta t\to 0}\frac{\Delta\boldsymbol{r}}{\Delta t} = \frac{\mathrm{d}\boldsymbol{r}}{\mathrm{d}t} = \dot{\boldsymbol{r}} \tag{12-5}$$

所以，动点的瞬时速度等于动点的矢径对时间的一阶导数，记作 $\boldsymbol{v}(t)$ 或用 $\dot{\boldsymbol{r}}$ 来表示。

点的瞬时速度是矢量，它的方向就是 $\Delta\boldsymbol{r}$ 的极限位置，即轨迹曲线的切线方向，它的大小是 $\left|\frac{\mathrm{d}\boldsymbol{r}}{\mathrm{d}t}\right|$。瞬时速度既表示点的真实运动快慢，又表示出运动的真实方向。速度的单位为 m/s。

三、加速度

速度对时间的变化率称为加速度。点的瞬时加速度是表征单位时间内速度改变程度的矢量。设动点 M 在瞬时 t 的速度为$\boldsymbol{v}$，在瞬时 $t'=t+\Delta t$ 的速度为$\boldsymbol{v}'$，在 Δt 内，速度矢量的增量$\boldsymbol{v}'-\boldsymbol{v}=\Delta\boldsymbol{v}$，则动点 M 在 Δt 内的平均加速度 $\boldsymbol{a}^*$ 为

$$\boldsymbol{a}^*=\frac{\Delta\boldsymbol{v}}{\Delta t}$$

如图 12-6 所示。

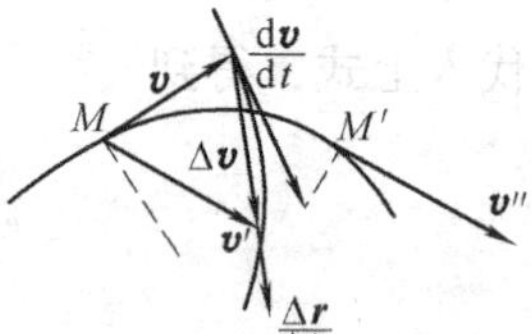

图 12-6

当 $\Delta t\to 0$ 时，$\lim\limits_{\Delta t\to 0}\dfrac{\Delta\boldsymbol{v}}{\Delta t}$是动点在瞬时 t 的加速度。所以，动点的瞬时加速度等于动点的速度对时间的一阶导数，或等于动点的矢径对时间的二阶导数，记作

$$\boldsymbol{a}=\frac{\mathrm{d}\boldsymbol{v}}{\mathrm{d}t}=\frac{\mathrm{d}^2\boldsymbol{r}}{\mathrm{d}t^2}\quad\text{或}\quad\boldsymbol{a}=\dot{\boldsymbol{v}}=\ddot{\boldsymbol{r}}\tag{12-6}$$

为了确定加速度矢量 $\boldsymbol{a}$ 的方向，在图 12-6 上过 M 点作出各个瞬时的速度矢量$\boldsymbol{v}$，这些速度矢量的端点画出一条速度矢端曲线（简称速端曲线），$\Delta\boldsymbol{v}$ 是速端曲线的割线，割线的极限位置是速端曲线的切线，可见，瞬时加速度的方向就是速端曲线的切线方向，如图 12-6 所示。加速度的单位为 $\mathrm{m/s^2}$。

第四节　直角坐标法求点的速度、加速度

矢径法虽然有很多优点，但在实际计算上还需利用坐标方法。这里先介绍直角坐标法。

一、速度

动点在直角坐标系下的运动方程为

$$x=x(t),\ y=y(t),\ z=z(t)$$

也可用式（12-2）表示

$$\boldsymbol{r}=x(t)\boldsymbol{i}+y(t)\boldsymbol{j}+z(t)\boldsymbol{k}$$

根据式（12-5）并注意到$\dfrac{\mathrm{d}\boldsymbol{i}}{\mathrm{d}t}=\dfrac{\mathrm{d}\boldsymbol{j}}{\mathrm{d}t}=\dfrac{\mathrm{d}\boldsymbol{k}}{\mathrm{d}t}=0$（$\boldsymbol{i}$、$\boldsymbol{j}$、$\boldsymbol{k}$ 分别为 x、y、z 轴方向不变的单位矢量，故其对时间的导数均等于零），有

$$\boldsymbol{v}=\frac{\mathrm{d}\boldsymbol{r}}{\mathrm{d}t}=\frac{\mathrm{d}x}{\mathrm{d}t}\boldsymbol{i}+\frac{\mathrm{d}y}{\mathrm{d}t}\boldsymbol{j}+\frac{\mathrm{d}z}{\mathrm{d}t}\boldsymbol{k}\tag{12-7}$$

又速度矢量可表示为

$$\boldsymbol{v}=v_x\boldsymbol{i}+v_y\boldsymbol{j}+v_z\boldsymbol{k}\tag{12-8}$$

比较式（12-7）与式（12-8），得到

$$\left.\begin{aligned}v_x&=\frac{\mathrm{d}x}{\mathrm{d}t}=\dot{x}\\v_y&=\frac{\mathrm{d}y}{\mathrm{d}t}=\dot{y}\\v_z&=\frac{\mathrm{d}z}{\mathrm{d}t}=\dot{z}\end{aligned}\right\}\tag{12-9}$$

式（12-9）表明，**动点的速度在直角坐标轴上的投影等于动点的对应坐标对时间的一阶导数。**

如果已知 $v_x = \dot{x}$，$v_y = \dot{y}$，$v_z = \dot{z}$，则$\boldsymbol{v}$ 就完全确定了。速度大小为

$$v = \sqrt{v_x^2 + v_y^2 + v_z^2} = \sqrt{\dot{x}^2 + \dot{y}^2 + \dot{z}^2} \tag{12-10}$$

速度的方向为

$$\left.\begin{aligned} \cos(\boldsymbol{v}, \boldsymbol{i}) &= \frac{v_x}{v} \\ \cos(\boldsymbol{v}, \boldsymbol{j}) &= \frac{v_y}{v} \\ \cos(\boldsymbol{v}, \boldsymbol{k}) &= \frac{v_z}{v} \end{aligned}\right\} \tag{12-11}$$

二、加速度

将式（12-8）对时间 t 求导，得到

$$\begin{aligned} \boldsymbol{a} &= \frac{\mathrm{d}\boldsymbol{v}}{\mathrm{d}t} = \frac{\mathrm{d}v_x}{\mathrm{d}t}\boldsymbol{i} + \frac{\mathrm{d}v_y}{\mathrm{d}t}\boldsymbol{j} + \frac{\mathrm{d}v_z}{\mathrm{d}t}\boldsymbol{k} \\ &= \frac{\mathrm{d}^2x}{\mathrm{d}t^2}\boldsymbol{i} + \frac{\mathrm{d}^2y}{\mathrm{d}t^2}\boldsymbol{j} + \frac{\mathrm{d}^2z}{\mathrm{d}t^2}\boldsymbol{k} \end{aligned}$$

加速度在直角坐标轴上的投影为 a_x，a_y，a_z，则有

$$\left.\begin{aligned} a_x &= \dot{v}_x = \ddot{x} \\ a_y &= \dot{v}_y = \ddot{y} \\ a_z &= \dot{v}_z = \ddot{z} \end{aligned}\right\} \tag{12-12}$$

式（12-12）表明，**动点的加速度在直角坐标轴上的投影等于动点的速度投影对时间的一阶导数，或动点的对应坐标对时间的二阶导数。**

如果已知 a_x，a_y，a_z，则 $\boldsymbol{a}$ 的大小和方向为

$$a = \sqrt{a_x^2 + a_y^2 + a_z^2} = \sqrt{\ddot{x}^2 + \ddot{y}^2 + \ddot{z}^2} \tag{12-13}$$

$$\left.\begin{aligned} \cos(\boldsymbol{a}, \boldsymbol{i}) &= \frac{a_x}{a} \\ \cos(\boldsymbol{a}, \boldsymbol{j}) &= \frac{a_y}{a} \\ \cos(\boldsymbol{a}, \boldsymbol{k}) &= \frac{a_z}{a} \end{aligned}\right\} \tag{12-14}$$

例 12-2　一小车以匀速$\boldsymbol{v}$ 移动时提升一重物，如图 12-7 所示。开始时，绳 端 C 与重物 A 均在同一位置，尺寸如图示。求重物上升的速度和加速度。设滑轮及重物 A 的尺寸忽略不计。

解：用直角坐标法写出运动方程，然后求导得到速度、加速度。

取直角坐标 Oxy，以重物 A 为动点。首先画出任一瞬时 t 动点的位置 A（称为一般位置）和初始位置 A_0，如图所示。因为动点 A 作直线运动，取与运动轨迹相重合的铅垂线为 y

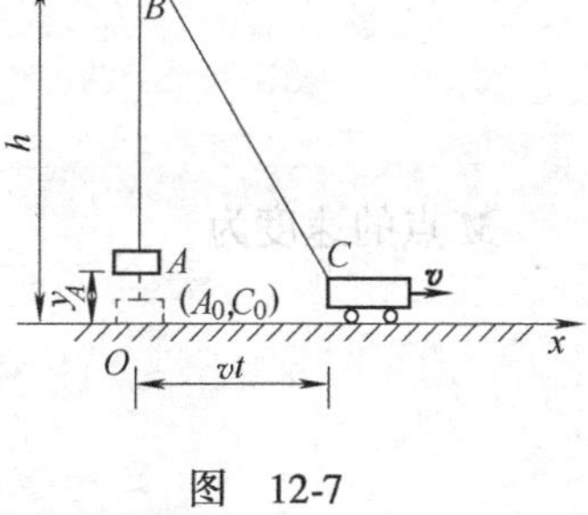

图　12-7

轴，A_0 点为坐标原点 O，重物向上运动方向为 y 轴正向。重物的运动方程

$$y_A=\overline{BC}-\overline{BC_0}=\overline{BC}-\overline{BO}$$
$$=\sqrt{\overline{OB}^2+\overline{OC}^2}-\overline{BO}$$
$$=\sqrt{h^2+(vt)^2}-h$$

速度

$$v_A=\dot{y}_A=\frac{v^2t}{\sqrt{h^2+v^2t^2}}$$

加速度

$$a_A=\dot{v}_A=\ddot{y}_A=\frac{h^2v^2}{(h^2+v^2t^2)^{3/2}}$$

例 12-3 曲柄滑块机构，如图 12-8 所示。曲柄 OA 及连杆 AB 的长度均为 $2l$，已知曲柄 OA 以 $\varphi=\omega t$ 绕 O 轴转动，带动滑块 B 作直线往复运动。求滑块 B 的运动方程、速度和加速度。

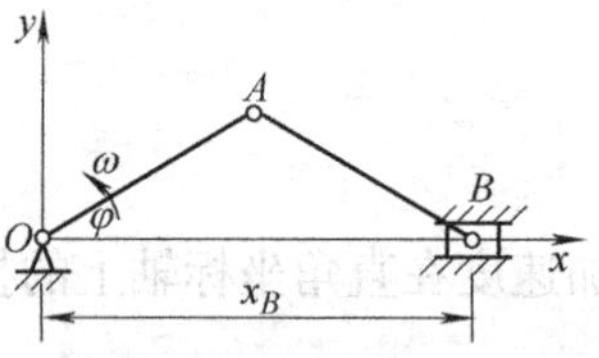

图 12-8

解：以 B 点为动点，取直角坐标系 Oxy。则滑块 B 在任一瞬时的位置为

$$x_B=OA\cos\varphi+AB\cos\varphi=4l\cos\omega t$$

于是可求得

$$v_B=\dot{x}_B=-4l\omega\sin\omega t$$
$$a_B=\dot{v}=\ddot{x}_B=-4l\omega^2\cos\omega t=-\omega^2x_B$$

由上看出，滑块 B 是在作简谐运动（在平衡位置附近按正弦或余弦规律作往复运动），包括速度、加速度在内均是以 $T=\dfrac{2\pi}{\omega}$ 为周期的周期函数。在工程上，常用下列曲线图表示函数特性。对应运动方程、速度和加速度有 $x-t$ 图，v_x-t 图和 a_x-t 图，如图 12-9 所示。

如果 $\overline{OA}=r$，$\overline{AB}=l$，则 B 块的运动方程、速度、加速度如何表示，请读者自行计算和分析。

例 12-4 试求例 12-1 中轮缘上 M 点的速度、加速度。

解：例 12-1 中得到 M 点的运动方程为

$$\left.\begin{aligned}x&=vt-R\sin\frac{v}{R}t\\y&=R-R\cos\frac{v}{R}t\end{aligned}\right\}$$

M 点的速度为

$$\left.\begin{aligned}v_x&=\dot{x}=v-v\cos\frac{v}{R}t=v\ (1-\cos\varphi)\\v_y&=\dot{y}=v\sin\frac{v}{R}t=v\sin\varphi\end{aligned}\right\}$$

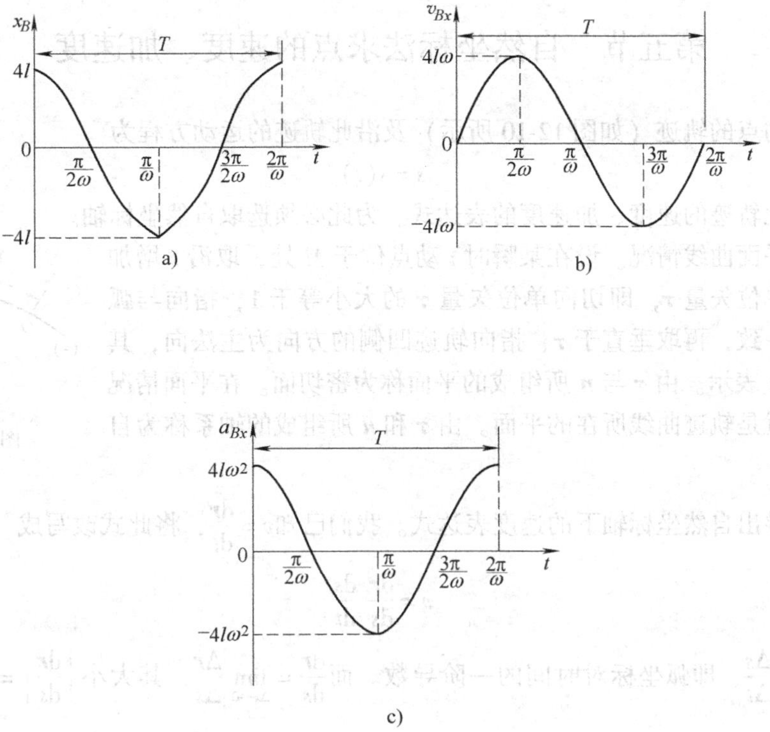

图　12-9

$$\left.\begin{aligned} v &= \sqrt{\dot{x}^2+\dot{y}^2} = v\sqrt{2\ (1-\cos\varphi)} = 2v\sin\frac{\varphi}{2} \\ \cos\ (\boldsymbol{v},\ \boldsymbol{i}) &= \frac{v_x}{v} = \sin\frac{\varphi}{2} \\ \cos\ (\boldsymbol{v},\ \boldsymbol{j}) &= \frac{v_y}{v} = \cos\frac{\varphi}{2} \end{aligned}\right\}$$

速度方向沿旋轮线的切线方向。

加速度为

$$a_x = \ddot{x} = \frac{v^2}{R}\sin\frac{v}{R}t = \frac{v^2}{R}\sin\varphi$$

$$a_y = \ddot{y} = \frac{v^2}{R}\cos\frac{v}{R}t = \frac{v^2}{R}\cos\varphi$$

$$a = \sqrt{\ddot{x}^2+\ddot{y}^2} = \frac{v^2}{R}\sqrt{\cos^2\varphi+\sin^2\varphi} = \frac{v^2}{R}$$

$$\cos\ (\boldsymbol{a},\ \boldsymbol{i}) = \frac{a_x}{a} = \sin\varphi$$

$$\cos\ (\boldsymbol{a},\ \boldsymbol{j}) = \frac{a_y}{a} = \cos\varphi$$

加速度方向始终沿圆轮半径指向轮心 C。

第五节　自然坐标法求点的速度、加速度

设已知动点的轨迹（如图12-10所示）及沿此轨迹的运动方程为

$$s = s(t)$$

现求动点沿此轨迹的速度、加速度的表达式。为此必须选取自然坐标轴。

先讨论平面曲线情况。设在某瞬时 t 动点位于 M 处，取沿 s 增加的切线方向单位矢量 $\boldsymbol{\tau}$，即切向单位矢量 $\boldsymbol{\tau}$ 的大小等于1，指向与弧坐标的正向一致，再取垂直于 $\boldsymbol{\tau}$、指向轨迹凹侧的方向为主法向，其单位矢量以 $\boldsymbol{n}$ 表示。由 $\boldsymbol{\tau}$ 与 $\boldsymbol{n}$ 所组成的平面称为密切面。在平面情况时，密切面就是轨迹曲线所在的平面。由 $\boldsymbol{\tau}$ 和 $\boldsymbol{n}$ 所组成的轴系称为自然轴系。

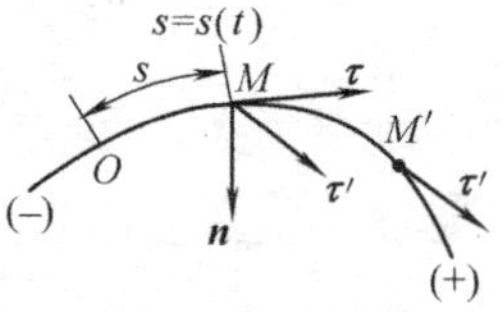

图　12-10

下面来导出自然坐标轴下的速度表达式。我们已知$\boldsymbol{v} = \dfrac{\mathrm{d}\boldsymbol{r}}{\mathrm{d}t}$，将此式改写成

$$\boldsymbol{v} = \frac{\mathrm{d}\boldsymbol{r}}{\mathrm{d}s}\frac{\mathrm{d}s}{\mathrm{d}t}$$

其中$\dfrac{\mathrm{d}s}{\mathrm{d}t} = \lim\limits_{\Delta t \to 0}\dfrac{\Delta s}{\Delta t}$，即弧坐标对时间的一阶导数。而$\dfrac{\mathrm{d}\boldsymbol{r}}{\mathrm{d}s} = \lim\limits_{\Delta s \to 0}\dfrac{\Delta \boldsymbol{r}}{\Delta s}$，其大小$\left|\dfrac{\mathrm{d}\boldsymbol{r}}{\mathrm{d}s}\right| = \lim\limits_{\Delta s \to 0}\left|\dfrac{\Delta \boldsymbol{r}}{\Delta s}\right| = 1$，其方向就是曲线的切线方向，并指向弧长增加的一边，所以$\dfrac{\mathrm{d}\boldsymbol{r}}{\mathrm{d}s}$就是切向单位矢量 $\boldsymbol{\tau}$，并指向弧坐标 s 的正向。于是有

$$\boldsymbol{v} = \frac{\mathrm{d}s}{\mathrm{d}t}\boldsymbol{\tau} = \dot{s}\boldsymbol{\tau} \tag{12-15}$$

式（12-15）表明，动点的瞬时速度的大小等于弧坐标对时间的一阶导数，瞬时速度的方向沿轨迹的切线方向。

当 $\dot{s} > 0$ 时，则速度$\boldsymbol{v}$ 的方向与 $\boldsymbol{\tau}$ 正向一致；当 $\dot{s} < 0$ 时，则速度$\boldsymbol{v}$ 的方向与 $\boldsymbol{\tau}$ 正向相反。

动点的瞬时加速度等于速度对时间的一阶导数，即

$$\boldsymbol{a} = \frac{\mathrm{d}\boldsymbol{v}}{\mathrm{d}t} = \frac{\mathrm{d}^2 s}{\mathrm{d}t^2}\boldsymbol{\tau} + \frac{\mathrm{d}s}{\mathrm{d}t}\frac{\mathrm{d}\boldsymbol{\tau}}{\mathrm{d}t} \tag{12-16}$$

式中右端第一项中 $\ddot{s}$ 表明速度大小的变化；右端第二项中$\dfrac{\mathrm{d}\boldsymbol{\tau}}{\mathrm{d}t}$表明速度方向 $\boldsymbol{\tau}$ 的变化。速度大小变化很清楚，而$\dfrac{\mathrm{d}\boldsymbol{\tau}}{\mathrm{d}t}$需进一步讨论。

先讨论$\dfrac{\mathrm{d}\boldsymbol{\tau}}{\mathrm{d}t}$的大小。

动点在 t 时刻位于 M 处，$t + \Delta t$ 时刻位于 M'处，其切线单位矢量分别为 $\boldsymbol{\tau}$ 与 $\boldsymbol{\tau}'$。由图12-11a 知 $\Delta\boldsymbol{\tau} = \boldsymbol{\tau}' - \boldsymbol{\tau}$，位于 $\boldsymbol{\tau}$ 与 $\boldsymbol{\tau}'$所组成的平面内，$\dfrac{\mathrm{d}\boldsymbol{\tau}}{\mathrm{d}t} = \lim\limits_{\Delta t \to 0}\dfrac{\Delta\boldsymbol{\tau}}{\Delta t}$，由图12-11b 中等腰三角形 MAB 得出

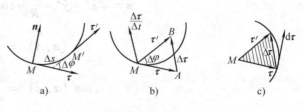

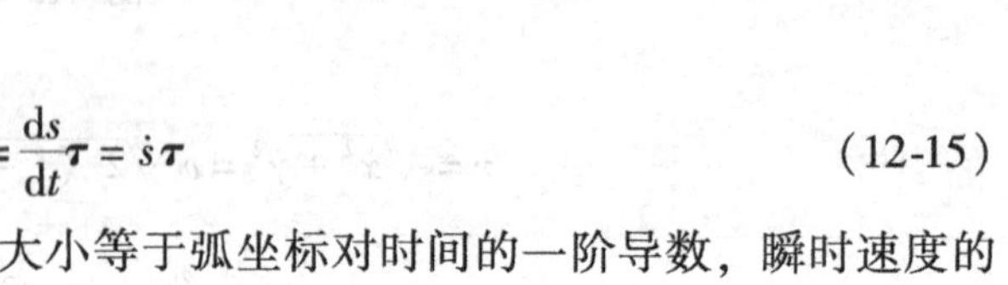

图　12-11

$|\Delta\boldsymbol{\tau}| = 2|\boldsymbol{\tau}|\sin\dfrac{\Delta\varphi}{2} = 2\sin\dfrac{\Delta\varphi}{2}$。$\dfrac{\mathrm{d}\boldsymbol{\tau}}{\mathrm{d}t}$的大小为

$$\begin{aligned}
\left|\frac{\mathrm{d}\boldsymbol{\tau}}{\mathrm{d}t}\right| &= \lim_{\Delta t\to 0}\left|\frac{\Delta\boldsymbol{\tau}}{\Delta t}\right| \\
&= \lim_{\substack{\Delta\varphi\to 0\\ \Delta t\to 0}} \frac{\left|2\sin\dfrac{\Delta\varphi}{2}\right|}{\Delta t}\frac{\Delta\varphi}{\Delta\varphi} \\
&= \lim_{\substack{\Delta\varphi\to 0\\ \Delta t\to 0}} \frac{\sin\dfrac{\Delta\varphi}{2}}{\dfrac{\Delta\varphi}{2}}\frac{\Delta\varphi}{\Delta t}\frac{\Delta s}{\Delta s} \\
&= \left|\frac{\mathrm{d}s}{\mathrm{d}t}\right|\frac{\mathrm{d}\varphi}{\mathrm{d}s} \\
&= v\frac{\mathrm{d}\varphi}{\mathrm{d}s} = v\frac{1}{\rho}
\end{aligned}$$

式中，$\dfrac{\mathrm{d}\varphi}{\mathrm{d}s} = \dfrac{1}{\rho}$，$\rho$ 为轨迹在该点的曲率半径。

再讨论$\dfrac{\mathrm{d}\boldsymbol{\tau}}{\mathrm{d}t}$的方向。因$\dfrac{\Delta\boldsymbol{\tau}}{\Delta t}$与 $\Delta\boldsymbol{\tau}$ 共线，故 $\Delta\boldsymbol{\tau}$ 的极限位置就是$\dfrac{\mathrm{d}\boldsymbol{\tau}}{\mathrm{d}t}$的矢量方向。由图 12-11b 中看出，当 Δt 趋于零时，$\Delta\varphi$ 趋于零，$\boldsymbol{\tau}'$趋于 $\boldsymbol{\tau}$，等腰三角形 MAB 中顶角趋于零，而底角趋于 90°，即$\dfrac{\mathrm{d}\boldsymbol{\tau}}{\mathrm{d}t}$与 $\boldsymbol{\tau}$ 垂直，这样，$\dfrac{\mathrm{d}\boldsymbol{\tau}}{\mathrm{d}t}$既在曲线所在平面内，又与切线垂直，即 M 处的法线，指向曲率中心，所以与 $\boldsymbol{n}$ 相同。得到

$$\frac{\mathrm{d}\boldsymbol{\tau}}{\mathrm{d}t} = v\frac{1}{\rho}\boldsymbol{n} \tag{12-17}$$

将式（12-17）代入式（12-16），得到平面曲线运动在自然轴下的加速度表达式

$$\boldsymbol{a} = \frac{\mathrm{d}\boldsymbol{v}}{\mathrm{d}t} = \frac{\mathrm{d}^2 s}{\mathrm{d}t^2}\boldsymbol{\tau} + \frac{v^2}{\rho}\boldsymbol{n} = a_\tau\boldsymbol{\tau} + a_n\boldsymbol{n} \tag{12-18}$$

式中，$a_\tau = \dfrac{\mathrm{d}^2 s}{\mathrm{d}t^2}$，$a_n = \dfrac{v^2}{\rho}$。

在空间曲线运动时，自然坐标轴可根据右手坐标系规则，由 $\boldsymbol{\tau}$ 和 $\boldsymbol{n}$ 可以确定第三个单位矢量 $\boldsymbol{b}$，称 $\boldsymbol{\tau}$ 为 M 处的切向单位矢量，$\boldsymbol{n}$ 为主法线单位矢量，$\boldsymbol{b}$ 为副法线单位矢量，且有

$$\boldsymbol{\tau}\times\boldsymbol{n} = \boldsymbol{b}$$

从而可以得到空间曲线运动情况下的加速度表达式

$$\boldsymbol{a} = \frac{\mathrm{d}\boldsymbol{v}}{\mathrm{d}t} = a_\tau\boldsymbol{\tau} + a_n\boldsymbol{n} + a_b\boldsymbol{b} \tag{12-19}$$

式中，$a = \ddot{s} = \dot{v}$，$a_n = \dfrac{v^2}{\rho}$，$a_b = 0$。

如果 $a_\tau = \ddot{s} = \dot{v}$，$a_n = \dfrac{v^2}{\rho} = \dfrac{\dot{s}^2}{\rho}$为已知，则全加速度 $\boldsymbol{a}$ 的大小和方向由下式确定

$$\left.\begin{aligned}
a &= \sqrt{a_\tau^2 + a_n^2} \\
\tan\varphi &= \frac{|a_\tau|}{a_n}
\end{aligned}\right\} \tag{12-20}$$

如图 12-12 所示。

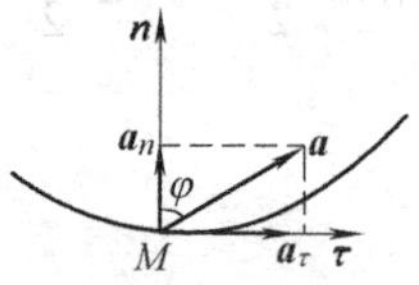

图 12-12

必须注意，$\dfrac{d^2s}{dt^2}\left(\dfrac{dv}{dt}\right)$是有正负号的。当$\dfrac{d^2s}{dt^2}$与$\dfrac{ds}{dt}$同号时，则动点作加速运动；当$\dfrac{d^2s}{dt^2}$与$\dfrac{ds}{dt}$异号时，则动点作减速运动。

如果 $\rho = R =$ 常数，则动点作圆周运动。

例 12-5 小环 M 同时套在半径为 R 的固定大环和直杆 AB 上，如图 12-13a 所示。直杆 AB 以 $\theta = \omega t$ 绕 A 点转动，带动小环 M 沿大环运动。试求 M 点的运动方程、速度和加速度。

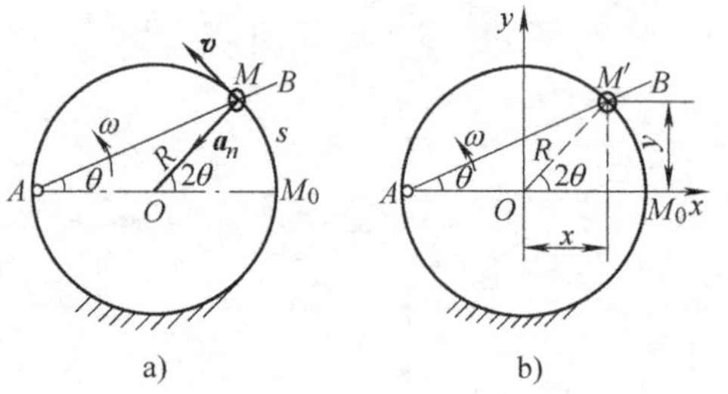

图 12-13

解：由于小环 M 的运动轨迹为半径 R 的圆弧，所以用自然法求解。

当 $t=0$ 时，$\theta=0$，已知起始点为 M_0，取 M_0 为弧坐标 s 的原点，以动点的运动方向为 s 的正向，如图 12-13a 所示。

以 M 为动点，它的运动方程为

$$s = 2R\theta = 2R\omega t$$

于是 M 的速度为

$$v = \dot{s} = 2R\omega$$

加速度为

$$a_\tau = \dot{v} = 0$$

$$a_n = \frac{v^2}{\rho} = \frac{(2R\omega)^2}{R} = 4R\omega^2$$

全加速度为

$$a = \sqrt{a_\tau^2 + a_n^2} = a_n = 4R\omega^2$$

即加速度 a 的方向沿法线 MO，指向圆心 O。

本题也可以用直角坐标法求解。

取 Oxy 直角坐标系，如图 12-13b 所示，写出 M 点的运动方程为

$$\left.\begin{aligned} x &= R\cos2\theta = R\cos2\omega t \\ y &= R\sin2\theta = R\sin2\omega t \end{aligned}\right\}$$

动点 M 的速度在坐标轴的投影为

$$\left.\begin{aligned} v_x &= \dot{x} = -2R\omega\sin2\omega t \\ v_y &= \dot{y} = 2R\omega\cos2\omega t \end{aligned}\right\}$$

因此速度的大小为

$$v = \sqrt{v_x^2 + v_y^2} = 2R\omega$$

动点的加速度

$$\left.\begin{aligned} a_x &= \dot{v}_x = -4R\omega^2\cos2\omega t \\ a_y &= \dot{v}_y = -4R\omega^2\sin2\omega t \end{aligned}\right\}$$

$$a = \sqrt{a_x^2 + a_y^2} = 4R\omega^2$$

$$\tan\varphi = \tan 2\omega t$$

例 12-6 点 M 的运动由下列方程给定

$$x = t^2,\ y = t^3$$

试求轨迹在（1，1）、（4，8）处的曲率半径。

解： 本题要利用直角坐标法与自然法之间的关系来求解。

由直角坐标法求出速度和加速度

$$v_x = \dot{x} = 2t$$

$$v_y = \dot{y} = 3t^2$$

$$v = \sqrt{4t^2 + 9t^4} \tag{1}$$

$$a_x = \dot{v}_x = 2$$

$$a_y = \dot{v}_y = 6t$$

$$a = \sqrt{4 + 36t^2} \tag{2}$$

又由自然法知道

$$a = \sqrt{a_\tau^2 + a_n^2}$$

所以，$a_n = \sqrt{a^2 - a_\tau^2}$。这里的 a 已从式（2）求出，而 $a_\tau = \dfrac{\mathrm{d}v}{\mathrm{d}t}$，即将式（1）对时间求导，从而求出 a_n，最后确定曲率半径

$$\rho = \frac{v^2}{a_n}$$

这样在点（1，1）处，即在 $t = 1\mathrm{s}$ 时，

$$v = \sqrt{4t^2 + 9t^4}\,\Big|_{t=1} = \sqrt{13}\mathrm{cm/s}$$

$$a_\tau = \frac{\mathrm{d}v}{\mathrm{d}t} = \frac{8t + 36t^3}{2\sqrt{4t^2 + 9t^4}}\Big|_{t=1} = \frac{22}{\sqrt{13}}\mathrm{cm/s^2}$$

$$a = \sqrt{4 + 36t^2}\,\Big|_{t=1} = \sqrt{40}\mathrm{cm/s^2}$$

$$a_n = \sqrt{a^2 - a_\tau^2} = 1.66\mathrm{cm/s^2}$$

$$\rho = \frac{v^2}{a_n} = \frac{13}{1.66} = 7.83\mathrm{cm}$$

在点（4，8）处，即 $t = 2\mathrm{s}$ 时，

$$v = 12.64\mathrm{cm/s}$$

$$a_\tau = 12.01\mathrm{cm/s^2}$$

$$a = 12.16\mathrm{cm/s^2}$$

$$a_n = 1.89\mathrm{cm/s^2}$$

得到

$$\rho = \frac{v^2}{a_n} = \frac{160}{1.89}\mathrm{cm} = 84.7\mathrm{cm}$$

思 考 题

12-1 平均速度和瞬时速度有什么区别？在什么情况下它们是一致的？

12-2 当点作直线运动时，在某一瞬时的速度为常数时，试问这时的加速度是否为零？为什么？当点作匀速曲线运动时，其加速度是否为零？

12-3 在什么情况下点的切向加速度为零？什么情况下点的法向加速度为零？什么情况下切向、法向加速度都为零？

12-4 当点作曲线运动时，点的加速度是恒矢量（加速度矢量保持平行且相等），试问该点是否作匀变速曲线运动？

12-5 点在下列情况下：切向加速度、法向加速度都为零；切向加速度为零、法向加速度不为零；切向加速度不为零、法向加速度为零，它们各作何种运动？

习　题

12-1 已知点的运动方程，求其轨迹方程，并计算点在时间 $t=0\text{s}$，1s 和 2s 时的速度和加速度的大小（位移以米计，时间以秒计，角度均以弧度计）。

（1）$x=2t^2+4$　　$y=3t^2-3$

（2）$x=5\cos\dfrac{\pi}{4}t$　　$y=4\sin\dfrac{\pi}{4}t$

（3）$x=3+5\sin t$　　$y=5\cos t$

（4）$x=10t$　　$y=20t-5t^2$

（5）$x=8t$　　$y=4\sin\pi t$

（6）$x=5e^{-t}-1$　　$y=5e^{-t}+1$

12-2 图示缆绳一端系在小船上，另一端跨过小滑车为一小孩握住。设小孩在岸上以匀速 $v_0=1\text{m/s}$ 向右行走，试求在 $\varphi=30°$ 的瞬时小船的速度。

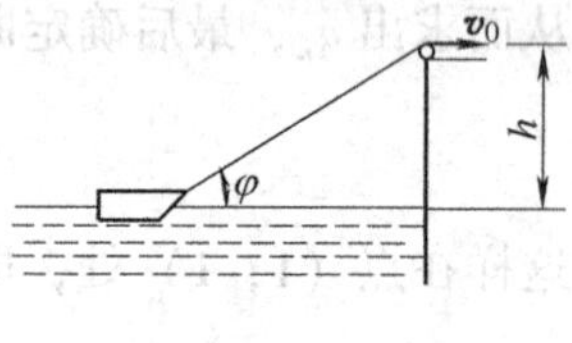

题　12-2 图

12-3 捻线机偏心轮横动机构中，偏心轮的半径 $R=4\text{cm}$，偏心距 $OO'=1\text{cm}$，轮绕 O 点转动的角速度为 $\omega=0.1\text{rad/s}$。求喇叭口 A 的：

（1）横动动程；

（2）横动杆的运动方程式；

（3）OO_1 与 x 轴成 30°时横动杆的速度和加速度。

12-4 动点沿水平直线运动。已知其加速度的变化规律是 $a=30t-120\text{mm/s}^2$，其中 t 以 s 为单位，规定向右的方向为正。动点在 $t=0$ 时的初速度的大小为 150mm/s，方向与初加速度一致。求 $t=10\text{s}$ 时动点的速度和位置。

12-5 图示直杆 AB 在铅垂面内沿相互垂直的墙壁和地面滑下。已知 $\varphi=\omega t$（ω 为常量）。试求杆上一点 M 的运动方程、轨迹、速度和加速度。设 $MA=b$，$MB=c$。

12-6 连接重物 A 的绳索，其另一端绕在半径 $R=0.5\text{m}$ 的鼓轮上，如图所示。当 A 沿斜面下滑时带动鼓轮绕 O 轴转动。已知 A 的运动规律为 $s=0.6t^2$，t 以 s 计，求 $t=1\text{s}$ 时，鼓轮轮缘最高点 M 的加速度。

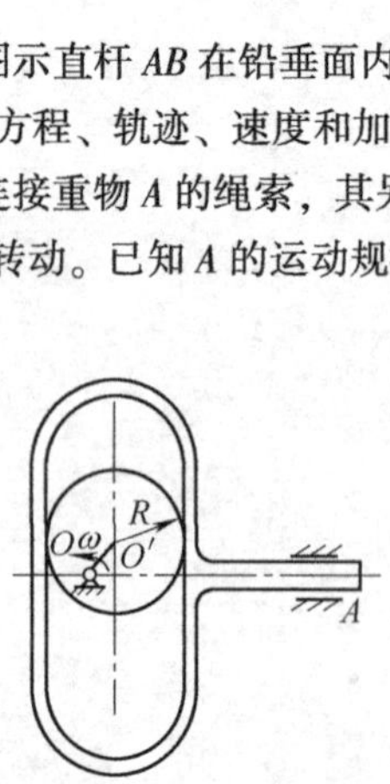

题　12-3 图

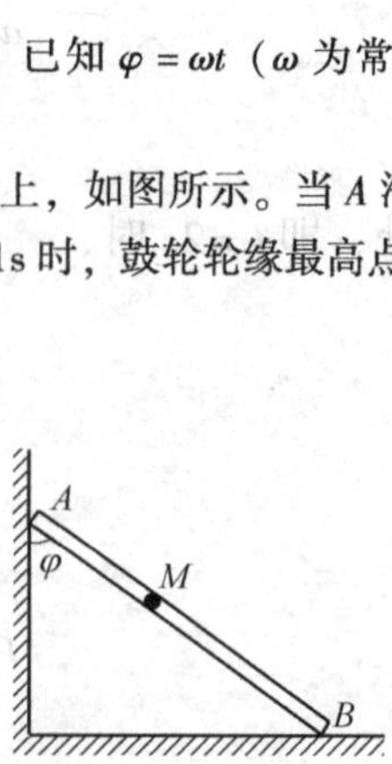

题　12-5 图

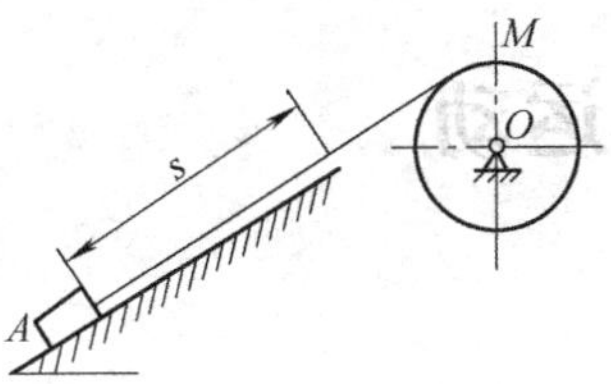

题　12-6 图

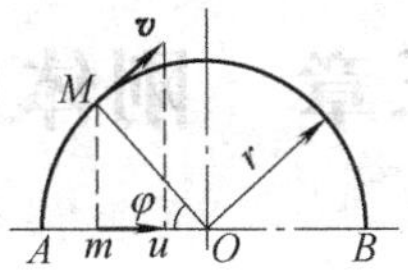

题　12-7 图

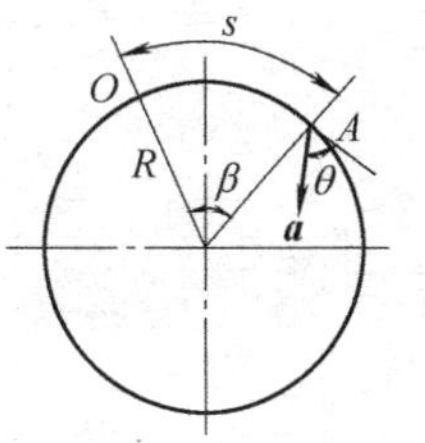

题　12-8 图

12-7　点 M 沿半径为 r 的圆弧 $\overset{\frown}{AB}$ 运动如图示，它的速度 $\boldsymbol{v}$ 在直径 AB 方向的投影 u 是常数。试求点 M 的速度和加速度与角 φ 的关系。

12-8　如图所示，点沿半径为 R 的圆周作等加速运动，初速为零。如点的全加速度 $\boldsymbol{a}$ 与切线的夹角为 θ，并以 β 表示点所走过的弧 s 所对的圆心角。试证：$\tan\theta = 2\beta$。

第十三章　刚体的基本运动

第一节　概　　述

上一章研究了点的运动，但实际物体都是有几何尺寸并在空间占据一定位置，因此点的运动不能完全代替实际物体的运动。本章研究物体的运动。

实际物体在运动过程中受到外力作用时几乎都有变形，但在研究物体运动时，变形可以略去不计，即将它抽象为刚体。因刚体内任意两点之间距离始终保持不变，故体内各点的运动规律虽然不同，但却存在一定的关系。这一关系就是我们将研究的刚体运动规律。研究刚体的运动时，首先研究刚体作为整体的运动规律，然后再研究体内各点的速度、加速度的关系及分布规律。

刚体运动的最基本形式是平行移动（简称平动）和定轴转动。

第二节　刚体的平动

我们在观察工程实际中一些机构杆件的运动时，如火车车轮连杆 AB、揉茶桶 ABC、储纱机构框架、筛砂机构中料斗 AB 等（图 13-1），发现具有一个共同特征，即刚体在运动过程中，体内任意一直线始终与其原来位置保持平行，刚体的这种运动称为刚体的平动。

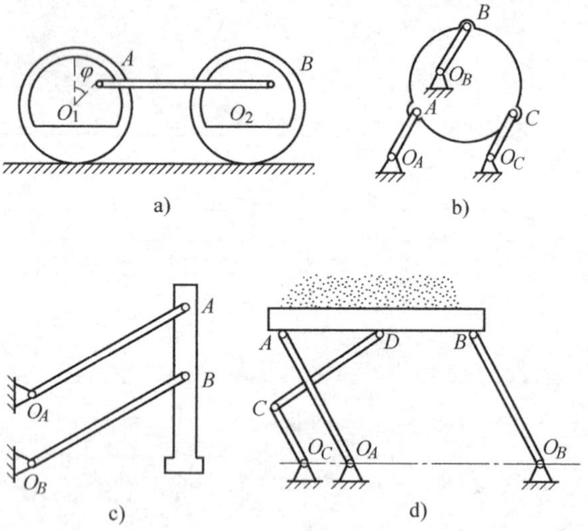

图　13-1

a）火车车轮连接杆 AB　b）揉茶桶 ABC

c）储纱机构框架　d）筛砂机构中料斗 AB

刚体平动的运动特性：

（1）刚体平动时，体内各点的运动轨迹均相同。

（2）刚体平动时，同一瞬时体内各点的速度和加速度均相同。

证明：

（1）如图 13-2 所示，刚体内任取两点 A、B，它们在空间的位置可由 $\boldsymbol{r}_A$ 与 $\boldsymbol{r}_B$ 确定，且满足关系

$$\boldsymbol{r}_A=\boldsymbol{r}_B+\boldsymbol{BA} \tag{a}$$

由于刚体作平动，体内任取两点的直线在运动过程中始终与其起始位置保持平行，故 $\boldsymbol{BA}$ 为一方向不变的常矢量，所以 A 点的轨迹和 B 点的轨迹完全相同。由于 A 点与 B 点的任意性，我们可以看到：对于平动刚体，只需要研究刚体内任意一点的轨迹，就可以求得体内所有点

的轨迹。

(2) 将式 (a) 对时间求导，并注意到常矢量的导数为零，则有

$$\frac{\mathrm{d}\boldsymbol{r}_A}{\mathrm{d}t}=\frac{\mathrm{d}\boldsymbol{r}_B}{\mathrm{d}t} \quad \text{(b)}$$

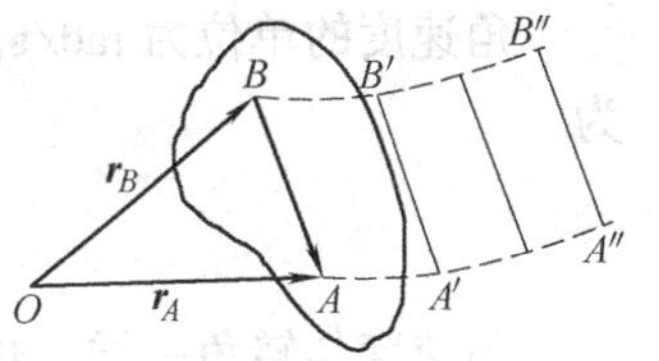

图 13-2

由速度的定义，即

$$\boldsymbol{v}_A(t)=\boldsymbol{v}_B(t) \quad (13\text{-}1)$$

上式表明，刚体作平动时，在每一瞬时，刚体内各点的速度均相同。

再将式 (13-1) 对时间求导，则有

$$\frac{\mathrm{d}\,\boldsymbol{v}_A}{\mathrm{d}t}=\frac{\mathrm{d}\,\boldsymbol{v}_B}{\mathrm{d}t}$$

即

$$\boldsymbol{a}_A=\boldsymbol{a}_B \quad (13\text{-}2)$$

上式表明，刚体作平动时，在每一瞬时，体内各点的加速度均相同。

综上分析，刚体作平动时，刚体内各点的运动轨迹、速度和加速度完全相同，因此，我们只需要研究刚体内任一点的运动，就可以确定刚体的整体运动。这样，刚体的平动可归结为点的运动问题，可以应用上一章的全部方法。

第三节　刚体的定轴转动

刚体的定轴转动在工程中应用较广泛。例如：机器的曲轴、箱座轴、电机转子、飞轮及吊扇等。这类运动具有一个共同的特征：刚体运动时，体内有一直线保持不动，而整个刚体绕此直线旋转。此类刚体的运动称为定轴转动，这条固定不动的直线称为定轴（或转轴）。

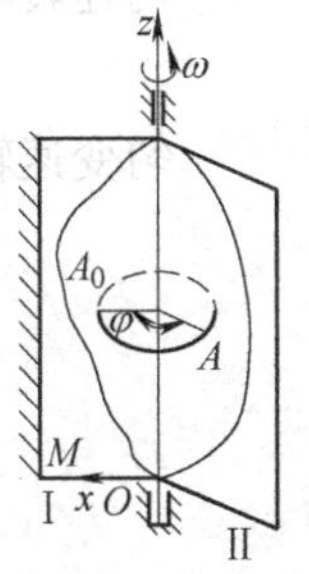

图 13-3

刚体绕定轴转动时，体内不在转轴上的各点均作圆周运动，轨迹均为圆，圆所在的平面均垂直于转轴，如图 13-3 所示。

一、转动方程、角速度、角加速度

刚体绕定轴转动的运动位置可以这样给定，以转轴为 z 轴，通过 z 轴选一个与定参考系固连的平面 M 为参考平面，设该平面为固定平面Ⅰ，如图 13-3 所示。另外选体内任一点 A 与转轴组成的平面为动平面Ⅱ，则可用动平面Ⅱ与定平面Ⅰ之间的夹角 φ 来表示转动的位置。转角 φ 随时间变化，且为单值连续函数，即

$$\varphi=\varphi(t) \quad (13\text{-}3)$$

式 (13-3) 就是刚体的定轴转动方程。φ 的正负号按右手螺旋法则确定：从 z 轴正向看，逆时针方向取为正值，反之取为负值。所以 φ 角是标量。φ 角的单位为 rad。

刚体转动的快慢用角速度 ω 来表示。设刚体在 Δt 时间间隔内转过角位移 $\Delta\varphi$，则刚体在 Δt 内的平均角速度为

$$\omega^*=\frac{\Delta\varphi}{\Delta t}$$

当 $\Delta t\to 0$ 时，即得刚体定轴转动的瞬时角速度

$$\omega=\lim_{\Delta t\to 0}\frac{\Delta\varphi}{\Delta t}=\frac{\mathrm{d}\varphi}{\mathrm{d}t}=\dot{\varphi} \quad (13\text{-}4)$$

上式表明，刚体绕定轴转动的瞬时角速度等于转角对时间的一阶导数。

角速度的单位为 rad/s。工程上常用转速 n（r/min）。转速 n 与角速度 ω 的换算关系式为

$$\omega = \frac{2\pi n}{60} = \frac{\pi n}{30} \tag{13-5}$$

角速度与转角一样，也是标量。当刚体的转向与转角 φ 的正向一致时，角速度为正。反之为负。

刚体角速度的变化用角加速度 α 来表示。设刚体在 Δt 时间间隔内角速度的变化为 $\Delta\omega$，平均角加速度为

$$\alpha^* = \frac{\Delta\omega}{\Delta t}$$

当 $\Delta t \to 0$ 时，即得到刚体绕定轴转动的瞬时角加速度

$$\alpha = \lim_{\Delta t \to 0} \frac{\Delta\omega}{\Delta t} = \frac{d\omega}{dt} = \frac{d^2\varphi}{dt^2} = \ddot{\varphi} \tag{13-6}$$

此式表明，刚体绕定轴转动的瞬时角加速度等于角速度对时间的一阶导数或等于转角对时间的二阶导数。

角加速度与角速度一样也是标量。角加速度的单位为 rad/s²。当 α 与 ω 同号时，则为加速转动；当 ω 与 α 异号时，则为减速转动。

二、刚体的匀速转动与变速转动

匀速转动，即 ω = 常数，有

$$\alpha = 0,\ \varphi(t) = \varphi_0 + \omega t \tag{13-7}$$

匀变速转动，即 α = 常数，则有

$$\left.\begin{aligned} \omega &= \omega_0 + \alpha t \\ \varphi &= \varphi_0 + \omega_0 t + \frac{1}{2}\alpha t^2 \\ \omega^2 &= \omega_0^2 + 2\alpha(\varphi - \varphi_0) \end{aligned}\right\} \tag{13-8}$$

式中，φ_0，ω_0 是初角位移和初角速度。

对于一般的变速运动，有

$$\left.\begin{aligned} \omega &= \omega_0 + \int_0^t \alpha(t)\,dt \\ \varphi(t) &= \varphi_0 + \int_0^t \omega(t)\,dt \end{aligned}\right\} \tag{13-9}$$

例 13-1 电动机起动 1min 达到稳定转速。若角加速度变化规律如图 13-4a 所示。求其转动的稳定转速及转子转过的转数。

解： 先求角速度函数

由式(13-9) 得

$$\omega(t) = \int_0^t \alpha dt \quad (\omega_0 = 0)$$

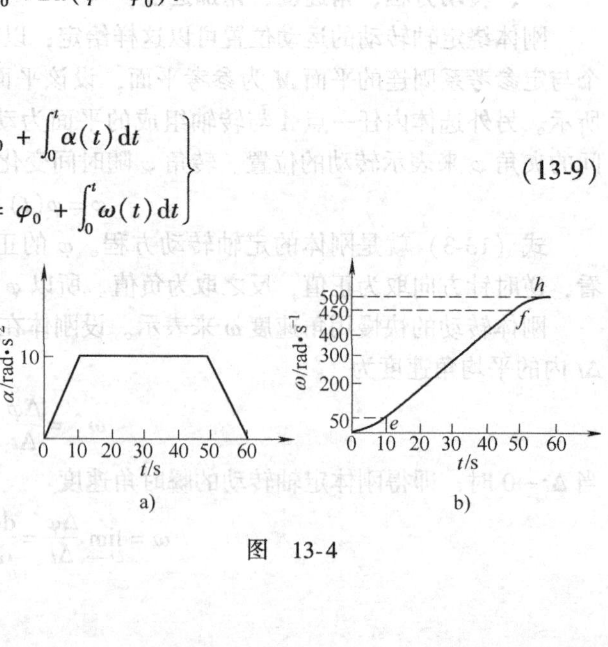

图 13-4

由图 13-4 知道

$$\alpha(t)=\begin{cases}t & 0\leqslant t\leqslant 10\\ 10 & 10<t<50\\ 60-t & 50\leqslant t\leqslant 60\end{cases}$$

分段积分

$$\omega(t)=\int_0^t t\mathrm{d}t=\frac{1}{2}t^2\quad 0\leqslant t\leqslant 10$$

$$\omega(t)=\int_0^{10} t\mathrm{d}t+\int_{10}^t 10\mathrm{d}t$$

$$=10t-50\quad 10<t<50$$

$$\omega(t)=\int_0^{10} t\mathrm{d}t+\int_{10}^{50} 10\mathrm{d}t+\int_{50}^t(60-t)\mathrm{d}t$$

$$=60t-\frac{1}{2}t^2-1\,300\quad 50\leqslant t\leqslant 60$$

于是得到 $\omega(t)$ 的解析式

$$\omega(t)=\begin{cases}\frac{1}{2}t^2 & 0\leqslant t\leqslant 10\\ 10t-50 & 10<t<50\\ 60t-\frac{1}{2}t^2-1\,300 & 50\leqslant t\leqslant 60\end{cases}$$

其图线如图 13-4b 所示。在 $\alpha(t)$ 积分时，注意 $t=10$，50(s) 时，$\omega(t)$ 连续可微。Oe 段为开口向上的抛物线；ef 段是斜率为 10 的直线段；fh 为开口向下的抛物线。

转动稳定角速度

$$\omega(60)=\left(60\times 60-\frac{1}{2}60^2-1\,300\right)\mathrm{rad/s}=500\mathrm{rad/s}$$

转子转速 $$n=60\times\frac{500}{2\pi}\mathrm{r/min}=4\,774\mathrm{r/min}$$

同理求弧度函数 $\varphi(t)$。由式 (13-9) 和 $\varphi_0=0$，得

$$\varphi(t)=\int_0^t\omega(t)\mathrm{d}t$$

因此

$$\varphi(t)=\int_0^t\frac{1}{2}t^2\mathrm{d}t=\frac{1}{6}t^3\quad 0\leqslant t\leqslant 10$$

$$\varphi(t)=\int_0^{10}\frac{1}{2}t^2\mathrm{d}t+\int_{10}^t(10t-50)\mathrm{d}t$$

$$=5t^2-50t+\frac{500}{3}\quad 10<t<50$$

$$\varphi(t)=\int_0^{10}\frac{1}{2}t^2\mathrm{d}t+\int_{10}^{50}(10t-50)\mathrm{d}t+\int_{50}^t\left(60t-\frac{1}{2}t^2-1\,300\right)\mathrm{d}t$$

$$=30t^2-\frac{1}{6}t^3-1\,300t+21\,000\quad 50\leqslant t\leqslant 60$$

因此 $\varphi(t)$ 的解析函数为

$$\varphi(t)=\begin{cases}\frac{1}{6}t^3 & 0\leqslant t\leqslant 10\\ 5t^2-50t+\frac{500}{3} & 10<t<50\\ 30t^2-\frac{1}{6}t^3-1\,300t+21\,000 & 50\leqslant t\leqslant 60\end{cases}$$

所以 $\varphi(60)=15\,000\text{rad}$

转子转过的转数为

$$\frac{\varphi}{2\pi}=\frac{15\,000}{2\pi}=2\,387.3$$

第四节　定轴转动刚体上各点的速度和加速度

在生产实践中，需要知道定轴转动刚体上各点的速度和加速度。因为转动刚体上各点是作圆周运动，圆心在轴线上，半径等于点到转轴的距离，所以可应用上一章的自然法来确定点的速度和加速度，如图 13-5 所示。

点 A 的弧坐标

$$s=R\varphi$$

点 A 的速度

$$v=\frac{\mathrm{d}s}{\mathrm{d}t}=R\frac{\mathrm{d}\varphi}{\mathrm{d}t}=R\omega \tag{13-10}$$

由此可知，定轴转动刚体上任一点的速度等于该点的转动半径与刚体的角速度的乘积，方向沿圆弧的切线，垂直于转动半径，指向与 ω 转向一致。因此，在同一瞬时，刚体上各点的速度与转动半径成正比，沿半径呈线性分布，如图 13-6a 所示。

点 A 的加速度包含两部分：切向加速度 $\boldsymbol{a}_\tau$ 与法向加速度 $\boldsymbol{a}_n$，如图 13-6b 所示。

切向加速度

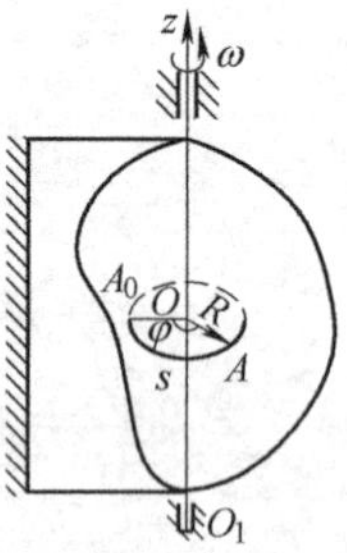

图　13-5

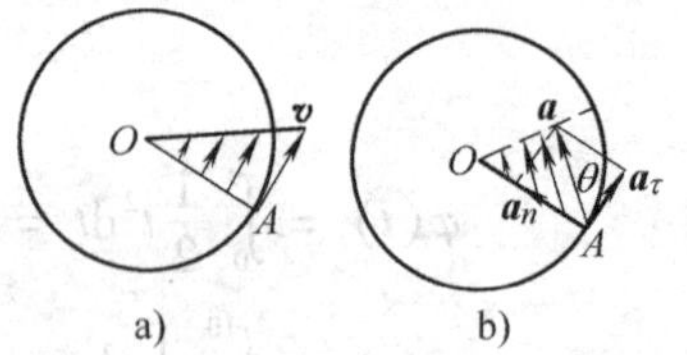

图　13-6

$$a_\tau=\frac{\mathrm{d}v}{\mathrm{d}t}=R\frac{\mathrm{d}\omega}{\mathrm{d}t}=R\alpha \tag{13-11}$$

即转动刚体内任一点的加速度在切线方向的投影等于该点的转动半径与刚体的角加速度的乘积，方向垂直于半径，指向与 α 转向一致。

法向加速度

$$a_n = \frac{v^2}{\rho} = \frac{(R\omega)^2}{R} = R\omega^2 \tag{13-12}$$

即转动刚体内任一点的加速度在主法线方向的投影等于该点的转动半径与刚体的角速度平方的乘积，方向指向转轴。

于是，全加速度 $\boldsymbol{a}_A$ 的大小、方向为

$$\left.\begin{aligned} a_A &= \sqrt{a_\tau^2 + a_n^2} = R\ \sqrt{\varepsilon^2 + \omega^4} \\ \tan\theta &= \frac{|a_\tau|}{a_n} = \frac{|\alpha|}{\omega^2} \end{aligned}\right\} \tag{13-13}$$

式中，θ 是 $\boldsymbol{a}$ 与 $\boldsymbol{a}_n$ 之间的夹角。

全加速度沿半径也是线性分布的。与速度不同，全加速度与半径成一偏角 θ，θ 角与转动半径无关，如图 13-6b 所示。

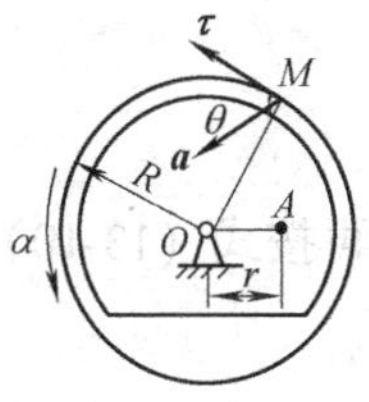

图 13-7

例 13-2 飞轮由静止开始作匀加速转动，轮半径 $R=0.4\text{m}$，轮缘上一点 M，它在某瞬时的全加速度 $a=40\text{m/s}^2$，且与切线正向夹角 $\theta=60°$，如图 13-7 所示。求飞轮转动方程及 $t=2\text{s}$ 时半径 $r=\dfrac{R}{2}$ 处点 A 的速度及加速度大小。

解：因点 M 的全加速度 $\boldsymbol{a}$ 与 $\boldsymbol{\tau}$ 间夹角 60°，则有

$$a_\tau = a\cos60° = \frac{1}{2}a = 20\text{m/s}^2$$

$$a_n = a\sin60° = \frac{\sqrt{3}}{2}a = 20\sqrt{3}\text{m/s}^2$$

由于飞轮匀加速转动，则角加速度为

$$\alpha = \frac{a_\tau}{R} = \frac{20}{0.4}\text{rad/s}^2 = 50\text{rad/s}^2$$

又因飞轮由静止开始转动，即 $t=0$ 时，$\omega(0)=0$，$\varphi(0)=0$，则转动方程

$$\varphi(t) = \frac{1}{2}\alpha t^2 = 25t^2(\text{rad})$$

角速度

$$\omega(t) = 50t(\text{rad/s})$$

当 $t=2\text{s}$ 时，$\omega(2)=100$ (rad/s)，转向如图 13-7 所示。

点 A 的转动半径 $r=\dfrac{R}{2}$，则有

$$v = \omega r = 100\times0.2\text{m/s} = 20\text{m/s}$$

$$a_\tau = \alpha r = 50\times0.2\text{m/s}^2 = 10\text{m/s}^2$$

$$a_n = \omega^2 r = 10^4\times0.2\text{m/s}^2 = 2\times10^3\text{m/s}^2$$

全加速度

$$a = \sqrt{a_\tau^2 + a_n^2} = \sqrt{10^2 + (2\times10^3)}\text{m/s}^2 = 2\ 000.025\text{m/s}^2$$

例 13-3 四连杆机构如图 13-8 所示。已知曲柄 O_1A 以 $\varphi=\dfrac{1}{6}\pi t^2$ 的运动规律绕 O_1 轴转动，机构尺寸为 $O_1A=O_2B=r=0.3\text{m}$，$AB=O_1O_2$，求当 $t=1\text{s}$ 时，连杆 AB 上 M 点的速度和加速度的大小和方向。

解：分析机构中各杆件的运动。按题意，O_1O_2BA 为一平行四边形。O_1A 与 O_2B 杆作定轴转动。由于 AB 杆在运动时始终保持与 O_1O_2 平行，故 AB 杆作曲线平动，因而在同一瞬时，AB 杆上各点具有相同的速度和加速度。为此，欲求$\boldsymbol{v}_M$ 和 $\boldsymbol{a}_M$，只需求出 AB 杆上 A 点的速度和加速度即可。由于 O_1A 杆的运动规律是已知的，故可以直接确定$\boldsymbol{v}_A$ 与 $\boldsymbol{a}_A$。

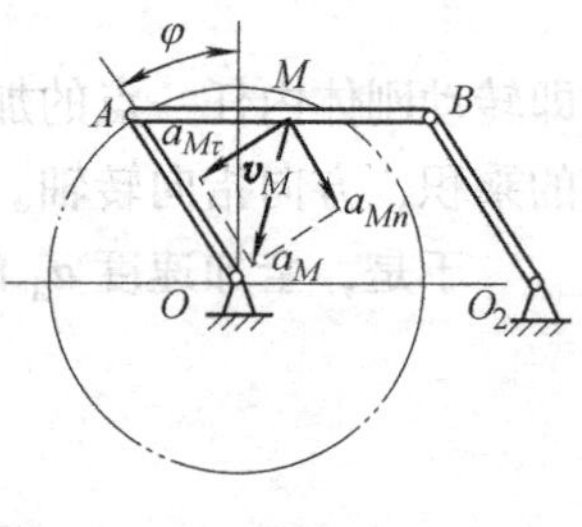

图　13-8

将 O_1A 杆的转动方程对时间求导，即可求出 ω 与 α，即

$$\omega = \frac{d\varphi}{dt} = \frac{1}{3}\pi t \ (\text{rad/s})$$

$$\alpha = \frac{d\omega}{dt} = \frac{d^2\varphi}{dt^2} = \frac{1}{3}\pi \ (\text{rad/s}^2)$$

再按式（13-10）、式（13-11）与式（13-12）得到

$$v_A = r\omega = \frac{1}{10}\pi t \ (\text{m/s})$$

$$a_{A\tau} = r\alpha = \frac{1}{10}\pi \ (\text{m/s}^2)$$

$$a_{An} = r\omega^2 = \frac{1}{30}\pi^2 t^2 \ (\text{m/s}^2)$$

当 $t = 1\text{s}$ 时，$\varphi = \frac{1}{6}\pi$，即 O_1A 与铅垂线成 30°夹角。于是可以得到此瞬时的速度和加速度为

$$v_A = 0.314\text{m/s},\ a_{A\tau} = 0.314\text{m/s}^2,\ a_{An} = 0.329\text{m/s}^2$$

点 A 的全加速度大小和方向为

$$a_A = \sqrt{(a_{A\tau})^2 + (a_{An})^2} = 0.455\text{m/s}^2$$

$$\tan(\boldsymbol{a}_A, \boldsymbol{a}_{An}) = \frac{a_{A\tau}}{a_{An}} = 0.954 \quad \text{即}\angle(\boldsymbol{a}_A, \boldsymbol{a}_{An}) = \theta = 43.65°$$

从而得到$\boldsymbol{v}_M = \boldsymbol{v}_A$，$\boldsymbol{a}_M = \boldsymbol{a}_A$，如图 13-8 所示。

例 13-4　求定轴轮系的传动比

（一）半径为 R_1 及 R_2 的两个带轮无滑动地传动，如图 13-9 所示。主动轮Ⅰ转速 ω_1（或 n_1），半径为 R_1；从动轮Ⅱ转速 ω_2（或 n_2），半径为 R_2。

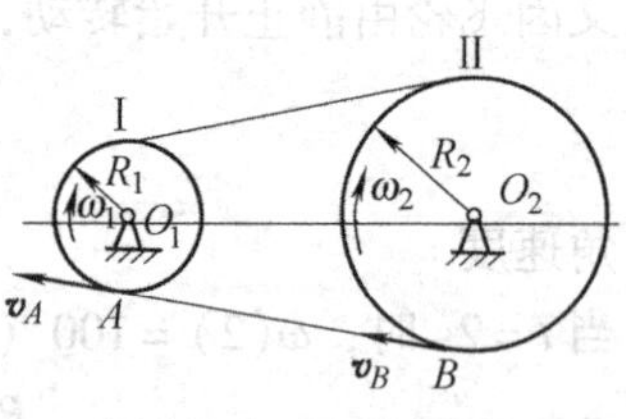

图　13-9

解：由于传动过程中带与轮无相对滑动，因此轮Ⅰ边缘上点 A 的线速度与带速度相等。同理，轮Ⅱ上点 B 的线速度也与带速度相等。从而有

$$v_A = R_1\omega_1,\ v_B = R_2\omega_2$$

设带不伸长，则有

$$v_A = v_B$$

从而有

$$\frac{\omega_1}{\omega_2} = \frac{R_2}{R_1}$$

无滑动的带传动，主动轮与从动轮的速度比（称传动比）为

$$i_{1-2}=\frac{\omega_1}{\omega_2}\ (或=\frac{n_1}{n_2})\ =\frac{R_2}{R_1}$$

（二）外啮合齿轮的传动

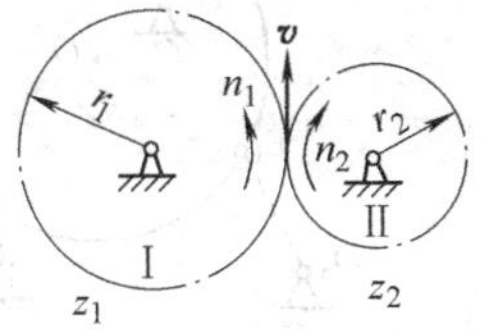

图　13-10

设主动齿轮Ⅰ齿数为 z_1，分度圆半径为 r_1，转速为 n_1；从动齿轮齿数为 z_2，分度圆半径为 r_2，转速为 n_2。两齿轮外啮合，转动方向相反，如图 13-10 所示。

解：由于齿轮传动无滑动，所以齿轮啮合处的线速度相等，即

$$v=r_1\omega_1=r_2\omega_2\quad 或\quad \frac{\omega_1}{\omega_2}=\frac{r_2}{r_1}$$

而齿轮的齿数与半径成正比，有

$$\frac{r_1}{r_2}=\frac{z_1}{z_2}$$

由此可知，传动比

$$i_{1-2}=\frac{\omega_1}{\omega_2}=\frac{r_2}{r_1}=\frac{z_2}{z_1}$$

定轴轮系的传动比可以依次应用上述公式计算。计算时应注意对于每一对外啮合齿轮，主动轮与从动轮间改变一次转动方向。

对于内啮合齿轮结果如何？请读者自行分析与计算。

思　考　题

13-1　当刚体作平动时，刚体内各点的速度、加速度和运动轨迹有何特点？

13-2　当“刚体作平动时，各点的轨迹一定是直线或平面曲线；当刚体绕定轴转动时，各点的轨迹一定是圆”，这种说法是否正确？为什么？

13-3　何谓刚体的定轴转动？如何确定定轴转动时刚体内各点的速度、加速度？

13-4　有人说“刚体绕定轴转动时，若角加速度为正，则表示加速转动；若角加速度为负，则表示减速转动”，这种说法对吗？为什么？

13-5　当飞轮作匀速转动时，若飞轮的半径增大一倍，转速不变，轮缘上各点的速度、加速度是否也增加一倍？若转速增大一倍，飞轮的半径不变，轮缘上各点的速度、加速度又如何变化？

习　　题

13-1　揉茶机的揉茶桶由三个曲柄 O_1A、O_2B、O_3C 支持，三曲柄互相平行且曲柄长均为 $r=0.2\text{m}$。设三曲柄以 $n=48\text{r/min}$ 匀速转动，求揉茶桶中心 O 点的速度、加速度。

13-2　一偏心圆盘凸轮机构如图所示。圆盘 C 的半径为 R，偏心距 $OC=e$，设凸轮以匀角速 ω 绕 O 轴转动。试问导板 AB 进行何种运动？写出其运动方程、速度方程和加速度方程。

13-3　曲柄 OA 以转速 $n=50\text{r/min}$ 作等角速转动，并通过连杆 AB 带动 $CDEF$ 连杆机构。当 OA、CD 在垂直位置时，求连杆 DE 中点 M 的速度和加速度。已知 B 为 CD 的中点，$OA=BC=BD=1\text{m}$，$EF=2\text{m}$，$AB=OC$，$DE=CF$。

13-4　带轮 O_1、O_2 的半径为 $r_2=2r_1$。主动轮 O_1 以 $\alpha_1=2\text{rad/s}^2$ 作匀加速转动。求从静止开始多少时间轮 O_1 转速为 $n_1=400\text{r/min}$？如为无滑动传动，此时被动轮转速 n_2 为多少？又当达到 n_2 时，被动轮转了多少转？传动比 i_{1-2} 为多少？

13-5　飞轮的角加速度规律如图所示，从静止开始运动。求 t 为 2s、4s、6s、8s、10s 末时飞轮的角速

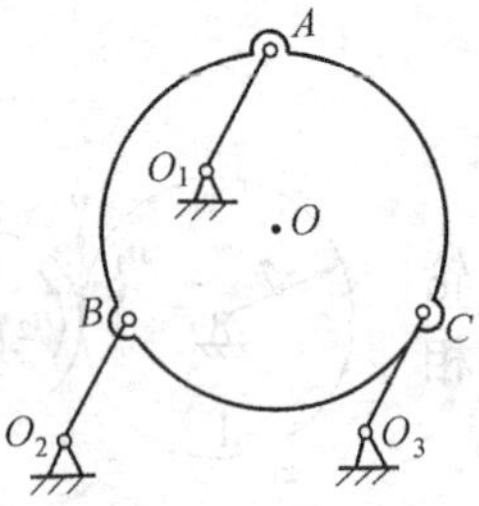

题　13-1 图

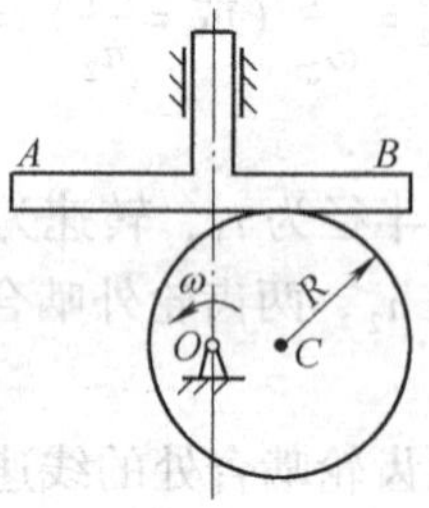

题　13-2 图

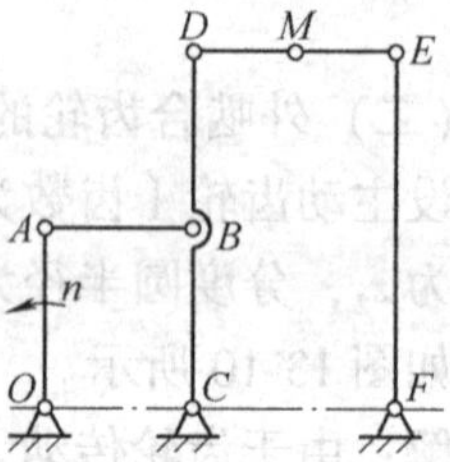

题　13-3 图

度，并求 $t=10\text{s}$ 时飞轮的转数。

13-6　摩擦传动机构的主动轴Ⅰ的转速为 $n=600\text{r/min}$。轴Ⅰ的轮盘与轴Ⅱ的轮盘接触，接触点按箭头 A 所示方向移动。已知 d 的变化规律为：$d=10-0.5t$，其中 d 的单位为 cm，t 的单位为 s；已知 $r=5\text{cm}$，$R=15\text{cm}$。求：（1）以距离 d 表示轮的角加速度。（2）当 $d=5\text{cm}$ 时，轮 B 边缘上一点的全加速度。

13-7　滑块在水平面上以匀速 v_0 运动，其上的销钉 B 套在可绕固定轴转动的导槽 OA 中，从而带动 OA 绕定轴 O 转动。开始时 OA 在铅垂位置，求 OA 杆的角速度 ω 和角加速度 α 的表达式。

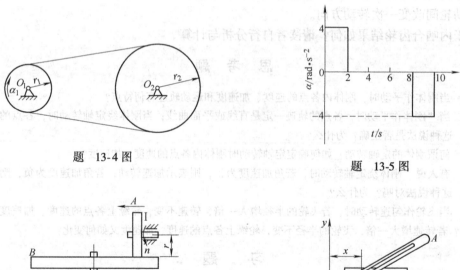

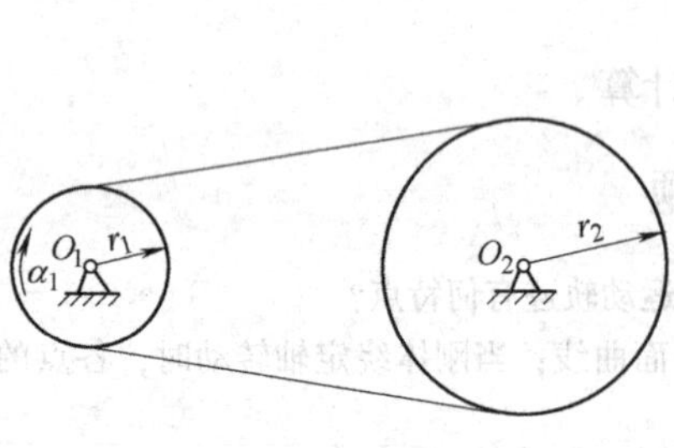

题　13-4 图

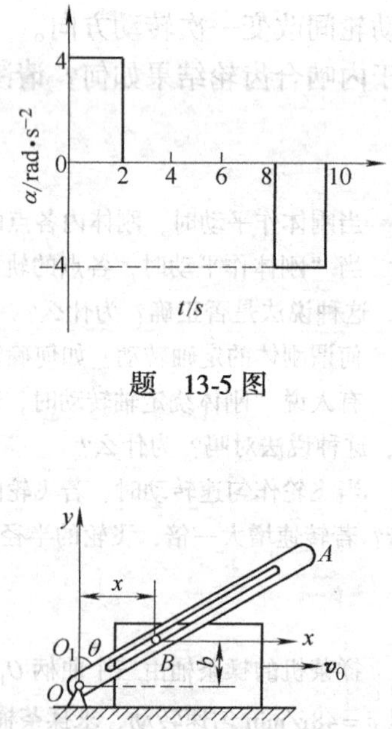

题　13-5 图

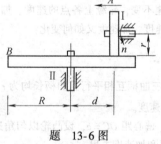

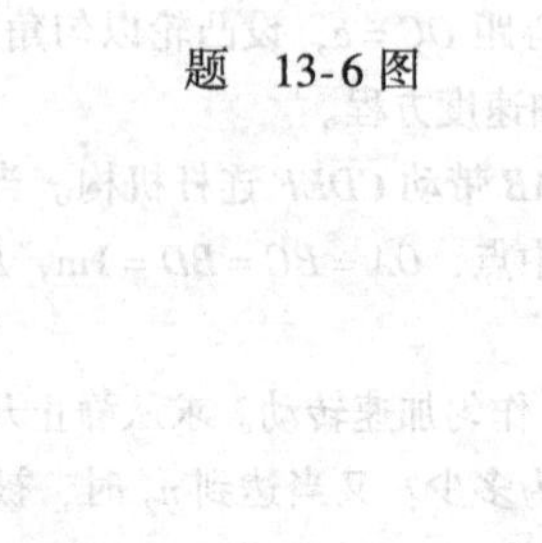

题　13-6 图

题　13-7 图

第十四章 点的复合运动

第一节 点的复合运动的基本概念

前面讨论了相对于一个坐标系的运动。在工程问题中，点的运动往往比较复杂，而用前一章的方法分析点的运动规律，则会带来一定的困难。如果我们选择两个不同坐标系来描述同一点的运动，这样可使复杂运动简化为简单运动的合成。本章研究点在不同坐标系下运动量之间的关系。

由于运动描述的相对性，从不同的坐标系来看同一点的运动是不同的。例如图14-1a所示，起重机行车吊重物的运动，重物相对于行车作匀速上升，行车相对于横梁作匀速平动，显然，重物相对于机架的运动是比较复杂的运动，但是，重物相对于行车的运动却是简单的直线运动，而行车相对于机架的运动也是简单的直线平动。

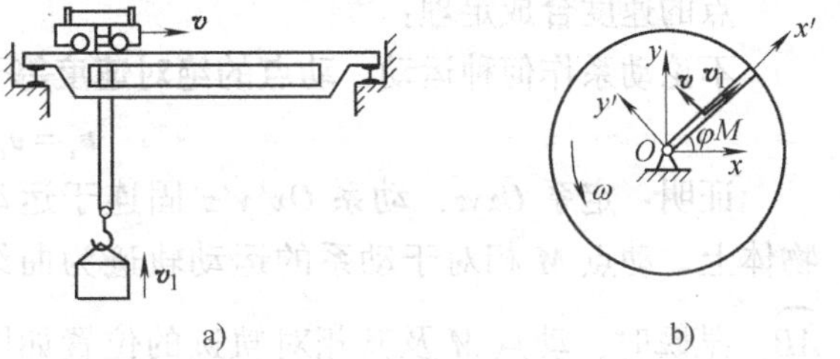

图 14-1

又如图14-1b所示，小球在圆盘上沿径向槽运动，如果已知圆盘以匀角速度 $\boldsymbol{\omega}$ 作定轴转动，小球从盘心 O 沿径向以匀速 $\boldsymbol{v}_1$ 向外运动，这样小球相对于机架是作复杂曲线运动，而相对于圆盘只作直线运动。我们站在机架上及行车上（或圆盘上）观察到重物（或小球）的运动是不同的，但两者得出的结论是正确的。这样，在研究比较复杂的运动时，如能适当选取不同的坐标系（即两个坐标系），往往能把复杂的运动分解为两个比较简单的运动。反之也可把简单的运动合成为复杂的运动。这种研究方法，在工程实践上或理论上都具有重要意义。

在运动学里，所描述的一切运动都只有相对的意义。为了便于分析，我们把所研究的点称为动点，把固连于地面（或机架）上的坐标系称为定坐标系（简称定系），以 $Oxyz$ 表示；把固连于行车（或圆盘）上的坐标系称为动坐标系（简称动系），以 $O'x'y'z'$ 表示。在运动学中，有时动系可以与定系互换，也能同样解决问题。为了区分动点相对于不同坐标系的运动，**我们把动点相对于定系的运动称为绝对运动，动点在绝对运动中的轨迹、速度和加速度，分别称为绝对轨迹 $\boldsymbol{r}_a$、绝对速度 $\boldsymbol{v}_a$ 和绝对加速度 $\boldsymbol{a}_a$。我们把动点相对于动系的运动称为相对运动，动点在相对运动中的轨迹、速度和加速度，分别称为相对轨迹 $\boldsymbol{r}_r$、相对速度 $\boldsymbol{v}_r$ 和相对加速度 $\boldsymbol{a}_r$。动系相对于定系的运动称为牵连运动。在某瞬时，动系上与动点相重合的一点的速度和加速度，称为动点的牵连速度 $\boldsymbol{v}_e$ 和牵连加速度 $\boldsymbol{a}_e$。**

如果没有牵连运动，则动点的相对运动和绝对运动之间毫无差别；如果没有相对运动，则动点将与动系一起作（绝对）运动。因此绝对运动由相对运动和牵连运动所合成，并称为复合运动。

例如图 14-2 所示牛头刨床的急回机构，曲柄 OA 通过滑块 A 带动摆杆 O_1B 绕 O_1 轴转动。滑块 A 与摆杆 O_1B 之间有相对运动。我们取固连于机架上的坐标系为定系，固连于摆杆的坐标系为动系。以 A 为动点，A 绕 O 轴的圆周运动为绝对运动，A 沿摆杆 O_1B 的往复直线运动为相对运动，摆杆绕 O_1 轴的转动为牵连运动。

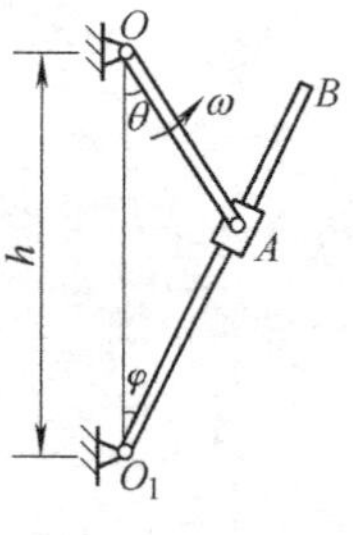

图 14-2

曲柄 OA 以匀角速度 ω 绕 O 轴转动，如欲求得摆杆 O_1B 的角速度 ω_1 与角加速度 α_1，应用点的复合运动方法求解比较方便，尤其是在特定位置上更为便利。为此必须研究动点在不同坐标系下运动量之间的关系。

第二节　点的速度合成定理

点的速度合成定理：

不论动系作何种运动，**动点的绝对速度等于其相对速度和牵连速度的矢量和**，即

$$\boldsymbol{v}_a = \boldsymbol{v}_r + \boldsymbol{v}_e \tag{14-1}$$

证明：定系 $Oxyz$，动系 $Ox'y'z'$ 固连于运动物体上。动点 M 相对于动系的运动轨迹为曲线 $\overset{\frown}{AB}$。某瞬时，动点 M 及其相对轨迹的位置如图 14-3 所示。该瞬时动点 M 重合于 AB 上 m 点。经过 Δt 时间后，对于定系 Oxy 而言，曲线 AB 随同动系一起运动到新位置 $A'B'$，同时动点 M 沿相对轨迹运动到另一点 M' 处，并与动系中曲线 $A'B'$ 另一点 m'' 相重合，而 m 点对应于 $\overline{A'B'}$ 上的 m' 点。此时动点的绝对位移为 $\boldsymbol{MM'}$，相对位移为 $\boldsymbol{m'M'}$。由图上几何关系可知

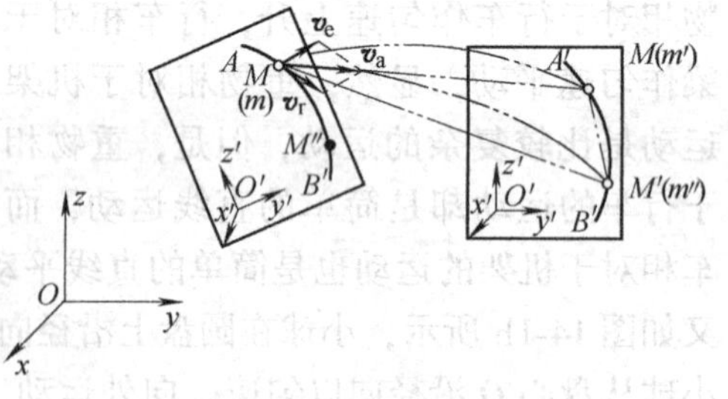

图 14-3

$$\boldsymbol{MM'} = \boldsymbol{Mm'} + \boldsymbol{m'M'}$$

因 t 时刻 M 与 m 重合，有

$$\boldsymbol{MM'} = \boldsymbol{mm'} + \boldsymbol{m'M'}$$

式中，$\boldsymbol{mm'}$ 为动系上动点 M 的瞬时重合点 m 随动系一起运动的位移。从而

$$\lim_{\Delta t\to 0}\frac{\boldsymbol{MM'}}{\Delta t} = \lim_{\Delta t\to 0}\frac{\boldsymbol{mm'}}{\Delta t} + \lim_{\Delta t\to 0}\frac{\boldsymbol{m'M'}}{\Delta t}$$

式中，$\lim\limits_{\Delta t\to 0}\dfrac{\boldsymbol{MM'}}{\Delta t}$ 为动点 M 的绝对速度 $\boldsymbol{v}_a$，$\lim\limits_{\Delta t\to 0}\dfrac{\boldsymbol{mm'}}{\Delta t}$ 为动点 M 的牵连速度 $\boldsymbol{v}_e$，$\lim\limits_{\Delta t\to 0}\dfrac{\boldsymbol{m'M'}}{\Delta t}$ 为动点 M 的相对速度 $\boldsymbol{v}_r$。注意到 $\Delta t\to 0$ 时，$M'\to m'$ 且 $m'\to M$，所以瞬时 t，$\boldsymbol{v}_e$ 与 $\overset{\frown}{Mm'}$ 相切，$\boldsymbol{v}_a$ 与 $\overset{\frown}{MM'}$ 相切，$\boldsymbol{v}_r$ 与 $\overset{\frown}{AB}$ 相切，如图 14-3 所示。从而有

$$\boldsymbol{v}_a = \boldsymbol{v}_e + \boldsymbol{v}_r$$

这就证明了速度合成定理。上式是一个矢量方程，每一个矢量都有大小与方向两个要素。因此，只要在式（14-1）中的 6 个要素中，已知其中的任意 4 个要素，就可以利用该方程求出另外两个未知量。

例 14-1 曲柄滑道机构，如图 14-4 所示。曲柄长 $OA=r$，绕 O 旋转，端点 A 用铰链和滑块相连，带动滑道 $\overset{\frown}{BC}$ 作往复运动。求当曲柄以匀角速 ω 转动并与滑道轴线成 φ 角时滑道的速度。

解： 本题要求从已知定轴转动刚体 OA 的运动量求出另一个平动刚体 BC 的运动量。刚体 OA 与刚体 BC 通过滑块 A 发生联系。因此我们选滑块上销子 A 为动点。

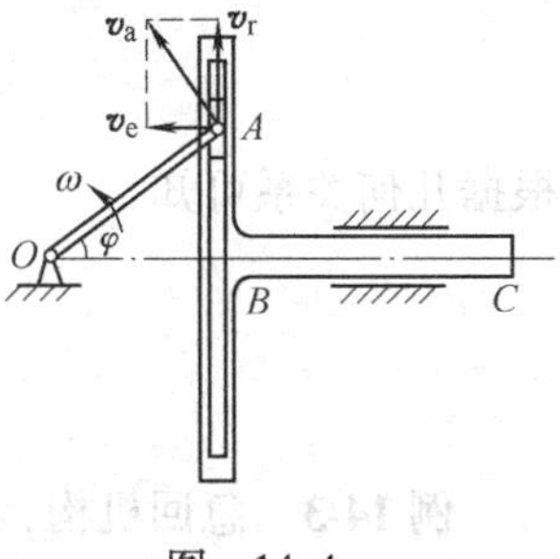

图 14-4

由于滑块上销子 A 与曲柄 OA 上的 A 点运动规律（轨迹、速度、加速度）完全相同，因此我们不再加以区分。

如何正确选取动系是本研究方法的关键，一般来说，必须使动点相对于动系的相对轨迹一目了然。本题的动系可以取固连在滑道 BC 上的坐标系，而定系为机架。

运动分析：动点的绝对运动——圆周运动；相对运动——直线运动；牵连运动——直线平动。

速度分析：绝对速度 $\boldsymbol{v}_a$ 的大小为 $r\omega$，方向垂直于 OA 与 ω 转向相同；相对速度 $\boldsymbol{v}_r$ 的方位已知，大小未知；牵连速度 $\boldsymbol{v}_e$ 与平动刚体速度相等，故方位已知，大小未知。于是可以列出下表：

	$\boldsymbol{v}_a$	$\boldsymbol{v}_r$	$\boldsymbol{v}_e$
大　小	$r\omega$	?	?
方　向	$\perp \overline{OA}$	$\updownarrow$	$\leftrightarrow$

根据

$$\boldsymbol{v}_a=\boldsymbol{v}_r+\boldsymbol{v}_e$$

由几何关系可知

$$v_e=v_a\sin\varphi=r\omega\sin\varphi$$

$$v_r=v_a\cos\varphi=r\omega\cos\varphi$$

从而滑道的运动速度为

$$v_{BC}=v_e=r\omega\sin\varphi$$

例 14-2 曲柄 OBC 绕 O 轴转动，使套在其上的小环 M 沿固定直杆 OA 滑动，如图 14-5 所示。已知曲柄 OBC 的 $\omega=0.5$ rad/s，$\overline{OB}=10$cm，$OB\perp BC$，求当 $\varphi=60°$时，小环 M 的速度。

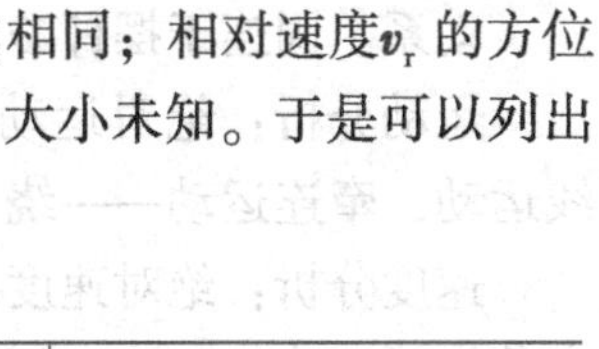

图 14-5

解： 取小环 M 为动点。

运动分析：取固连于机架的坐标系为定系，固连于曲杆 OBC 的坐标系为动系。动点 M 的绝对运动——动点 M 沿 OA 杆作直线运动；相对运动——动点 M 沿 OBC 杆的 BC 线运动；牵连运动——OBC 杆绕 O 轴转动。

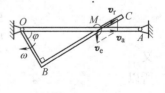

速度分析：绝对速度的大小未知，方向沿 OA；相对速度的大小未知，方向沿 BC；牵连速度为小环 M 与动系上相重合的点的速度，它的大小为 $\omega\,\overline{OM}$，方向垂直于 OM 并与 ω 转向一致。列表如下：

	$\boldsymbol{v}_a$	$\boldsymbol{v}_r$	$\boldsymbol{v}_e$
大　小	?	?	$\omega\,\overline{OM}$
方　向	沿 OA	沿 BC	$\perp\overline{OM}$

$$\boldsymbol{v}_a = \boldsymbol{v}_r + \boldsymbol{v}_e$$

根据几何关系可知

$$v_e = \omega\,\overline{OM} = \omega r/\cos\varphi = 2r\omega = 10\text{cm/s}$$

$$v_a = v_e\tan\varphi = 17.32\text{cm/s}$$

$$v_r = v_e/\cos\varphi = 2v_e = 2\text{cm/s}$$

例 14-3　急回机构，曲柄 OA 长 R，以匀角速度 ω 转动。当机构夹角分别为 θ、φ（如图 14-6 所示）时，求摆杆 O_1B 的角速度。

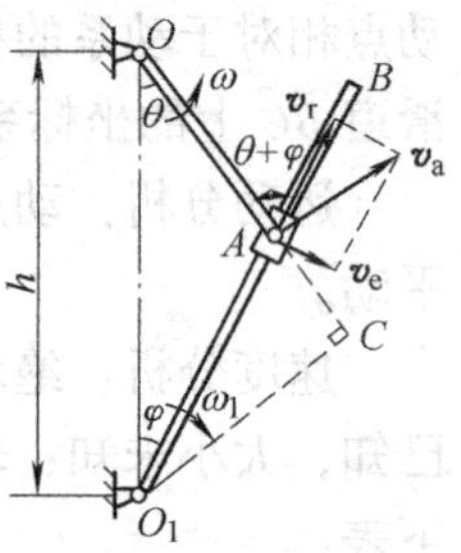

图　14-6

解：取滑块上销子 A 为动点。

定系：固连于机架。

动系：固连于摆杆 O_1B。

运动分析：绝对运动——圆周运动，相对运动——沿 O_1B 杆作直线运动，牵连运动——绕 O_1 轴转动。

速度分析：绝对速度 $\boldsymbol{v}_a$ 的大小为 $R\omega$，方向垂直于 OA 并与杆 O_1B 夹角为〔$\pi/2-(\theta-\varphi)$〕；相对速度 $\boldsymbol{v}_r$ 的大小未知，方向沿 O_1B 杆；牵连速度为 O_1B 杆上与滑块 A 相重合的速度，其大小等于 $\omega_1\,\overline{O_1A}$（$\omega_1$ 是本题要求的摇杆角速度），其方向垂直于 O_1B 且与 ω_1 转向一致。列表如下：

	$\boldsymbol{v}_a$	$\boldsymbol{v}_r$	$\boldsymbol{v}_e$
大　小	$R\omega$	?	?
方　向	$\perp\overline{OA}$	沿 O_1B	$\perp\overline{O_1B}$

$$\boldsymbol{v}_a = \boldsymbol{v}_r + \boldsymbol{v}_e$$

由几何关系可知

$$v_r = v_a\cos[\pi/2-(\theta+\varphi)] = R\omega\sin(\theta+\varphi)$$

$$v_e = v_a\sin[\pi/2-(\theta+\varphi)] = R\omega\cos(\theta+\varphi)$$

又

$$v_e = \omega_1\,\overline{O_1A}$$

所以

$$\omega_1 = \frac{v_e}{\overline{O_1A}} = \frac{R\cos(\theta+\varphi)}{\overline{O_1A}}\omega = \frac{R\,\overline{O_1A}\cos(\theta+\varphi)}{(\overline{O_1A})^2}\omega$$

其中

$$\overline{O_1A}\cos(\theta+\varphi) = h\cos\theta - R$$

$$(\overline{O_1A})^2 = R^2 + h^2 - 2Rh\cos\theta$$

从而得到

$$\omega_1 = \frac{R(h\cos\theta - R)}{R^2 + h^2 - 2Rh\cos\theta}\omega$$

综上例题分析，解题关键在于正确选取动点和动系。在选动系时，必须注意到动点的相对轨迹要一目了然。具体分析三种运动，三种速度（共有6个要素，一般要知道其中4个要素才能具有确定的解）。然后利用速度合成定理求解。

第三节　牵连运动为平动时点的加速度合成定理

牵连运动为平动时点的加速度合成定理：

动系作平动时，动点的绝对加速度等于它的相对加速度和牵连加速度的矢量和。即

$$\boldsymbol{a}_{\mathrm{a}}=\boldsymbol{a}_{\mathrm{r}}+\boldsymbol{a}_{\mathrm{e}} \tag{14-2}$$

证明：设从瞬时 t 到 t'，动点相对于定系从 M 运动到 M'，其绝对轨迹为$\overset{\frown}{MM'}$，动点相对于动系的相对轨迹为$\overset{\frown}{AB}$，在瞬时 t' 轨迹运动到$\overset{\frown}{A'B'}$。因为动系作平动，$\overset{\frown}{A'B'}$平行于$\overset{\frown}{AB}$，即两条曲线平行，如图14-7所示。

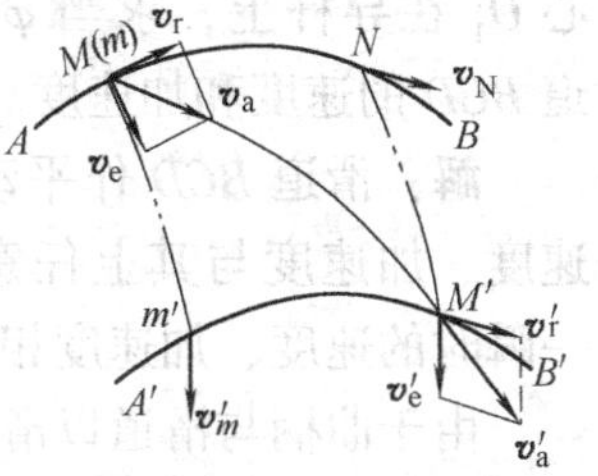

图　14-7

M 点的绝对速度从$\boldsymbol{v}_{\mathrm{a}}$ 变化到$\boldsymbol{v}'_{\mathrm{a}}$，故 M 点的绝对加速度

$$\boldsymbol{a}_{\mathrm{a}}=\lim_{\Delta t\to 0}\frac{\boldsymbol{v}'_{\mathrm{a}}-\boldsymbol{v}_{\mathrm{a}}}{\Delta t}$$

因为
$$\boldsymbol{v}_{\mathrm{a}}=\boldsymbol{v}_{\mathrm{r}}+\boldsymbol{v}_{\mathrm{e}},\quad \boldsymbol{v}'_{\mathrm{a}}=\boldsymbol{v}'_{\mathrm{r}}+\boldsymbol{v}'_{\mathrm{e}}$$
所以

$$\boldsymbol{a}_{\mathrm{a}}=\lim_{\Delta t\to 0}\frac{\boldsymbol{v}'_{\mathrm{r}}-\boldsymbol{v}_{\mathrm{r}}}{\Delta t}+\lim_{\Delta t\to 0}\frac{\boldsymbol{v}'_{\mathrm{e}}-\boldsymbol{v}_{\mathrm{e}}}{\Delta t}$$

式中，$\boldsymbol{v}'_{\mathrm{r}}$，$\boldsymbol{v}'_{\mathrm{e}}$ 为动点在瞬时 t'的相对速度与牵连速度。

动点的相对加速度应在动系上考察，此时相对轨迹不动。在 Δt 时间内，动点在动系中沿轨迹自 m 点运动到 N 点，速度自$\boldsymbol{v}_{\mathrm{r}}$ 变化到$\boldsymbol{v}_N$，所以 M 点的相对加速度

$$\boldsymbol{a}_{\mathrm{r}}=\lim_{\Delta t\to 0}\frac{\boldsymbol{v}_N-\boldsymbol{v}_{\mathrm{r}}}{\Delta t}$$

求动点的牵连加速度时，应假想瞬时 t 动点固结于动系上，在 Δt 时间内，动点 M 随同动系一起运动到 m'点，速度从$\boldsymbol{v}_{\mathrm{e}}$ 变化到$\boldsymbol{v}'_m$，所以 M 点的牵连加速度

$$\boldsymbol{a}_{\mathrm{e}}=\lim_{\Delta t\to 0}\frac{\boldsymbol{v}'_m-\boldsymbol{v}_m}{\Delta t}=\lim_{\Delta t\to 0}\frac{\boldsymbol{v}'_m-\boldsymbol{v}_{\mathrm{e}}}{\Delta t}$$

动系作平动，动系上各点在同一瞬时的速度相同，因此$\boldsymbol{v}'_{\mathrm{e}}=\boldsymbol{v}'_m$，从而有

$$\boldsymbol{a}_{\mathrm{e}}=\lim_{\Delta t\to 0}\frac{\boldsymbol{v}'_{\mathrm{e}}-\boldsymbol{v}_{\mathrm{e}}}{\Delta t}=\lim_{\Delta t\to 0}\frac{\boldsymbol{v}'_m-\boldsymbol{v}_{\mathrm{e}}}{\Delta t}$$

又因为动系作平动，相对轨迹$\overset{\frown}{A'B'}$平行于$\overset{\frown}{AB}$，所以$\boldsymbol{v}'_{\mathrm{r}}=\boldsymbol{v}_N$；同时，相对速度的大小不受动系运动的影响，即 $v_{\mathrm{r}}=v_N$，因此有$\boldsymbol{v}'_{\mathrm{r}}=\boldsymbol{v}_N$，从而得到

$$\boldsymbol{a}_{\mathrm{r}}=\lim_{\Delta t\to 0}\frac{\boldsymbol{v}'_r-\boldsymbol{v}_{\mathrm{r}}}{\Delta t}=\lim_{\Delta t\to 0}\frac{\boldsymbol{v}_N-\boldsymbol{v}_{\mathrm{r}}}{\Delta t}$$

于是就有

$$\boldsymbol{a}_{\mathrm{a}}=\lim_{\Delta t\to 0}\frac{\boldsymbol{v}'_{\mathrm{r}}-\boldsymbol{v}_{\mathrm{r}}}{\Delta t}+\lim_{\Delta t\to 0}\frac{\boldsymbol{v}'_{\mathrm{e}}-\boldsymbol{v}_{\mathrm{e}}}{\Delta t}=\lim_{\Delta t\to 0}\frac{\boldsymbol{v}_N-\boldsymbol{v}_{\mathrm{r}}}{\Delta t}+\lim_{\Delta t\to 0}\frac{\boldsymbol{v}'_m-\boldsymbol{v}_{\mathrm{e}}}{\Delta t}$$

即有 $$\boldsymbol{a}_a=\boldsymbol{a}_r+\boldsymbol{a}_e$$

这就证明了牵连运动为平动时点的加速度合成定理。跟速度合成定理相似，上述矢量方程也可求解两个未知量。

必须注意，上式的加速度都是全加速度。

例 14-4 圆弧形滑道的曲柄滑道机构，如图 14-8a 所示。已知曲柄 OA 作匀速转动，$n=120\text{r/min}$，$\overline{OA}=R=10\text{cm}$，圆弧半径为 R，圆心 O_1 在导杆上，求当 $\varphi=30°$时滑道 BCD 的速度和加速度。

解：滑道 BCD 作平动，滑道的速度、加速度与其上任意一点在同一瞬时的速度、加速度相等。

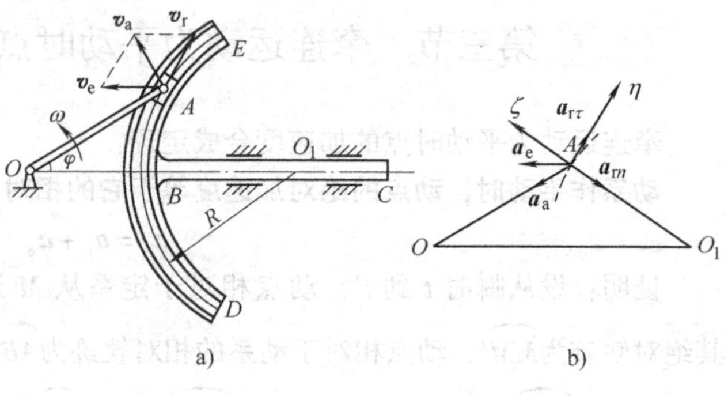

图 14-8

由于曲柄与滑道以滑块 A 相联系，取滑块上销子 A 为动点。

运动分析：取滑道为动系，机架为定系。绝对运动——动点 A 作圆周运动，相对运动——动点 A 沿滑道圆弧槽 $\overset{\frown}{AB}$ 作曲线运动，牵连运动——滑道相对于机架作直线平动。

速度分析：曲柄的角速度 $\omega=2\pi n/60=4\pi\text{rad/s}$。列表分析：

	$\boldsymbol{v}_a$	$\boldsymbol{v}_r$	$\boldsymbol{v}_e$
大　小	$R\omega$	?	?
方　向	$\perp\overline{OA}$，与 ω 转向一致	$\perp\overline{O_1A}$	水平方向

作速度平行四边形，且 $\boldsymbol{v}_a$ 为对角线。当 $\varphi=30°$时，几何关系有 $\boldsymbol{v}_a$、$\boldsymbol{v}_r$、$\boldsymbol{v}_e$ 构成等边三角形，则有

$$v_a=v_r=v_e=R\omega=1.26\text{m/s}$$

加速度分析：牵连运动为直线平动，牵连加速度 $\boldsymbol{a}_e$ 仅一项。相对加速度 $\boldsymbol{a}_r$，由于相对运动为圆弧运动，则 $\boldsymbol{a}_r$ 有二项：相对法向加速度 $\boldsymbol{a}_{rn}$，方向指向圆弧曲率中心 O_1，大小为 v_r^2/R；相对切向加速度 $\boldsymbol{a}_{r\tau}$，方向垂直于 O_1A，大小未知。绝对加速度 $\boldsymbol{a}_a$，由于曲柄作匀速转动，则只有绝对法向加速度一项，即 $\boldsymbol{a}_{an}$，方向指向 O，大小等于 $R\omega^2$。如图 14-8b 所示。列表如下：

	$\boldsymbol{a}_a$	$\boldsymbol{a}_{rn}$	$\boldsymbol{a}_{r\tau}$	$\boldsymbol{a}_e$
大　小	$R\omega^2$	v_r^2/R	?	?
方　向	指向 O	指向 O'	$\perp O_1A$	水平

$$\boldsymbol{a}_a=\boldsymbol{a}_r+\boldsymbol{a}_e$$

即 $$\boldsymbol{a}_a=\boldsymbol{a}_{r\tau}+\boldsymbol{a}_{rn}+\boldsymbol{a}_e$$

上式矢量运算用几何法求解不方便，而用解析法求解。取 $A\zeta\eta$ 坐标系，由于不要求解 $\boldsymbol{a}_{r\tau}$ 的值，故将方程等式两边同时在 ζ 轴上投影，则有

$$a_{an}\cos 60° = a_e\cos 30° - a_{rn}$$

解出

$$a_e = \frac{a_{an}\cos 60° + a_{rn}}{\cos 30°} = \frac{(1/2)R\omega^2 + R\omega^2}{\sqrt{3}/2} = \sqrt{3}R\omega^2 = 27.4\text{m/s}^2$$

所以，滑道 BCD 的加速度为 27.4m/s^2，方向如图示。

例 14-5 四连杆机构，由 O_1A、O_2B 杆及半圆形平板 $A'DB'$ 组成。各构件均在图示平面内运动，如图 14-9a 所示动点 M 沿圆弧 $\overset{\frown}{B'DA'}$ 运动。已知 $R=\overline{O_1A}=\overline{O_2B}=18\text{cm}$，$O_1A$ 杆以均角速度 $\omega=\pi/18\text{rad/s}$ 转动。M 点沿圆弧运动的速度 $v_r=6\pi\text{cm/s}$，切向加速度 $\boldsymbol{a}_{r\tau}=2\pi\text{cm/s}$，求当 $\varphi=30°$时，图示位置 M 点的绝对速度和加速度。

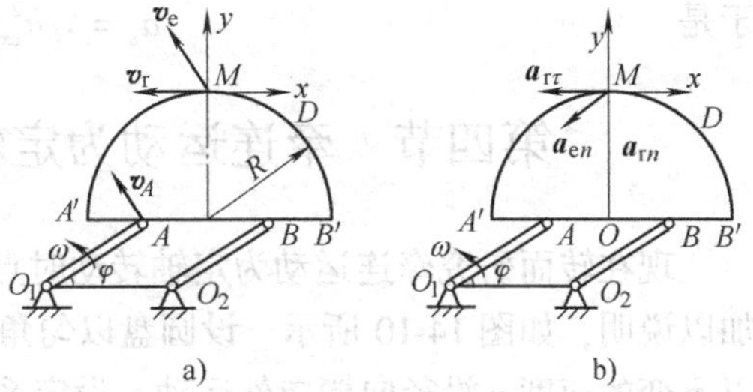

图 14-9

解： 取 M 为动点。动系固结于半圆形平板 $A'DB'$ 上，定系固结于机架上。

运动分析：M 点的相对运动是沿半径为 R 的圆弧 $\overset{\frown}{B'DA'}$ 运动。牵连运动——平板 $\overset{\frown}{A'DB'}$ 作曲线平动，绝对运动——复杂曲线运动。

速度分析：

	$\boldsymbol{v}_a$	$\boldsymbol{v}_r$	$\boldsymbol{v}_e$
大　小	?	6π	$v_e=v_A=\overline{O_1A}\omega=\pi$
方　向	?	沿圆弧切线	$\perp\overline{O_1A}$

由于圆弧平板作曲线平动，板内各点的速度均与已知 A 点的速度相等，而 M 点与圆形板上相重合的点的速度就是牵连速度，所以，$\boldsymbol{v}_M=\boldsymbol{v}_e=\boldsymbol{v}_A$。

$$\boldsymbol{v}_a=\boldsymbol{v}_r+\boldsymbol{v}_e$$

取坐标系 Oxy，则

$$v_{ax}=v_{rx}+v_{ex}=-v_r-v_e\cos 60°=-6.5\pi\text{cm/s}$$

$$v_{ay}=v_{ry}+v_{ey}=0+v_e\sin 60°=(\sqrt{3}/2)\pi\text{cm/s}$$

$$v_a=\sqrt{v_{ax}^2+v_{ay}^2}=6.56\pi\text{cm/s}$$

加速度分析：因牵连运动为平动，所以，

$$\boldsymbol{a}_a=\boldsymbol{a}_r+\boldsymbol{a}_e=\boldsymbol{a}_{rn}+\boldsymbol{a}_{r\tau}+\boldsymbol{a}_{en}$$

	$\boldsymbol{a}_a$	$\boldsymbol{a}_{rn}$	$\boldsymbol{a}_{r\tau}$	$\boldsymbol{a}_{en}$
大　小	?	$\frac{v_r^2}{R}=2\pi^2$	2π	$a_{en}=a_{An}=\overline{O_1A}\omega^2=\frac{\pi^2}{18}$
方　向	?	沿着 MO 指向 O 点	沿圆弧切线方向	与 O_1A 平行，指向与 a_{An} 相同

上式分别在 x、y 轴上的投影是

$$a_{ax}=[a_{rn}]_x+[a_{r\tau}]_x+[a_{en}]_x=-a_{en}\cos30°-a_{r\tau}$$

$$=\left(-\frac{\sqrt{3}}{36}\pi^2-2\pi\right)\text{cm/s}=-6.76\text{cm/s}^2$$

$$a_{ay}=[a_{rn}]_y+[a_{r\tau}]_y+[a_{en}]_y=-a_{en}\sin30°-a_{rn}$$

$$=\left(-\frac{1}{36}\pi^2-2\pi^2\right)\text{cm/s}^2=-20\text{cm/s}^2$$

于是

$$a_a=\sqrt{a_{ax}^2+a_{ay}^2}=21\text{cm/s}^2$$

*第四节　牵连运动为定轴转动时点的加速度合成定理

现在转而研究牵连运动为定轴转动时点的加速度合成定理。现举一例加以说明，如图 14-10 所示。设圆盘以匀角速 ω 绕盘心转动，小球在盘上以不变的速度 v 沿径向槽向外运动。设定系固连于机架，以 Oxy 表示；动系固连于圆盘，以 $Ox'y'$表示。

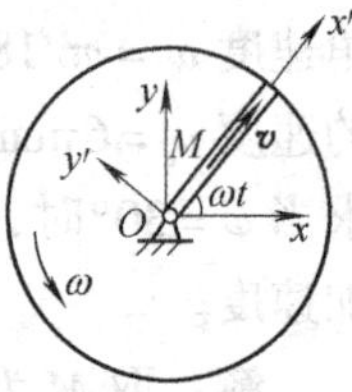

图　14-10

小球为动点，运动方程为

$$\left.\begin{aligned}x(t)&=vt\cos\omega t\\y(t)&=vt\sin\omega t\end{aligned}\right\}$$

速度方程为

$$\left.\begin{aligned}v_x&=\dot{x}(t)=v\cos\omega t-v\omega t\sin\omega t\\v_y&=\dot{y}(t)=v\sin\omega t+v\omega t\cos\omega t\end{aligned}\right\}$$

加速度方程为

$$\left.\begin{aligned}a_x&=\ddot{x}(t)=-2v\omega\sin\omega t-v\omega^2t\cos\omega t\\a_y&=\ddot{y}(t)=2v\omega\cos\omega t-v\omega^2t\sin\omega t\end{aligned}\right\}$$

写成矢量式为

$$\boldsymbol{a}=a_x\boldsymbol{i}+a_y\boldsymbol{j}$$

为了应用点的复合运动方程研究加速度合成规律，我们写出绝对加速度在动系上的投影，有

$$\boldsymbol{a}=a_{x'}\boldsymbol{i}'+a_{y'}\boldsymbol{j}'$$

其中

$$\begin{aligned}a_{x'}&=a_x\cos\omega t+a_y\sin\omega t\\&=-2v\omega\sin\omega t\cos\omega t-v\omega^2t\cos^2\omega t\\&\quad+2v\omega\sin\omega t\cos\omega t-v\omega^2t\sin^2\omega t\\&=-vt\omega^2=-x'\omega^2=-\sqrt{x^2+y^2}\omega^2\end{aligned}$$

同理

$$a_{y'}=-a_x\sin\omega t+a_y\cos\omega t=2v\omega$$

所以

$$\boldsymbol{a}=\boldsymbol{a}_{x'}+\boldsymbol{a}_{y'}=-x'\omega^2\boldsymbol{i}'+2v\omega\boldsymbol{j}'$$

如果应用复合运动方法研究此问题：小球的相对速度为匀速直线运动，则 $\boldsymbol{a}_r=0$；小球的牵连速度为 $x'\omega$，牵连加速度为 $x'\omega^2$，这相当于 $\boldsymbol{a}$ 式中第一项 $\boldsymbol{a}_{x'}=-x'\omega^2\boldsymbol{i}'$指向由 $M\rightarrow O$。如果我们仍用上节的加速度合成定理会出现问题，因为 $\boldsymbol{a}_e+\boldsymbol{a}_r=\boldsymbol{a}_{x'}\neq\boldsymbol{a}_a$，这样，必然要研究

新的定理以满足其运动量之间关系。科里奥利引进了一项加速度，即科氏加速度 $\boldsymbol{a}_k$。在平面问题中，科氏加速度的大小为 $a_k=2\omega v_r$，其方向只要将相对速度$\boldsymbol{v}_r$ 顺着动系转动角速度 ω 的转向转过 90°，即是 $\boldsymbol{a}_k$ 的方向，如图 14-11 所示。从而得到

$$\boldsymbol{a}_a=\boldsymbol{a}_r+\boldsymbol{a}_e+\boldsymbol{a}_k \tag{14-3}$$

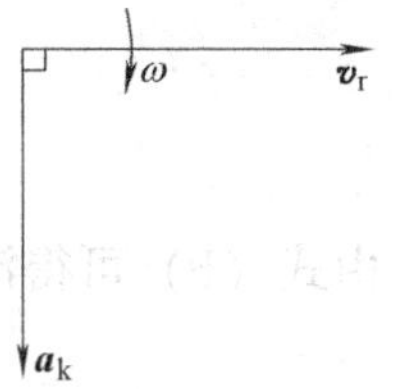

图 14-11

牵连运动为定轴转动时点的加速度合成定理：动点的绝对加速度等于它的相对加速度、牵连加速度和科氏加速度三者的矢量和。

于是，以上小球的例子应用该定理就可以得到应用：

$$\boldsymbol{a}_a=\boldsymbol{a}_r+\boldsymbol{a}_e+\boldsymbol{a}_k$$

由于 $\boldsymbol{a}_k=2v\omega\boldsymbol{j}'$，故上式即为以下恒等式

$$-x'\omega^2\boldsymbol{i}'+2v\omega\boldsymbol{j}'=0-x'\omega^2\boldsymbol{i}'+2v\omega\boldsymbol{j}'$$

本定理对于牵连运动为平面运动或一般运动均可适用，详细证明可参阅有关理论力学教材。

例 14-6 在例 14-3 的机构中，已知曲柄$\overline{O_1A}=R$ 以匀角速度 ω 转动，当机构在图示位置时，求摆杆 O_2B 的角加速度及滑块在摆杆上的加速度。

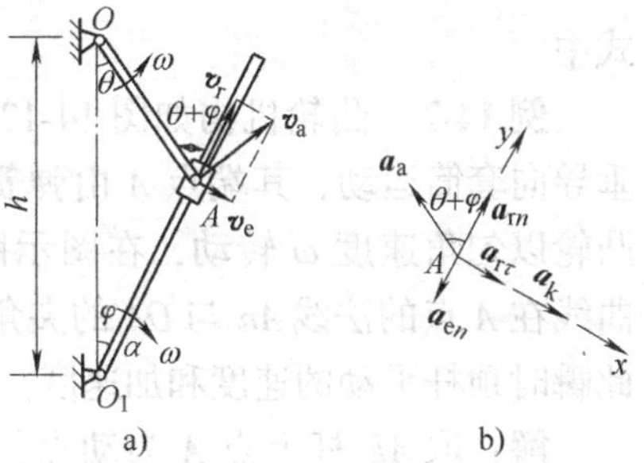

图 14-12

解：以滑块上销子 A 为动点，摆杆为动系，机架为定系。

运动分析：绝对运动——以 R 为半径的匀速圆周运动，$v_a=R\omega$，$a_{an}=R\omega^2$，$a_{ar}=0$；相对运动——沿 O_2B 杆作直线运动，$\boldsymbol{v}_r$、$\boldsymbol{a}_r$ 沿 O_2B 方向；牵连运动——定轴转动，牵连加速度 $a_{er}=\overline{O_2A}\times\alpha$，$a_{en}=\overline{O_2A}\omega_1^2$，其中 ω_1 为摆杆的角速度，α 为摆杆的角加速度。由于牵连运动为定轴转动，有科氏加速度 $a_k=2\omega_1v_r$。

速度分析：在例 14-3 中已进行了讨论，速度分析如图 14-12a 所示。

$$v_e=R\omega\cos(\theta+\varphi),v_r=R\omega\sin(\theta+\varphi)$$

$$\omega_1=\frac{R\omega\cos(\theta+\varphi)}{\overline{O_2A}}=\frac{R(h\cos\theta-R)\omega}{R^2+h^2-2Rh\cos\theta}$$

加速度分析：见图 14-12b 所示。

$$\boldsymbol{a}_a=\boldsymbol{a}_r+\boldsymbol{a}_e+\boldsymbol{a}_k=\boldsymbol{a}_r+\boldsymbol{a}_{e\tau}+\boldsymbol{a}_{en}+\boldsymbol{a}_k$$

	$\boldsymbol{a}_a$	$\boldsymbol{a}_r$	$\boldsymbol{a}_{e\tau}$	$\boldsymbol{a}_{en}$	$\boldsymbol{a}_k$
大　小	$R\omega^2$	?	?	$\overline{O_2A}\omega_1^2$	$2\omega_1v_r$
方　向	沿半径由 $A\to O_1$	$A\longleftrightarrow B$	$\perp\overline{O_2B}$	$A\to O_2$	v_r 顺 ω 转向转过 90°

建立 Axy 坐标系，将加速度矢量方程在 x、y 轴上投影，则

$$\left.\begin{aligned}a_{ax}&=a_{rx}+a_{ex}+a_{kx}=0+a_{e\tau}+a_k\\a_{ay}&=a_{ry}+a_{ey}+a_{ky}=a_r-a_{en}+0\end{aligned}\right\}$$

即

$$\left.\begin{aligned}-a_a\sin(\theta+\varphi)&=a_{e\tau}+2\omega_1v_r\qquad(a)\\a_a\cos(\theta+\varphi)&=a_r+\overline{O_2A}\omega_1^2\qquad(b)\end{aligned}\right\}$$

由式（a）可得

$$a_{e\tau} = -a_a\sin(\theta+\varphi) - 2\omega_1 v_r$$
$$= -\left\{R\omega^2\sin(\theta+\varphi) + \frac{R^2\omega^2\sin[2(\theta+\varphi)]}{\overline{O_2A}}\right\}$$

$$\alpha = \frac{a_{e\tau}}{\overline{O_2A}} = -\frac{R\omega^2\sin(\theta+\varphi)}{\overline{O_2A}}\left[1+\frac{2R\cos(\theta+\varphi)}{\overline{O_2A}}\right]$$

由式（b）可得滑块的相对加速度为

$$a_r = a_a\cos(\theta+\varphi) - \overline{O_2A}\omega_1^2$$
$$= R\omega^2\cos(\theta+\varphi) - \frac{R^2\omega^2\cos^2(\theta+\varphi)}{\overline{O_2A}}$$
$$= R\omega^2\cos(\theta+\varphi)\left[1-\frac{R}{\overline{O_2A}}\cos(\theta+\varphi)\right]$$

式中

$$\overline{O_2A}^2 = h^2 + R^2 - 2hR\cos\theta$$

例 14-7 凸轮机构如图 14-13a 所示。顶杆 AB 可沿铅垂导向套筒运动，其端点 A 由弹簧紧压在凸轮表面上。设凸轮以匀角速度 ω 转动，在图示瞬时，$\overline{OA}=r$，凸轮轮廓曲线在 A 点的法线 An 与 OA 的夹角为 θ，曲率半径为 ρ。求此瞬时顶杆平动的速度和加速度。

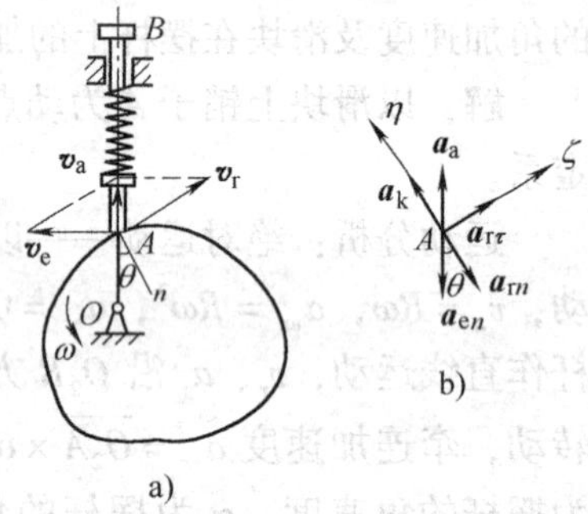

图 14-13

解：取 AB 杆上点 A 为动点，凸轮为动系，机架为定系。

运动分析：点 A 的绝对运动——沿 AB 作直线运动；相对运动——沿凸轮轮廓线作曲线运动；牵连运动——凸轮绕 O 轴作定轴转动。

速度分析列表如下。

	v_a	v_r	v_e
大　小	?	?	$r\omega$
方　向	沿 AB	与轮廓曲线相切，$\perp An$	$\perp OA$

$$\boldsymbol{v}_a = \boldsymbol{v}_r + \boldsymbol{v}_e$$

根据几何关系，得到

$$v_a = v_e\tan\theta = r\omega\tan\theta$$
$$v_r = v_e/\cos\theta = r\omega/\cos\theta$$

加速度分析：列表如下。

	a_a	$a_{r\tau}$	a_{rn}	a_e	a_k
大　小	?	?	v_r^2/ρ	$r\omega^2$	$2\omega v$
方　向	沿 AB 设 $A\to B$	$\perp An$ 与曲线相切	指向 $A\to n$	$A\to O$	v_r 顺 ω 转过 90°，$\perp v_r$

$$\boldsymbol{a}_{\mathrm{a}} = \boldsymbol{a}_{\mathrm{r}\tau} + \boldsymbol{a}_{\mathrm{r}n} + \boldsymbol{a}_{\mathrm{e}} + \boldsymbol{a}_{\mathrm{k}}$$

如图 14-13b 所示，由于 $\boldsymbol{a}_{\mathrm{r}\tau}$无需求出，故可建立图示 $A\zeta\eta$ 坐标系，得

$$a_{\mathrm{a}}\cos\theta = -a_{\mathrm{r}n} - a_{\mathrm{e}n}\cos\theta + a_{\mathrm{k}}$$

$$= -\frac{v_{\mathrm{r}}^2}{\rho} - r\omega^2\cos\theta + \frac{2r\omega^2}{\cos\theta}$$

所以
$$a_{\mathrm{a}} = r\omega^2\left(2\sec^2\theta - \frac{r}{\rho}\sec^3\theta - 1\right)$$

本题中如果动点取凸轮上与 AB 杆相接触的点 A'，动系固连于 AB 杆上，将会带来什么困难？请读者自行分析。

思 考 题

14-1 何谓绝对运动、相对运动、牵连运动？

14-2 动点、动系选取的原则是什么？

14-3 如何确定绝对运动的速度、加速度？如何确定动点的牵连速度、牵连加速度？

14-4 何谓哥氏加速度？如何确定哥氏加速度的大小和方向？

14-5 为什么不能说牵连速度就是动参考系的速度？

习 题

14-1 试用合成运动的概念分析下列图中 M 点的绝对运动、相对运动和牵连运动。分析前应先确定动参考系。

14-2 牵连速度、牵连加速度是否等于动参考系的速度和加速度？为什么？

14-3 对于图中所示各种机构，以 A 为动点分别选定系和动系，画出如图所示瞬时的$\boldsymbol{v}_{\mathrm{a}}$、$\boldsymbol{v}_{\mathrm{e}}$、$\boldsymbol{v}_{\mathrm{r}}$ 及 $\boldsymbol{a}_{\mathrm{a}}$、$\boldsymbol{a}_{\mathrm{e}}$、$\boldsymbol{a}_{\mathrm{r}}$。

14-4 在水平面上有舰艇 A 和 B，A 向东行驶，B 沿半径为 $R = 1\,000\mathrm{m}$ 的圆弧行驶，两者速度均为$v = 36\mathrm{km/h}$。在图

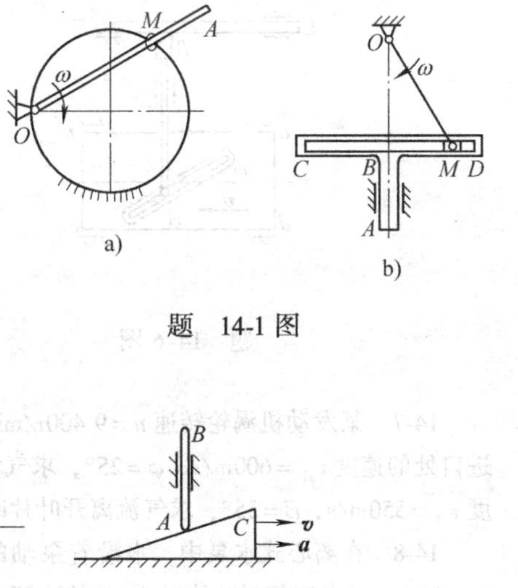

题 14-1 图

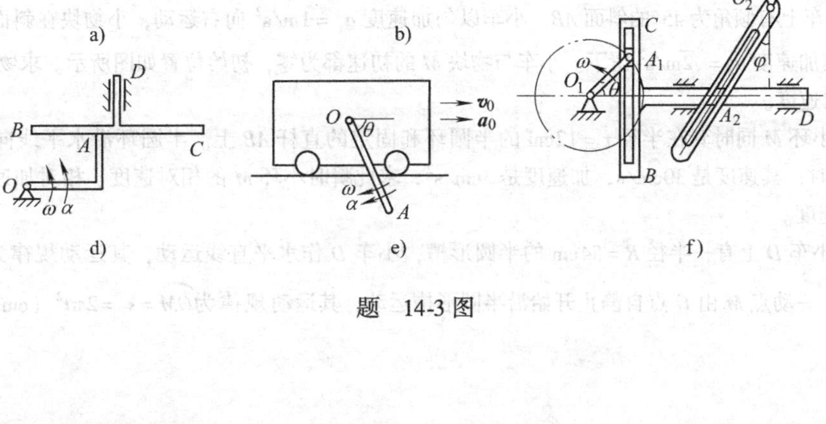

题 14-3 图

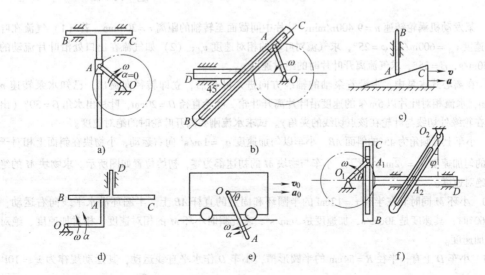

示瞬时，$s=500\text{m}$，$\varphi=45°$，求该瞬时：(1) B 艇相对于 A 艇的速度；(2) 若视 B 艇为绕 O 转动的测体，求 A 艇相对于 B 艇的速度。

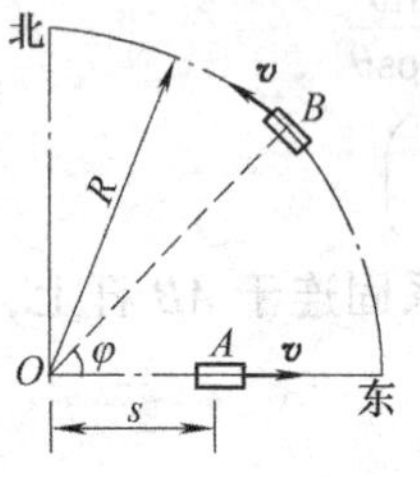

题 14-4 图

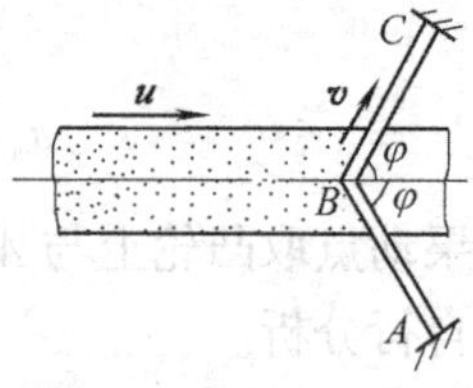

题 14-5 图

14-5 为了从输送机的平带上卸下物料，在平带前方设置了固定的档板 ABC，已知 $\varphi=60°$，平带运行速度的大小 $u=0.6\text{m/s}$，物料以大小 $v=0.14\text{m/s}$ 的速度沿档板落下。求物料相对于平带的速度 $\boldsymbol{v}_r$ 的方向和大小。

14-6 图示自动切料机构，切刀 B 的推杆 AB 与滑块 A 相连，A 在凸轮 $abcd$ 的斜槽中滑动。当凸轮作水平往复运动时，使推杆作上下往复运动，切断料棒 EF。若凸轮的运动速度为 $\boldsymbol{v}$，斜槽的倾角为 φ，求此瞬时切刀的速度。

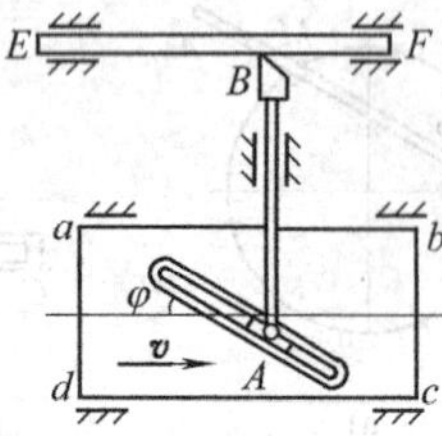

题 14-6 图

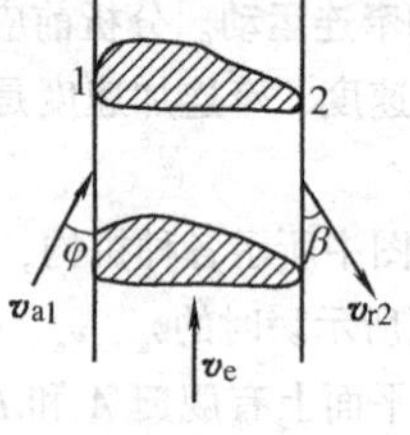

题 14-7 图

14-7 某发动机涡轮转速 $n=9\ 400\text{r/min}$，叶片中间截面至转轴的距离 $r=305\text{mm}$。若 (1) 气流在叶轮进口处的速度 $v_{a1}=600\text{m/s}$，$\varphi=25°$，求气流对叶轮的相对速度 v_{r1}；(2) 如气流在出口处沿叶片流动的速度 $v_{r2}=550\text{m/s}$，$\beta=35°$，求气流离开叶片时的绝对速度 v_{a2}。

14-8 在离心式水泵中，水沿着泵轴的轴线方向进入叶片后，立即转径向流出。已知水泵转速 $n=1\ 450\text{r/min}$，水流相对叶片以 5m/s 的速度沿叶片离开叶轮。叶轮直径 $D=20\text{cm}$，叶片出水角 $\beta=30°$（出水角为叶片在轮缘处切线与叶轮在该点切线的夹角）。试求水流刚要离开叶轮时的绝对速度。

14-9 小车上有倾角为45°的斜面 AB。小车以匀加速度 $a_1=1\text{m/s}^2$ 向右运动，小物块在斜面上相对于斜面以不变的匀加速度 $a_2=\sqrt{2}\text{m/s}^2$ 滑下。小车与物块 M 的初速都为零，初始位置如图所示。求物块 M 的绝对加速度和绝对速度。

14-10 小环 M 同时套在半径 $r=12\text{cm}$ 的半圆环和固定的直杆 AB 上。半圆环沿水平线向右运动，当 $\angle MOC=60°$时，其速度是 30cm/s，加速度是 3cm/s^2，求此瞬时小环 M 的相对速度、相对加速度、绝对速度和绝对加速度。

14-11 小车 D 上有一半径 $R=54\text{cm}$ 的半圆形槽，小车 D 作水平直线运动，其运动规律为 $x_e=10t^2-0.6t^3$ (cm)，一动点 M 由 O 点自静止开始沿半圆形槽运动，其运动规律为 $\widehat{OM}=s_r=2\pi t^2$ (cm)，以上 t 的

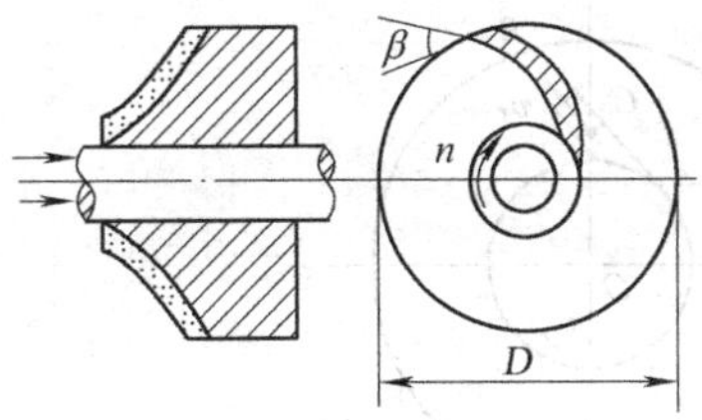

题 14-8 图

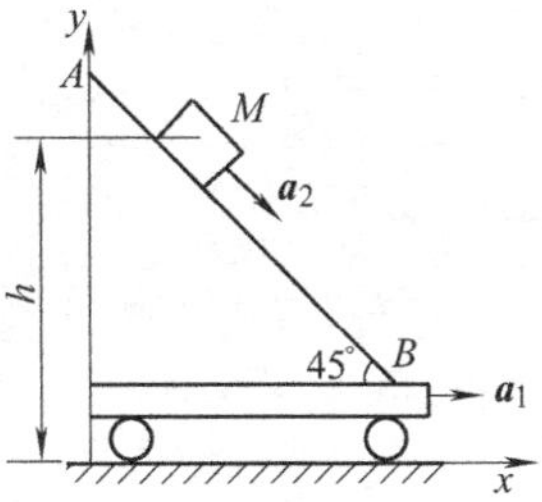

题 14-9 图

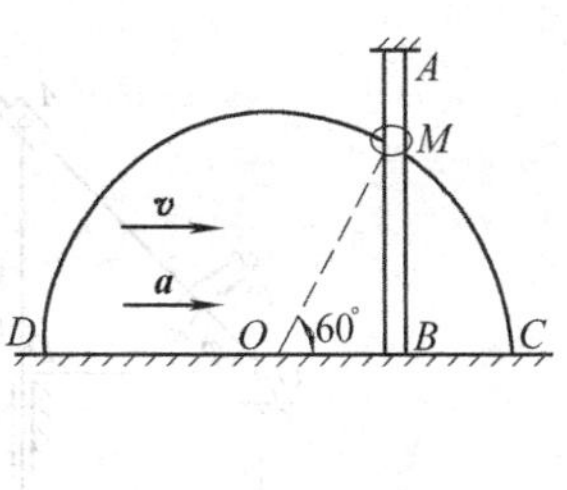

题 14-10 图

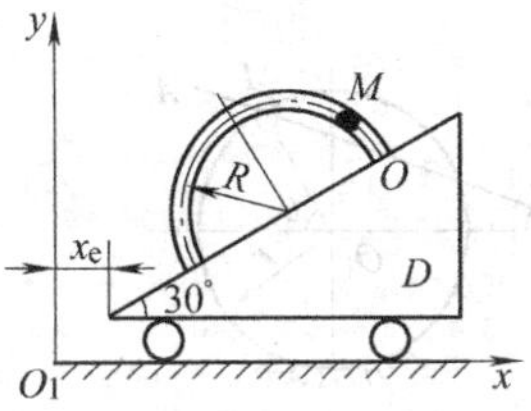

题 14-11 图

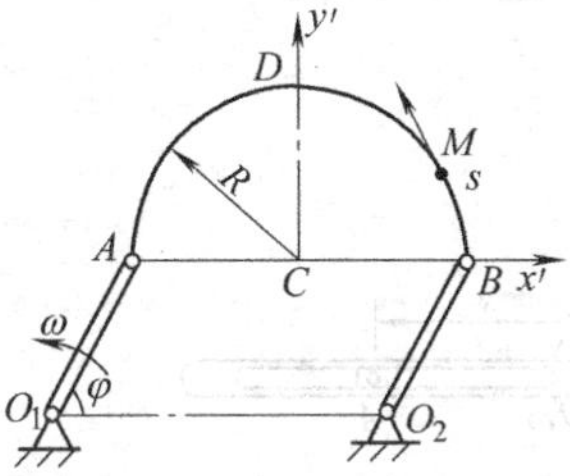

题 14-12 图

单位均为 s，求 $t=3$s 时，M 点的速度与加速度。

14-12 图示机构由杆 O_1A、O_2B 及半圆形板 ABD 组成，各构件都在图示平面内运动。另有动点 M 沿圆弧 $\widehat{BDA}$ 运动，$t=0$ 时 M 位于 B 处。杆 O_1A 运动规律 $\varphi=\pi t/18$，M 点相对运动规律 $s=\widehat{BM}=10\pi t^2$，t 以秒计，s 以 mm 计，φ 以弧度（rad）计，如已知 $\overline{O_1A}=\overline{O_2B}=180\text{mm}$，半圆半径 $R=180\text{mm}$。求当 $t=3$s 时，M 点的速度及加速度大小。

14-13 图示各种机构，以 M 为动点，分别选定定系和动系，画出图示瞬时速度和加速度矢量合成图。

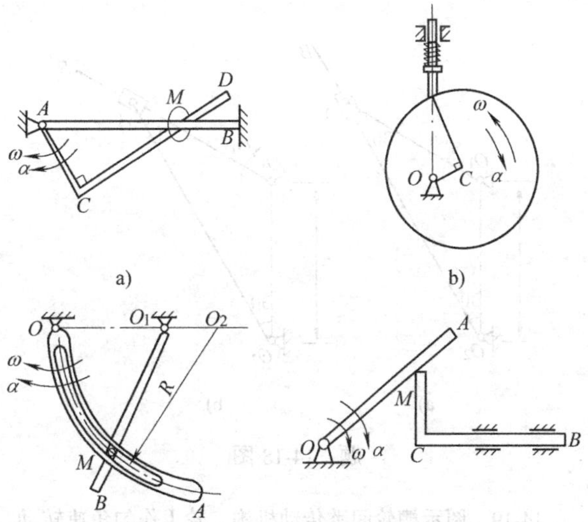

题 14-13 图

14-14 求图示连杆机构中，当 $\varphi=\dfrac{\pi}{4}$ 时，摇杆 OC 的角速度、角加速度。设 AB 杆以匀速 v 向上运动。

14-15 具有直线气道的压气机，以匀角速 ω 绕 O 轴旋转，空气以不变的相对速度 v_r 顺着气道通过，若气道 AB 与半径夹角为 45°，$\overline{OC}=0.5\text{m}$，$\omega=4\pi\text{rad/s}$，$v_r=2\text{m/s}$，试求气道内 C 点处空气分子的绝对速度和绝对加速度在 x、y 轴上的投影。

14-16 图示滑块 A 在直槽中按 $s=\overline{OA}=2+3t^2$（t 以 s 计，s 以 cm 计）规律滑动槽杆绕 O 轴以匀角速度 $\omega=2\text{rad/s}$ 转动。试求当 $t=1$s 时，滑块 A 的绝对加速度。

14-17 小环 M 套在大圆环和直杆 OA 的交点处。大环 O_1 的半径为 r，$\overline{OO_1}=2r$，若杆 OA 以匀角速度 ω 绕 O 点转动，求当 $\theta=60°$ 时环 M 的速度、加速度。

14-18 在题图 a、b 所示的机构中，已知 $\overline{O_1O_2}=r=20\text{cm}$，$\omega_1=3\text{rad/s}$，$\alpha_1=0$，求图示位置的 ω_2 及 α_2。

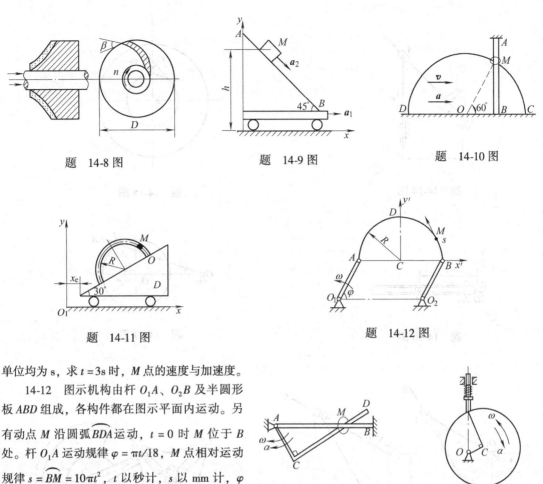

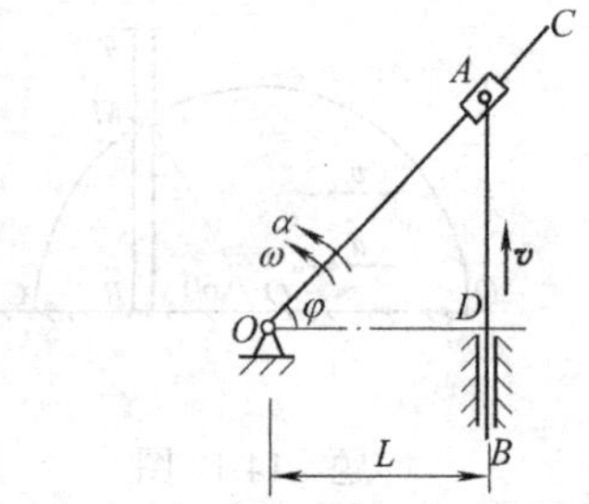

题 14-14 图

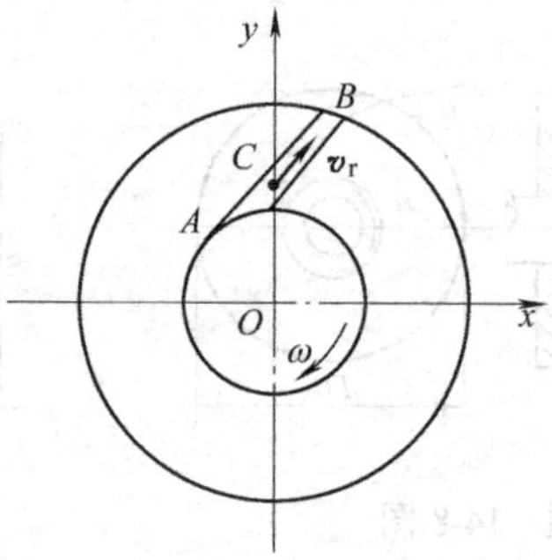

题 14-15 图

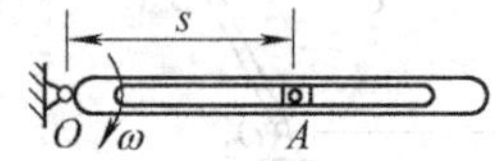

题 14-16 图

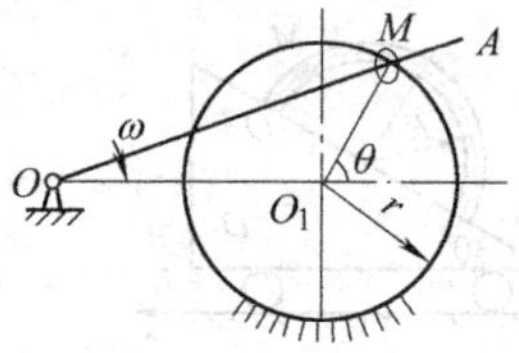

题 14-17 图

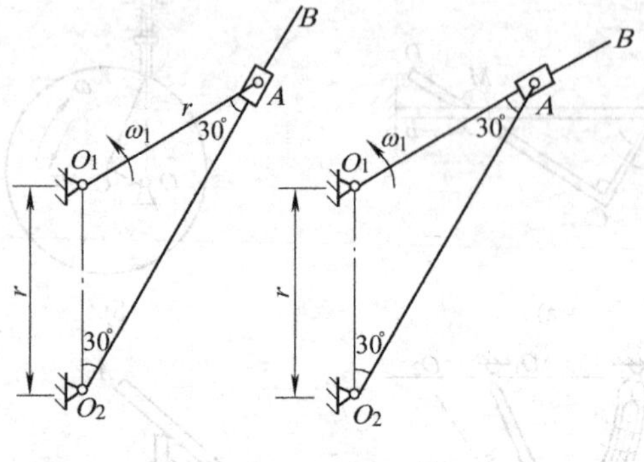

a) b)

题 14-18 图

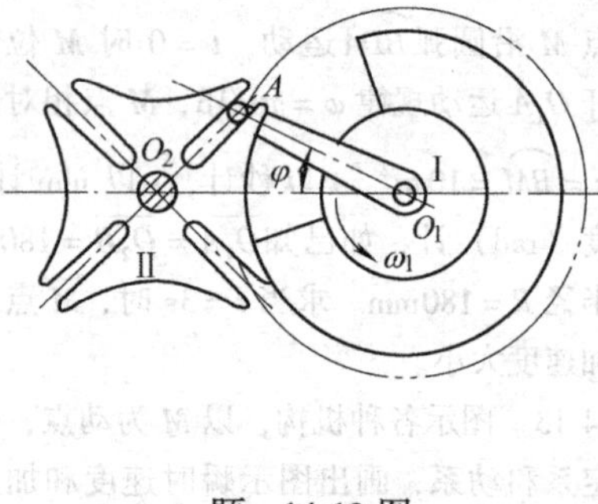

题 14-19 图

14-19 图示槽轮间歇传动机构，轮Ⅰ作匀角速转动，当其上圆销进入槽轮的槽中后推动槽轮Ⅱ转动，当圆销 A 退出槽后，槽轮Ⅱ停止转动，实现对槽轮间歇传动。已知轮Ⅰ角速度 $\omega_1=10\text{rad/s}$，曲柄 $\overline{O_1A}=R=50\text{mm}$，两轴间距离 $\overline{O_1O_2}=L=\sqrt{2}R$。求当 $\varphi=30°$ 时槽轮Ⅱ的角速度和角加速度。

第十五章　刚体的平面运动

第一节　刚体平面运动概述

第十三章研究了刚体的基本运动——刚体的平动和定轴转动。本章将以此为基础，应用运动分解与合成的概念和方法，进一步研究工程中常见的、一种较复杂的运动，即刚体的平面运动。研究这一类运动形式，在工程上具有非常重要的实际意义。

工程中许多机构的运动属于平面运动。例如：车轮沿直线轨道作纯滚动（如图 15-1 所示）、曲柄连杆机构中连杆 AB 的运动（如图 15-2 所示）等。由以上例子可以看到，这些杆件（即刚体）的运动既非平动，又非定轴转动，而具有一个共同的运动特征：**在刚体运动过程中，刚体内任意一点与某一固定平面的距离始终保持不变。刚体的这种运动称为平面运动。** 由于刚体内任意一个与该固定平面平行的截面始终在其自身平面内运动（图 15-3），所以，**刚体的平面运动可简化为平面图形 S 在其自身平面内的运动来研究。**

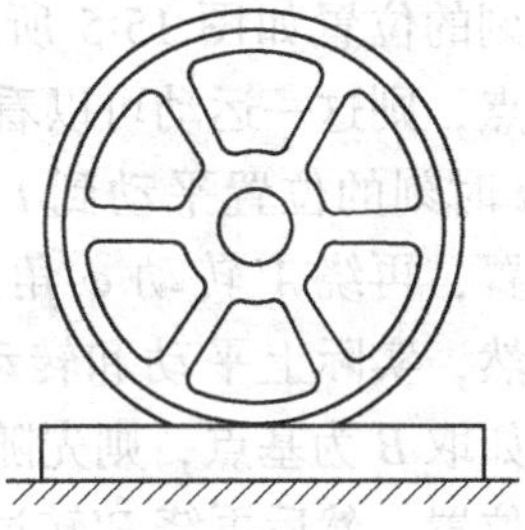

图　15-1

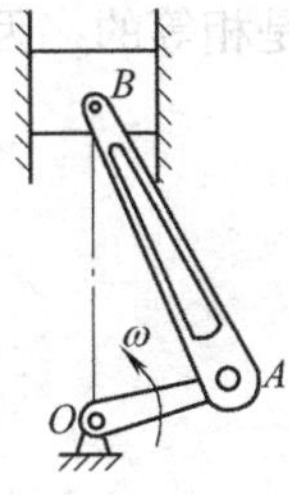

图　15-2

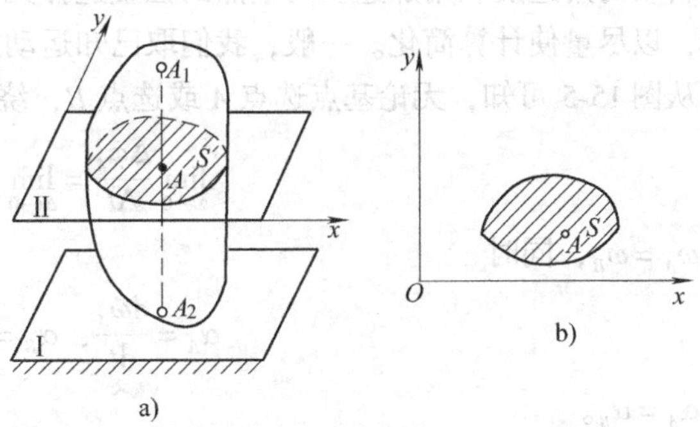

图　15-3

第二节　刚体平面运动分解为平动和转动

如何确定平面图形 S（即刚体）的位置？我们建立两个坐标系：一个是固定坐标系 Oxy，另一个是在图形上任取一点 O' 为基点、以基点为原点引入的平动坐标系 $O'x'y'$，此坐标系的 x' 和 y' 轴始终与 x 和 y 轴平行，如图 15-4 所示。如图形上任取一线段 $O'A$ 的位置能够确定，则整个图形的位置也可完全确定。线段 $O'A$ 的位置可由 O'点的坐标（$x_{O'}$，$y_{O'}$）和线段 $O'A$ 与 x'轴之间的夹角 φ 来确定。当图形运动时，这三个量都是时间 t 的函数，由此可以确定平面图形以至整个刚体平面运动的规则。

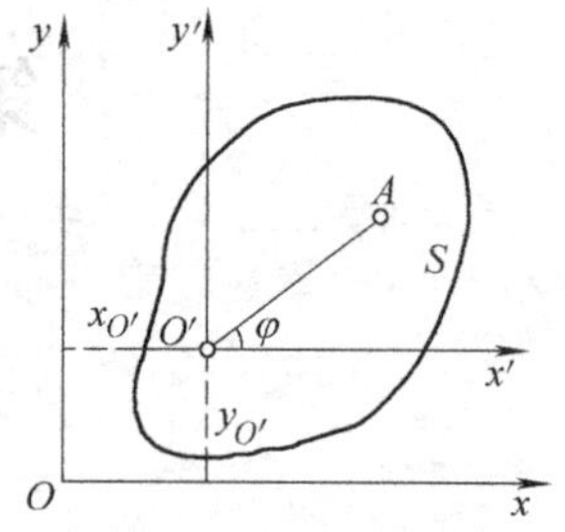

图 15-4

$$\left.\begin{aligned} x_{O'} &= x_{O'}\ (t) \\ y_{O'} &= y_{O'}\ (t) \\ \varphi &= \varphi\ (t) \end{aligned}\right\} \qquad (15\text{-}1)$$

因此，方程（15-1）称为刚体平面运动方程式。具有三个独立变量。

按照所选的平动坐标系，可以把平面运动分解为两种运动：随基点 O'的牵连平动和绕基点 O'的相对转动。

以黑板擦在擦黑板时的运动为例，它的平面图形 S 在其自身平面内运动，t 和 $t+\Delta t$ 时刻的位置如图 15-5 所示。如取 A 为基点，则这一运动可以看成先随基点 A 从 t 时刻的位置平动到 $t+\Delta t$ 时刻的Ⅰ位置，再绕 A'转动 φ 角到 $A'B'$位置，显然，实际上平动和转动是同时进行的。如取 B 为基点，则先随基点 B 平动到Ⅱ位置，然后再绕 B'转过 φ 角亦到 $A'B'$位置。由此可知，平动与基点的选择有关，转动与基点的选择无关。

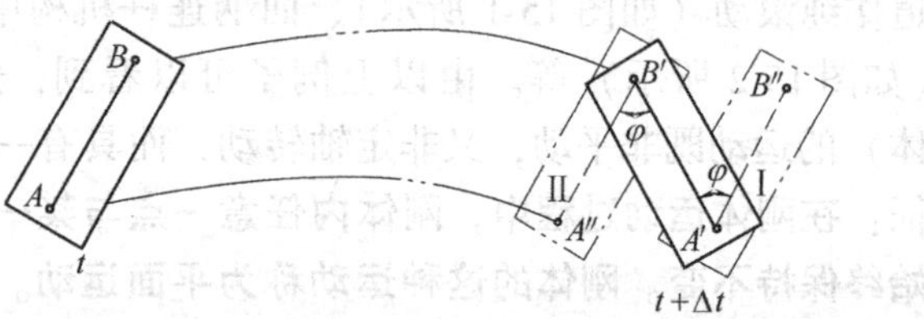

图 15-5

应该注意，选择不同的基点，刚体的平动速度和加速度不同，而转动与基点的选择无关，转动的角速度和角加速度与基点的位置选择无关。当然，在具体应用时，基点必须仔细选择，以尽量使计算简化。一般，我们取已知运动规律的点为基点。

从图 15-5 可知，无论基点选点 A 或选点 B，绕基点转过的转角是相等的，因此

$$\lim_{\Delta t\to 0}\frac{\Delta\varphi_A}{\Delta t}=\lim_{\Delta t\to 0}\frac{\Delta\varphi_B}{\Delta t}$$

即　$\omega_A=\omega_B$，同时

$$\alpha_A=\frac{\mathrm{d}\omega_A}{\mathrm{d}t},\ \alpha_B=\frac{\mathrm{d}\omega_B}{\mathrm{d}t}$$

即　$\alpha_A=\alpha_B$。

综上分析可得以下结论：**平面图形的运动可以分解为随基点的平动和绕基点的转动；平动与基点的选取有关，转动与基点的选取无关。**由于绕基点转动的角速度和角加速度是相对于平动坐标系而言的，而平动坐标系与固定坐标系始终保持平行，因此就将这个角速度和角加速度称为平面图形的角速度和角加速度。

第三节　用基点法确定平面图形内各点的速度　速度投影定理

由上节可知，平面图形的运动可以分解为随基点的平动和绕基点的转动。平动是牵连运动，转动是相对运动，因而平面图形内各点的速度可应用点的速度合成定理来分析。

设已知平面图形在某瞬时的角速度为ω，图形上点A的速度为$\boldsymbol{v}_A$，如图15-6所示。求图形上任一点B的速度。

由于点A的速度已知，则取点A为基点。图形随基点平动，牵连运动为平动，故点B的牵连速度$\boldsymbol{v}_e$就等于基点的速度$\boldsymbol{v}_A$。点B的相对速度就是点绕基点A的转动速度，即

$$\boldsymbol{v}_r = \boldsymbol{v}_{BA}$$

其大小为$v_{BA}=\omega\overline{BA}$，方向垂直于$\overline{BA}$，指向与$\omega$转向一致。由速度合成定理得到

$$\boldsymbol{v}_a = \boldsymbol{v}_e + \boldsymbol{v}_r$$

$$\boldsymbol{v}_B = \boldsymbol{v}_A + \boldsymbol{v}_{BA} \tag{15-2}$$

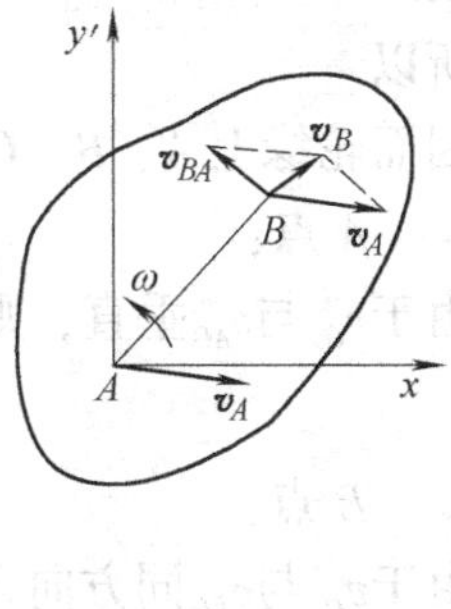

图 15-6

由此可知，**平面图形内任一点B的速度等于基点A的速度和B点绕基点A转动速度的矢量和。**

据式（15-2），可以画出此瞬时图形上任一线段$\overline{AB}$上各点牵连速度和相对速度的分布情形，如图15-7所示。$\overline{AB}$上各点的牵连速度相同，各点的相对速度与图形绕基点A作定轴转动情形相同。

利用式（15-2）来求平面图形内任一点速度的方法称为速度合成法，又称基点法。这是求平面图形内任一点速度的基本方法。

式（15-2）表明了平面图形内任意两点A、B速度之间的关系。因$\boldsymbol{v}_{BA}$垂直于连线$\overline{AB}$，它在连线$\overline{AB}$上的投影为零，由此可将式（15-2）在连线AB上投影，得到

$$[\boldsymbol{v}_B]_{BA} = [\boldsymbol{v}_A]_{BA} \tag{15-3a}$$

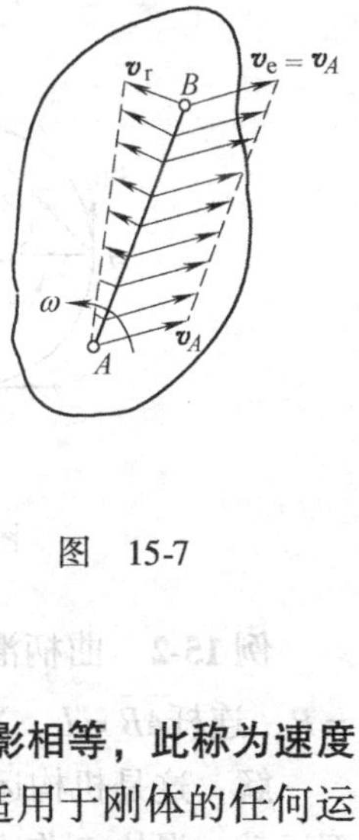

图 15-7

即

$$v_B\cos\beta = v_A\cos\varphi \tag{15-3b}$$

式（15-3）表明，**平面图形内任意两点的速度在这两点连线上的投影相等，此称为速度投影定理。**它反映了刚体上任意两点间距离保持不变的特征，所以它适用于刚体的任何运动。如果已知平面图形上一点的速度大小和方向，又知另一点速度的方位，则利用此定理就可以迅速求出其速度的大小。

例15-1 半径为R的车轮，沿直线轨道作纯滚动，如图15-8所示。已知轮轴以匀速$\boldsymbol{v}_O$前进，求轮缘上P、A、B和C各点的速度。

解：用基点法求解。因轮心O点的速度已知，故取O为基点，则轮缘上任一点M的速度由式（15-2）求得

$$\boldsymbol{v}_M = \boldsymbol{v}_C + \boldsymbol{v}_{MC}$$

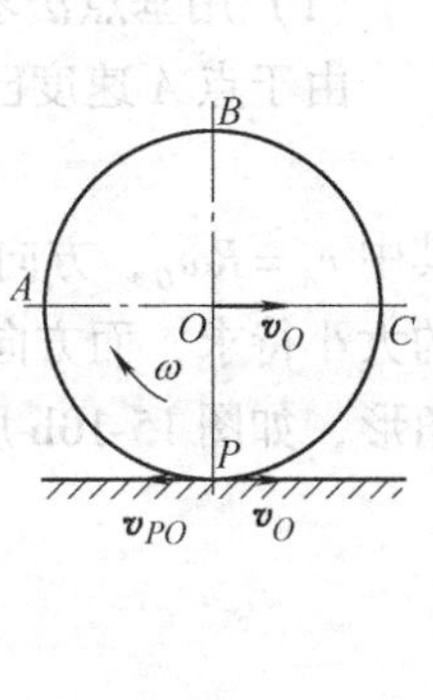

图 15-8

由于任意点M的速度大小和方向未知，故必须先求出轮子的转动角速度ω，才能求出P、A、B和C点的速度。于是要利用轮子作纯滚动的条件，即轮子与地面相接触的点P的速度为零，即

$$v_P = v_O + v_{PO} = 0$$

$$v_{PO} = -v_O$$

或
$$\omega R = v_O$$

所以
$$\omega = v_O / R$$

因而轮缘上 A、B、C 各点的速度是

A 点：
$$v_A = v_O + v_{AO}$$

由于v_O 与v_{AO}垂直，则有

$$v_A = \sqrt{v_O + (\omega R)^2} = \sqrt{2} v_O$$

B 点：
$$v_B = v_O + v_{BO}$$

由于v_O 与v_{BO}同方向且垂直于半径，则有 $v_B = v_O + \omega R = 2v_O$

C 点：
$$v_C = v_O + v_{CO}$$

则有

$$v_C = \sqrt{v_O^2 + (\omega R)^2} = \sqrt{2} v_O$$

各点速度方向如图 15-9 所示。

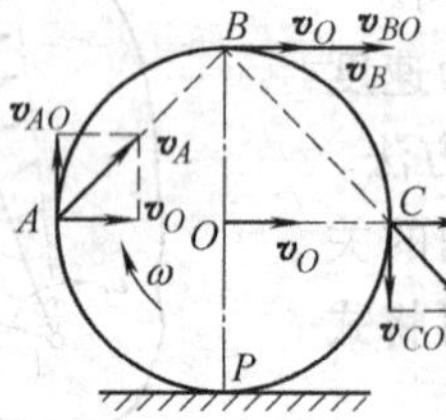

图 15-9

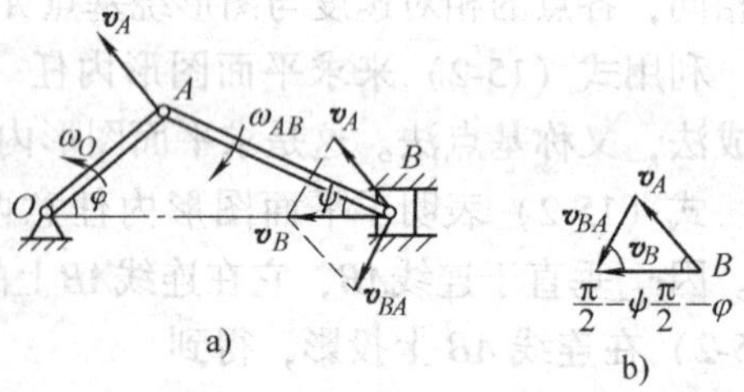

图 15-10

例 15-2 曲柄滑块机构，如图 15-10 所示。曲柄 OA 以匀角速度 ω_O 转动。已知曲柄$\overline{OA} = R$，连杆$\overline{AB} = L$。当曲柄在任意位置 $\varphi = \omega_O t$ 时，求滑块 B 的速度及 AB 杆的角速度。

解：这是机构运动分析问题。首先进行运动分析，曲柄 OA 作定轴转动，连杆 AB 作平面运动，滑块 B 作直线平动。故取连杆 AB 为研究对象。

(1) 用基点法求解

由于点 A 速度已知，故取点 A 为基点，则由式（15-2）得到

$$v_B = v_A + v_{BA}$$

其中 $v_A = R\omega_O$，方向垂直于 OA，指向与 ω_O 转向一致；v_{BA}的大小未知，方向垂直于 BA，v_B 的大小待求，而方向为已知水平方向，如图 15-10a 所示。根据几何关系，画出速度矢量三角形，如图 15-10b 所示，可得

$$\frac{v_A}{\sin\left(\frac{\pi}{2} - \psi\right)} = \frac{v_{BA}}{\sin\left(\frac{\pi}{2} - \varphi\right)} = \frac{v_B}{\sin(\psi + \varphi)}$$

所以

$$v_B = \frac{\sin\ (\psi+\varphi)}{\sin\left(\dfrac{\pi}{2}-\psi\right)}v_A = \frac{\sin\ (\psi+\varphi)}{\cos\psi}R\omega_O$$

其中

$$\psi = \arcsin\left(\frac{R}{L}\sin\varphi\right)$$

同理求得

$$v_{BA} = \frac{\sin\left(\dfrac{\pi}{2}-\varphi\right)}{\sin\left(\dfrac{\pi}{2}-\psi\right)}v_A = \frac{\cos\varphi}{\cos\psi}v_A$$

即得

$$\omega_{AB} = \frac{v_{BA}}{L} = \frac{\cos\varphi}{\cos\psi}\frac{R\omega_O}{L}$$

ω_{AB}为顺钟向转向。

上式表明，虽然曲柄 OA 以匀角速度 ω_O 转动，但连杆 AB 的角速度却随其位置（φ）的不同而变化。求出连杆的 ω_{AB}后便很容易求连杆上任一点的速度。请读者自行分析和计算。

（2）用速度投影定理求解

根据式（15-3），有

$$[\boldsymbol{v}_A]_{AB} = [\boldsymbol{v}_B]_{AB}$$

有

$$v_A\sin\ (\psi+\varphi)\ = v_B\cos\psi$$

所以

$$v_B = \frac{\sin\ (\psi+\varphi)}{\cos\psi}v_A = \frac{\sin\ (\psi+\varphi)}{\cos\psi}R\omega_O$$

结果与基点法求得的结果完全一致，而且简捷。但是，如果要求平面运动杆件的角速度 ω_{AB}，则无法求得，必须用基点法。这是速度投影定理的局限之处。

例 15-3 图 15-11 所示四连杆机构，曲柄 OA 以匀角速度 ω_O 绕 O 轴转动，$\overline{OA} = \overline{O_1B} = r$，$O_1B \perp AB$，$\angle BAO = \angle BO_1O = \dfrac{\pi}{4}$。求图示位置点 B 的速度及 AB 杆的角速度与 O_1B 杆的角速度。

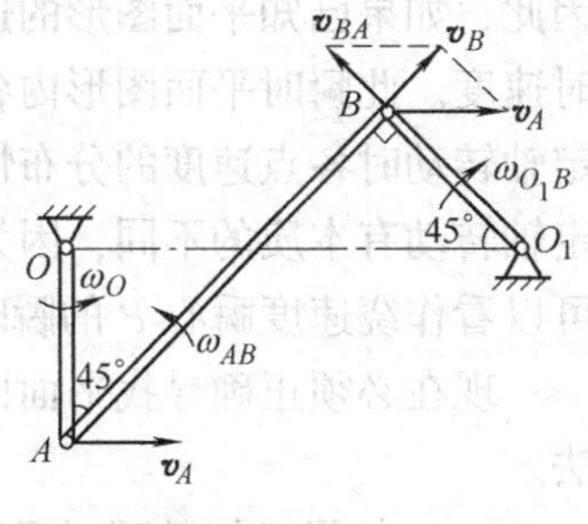

图 15-11

解：进行运动分析，OA 杆及 O_1B 杆作定轴转动，AB 杆作平面运动。

根据式（15-2），有

$$\boldsymbol{v}_B = \boldsymbol{v}_A + \boldsymbol{v}_{BA}$$

因点 A 的速度为已知 $v_A = \omega_O r$，方向垂直于 OA，指向与 ω_O 转向一致，故取 A 为基点。而$\boldsymbol{v}_B$ 的大小未知，方向垂直于 O_1B。$\boldsymbol{v}_{BA}$的大小未知，方向垂直于 AB。由几何关系可知

$$v_B = v_A\cos45° = (\sqrt{2}/2)\ \omega_O r$$

$$v_{BA} = v_A\sin45° = (\sqrt{2}/2)\ \omega_O r$$

从而求得

$$\omega_{O_1B} = v_B/r = (\sqrt{2}/2)\ \omega_O$$

$$\omega_{AB} = v_{AB}/\overline{AB} = \frac{\omega_O r}{\sqrt{2}\ (1+\sqrt{2})\ r} = \frac{\omega_O}{2+\sqrt{2}}$$

第四节 速度瞬心 用速度瞬心法确定平面图形内各点的速度

我们用式（15-2）求平面图形内任一点速度时会发现：在通过基点 A 而与$\boldsymbol{v}_A$ 垂直的直线上必有且仅有一点 P，该点随平面图形以角速度 ω 绕基点 A 转动的速度$\boldsymbol{v}_{PA}$与$\boldsymbol{v}_A$ 的大小相等而方向相反，故其速度$\boldsymbol{v}_P$ 为零，如图 15-12a 所示。

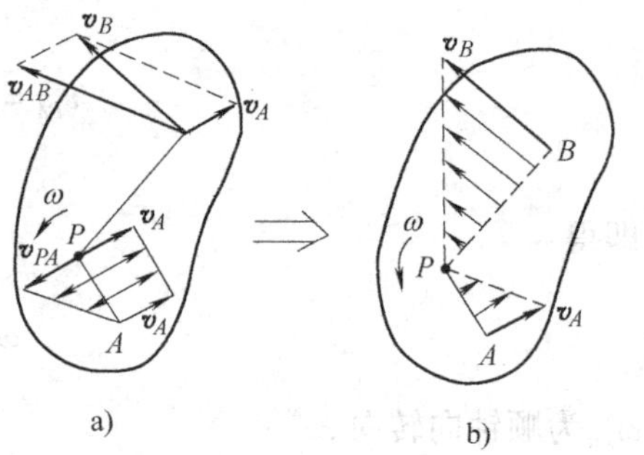

图 15-12

P 点的位置可由下式确定：

$$\boldsymbol{v}_P = \boldsymbol{v}_{PA} + \boldsymbol{v}_A = 0$$

$$\omega\,\overline{AP} = v_A$$

所以

$$\overline{AP} = v_A/\omega$$

点 P 称为平面图形在该瞬时的瞬时速度中心，简称速度瞬心。由上式可知，由于不同瞬时的$\boldsymbol{v}_A$ 与 ω 都不同，因而速度瞬心在平面图形上的位置是随时间而改变的。也就是说，**不同瞬时，有不同的速度瞬心**。

如果以速度瞬心 P 为基点来分解平面图形的运动，由于基点的速度为零，则就化成单纯绕基点（速度瞬心）的运动。于是式（15-2）就简化为$\boldsymbol{v}_B = \boldsymbol{v}_{BP}$，即平面图形内任一点 B 在某一瞬时的速度就等于 B 点随平面图形以角速度 ω 绕速度瞬心 P 的转动速度，其大小为

$$v_B = \omega\,\overline{PB}$$

其方向与连线 PB 垂直，指向与平面图形角速度 ω 的转向一致。这一方法称为速度瞬心法。因此，如果已知平面图形的速度瞬心和该瞬时的角速度，则可求出平面运动刚体上各点的瞬时速度。此瞬时平面图形内各点速度的分布情形如图 15-12b 所示。可以看出，它与刚体绕定轴转动时各点速度的分布情形相同。但应注意，平面图形绕速度瞬心的瞬时转动与刚体绕定轴转动有本质的不同，因为速度瞬心不是固定点，而是随时间而改变的，平面图形的运动可以看作绕速度瞬心 P 的瞬时转动。

现在必须正确寻找平面图形上速度瞬心的位置。下面介绍几种确定速度瞬心位置的方法。

（1）如果已知某瞬时平面图形上任意两点 A、B 速度的方位，且互不平行，则过这两点分别作速度矢量的垂线，其交点 P 就是平面图形在此瞬时的速度瞬心（图 15-13）。当 A、B 中，有一个速度的大小与指向亦已知时，就可以确定平面图形的转动角速度，进而可以求出平面图形上其它各点的速度。

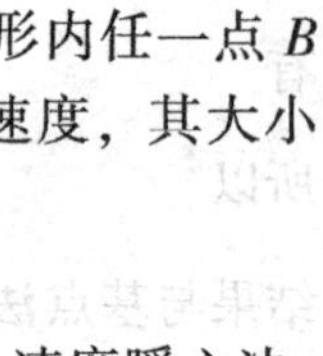

图 15-13

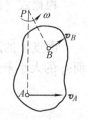

速度瞬心可以在平面图形内，也可以在平面图形的自身延展平面内，如图 15-13 所示。

（2）已知某瞬时平面图形上 A、B 两点的速度$\boldsymbol{v}_A$ 与$\boldsymbol{v}_B$ 的大小，其方位互相平行且与 AB 连线垂直。如指向相同（图 15-14a），或指向相反（图 15-

14b)，则速度瞬心 P 在 AB 连线和速度$\boldsymbol{v}_A$ 和$\boldsymbol{v}_B$ 的矢端连线的交点上。

(3) 如果$\boldsymbol{v}_A=\boldsymbol{v}_B$，$\boldsymbol{v}_A$ 和$\boldsymbol{v}_B$ 可以与连线 AB 垂直，也可以与连线 AB 不垂直，显然，此瞬时速度瞬心在无穷远处，此时平面图形的角速度等于零，图形上各点的速度均相同，如图 15-14c、d 所示，则称为平面图形作瞬时平动。应该指出：瞬时平动表明该瞬时平面图形内各点的速度相同，下一瞬时各点速度又各不相同，因此平面图形上各点的加速度不相等。例如曲柄连杆机构在特殊位置时（图 15-15），连杆 AB 作瞬时平动，点 A 的轨迹为圆，而点 B 的轨迹为直线，显然 $\boldsymbol{a}_A$ 不等于 $\boldsymbol{a}_B$，下一瞬时，AB 上各点的速度不相等。由此可知，瞬时平动与平动是两个不同的概念，必须严格区分。

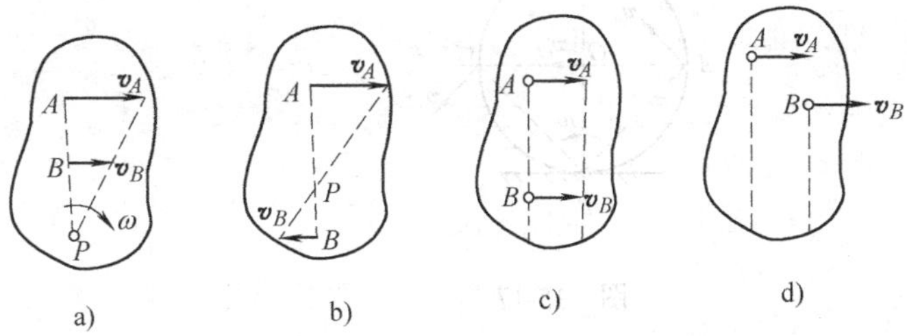

图　15-14

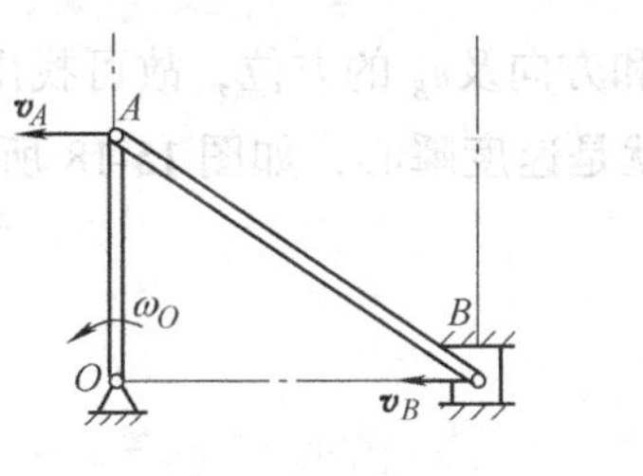
图　15-15

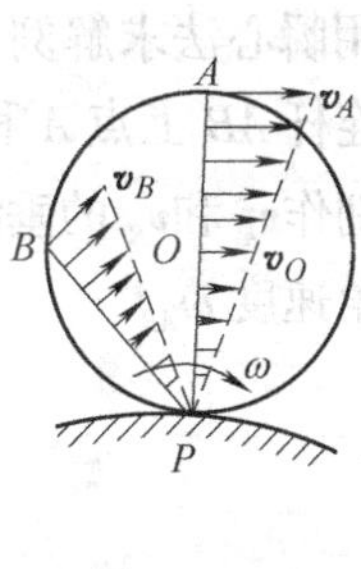
图　15-16

(4) 平面图形沿固定平面（或曲面）作纯滚动，如图 15-16 所示。由于作纯滚动，因而接触点处没有相对滑动，即接触点 P 的速度为零，于是接触点 P 就是平面图形的速度瞬心。如果已知轮心 O 的速度，则可求得其角速度 $\omega=v_O/OP$，从而可以确定平面图形上各点的速度，速度分布规律如图 15-16 所示。

综上可知，**速度瞬心是随时间而变化的，在不同瞬时，平面图形有不同的速度瞬心。速度瞬心必在平面图形各点速度矢量的垂线上，且各点的速度大小与其距离成正比。**

例 15-4　用瞬心法求解例 15-1。

解：因车轮沿直线轨道作纯滚动，所以车轮上与轨道的接触点 P 就是车轮的速度瞬心，已知轮心速度$\boldsymbol{v}_O$，则车轮的角速度为

$$\omega=v_O/\overline{OP}=v_O/R$$

ω 的转向如图 15-17 所示。从而可求得 A、B、C 点的速度

$$v_A=\overline{PA}\omega=\sqrt{2}R\frac{v_O}{R}=\sqrt{2}v_O$$

方向垂直于 PA，指向与 ω 转向一致。

同理求得

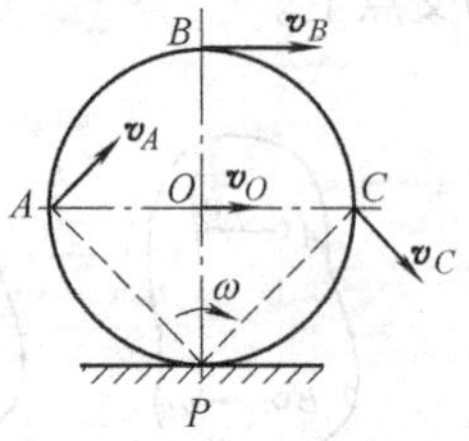

图 15-17

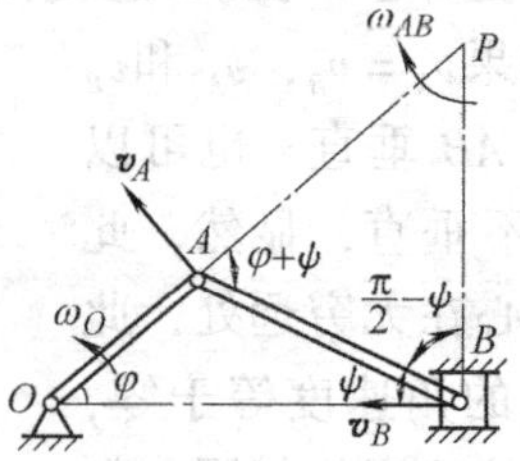

图 15-18

$$v_B = \overline{PB}\omega = 2R\frac{v_O}{R} = 2v_O$$

$$v_C = \overline{PC}\omega = \sqrt{2}R\frac{v_O}{R} = \sqrt{2}v_O$$

方向如图示。结果与例 15-1 相同。

由此可见，速度瞬心法比速度合成法要简单得多，而瞬心法的关键在于正确地找出速度瞬心的位置。

例 15-5 用瞬心法求解例 15-2。

解：已知连杆 AB 上点 A 和点 B 的速度$\boldsymbol{v}_A$ 的大小和方向及$\boldsymbol{v}_B$ 的方位，故可找出 AB 杆的速度瞬心。分别作$\boldsymbol{v}_A$ 和$\boldsymbol{v}_B$ 的垂线$\overline{PA}$和$\overline{PB}$，其交点 P 就是速度瞬心，如图 15-18 所示。于是可求得连杆的角速度 ω_{AB}

$$\omega_{AB} = \frac{v_A}{\overline{PA}} = \frac{R\omega_O}{\overline{PA}}$$

从而求得

$$v_B = \overline{PB}\omega_{AB} = \frac{\overline{PB}}{\overline{PA}}v_A$$

在三角形 ABP 中，应用正弦定理

$$\frac{\overline{PA}}{\sin\left(\frac{\pi}{2}-\psi\right)} = \frac{\overline{PB}}{\sin\ (\varphi+\psi)}$$

即

$$\frac{\overline{PB}}{\overline{PA}} = \frac{\sin\ (\varphi+\psi)}{\sin\left(\frac{\pi}{2}-\psi\right)} = \frac{\sin\ (\varphi+\psi)}{\cos\psi}$$

代入上式后得

$$v_B = \frac{\sin\ (\varphi+\psi)}{\cos\psi}R\omega_O$$

结果与例 15-2 相同。

例 15-6 如图 15-19 所示平面机构，曲柄 OA 长为 $l/2$，以匀角速度 ω_O 绕 O 轴转动。连杆 BC 长 $2l$，在 BC 中点 A 处与 OA 杆铰接，B 端铰接一滑块 B，可在摇杆 DE 上滑动，C 端与圆轮中心 C 铰接。轮子半径为 R，在水平面内作直线无滑动的滚动。已知图示瞬时，$\angle OAC = 60°$，$DE \perp BC$，$\angle BDC = 60°$，D 和 C 在同一水平线上。求此瞬时轮子的角速度 ω_C

及摇杆 DE 的角速度 ω_{DE}。

解：首先对机构中各杆件进行运动分析：OA 杆与 DE 杆作定轴转动，BC 杆与轮子 C 作平面运动。OA 杆上 A 点速度为已知 $v_A=\overline{OA}\omega_O$，轮上 C 点的速度方向已知，过 A、C 两点作 $\boldsymbol{v}_A$ 与 $\boldsymbol{v}_C$ 的垂线，其交点 P_1 即为连杆 BC 在图示位置时的速度瞬心，因而连杆 BC 的角速度 ω_{BC} 为

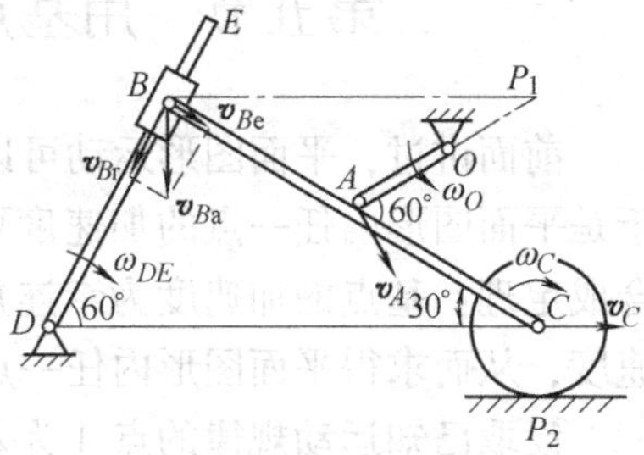

图 15-19

$$\omega_{BC}=\frac{v_A}{P_1A}=\frac{\frac{l}{2}\omega_O}{l}=\frac{\omega_O}{2}$$

ω_{BC}转向如图示。这样就可应用速度瞬心法求出 BC 杆上点 C、B 的速度

$$v_C=\overline{P_1C}\omega_{BC}=l\ (\omega_O/2)$$

方向垂直于 P_1C，指向与 ω_{BC}转向一致，此即轮心的速度。

$$v_B=\overline{P_1B}\omega_{BC}=2l\cos30°\cdot\frac{\omega_O}{2}=\frac{\sqrt{3}}{2}l\omega_O$$

点 B 的速度方向垂直于$\overline{P_1B}$，指向与 ω_{BC}的转向一致，即垂直向下。

轮子作纯滚动，轮子与地面相接触的点 P_2 即为轮子的速度瞬心，所以轮子的角速度

$$\omega_C=\frac{v_C}{R}=\frac{l}{2R}\omega_O$$

为求摇杆 DE 的角速度，我们先分析 B 点的运动，以上所求的$\boldsymbol{v}_B$ 是 BD 杆上点 B 的速度，而要求 DE 的角速度，就必须求出 DE 杆上与点 B 相重合的点的速度后，才可求出 ω_{DE}，这里就涉及到点的复合运动问题。

取销子 B 为动点，摇杆 DE 为动系，机架为定系。由速度合成定理。

$$\boldsymbol{v}_{Ba}=\boldsymbol{v}_{Be}+\boldsymbol{v}_{Br}$$

各速度列表分析如下：

	$\boldsymbol{v}_{Ba}=\boldsymbol{v}_B$	$\boldsymbol{v}_{Be}$	$\boldsymbol{v}_{Br}$
大　小	$(\sqrt{3}/2)\ L\omega_O$	未　知	未　知
方　向	与 P_1B 垂直	与 DE 垂直	沿 DE 方向

如图 15-19 所示，由速度平行四边形的几何关系求得

$$v_{Be}=v_{Ba}\sin30°=v_B\sin30°=\ (\sqrt{3}/4)\ l\omega_O$$

从而得到

$$\omega_{DE}=\frac{v_{Be}}{DB}=\frac{(\sqrt{3}/4)\ l\omega_O}{2l\tan30°}=\frac{3}{8}\omega_O$$

ω_{DE}为顺时针转向，如图示。

第五节　用基点法确定平面图形内各点的加速度

前面讲过，平面图形运动可以分解为随基点的平动和绕基点的转动。于是平面图形内任一点的加速度可以应用牵连运动为平动时点的加速度合成定理：基点的加速度为牵连加速度，绕基点转动的加速度为相对加速度，从而求得平面图形内任一点的加速度。

设取已知运动规律的点 A 为基点，求平面图形内点 B 的加速度，如图 15-20 所示。

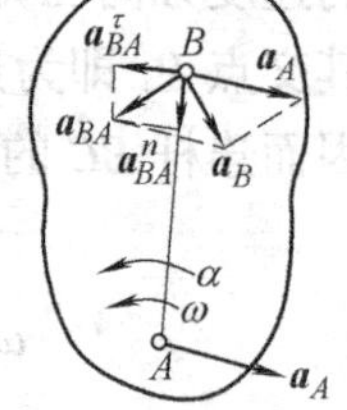

图　15-20

$$\boldsymbol{a}_B = \boldsymbol{a}_A + \boldsymbol{a}_{BA}$$

其中，$\boldsymbol{a}_{BA}$由两部分组成，一部分为绕基点 A 转动的切向加速度 $\boldsymbol{a}_{BA}^{\tau}$，另一部分为绕基点 A 转动的法向加速度 $\boldsymbol{a}_{BA}^{n}$。于是上式可写成

$$\boldsymbol{a}_B = \boldsymbol{a}_A + \boldsymbol{a}_{BA}^{\tau} + \boldsymbol{a}_{BA}^{n} \tag{15-4}$$

即平面图形内任一点 B 的加速度等于基点 A 的加速度与点 B 绕基点 A 转动的切向加速度和法向加速度的矢量和。这就是用基点法求平面图形内任一点加速度的公式。式（15-4）中，绕基点转动的切向加速度大小为

$$a_{BA}^{\tau} = \overline{AB}\alpha$$

方向与连线 AB 垂直，指向与 α 转向一致；绕基点转动的法向加速度大小为

$$a_{BA}^{n} = \overline{AB}\omega^2$$

方向沿连线 AB，指向由 B 至 A。必须指出，点 B 与 A 加速度均是全加速度。

例 15-7　半径为 R 的车轮，沿直线轨道作纯滚动，如图 15-21 所示。已知轮心 O 的速度为$\boldsymbol{v}_O$，加速度为 $\boldsymbol{a}_O$，求该瞬时轮缘上 P、A、B 和 C 各点的加速度。

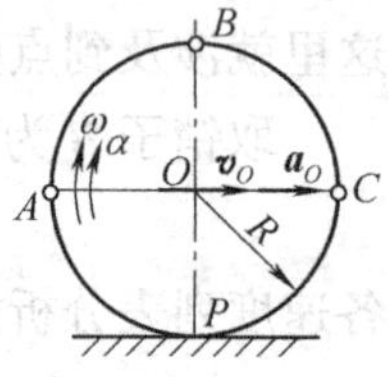

图　15-21

解：欲求平面运动车轮上各点的加速度，必须先求出车轮的角速度 ω 和角加速度 α。根据例 15-1 速度分析的结果，车轮的角速度 $\omega = v_O/R$，注意到车轮作纯滚动时，车轮的角速度在任何瞬时均满足 $\omega = v_O/R$，如把 ω 和 v_O 看作是时间 t 的函数，此式仍然成立，因此，可将此式对时间求导数，从而求得车轮的角加速度

$$\alpha = \frac{\mathrm{d}\omega}{\mathrm{d}t} = \frac{1}{R}\frac{\mathrm{d}v_O}{\mathrm{d}t} = \frac{a_O}{R}$$

α 的转向由 a_O 的指向而定，如图 15-21 所示，现在 α 与 ω 转向相同。由于轮心 O 的加速度已知，故取轮心为 O 基点，根据式（15-4），轮缘上任一点 M 的加速度为

$$\boldsymbol{a}_M = \boldsymbol{a}_O + \boldsymbol{a}_{MO}^{\tau} + \boldsymbol{a}_{MO}^{n}$$

其中
$$a_{MO}^{\tau} = R\alpha = a_O，\ a_{MO}^{n} = R\omega^2 = v_O^2/R$$

这样可求得 P、A、B 和 C 各点的加速度分别为

$$a_P = a_{PO}^{n} = v_O^2/R$$

$$a_A = \sqrt{(a_O + a_{AO}^{n})^2 + (a_A^{\tau})^2} = \sqrt{(a_O + v_O^2/R) + a_O^2}$$

$$a_B = \sqrt{(a_O + a_{BO}^{\tau})^2 + (a_{BO}^n)^2} = \sqrt{4a_O^2 + (v_O^2/R)^2}$$

$$a_C = \sqrt{(a_{CO}^n - a_O)^2 + (a_{CO}^{\tau})^2} = \sqrt{(v_O^2/R - a_O)^2 + a_O^2}$$

方向如图 15-22c 所示。由此可见，速度瞬心 P 的加速度不等于零。

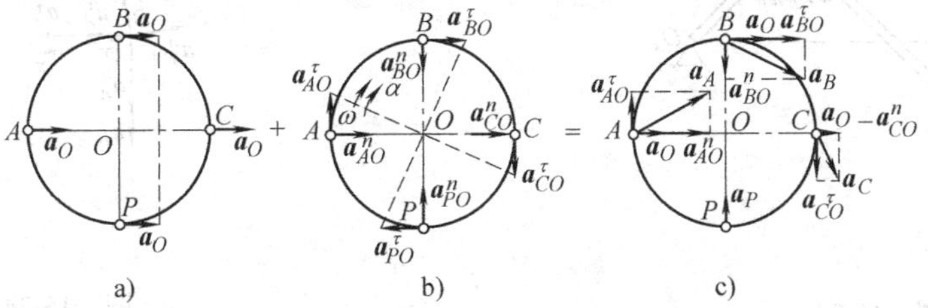

图 15-22

例 15-8 求解例 15-3 四连杆机构点 B 的加速度及 O_1B 杆的角加速度。

解：由例 15-3 解得

$$v_B = \frac{\sqrt{3}}{2}\omega_O r,\ \omega_{AB} = \frac{\omega_O}{1+\sqrt{2}},\ \omega_{O_1B} = \frac{\sqrt{2}}{2}\omega_O$$

为求 B 点加速度，取点 A 为基点，得

$$\boldsymbol{a}_B = \boldsymbol{a}_A + \boldsymbol{a}_{BA}^{\tau} + \boldsymbol{a}_{BA}^n$$

式中 $a_A = a_A^n = \omega_O^2 r$；$a_{BA}^n = \omega_{AB}^2 \overline{AB}$；$\boldsymbol{a}_{BA}^{\tau}$ 大小未知，方向垂直于 AB；而 $\boldsymbol{a}_B$ 由两部分组成：$a_B^n = \omega_{O_1B}^2 r$，$\boldsymbol{a}_B^{\tau}$ 大小未知，方向垂直于 O_1B。这样只有两个未知量，可用矢量方程求解。

因本题不要求 $\boldsymbol{a}_{BA}^{\tau}$，故将矢量方程在垂直于 $\boldsymbol{a}_{AB}^{\tau}$ 的 x 轴上投影，得

$$a_B^{\tau} = a_A^n \cos 15° - a_{BA}^n$$

$$= \omega_O^2 r \frac{\sqrt{2}}{2} - (1+\sqrt{2})\ r \frac{\omega_O^2}{(1+\sqrt{2})^2 \times 2}$$

$$= \frac{1}{2}\omega_O^2 r$$

$$a_B^n = \omega_{O_1B}^2 r = \frac{1}{2}\omega_O^2 r$$

$$a_B = \sqrt{(a_B^n)^2 + (a_B^{\tau})^2} = \frac{\sqrt{2}}{2}\omega_O^2 r$$

$$\tan\varphi = \frac{|a_B^{\tau}|}{a_B^n} = 1,\ \varphi = 45°$$

如图 15-23 所示。

从而可求得

$$\alpha_{O_1B} = \frac{a_B^{\tau}}{r} = \frac{1}{2}\omega_O^2$$

α_{O_1B} 转向与 $\boldsymbol{a}_B^{\tau}$ 指向一致。

例 15-9 求图 15-24 所示机构中当连杆 OA 与 O_1B 为铅垂时点 B 的速度与加速度。已知曲柄 OA 以匀角加速度 $\alpha_O = 5\text{rad/s}^2$ 转动，并在此瞬时其角速度 $\omega_O = 10\text{rad/s}$，$\overline{OA} = r = 20\text{cm}$，$\overline{O_1B} = 100\text{cm}$，$\overline{AB} = l = 120\text{cm}$。

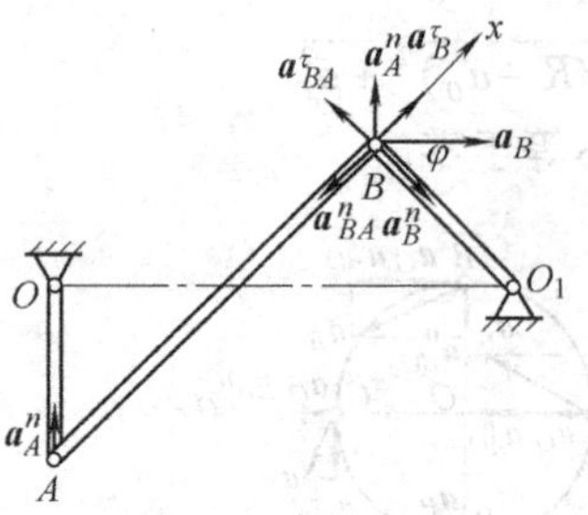

图 15-23

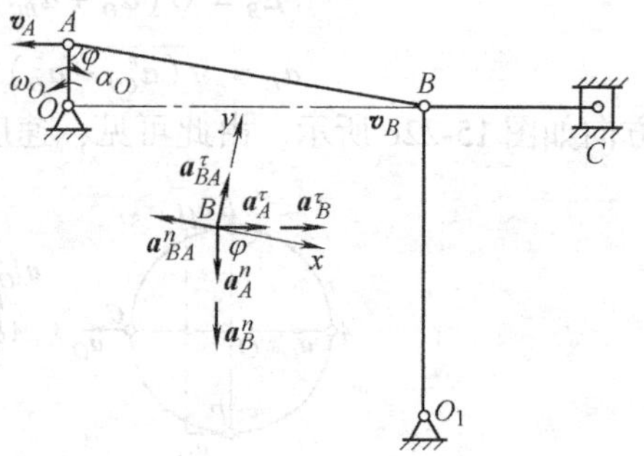

图 15-24

解：运动分析。OA 杆与 O_1B 杆作定轴转动，连杆 AB 与 BC 杆均作平面运动，由于图示位置 O、B 和 C 在同一水平线上，OA 平行于 O_1B，且连杆 AB 上点 A 和 B 的速度方向平行，故连杆 AB 作瞬时平动。

已知 $$v_A = \omega_O\,\overline{OA} = \omega_O r = 200\text{cm/s}$$

所以 $$v_B = v_A = 200\text{cm/s},\quad \omega_{AB} = 0$$

为求 B 点的加速度，根据式（15-4），取点 A 为基点，得

$$\boldsymbol{a}_B = \boldsymbol{a}_A + \boldsymbol{a}_{BA}^n + \boldsymbol{a}_{BA}^\tau$$

或写成 $$\boldsymbol{a}_B^n + \boldsymbol{a}_B^\tau = \boldsymbol{a}_A^n + \boldsymbol{a}_A^\tau + \boldsymbol{a}_{BA}^n + \boldsymbol{a}_{BA}^\tau$$

其中 $$a_A^n = \omega_O^2 r,\ a_A^\tau = \alpha_O r,\ a_{BA}^n = \omega_{AB}^2\overline{AB} = 0$$

$a_{BA}^\tau = \alpha_{AB}\overline{AB}$，而连杆 AB 的角加速度 α_{AB} 未知，$a_B^n = \omega_{O_1B}^2\overline{O_1B} = \left(\dfrac{v_B}{\overline{O_1B}}\right)^2\overline{O_1B} = \dfrac{v_B^2}{\overline{O_1B}}$，$\boldsymbol{a}_B^\tau$ 大小未知而方向垂直于 O_1B，只有两个未知量，故可解。

如图 15-24 所示。将矢量方程向 x 轴投影，得到

$$a_B^n\cos\varphi + a_B^\tau\sin\varphi = a_A^n\cos\varphi + a_A^\tau\sin\varphi$$

式中 $$\cos\varphi = \frac{r}{l} = \frac{1}{6},\quad \sin\varphi = \sqrt{1-\cos^2\varphi} = \frac{\sqrt{35}}{6}$$

$$a_B^\tau = \frac{1}{\sin\varphi}\left(a_A^n\cos\varphi + a_A^\tau\sin\varphi - a_B^n\cos\varphi\right) = 370.5\text{cm/s}^2$$

$$a_B^n = \frac{v_B^2}{\overline{O_1B}} = 400\text{cm/s}^2$$

所以

$$a_B = \sqrt{(a_B^n)^2 + (a_B^\tau)^2} = 544.88\text{cm/s}^2$$

$$\tan\theta = \frac{|a_B^\tau|}{a_B^n} = 0.925,\quad \theta = 42.8°$$

又若 $BC = 60\text{cm}$，图示位置时 O，B，C 处于一直线，如何求 C 块的速度和加速度，请读者自行计算。

思 考 题

15-1 刚体的平面运动可简化为平面图形在自身平面内的运动，而平面图形在自身平面内的运动又可

以分解为哪些运动？它们与基点的选取有何关系？

15-2　确定平面运动刚体上各点的速度、加速度有哪些方法？每种方法在什么条件下施用更方便？

15-3　有人认为："由于速度瞬心处的速度为零，因此在该处的加速度亦为零"，对吗？为什么？

15-4　有人认为："当刚体作瞬时平动时，在刚体上各点的速度相同，加速度亦相同"，对吗？为什么？

15-5　有人认为："当刚体作平面运动时，若某瞬间速度瞬心不在刚体上，则该刚体无速度瞬心"，对吗？为什么？

习　题

15-1　圆柱 A 缠以细绳，绳的 B 端固定在天花板上，圆柱自静止落下，其轴心的速度为 $v=\frac{2}{3}\sqrt{3gh}$，其中 g 为常量，h 为圆柱轴心到初始位置的距离；圆柱半径为 r。求圆柱平面运动方程。

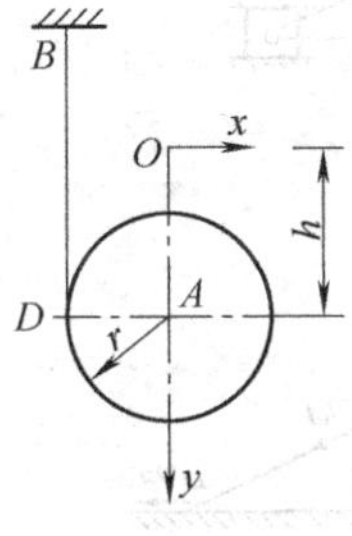

题　15-1 图

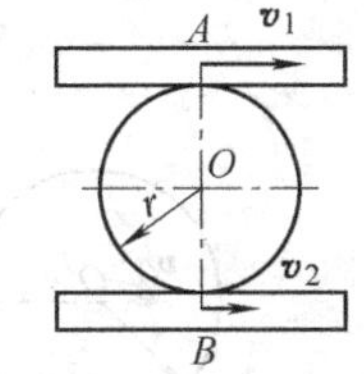

题　15-2 图

15-2　两齿条以速度 $\boldsymbol{v}_1$ 和 $\boldsymbol{v}_2$ 作同向直线平动，两齿条间夹一半径为 r 的齿轮；求齿轮的角速度及其中心 O 的速度。

15-3　各运动机构如图所示。试问对各种情况的下列计算过程是否有错？若错，为什么？请改正。

（1）已知 $\boldsymbol{v}_B=\boldsymbol{v}_A+\boldsymbol{v}_{BA}$，则速度平行四边形如图 a 所示。

（2）已知 $v_A=\overline{OA}\omega$，则 $v_B=v_A\cos\alpha$（图 b）。

（3）已知 v_B，则 $v_{BA}=v_B\sin\alpha$ 所以 $\omega_{AB}=\frac{v_{BA}}{AB}$（图 c）。

（4）已知 $\omega=$ 常数，$\overline{OA}=r$，$v_A=r\omega=$ 常数。在图示瞬时，$\boldsymbol{v}_B=\boldsymbol{v}_A$，即 $v_B=v_A=r\omega=$ 常数，所以 $a_B=\frac{\mathrm{d}v_B}{\mathrm{d}t}=0$（图 d）。

（5）已知 $\boldsymbol{v}_A$ 和 $\boldsymbol{v}_B$，则作 $\boldsymbol{v}_A$ 和 $\boldsymbol{v}_B$ 的垂线，其交点 P 就是瞬时速度中心，并且有

$$v_C=\overline{CP}\omega=\overline{CP}\frac{v_A}{AP}\text{（图 e）。}$$

（6）已知平面图形的速度瞬心 P、角速度 ω 和角加速度 α，则图形上任一点 M 的加速度 $\boldsymbol{a}_M=\boldsymbol{a}_M^\tau+\boldsymbol{a}_M^n$，其中 $a_M^\tau=\overline{PM}\alpha$，$a_M^n=\overline{PM}\omega^2$（图 f）。

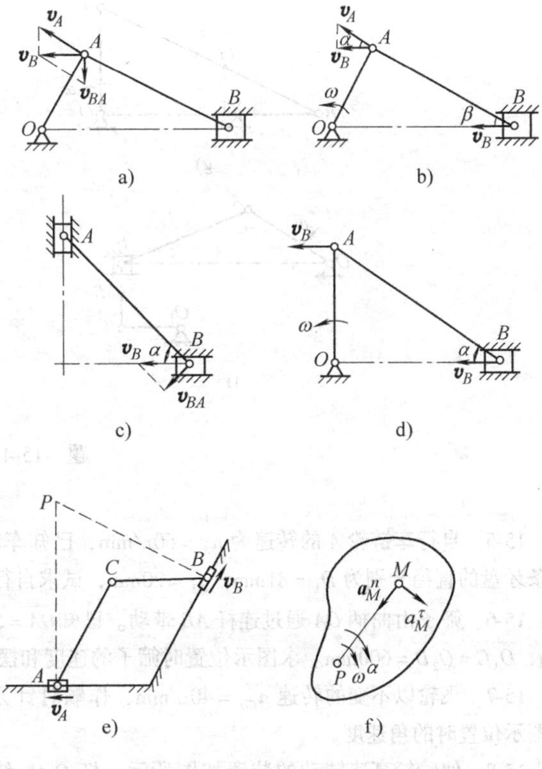

题　15-3 图

15-4 在下列各图中，试确定各平面运动刚体在图示位置时的速度瞬心，并确定其角速度的转向，以及 M 点的速度方向。

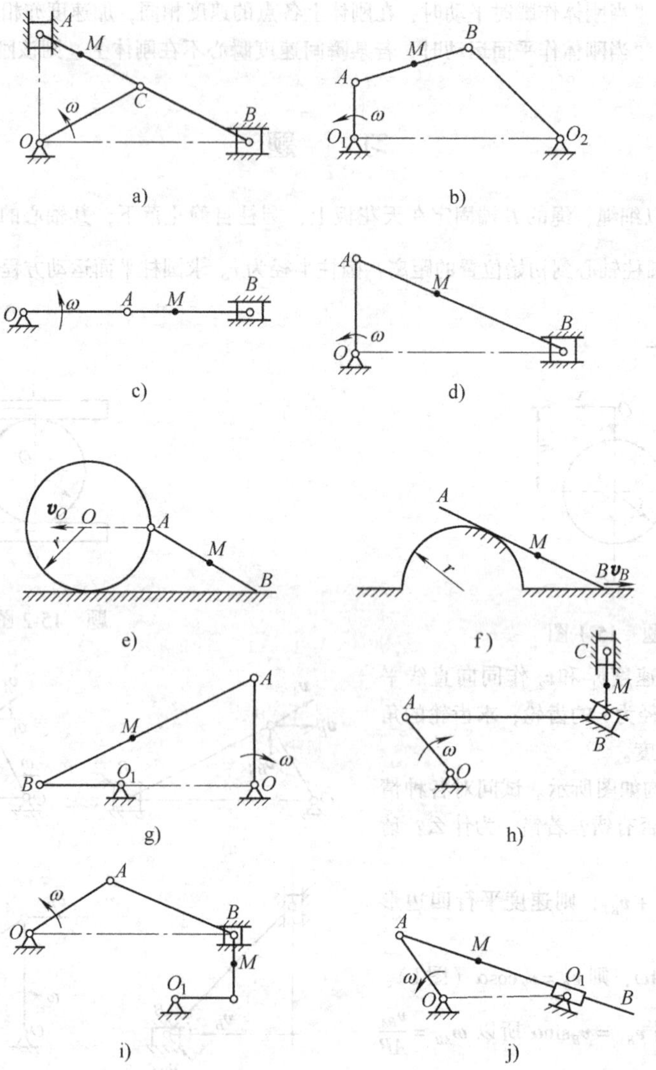

题 15-4 图

15-5 自行车链轮 A 的转速为 $n_A = 60\text{r/min}$，已知车轮的直径 $D = 686\text{mm}$，链条牙盘的直径分别为 $D_1 = 81\text{mm}$，$d_1 = 20\text{mm}$，试求自行车的前进速度。

15-6 筛子由曲柄 OA 通过连杆 AB 带动。已知 $\overline{OA} = 50\text{mm}$，转速 $n = 400\text{r/min}$，$\overline{O_1C} = \overline{O_2D} = 600\text{mm}$。求图示位置时筛子的速度和摆杆 O_1C 的角速度。

15-7 飞轮以不变的转速 $n_{CD} = 40\text{r/min}$，作顺时针方向的转动，求 AB 杆在图示位置时的角速度。

15-8 使砂轮高速转动的装置如图所示。杆 O_1O_2 绕 O_1 轴转动，转速为 n_4。O_2 处用铰链连接一半径为 r_2 的活动齿轮Ⅱ，杆 O_1O_2 转动时Ⅱ在半径为

题 15-5 图

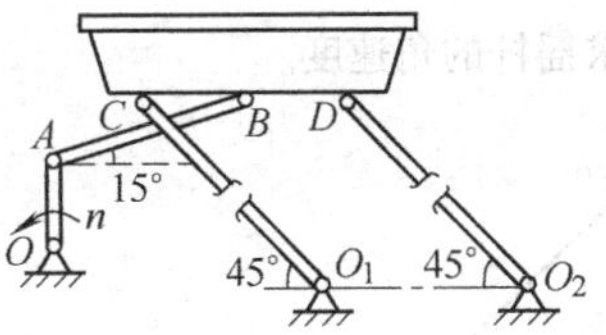

题 15-6 图

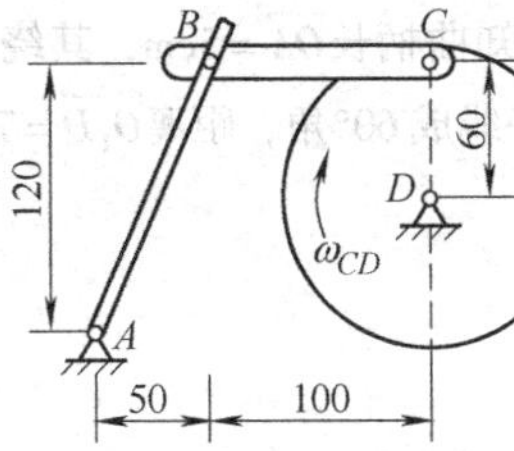

题 15-7 图

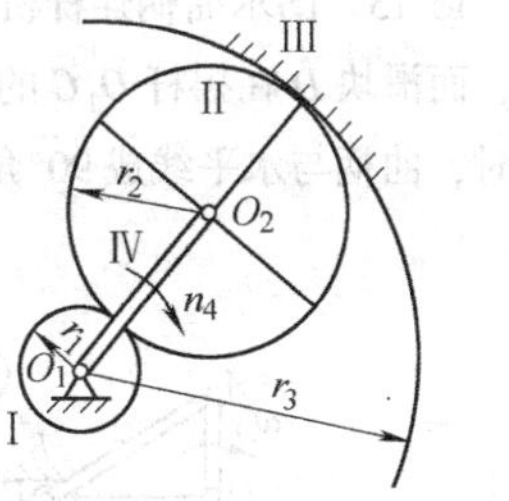

题 15-8 图

r_3 的固定内齿轮Ⅲ上滚动，并使半径为 r_1 的轮绕 O_1 轴转动。轮Ⅰ上装有砂轮，随同轮Ⅰ高速转动。已知 $r_3/r_1=11$，$n_4=900\text{r/min}$，求砂轮的转速。

15-9　在瓦特行星转动机构中，平衡杆 O_1A 绕 O_1 轴转动，并借连杆 AB 带动曲柄 OB，而曲柄 OB 活动地装置在 O 轴上。在 O 轴上装有齿轮Ⅰ，齿轮Ⅱ的轴安装在杆 AB 的 B 端。已知 $r_1=r_2=30\sqrt{3}\text{cm}$，$\overline{O_1A}=75\text{cm}$，$\overline{AB}=150\text{cm}$，又 $\omega_{O_1}=6\text{rad/s}$。求当 $\varphi=60°$ 及 $\beta=90°$ 时，曲柄 OB 及齿轮Ⅰ的角速度。

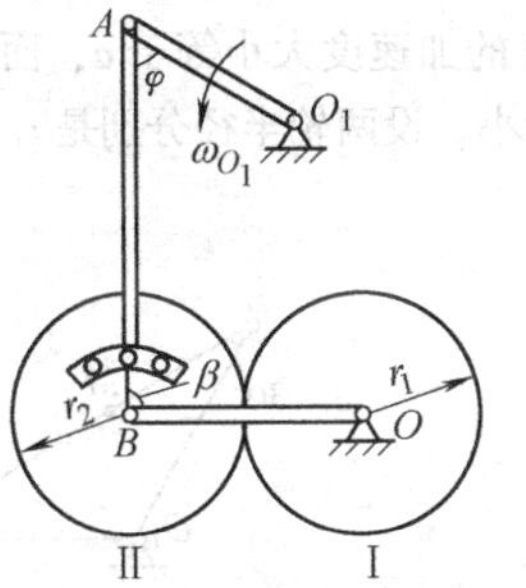

题 15-9 图

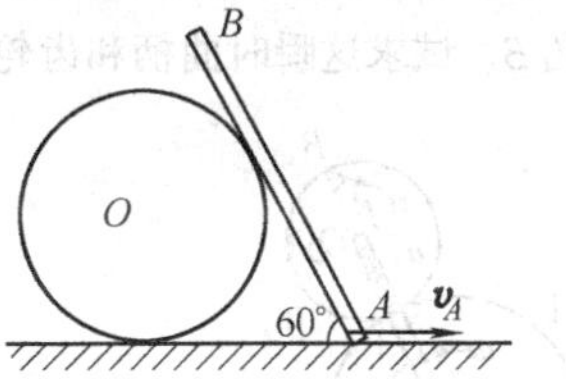

题 15-10 图

15-10　杆 AB 靠在一半径为 0.5m 的圆柱上，如图所示。当其一端 A 以 $v_A=6\text{m/s}$ 沿地面匀速运动时带动圆柱在地面上滚动。设圆柱与杆及地面间都无相对滑动，求图示位置时杆及圆柱的角速度。

15-11　图示机构中，OB 线水平，当 B、D 和 F 在同在铅垂线上时，DE 垂直于 EF，曲柄 OA 正好在铅垂位置。已知 $\overline{OA}=100\text{mm}$，$\overline{BD}=100\text{mm}$，$\overline{DE}=100\text{mm}$，$\overline{EF}=100\sqrt{3}\text{mm}$，$\omega_{OA}=4\text{rad/s}$。求 EF 杆的角速度和 F 点的速度。

15-12　图示为一小型锻压机。$\overline{OA}=\overline{O_1B}=10\text{cm}$，$\overline{EB}=\overline{BD}=\overline{AD}=40\text{cm}$，在某一瞬时运动到如图所示的位置，$OA\perp AD$，$O_1B\perp BD$，$O_1D$ 和 OD 恰好分别在水平与铅直位置，已知曲柄 OA 的转速为 $n=120\text{r/min}$，求此瞬时重锤 F 的速度。

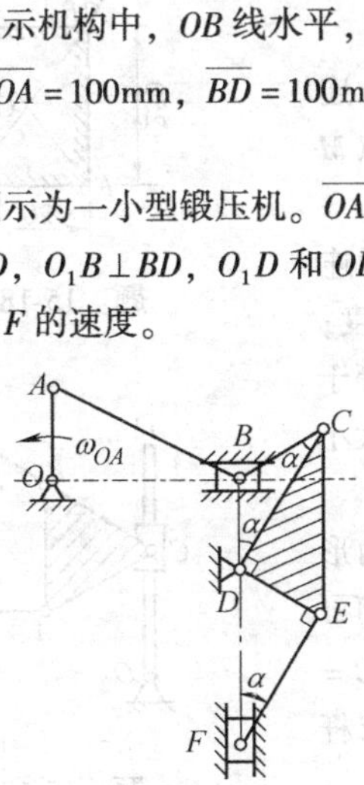

题 15-11 图

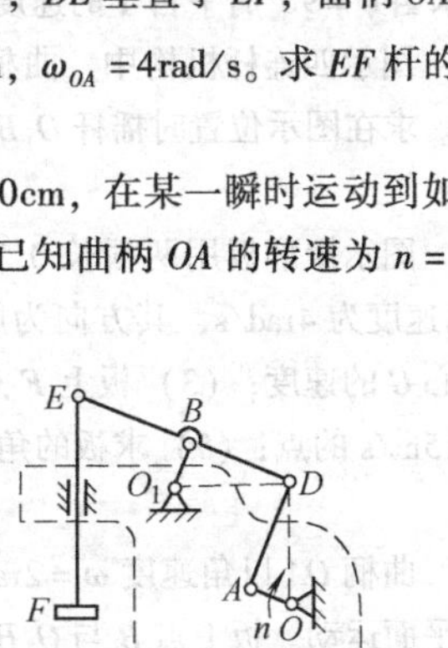

题 15-12 图

15-13　图示曲柄连杆机构带动摇杆 O_1C 绕 O_1 轴摆动，连杆 AD 上装有两个滑块，滑块 B 在水平槽滑动，而滑块 D 在摇杆 O_1C 的槽内滑动。已知曲柄长 $\overline{OA}=5\text{cm}$，其绕 O 轴的角速度 $\omega_O=10\text{rad/s}$，在图示位置时，曲柄与水平线成 $90°$ 角，摇杆与水平线成 $60°$ 角，距离 $\overline{O_1D}=7\text{cm}$。求摇杆的角速度。

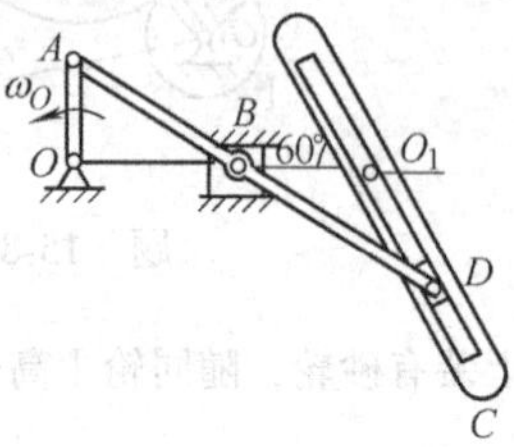

题　15-13 图

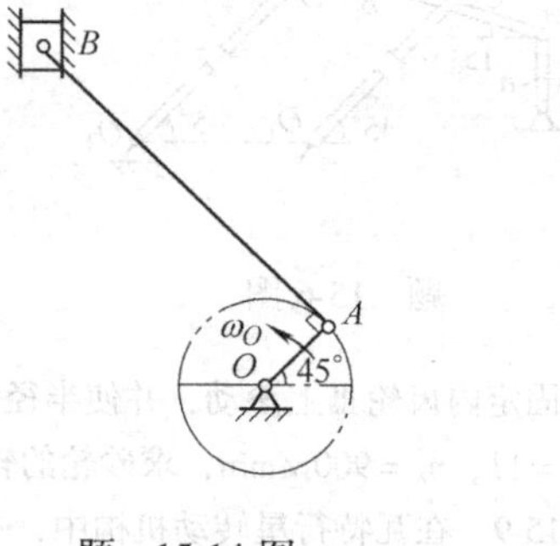

题　15-14 图

15-14　图示曲柄连杆机构中，$\overline{OA}=20\text{cm}$，$\omega_O=10\text{rad/s}$，$\overline{AB}=100\text{cm}$。求在图示位置时，连杆的角速度、角加速度以及滑块 B 的加速度。

15-15　在行星齿轮差动机构中，曲柄和轮Ⅰ都作变速转动。在给定瞬时，已知轮Ⅱ节圆上啮合点 A 的加速度大小等于 a_1，而方向指向轮Ⅱ的中心，同一直径上对称点 B 的加速度大小等于 a，而方向偏离直径 AB 某一锐角 β。试求这瞬时曲柄和齿轮Ⅱ的角速度和角加速度的大小。设两轮半径分别是 r_1 和 r_2。

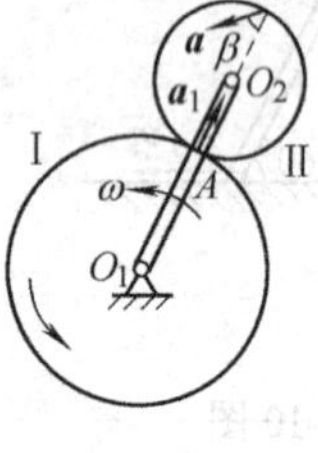

题　15-15 图

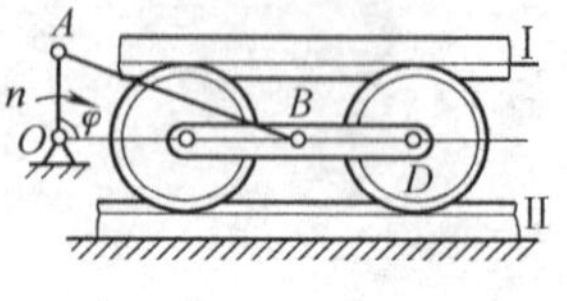

题　15-16 图

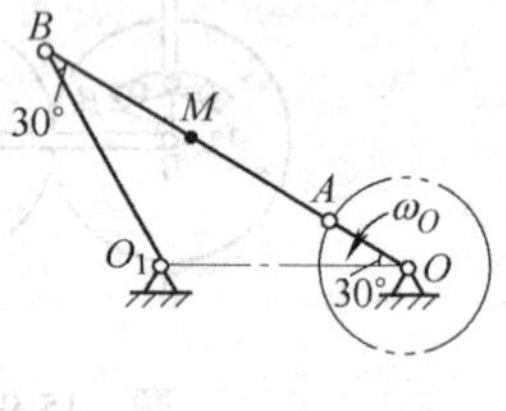

题　15-17 图

15-16　通过曲柄连杆机构，使平台Ⅰ作往复直线运动。已知曲柄 OA 转速 $n=60\text{r/min}$，$\overline{OA}=100\text{mm}$，$\overline{AB}=300\text{mm}$，齿轮 C、D 上下均与齿条啮合。求当 $\varphi=90°$ 时平台Ⅰ的速度和加速度。

15-17　图示四连杆机构中，曲柄 $\overline{OA}=r$，以匀角速度 ω_O 转动，连杆 $AB=4r$。求在图示位置时摇杆 O_1B 的角速度与角加速度及连杆中点 M 的加速度。

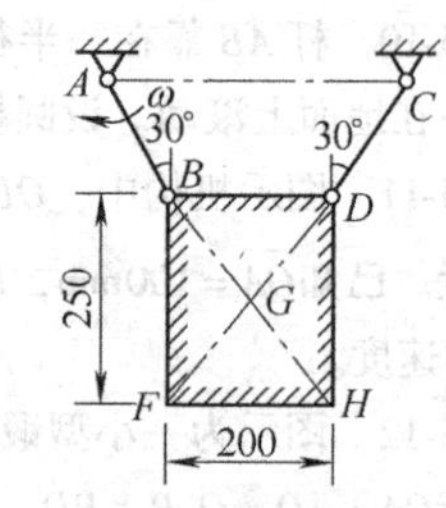

题　15-18 图

15-18　图示矩形板用两根长 0.15m 的连杆悬挂，已知图示瞬时连杆 AB 的角速度为 4rad/s，其方向为顺时针。试求：（1）板的角速度；（2）板中心 G 的速度；（3）板上 F 点的速度；（4）找出板中速度等于或小于 0.15m/s 的点；（5）求板的角加速度；（6）求 F 点加速度的大小和方向。

15-19　曲柄 OA 以角速度 $\omega=2\text{rad/s}$ 绕轴 O 转动，带动等边三角形板 ABC 作平面运动。板上点 B 与 O_1B 铰接，点 C 与套筒铰接，而套筒可在绕 O_2 转动的 O_2D 杆上滑动，且 $\overline{OA}=\overline{AB}=\overline{BC}=\overline{CA}=\overline{O_2C}=1\text{m}$，$\overline{O_1B}=4/3\text{m}$，当 OA 水平，AB、O_2D 铅直，O_1B 与 BC 在同一直线上时，求杆 O_2D 的角速度大小和角加速度大小。

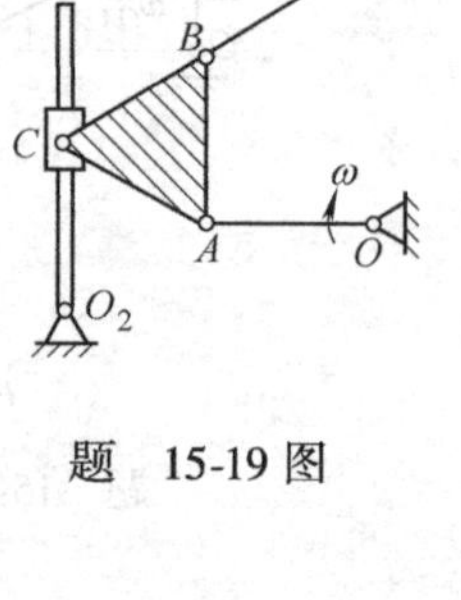

题　15-19 图

第十六章　动力学基本定律

第一节　概　　述

从本章开始我们研究机械运动的一般规律，即**研究物体的动态变化与作用于物体上的力之间的关系**。这一部分称为动力学。

动力学在科学技术的各个部门（航空、机械、水利、纺织、轻工等）都有着极其重要的应用。高速转动机械的动力分析、建筑物、桥梁的抗震等都需要应用动力学理论。

本书以牛顿三大定律作为理论依据来研究动力学问题。许多重要的力学问题以及日常生活领域中的力学现象均可由牛顿的理论予以解释。

牛顿力学中的空间和时间的概念均与运动无关、称为“绝对空间”和“绝对时间”。

牛顿力学适用于宏观物体及物体的运动速度不太大的情况，即 $v \ll c$（光速）。它在一般工程技术中具有广泛应用。即使是当代航天飞行和人造卫星发射也离不开牛顿经典力学的定律。

在动力学中，把所研究的物体抽象为质点和质点系。质点的概念是一种科学的抽象。如研究地球绕太阳运行的轨道时，尽管地球直径很大，也可以把地球当作一个具有很大质量的点。研究炮弹飞行轨道时，亦可将炮弹看成具有质量的点。因为地球的大小与它离开太阳的距离相比，炮弹的大小与它飞行的距离相比，都是非常小的，因而可以略去不计。这种可以略去形状大小而具有一定质量的点称为质点。工程技术中很多物体都可简化为质点来研究，从而使问题大大简化。

质点是研究机械运动一般规律时最简单的理想化模型。当物体不能抽象为一个质点时，可把它看作具有相互联系的有限个（或无限个）质点组成的系统，称为质点系。如果质点系中各质点之间距离始终保持不变，则称为不变质点系。刚体可以看成是由无限多个质点组成的不变质点系。

第二节　基本定律的内容

动力学中许多重要的概念和定律是由伽利略（公元 1564 ~ 1642 年）首先建立起来的。牛顿（公元 1642 ~ 1727 年）继续了伽利略的工作。在 1687 年出版的名著《自然哲学的数学原理》一书中总结了经典力学的基本定律。下面叙述动力学的基础理论，即牛顿三大定律。现以现代的理解来叙述。

一、牛顿第一定律

每个质点，如不受力作用，则该质点仍保持其原来静止的或匀速直线运动的状态。

这一定律所指不受力作用，意思是作用于质点上的合力为零。同时又指出质点有保持原有运动状态（静止或匀速直线运动）的特性，这个特性是物体固有的属性，称为惯性，因而匀速直线运动也称为惯性运动，第一定律又称为惯性定律。

第一定律是第二定律的不可缺少的前提。它为整个力学体系选定了一类特殊的参考系——惯性参考系。在动力学中，我们必须应用牛顿的定律，其参考系必须是惯性参考系。对于一般工程问题，我们可选地球为惯性参考系（当然忽略了地球自转的影响），所得的结果已足够准确了。本书所讨论的动力学问题中，均指与地球固连的参考系为惯性参考系。

二、牛顿第二定律

质点受力作用时，它的加速度的大小与作用力的大小成正比，与质点的质量成反比，加速度的方向与作用力方向相同。

设质点的质量为 m，作用于质点上的力为 $\boldsymbol{F}$，则质点的加速度为 $\boldsymbol{a}$。在适当选择单位后，第二定律数学表达式为

$$m\boldsymbol{a}=\boldsymbol{F} \tag{16-1}$$

此式称为动力学基本方程，是牛顿理论的精华。式中 $\boldsymbol{a}$ 是相对于惯性坐标系的绝对加速度。

这个定律建立了力、质量和加速度三个独立物理量之间的关系。由式（16-1）可以看出，力是与加速度直接相关的量。当质点的质量确定后，力与加速度就有确定的量值关系。同时又说明与速度不存在直接的量值关系，它是通过加速度表现出力对运动的影响。

牛顿在实验中发现了质量与重力之间的联系。质点在本身重力 $\boldsymbol{W}$ 作用下自由下落时的加速度为 $\boldsymbol{g}$，有关系式

$$m\boldsymbol{g}=\boldsymbol{W}$$

根据实验测定，在不同的地点，$\boldsymbol{g}$ 的数值并不相等，它与当地的纬度、高度等因素有关。例如，在北京，$g=980.122\text{cm/s}^2$，在上海，$g=979.436\text{cm/s}^2$，在广州，$g=978.831\text{cm/s}^2$，可见，同一物体在各处的重力并不相同，但同一物体的重力与当地的重力加速度的比值，始终保持不变，这说明每个物体的质量是一个常数。在地球上，我国取 $g=980\text{cm/s}^2$。

在经典力学中，质量是质点惯性的度量。

力学中常用的单位制有下面两种：

（1）国际单位制。其代号 SI。长度单位是米（m），质量单位是千克（kg），时间单位是秒（s），而力的单位为导出单位，是牛顿，以 N 表示。

（2）工程单位制。长度单位是米（m），力的单位是千克力（kgf），时间单位是秒（s），而质量单位为导出单位，是千克力·秒²/米（$\text{kgf}\cdot\text{s}^2/\text{m}$）。

两种单位制之间的换算关系为

$$1\text{kgf}=9.8\text{N}$$

三、牛顿第三定律

任何两个物体相互作用的力，总是大小相等，方向相反，沿同一直线而分别作用于这两个物体，这就是牛顿第三定律。牛顿第三定律又称为作用与反作用定律。

这一定律在静力学中已讨论过。不论在静力学问题和动力学问题中，牛顿第三定律都是适用的。

对于质点动力学基础的第二定律还有一点补充，表述为力的独立作用原理。

如质点上同时受到 n 个力作用时，则质点的加速度等于每个力单独作用于质点所得的加速度的矢量和。即 $\boldsymbol{a}=\Sigma\boldsymbol{a}_i$

第三节　质点的运动微分方程

牛顿第二定律给出了质点动力学的基本方程 $m\boldsymbol{a}=\boldsymbol{F}$，在实际应用时，可按问题的要求选择不同形式的坐标系。

一、矢量表达式

由式（16-1）得

$$m\boldsymbol{a}=\boldsymbol{F}$$

在运动学中已知 $\boldsymbol{a}=\dfrac{\mathrm{d}^2\boldsymbol{r}}{\mathrm{d}t^2}$，$\boldsymbol{r}$ 是质点 $\boldsymbol{M}$ 相对固定点 O 的矢径。图 16-1 所示。

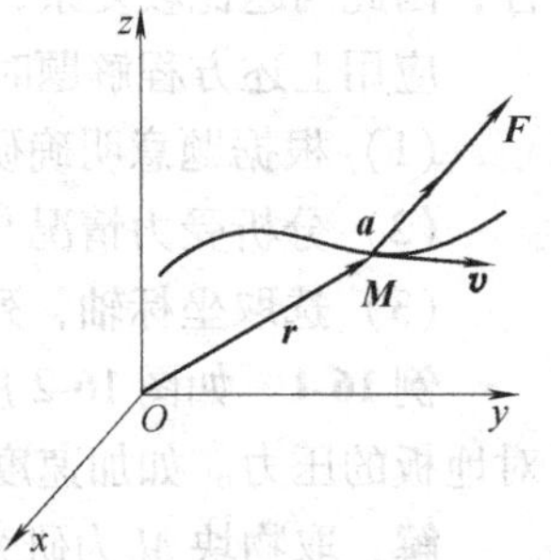

图　16-1

于是有

$$m\frac{\mathrm{d}^2\boldsymbol{r}}{\mathrm{d}t^2}=\boldsymbol{F} \tag{16-2}$$

这就是矢量形式的质点运动微分方程。

矢量式简洁明了，书写方便，适用于推导定理及证明。如要进行数值计算，则必须建立坐标系的分量表达式求解。

二、直角坐标表达式

如取固定坐标系 $Oxyz$，将式（16-2）投影到固定坐标系 $Oxyz$ 的三个轴上，得到直角坐标形式的质点运动微分方程

$$\left.\begin{aligned} m\frac{\mathrm{d}^2x}{\mathrm{d}t^2}&=F_x\\ m\frac{\mathrm{d}^2y}{\mathrm{d}t^2}&=F_y\\ m\frac{\mathrm{d}^2z}{\mathrm{d}t^2}&=F_z \end{aligned}\right\} \tag{16-3}$$

其中 F_x、F_y、F_z 是作用于质点上各力的合力 $\boldsymbol{F}$ 在各轴上的投影。

三、自然坐标表达式

从运动学中知道，加速度在自然坐标系上可以表达成切向加速度和法向加速度的矢量和。即

$$\boldsymbol{a}=a_\tau\boldsymbol{\tau}+a_n\boldsymbol{n}+a_b\boldsymbol{b}$$

式中　$a_\tau=\dfrac{\mathrm{d}^2s}{\mathrm{d}t^2}$，$a_n=v^2/\rho$，$a_b=0$

则式（16-2）可写成自然坐标形式的质点运动微分方程

$$\left.\begin{aligned} m\frac{\mathrm{d}^2s}{\mathrm{d}t^2}&=F_\tau\\ m\frac{v^2}{\rho}&=F_n\\ 0&=F_b \end{aligned}\right\} \tag{16-4}$$

式中　F_τ、F_n、F_b 是力 $\boldsymbol{F}$ 在各轴上的投影。

工程中许多问题用直角坐标形式计算是很方便的，但有时物理意义欠清晰，难以直接说明物理现象。

无论什么形式的运动微分方程，总包含两类基本问题：一类是已知运动规律，求作用力；另一类是已知力，求运动规律。通常称这两类问题分别为动力学的第一类问题和第二类问题。显然第一类问题较简单，只要进行微分运算求出加速度即可求出未知力。对于第二类问题则要进行积分甚至求解微分方程，不仅要给出运动的初始条件，而且还取决于函数的属性，因此问题比较复杂，我们只能对一些简单的力函数进行求解。

应用上述方程解题时，应按照下面的基本步骤：

（1）根据题意明确研究对象；

（2）分析受力情况与运动情况，画出受力图（包括主动力、约束反力等所有的力）；

（3）选取坐标轴，列出运动微分方程，然后求解。

例 16-1 如图 16-2 所示，设电梯以匀加速度 $\boldsymbol{a}$ 上升，求放在电梯上重力为 $\boldsymbol{W}$ 的物块 M 对地板的压力。如加速度 $\boldsymbol{a}$ 向下，这时地板压力如何？

解： 取物块 M 为研究对象。

质点 M 上受有重力 $\boldsymbol{W}$，地板对物块的约束力 $\boldsymbol{F}_{\mathrm{N}}$，物块的加速度 $\boldsymbol{a}$ 向上。应用式（16-3），得

$$\frac{W}{g}a = F_{\mathrm{N}} - W$$

从而求得地板的反力

$$F_{\mathrm{N}} = W(1 + \frac{a}{g})$$

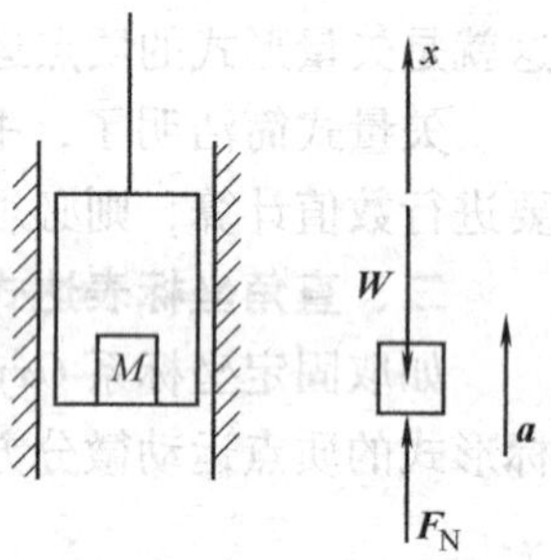

图 16-2

地板所受的压力 $\boldsymbol{F}'_{\mathrm{N}}$ 与它给物块 M 的反力 $\boldsymbol{F}_{\mathrm{N}}$ 大小相等、方向相反，即

$$F'_{\mathrm{N}} = F_{\mathrm{N}} = W\left(1 + \frac{a}{g}\right)$$

等式右侧第一项为物块的重力 W，这是当电梯静止或作匀速直线运动时的压力，称为静压力，第二项为 $\dfrac{W}{g}a$，是由于电梯作加速运动时产生的压力，称为附加动压力。当加速度 a 值很大时，会因地板过载而破坏，即地板压力大于静压力，称为超重。因此对动力效应影响大的问题，必须进行动态分析。

如加速度 $\boldsymbol{a}$ 向下，同理可求出 $F'_{\mathrm{N}} = W\ (1 - a/g)$，即地板压力小于静压力，称为失重。当 $a = g$ 时，$F'_{\mathrm{N}} = 0$。此时完全失重。物块如自由落体降落。

例 16-2 物块 A、B 质量分别为 $m_A = 20\mathrm{kg}$，$m_B = 40\mathrm{kg}$，两物块用弹簧连接，如图 16-3 所示。已知物块 A 铅垂运动规律为 $y = \sin 8\pi t$，其中 y 的单位为 cm，t 的单位为 s，试求 B 对支承面 CD 的压力，并求此力的极大值与极小值。弹簧质量忽略不计。

解： 欲求 B 对支承 CD 的压力，即求 CD 面对 B 块支反力。为此先将 A 块视为质点，设以铅垂向上方向为 y 轴正向，画一般情况下 A 块的受力图。A 块受重力 $m_A g$ 及弹簧力 $\boldsymbol{F}$ 如图 16-3b 所示，列动力学方程。

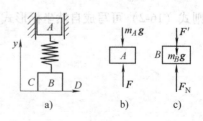

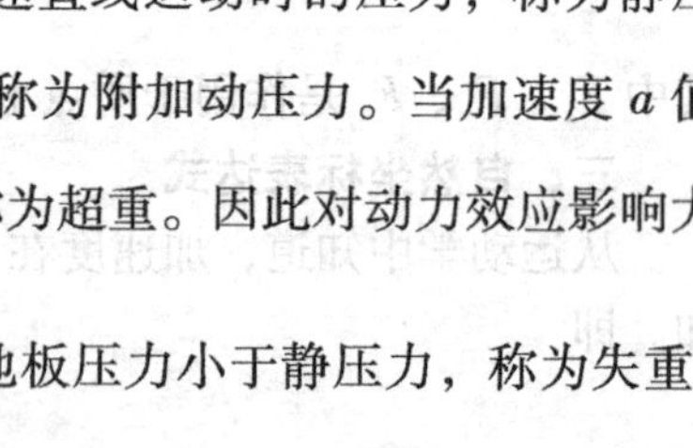

图 16-3

$$m_A\ddot{y} = F - m_A g$$

即
$$F = m_A\ddot{y} + mg = m_A\ (\ddot{y} + g)$$

再将 B 块视为质点，B 块受有重力 $m_B\boldsymbol{g}$，弹簧力 $\boldsymbol{F}'$，($F' = F$) 及法向约束反力 $\boldsymbol{F}_{\mathrm{N}}$。受力图如图 16-3c，列动力学方程

$$m_B 0 = F_{\mathrm{N}} - m_B g - F'$$

$$\begin{aligned} F_{\mathrm{N}} &= F' + m_B g = (m_A + m_B)g + m_A\ddot{y} \\ &= (m_A + m_B)g - 126\sin 8\pi t \\ &= 588 - 126\sin 8\pi t \end{aligned}$$

当 $\sin 8\pi t = -1$ 时，则 $F_{\mathrm{Nmax}} = 714\mathrm{N}$

当 $\sin 8\pi t = 1$ 时，则 $F_{\mathrm{Nmin}} = 462\mathrm{N}$

这个力的大小就是 B 块对地面的压力。

例 16-3 单摆的摆锤受重力 $\boldsymbol{W}$，绳长为 l 悬于固定点 O，设绳不可伸长且质量不计。设开始时绳与铅垂线成偏角 $\varphi_0\left(\varphi_0 \leqslant \frac{\pi}{2}\right)$ 并无初速地释放，求绳子拉力的最大值（如图 16-4 所示）。

解： 取摆锤为研究的对象，其上受重力 $\boldsymbol{W}$，绳子的张力 F_{T}。任意瞬时的摆锤在 φ 位置，有角速度 $\frac{\mathrm{d}\varphi}{\mathrm{d}t}$，角加速度 $\frac{\mathrm{d}^2\varphi}{\mathrm{d}t^2}$。于是有切向加速度 $a_\tau = \frac{\mathrm{d}^2\varphi}{\mathrm{d}t^2}l$ 和法向加速度 $a_n = \left(\frac{\mathrm{d}\varphi}{\mathrm{d}t}\right)^2 l$，如图 16-4 所示。

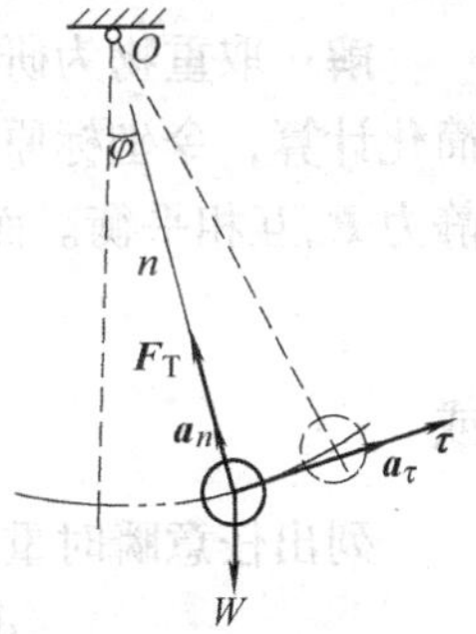

图 16-4

取自然坐标轴，应用式（16-4）得到

$$\frac{W}{g}l\frac{\mathrm{d}^2\varphi}{\mathrm{d}t^2} = -W\sin\varphi \tag{a}$$

$$\frac{W}{g}l\left(\frac{\mathrm{d}\varphi}{\mathrm{d}t}\right)^2 = F_{\mathrm{T}} - W\cos\varphi \tag{b}$$

欲求张力 F_{T}，由式（b）知道，必须先求出 $\frac{\mathrm{d}\varphi}{\mathrm{d}t}$，即可求出 F_{T}。

由式（a）对 $\frac{\mathrm{d}^2\varphi}{\mathrm{d}t^2}$ 进行变量变换

$$\frac{\mathrm{d}^2\varphi}{\mathrm{d}t^2} = \frac{\mathrm{d}\dot{\varphi}}{\mathrm{d}t} = \frac{\mathrm{d}\dot{\varphi}}{\mathrm{d}\varphi}\frac{\mathrm{d}\varphi}{\mathrm{d}t} = \dot{\varphi}\frac{\mathrm{d}\dot{\varphi}}{\mathrm{d}\varphi} \tag{c}$$

将式（c）代入式（a），得到

$$\frac{l}{g}\dot{\varphi}\frac{\mathrm{d}\dot{\varphi}}{\mathrm{d}\varphi} = -\sin\varphi$$

或

$$\frac{l}{g}\dot{\varphi}\mathrm{d}\dot{\varphi} = -\sin\varphi\mathrm{d}\varphi$$

等式两边积分

$$\int_0^{\dot{\varphi}} \frac{1}{2}\frac{l}{g}\mathrm{d}(\dot{\varphi}^2) = -\int_{\varphi_0}^{\varphi}\sin\varphi\mathrm{d}\varphi$$

从而得到

$$\dot{\varphi}^2 = \frac{2g}{l}\ (\cos\varphi - \cos\varphi_0) \tag{d}$$

再将式（d）代入式（b），经整理得到

$$F_T = (3\cos\varphi - 2\cos\varphi_0)W$$

为求出 F_{Tmax} 则将 T 对 φ 求导等于零，即

$$\frac{dF_T}{d\varphi} = -3W\sin\varphi = 0$$

必须满足 $\sin\varphi = 0$，有 $\varphi = 0$，π，…，$n\pi$（$n = 0$，1，2…），取 $\varphi = 0$，则

$$F_{Tmax} = (3 - 2\cos\varphi_0)W$$

此时绳子处于铅垂位置（或摆锤处于最低位置），即平衡位置。

当 $\varphi_0 = \frac{\pi}{2}$ 时，$\cos\varphi_0 = 0$，则 $F_{Tmax} = 3W$，即绳由水平位置无初速释放，绳子的最大拉力达到摆锤重量的 3 倍。

例 16-4 一质量-弹簧系统，设弹簧原长为 l，质量不计，弹簧的刚性系数为 C，重物的质量为 m。求重物的运动规律。如图 16-5 所示。

解： 取重物为研究对象。重物受有重力 $\boldsymbol{mg}$ 和弹簧反力 $\boldsymbol{F}$，取坐标轴 Ox 铅垂向下。为简化计算，令坐标原点 O 位于重物的静平衡位置，即弹簧有静伸长 δ_{st}。此时重力 $\boldsymbol{mg}$ 与弹簧静力 $\boldsymbol{F}_{st}$ 互相平衡。而 $F_{st} = C\delta_{st}$，则有

$$mg = F_{st} = C\delta_{st}$$

或

$$\delta_{st} = \frac{mg}{C}$$

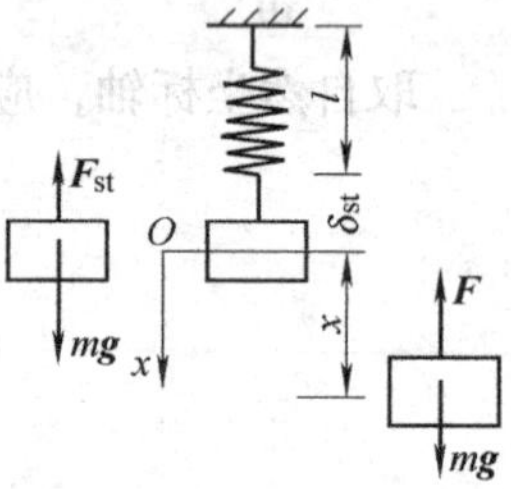

图 16-5

列出任意瞬时重物的运动微分方程

$$m\frac{d^2x}{dt^2} = mg - F = mg - C(x + \delta_{st})$$

得

$$m\frac{d^2x}{dt^2} = -Cx$$

或写成

$$\frac{d^2x}{dt^2} + k^2x = 0 \tag{a}$$

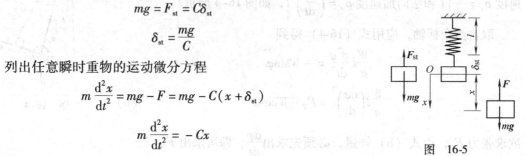

这就是重物在弹簧恢复力（$F = -Cx$）作用下自由振动方程的标准形式。
式中，$k^2 = C/m$，k 称为系统的固有频率（或称圆频率）。

由微分方程理论知，式(a)有通解

$$x = A\sin(kt + \varphi) \tag{b}$$

式中，A 为振幅，φ 为位相，均由运动的初始条件决定。

设运动的初始条件为

当 $t = 0$ 时，$x(0) = x_0$，$\dot{x}(0) = \dot{x}_0$。

代入式（b），得

$$x_0 = A\sin\varphi,\ \dot{x}_0 = kA\cos\varphi$$

可以求得

$$A = \sqrt{x_0^2 + (\dot{x}_0/k)^2}$$

$$\varphi = \arctan(kx_0/\dot{x}_0)$$

由三角公式得

$$\sin\varphi = \frac{\tan\varphi}{\sqrt{1+\tan^2\varphi}}, \quad \cos\varphi = \frac{1}{\sqrt{1+\tan^2\varphi}}$$

于是式（b）可写成

$$x = A\sin(kt+\varphi) = A\sin\varphi\cos kt + A\cos\varphi\sin kt = x_0\cos kt + \frac{\dot{x}_0}{k}\sin kt$$

思　考　题

16-1　何谓质量？质量与重量有何区别？

16-2　质点的受力方向是否就是质点的运动方向？质点的加速度方向是否就是质点的速度方向？

16-3　质点受到的力越大，则它的速度也越大，反之则越小，对吗？为什么？

16-4　已知某质点的质量和它的受力，试问该质点的运动是否可以完全确定？

16-5　质量相同的两个质点，受到相同的作用力，试问它们的运动轨迹、同一瞬时的速度、加速度是否一定相同？为什么？

习　　题

16-1　电梯 m 质量为480kg，上升时的速度图如图所示，求在下列三个时间间隔内悬挂电梯的绳索张力 F_{T1}，F_{T2} 和 F_{T3}。（1）由 $t=0$s 到 $t=2$s；（2）由 $t=2$s 到 $t=8$s；（3）由 $t=8$s 到 $t=10$s。

16-2　重力 $W=9.8$N 的物体 M 结在长 $l=30$cm 的线上，线的另一端结在固定点 O。物体 M 在水平面内作匀速圆周运动，呈圆锥摆形状，已知线与铅直线间夹角 $\theta=30°$，求 M 的速度 v 和线的拉力 F_T 的大小。

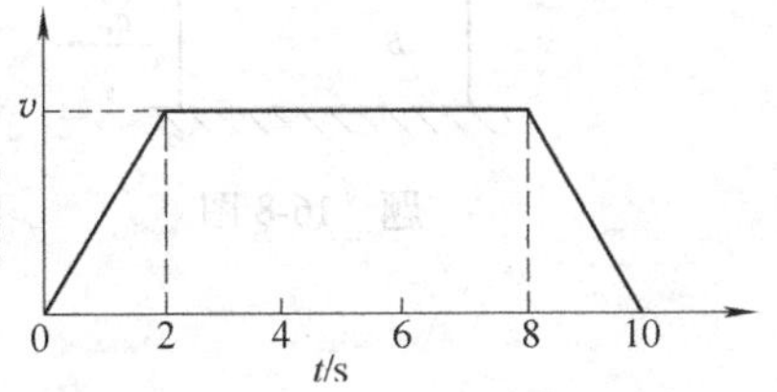

题　16-1 图

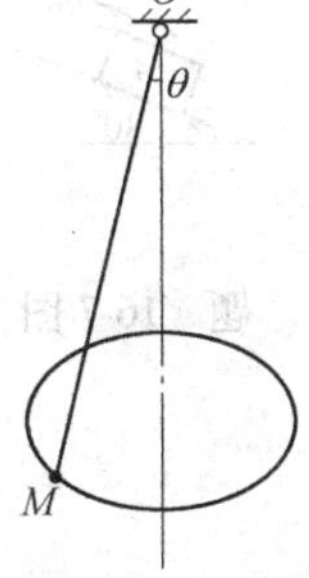

题　16-2 图

16-3　小车载着重物 A 以加速度 $\boldsymbol{a}$ 沿斜坡上行，如果重物不捆扎也不致于掉下，问重物与小车接触面处的摩擦系数至少应为多少？已知斜面倾角为 θ，A 物重力为 $\boldsymbol{W}$。

16-4　小球 M 重力为 $\boldsymbol{W}$ 与两根刚杆 AM、BM 铰接。设两杆各长 l，距离 $\overline{AB}=2b$，系统以匀角速 ω 绕铅直轴 AB 转动，杆重略去不计，求两杆的拉力。

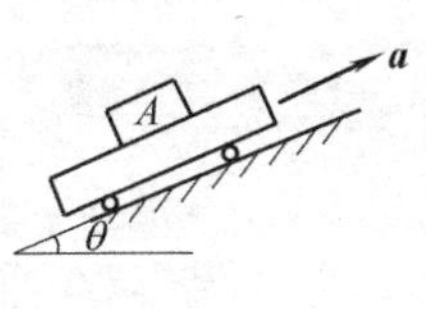

题　16-3 图

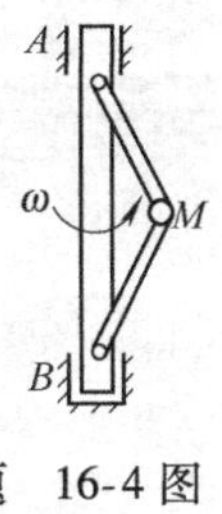

题　16-4 图

16-5　图示套管 A 的质量为 m，因受绳子牵引沿铅直杆向上滑动。绳子的另一端绕过离杆距离为 l 的滑轮 B 而缠在鼓轮上，当鼓轮转动时，其边缘上各点的速度大小为 v_0。求绳子拉力与距离 x 的关系。

16-6　一质量为 m 的物体放在匀角速度转动的水平转台上，它与转轴的距离为 r，设物体与转台表面的摩擦系数为 f，求当物体不致因转台旋转而滑出时，水平台的最大转速。

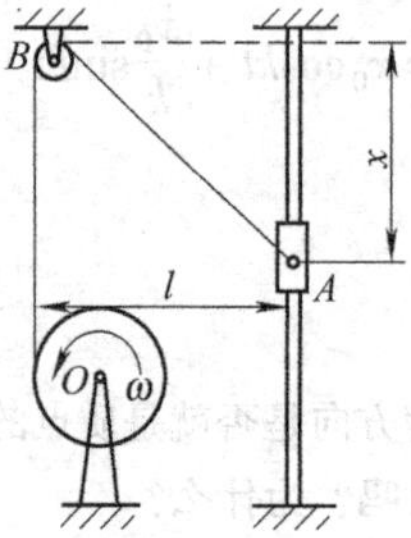

题　16-5 图

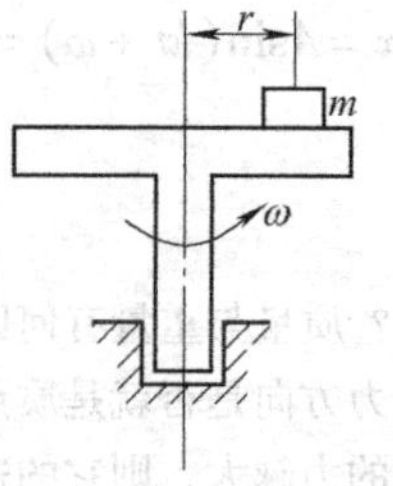

题　16-6 图

16-7　小方块 A 以 10m/s 的初速度沿斜面向上运动，斜面角度为 30°，设摩擦系数为 1/4。求方块回到原来位置时的速度和所需时间。

16-8　方块 A 受重力 W_A，置于光滑斜面 B 上，斜面倾角为 θ，设斜面以加速度 $\boldsymbol{a}_e$ 运动，求方块 A 沿斜面下滑的加速度以及方块与斜面间的约束反力。并讨论什么条件下 A 块上滑，静止或自由落体。

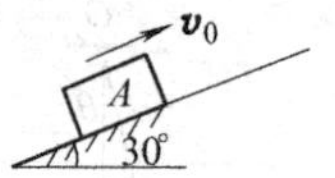

题　16-7 图

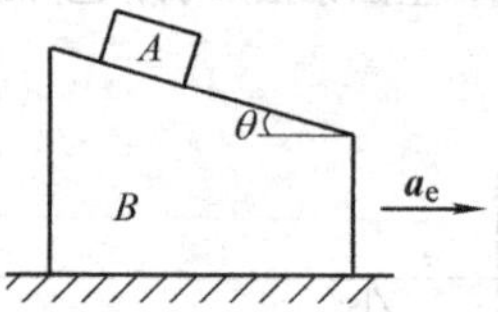

题　16-8 图

第十七章 动能定理

第一节 概述与基本概念

质点动力学问题可以应用质点动力学微分方程基本上得到解决，但是，对于动力学第二类问题一般求解比较困难。现在我们进一步分析质点系动力学问题。如果质点系有 n 个质点，则对于每个质点均可列出三个直角坐标形式的运动微分方程，n 个质点就有 $3n$ 个微分方程，再加上各质点之间的约束关系，组成一个微分方程组。从理论上看是可以解决的，但在实际问题中要求解这一方程组往往非常繁琐和困难。而且对某些质点系的动力学问题，往往不需要研究质点系中各质点的运动情况，而只需要研究质点系的整体的运动特征。

为此，我们在描述质点系动力学问题时，必须建立与质点系运动特征有关的物理量，如动量、动量矩、动能，以及与作用力有关的物理量，如冲量、力矩、功，并建立它们之间的普遍关系，这些物理量具有明确的物理意义。它们之间的关系表示为动量定理、动量矩定理和动能定理。这三个定理称为动力学普遍定理。动量定理与动量矩定理属于矢量形式一类，动能定理则属于标量形式一类。由于动能定理是标量式，不论质点系如何运动，动能定理始终只有一个代数方程，因而在工程实践中，对于解决已知主动力和系统位置的变化求速度、加速度或者已知路程和速度的变化求主动力等类的质点系动力学问题，应用动能定理十分普遍和方便。下面先介绍一些与此有关的基本概念。

1. 外力与内力

对于质点系中的每个质点，可将作用于质点上的力分为内力和外力。质点系中各质点之间的相互作用力，称为内力，以 $\boldsymbol{F}^{(i)}$ 表示，内力总是成对出现的；质点系以外的物体对质点系内的质点的作用力，称为外力，以 $\boldsymbol{F}^{(e)}$ 表示。外力与内力的区分完全取决于质点系范围的划定。

2. 质点系的质心

质点系的运动除了与作用于质点系上的外力有关外，还与质点系中各质点的位置和质量的大小有关。

设质点系由 n 个质点组成，各质点的质量分别为 m_1、m_2，…，m_n，其在坐标系上的坐标分别为（x_1，y_1，z_1），（x_2，y_2，z_2），…，（x_n，y_n，z_n），质点系的总质量为各质点的质量之和，即 $m=\Sigma m_i$。

有一个几何点 C，可用来表征质点系的质量分布情况和各质点的位置，称点 C 为质点系的质量中心（简称质心），该点坐标为

$$\left.\begin{aligned} x_C &= \frac{\Sigma m_i x_i}{m} \\ y_C &= \frac{\Sigma m_i y_i}{m} \\ z_C &= \frac{\Sigma m_i z_i}{m} \end{aligned}\right\} \tag{17-1}$$

当质点系在重力场中运动时，质心与重心的位置是重合的。但是，质心和重心是两个概念。重心只有在质点系受重力作用下存在，物体一旦离开重力场，重心便失去了意义。质心是表征质点系质量分布情况的一个几何点，与所受的力无关，无论质点系是否处于重力场中，质心总是存在的。因此，质心具有更加广泛的意义。以后还会看到，质心在动力学中有很重要的意义。

3. 刚体对轴的转动惯量、平行轴定理

（1）刚体对轴的转动惯量是刚体绕轴转动时惯性的度量。转动惯量是刚体的一个很重要的物理特征，它反映了刚体对轴转动的惯性，其大小决定于刚体内各质点的质量与该点到转轴的距离平方乘积之总和，以 J_z 表示刚体对 z 轴的转动惯量，即

$$J_z = \Sigma m_i r_i^2 \tag{17-2}$$

如果刚体的质量是连续分布的，则上式可写成积分形式

$$J_z = \int r^2 \mathrm{d}m \tag{17-3}$$

由此可见，转动惯量的大小不仅与质量大小有关，而且与质量的分布有关，但与物体所处的运动状态无关。转动惯量的单位为 $\mathrm{kg \cdot m^2}$。

工程实际中，经常根据工作需要来确定转动惯量的大小。例如：机器上的飞轮，设计成中间薄边缘厚，使飞轮的质量大部分分布在边缘上，以增大转动惯量，并保持机器比较稳定的运转状态。又如仪表仪器中的某些零件必须具有较高的灵敏度，以提高仪器的精确度，因此必须尽可能减小转动惯量。

要想解决工程技术中有关刚体转动的动力学问题，必须理解转动惯量的概念，并且会计算或测定转动惯量的大小。

为了方便起见，有时将转动惯量写成

$$J_z = m\rho^2 \tag{17-4}$$

式中，m 为刚体的质量，ρ 称为刚体对于转轴的回转半径。

对于形状复杂和非匀质的物体，不便于用计算方法求出它的转动惯量，可以用实验方法测出。

现将几种常见简单形状匀质物体的转动惯量及回转半径列于表 17-1。

表 17-1　简单形状匀质物体的转动惯量及回转半径

物体形状	转动惯量	回转半径
细长杆 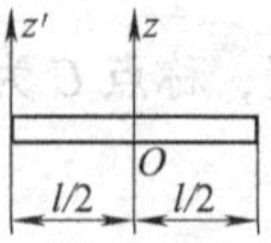	$J_z = \frac{1}{12}ml^2$ $J'_z = \frac{1}{3}ml^2$	$\rho_z = \frac{l}{2\sqrt{3}} = 0.289l$ $\rho'_z = \frac{l}{\sqrt{3}} = 0.577l$
薄圆板 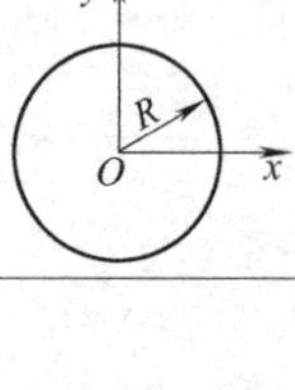	$J_{z(C)} = \frac{1}{2}mR^2$ $J_x = J_y = \frac{1}{4}mR^2$	$\rho_{z(C)} = \frac{R}{\sqrt{2}}$ $\rho_x = \rho_y = \frac{R}{2}$

（续）

物 体 形 状	转 动 惯 量	回 转 半 径
细 圆 环 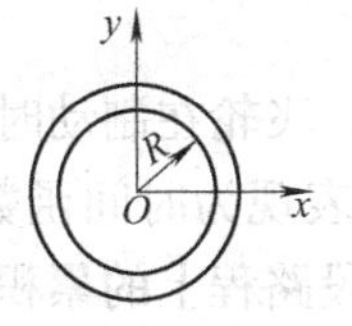	$J_{z(C)}=mR^2$ $J_x=J_y=\frac{1}{2}mR^2$	$\rho_{z(C)}=R$ $\rho_x=\rho_y=\frac{R}{\sqrt{2}}$
实 心 球 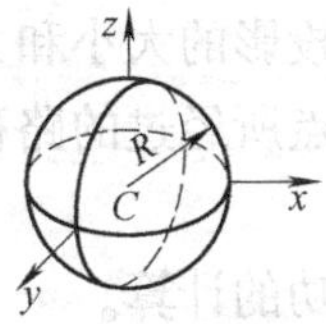	$J_x=J_y=J_z=\frac{2}{5}mR^2$	$\rho=\sqrt{\frac{2}{5}}R=0.632R$

（2）平行轴定理：刚体对于任一轴的转动惯量等于刚体对于通过它的质心 C 并与该轴平行的轴的转动惯量加上刚体的质量与两轴间距离平方的乘积。即

$$J_{z'}=J_z+md^2 \tag{17-5}$$

如图 17-1 所示。由此可知，通过质心 C 的轴的转动惯量具有最小值。

例 17-1 均质细长杆如图 17-2 所示，求过质心 C 和与 z'轴平行的 z 轴的转动惯量。

解：由表查得，细长杆绕杆端 z'轴的转动惯量为

$$J_{z'}=\frac{1}{3}ml^2$$

根据式（17-5），有

$$J_z=J_{z'}-md^2=\frac{1}{3}ml^2-m\left(\frac{l}{2}\right)^2=\frac{1}{12}ml^2$$

例 17-2 均质圆盘如图 17-3 所示。求圆盘对于 z'轴的转动惯量。设偏心距为 e。

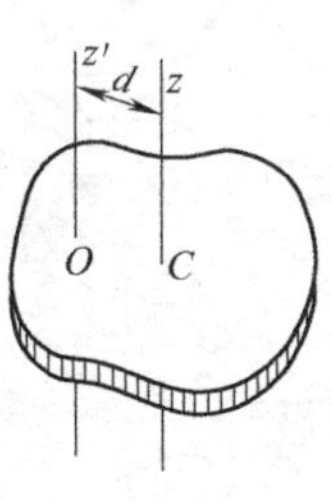

图 17-1

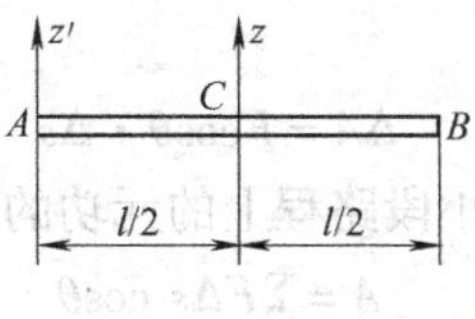

图 17-2

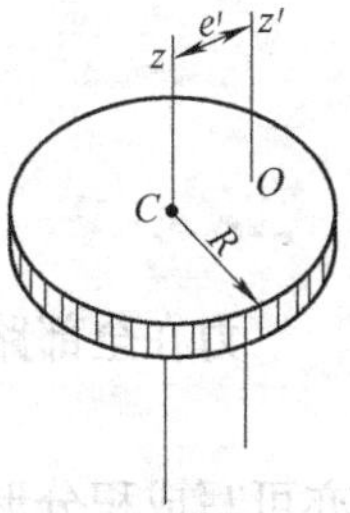

图 17-3

解：由表查得对于过盘心（质心）垂直于盘面轴 z 的转动惯量为

$$J_z=\frac{1}{2}mR^2$$

根据式（17-5）得到

$$J_{z'}=J_z+md^2=\frac{1}{2}mR^2+me^2=m\left(\frac{1}{2}R^2+e^2\right)$$

第二节 力 的 功

一、力的功及其计算方法

在讨论动能定理之前，我们先介绍力的功及其计算方法。例如：飞轮在制动时经过若干次转动后才停止、气体压力在气缸内推动活塞移动等。由于作用力表现为时间函数不明显，因而要求得力随时间的变化规律较为困难。为此，引入表征力在一段路程上的累积作用效应的物理量——力的功。

功的概念是人们在生产实践中逐渐形成的。功与力在位移方向的投影的大小和力的作用点所经过的路程有关。在力学中，力的功是通过力的大小与力的作用点所经过的路程来计算的。

鉴于力的功已经在普通物理学中学过，这里只介绍下列情况力的功的计算。

常力的功 设质点在常力 $\boldsymbol{F}$ 作用下沿直线运动走过一段路段 s 时，常力的功是

$$A = F\cos\theta \cdot s \tag{17-6}$$

如图 17-4 所示。可以看出，当 $\theta < 90°$时，A 是正值，即力作正功；当 $\theta > 90°$时，A 是负值，即力作负功；当 $\theta = 90°$时，$A = 0$，即力不作功。因此功是代数量，它只有正负值，而没有方向。

变力的功 设质点在变力 $\boldsymbol{F}$ 作用下沿曲线运动。如图 17-5 所示。这时计算变力的功，可以将路程分为许多微小的路程 Δs，每一小段路程 Δs 可看作直线，力 $\boldsymbol{F}$ 在每一小段路程上看作常力，则力在每一小段路程上所作的功称为元功，记作

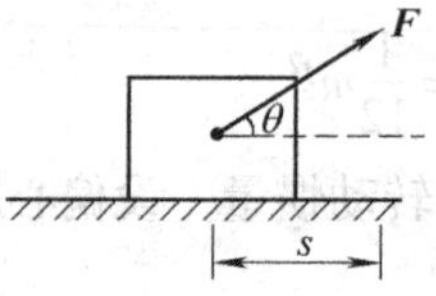

图 17-4

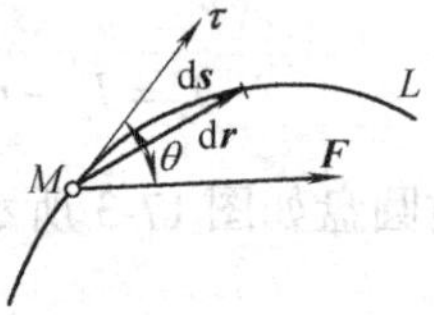

图 17-5

$$\Delta A = F\cos\theta \cdot \Delta s \tag{17-7}$$

力在全部路程上的功则为每一小段路程上的元功的总和，即

$$A = \Sigma F\Delta s\ \cos\theta$$

亦可写成积分形式

$$A = \int_L F\cos\theta\ \mathrm{d}s \tag{17-8}$$

这个积分是沿着力的作用点的路径曲线 L 上进行的，称为线积分。积分的值与路径有关。

力的功亦可写成简单形式

$$A = \int_L \boldsymbol{F} \cdot \mathrm{d}\boldsymbol{r} \tag{17-9}$$

式中，$\mathrm{d}\boldsymbol{r}$ 为质点的微小位移。

又因为 $\boldsymbol{F} = F_x\boldsymbol{i} + F_y\boldsymbol{j} + F_z\boldsymbol{k}$，$\mathrm{d}\boldsymbol{r} = \mathrm{d}x\boldsymbol{i} + \mathrm{d}y\boldsymbol{j} + \mathrm{d}z\boldsymbol{k}$，则有

$$\boldsymbol{F}\cdot \mathrm{d}\boldsymbol{r} = F_x\mathrm{d}x + F_y\mathrm{d}y + F_z\mathrm{d}z$$

于是，得到计算力的功的普遍公式

$$A = \int_L (F_x\mathrm{d}x + F_y\mathrm{d}y + F_z\mathrm{d}z) \tag{17-10}$$

由此可知，在一般情况下，计算力的功是一个线积分。但在某些情况下，这个积分可以简化。当力的作用点沿直线 x 轴运动时，则式（17-10）简化为

$$A = \int_{x_0}^{x} F_x\mathrm{d}x$$

功的单位为 N · m。

下面计算几种常见的力的功。

1. 重力的功

设质点的重力为 $\boldsymbol{W}$，在直角坐标轴上的投影为

$$F_x = 0,\ F_y = 0,\ F_z = -W$$

当质点由 $M_1(x_1, y_1, z_1)$ 处沿曲线 L 移至 $M_2(x_2, y_2, z_2)$ 点时，如图 17-6 所示，按式（17-10）得到

$$A = \int_{z_1}^{z_2} -W\mathrm{d}z = W(z_1 - z_2) \tag{17-11}$$

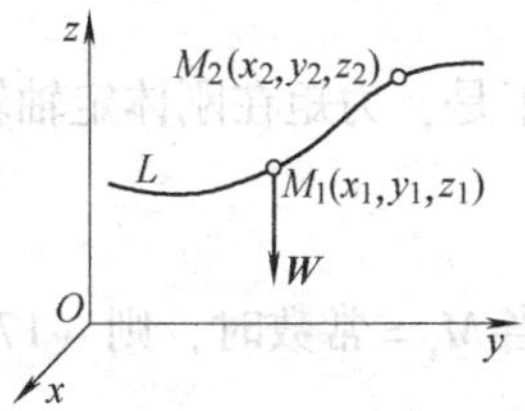

图 17-6

由此可知，作用于质点上重力的功等于质点的质量与其起止点高度之差的乘积，而与质点所经过的路径无关。当 $z_1 > z_2$ 时，重力作正功；当 $z_1 < z_2$ 时，重力作负功。

上述结论可以推广到刚体（或质点系）。作用于刚体（或质点系）上的重力的功等于重力的合力与质心的起止点高度之差的乘积，即

$$A = \Sigma W_i(z_{1i} - z_{2i}) = W(z_{C1} - z_{C2}) \tag{17-12}$$

式中，z_{C1}，z_{C2}是质心起止两位置的铅垂坐标。C 为刚体（或质点系）的质心位置：

$$z_C = \frac{\Sigma W_i z_{Ci}}{W}$$

当质心位置下降时，功为正值；当质心位置上升时，功为负值。

2. 弹簧力的功

设质点 M 与弹簧联结，如图 17-7 所示。弹簧原长为 l_0，取弹簧既不伸长又不缩短的位置为坐标原点（又称自然位置）。选图示坐标。当变形较小时，弹簧力与变形满足下列关系式

$$F = -Cx$$

图 17-7

式中，C 为弹簧的刚性系数，单位为 N/m。根据式（17-10），有

$$A = \int_{x_1}^{x_2} F\mathrm{d}x = \int_{x_1}^{x_2} -Cx\mathrm{d}x = \frac{1}{2}C(x_1^2 - x_2^2) \tag{17-13}$$

当弹簧自原长位置伸长（或缩短）λ 时，则弹簧力的功为

$$A = -\frac{1}{2}C\lambda^2 \tag{17-14}$$

由此可知，弹簧力的功只与弹簧的变形有关，而与质点运动的路径无关。

上述结论可以推广到曲线运动。式（17-13）形式仍然适用。设弹簧的初始变形为 $\lambda_1 = l_1 - l_0$，弹簧的终止变形为 $\lambda_2 = l_2 - l_0$，于是有

$$A = \frac{1}{2}C\ (\lambda_1^2 - \lambda_2^2)$$

3. **作用于定轴转动刚体上的力的功**

当刚体作定轴转动时，如图 17-8 所示，作用于定轴转动刚体上力的元功为

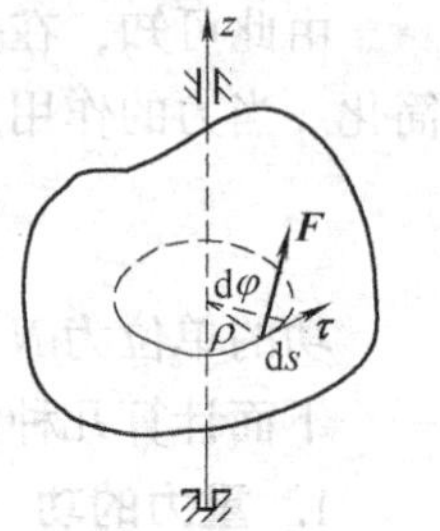

图　17-8

$$\Delta A = F_\tau \Delta s = F_\tau \rho \Delta\varphi$$

式中，$\Delta s = \rho\Delta\varphi$。由于 $F_\tau \rho = M_z(\boldsymbol{F})$，即力 $\boldsymbol{F}$ 对 z 轴之矩，这样上式可写成

$$\Delta A = M_z(\boldsymbol{F})\Delta\varphi$$

于是，力矩在刚体定轴转动过程中作的功为

$$A = \int_{\varphi_1}^{\varphi_2} M_z \mathrm{d}\varphi \tag{17-15}$$

当 M_z = 常数时，则（17-15）写成

$$A = M_z\ (\varphi_2 - \varphi_1) \tag{17-16}$$

4. **摩擦力的功**

当质点受到滑动摩擦力作用时，如图 17-9 所示，动摩擦力 $\boldsymbol{F}'_\mathrm{f}$ 的方向通常与质点运动方向相反。根据动摩擦定律，有

$$F'_\mathrm{f} = f'F_\mathrm{N}$$

则摩擦力的功为

$$A = -\int f'F_\mathrm{N}\mathrm{d}s$$

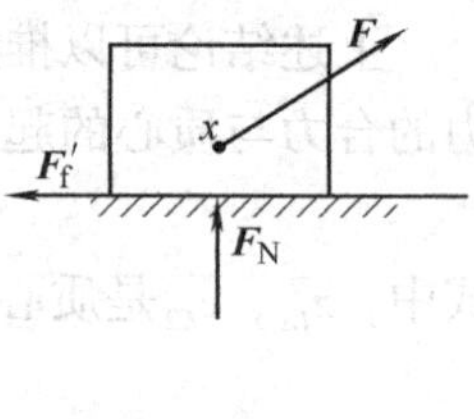

当 F_N = 常数时，则

$$A = -f'F_\mathrm{N}s \tag{17-17}$$

图　17-9

式中，s 为质点运动所经过的路径。

由此可知，一般情况下，动摩擦力的功为负值，它不仅取决于质点的起止位置，而且还与质点的路径有关。

例 17-3　纯滚动圆轮重 $\boldsymbol{W}$，受拉力 $\boldsymbol{F}_\mathrm{T}$ 作用，它与水平方向的夹角为 θ，尺寸如图 17-10 所示，轮与支承水平面间的静摩擦系数为 f_s，求轮心 C 移动 s 过程中力的全功。

解：首先分析作用于圆轮上的所有的力。圆轮受有重力 $\boldsymbol{W}$，拉力 $\boldsymbol{F}_\mathrm{T}$，法向反力 $\boldsymbol{F}_\mathrm{N}$，滑动摩擦力 $\boldsymbol{F}_f$，其次分别讨论各力的功。由于重力作用点位置始终位于离水平面 R 高度处，所以重力 $\boldsymbol{W}$ 不作功；拉力 $\boldsymbol{F}_\mathrm{T}$ 可以使轮心移动，又可以使圆轮绕轮心 C 转动，所以它的功为 $Fr\varphi$ 与 $F\cos\theta \cdot s$。注意到 $\varphi = s/R$，有 $Fr\varphi = Frs/R$；摩擦力 F'_f 作用于速度瞬心处，因为其作用点为圆轮的速度瞬心，即此时接触点间没有相对滑动，所以，在此情况，F'_f 的功为零；法向反力方向垂直于 s，故也不作功。从而得到力的全功为

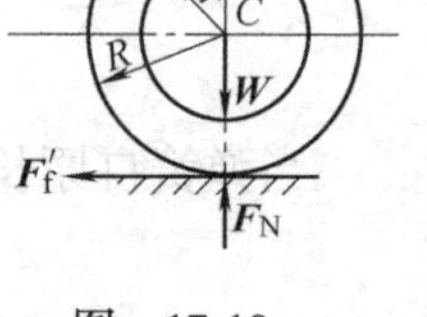

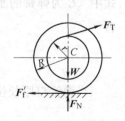

$$A = Frs/R + F\cos\theta \cdot s = Fs\left(\cos\theta + \frac{r}{R}\right)$$

图　17-10

第三节　动能及其表达式

动能是表征机械运动的物理量。设质点的质量为 m，速度为 v，则质点的动能为

$$T=\frac{1}{2}mv^2 \tag{17-18}$$

动能是以机械运动转化为一定量的其它形式的运动的能力来度量机械运动强弱的量。动能是一个标量，且恒为正值，其单位为 N·m。

设质点系由 n 个质点组成，其中每一质点的动能为 $T_i=\frac{1}{2}m_iv_i^2$，则质点系的动能为每一质点动能的总和，即

$$T=\Sigma\frac{1}{2}m_iv_i^2 \tag{17-19}$$

刚体是工程实际中常见的质点系，因此研究刚体的动能有着重要的意义。刚体作不同的运动时，其动能的表达式也不同。

一、刚体作平动的动能

根据刚体作平动时的特点：体内各点的速度均相等，所以，同一瞬时体内各点的速度都等于刚体质心的速度 v_C，从而得到

$$T=\Sigma\frac{1}{2}m_iv_i^2=\frac{1}{2}(\Sigma m_i)v_C^2=\frac{1}{2}mv_C^2 \tag{17-20}$$

式中，$m=\Sigma m_i$ 是刚体的质量。

由此可知，**刚体作平动的动能等于刚体质心的动能**，也就是说可以视为整个刚体的质量集中于质心，此时质心的动能就是刚体的平动动能。

二、刚体绕定轴转动的动能

由运动学知，刚体以角速度 ω 绕轴 z 转动，体内各点的速度为 $v_i=\omega r_i$，所以刚体绕定轴 z 转动的动能为

$$T=\Sigma\frac{1}{2}m_iv_i^2=\frac{1}{2}(\Sigma m_ir_i^2)\omega^2=\frac{1}{2}J_z\omega^2 \tag{17-21}$$

式中，$J_z=\Sigma m_ir_i^2$ 是刚体对于轴 z 的转动惯量。

由此可知，**刚体绕定轴转动时的动能等于刚体对于定轴的转动惯量与角速度平方乘积的一半**。

三、刚体作平面运动的动能

由运动学知，刚体作平面运动可以看作随质心一起平动与绕质心转动的合成或看作刚体绕瞬时轴（过速度瞬心并与运动平面相垂直的轴）的转动。

刚体内每一质点对瞬时轴的速度为 $v_i=r_i\omega$，r_i 为该质点到瞬时轴的距离，ω 为刚体的角速度，这样

$$T=\Sigma\frac{1}{2}m_iv_i^2=\frac{1}{2}(\Sigma m_ir_i^2)\omega^2=\frac{1}{2}J_\mathrm{p}\omega^2$$

式中，J_p 是刚体对于瞬时轴的转动惯量。

根据转动惯量的平行轴定理，有

$$J_p = J_C + mr_C^2$$

将该式代入上式得到

$$T = \frac{1}{2}(J_C + mr_C^2)\omega^2 = \frac{1}{2}J_C\omega^2 + \frac{1}{2}mv_C^2 \tag{17-22}$$

由此可知，**刚体作平面运动的动能等于其随质心的平动的动能与绕质心转动的动能之和。**

例 17-4 行星齿轮机构如图 17-11 所示，曲柄 OO_1 以角速度 ω 绕轴 O 转动，曲柄的质量为 m，长为 l，并且认为是均质细杆，由曲柄带动齿轮 1 在固定齿轮 2 上滚动。设齿轮为均质圆盘，齿轮 1 的质量为 m_1，半径为 r，摩擦不计。试求曲柄 OO_1 由静止转过 φ 角时系统的动能。

解： 分析系统中各部分的运动：曲柄 OO_1 作定轴转动，齿轮 1 作平面运动，齿轮 2 静止。分别写出各自的动能：按式（17-21）写出曲柄 OO_1 的动能为

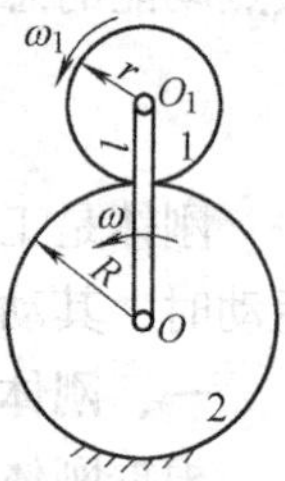

图 17-11

$$T_{OO_1} = \frac{1}{2}J_1\omega^2 = \frac{1}{2}\times\frac{1}{3}ml^2\omega^2 = \frac{1}{6}m\omega^2 l^2$$

按式（17-22）写出齿轮 1 的动能为

$$T_{O_1} = \frac{1}{2}m_1 v_{O_1}^2 + \frac{1}{2}J_{O_1}\omega_1^2$$

由运动学知 $v_{O_1} = \omega l$，又 $\omega_1 r = \omega l$，所以 $\omega_1 = \frac{l}{r}\omega$，于是得到

$$T_{O_1} = \frac{1}{2}m_1\omega^2 l^2 + \frac{1}{2}\times\frac{1}{2}m_1 r^2\left(\frac{l}{r}\omega\right)^2 = \frac{3}{4}m_1\omega^2 l^2$$

这样可以得到系统的动能为

$$T = T_{OO_1} + T_{O_1} = \left(\frac{1}{6}m + \frac{3}{4}m_1\right)\omega^2 l^2$$

例 17-5 如图 17-12 所示均质杆 OA，点 O 为球铰链，杆长为 l，质量为 m。如杆保持与铅垂线的交角为 θ，并绕轴 Oz 以匀角速度 ω 转动，求杆的动能。

解： 计算杆的动能，应用积分

$$T = \frac{1}{2}\int v^2 \mathrm{d}m$$

在杆上距 O 点 x 处取微元体 $\mathrm{d}x$，微元体的质量为 $\mathrm{d}m = \frac{m}{l}\mathrm{d}x$，微元体的速度 $v = r\omega = x\sin\theta\cdot\omega$，代入积分式得到

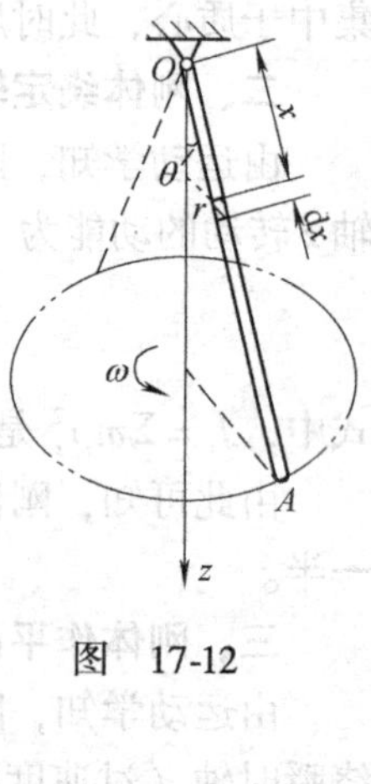

图 17-12

$$T = \frac{1}{2}\int_0^l (x\sin\theta)^2\omega^2\frac{m}{l}\mathrm{d}x = \frac{1}{6}ml^2\omega^2\sin^2\theta$$

第四节 质点的动能定理

由质点动力学基本方程知

$$m\frac{\mathrm{d}\boldsymbol{v}}{\mathrm{d}t} = \boldsymbol{F}$$

上式两边点乘 d$\boldsymbol{r}$，得到

$$m\frac{\mathrm{d}\boldsymbol{v}}{\mathrm{d}t}\cdot\mathrm{d}\boldsymbol{r}=\boldsymbol{F}\cdot\mathrm{d}\boldsymbol{r}$$

或

$$m\boldsymbol{v}\cdot\mathrm{d}\boldsymbol{v}=\boldsymbol{F}\cdot\mathrm{d}\boldsymbol{r}$$

积分之

$$\int_{v_0}^{v_1}m\boldsymbol{v}\cdot\mathrm{d}\boldsymbol{v}=\int_L\boldsymbol{F}\cdot\mathrm{d}\boldsymbol{r}$$

即

$$\frac{1}{2}m\boldsymbol{v}^2-\frac{1}{2}m\boldsymbol{v}_0^2=A_{01} \tag{17-23}$$

由上式可知，质点动能在某一路程上的改变等于作用于质点上的力在同一路程上所作的功。这就是有限形式的质点的动能定理。

此定理将作用力、质点的速度和路程三者联系起来，因此在分析与此三者有关的动力学问题时特别方便。有限形式的动能定理适于求与速度、位置有关的问题，但也可在此基础上求加速度问题。必须指出，在计算力的功时，那些不作功的力（包括主动力和约束力）会自动消去，故动能定理不能用于求不作功的力。

例 17-6 平台的质量 $m=30\text{kg}$，固连在刚性系数 $C=18\text{kN/m}$ 的弹性支承上，从静平衡位置给平台向下初速度 $v_0=5\text{m/s}$，求平台下沉的最大距离 s 及弹簧支承中承受的最大力。设平台作平动，如图 17-13a 所示。

解：视平台为质点，依题意需求路程，可应用质点的动能定理求解。

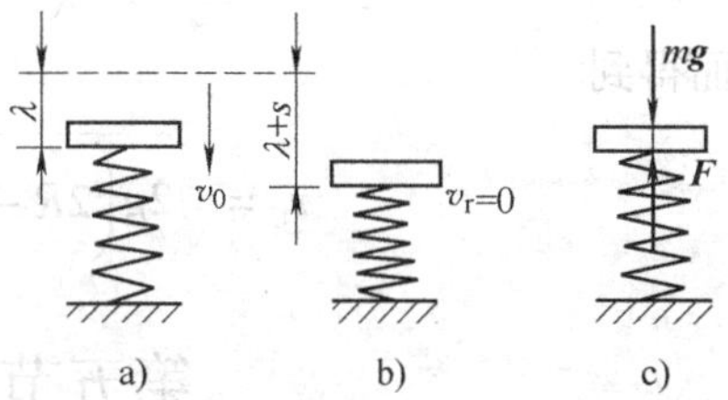

图 17-13

首先分析动能，平台的初动能 $T_0=\frac{1}{2}mv_0^2$；平台的末动能，因为平台下沉到最大位置，此时速度等于零，故 $T=0$，如图 17-13b 所示。

然后讨论作用于平台上力的功如图 17-13c 所示，重力的功为 $A_W=mgs$；弹簧力 $\boldsymbol{F}$ 的功为 $A_F=\frac{1}{2}C\left[\lambda^2-(\lambda+s)^2\right]$。于是总功为

$$A=A_W+A_F=-\frac{1}{2}Cs^2-c\lambda s+mgs$$

又因静平衡位置弹簧的静变形由下列关系得出：$mg=C\lambda$，有 $\lambda=mg/C$。将 λ 代入功的表达式，得到

$$A=-\frac{1}{2}Cs^2$$

应用有限形式的动能定理

$$T-T_0=A$$

即

$$0-\frac{1}{2}mv_0^2=-\frac{1}{2}Cs^2$$

所以

$$s=\sqrt{\frac{m}{C}}v_0=204\text{mm}$$

弹簧力的最大值

$$F_{max} = C(\lambda + s) = mg + Cs = 3.966\text{kN}$$

例 17-7 小球 A 的质量为 m，悬于弹簧的一端，并套在一位于铅垂平面的光滑圆环上，如图 17-14 所示。设弹簧原长为 l_0，刚度系数为 C，圆环的半径为 R，开始时小球离固定点 B 为 l_1（$l_1 > l_0$），初速为零。今小球由于重量沿圆环运动，求其经过最低点 C 时的速度。

解：将小球视为质点。小球的初速度为零，故 $T_0 = 0$，设小球到达最低点 C 时的速度为 v_C，此时动能为 $T = \frac{1}{2}mv_C^2$。

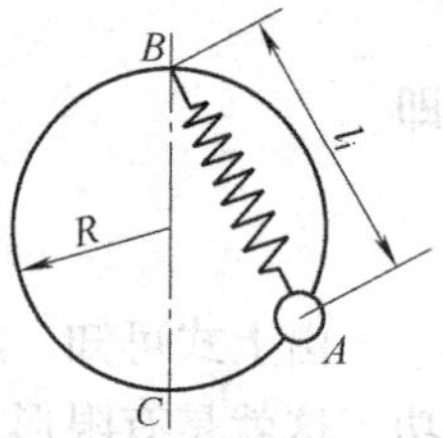

图 17-14

作用于小球上的力有重力 $\boldsymbol{W}$、弹簧力 $\boldsymbol{F}$ 与圆环的约束反力 F_N，它们的总功为

$$A = A_W + A_F + A_{F_N}$$

式中，$A_W = mgh = mg(2R - l_1\cos\theta)$，而 $\cos\theta = l_1/2R$，所以

$$A_W = mg\left(2R - \frac{l_1^2}{2R}\right);\ A_F = \frac{1}{2}C[(l_1 - l_0)^2 - (2R - l_0)^2];\ A_{F_N} = 0。$$

从而有

$$A = mg\left(2R - \frac{l_1^2}{2R}\right) + \frac{1}{2}C[(l_1 - l_0)^2 - (2R - l_0)^2]$$

根据动能定理，有

$$\frac{1}{2}mv_C^2 - 0 = mg\left(2R - \frac{l_1^2}{2R}\right) + \frac{1}{2}C[(l_1 - l_0)^2 - (2R - l_0)^2]$$

从而得到

$$v_C = \sqrt{2g\left(2R - \frac{l_1^2}{2R}\right) + \frac{C}{m}[(l_1 - l_0)^2 - (2R - l_0)^2]}$$

第五节　质点系的动能定理

设质点系由 n 个质点组成，因质点系中每一个质点满足质点动能定理，故有

$$\frac{1}{2}m_iv_i^2 - \frac{1}{2}m_iv_{i0}^2 = A_i^{(e)} + A_i^{(i)}\quad (i = 1, 2, \cdots, n)$$

式中，$A_i^{(e)}$ 和 $A_i^{(i)}$ 分别为作用于质点上的外力和内力所作的功。

将 n 个质点的动能方程相加，得到

$$\Sigma\frac{1}{2}m_iv_i^2 - \Sigma\frac{1}{2}m_iv_{i0}^2 = \Sigma A_i^{(e)} + \Sigma A_i^{(i)}$$

或写成

$$T - T_0 = \Sigma A_i^{(e)} + \Sigma A_i^{(i)} \tag{17-24}$$

由上式可知，质点系动能在某一路程上的改变等于作用于质点系上所有外力和内力在同一路程上所作的功。这就是有限形式的质点系动能定理。

一般情况下，质点系内力的功之和不等于零。例如，自行车刹车时闸块对钢圈作用的摩擦力，对自行车来说都是内力，且成对出现，但是它们作功之和不等于零，这样才能使自行车减慢乃至停止运动。只有在某些情况下，内力的功之和等于零，例如刚体，由于任意两点

间的距离保持不变，因此刚体内力的功之和等于零。满足内力的功之和等于零的条件是系统中任意两点相互作用的内力始终与两点间的相对微小位移垂直。这样，对于刚体而言，动能定理可写成

$$T - T_0 = \Sigma A_i^{(e)} \tag{17-25}$$

动能定理应用很广泛，所处理的问题比较普遍。必须指出，这里所指的外力包含作用于系统上的主动力及系统的约束反力。

必须注意，动能定理是一个标量方程，只能求解一个未知量。质点系动能的改变不仅与外力有关，而且还与内力有关。只有当物体为刚体时，才只与外力有关。

例 17-8 如图 17-15 所示机构，绞车鼓轮的半径为 r，重量为 W_1，在其轴上作用有不变力矩 M。物块重为 W_2，由绞车沿斜面提升，斜面的倾角为 θ。已知鼓轮的回转半径为 ρ，物块与斜面之间的动摩擦系数为 f'。求当鼓轮由静止转过 n 转时物块的速度 v。

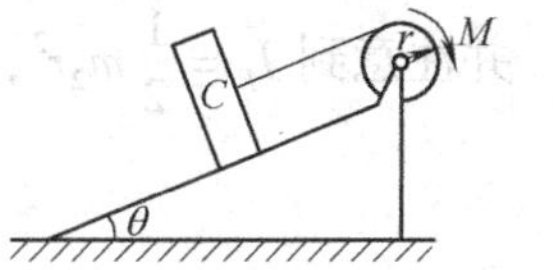

图 17-15

解：以整个系统为研究对象。先分析动能，系统在初始位置静止，故其动能 $T_0=0$；当鼓轮转过 n 转时的动能为

$$T=\frac{1}{2}J\omega^2+\frac{1}{2}\frac{W_2}{g}v^2$$

又 $J=\frac{W_1}{g}\rho^2$ 与 $\omega=\frac{v}{r}$，故系统的动能为

$$T=\frac{1}{2}\left(\frac{W_1}{g}\frac{\rho^2}{r^2}+\frac{W_2}{g}\right)v^2$$

作用于系统上的力有重力 $\boldsymbol{W}_1$，$\boldsymbol{W}_2$；力矩 $\boldsymbol{M}$；物块与斜面之间的摩擦力 $\boldsymbol{F}_f$ 及法向反力 $\boldsymbol{F}_N$，还有轴承处的约束反力等。由于重力 $\boldsymbol{W}_1$、法向反力 $\boldsymbol{F}_N$ 及轴承处的反力均不作功，只有 $\boldsymbol{W}_2$、$\boldsymbol{F}_f$，$\boldsymbol{M}$ 作功，故有

$$A=A_W+A_{F_f}+A_M=-W_2 s\sin\theta-F_f s+M\cdot 2\pi n$$

设鼓轮转过 n 转时，物块移动路程 s，且有 $s=2\pi nr$，并注意到 $F_f=f'F_N=f'W_2 s\cos\theta$，这样功的表达式可写成

$$A=2\pi n(M-W_2 r\sin\theta-f'W_2 r\cos\theta)$$

按式（17-25）$T-T_0=\Sigma A_i^{(e)}$，求得

$$v=2r\sqrt{\frac{M-W_2 r(\sin\theta+f'\cos\theta)}{W_1\rho^2+W_2 r^2}\pi ng}$$

例 17-9 如图 17-16a 所示系统，已知物块 A 的质量为 m_1，滑轮 B 与滚子 C（滚子 C 沿固定平面作纯滚动）均视为均质圆盘，半径均为 r，质量均为 m_2。设系统在开始时处于静止。试求物块 A 在下降 h 高度时的速度和加速度。绳索的质量、滚动摩阻和轴承摩擦均略去不计。

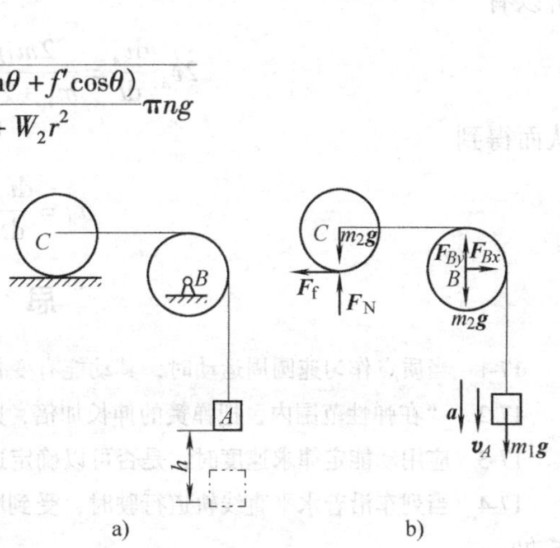

图 17-16

解：取整个系统为研究对象。物块下降时，系数的动能为

$$T=T_A+T_B+T_C$$

物块 A 视为质点，则

$$T_A=\frac{1}{2}m_1v_A^2$$

B 轮作定轴转动，则

$$T_B=\frac{1}{2}J_B\omega_B^2$$

C 滚子作平面运动，则

$$T_C=\frac{1}{2}m_2v_C^2+\frac{1}{2}J_C\omega_C^2$$

又由运动学关系

$$\omega_B=\frac{v_A}{r},\ v_C=v_A,\ \omega_C=\frac{v_C}{r}=\frac{v_A}{r}$$

并注意到 $J_B=\frac{1}{2}m_2r^2$，$J_C=\frac{1}{2}m_2r^2$，从而有

$$T=\frac{1}{2}(m_1+2m_2)v_A^2$$

由于系统开始时处于静止，故初动能 $T_0=0$。

作用于系统上的所有外力有重力 m_1g、m_2g、m_2g，摩擦力 $\boldsymbol{F}_{\mathrm{f}}$，法向反力 $\boldsymbol{F}_{\mathrm{N}}$，支座反力 $\boldsymbol{F}_{Bx}$、$\boldsymbol{F}_{By}$。但只有重力 m_1g 作功，其余的力的功均等于零，则 $A=m_1gh$，如图 17-16b 所示。

按式（17-25），$T-T_0=\Sigma A^{(e)}$，有

$$\frac{1}{2}(m_1+2m_2)v_A^2=m_1gh$$

即

$$v_A=\sqrt{\frac{2m_1gh}{m_1+2m_2}}$$

求物块 A 的加速度。将上式两端对时间求导（此时将 h 视为变量，是时间 t 的函数），所以有

$$2v_A\frac{\mathrm{d}v_A}{\mathrm{d}t}=\frac{2m_1g}{m_1+2m_2}\frac{\mathrm{d}h}{\mathrm{d}t}=\frac{2m_1g}{m_1+2m_2}v_A$$

从而得到

$$a_A=\frac{\mathrm{d}v_A}{\mathrm{d}t}=\frac{m_1g}{m_1+2m_2}$$

思 考 题

17-1　当质点作匀速圆周运动时，其动能有变化吗？为什么？

17-2　“在弹性范围内，把弹簧的伸长加倍，则拉力的功也加倍”，这一个说法对吗？为什么？

17-3　应用动能定律求速度时，是否可以确定速度的方向？

17-4　当列车沿着水平直线轨道行驶时，受到哪些力作用？哪些力作正功？哪些力作负功？哪些力不作功？

17-5　一质点在铅垂平面内作圆周运动时，当质点转过一周时，其重力功为零吗？为什么？

习 题

17-1 一弹簧自然长度 $l_0=100\text{mm}$，弹簧系数 $C=0.5\text{N/mm}$，一端固定在半径 $R=100\text{mm}$ 的圆周 O 上，另一端由图示 B 点拉至 A 点，$AC\perp BC$，OA 为直径，求弹簧恢复力所作的功。

17-2 一质量为10kg的物体在倾角30°的斜面上无初速地滑下，滑过1m后压在一弹簧上，使弹簧压缩10cm，设弹簧系数 $C=50\text{N/cm}$，求重物与斜面间的摩擦系数。

17-3 滑块 A 的质量为20kg，以弹簧与 O 点相连并套在一直的光滑杆上。设开始时，OA 在水平位置。$OA=20\text{cm}$，弹簧原长 $l_0=10\text{cm}$，弹簧系数 $C=39.2\text{N/cm}$，求当滑块 A 无初速地落下 $h=15\text{cm}$ 时的速度。

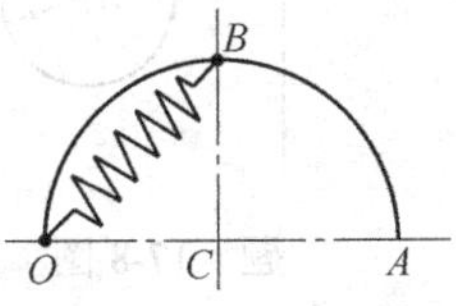

题 17-1 图

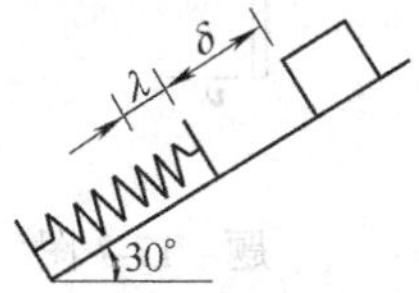

题 17-2 图

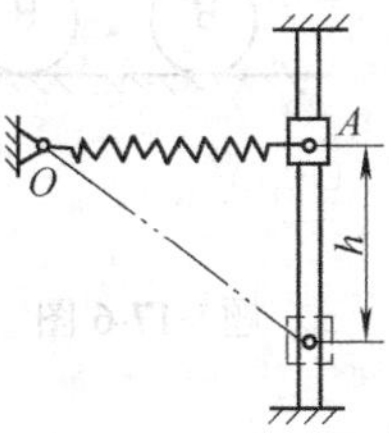

题 17-3 图

17-4 计算下列情况下各均质物体的动能：

(1) 重力为 W，杆长为 l，以角速度 ω 绕 O 轴转动（图a）；

(2) 重力为 W，半径为 r 的圆盘，以角速度 ω 绕 O 轴转动（图b）；

(3) 重力为 W，半径为 r 的圆轮在水平上作纯滚动，质心 C 的速度为 v（图c）。

17-5 物体 A 和 B 其重力为 $\boldsymbol{W}_A$ 和 $\boldsymbol{W}_B$，且 $\boldsymbol{W}_A>\boldsymbol{W}_B$，滑轮重力为 $\boldsymbol{W}$，且视为半径为 r 的均质圆盘。绳索的质量不计，求当物块 A 的速度为 $\boldsymbol{v}$ 时，整个系统的动能。

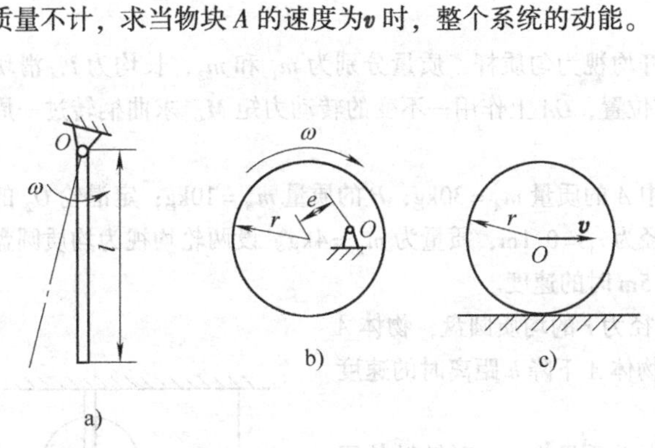

题 17-4 图

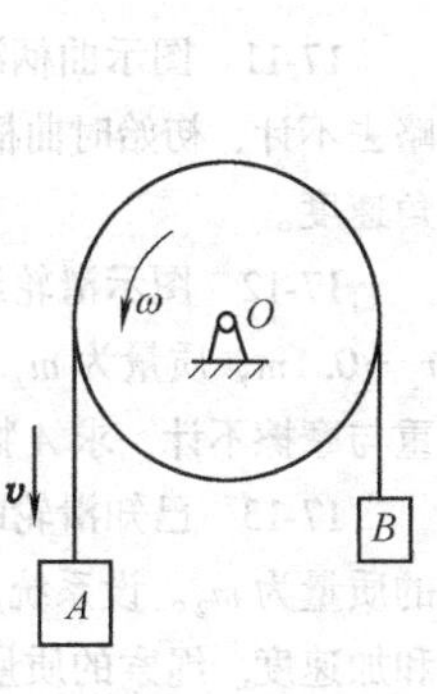

题 17-5 图

17-6 车身 A 的质量为 m_1，支承在两对相同的车轮上，每对车轮的质量为 m_2，且视作半径为 r 的均质圆盘。已知车身的速度为 v，车轮沿水平面滚动而不滑动，求整个系统的动能。

17-7 匀质杆 OA 重力为 $\boldsymbol{W}$，长 l，可以绕通过其一端 O 的水平轴无摩擦地转动。欲使杆从铅垂位置转动到水平位置，试问必须给予 A 端以多大的水平初速？

17-8 复摆由直杆与圆球刚连而成，球受重力为 $\boldsymbol{W}$，半径为 r，球心 A 与支点 O 的距离为 l，杆重不计，开始时摆与铅垂线成 θ 角，初速为零。求其经过铅垂位置时球心 A 的速度。

17-9 图示系统，圆盘受重力 $W=100\text{N}$，半径 $r=10\text{cm}$，盘心 A 与弹簧相联结，弹簧原长 $l_0=40\text{cm}$，弹簧系数 $C=20\text{N/cm}$。开始时 OA 在水平位置，$OA=30\text{cm}$，速度为零。求弹簧随圆盘在铅垂平面内沿一弧

形轨道作纯滚动至铅垂位置时，轮心的速度。此时$\overline{OA'}=35\text{cm}$，弹簧质量不计。

17-10　匀质杆 AC 和 BC 受重力 $\boldsymbol{W}$，长为 l，由于 A 端和 B 端的滑动，杆系由图示位置的铅垂面内落下。开始时无初速，求铰链 C 与地面相碰时的速度。

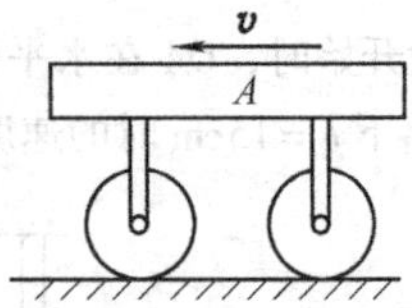

题　17-6 图

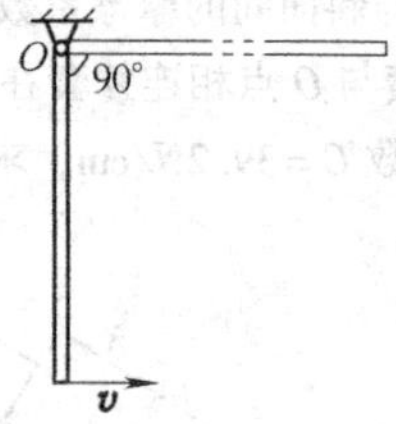

题　17-7 图

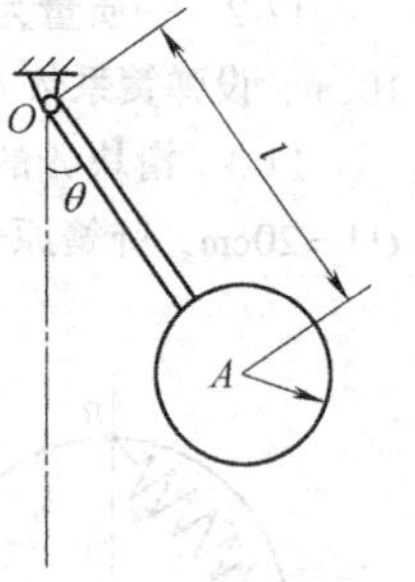

题　17-8 图

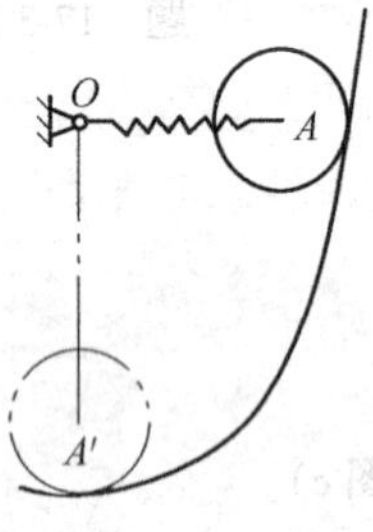

题　17-9 图

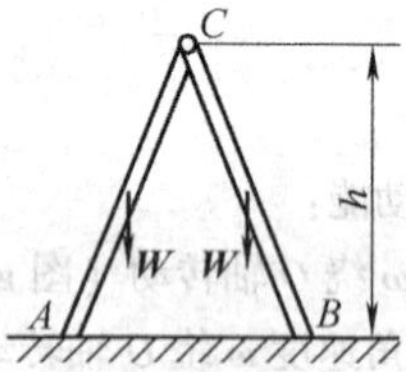

题　17-10 图

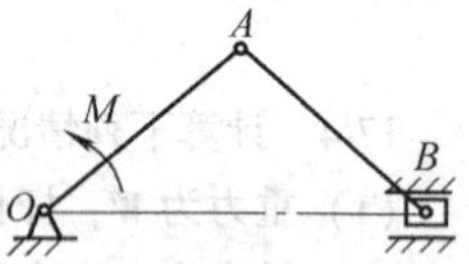

题　17-11 图

17-11　图示曲柄滑块机构中，曲柄与连杆均视为匀质杆，质量分别为 m_1 和 m_2，长均为 l，滑块质量略去不计，初始时曲柄 OA 静止处于水平向右位置，OA 上作用一不变的转动力矩 M。求曲柄转过一周时的角速度。

17-12　图示滑轮组中悬挂两个物块，其中 A 的质量 $m_A=30\text{kg}$；B 的质量 $m_B=10\text{kg}$；定滑轮 O_2 的半径 $r_2=0.1\text{m}$，质量为 $m_2=3\text{kg}$；动滑轮 O_1 的半径为 $r_1=0.1\text{m}$，质量为 $m_1=4\text{kg}$。设两轮均视为均质圆盘，绳重与摩擦不计，求 A 物由静止下降距离 $h=0.5\text{m}$ 时的速度。

17-13　已知滑轮的质量为 m_1，可视作半径为 r 的均质圆盘，物体 A 的质量为 m_2。设系统从静止开始运动，试求物体 A 下降 h 距离时的速度和加速度。绳索的质量和轴承中的摩擦不计。

17-14　图示机构，两个鼓轮固连在一起，总质量为 m，对转轴的回转半径为 ρ，在半径为 R 的鼓轮上用钢绳牵引质量为 m_B 的小车 B 沿斜面运动，在半径为 r 的鼓轮上在钢绳悬挂质量为 m_1 的平衡锤 A，斜面与水平面的倾角为 θ。已知在鼓轮上作用着转矩 M，求小车向上运动的加速度。绳的质量和摩擦不计。

17-15　在制动装置中，已知飞轮具有质量 $m=20\text{kg}$，可视为半径 $r=10\text{cm}$ 的均质圆盘，转速 $n=1\,000\text{r/min}$，细杆长 $l=50\text{cm}$，距离 $b=10\text{cm}$，闸瓦与飞轮间的滑动摩擦系数 $f'=0.6$，欲使开始制动后飞轮转过 100 转后停止，试求在水平手柄上作用的垂直力 F 的大小。闸瓦的厚度和轴承的摩擦不计。

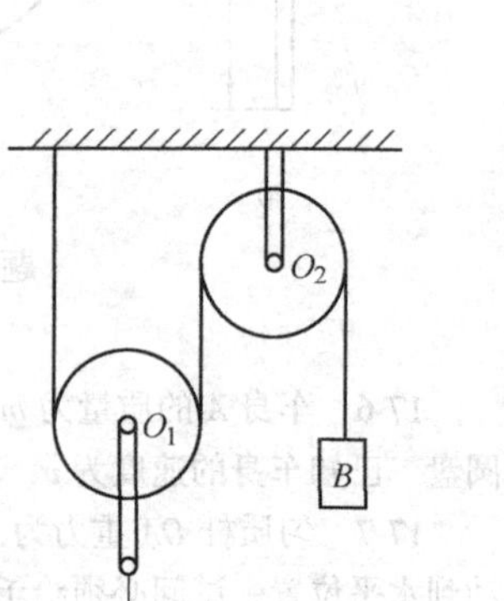

题　17-12 图

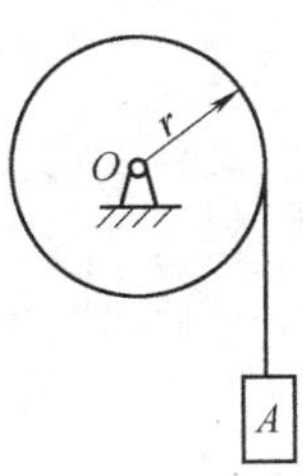

题 17-13 图

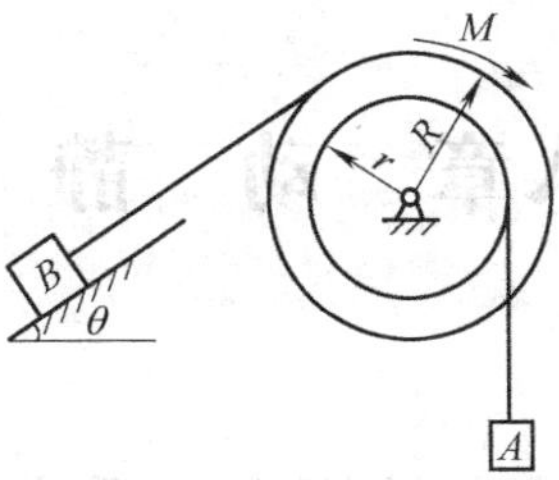

题 17-14 图

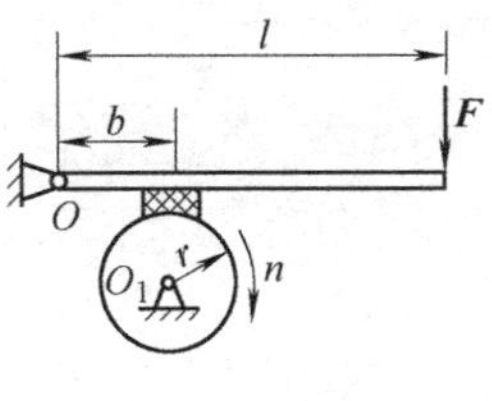

题 17-15 图

17-16 等长等重的三根匀质杆用光滑铰链连接，在铅垂平面内摆动。求自图示位置无初速时运动到平衡位置时，AB 杆中点 C 的速度。设 $l=1\text{m}$。

17-17 轴 AB 和 CD 通过一摩擦盘 G 和轮 H 相联系，摩擦盘和 AB 轴的转动惯量 $J_{AB}=0.36\text{kg}\cdot\text{m}^2$，轮子和 CD 轴的转动惯量 $J_{CD}=0.216\text{kg}\cdot\text{m}^2$。系统开始时处于静止状态，$AB$ 轴上作用一不变力矩 $M=15$ N·m。设当 $x=37.5\text{mm}$ 时，AB 轴转过 20 转，求此时各轴的角速度。设盘与轮之间无滑动。

17-18 图示系统中，轮 B 的质量 $m_B=4.5\text{kg}$，其对中心的回转半径 $\rho=0.2\text{m}$，物块 A、C 的质量均为 $m=9\text{kg}$，C 块与水平面之间的摩擦系数 $f=0.3$，$R=0.3\text{m}$，$r=0.15\text{m}$。试求系统释放 2s 后，物块 A 的速度（设轮与绳与无相对滑动）。

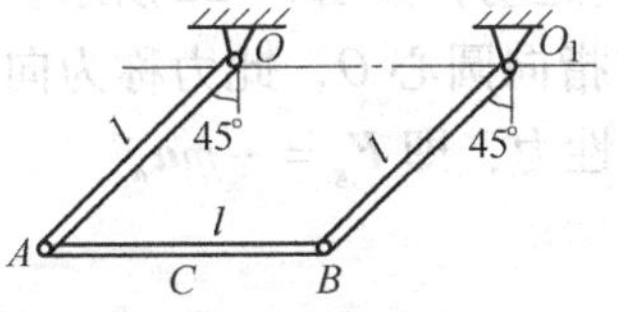

题 17-16 图

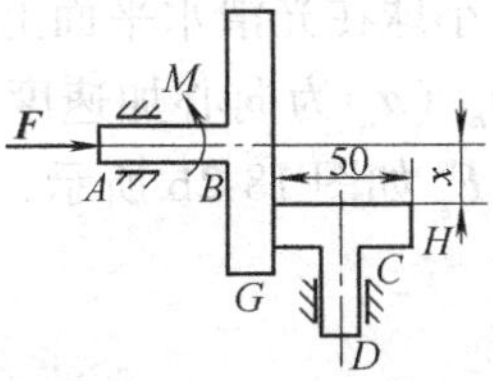

题 17-17 图

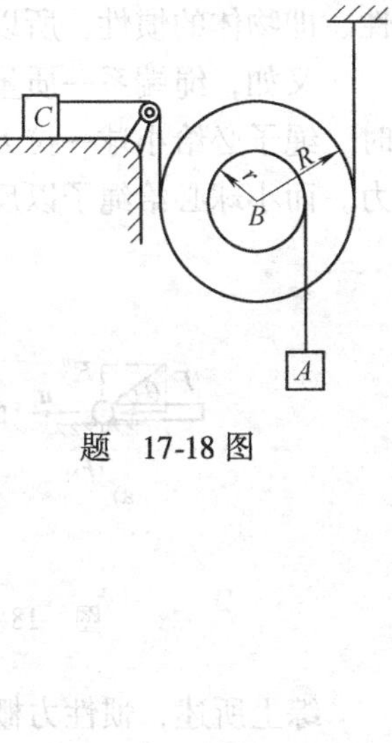

题 17-18 图

第十八章　动　静　法

第一节　惯性力的概念　质点的动静法

动静法是解决非自由质点系动力学的一种普遍方法，它在工程技术中得到广泛的应用。动静法的实质是通过施加虚拟的惯性力，将动力学问题形式上化为静力学问题，从而运用静力学方法解决动力学问题，这个方法称为动态静力学方法，简称动静法。方法的根据是达朗贝尔原理。在应用该方法时，需要正确理解惯性力的性质及惯性力的表达式。因此先讨论惯性力的概念。

一、惯性力的概念

以图 18-1a 所示打台球为例，质量为 m 的台球在球杆的力 $\boldsymbol{F}$ 作用下作直线加速运动，这时将力 $\boldsymbol{F}$ 分解成两个分力 $\boldsymbol{F}=\boldsymbol{F}'+\boldsymbol{F}''$。其中 $\boldsymbol{F}''$与约束反力 $\boldsymbol{F}_N$ 平衡，另一个力 $\boldsymbol{F}'$产生加速度 $\boldsymbol{a}$，在力学中将 $-m\boldsymbol{a}=\boldsymbol{F}_g$ 称为惯性力。

如图 18-1b 所示，产生这个反作用力的实质是由于物体具有保持原有运动状态不变的属性、即物体的惯性，所以称 $\boldsymbol{F}_g$ 为台球的惯性力。

又如，绳端系一质量为 m 的小球在光滑水平面上作匀速圆周运动，如图 18-2a 所示。这时，绳子必给小球一拉力 $\boldsymbol{F}=m\boldsymbol{a}_n$（$\boldsymbol{a}_n$ 为向心加速度），其方向指向圆心 O，此力称为向心力。而小球必给绳子以反作用力 $\boldsymbol{F}_g$ 如图 18-2b 所示，$\boldsymbol{F}_g$ 就是惯性力，即 $\boldsymbol{F}_g=-m\boldsymbol{a}_n$

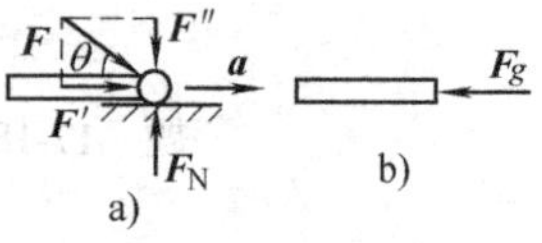

图　18-1

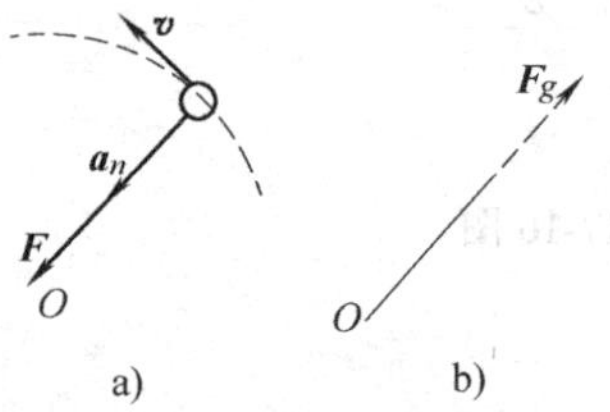

图　18-2

综上所述，惯性力概念可归纳如下：当物体受到其它的物体作用而引起运动状态变化时，此物体必给施力物体以反作用力。这种由于惯性而表现出来的反作用力，称为物体的惯性力。惯性力 $\boldsymbol{F}_g$ 的大小等于运动物体质量与加速度的乘积，方向与加速度方向相反。即

$$\boldsymbol{F}_g=-m\boldsymbol{a} \tag{18-1}$$

上两例中的 $\boldsymbol{F}_g$ 就是惯性力。

应当指出，惯性力是客观存在的，且惯性力是作用在施力的物体上，而不是作用在运动物体本身。

惯性力在有些工程技术中是十分重要的，特别是高速转动物体。例如，细纱机的钢丝圈的惯性力可达到本身重量的 6 900 倍。

式（18-1）在直角坐标系下的表达式为

$$\left.\begin{aligned} F_{gx} &= -ma_x \\ F_{gy} &= -ma_y \\ F_{gz} &= -ma_z \end{aligned}\right\} \tag{18-2}$$

式（18-1）在自然坐标系（平面情况）下的表达式为

$$\left.\begin{aligned} F_{g\tau} &= -ma_\tau \\ F_{gn} &= -ma_n \end{aligned}\right\} \tag{18-3}$$

二、质点的动静法

设有一质量为 m 的非自由质点，其上作用主动力 $\boldsymbol{F}$ 和约束反力 $\boldsymbol{F}_{\mathrm{N}}$，合力为 $\boldsymbol{F}_{\mathrm{R}}$，如图18-3a 所示。质点在合力 $\boldsymbol{F}_{\mathrm{R}}$ 作用下作加速运动。根据动力学基本定律有

$$\boldsymbol{F}+\boldsymbol{F}_{\mathrm{N}}=m\boldsymbol{a} \tag{18-4}$$

将式（18-4）两边加上惯性力 $\boldsymbol{F}_g=-m\boldsymbol{a}$ 进行形式上的变换得到

$$\boldsymbol{F}+\boldsymbol{F}_{\mathrm{N}}+\boldsymbol{F}_g=m\boldsymbol{a}+\boldsymbol{F}_g=m\boldsymbol{a}+(-m\boldsymbol{a})=0 \tag{18-5}$$

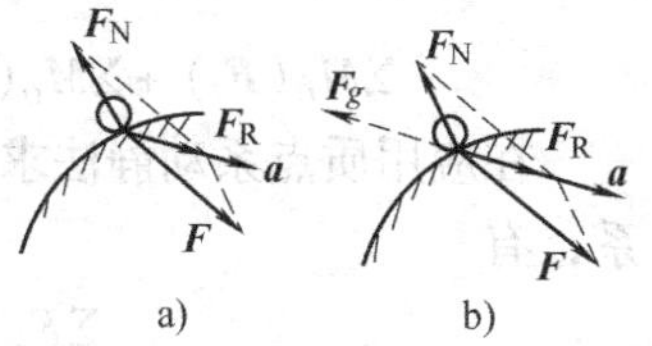

图 18-3

由此可见，此式与静力学中的平衡方程形式上完全相似，于是可以得出结论：**在非自由质点运动的每一瞬时，作用于质点上的主动力 $\boldsymbol{F}$、约束反力 $\boldsymbol{F}_{\mathrm{N}}$ 与虚加于质点上的惯性力 $\boldsymbol{F}_g$ 组成平衡力系。**如图 18-3b 所示，这就是质点的动静法。动静法是通过在质点上虚加一惯性力后，使原有动力学的运动微分方程形式上化成静力平衡方程，即将动力学问题形式上化为静力学问题，从而可以利用由此而产生的一切形式上的方便。

必须指出，惯性力 $\boldsymbol{F}_g$ 是虚拟地加于质点上，而不是质点实际所受的作用力。

例 18-1 当列车以匀加速度 $\boldsymbol{a}$ 作水平直线运动时，单摆偏斜 θ 角。试求列车的加速度 $\boldsymbol{a}$ 及悬线张力 $\boldsymbol{F}_{\mathrm{T}}$。如图 18-4a 所示。

解：取摆锤 M 为研究对象。

设摆锤质量为 m，作用在摆锤上的力有重力 $\boldsymbol{W}=m\boldsymbol{g}$，悬线张力 $\boldsymbol{F}_{\mathrm{T}}$。应用动静法，必须在摆锤上虚拟地加上惯性力 $\boldsymbol{F}_g$，而 $\boldsymbol{F}_g=-m\boldsymbol{a}$。画受力图，如图 18-4b 所示。

根据动静法列平衡方程

$$\left.\begin{aligned} \Sigma \boldsymbol{F}_x=0 \qquad & F_{\mathrm{T}}\sin\theta-ma=0 \\ \Sigma \boldsymbol{F}_y=0 \qquad & F_{\mathrm{T}}\cos\theta-mg=0 \end{aligned}\right\}$$

从以上两式解得

$$\left.\begin{aligned} F_{\mathrm{T}} &= mg/\cos\theta \\ a &= g\tan\theta \end{aligned}\right\}$$

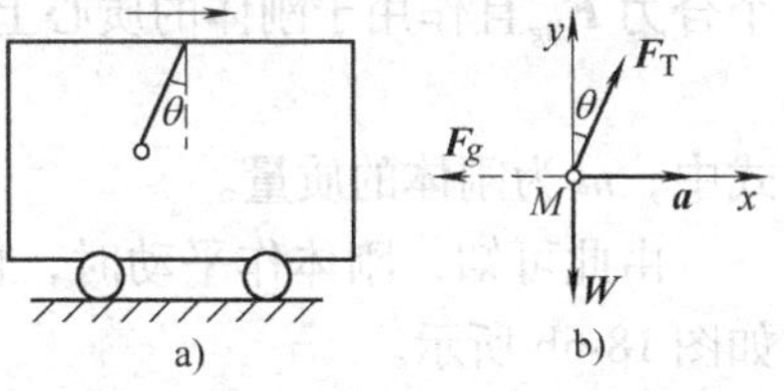

图 18-4

偏角 θ 可以由测量得到，因此可以通过小车上的单摆的偏角大小测出小车的加速度。

第二节 质点系的动静法 刚体惯性力系的简化

一、质点系的动静法

设质点系由 n 个质点组成，如图 18-5 所示。质点系中任一质点 M_i 的质量为 m_i，加速度

为 $\boldsymbol{a}_i$，作用于该质点 M_i 上的主动力为 $\boldsymbol{F}_i$，约束反力 $\boldsymbol{F}_{Ni}$，惯性力为 $\boldsymbol{F}_{gi}=-m_i\boldsymbol{a}_i$。应用质点动静法有

$$\boldsymbol{F}_i+\boldsymbol{F}_{Ni}+\boldsymbol{F}_{gi}=0\ (i=1,2,\cdots,n) \tag{18-6}$$

将 n 个质点的这种形式方程加起来，组成一个任意力系仍是一个形式上的平衡力系。于是就得到质点系的动静法：**在非自由质点系运动的任一瞬时，作用于质点系上的主动力系、约束反力系和虚拟的加于质点系的惯性力系组成一平衡力系**。根据静力学中平衡条件：力系的主矢和主矩都等于零，于是可将质点系动静法写成下列形式

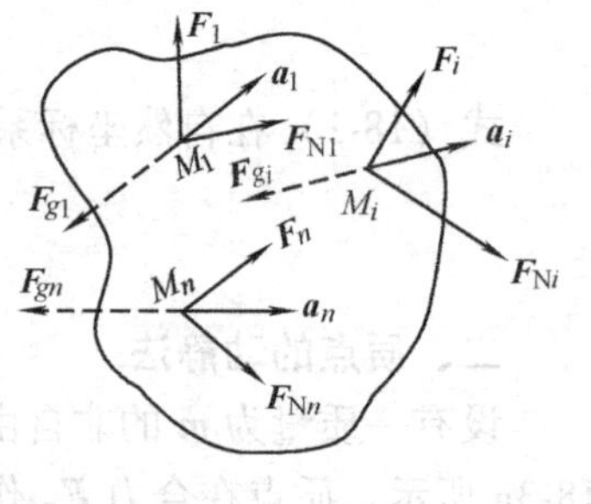

图 18-5

$$\left.\begin{aligned}&\Sigma\boldsymbol{F}_i+\Sigma\boldsymbol{F}_{Ni}+\Sigma\boldsymbol{F}_{gi}=0\\&\Sigma M_O(\boldsymbol{F}_i)+\Sigma M_O(\boldsymbol{F}_{Ni})+\Sigma M_O(\boldsymbol{F}_{gi})=0\end{aligned}\right\} \tag{18-7}$$

在应用质点系动静法求解动力学的问题时，可取投影形式的平衡方程。对于平面任意力系，有

$$\left.\begin{aligned}&\Sigma F_x+\Sigma F_{Nx}+\Sigma F_{gx}=0\\&\Sigma F_y+\Sigma F_{Ny}+\Sigma F_{gy}=0\\&\Sigma M_O\ (\boldsymbol{F}_i)\ +\Sigma M_O\ (\boldsymbol{F}_{Ni})\ +\Sigma M_O\ (\boldsymbol{F}_{gi})\ =0\end{aligned}\right\} \tag{18-8}$$

必须指出，应用该方程时，在确定研究对象后要正确分析系统上的主动力、约束反力。惯性力则要根据系统中每一个质点的加速度来决定。

二、刚体惯性力系的简化

质点系中 n 个质点的惯性力组成一惯性力系，将该力系简化是非常必要的，刚体是特殊的质点系。现就刚体作平动、定轴转动和平面运动的三种情况下讨论惯性力系的简化结果。

（一）刚体作平动

刚体作平动时其上各点的加速度都是相同的，各点的惯性力组成一个同向平行力系，如图 18-6a 所示。任一质点 M_i 的惯性力 $\boldsymbol{F}_{gi}=-m_i\boldsymbol{a}_i$，刚体平动时每点的加速度均与质心加速度相等，即 $\boldsymbol{F}_{gi}=-m_i\boldsymbol{a}_i=-m_i\boldsymbol{a}_C$。由平行力系合成结果可知，这个惯性力系可以合成为一个合力 $\boldsymbol{F}_{Rg}$ 且作用于刚体的质心上，大小为 $F_{Rg}=\Sigma m_i a_C=ma_C$，方向与 $\boldsymbol{a}_C$ 方向相反。即

$$\boldsymbol{F}_{Rg}=-m\boldsymbol{a}_C \tag{18-9}$$

式中，m 为刚体的质量。

由此可知，刚体作平动时，惯性力系简化为通过质心 C 的惯性力的合力 $\boldsymbol{F}_{Rg}=-M\boldsymbol{a}_C$，如图 18-6b 所示。

（二）刚体作定轴转动

工程中大多数的转动物体具有与转轴垂直的质量对称平面，例如圆轴、齿轮、圆盘等。如果用一个垂直于转轴的横截面截取刚体，在与截面垂直的直线上任取一个质点 A_i，刚体上必有与 A_i 相对称的质点 A'_i 存在，则此横截面就是刚体的质量对称面。如图 18-7a 所示。因而具有对称面的转动刚体的惯性力能够集中到对称平面内，成为平面力系。

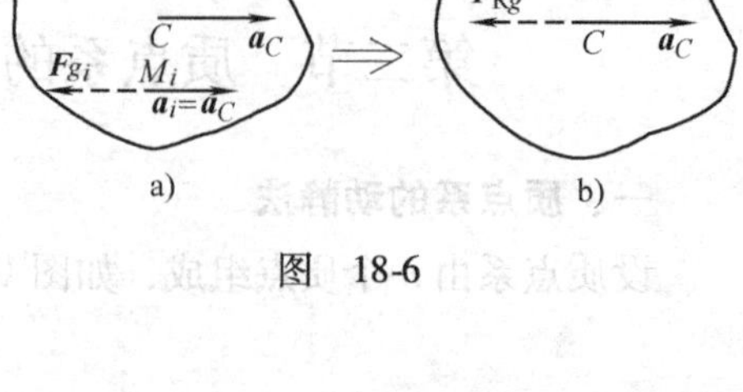

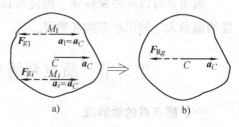

图 18-6

将该平面力系向对称平面与转轴的交点 O 简化。质点 M_i 的惯性力为 $\boldsymbol{F}_{gi}=-m_i\boldsymbol{a}_i$，又 $\boldsymbol{a}_i=\boldsymbol{a}_{i\tau}+\boldsymbol{a}_{in}$，则有 $\boldsymbol{F}_{gi}^{(\tau)}=-m_i\boldsymbol{a}_{i\tau}$，$\boldsymbol{F}_{gi}^{(n)}=-m_i\boldsymbol{a}_{in}$，如图 18-7b 所示。

先求惯性力系的主矢：

$$\boldsymbol{F}_{\mathrm{R}g}=\Sigma\boldsymbol{F}_{gi}=-\Sigma m_i\boldsymbol{a}_i=-m\boldsymbol{a}_C{}^{\ominus}$$

再求惯性力系的主矩：

$$\begin{aligned}M_{Og}&=\Sigma M_O(\boldsymbol{F}_{gi})=\Sigma M_O(\boldsymbol{F}_{gi}^{(\tau)})+\Sigma M_O(\boldsymbol{F}_{gi}^{(n)})\\&=-\Sigma(m_ir_i\alpha)\boldsymbol{r}_i=-(\Sigma m_ir_i^2)\alpha\\&=-J_O\varepsilon\end{aligned}$$

上式说明，由于法向惯性力的作用线与转轴相交，故其对轴的矩为零，只有切向惯性力对转轴有力矩，其大小为刚体对轴的转动惯量与角加速度的乘积，转向与角加速度的转向相反。

综上所述，刚体定轴转动时，惯性力系可以简化成为通过对称面与转轴的交点 O 的一个力 $\boldsymbol{F}_{\mathrm{R}g}$，$\boldsymbol{F}_{\mathrm{R}g}=-M\boldsymbol{a}_C$；以及一个力偶，该力偶矩为 $M_{Og}=-J_O\alpha$，如图 18-7c 所示。即

$$\left.\begin{aligned}\boldsymbol{F}_{\mathrm{R}g}&=-m\boldsymbol{a}_C\\M_{Og}&=-J_O\alpha\end{aligned}\right\}\qquad(18\text{-}10)$$

当刚体绕质心转动时，如图 18-8a 所示。

即 $\qquad F_{\mathrm{R}g}=0\qquad M_{Og}=-J_O\alpha$

当刚体作匀速转动时惯性力的作用线过轴线。其大小为 $F_{\mathrm{R}g}=me\omega^2$，该力偶矩为零。如图 18-8b 所示。

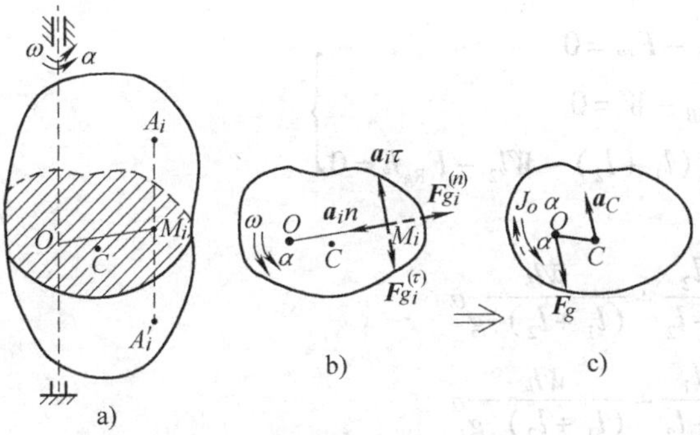

图 18-7

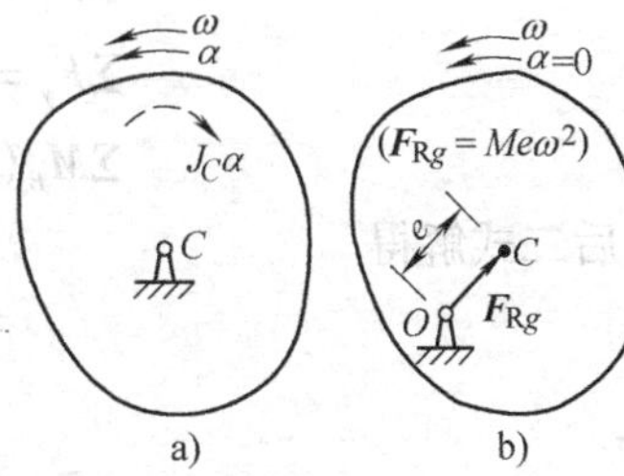

图 18-8

（三）刚体作平面运动

我们仍限于讨论具有质量对称平面的刚体平面运动问题。由运动学知道，刚体平面运动可以分解为随质心 C 的平动和绕质心 C 的转动。现将惯性力系向质心 C 简化。简化结果可以得到一个通过质心 C 的惯性力的合力 $\boldsymbol{F}_{\mathrm{R}g}=-m\boldsymbol{a}_C$ 和绕质心转动的惯性力偶，其力偶矩 $M_{Cg}=-J_C\alpha$。如图 18-9 所示。即

$$\left.\begin{aligned}\boldsymbol{F}_{\mathrm{R}g}&=-m\boldsymbol{a}_C\\M_{Cg}&=-J_C\alpha\end{aligned}\right\}\qquad(18\text{-}11)$$

⊖ 将质心公式 $r_C=\dfrac{\Sigma m_ir_i}{m}$ 对时间求二次导数，即得 $a_C=\dfrac{\Sigma m_ia_i}{m}$。

由以上分析可知，刚体运动形式不同，惯性力系简化的结果也不同。所以在应用动静法解决动力学问题时，必须先分析刚体的运动形式，然后求得惯性力系的简化结果，从而建立主动力系、约束反力系及惯性力系的平衡关系。

例 18-2 汽车和货物共受重力 $\boldsymbol{W}$，重心 C 与前后轮的距离以及高度如图 18-10 所示。汽车制动时的减加速度为 $\boldsymbol{a}$，求前后轮受到的法向反力。

解：取汽车与货物的整体为研究对象，其上受重力 $\boldsymbol{W}$，约束反力 $\boldsymbol{F}_{NA}$、$\boldsymbol{F}_{NB}$，滑动摩擦力 $\boldsymbol{F}_{fA}$、$\boldsymbol{F}_{fB}$。应用动静法还需施加虚拟的惯性力。由于整体运动视为平动，则惯性力为作用于质心的合力 F_{Rg}，其大小等于$\dfrac{W}{g}a$，方向与 $\boldsymbol{a}$ 相反。受力图如图所示。

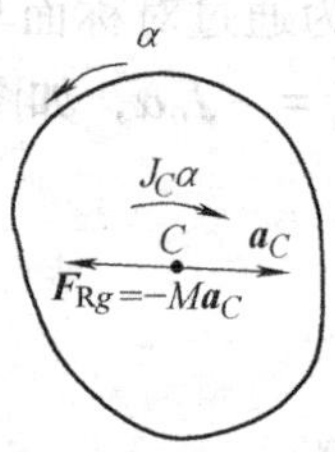

图 18-9

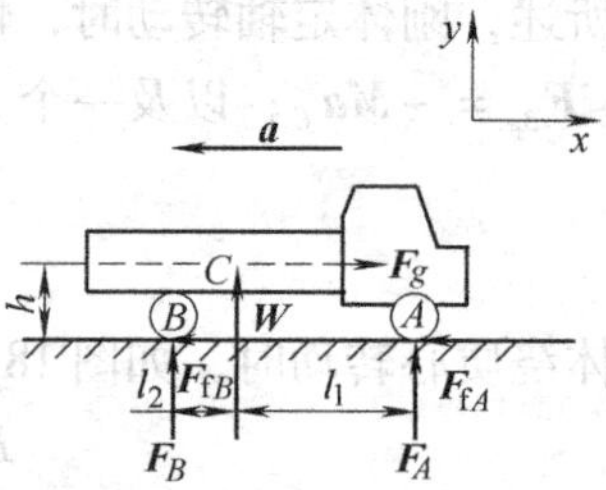

图 18-10

根据动静法，列平衡方程：

$$\left.\begin{aligned}&\Sigma F_x=0\quad F_{Rg}-F_{fA}-F_{fB}=0\\&\Sigma F_y=0\quad F_{NA}+F_{NB}-W=0\\&\Sigma M_B(\boldsymbol{F})=0\quad F_{NA}(l_1+l_2)-Wl_2-F_{Rg}h=0\end{aligned}\right\}$$

由后二式解得

$$F_{NA}=\frac{Wl_2}{l_1+l_2}+\frac{Wh}{(l_1+l_2)\ g}a$$

$$F_{NB}=\frac{Wl_1}{l_1+l_2}-\frac{Wh}{(l_1+l_2)\ g}a$$

由以上结果可以看出，轮子的反向力包括两部分，一部分是由作用于物体上的静载荷（本题为重力）所引起的反力，即等式右边的第一项，称为静反力；另一部分是由汽车减速运动时惯性力所引起的反力，即等式右边的第二项，称附加动反力。所以减速时轮子受到的法向反力称为动反力。

例 18-3 重力为 $W=100\text{N}$、半径 $R=19.6\text{cm}$ 的均质圆盘绕垂直于盘面的水平轴 O 摆动。如图 18-11a 所示。圆盘半径 OC 处于图示水平位置为起始位置，设由静止开始转动。求初瞬时轴承 O 处的动反力及圆盘的角加速度。

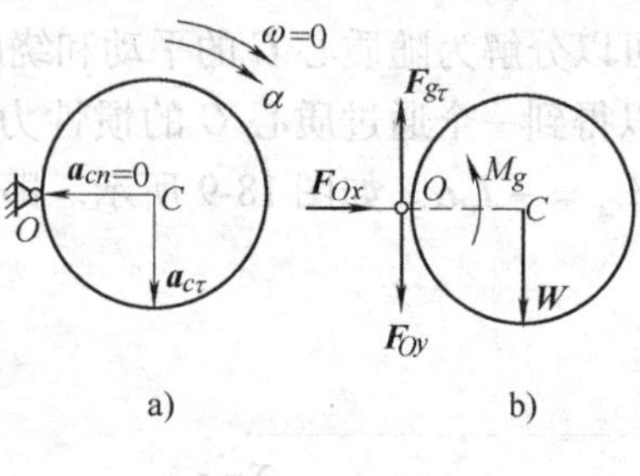

图 18-11

解：取圆盘为研究对象，其上受有主动力（重力）$\boldsymbol{W}$，约束反力 $\boldsymbol{F}_{Ox}$，$\boldsymbol{F}_{Oy}$。应用动静法，需施加虚拟的惯性力。圆盘作定轴转动时，惯性力系可简化为一个通过

轴心 O 的惯性力 $F_{g\tau}$。$F_{g\tau}=-\dfrac{W}{g}a_\tau=-\dfrac{W}{g}R\alpha$（因为初始时静止，故 $\omega=0$，以致 $a_n=0$，只有切向惯性力）以及一个惯性力偶，其力偶矩 $M_g=-J_O\alpha$。受力图如图 18-11b 所示。

根据动静法，列平衡方程

$$\Sigma M_O(\boldsymbol{F})=0\qquad M_g-WR=0$$

即

$$J_O\alpha-WR=0$$

求得

$$\alpha=\frac{WR}{I_O}=\frac{WR}{\dfrac{3}{2}\dfrac{W}{g}R^2}=\frac{2}{3R}g=33.3\text{rad/s}^2$$

$$\Sigma F_x=0\qquad F_{Ox}=0$$

$$\Sigma F_y=0\qquad F_{Oy}+F_{g\tau}-W=0$$

求得
$$F_{Oy}=W-\frac{W}{g}a_\tau=W\left(1-\frac{R}{g}\alpha\right)=\frac{1}{3}W=\frac{100}{3}\text{N}=33.3\text{N}$$

例 18-4 用动静法求解例 17-9，试求：(1) 物块 A 的加速度；(2) 两段绳子的张力 F_{TA} 与 F_{TC}。

解： 分别取重物 A，滑轮 B 与滚子 C 为研究对象，如图 18-12 所示。

对上述研究对象分析其运动特征，然后加上惯性力，在重物 A 上加上惯性力 $\boldsymbol{F}_{g1}=-m_1a_A$，在滑轮 B 上加惯性力偶，其矩为 $M_{gB}=J_B\alpha_B$，在滚子 C 上加惯性力 $\boldsymbol{F}_{gC}=-m_2a_C$ 和惯性力偶，其矩为 $M_{gC}=J_C\alpha_C$。受力图如图 18-12a，b，c 所示。

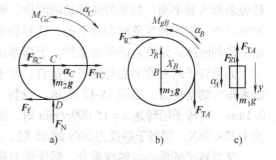

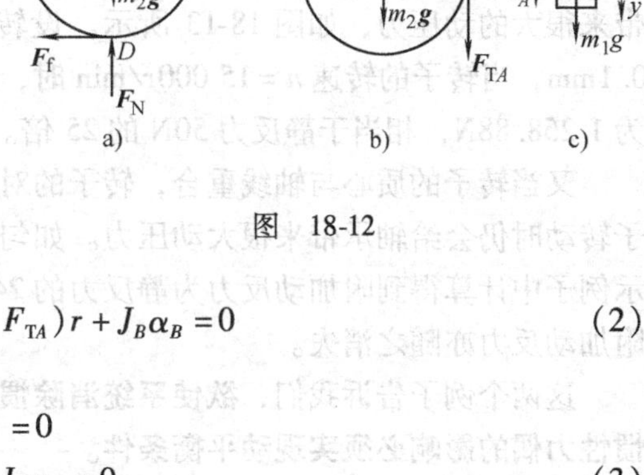

图 18-12

根据动静法，分别列出平衡方程。

对重物 A，有

$$\Sigma Y=0,\quad -m_1a_A+m_1g-F_{TA}=0\qquad(1)$$

对滑轮 B，有

$$\Sigma m_B(\boldsymbol{F})=0,\ (F_{TC}-F_{TA})r+J_B\alpha_B=0\qquad(2)$$

对滚子 C，有

$$\Sigma m_D(\boldsymbol{F})=0$$

$$F_{gC}r-F_{TC}r+J_C\alpha_C=0\qquad(3)$$

由运动学关系知

$$\alpha_B=\frac{a_A}{r},\ a_C=a_A,\ \alpha_C=\frac{a_C}{r}=\frac{a_A}{r}$$

并注意到
$$J_B=\frac{1}{2}m_2r^2,\ J_C=\frac{1}{2}m_2r^2$$

联立式 (1)、(2)、(3)，解得重物 A 的加速度

$$a_A=\frac{m_1g}{m_1+2m_2}$$

与例 17-9 所得的结果相同。

将 a_A 代入式（1），得

$$F_{TA}=\frac{2m_1m_2g}{m_1+m_2}$$

将 a_A 代入式（3），得

$$F_{TC}=\frac{3m_1m_2g}{2(m_1+m_2)}$$

从本例求解中可知，用动力学基本定理或动静法均可求解动力学问题，对于具有约束系统的动力学问题，用动静法求解约束力，则更方便些。

第三节　静平衡与动平衡的概念

工程机械中许多机件是作高速旋转运动，如电动机转子、汽轮机转子、纺纱机的锭子等。纺纱机的锭子转速可达 10 000r/min 以上，这样高的转速会产生很大的惯性力，对轴承产生很大的附加动压力，同时轴承给转轴以同样大小的附加动反力。结果是使机器发生强烈振动，导致机器破坏而发生重大事故。因此减小或消除定轴转动刚体的附加动反力就成为十分重要的问题。

如果只受重力作用的转动刚体，可以在任意位置静止不动，即转轴过刚体的质心，则这种现象称为静平衡。如果匀速转动的刚体，惯性力的主矢和主矩都等于零，即不出现轴承附加动反力，则这种现象称为动平衡。达到静平衡的转动刚体，不一定能达到动平衡，但达到动平衡的刚体一定满足静平衡条件。下面举例证明。

如果转子的对称平面与轴线相垂直，转子的质心与轴线不重合，则转子转动时会给轴承带来很大的动压力，如图 18-13 所示。设转子重为 100N，转子的质心与轴线的偏心矩 $e=0.1\text{mm}$，当转子的转速 $n=15\ 000\text{r/min}$ 时，重心处于图示最低位置，可以计算到轴承动压力为 1 258.88N，相当于静反力 50N 的 25 倍。当 $e=0$ 时，则附加动反力为零。

又当转子的质心与轴线重合，转子的对称面与轴线不垂直时（如图 18-14 所示），则转子转动时仍会给轴承带来很大动压力。如匀质细杆重 150N，转速仅为 $n=3\ 000\text{r/min}$，在图示例子中计算得到附加动反力为静反力的 240 多倍。当转子的对称平面与轴线相垂直时，则附加动反力亦随之消失。

这两个例子告诉我们，**欲使系统消除惯性力的影响必须实现静平衡条件，欲使系统消除惯性力偶的影响必须实现动平衡条件。**

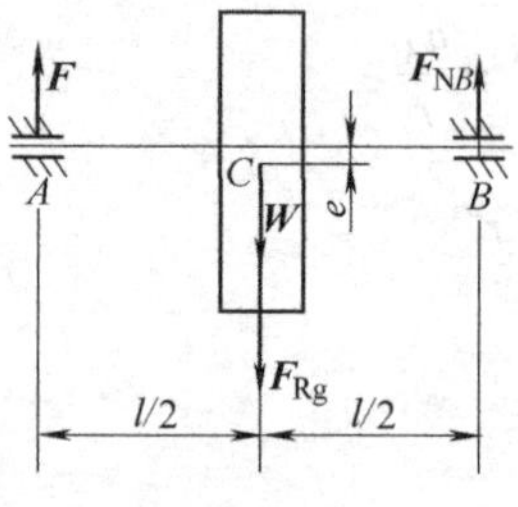

图　18-13

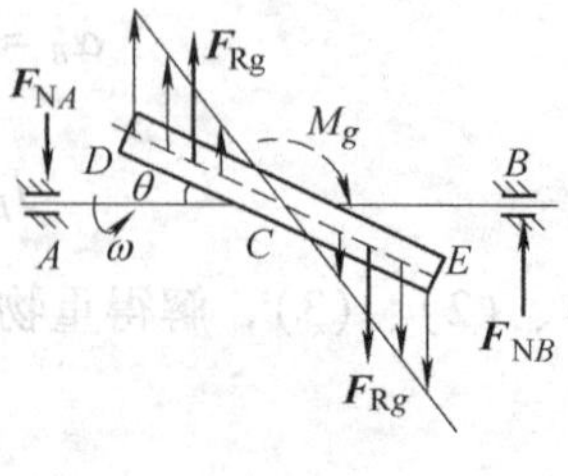

图　18-14

思 考 题

18-1 何谓惯性力？惯性力有什么特点？

18-2 是否运动物体都有惯性力？为什么？

18-3 质点作匀速直线运动时，有无惯性力？质点作匀速圆周运动时，有无惯性力？

18-4 当刚体作平动、转动和平面运动时，它们的惯性力系简化的结果怎样？

18-5 何谓静平衡？何谓动平衡？两者之间有什么区别？

习 题

18-1 物块 A 和 B 沿倾角 $\theta=30°$ 的斜面滑下，设物块的重力分别为 $W_A=100\text{N}$ 和 $W_B=200\text{N}$，物块与斜面间的动摩擦系数分别为 $f'_A=0.15$，和 $f'_B=0.30$，求物块运动时相互间的压力。

18-2 重力为 W 的小方块 A，放在小车的斜面上，斜面的倾角为 θ，小方块与斜面间摩擦角为 φ，如小车开始向左作加速度运动，试求小车的加速度为何值时，小方块 A 不致沿斜面滑动。

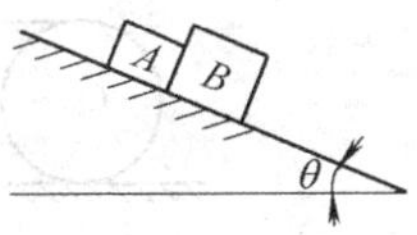

题 18-1 图

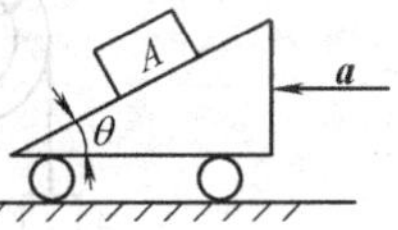

题 18-2 图

18-3 沿水平直线轨道运动的小车受重力 W，其重心 C 和拉力 F_T 的距离为 e，和轨面的距离为 h，和两轮中心到过重心垂线的距离分别为 a 与 b，设车轮与轨道间的总摩擦力为 $F_f=fW$。求两轮的约束反力及小车的加速度。

18-4 滑动门的质量为60kg，C 为质心，门上的滑靴 A 和 B 可以沿固定水平梁滑动，若动摩擦系数 $f'=0.25$，欲使门具有加速度 $a=490\text{mm/s}^2$，求水平作用力 F 的值以及作用在滑靴 A 和 B 上的法向反力。

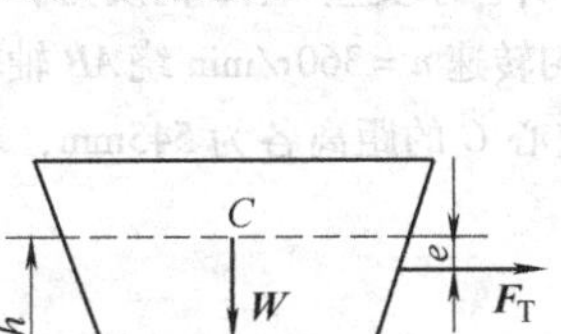

题 18-3 图

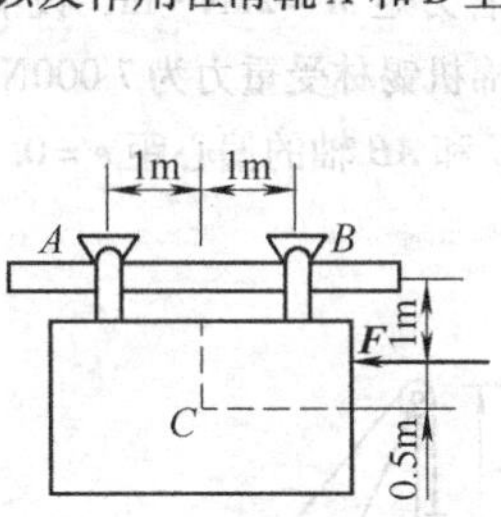

题 18-4 图

18-5 正方形的均质板受重力400N，由三根绳拉住如图所示。板的边长 $b=100\text{mm}$。求：(1) 当 FG 绳被剪断的瞬间，AD 和 BE 两绳的张力；(2) 当 AD 和 BE 两绳运动到铅垂位置时，两绳的张力。

18-6 矩形块的质量 $m_1=1\,000\text{kg}$，置于平台车上；车的质量为 $m_2=50\text{kg}$，此车沿光滑的水平面运动；车和矩形块在一起由质量为 m_3 的物体牵引，使之作加速运动，设物块与车之间的摩擦力足够阻止相互滑动。求能够使车加速前进而又不致使矩形块倾覆的最大 m_3 值，以及此时车的加速度大小。

18-7 水平匀质细杆 AB 长 $l=1\text{m}$，质量 $m=12\text{kg}$，A 端用铰链支承，B 端用铅直绳吊住，现在把绳子突然割断，求刚割断时杆 AB 的角加速度 α 和铰链 A 的动反力。

18-8 轮轴 O 具有半径 R 和 r，其对 O 轴的转动惯量为 J，在轮轴上系有两个物体 A 与 B，其质量为 m_A

和 m_B。若 B 物体以加速度下降，试求轮轴的角加速度 α 及轴承 O 的约束反力。

18-9　均质圆柱受重力 $W_1=200\text{N}$，被绳拉住沿水平面滚动而不滑动，此绳跨过一自重不计的滑轮 B 并系一重物，其重力为 $W_2=100\text{N}$。求滚子中心 C 的加速度 a_C。若均质滑轮 B 的重力为 $W_3=50\text{N}$，a_C 又为多少?

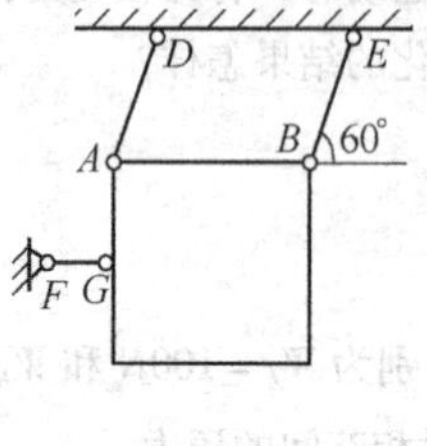

题　18-5 图

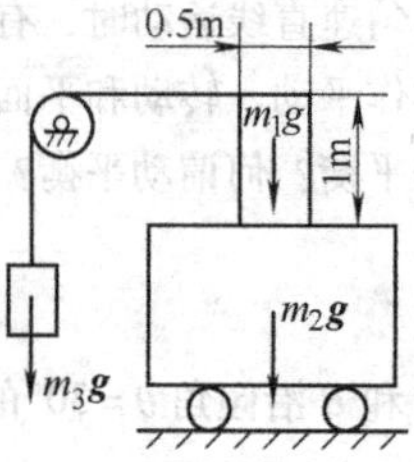

题　18-6 图

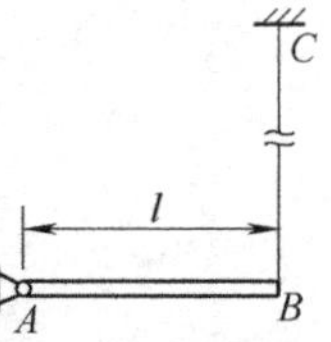

题　18-7 图

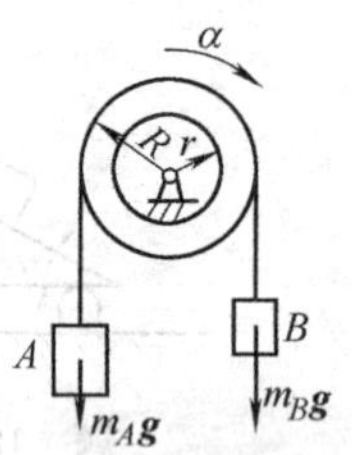

题　18-8 图

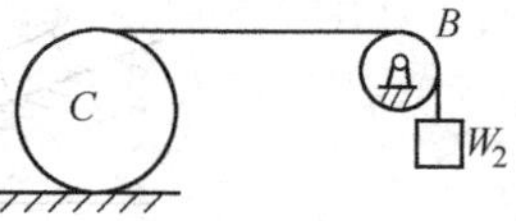

题　18-9 图

18-10　打桩机受重力 $W=2\times14^4\text{N}$ 作用，重心在 C 点处，若已知：$a=4\text{m}$，$b=1\text{m}$，$h=10\text{m}$，锤重 $W_1=0.7\times10^4\text{N}$，铰车鼓轮重力 $W_2=0.5\times10^4\text{N}$，半径 $r=0.28\text{m}$，回转半径 $\rho=0.2\text{m}$，钢索与水平夹角 $\theta=60°$，鼓轮上作用着力矩 $M=2\text{kN}\cdot\text{m}$，设滑轮的重力及大小忽略不计。求支座 A、B 的反力。

18-11　某梳棉机锡林受重力为 7 000N，直径为 1 290mm，以匀转速 $n=360\text{r/min}$ 绕 AB 轴转动，由于制造的原因，重心 C 和 AB 轴的偏心距 $e=0.1\text{cm}$，轴承 A、B 离开重心 C 的距离各为 545mm，求轴承 A 和 B 的附加动反力。

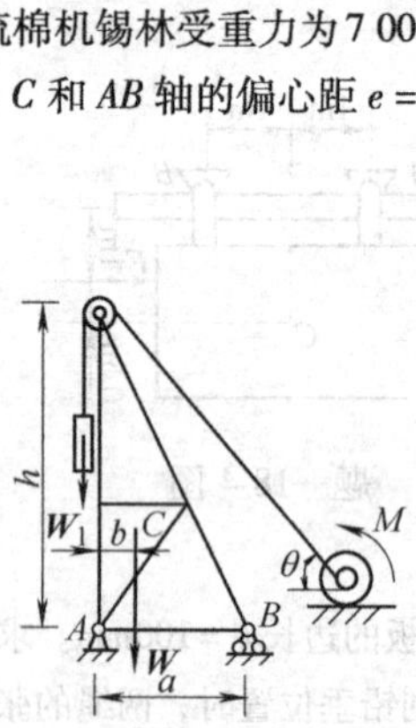

题　18-10 图

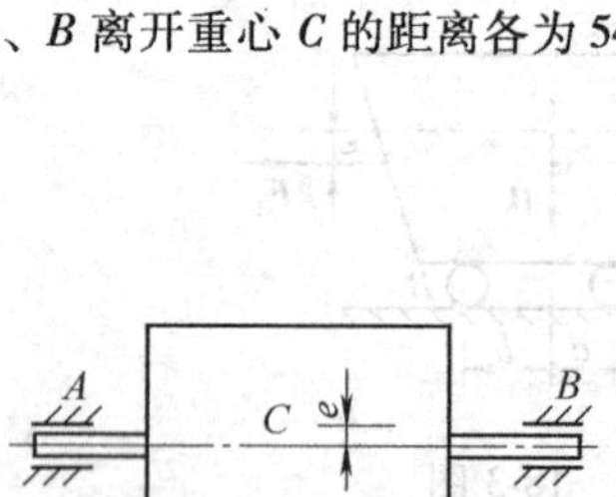

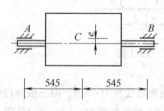

题　18-11 图

附录A 实验指导

A-1 概　　述

实验是工程力学的重要组成部分，无论是理论的产生、公式的验证、材料性能的测定都离不开实验。此外，当有些构件很难用理论计算求解时，实验测定的方法更是解决问题的主要途径。

本实验指导包括两方面的内容，一是依据国家规范，用机械的方法测定典型工程材料在常温静载荷下的力学性能，二是初步了解电测技术并用以测定纯弯曲梁的应力。

A-2 材料试验机

试验机是给试件（或模型）加载的设备。目前较广泛使用的是液压式试验机，它能兼作拉伸、压缩和弯曲等多种试验。

一、构造原理

液压式材料试验机的结构原理如图 A-1 所示，它主要由加载和测力两部分所组成。

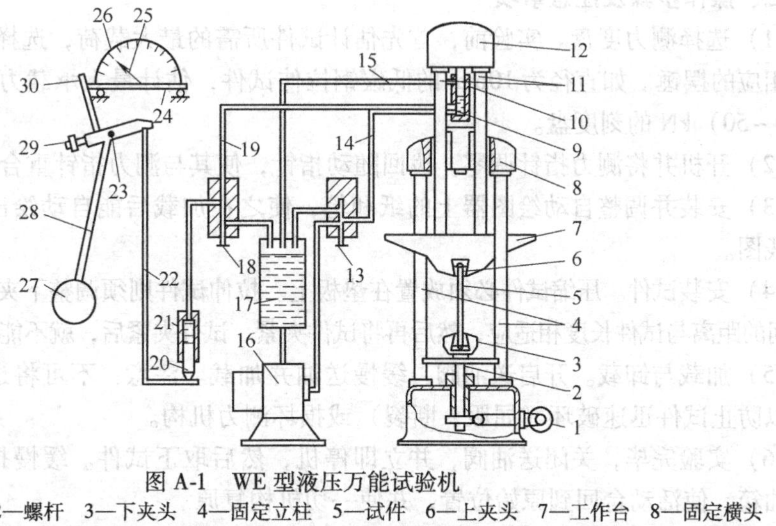

图 A-1　WE 型液压万能试验机

1—升降电动机　2—螺杆　3—下夹头　4—固定立柱　5—试件　6—上夹头　7—工作台　8—固定横头　9—工作液压缸　10—工作活塞　11—活动立柱　12—上横头　13—送油阀　14—送油管　15—溢油管　16—液压泵　17—油箱　18—回油阀　19—回油管　20—测力活塞　21—测力液压缸　22—拉杆　23—支点　24—齿杆　25—指针　26—测力度盘　27—摆锤　28—摆杆　29—平衡铊　30—推杆

1. 加载部分

在机器底座上装有两根固定立柱 4，它支承着固定横头 8 和工作液压缸 9。工作时开动液压泵 16，打开送油阀 13，油液经送油管 14 进入工作液压缸，推动工作活塞 10，使上横头

12 和工作台 7 上升，安装在上、下夹头 6、3 中的试件就受到拉伸。若把试件放在工作台 7 上，则当它随工作台上升到与固定上垫板接触时就受到压缩。

工作液压缸活塞上升的速度反映了试件变形的速度，可通过调节送油阀，改变进油量的大小来控制，所以在施加静载荷时，送油阀应缓慢地打开。试件卸载，只要打开回油阀 18，则油液就从工作液压缸经回油管 19 流回油箱 17，工作台在自重作用下降回原位。

为了便于试件装夹，下夹头的高低位置可通过开动升降电动机 1，驱动螺杆 2 来调节。但要注意的是：当试件已经夹紧或受力时，不能再开动升降电动机，否则就要造成用下夹头对试件加载，以致损坏电动机。

2. 测力部分

材料试验机的测力部分包括测力液压缸、杠杆摆锤机构、测力度盘、指针和自动绘图器等。其中测力液压缸 21 与工作液压缸相通，当试件受载时，工作液压缸的压力传到测力液压缸，使测力活塞 20 下降，带动摆锤 27 绕支点 23 转动，同时，摆上的推杆 30 推动齿杆 24，使齿轮和指针 25 旋转。显然，指针的旋转角度与油压成正比，即与试件上所加的载荷成正比，因此在测力度盘 26 上，便可读出试件受力的大小。

根据杠杆平衡原理可知，摆锤重量不同时，摆杆偏转相同的角度，测力液压缸的压力是不同的，因此测力度盘上的载荷示值与摆锤的重量有关。实验时，要根据预先估算的载荷大小来选定合适的测力度盘。

加载前，应调整测力指针对准度盘上的零点。方法是开动液压泵电动机送油，将工作台 7 升起 1cm 左右，然后移动摆杆上平衡铊 29，使摆杆达到铅垂位置。再旋转度盘（或转动齿杆）使指针对准零点。

二、操作步骤及注意事项

（1）选择测力度盘。实验前，首先估计试件所需的最大载荷，选择试验机的测量范围，挂上相应的摆锤。如直径为 10mm 的低碳钢拉伸试件，估计最大承载力在 40kN 左右，就选用（0～50）kN 的刻度盘。

（2）开机并将测力指针调零。拨回随动指针，使其与测力指针重合。

（3）安装并调整自动绘图器上的纸和笔，使之在加载后能自动绘出试件所受力与变形的曲线图。

（4）安装试件。压缩试件必须放置在垫板上。拉伸试件则须调整下夹头位置，使上、下夹头之间的距离与试件长度相适应，然后再将试件夹紧。试件夹紧后，就不能再调整下夹头了。

（5）加载与卸载。开启送油阀，缓慢送油并加载。注意：不可将送油阀开得过快、过大，以防止试件迅速破坏（屈服、断裂）或损坏测力机构。

（6）实验完毕，关闭送油阀，并立即停机，然后取下试件。缓慢打开回油阀，将油液泄回油箱，使活动台回到原始位置，并使一切机构复原。

A-3 材料拉伸、压缩试验

材料的拉伸试验是测定材料在静载荷作用下力学性能的一个最基本的试验。工程设计中所选用的材料力学性能指标，多以拉伸试验为主要依据。本试验选用低碳钢和铸铁作为塑性材料和脆性材料的代表，分别做拉伸试验。

有些工程材料在拉伸和压缩时所表现的力学性质并不相同，因此还必须做压缩试验。

一、拉伸试验

1. 试验目的

（1）测定低碳钢材料的屈服点 σ_s、强度极限 σ_b、伸长率 δ 和截面收缩率 ψ；

（2）测定铸铁材料的拉伸强度极限 σ_b；

（3）观察拉伸过程中的各种现象（包括屈服、强化、缩颈和破坏形式等），绘制 $\sigma-\varepsilon$ 曲线图；

（4）比较低碳钢和铸铁材料的力学性质特点。

2. 原理和试验步骤

（1）试件。拉伸试件大多采用圆形试件，如图 A-2 所示。试件中段用于测量拉伸变形，其长度为 l_0，称为标距。两端较粗的部分是头部，为装入试验机夹头以传递拉力。试件两头部之间的均匀段长度 l 应大于标距 l_0。

国家对试件的尺寸、形状和加工都有统一的规定［中华人民共和国国家标准《金属拉力试验法》（GB/T6379—1986）］。对于圆形试件：直径 $d_0=10\text{mm}$，则 $l_0=10d_0$ 时称为长试件；$l_0=5d_0$ 时称为短试件。

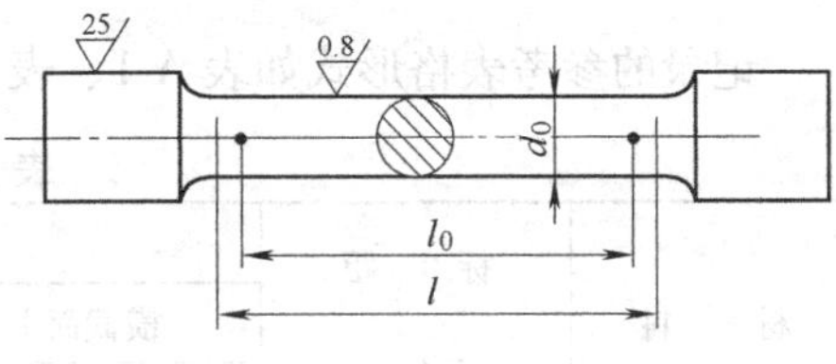

图　A-2

（2）低碳钢拉伸试验步骤。首先测量试件两端标距线及中间三个横截面处的直径，算出这三处横截面面积的平均值作为试件的横截面面积 A_0（数值取三位有效数字）。测量标距长度 l_0。

按 A-2 有关试验机操作步骤调整好材料试验机，并装上试件。

请老师检查以上步骤的完成情况，然后开动试验机，预加少量载荷，并卸载让指针回到零点，借以检查试验机工作是否正常。

开动材料试验机，使之缓慢加载。注意观察测力指针的转动、自动绘图器的工作情况。开始拉伸时，由于试件头部在夹头内的滑动，故拉伸曲线的初始部分是曲线形状。当测力指针不动或倒退时，说明材料开始屈服，这时拉伸曲线呈锯齿状，如图 A-3 所示。此时曲线的最高点 B 称为上屈服点，最低点 B' 称为下屈服点。由于上屈服点受变形速度、试件形式等因素的影响较大，故工程上均以 B' 点对应的载荷作为材料的屈服载荷 F_s。

确定屈服载荷 F_s 时，必须注意观察读数表盘上测力指针的转动情况，当它倒退后所指示的最小载荷即为屈服载荷。

低碳钢由屈服进入强化阶段后，拉伸曲线继续上升，测力指针又向前转动。但随着载荷的增加，指针的转动由快变慢，而后出现停顿和倒退。此时可以发现试件某处出现缩颈，并且该处的截面迅速减小，继续拉伸，所需的载荷也随之变小，直至试件拉断。从随动测力指针所停留的刻度，可以读出试件拉伸时的最大载荷 F_b。

取下拉断试件，将两段对齐并尽量压紧，用游标卡尺测量断裂后工作段的长度 l_1。测量两段断口处的直径 d_1 时，应该分别在断处口沿两个互相垂直的方向各测一次，计算两段的平均值，取其中最小者计算断口处的横截面面积 A_1。

（3）铸铁拉伸试验步骤

与低碳钢试件尺寸测定相似（但不需测量标距 l_0）。调整好材料试验机并装好试件。开动试验机，使自动绘图器工作，直至试件断裂为止。停车。记录最大载荷。

铸铁拉伸图如图 A-4 所示。

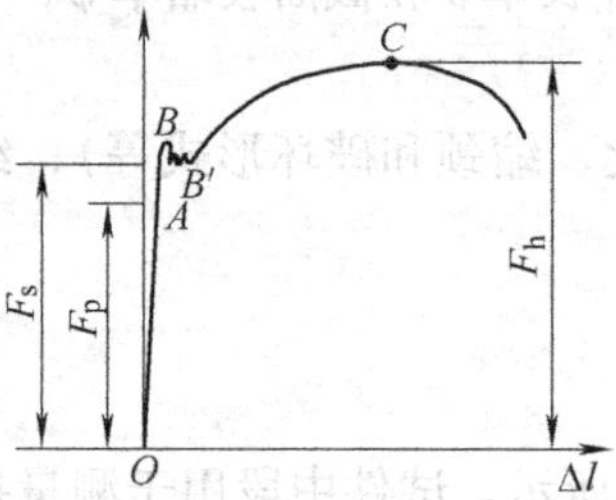

图 A-3

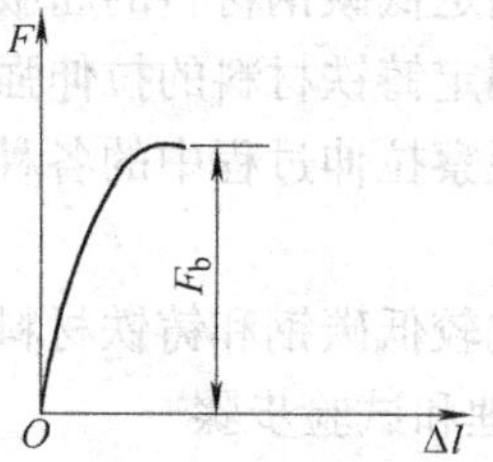

图 A-4

记录的参考表格形式如表 A-1、表 A-2 所示。

表 A-1　试件原始尺寸

材　料	标　距 l_0/mm	直径 d_0/mm									最小横截面面积 A_0/mm^2
		横截面Ⅰ			横截面Ⅱ			横截面Ⅲ			
		(1)	(2)	平均	(1)	(2)	平均	(1)	(2)	平均	
低碳钢											
铸　铁											

表 A-2　试件断后尺寸

断后标距长度 l_1/mm	断口（颈缩）处直径 d_1/mm						断口处最小横截面面积 A_1/mm^2
	左　段			右　段			
	(1)	(2)	平均	(1)	(2)	平均	

(4) 试验结果的处理。根据所测数据，分别算出低碳钢、铸铁的下述指标。

低碳钢
$$\sigma_s=\frac{F_s}{A_0},\ \delta=\frac{l_1-l_0}{l_0}\times100\%;$$
$$\sigma_b=\frac{F_b}{A_0},\ \psi=\frac{A_0-A_1}{A_0}\times100\%;$$

铸铁
$$\sigma_b=\frac{F_b}{A_0}$$

3. 思考问题

(1) 加载、卸载时应注意什么？

(2) 怎样选定测力度盘和摆锤？

(3) 从不同的断口特征说明两种金属的破坏形式。

二、压缩试验

1．试验目的

（1）测定压缩时低碳钢的屈服点 σ_s 和铸铁强度极限 σ_b；

（2）观察并比较低碳钢和铸铁压缩时的变形和破坏现象。

2．原理和试验步骤

（1）试件。金属材料压缩破坏试验采用短圆柱形试件（图 A-5），h_0 与 d_0 之间一般规定为 $1\leqslant\frac{h_0}{d_0}\leqslant 3$。为了尽量使试件承受轴向压力，试件两个端面应力求完全平行，且与其轴线垂直，还应力求光洁，以减少摩擦对试验结果的影响。

（2）低碳钢压缩试验步骤。用游标卡尺测量试件两端及中部处三个截面的尺寸，取最小一处的直径来计算横截面面积。

试验机附有球座压力板，如图 A-6 所示，当试件两端面稍有不平行时，可以起调节作用，使压力通过试件轴线。

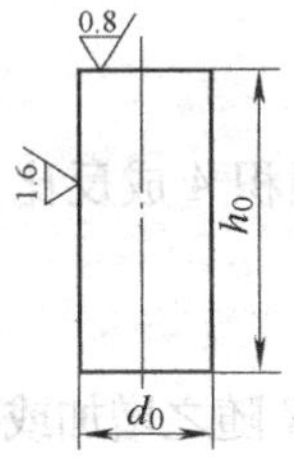

图　A-5

图　A-6

调整好材料试验机并且开动机器，试件随之上升。当上支承垫接近试件时，减慢下支座上升的速度，以避免急剧加载。同时使自动绘图器工作，在试件与上支承垫接触受力后，用慢速预加少量载荷，然后卸载接近零点，以检查试验机工作是否正常。

然后缓慢而均匀地加载，注意观察测力指针的转动情况和绘图纸上的压缩图。一旦测力指针稍有停顿或速度减慢时，所指示的即为屈服载荷 F_s。

超过屈服阶段后，继续加载，则曲线继续上升（图 A-7）。这时塑性变形迅速增长，试件横截面面积也随之增大，承受之载荷也更大，最后将试件压成鼓形即可停止。试件并不破坏，所以无法测出最大载荷以及强度极限。

（3）铸铁压缩试验步骤。与低碳钢压缩试验步骤相同。但必须注意，试验时在试件周围要加防护罩，以免在碎裂时，碎片飞出伤人。

缓慢均匀加载到试件压坏为止，记录最大载荷 F_b。铸铁的压缩曲线如图 A-8 所示。

（4）试验结果的处理并根据所测数据，分别算出低碳钢、铸铁的下述指标。

低碳钢的屈服点

$$\sigma_s=\frac{F_s}{A_0}$$

铸铁的压缩强度极限

$$\sigma_b=\frac{F_b}{A_0}$$

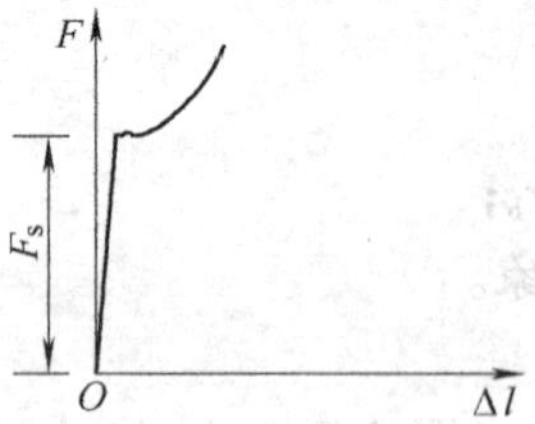

图 A-7

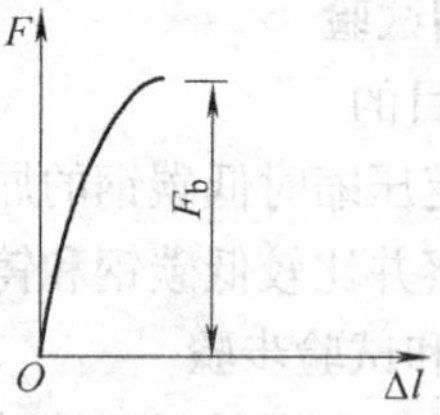

图 A-8

3. 思考问题

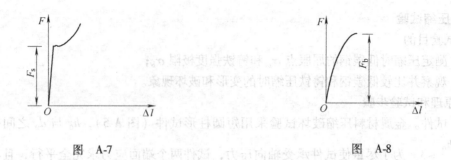

（1）比较低碳钢和铸铁在轴向拉伸和压缩下的力学性质。

（2）画出低碳钢与铸铁在拉伸和压缩时的断口形式并简单分析其破坏原因。

A-4 应变测量

1. 电阻应变片

由物理学可知，金属丝的电阻与其长度 l 成正比，与横截面积 A 成反比，即

$$R=\rho\frac{l}{A} \tag{A-1}$$

式中，ρ 为金属丝的电阻率。若长度 l 伸长或缩短了 Δl，则电阻 R 随之增加或减小了 ΔR，即

$$\frac{\Delta R}{R}\propto\frac{\Delta l}{l} \tag{a}$$

利用这一原理，将金属丝用特种胶水粘贴于待测构件表面，构件受力变形后，金属丝随之变形并产生电阻变化。由于金属丝的标距不能太长，为使测量微小变形时，电阻变化量能大一些，所以在制造应变片时，常将它绕成栅状（图 A-9）或箔式（图 A-10）。

式（a）可写成

$$\frac{\Delta R}{R}=K\frac{\Delta l}{l}=K\varepsilon \tag{b}$$

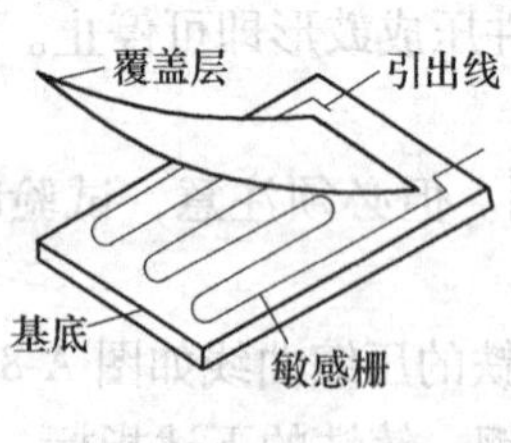

图 A-9

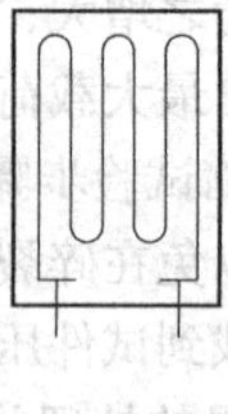

图 A-10

比例常数 K 称为灵敏系数。电阻应变片的 R、K 均由生产厂标明，一般 R 约为 120Ω，K 值在 2.0 ~ 2.5 之间。

2. 电阻应变仪

由于构件的应变往往很小，相应的电阻改变量 ΔR 也很小，所以多用电桥进行测量，即

按图 A-11 将 4 个电阻接成桥式，当$\frac{R_1}{R_2}=\frac{R_4}{R_3}$时，$B$、$D$ 两端输出电压为零，检流计中无电流通过，电桥达到平衡，如果其中一个电阻（例如 R_1）发生变化，电桥就失去平衡，检流计指针偏转。若此时调节电阻 R_3 使电桥重新平衡，则由 R_3 的调节量可以测出 R_1 的变化量。

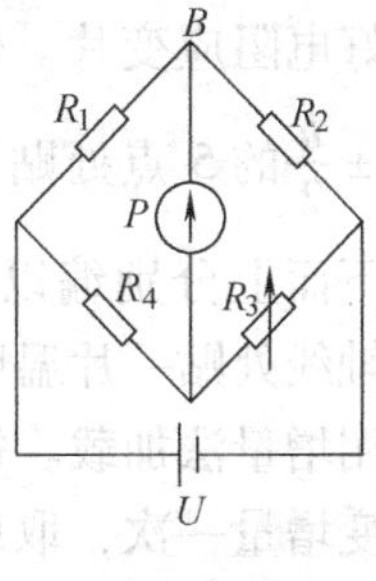

图 A-11

在具体接线时，R_1 为粘贴在构件上的工作应变片，而 R_2 为温度补偿片。温度补偿的目的是抵消工作应变片在测量过程中因温度变化所产生的电阻变化，从而消除应变读数误差。补偿片 R_2 应选用与工作片 R_1 同一批号的电阻应变片，同时要贴在相同材料但又不受力的位置，并尽量放在被测点附近。

如果电桥中的 R_1 和 R_2 是应变片，R_3 和 R_4 是电阻应变仪内的两个电阻，则这种接法称为半桥联接。有时为了提高桥路的灵敏度，也可用 4 个电阻应变片构成电桥中的 R_1、R_2、R_3、R_4，这种接法称为全桥联接。

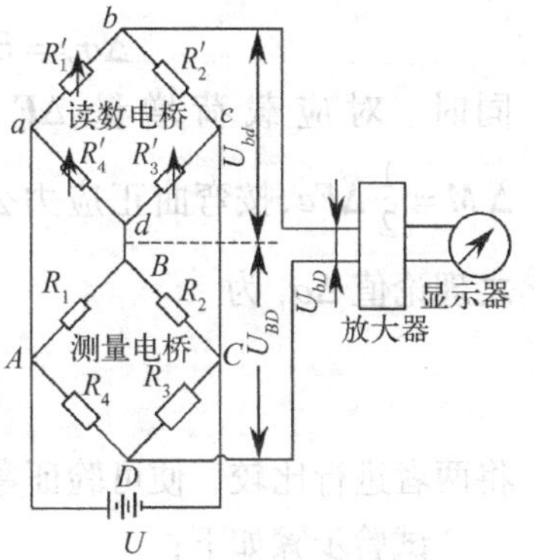

图 A-12

为了避免电桥电源电压波动的影响，提高测量精度，一般电阻应变仪采用双电桥电路（图 A-12）。这种电路有测量和读数两个电桥，其中测量电桥的桥臂是电阻应变片，而读数电桥则是由可调节、并可从刻度盘上读数的电阻所组成。两个电桥由同一电源供电，且将它们的输出端串联。测量前由于两桥处于平衡状态，显示器指针在零点。当构件变形引起应变片电阻变化，使测量电桥输出信号电压时，显示器指针偏离零点，这时若调节读数电桥并使它产生大小相等、方向相反的信号电压，从而使总输出电压为零，则显示器指针重新回到零点。读数电桥桥臂电阻的改变量可用刻度盘上的刻度表示，并经换算直接标定为所测的应变值。

A-5　纯弯曲梁正应力的测定

建立在平面变形假设基础上的梁弯曲正应力公式 $\sigma = My/I_z$ 是进行梁的强度计算之主要依据，所以必须对此加以实验验证。

一、试验目的

应用应变测量方法测定纯弯曲梁的正应力分布，并与理论计算结果进行比较，以验证弯曲正应力计算公式。

二、原理与试验步骤

试验采用由低碳钢材料制成的矩形截面梁作为试件，见图 A-13。它在试验机上的安装如图 A-14 所示，梁放置在材料试验机活动台的支座上，其间距为 l，上面放一个带圆柱的加力架，其中心线对准试验机的压头，两端圆柱和梁支座间的距离均为 a。这样，当压头作用载荷

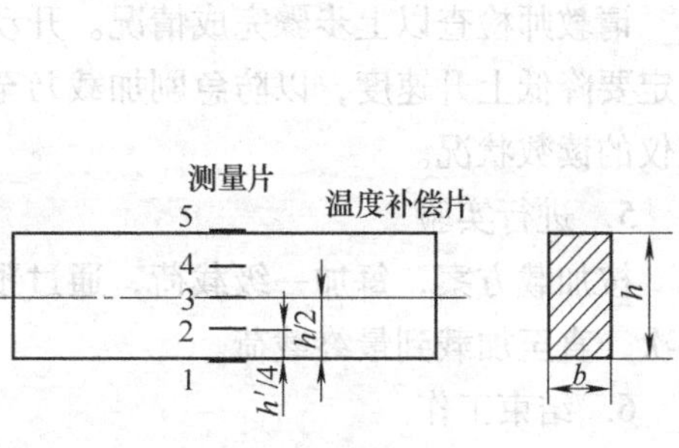

图 A-13

F 时，梁的 CD 段发生纯弯曲。

在 CD 段的侧面，对称于中性轴的位置，沿梁轴线方向贴好电阻应变片。例如图 A-14 所示梁，在 $y=0$，$\pm\frac{h}{4}$，$\pm\frac{h}{2}$的 5 点处贴了 5 片电阻应变片（测量片），并且自下而上分别编以 1、2、3、4、5 的记号。在支座外的轴线处贴一片温度补偿片。

采用增量法加载。每增加等量的载荷 ΔF，测定各点的应变增量一次，取应变增量的平均值 $\Delta\varepsilon_{ti}$（$i=1$，2，…，5），按胡克定律算得各点处的应力增量 $\Delta\sigma_{ti}$，即

$$\Delta\sigma_{ti}=E\Delta\varepsilon_{ti} \qquad \text{(A-2)}$$

同时，对应载荷增量 ΔF 所产生的弯矩增量为 $\Delta M=\frac{1}{2}\Delta Fa$,按弯曲正应力公式算得各点的应力增量之理论值 $\Delta\sigma_i$ 为

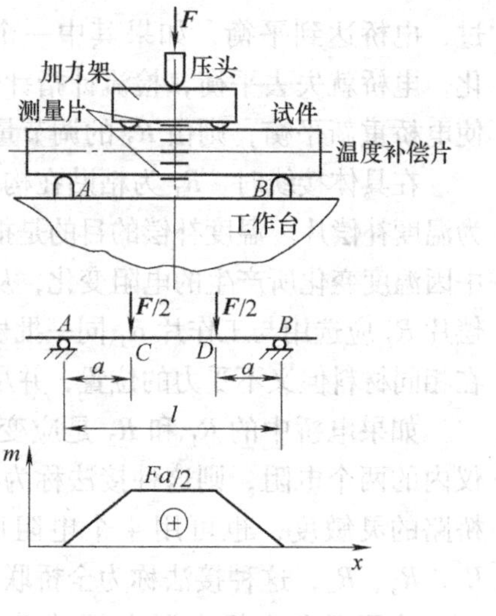

图 A-14

$$\Delta\sigma_i=\frac{\Delta My}{I_z} \qquad \text{(A-3)}$$

将两者进行比较，便可验证弯曲正应力公式的正确性。

试验步骤如下：

1．试件准备

用游标卡尺测量梁的横截面尺寸，测量各应变片所在位置与中性轴的距离以及载荷作用点和支座间的距离 a，记录材料的弹性模量 E，根据材料的比例极限 σ_p，拟定加载方案。

2．试验机准备

根据所加的最终载荷的大小，选用合适的测力度盘和相应的摆锤。调整测力指针对准零点。

3．电阻应变仪准备

根据线路要求（如半桥联接）按应变片编号，将应变片和补偿片接到预调平衡箱。并按电阻应变仪使用方法进行调节使之达到初平衡。

4．检查及试车

请教师检查以上步骤完成情况。开动试验机上升活动台，当试验机压头接近加力器时，一定要降低上升速度，以防急剧加载乃至损坏试件。加载接近终值时，再卸载并检查电阻应变仪的读数状况。

5．进行实验

按加载方案，每加一级载荷，通过预调平衡箱转换开关，依次测定各应变片的应变读数一次，直至加载到最终载荷。

6．结束工作

试验机卸载，切断电源，拆除接线，使试验机和仪器复原。

记录参考表格如表 A-3 所示。

三、实验结果处理

根据实验记录，算出各测量点应变增量的平均值 $\Delta\varepsilon_{ti}$ 和应力增量 $\Delta\sigma_{ti}$，并按测量点的位置计算应力增量的理论值 $\Delta\sigma_i$，填入表 A-4。

表 A-3　电阻应变仪读数

顺　序	载　荷	测点 1		测点 2		测点 3		测点 4		测点 5	
	kN	ε_{t1}	$\Delta\varepsilon_{t1}$	ε_{t2}	$\Delta\varepsilon_{t2}$	ε_{t3}	$\Delta\varepsilon_{t3}$	ε_{t4}	$\Delta\varepsilon_{t4}$	ε_{t5}	$\Delta\varepsilon_{t5}$
1											
2											
3											
4											
⋮											
9											
10											

表 A-4　实验应力值与理论应力值

	测点 1	测点 2	测点 3	测点 4	测点 5
y					
应变平均值 $\Delta\varepsilon_t$					
应力平均值 $\Delta\sigma_t$					
理论值 $\Delta\sigma=\dfrac{\Delta M_y}{I}$					

选择适当的比例尺，将各测点的 $\Delta\sigma_t$、$\Delta\sigma$ 绘在坐标纸上，即得梁横截面沿高度分布的实验与理论应力分布图。

四、思考题

(1) 影响试验结果准确性的主要因素是什么？

(2) 弯曲正应力的大小与材料弹性模量 E 是否有关？

(3) 为什么要把温度补偿片粘贴在与试件相同的材料上？

附录 B　型钢规格表

B-1　热轧等边角钢（GB/T9787—1988）

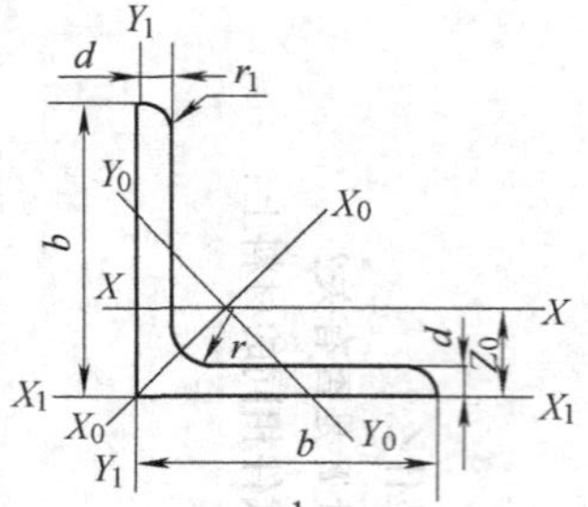

1

b—边宽　r—内圆弧半径　W—截面系数　I—惯性矩
r_1—边端内弧半径　d—边厚　i—惯性半径　Z_0—重心距离

角钢号数	尺寸/mm			截面面积	理论重量	外表面积	参考数值										Z_0/cm
							$X-X$			X_0-X_0			Y_0-Y_0			X_1-X_1	
	b	d	r	/cm^2	/$kg \cdot m^{-1}$	/$m^2 \cdot m^{-1}$	I_x/cm^4	i_x/cm	W_x/cm^3	I_{x0}/cm^4	i_{x0}/cm	W_{x0}/cm^3	I_{y0}/cm^4	i_{y0}/cm	W_{y0}/cm^3	I_{x1}/cm^4	
2	20	3	3.5	1.132	0.889	0.078	0.40	0.59	0.29	0.63	0.75	0.45	0.17	0.39	0.20	0.81	0.60
		4		1.459	1.145	0.077	0.50	0.58	0.36	0.78	0.73	0.55	0.22	0.38	0.24	1.09	0.64
2.5	25	3		1.432	1.124	0.098	0.82	0.76	0.46	1.29	0.95	0.73	0.34	0.49	0.33	1.57	0.73
		4		1.859	1.459	0.097	1.03	0.74	0.59	1.62	0.93	0.92	0.43	0.48	0.40	2.11	0.76
3.0	30	3	4.5	1.749	1.373	0.117	1.46	0.91	0.68	2.31	1.15	1.09	0.61	0.59	0.51	2.71	0.85
		4		2.276	1.786	0.117	1.84	0.90	0.87	2.92	1.13	1.37	0.77	0.58	0.62	3.63	0.89

（续）

角钢号数	尺寸/mm			截面面积	理论重量	外表面积	参考数值										
							$X-X$			X_0-X_0			Y_0-Y_0			X_1-X_1	Z_0/cm
	b	d	r	/cm²	/kg·m⁻¹	/m²·m⁻¹	I_x/cm⁴	i_x/cm	W_x/cm³	I_{x0}/cm⁴	i_{x0}/cm	W_{x0}/cm³	I_{y0}/cm⁴	i_{y0}/cm	W_{y0}/cm³	I_{x1}/cm⁴	
3.6	36	3	4.5	2.109	1.656	0.141	2.58	1.11	0.99	4.09	1.39	1.61	1.07	0.71	0.76	4.68	1.00
		4		2.756	2.163	0.141	3.29	1.09	1.28	5.22	1.38	2.05	1.37	0.70	0.93	6.25	1.04
		5		3.382	2.654	0.141	3.95	1.08	1.56	6.24	1.36	2.45	1.65	0.70	1.09	7.84	1.07
4	40	3	5	2.359	1.852	0.157	3.59	1.23	1.23	5.69	1.55	2.01	1.49	0.79	0.96	6.41	1.09
		4		3.086	2.422	0.157	4.60	1.22	1.60	7.29	1.54	2.58	1.91	0.79	1.19	8.56	1.13
		5		3.791	2.976	0.156	5.53	1.21	1.96	8.76	1.52	3.10	2.30	0.78	1.39	10.74	1.17
4.5	45	3	5	2.659	2.088	0.177	5.17	1.40	1.58	8.20	1.75	2.58	2.14	0.90	1.24	9.12	1.22
		4		3.486	2.736	0.177	6.65	1.38	2.05	10.56	1.74	3.32	2.75	0.89	1.54	12.18	1.26
		5		4.292	3.369	0.176	8.04	1.37	2.51	12.74	1.72	4.00	3.33	0.88	1.81	15.25	1.30
		6		5.076	3.985	0.176	9.33	1.36	2.95	14.76	1.70	4.64	3.89	0.88	2.06	18.36	1.33
5	50	3	5.5	2.971	2.332	0.197	7.18	1.55	1.96	11.37	1.96	3.22	2.98	1.00	1.57	12.50	1.34
		4		3.897	3.059	0.197	9.26	1.54	2.56	14.70	1.94	4.16	3.82	0.99	1.96	16.69	1.38
		5		4.803	3.770	0.196	11.21	1.53	3.13	17.79	1.92	5.03	4.64	0.98	2.31	20.90	1.42
		6		5.688	4.465	0.196	13.05	1.52	3.68	20.68	1.91	5.85	5.42	0.98	2.63	25.14	1.46
5.6	56	3	6	3.343	2.624	0.221	10.19	1.75	2.48	16.14	2.20	4.08	4.24	1.13	2.02	17.56	1.48
		4		4.390	3.446	0.220	13.18	1.73	3.24	20.92	2.18	5.28	5.46	1.11	2.52	23.43	1.53
		5		5.415	4.251	0.220	16.02	1.72	3.97	25.42	2.17	6.42	6.61	1.10	2.98	29.33	1.57
		8		8.367	6.568	0.219	23.63	1.68	6.03	37.37	2.11	9.44	9.89	1.09	4.16	47.24	1.68
6.3	63	4	7	4.978	3.907	0.248	19.03	1.96	4.13	30.17	2.46	6.78	7.89	1.26	3.29	33.35	1.70
		5		6.143	4.822	0.248	23.17	1.94	5.08	36.77	2.45	8.25	9.57	1.25	3.90	41.73	1.74
		6		7.288	5.721	0.247	27.12	1.93	6.00	43.03	2.43	9.66	11.20	1.24	4.46	50.14	1.78
		8		9.515	7.469	0.247	34.46	1.90	7.75	54.56	2.40	12.25	14.33	1.23	5.47	67.11	1.85
		10		11.657	9.151	0.246	41.09	1.88	9.39	64.85	2.36	14.56	17.33	1.22	6.36	84.31	1.93
7	70	4	8	5.570	4.372	0.275	26.39	2.18	5.14	41.80	2.76	8.44	10.99	1.40	4.17	45.74	1.86
		5		6.875	5.397	0.275	32.21	2.16	6.32	51.08	2.73	10.32	13.34	1.39	4.95	57.21	1.91
		6		8.160	6.406	0.275	37.77	2.15	7.48	59.93	2.71	12.11	15.61	1.38	5.67	68.73	1.95
		7		9.424	7.398	0.275	43.09	2.14	8.59	68.35	2.69	13.81	17.82	1.38	6.34	80.29	1.99
		8		10.667	8.373	0.274	48.17	2.12	9.68	76.37	2.68	15.43	19.98	1.37	6.98	91.92	2.03

（续）

角钢号数	尺寸/mm			截面面积	理论重量	外表面积	参考数值										
							X－X			X_0-X_0			Y_0-Y_0			X_1-X_1	Z_0/cm
	b	d	r	/cm²	/kg·m⁻¹	/m²·m⁻¹	I_x/cm⁴	i_x/cm	W_x/cm³	I_{x0}/cm⁴	i_{x0}/cm	W_{x0}/cm³	I_{y0}/cm⁴	i_{y0}/cm	W_{y0}/cm³	I_{x1}/cm⁴	
7.5	75	5	9	7.412	5.818	0.295	39.97	2.33	7.32	63.30	2.92	11.94	16.63	1.50	5.77	70.56	2.04
		6		8.797	6.905	0.294	46.95	2.31	8.64	74.38	2.90	14.02	19.51	1.49	6.67	84.55	2.07
		7		10.160	7.976	0.294	53.57	2.30	9.93	84.96	2.89	16.02	22.18	1.48	7.44	98.71	2.11
		8		11.503	9.030	0.294	59.96	2.28	11.20	95.07	2.88	17.93	24.86	1.47	8.19	112.97	2.15
		10		14.126	11.089	0.293	71.98	2.26	13.64	113.92	2.84	21.48	30.05	1.46	9.56	141.71	2.22
8	80	5	9	7.912	6.211	0.315	48.79	2.48	8.34	77.33	3.13	13.67	20.25	1.60	6.66	85.36	2.15
		6		9.397	7.376	0.314	57.35	2.47	9.87	90.98	3.11	16.08	23.72	1.59	7.65	102.50	2.19
		7		10.860	8.525	0.314	65.58	2.46	11.37	104.07	3.10	18.40	27.09	1.58	8.58	119.70	2.23
		8		12.303	9.658	0.314	73.49	2.44	12.83	116.60	3.08	20.61	30.39	1.57	9.46	136.97	2.27
		10		15.126	11.874	0.313	88.43	2.42	15.64	140.09	3.04	24.76	36.77	1.56	11.08	171.74	2.35
9	90	6	10	10.637	8.350	0.354	82.77	2.79	12.61	131.26	3.51	20.63	34.28	1.80	9.95	145.87	2.44
		7		12.301	9.656	0.354	94.83	2.78	14.54	150.47	3.50	23.64	39.18	1.78	11.19	170.30	2.48
		8		13.944	10.946	0.353	106.47	2.76	16.42	168.97	3.48	26.55	43.97	1.78	12.35	194.80	2.52
		10		17.167	13.476	0.353	128.58	2.74	20.07	203.90	3.45	32.04	53.26	1.76	14.52	244.07	2.59
		12		20.306	15.940	0.352	149.22	2.71	23.57	236.21	3.41	37.12	62.22	1.75	16.49	293.76	2.67
10	100	6	12	11.932	9.366	0.393	114.95	3.10	15.68	181.98	3.90	25.74	47.92	2.00	12.69	200.07	2.67
		7		13.796	10.830	0.393	131.86	3.09	18.10	208.97	3.89	29.55	54.74	1.99	14.26	233.54	2.71
		8		15.638	12.276	0.393	148.24	3.08	20.47	235.07	3.88	33.24	61.41	1.98	15.75	267.09	2.76
		10		19.261	15.120	0.392	179.51	3.05	25.06	284.68	3.84	40.26	74.35	1.96	18.54	334.48	2.84
		12		22.800	17.898	0.391	208.90	3.03	29.48	330.95	3.81	46.80	86.84	1.95	21.08	402.34	2.91
		14		26.256	20.611	0.391	236.53	3.00	33.73	374.06	3.77	52.90	99.00	1.94	23.44	470.75	2.99
		16		29.627	23.257	0.390	262.53	2.98	37.82	414.16	3.74	58.57	110.89	1.94	25.63	539.80	3.06
11	110	7	12	15.196	11.928	0.433	177.16	3.41	22.05	280.94	4.30	36.12	73.38	2.20	17.51	310.64	2.96
		8		17.238	13.532	0.433	199.46	3.40	24.95	316.49	4.28	40.69	82.42	2.19	19.39	355.20	3.01
		10		21.261	16.690	0.432	242.19	3.38	30.60	384.39	4.25	49.42	99.98	2.17	22.91	444.65	3.09
		12		25.200	19.782	0.431	282.55	3.35	36.05	448.17	4.22	57.62	116.93	2.15	26.15	534.60	3.16
		14		29.056	22.809	0.431	320.71	3.32	41.31	508.01	4.18	65.31	133.40	2.14	29.14	625.16	3.24

（续）

角钢号数	尺寸/mm			截面面积	理论重量	外表面积	参考数值										Z_0/cm
							X–X			X_0-X_0			Y_0-Y_0			X_1-X_1	
	b	d	r	/cm²	/kg·m⁻¹	/m²·m⁻¹	I_x/cm^4	i_x/cm	W_x/cm^3	I_{x0}/cm^4	i_{x0}/cm	W_{x0}/cm^3	I_{y0}/cm^4	i_{y0}/cm	W_{y0}/cm^3	I_{x1}/cm^4	Z_0/cm
12.5	125	8	14	19.750	15.504	0.492	297.03	3.88	32.52	470.89	4.88	53.28	123.16	2.50	25.86	521.01	3.37
		10		24.373	19.133	0.491	361.67	3.85	39.97	573.89	4.85	64.93	149.46	2.48	30.62	651.93	3.45
		12		28.912	22.696	0.491	423.16	3.83	41.17	671.44	4.82	75.96	174.88	2.46	35.03	783.42	3.53
		14		33.367	26.193	0.490	481.65	3.80	54.16	763.73	4.78	86.41	199.57	2.45	39.13	915.61	3.61
14	140	10	14	27.373	21.488	0.551	514.65	4.34	50.58	817.27	5.46	82.56	212.04	2.78	39.20	915.11	3.82
		12		32.512	25.522	0.551	603.68	4.31	59.80	958.79	5.43	96.85	248.57	2.76	45.02	1099.28	3.90
		14		37.567	29.490	0.550	688.81	4.28	68.75	1093.56	5.40	110.47	284.06	2.75	50.45	1284.22	3.98
		16		42.539	33.393	0.549	770.24	4.26	77.46	1221.81	5.36	123.42	318.67	2.74	55.55	1470.07	4.06
16	160	10	16	31.502	24.729	0.630	779.53	4.98	66.70	1237.30	6.27	109.36	321.76	3.20	52.76	1365.33	4.31
		12		37.441	29.391	0.630	916.58	4.95	78.98	1455.68	6.24	128.67	377.49	3.18	60.74	1639.57	4.39
		14		43.296	33.987	0.629	1048.36	4.92	90.95	1665.02	6.20	147.17	431.70	3.16	68.24	1914.68	4.47
		16		49.067	38.518	0.629	1175.08	4.89	102.63	1865.57	6.17	164.89	484.59	3.14	75.31	2190.82	4.55
18	180	12	16	42.241	33.159	0.710	1321.35	5.59	100.82	2100.10	7.05	165.00	542.61	3.58	78.41	2332.80	4.89
		14		48.896	38.383	0.709	1514.48	5.56	116.25	2407.42	7.02	189.14	621.53	3.58	88.38	2723.48	4.97
		16		55.467	43.542	0.709	1700.99	5.54	131.13	2703.37	6.98	212.40	698.60	3.55	97.83	3115.29	5.05
		18		61.955	48.634	0.708	1875.12	5.50	145.64	2988.24	6.94	234.78	762.01	3.51	105.14	3502.43	5.13
20	200	14	18	54.642	42.894	0.788	2103.55	6.20	144.70	3343.26	7.82	236.40	863.83	3.98	111.82	3734.10	5.46
		16		62.013	48.680	0.788	2366.15	6.18	163.65	3760.89	7.79	265.93	971.41	3.96	123.96	4270.39	5.54
		18		69.301	54.401	0.787	2620.64	6.15	182.22	4164.54	7.75	294.48	1076.74	3.94	135.52	4808.13	5.62
		20		76.505	60.056	0.787	2867.30	6.12	200.42	4554.55	7.72	322.06	1180.04	3.93	146.55	5347.51	5.69
		24		90.661	71.168	0.785	3338.25	6.07	236.17	5294.97	7.64	374.41	1381.53	3.90	166.55	6457.16	5.87

注：1. 截面图中的 $r_1=\frac{1}{3}d$ 及表中 r 值的数据用于孔型设计，不做交货条件。

2. 角钢长度：2～4 号，3～9m；4.5～8 号，4～12m；9～14 号，4～19m；16～20 号，6～19m。

3. 一般采用材料：Q215，Q235，Q275，Q235F。

B-2 热轧工字钢（GB/T706—1988）

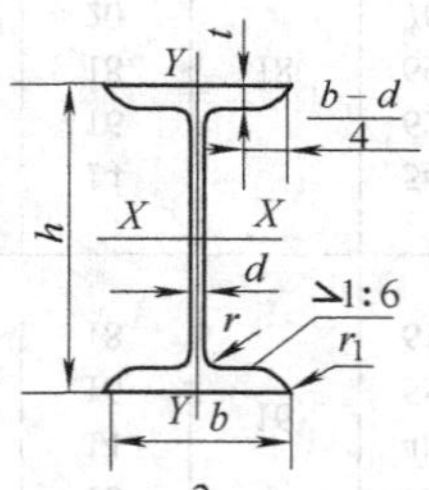

2

h—高度　r_1—腿端圆弧半径　b—腿宽　I—惯性矩　d—腰厚　W—截面系数
t—平均腿厚　i—惯性半径　r—内圆弧半径　S—半截面的静力矩

型号		尺寸/mm						截面面积	理论重量	参考数值						
										X－X				Y－Y		
		h	b	d	t	r	r_1	/cm²	/kg·m⁻¹	I_x/cm⁴	W_x/cm³	i_x/cm	I_x:S_x	I_y/cm⁴	W_y/cm³	i_y/cm
10		100	68	4.5	7.6	6.5	3.3	14.345	11.261	245	49.0	4.14	8.6	33.0	9.7	1.52
12.6		126	74	5.0	8.4	7.0	3.5	18.118	14.223	488	77.5	5.20	10.8	46.9	12.7	1.61
14		140	80	5.5	9.1	7.5	3.8	21.516	16.890	712	102	5.76	12.0	64.4	16.1	1.73
16		160	88	6.0	9.9	8.0	4.0	26.131	20.513	1130	141	6.58	13.8	93.1	21.2	1.89
18		180	94	6.5	10.7	8.5	4.3	30.756	24.143	1660	185	7.36	15.4	122.0	26.0	2.00
20	a	200	100	7.0	11.4	9.0	4.5	35.578	27.929	2370	237	8.15	17.2	158.0	31.5	2.12
	b		102	9.0	11.4	9.0	4.5	39.578	31.069	2500	250	7.96	16.9	169.0	33.1	2.06
22	a	220	110	7.5	12.3	9.5	4.8	42.128	33.070	3400	309	8.99	18.9	225.0	40.9	2.31
	b		112	9.5	12.3	9.5	4.8	46.528	36.524	3570	325	8.78	18.7	239.0	42.7	2.27
25	a	250	116	8.0	13.0	10.0	5.0	48.541	38.105	5020	402	10.20	21.6	280.0	48.3	2.40
	b		118	10.0	13.0	10.0	5.0	53.541	42.030	5280	423	9.94	21.3	309.0	52.4	2.40
28	a	280	122	8.5	13.7	10.5	5.3	55.404	43.492	7110	508	11.30	24.6	345.0	56.6	2.56
	b		124	10.5	13.7	10.5	5.3	61.004	47.888	7480	534	11.10	24.2	379.0	61.2	2.49

（续）

型号		尺寸/mm						截面面积	理论重量	参考数值						
										X－X				Y－Y		
		h	b	d	t	r	r_1	/cm^2	/$kg \cdot m^{-1}$	I_x/cm^4	W_x/cm^3	i_x/cm	$I_x:S_x$	I_y/cm^4	W_y/cm^3	i_y/cm
32	a	320	130	9.5	15.0	11.5	5.8	67.156	52.717	11100	692	12.8	27.5	460	70.8	2.62
	b		132	11.5	15.0	11.5	5.8	73.556	57.741	11600	726	12.6	27.1	502	76.0	2.61
	c		134	13.5	15.0	11.5	5.8	79.956	62.765	12200	760	12.30	26.8	544	81.2	2.61
36	a	360	136	10.0	15.8	12.0	6.0	76.480	60.037	15800	875	14.4	30.7	552	81.2	2.69
	b		138	12.0	15.8	12.0	6.0	83.680	65.689	16500	919	14.1	30.0	582	84.3	2.64
	c		140	14.0	15.8	12.0	6.0	90.880	71.341	17300	962	13.8	29.9	612	87.4	2.60
40	a	400	142	10.5	16.5	12.5	6.3	86.112	67.598	21700	1090	15.9	34.1	660	93.2	2.77
	b		144	12.5	16.5	12.5	6.3	94.112	73.878	22800	1140	15.6	33.6	692	96.2	2.71
	c		146	14.5	16.5	12.5	6.3	102.112	80.158	23900	1190	15.2	33.2	727	99.6	2.65
45	a	450	150	11.5	18.0	13.5	6.8	102.446	80.420	32200	1430	17.7	38.6	855	114.0	2.89
	b		152	13.5	18.0	13.5	6.8	111.446	87.485	33800	1500	17.4	38.0	894	118.0	2.84
	c		154	15.5	18.0	13.5	6.8	120.446	94.550	35300	1570	17.1	37.6	938	122.0	2.79
50	a	500	158	12.0	20.0	14.0	7.0	119.304	93.654	46500	1860	19.7	42.8	1120	142.0	3.07
	b		160	14.0	20.0	14.0	7.0	129.304	101.504	48600	1940	19.4	42.4	1170	146.0	3.01
	c		162	16.0	20.0	14.0	7.0	139.304	109.354	50600	2080	19.0	41.8	1220	151.0	2.96
56	a	560	166	12.5	21.0	14.5	7.3	135.435	106.316	65600	2340	22.0	47.7	1370	165.0	3.18
	b		168	14.5	21.0	14.5	7.3	146.635	115.108	68500	2450	21.6	47.2	1490	174.0	3.16
	c		170	16.5	21.0	14.5	7.3	157.835	123.900	71400	2550	21.3	46.7	1560	183.0	3.16
63	a	630	176	13.0	22.0	15.0	7.5	154.658	121.407	93900	2980	24.5	54.2	1700	193.0	3.31
	b		178	15.0	22.0	15.0	7.5	167.258	131.298	98100	3160	24.2	53.5	1810	204.0	3.29
	c		180	17.0	22.0	15.0	7.5	179.858	141.189	102000	3300	23.8	52.9	1920	214.0	3.27

注：1. 截面图和表中标注的圆弧半径 r、r_1 的数据用于孔型设计，不作交货条件。

2. 工字钢长度：10～18 号，5～19m；20～63，6～19m。

3. 一般采用材料：Q215，Q235，Q275，Q235F。

B-3 热轧槽钢（GB/T707—1988）

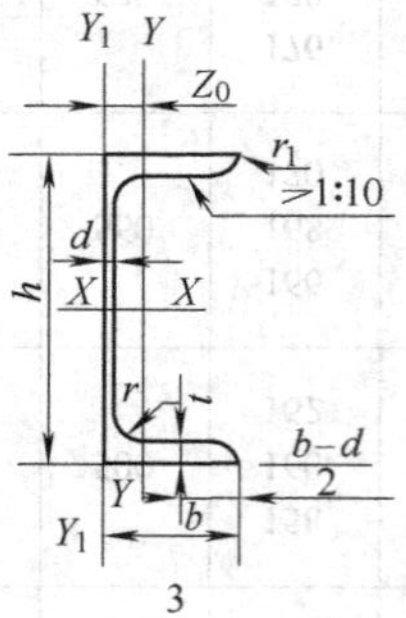

h—高度 r_1—腿端圆弧半径 b—腿宽 I—惯性矩 d—腰厚 W—截面系数
t—平均腿厚 i—惯性半径 r—内圆弧半径 Z_0—YY 轴与 Y_1Y_1 轴间距离

型号		尺寸/mm						截面面积	理论重量	参考数值							
										$X-X$			$Y-Y$			Y_1-Y_1	Z_0
		h	b	d	t	r	r_1	/cm^2	/$kg \cdot m^{-1}$	W_x/cm^3	I_x/cm^4	i_x/cm	W_y/cm^3	I_y/cm^4	i_y/cm	I_{y1}/cm^4	cm
5		50	37	4.5	7.0	7.0	3.5	6.928	5.438	10.4	26.0	1.94	3.55	8.3	1.10	20.9	1.35
6.3		63	40	4.8	7.5	7.5	3.8	8.451	6.634	16.1	50.8	2.45	4.50	11.9	1.19	28.4	1.36
8		80	43	5.0	8.0	8.0	4.0	10.248	8.045	25.3	101.0	3.15	5.79	16.6	1.27	37.4	1.43
10		100	48	5.3	8.5	8.5	4.2	12.748	10.007	39.7	198	3.95	7.80	25.6	1.41	54.9	1.52
12.6		126	53	5.5	9.0	9.0	4.5	15.692	12.318	62.1	391	4.95	10.20	38.0	1.57	77.1	1.59
14	a	140	58	6.0	9.5	9.5	4.8	18.516	14.535	80.5	564	5.52	13.00	53.2	1.70	107.0	1.71
	b		60	8.0	9.5	9.5	4.8	21.316	16.733	87.1	609	5.35	14.10	61.1	1.69	121.0	1.67
16	a	160	63	6.5	10.0	10.0	5.0	21.962	17.240	108.0	866	6.28	16.30	73.3	1.83	144.0	1.80
16			65	8.5	10.0	10.0	5.0	25.162	19.752	117.0	935	6.10	17.60	83.4	1.82	161.0	1.75
18	a	180	68	7.0	10.5	10.5	5.2	25.699	20.174	141.0	1270	7.04	20.00	98.6	1.96	190.0	1.88
18			70	9.0	10.5	10.5	5.2	29.299	23.000	152.0	1370	6.84	21.50	111	1.95	210.0	1.84

（续）

型号		尺寸/mm h	尺寸/mm b	尺寸/mm d	尺寸/mm t	尺寸/mm r	尺寸/mm r_1	截面面积 /cm^2	理论重量 /$kg \cdot m^{-1}$	参考数值 $X-X$ W_x/cm^3	$X-X$ I_x/cm^4	$X-X$ i_x/cm	$Y-Y$ W_y/cm^3	$Y-Y$ I_y/cm^4	$Y-Y$ i_y/cm	Y_1-Y_1 I_{y1}/cm^4	Z_0 cm
20	a	200	73	7.0	11.0	11.0	5.5	28.837	22.637	178	1780	7.86	24.2	128	2.11	244	2.01
20			75	9.0	11.0	11.0	5.5	32.837	25.777	191	1910	7.64	25.9	144	2.09	268	1.95
22	a	220	77	7.0	11.5	11.5	5.8	31.846	24.999	218	2390	8.67	28.2	158	2.23	298	2.10
22			79	9.0	11.5	11.5	5.8	36.246	28.453	234	2570	8.42	30.1	176	2.21	326	2.03
	a		78	7.0	12.0	12.0	6.0	34.917	27.410	270	3370	9.82	30.6	176	2.24	322	2.07
25	b	250	80	9.0	12.0	12.0	6.0	39.917	31.335	282	3530	9.41	32.7	196	2.22	353	1.98
	c		82	11.0	12.0	12.0	6.0	44.917	35.260	295	3690	9.07	35.9	218	2.21	384	1.92
	a		82	7.5	12.5	12.5	6.2	40.034	31.427	340	4760	10.90	35.7	218	2.33	388	2.10
28	b	280	84	9.5	12.5	12.5	6.2	45.634	35.823	366	5130	10.60	37.9	242	2.30	428	2.02
	c		86	11.5	12.5	12.5	6.2	51.234	40.219	393	5500	10.40	40.3	268	2.29	463	1.95
	a		88	8.0	14.0	14.0	7.0	48.513	38.083	475	7600	12.50	46.5	305	2.50	552	2.24
32	b	320	90	10.0	14.0	14.0	7.0	54.913	43.107	509	8144	12.20	49.2	336	2.47	593	2.16
	c		92	12.0	14.0	14.0	7.0	61.313	48.131	543	8690	11.90	52.6	374	2.47	643	2.09
	a		96	9.0	16.0	16.0	8.0	60.916	47.814	660	11900	14.00	63.5	455	2.73	818	2.44
36	b	360	98	11.0	16.0	16.0	8.0	68.110	53.466	703	12700	13.60	66.9	497	2.70	880	2.37
	c		100	13.0	16.0	16.0	8.0	75.310	59.118	746	13400	13.40	70.0	536	2.67	948	2.34
	a		100	10.5	18.0	18.0	9.0	75.068	58.928	879	17600	15.30	78.8	592	2.81	1070	2.49
40	b	400	102	12.5	18.0	18.0	9.0	83.068	65.208	932	18600	15.00	82.5	640	2.78	1140	2.44
	c		104	14.5	18.0	18.0	9.0	91.068	71.488	986	19700	14.70	86.2	688	2.75	1220	2.42

注：1. 截面图和表中标注的圆弧半径 r、r_1 的数据用于孔型设计，不作交货条件。

2. 槽钢长度：5 ~ 8 号，5 ~ 12m；10 ~ 40 号，5 ~ 19m。

3. 一般采用材料：Q215，Q235，Q275，Q235F。

附录C　主要字符表

$\boldsymbol{a}$　加速度

$\boldsymbol{a}_a$　绝对加速度

$\boldsymbol{a}_e$　牵连加速度

$\boldsymbol{a}_k$　哥氏加速度

$\boldsymbol{a}_r$　相对加速度

$\boldsymbol{a}_n$　法向加速度

$\boldsymbol{a}_\tau$　切向加速度

$\boldsymbol{A}$　面积

b　宽度

c　质心，重心

d　力偶臂，直径，距离

e　偏心矩

E　弹性模量

f　动摩擦因数

f_s　静摩擦因数

$\boldsymbol{F}$　力

$\boldsymbol{F}_{cr}$　临界载荷

$\boldsymbol{F}_f$　静摩擦力

$\boldsymbol{F}_{f'}$　动摩擦力

$\boldsymbol{F}_g$　惯性力

$\boldsymbol{F}_N$　法向约束反力，轴力

$\boldsymbol{F}_P$　载荷

$\boldsymbol{F}_Q$　剪力

$\boldsymbol{F}_R$　合力

$\boldsymbol{F}_T$　拉力

$\boldsymbol{g}$　重力加速度

G　切变模量

h　高度

I_p　极惯性矩

I_y，I_z　截面对 y、z 轴惯性矩

J　转动惯量

k　弹簧刚度系数

K　应力集中系数

l，L　长度，跨度

m　质量

M_O　力系对点 O 的主矩

M_O（$\boldsymbol{F}$）　力 $\boldsymbol{F}$ 对点 O 的矩

M　外力偶矩，弯矩

n　转速，安全系数

n_b　强度安全系数

n_s　屈服安全系数

p　应力

p_m　平均应力

P　功率

q　分布载荷集度

r　半径，应力循环特性

S_y，S_z　截面对 y、z 轴静矩

t　摄氏温度，时间

T　周期，动能

T　扭矩

$\boldsymbol{v}$　速度

$\boldsymbol{v}_a$　绝对速度

$\boldsymbol{v}_e$　牵连速度

$\boldsymbol{v}_r$　相对速度

V　势能，体积

W　重量，功

W_p　抗扭截面系数

W_z　抗弯截面系数

α　角，角加速度，线膨胀系数，内外径之比

β　角

γ　切应变，角

δ　厚度，伸长率

Δ　变形，位移

ε　线应变

ε_e　弹性变形能

ε_p　塑性变形能

θ　梁横截面的转角，单位长度相对扭转角

λ　柔度，长细比

μ　长度系数，泊松比

ρ　密度，曲率半径

σ　正应力

σ^0　极限应力

$\sigma_{0.2}$　名义屈服点

σ_b　强度极限

σ_{bs}　挤压应力

σ_{cr}　临界应力

σ_e　弹性极限

σ_p　比例极限

σ_r　相当应力

σ_s　屈服点

σ_1，σ_2，σ_3　主应力

$[\sigma]$　许用正应力

τ　切应力

$[\tau]$　许用切应力

φ　相对扭转角

φ_m　摩擦角

ω　角速度

习 题 答 案

第二章　平面汇交力系

2-1　$F_R = 161.25\text{N}$，$\varphi = 60.26°$（与 x 正向夹角）

2-2　$F_R = 669.65\text{N}$，$\varphi = -34.88°$

2-3　$F_{NA} = 346\text{N}$，$F_{NB} = 200\text{N}$

2-4　a）$F_{AC} = \frac{2\sqrt{3}}{3}W$（压），$F_{AB} = \frac{\sqrt{3}}{3}W$（拉）

b）$F_{AB} = \frac{2\sqrt{3}}{3}W$（拉），$F_{AC} = \frac{\sqrt{3}}{3}W$（压）

c）$F_{AB} = \frac{1}{2}W$（拉），$F_{AC} = \frac{\sqrt{3}}{2}W$（压）

d）$F_{AB} = F_{AC} = W$（拉）

2-5　$F_{DC} = 2\ 500\text{N}$，$F_B = 1\ 803\text{N}$

2-6　$F_{BC} = 5\ 000\text{N}$

2-7　$F = 22.36\text{kN}$，$F_{\min} = 14.9\text{kN}$，$\alpha = 48.2°$

2-8　$x = \sqrt{\frac{a^2 - l^2}{3}}$

2-9　$\alpha = 2\arcsin\left(\frac{W_2}{W_1}\right)$

2-10　$F_T = 894\text{N}$，$F_{ND} = F_{NE} = 2\ 000\text{N}$

2-11　$F_N = 16.58\text{kN}$

第三章　平面任意力系

3-1　$M_A(\boldsymbol{F}) = -Fb\cos\alpha$，$M_B(\boldsymbol{F}) = -Fb\cos\alpha + Fa\sin\alpha$

3-2　$M_O(\boldsymbol{F}) = 12.99\text{N}\cdot\text{m}$，$M_A(\boldsymbol{F}) = 27.48\text{N}\cdot\text{m}$

$M_B(\boldsymbol{F}) = 20.49\text{N}\cdot\text{m}$

3-3　a）$M_O(\boldsymbol{F}) = 0$；

b）$M_O(\boldsymbol{F}) = Fl$；

c）$M_O(\boldsymbol{F}) = -Fb$；

d）$M_O(\boldsymbol{F}) = Fl\sin\alpha$；

e）$M_O(\boldsymbol{F}) = F\sqrt{l^2 + b^2}\sin\beta$；

f）$M_O(\boldsymbol{F}) = F(l + r)$

3-4　$F_R = 10.266\text{N}$，$\alpha = -43.07°$，$M = -3.96\text{N}\cdot\text{m}$

3-5　a）$F_A = -F_{NB} = -\frac{M}{l}$；

b）$F_A = -F_{NB} = -\frac{M}{l}$；

c) $F_A = -F_{NB} = -\dfrac{M}{l\cos\alpha}$

3-6 $F_C = F_A = 2\ 357\text{N}$

3-7 $F_C = 141.4\text{N}$ (↖), $F_{NB} = 50\text{N}$, $F_A = 50\text{N}$ (←)

3-8 $F_R = 28.28\text{N}$, $\varphi = -45°$, $M = -1\text{N}\cdot\text{m}$, $x = 50\text{mm}$

3-10 $F_{NA} = -F_{NB} = 300\text{N}$

3-11 $M_2 = 3\text{N}\cdot\text{m}$, $F_{AB} = 5\text{N}$

3-12 a) $F_A = F_{NB} = F$

b) $F_{Ax} = -F$, $F_{Ay} = -\dfrac{Fa}{b+c}$, $F_{NB} = \dfrac{Fa}{b+c}$

c) $F_{NB} = \dfrac{3Fa+M}{2a}$, $F_{Ay} = -\dfrac{Fa+M}{2a}$

d) $F_{Ax} = -1.5\text{kN}$, $F_{Ay} = 5\text{kN}$, $M_A = 1.4\text{kN}\cdot\text{m}$

e) $F_{NB} = \dfrac{3Fa+M-\frac{1}{2}qa^2}{2a}$, $F_A = \dfrac{\frac{5}{2}qa^2 - M - Fa}{2a}$

f) $F_{NB} = \dfrac{7qa}{3}$, $F_A = \dfrac{5qa}{3}$

3-13 $F_{NA} = -\dfrac{W_1 a + W_2 b}{c}$, $F_{Bx} = \dfrac{W_1 a + W_2 b}{c}$, $F_{By} = W_1 + W_2$

3-14 $F_{NC} = 1\ 131.4\text{N}$, $F_{Bx} = -565.7\text{N}$, $F_{By} = 234.28\text{N}$, C处下面接触

3-15 $F_{Ax} = 2\ 400\text{N}$, $F_{Ay} = 1\ 200\text{N}$, $F_{BC} = 848.53\text{N}$

3-16 $F_{Ax} = 120\text{kN}$, $F_{Ay} = 300\text{kN}$, $F_{Bx} = -120\text{kN}$, $F_{By} = 300\text{kN}$

3-17 $x = 9.16\text{m}$

3-18 $W \leqslant 52.2\text{kN}$

3-19 $F_{Ax} = -0.3\text{kN}$, $F_{Ay} = -0.2\text{kN}$

$F_{Cx} = -1.2\text{kN}$, $F_{Cy} = 0.6\text{kN}$

3-20 $M = 60\text{N}\cdot\text{m}$

3-21 $F_{Ax} = -\dfrac{a\cos\alpha}{2h}F$, $F_{Ay} = -\dfrac{a}{2l}F$, $F_T = \dfrac{a\cos\alpha}{2h}F$

3-22 $F_{Ax} = 0$, $F_{Ay} = -385.84\text{kN}$, $F_{NB} = 850\text{kN}$, $F_{ND} = 45.8\text{kN}$

3-23 $F_{Ax} = -20\text{kN}$, $F_{Ay} = -1\ 250\text{N}$, $F_{Bx} = 20\text{kN}$, $F_{By} = 11.25\text{kN}$

3-24 $F_{Bx} = 0.6\text{kN}$, $F_{By} = 1.92\text{kN}$

3-25 $F_{Ax} = -1\ 590\text{N}$, $F_{Ay} = -1\ 988\text{N}$, $F_N = 2\ 906\text{N}$

3-26 $F_{Ex} = 0$, $F_{Ey} = 5\text{kN}$, $M_E = 7.5\text{kN}\cdot\text{m}$, $F_{Ax} = -4.33\text{kN}$, $F_{Ay} = -2.5\text{kN}$, $F_{DC} = 8.66\text{kN}$

3-28 $F_{AB} = 2\ 900\text{N}$, $F_{Dx} = 2\ 511.5\text{N}$, $F_{Dy} = 250\text{N}$

3-29 $F_{Ax} = -50\text{N}$, $F_{Ay} = 50\text{N}$, $F_{Dx} = 37.5\text{N}$, $F_{Dy} = 75\text{N}$

3-30 $F_{Ax} = 1\ 200\text{N}$, $F_{Ay} = 150\text{N}$, $F_{NB} = 1\ 050\text{N}$, $F_{CB} = 1\ 500\text{N}$

3-31 $F_{Ax} = 0$, $F_{Ay} = 1\ 510\text{N}$, $M_A = 6\ 840\text{N}\cdot\text{m}$, $F_{Bx} = -2\ 280\text{N}$, $F_{By} = -1\ 785\text{N}$, $F_{Cx} = 2\ 280\text{N}$, $F_{Cy} = 455\text{N}$

3-32 $F_{N1} = 2F$, $F_{N2} = -2.236F$, $F_{N3} = F$, $F_{N4} = -2F$, $F_{N5} = 0$, $F_{N6} = 2.236F$

3-33 $F_{N1} = -5.33F$, $F_{N2} = 2F$, $F_{N3} = -1.67F$

3-34 $F_N = 0.866F$

3-36 (1) $W \geqslant 455.15\text{N}$; (2) $F_f = 289\text{N}$

3-37 $l/L \leqslant 0.559$

3-38 $M \geqslant 3.53\text{N}\cdot\text{m}$

3-39 $f_S \geqslant 0.237$

第四章　空 间 力 系

4-1 $F_{Rx}=-345.3\text{N}$，$F_{Ry}=249.6\text{N}$，$F_{Rz}=10.56\text{N}$，$M_x=-51.79\text{N}\cdot\text{m}$，$M_y=-36.64\text{N}\cdot\text{m}$，$M_z=103.59\text{N}\cdot\text{m}$

4-2 $F_\tau=15.588\text{kN}$，$F_r=5.674\text{kN}$，$F_{Ax}=-26.34\text{kN}$，$F_{Az}=2.058\text{kN}$，$F_{Bx}=0.752\text{kN}$，$F_{Bz}=9.589\text{kN}$

4-3 $F_\tau=12.5\text{kN}$，$F_r=4.55\text{kN}$，$F_{Ax}=6.11\text{kN}$，$F_{Az}=-5.13\text{kN}$，$F_{Bx}=4.08\text{kN}$，$F_{Bz}=-3.42\text{kN}$

4-4 $F_{T3}=4\text{kN}$，$F_{T4}=2\text{kN}$，$F_{Ax}=-6\text{kN}$，$F_{Az}=2.598\text{kN}$，$F_{Bx}=0$，$F_{Bz}=2.598\text{kN}$

第五章　拉伸与压缩

5-1 a）$F_{N1}=40\text{kN}$，$F_{N2}=20\text{kN}$，$F_{N3}=70\text{kN}$

b）$F_{N1}=-20\text{kN}$，$F_{N2}=10\text{kN}$，$F_{N3}=-50\text{kN}$

c）$F_{N1}=-3F$，$F_{N2}=5F$，$F_{N3}=0$

d）$F_{N1}=6F$，$F_{N2}=3F$，$F_{N3}=2F$

5-2 $F_{N1}=-20\text{kN}$，$\sigma_{1-1}=-100\text{MPa}$，$F_{N2}=30\text{kN}$

$\sigma_{2-2}=100\text{MPa}$，$F_{N3}=60\text{kN}$，$\sigma_{3-3}=150\text{MPa}$

5-3 $\sigma_{1-1}=47.7\text{MPa}$，$\sigma_{2-2}=70\text{MPa}$

5-4 $\sigma_1=50\text{MPa}$，$\sigma_2=100\text{MPa}$，$\sigma_3=-100\text{MPa}$

5-5 $\sigma_1=127.3\text{MPa}$，$\sigma_2=63.7\text{MPa}$

5-6 $E=205\text{GPa}$，$\mu=0.32$

5-7 $\Delta l=0.125\text{mm}$（伸长）

5-8 $F=53\text{kN}$，$f_D=1.43\text{mm}$（↓）

5-9 $\sigma=151\text{MPa}$，$f_E=0.79\text{mm}$（↓）

5-10 （1）$A_{\min}=833.3\text{mm}^2$，（2）$d_{\max}=17.8\text{mm}$，（3）$F_{\max}=15.7\text{kN}$

5-11 $F_{\max}=38.6\text{kN}$

5-12 $F_{\max}=150\text{kN}$

5-13 （1）$\sigma_{\max}=75.9\text{MPa}<[\sigma]$；（2）$n=14$ 只

5-14 $A_{1\min}=1\,073\text{mm}^2$，$A_{2\min}=486\text{mm}^2$

5-15 $\theta=45°$

5-16 $\sigma_\alpha=30\text{MPa}$，$\tau_\alpha=-17.3\text{MPa}$

5-17 $\sigma_{\max}=58\text{MPa}$，$\tau_{\max}=29\text{MPa}$

5-18 $F_{\max}=37.7\text{kN}$

5-19 $\alpha=26.6°$，$F_{\max}=50\text{kN}$

5-20 $\sigma_{左}=80\text{MPa}$，$\sigma_{右}=-40\text{MPa}$

5-21 $\sigma_{BE}=120\text{MPa}$，$\sigma_{CF}=60\text{MPa}$

5-22 $F_{NCD}=19.2\text{kN}$，$F_B=2.7\text{kN}$

5-23 $F_{\max}=1\,131\text{kN}$

5-24 $F_{\max}=292\text{N}$

5-25 $d_{\min}=15\text{mm}$

5-26 $n=2.5$

5-27 筒盖与角铁间 $n=64$ 只，角铁与筒壁间 $n_1=36$ 只

5-28 $D_{\max}=50.1\text{mm}$

5-29 $F_{\max}=96\text{kN}$，$b_{\min}=60\text{mm}$，$a_{\min}=15\text{mm}$

第六章　圆轴的扭转

6-1　a）$T_{1-1}=-3\text{kN}\cdot\text{m}$，$T_{2-2}=2\text{kN}\cdot\text{m}$，$T_{3-3}=2\text{kN}\cdot\text{m}$

　　b）$T_{1-1}=-3\text{kN}\cdot\text{m}$，$T_{2-2}=3\text{kN}\cdot\text{m}$，$T_{3-3}=0$

6-2　a）$T_{\max}=600\text{N}\cdot\text{m}$；

　　b）$|T_{\max}|=400\text{N}\cdot\text{m}$

6-4　$\tau_{\max}=64\text{MPa}$，$\tau_{\rho}=32\text{MPa}$

6-5　$d_{\min}=114\text{mm}$

6-6　$\tau_{\max}=18.9\text{MPa}<[\tau]$

6-7　（1）实心轴 $d_{\min}=23.7\text{mm}$；（2）空心轴 $D_{\min}=28.2\text{mm}$；（3）重量比 $\dfrac{W_{空}}{W_{实}}=0.51$

6-8　AB 轴：$\tau_{\max}=29\text{MPa}<[\tau]$；$H$ 轴：$\tau_{\max}=28.5\text{MPa}<[\tau]$；$C$ 轴：$\tau_{\max}=27\text{MPa}<[\tau]$

6-9　$d_{\min}=80\text{mm}$

6-10　对调后 $d_{\min}=71.4\text{mm}$

6-11　$G=81.5\text{GPa}$

6-12　$\tau_{\max}=25.5\text{MPa}<[\tau]$，$\theta=1.82°/\text{m}<[\theta]$，$\varphi_{BA}=1.82°$

第七章　梁的弯曲

7-1　a）$F_{Q1-1}=0$，$M_{1-1}=0$，$F_{Q2-2}=F$，$M_{2-2}=-Fl$

　　b）$F_{Q1-1}=-\dfrac{F}{2}$，$M_{1-1}=\dfrac{Fl}{2}$，$F_{Q2-2}=\dfrac{F}{2}$，$M_{2-2}=\dfrac{Fl}{2}$

　　c）$F_{Q1-1}=\dfrac{M}{l}$，$M_{1-1}=\dfrac{M}{3}$，$F_{Q2-2}=\dfrac{M}{l}$，$M_{2-2}=-\dfrac{2M}{3}$

　　d）$F_{Q1-1}=\dfrac{ql}{2}$，$M_{1-1}=-\dfrac{ql^2}{8}$，$F_{Q2-2}=\dfrac{ql}{2}$，$M_{2-2}=-\dfrac{3ql^2}{8}$

　　e）$F_{Q1-1}=\dfrac{3ql}{2}$，$M_{1-1}=-\dfrac{5ql^2}{8}$，$F_{Q2-2}=\dfrac{3ql}{2}$，$M_{2-2}=\dfrac{3ql^2}{8}$

　　f）$F_{Q1-1}=ql$，$M_{1-1}=-\dfrac{ql^2}{2}$，$F_{Q2-2}=-\dfrac{ql}{2}$，$M_{2-2}=0$

7-2　a）$F_A=ql$（↑），$M_A=\dfrac{ql^2}{2}$（↺），$F_{Q\max}=ql$，$|M_{\max}|=\dfrac{ql^2}{2}$

　　b）$F_A=ql$（↑），$M_A=\dfrac{3ql^2}{2}$（↺），$F_{Q\max}=ql$，$|M_{\max}|=\dfrac{3ql^2}{2}$

　　c）$F_A=2\text{kN}$（↑），$F_B=14\text{kN}$（↑），$|F_{Q\max}|=14\text{kN}$，$|M_{\max}|=20\text{kN}\cdot\text{m}$

　　d）$F_A=2F$（↑），$M_A=Fl$（↺），$F_{Q\max}=2F$，$M_{\max}=Fl$

　　e）$F_A=\dfrac{17ql}{6}$（↑），$F_B=\dfrac{7ql}{6}$（↑），$F_{Q\max}=\dfrac{11ql}{6}$，$|M_{\max}|=ql^2$

　　f）$F_A=\dfrac{ql}{2}$（↑），$F_B=\dfrac{3ql}{2}$（↑），$|F_{Q\max}|=\dfrac{3ql}{2}$，$|M_{\max}|=ql^2$

7-3　a）$F_A=3F$（↑），$T_A=4Fl$（↺），$F_{Q\max}=3F$，$|M_{\max}|=4Fl$

　　b）$F_A=\dfrac{F}{3}$（↑），$F_B=\dfrac{2}{3}F$（↑），$|F_{Q\max}|=\dfrac{2F}{3}$，$|M_{\max}|=\dfrac{2Fl}{3}$

　　c）$F_A=2ql$（↑），$T_A=3ql^2$（↺），$F_{Q\max}=2ql$，$|M_{\max}|=3ql^2$

　　d）$F_A=\dfrac{3ql}{4}$（↑），$F_B=\dfrac{ql}{4}$（↑），$F_{Q\max}=\dfrac{3ql}{4}$，$M_{\max}=\dfrac{9ql^2}{32}$

e) $F_A=\frac{ql}{2}$（↓），$F_B=\frac{ql}{2}$（↑），$F_{Q\max}=\frac{ql}{2}$，$M_{\max}=\frac{ql^2}{8}$

f) $F_A=6qa$（↑），$F_B=15qa$（↑），$|F_{Q\max}|=10qa$，$|M_{\max}|=20qa^2$

7-5 $x=\frac{l}{5}$

7-6 $a=0.586l$

7-7 a) $I_z=8\ 139.3\text{cm}^4$；b) $I_z=7\ 720\text{cm}^4$；c) $I_z=5\ 312.5\text{cm}^4$；d) $I_z=146.6\times10^3\text{cm}^4$

7-8 $\sigma_A=-54.3\text{MPa}$，$\sigma_B=0$，$\sigma_C=108.6\text{MPa}$

7-9 $h=2b=94.4\text{mm}$

7-10 $d_{\max}=86\text{mm}$

7-11 $b=510\text{mm}$

7-12 $\sigma^+_{\max}=\frac{1.5Fla}{I_z}$，$|\sigma^-_{\max}|=\frac{2Fla}{I_z}$

7-13 矩形：$A_1=7\ 152.1\text{mm}^2$，圆形：$A_2=10\ 082.1\text{mm}^2$

Ⅰ字形 $A_3=2\ 610\text{mm}^2$

7-14 $F_{\max}=44.2\text{kN}$

7-15 整体梁 $\sigma_{\max}=\frac{3Fl}{bh^2}$，叠合梁 $\sigma_{\max}=\frac{6Fl}{bh^2}$

7-16 28a 工字钢

7-17 $a=\frac{3}{13}l$

7-18 改工字形后 $\sigma_{\max}=0.98\ [\sigma]<[\sigma]$

7-19 $q_{\max}=15.7\text{kN/m}$

7-20 $\sigma_{\max}=102\text{MPa}$，$\tau_{\max}=3.4\text{MPa}$，$\frac{\sigma_{\max}}{\tau_{\max}}=30$

7-21 $\sigma_{\max}=129\text{MPa}<[\sigma]$，$\tau_{\max}=37.4\text{MPa}<[\tau]$

7-22 10 工字钢

7-23 $F_{\max}=3.75\text{kN}$

7-25 a) $\theta_B=\frac{Ml}{EI}$（↻），$y_B=\frac{Ml^2}{2EI}$（↑）

b) $\theta_B=-\frac{7qa^3}{6EI}$（↻），$y_B=-\frac{41qa^4}{24EI}$（↓）

7-26 a) $\theta_B=-\frac{5Fl}{2EI}$（↻），$y_B=-\frac{7Fl^3}{2EI}$（↓）

b) $\theta_B=-\frac{ql^3}{4EI}$（↻），$y_B=-\frac{5ql^4}{24EI}$（↓）

c) $\theta_B=\frac{5ql^3}{6EI}$（↻），$y_B=-\frac{2ql^4}{3EI}$（↓）

d) $\theta_B=-\frac{7qa^3}{6EI}$（↻），$y_B=\frac{11qa^4}{12EI}$（↑）

7-27 $|y_{\max}|=-\frac{17ql^4}{16EI_1}$（↓）

7-28 $d_{\min}=112\text{mm}$

7-29 16 工字钢

7-30 $l_{\max}=10.3\text{m}$

7-31 a) $F_A=\frac{3F}{4}$ (↓), $F_B=\frac{7F}{4}$ (↑), $M_A=\frac{Fa}{2}$ (↶)

b) $F_A=F_C=\frac{5F}{16}$ (↑), $F_B=\frac{11F}{8}$ (↑)

7-32 a) $F_N=\frac{Fa^2A}{a^2A+6I}$; b) $F_N=\frac{6qa^3A}{3I+8a^2A}$

7-33 16a 槽钢

第八章　应力状态和强度理论

8-1 a) $\tau_A=76.4\text{MPa}$, $\tau_B=25.5\text{MPa}$

b) $\sigma_A=-27\text{MPa}$, $\tau_A=1.44\text{MPa}$, $\sigma_B=27\text{MPa}$, $\tau_B=1.44\text{MPa}$, $\sigma_C=0$, $\tau_C=-4.5\text{MPa}$

c) $\sigma_A=63.7\text{MPa}$, $\tau_A=25.5\text{MPa}$, $\sigma_B=0$, $\tau_B=25.7\text{MPa}$

d) $\sigma_A=63.7\text{MPa}$, $\tau_A=0$, $\sigma_B=63.7\text{MPa}$, $\tau_B=50.9\text{MPa}$, $\sigma_C=127.3\text{MPa}$, $\tau_C=50.9\text{MPa}$

8-2 a) $\sigma_\alpha=0$, $\tau_\alpha=50\text{MPa}$

b) $\sigma_\alpha=-34.6\text{MPa}$, $\tau_\alpha=20\text{MPa}$

c) $\sigma_\alpha=90\text{MPa}$, $\tau_\alpha=-40\text{MPa}$

d) $\sigma_\alpha=31\text{MPa}$, $\tau_\alpha=-11\text{MPa}$

e) $\sigma_\alpha=52.3\text{MPa}$, $\tau_\alpha=-18.7\text{MPa}$

f) $\sigma_\alpha=45\text{MPa}$, $\tau_\alpha=8.7\text{MPa}$

8-3 a) $\sigma_1=48.3\text{MPa}$, $\sigma_2=0$, $\sigma_3=-8.3\text{MPa}$, $\alpha_0=22.5°$

b) $\sigma_1=8.3\text{MPa}$, $\sigma_2=0$, $\sigma_3=-48.3\text{MPa}$, $\alpha_0=22.5°$

c) $\sigma_1=39.1\text{MPa}$, $\sigma_2=0$, $\sigma_3=-69.1\text{MPa}$, $\alpha_0=16.8°$

d) $\sigma_1=62.4\text{MPa}$, $\sigma_2=17.6\text{MPa}$, $\sigma_3=0$, $\alpha_0=-31.7°$

e) $\sigma_1=4.7\text{MPa}$, $\sigma_2=0$, $\sigma_3=-84.7\text{MPa}$, $\alpha_0=-13.3°$

f) $\sigma_1=11.2\text{MPa}$, $\sigma_2=0$, $\sigma_3=-71.2\text{MPa}$, $\alpha_0=-38°$

8-4 a) $\sigma_1=50\text{MPa}$, $\sigma_2=20\text{MPa}$, $\sigma_3=-30\text{MPa}$, $\tau_{max}=40\text{MPa}$

b) $\sigma_1=50\text{MPa}$, $\sigma_2=-20\text{MPa}$, $\sigma_3=-50\text{MPa}$, $\tau_{max}=50\text{MPa}$

c) $\sigma_1=90\text{MPa}$, $\sigma_2=30\text{MPa}$, $\sigma_3=-10\text{MPa}$, $\tau_{max}=50\text{MPa}$

d) $\sigma_1=-24.4\text{MPa}$, $\sigma_2=-65.6\text{MPa}$, $\sigma_3=-70\text{MPa}$, $\tau_{max}=22.8\text{MPa}$

8-5 $\sigma_1=90\text{MPa}$, $\sigma_2=0$, $\sigma_3=-10\text{MPa}$

8-6 $-3.55\text{MPa}<\sigma_x<19.55\text{MPa}$

8-7 $T=\frac{E\pi d^3\varepsilon_{15°}}{8(1+\mu)}$

8-8 $F=20\text{kN}$

8-9 a) $\sigma_{r1}=123.9\text{MPa}$, $\sigma_{r3}=123.9\text{MPa}$

b) $\sigma_{r1}=96.6\text{MPa}$, $\sigma_{r3}=113.2\text{MPa}$

c) $\sigma_{r1}=80\text{MPa}$, $\sigma_{r3}=137\text{MPa}$

8-10 由第三强度理论：$t=8.3\text{mm}$；由第四强度理论：$t=7.2\text{mm}$

8-11 $\sigma_{r4}=78.5\text{MPa}<[\sigma]$

8-12 $\sigma_{max}=106.5\text{MPa}<[\sigma]$, $\tau_{max}=98.7\text{MPa}<[\tau]$, $\sigma_{r4}=152.4\text{MPa}<[\sigma]$

第九章　组 合 变 形

9-2 $\sigma^+_{max}=6.75\text{MPa}$, $|\sigma_{max}|=6.99\text{MPa}$

9-3 $\sigma_{max}=102.6\text{MPa}<(1+5\%)[\sigma]$

9-4 $e_{max}=10\text{mm}$

9-5 $a_{max}=39.4\text{mm}$

9-6 $\sigma=105.7\text{MPa}<[\sigma]$

9-7 $F_{max}=213.6\text{N}$

9-8 $F_{max}=6.4\text{kN}$

9-9 $\sigma_{r4}=62.5\text{MPa}<[\sigma]$

9-10 $d_{min}=60.9\text{mm}$

9-11 $d_{min}=69\text{mm}$

第十章 压杆稳定

10-2 $F_{cr1}=2\,540\text{kN}$，$F_{cr2}=4\,705\text{kN}$，$F_{cr3}=4\,825\text{kN}$

10-3 $\sigma_{cr}=155.4\text{MPa}$

10-4 $F_{cr}=118.6\text{kN}$，$n=1.69<[n_{cr}]$

10-5 $F_{max}=160\text{kN}$

10-6 $F_{max}=140\text{kN}$，$\boldsymbol{F}$改向后 $F_{max}=49.6\text{kN}$

第十一章 交变应力

11-1 $\sigma_m=132\text{MPa}$，$\sigma_a=9\text{MPa}$，$r=0.872$

11-3 Ⅰ-Ⅰ截面，$n_\sigma=1.68>[n]$，Ⅱ-Ⅱ截面 $n_\sigma=2.03>[n]$

11-4 $n_\sigma=1.9>[n]$

11-5 a) $[M]=440\text{N}\cdot\text{m}$，b) $[M]=671\text{N}\cdot\text{m}$

第十二章 点的运动

12-1 （1）半直线 $3x-2y=18$（$x\geqslant4$，$y\geqslant-3$）；

$v_0=0$，$v_1=2\sqrt{13}$，$v_2=4\sqrt{13}$；

$a_0=a_1=a_2=2\sqrt{13}$

（2）椭圆 $\dfrac{x^2}{25}+\dfrac{y^2}{16}=1$；

$v_0=\pi$，$v_1=\dfrac{\sqrt{82}}{8}\pi$，$v_2=\dfrac{5\pi}{4}$；

$a_0=\dfrac{5\pi^2}{16}$，$a_1=\dfrac{\sqrt{82}}{32}\pi^2$，$a_2=\dfrac{\pi^2}{4}$

（3）圆 $(x-3)^2+y^2=25$；

$v_0=v_1=v_2=5$；

$a_0=a_1=a_2=5$

（4）半抛物线 $y=2x-\dfrac{x^2}{20}$ （$x\geqslant0$）；

$v_0=10\sqrt{5}$，$v_1=10\sqrt{2}$，$v_2=10$；

$a_0=a_1=a_2=10$

（5）正弦曲线 $y=4\sin\dfrac{\pi}{8}x$ （$x\geqslant0$）；

$v_0 = v_1 = v_2 = 4\sqrt{4+\pi^2}$;

$a_0 = a_1 = a_2 = 0$

（6）直线段 $y = x + 2$ （$-1 \leqslant x \leqslant 4$）；

$v_0 = 5\sqrt{2}$，$v_1 = 5\sqrt{2}e^{-1}$，$v_2 = 5\sqrt{2}e^{-2}$；

$a_0 = 5\sqrt{2}$，$a_1 = 5\sqrt{2}e^{-1}$，$a_2 = 5\sqrt{2}e^{-2}$

12-2 $v = 1.1547\text{m/s}$

12-3 （1）$s = 2\text{cm}$

（2）$x_A = \cos\omega t + 4 + AD$

（3）$v_A = -0.05\text{cm/s}$，$a_A = -0.008\,66\text{cm/s}^2$

12-4 $v = 150\text{mm/s}$，在出发点左方 2 500mm 处

12-5 椭圆$\left(\frac{x}{b}\right)^2 + \left(\frac{y}{c}\right)^2 = 1$

$x = b\sin\omega t$，$y = c\cos\omega t$，

$v_x = b\omega\cos\omega t$，$v_y = -c\omega\sin\omega t$；

$a_x = -b\omega^2\sin\omega t$，$a_y = -c\omega^2\cos\omega t$

12-6 $a_M = 3.12\text{m/s}^2$

12-7 $v = \frac{u}{\sin\varphi}$，$a = \frac{u^2}{r\sin^3\varphi}$

第十三章　刚体的基本运动

13-1 $v_O = 1.005\text{m/s}$，$a_O = 5.05\text{m/s}^2$

13-2 $y_E = e\sin(\omega t + \varphi_0) + R$

$v_E = e\omega\cos(\omega t + \varphi_0)$

$a_E = -e\omega^2\sin(\omega t + \varphi_0)$

13-3 $v_M = 10.47\text{m/s}$，$a_M = 54.83\text{m/s}^2$

13-4 $t_1 = 20.94\text{s}$，$n_2 = 200\text{r/min}$，$i_{12} = \frac{\omega_1}{\omega_2} = 2$，Ⅱ轮圈数为 34.89 圈

13-5 $\omega(2) = 8\text{rad/s}$，$\omega(4) = \omega(6) = \omega(8) = 8\text{rad/s}$，圈数 10.2 圈

13-6 $\alpha_2 = -\frac{50\pi}{d^2}\text{rad/s}^2$，$a_B = 592.2\text{m/s}^2$

13-7 $\omega = \frac{bv_0}{b^2 + v_0^2t^2}$，$\alpha = -\frac{2bv_0^3t}{(b^2 + v_0^2t^2)^2}$

第十四章　点的复合运动

14-4 $v_{Br} = 18.478\text{m/s}$，$B$ 相对于 A 指向西偏北 22.5°

$v_{Ar} = 11.18\text{m/s}$，A 相对于 B 指向东偏南 26.57 °

14-5 $v_r = 0.544\text{m/s}$，v_r 与带之间的夹角 $\beta = 12°52'$

14-6 $v_a = v\tan\varphi$

14-7 $v_{r1} = 251.59\text{m/s}$，与 x 轴夹角 $\varphi_1 = 43.84°$

$v_{a2} = 349.44\text{m/s}$，与 x 轴夹角 $\varphi_2 = -25.48°$

14-8 $v_a = 11.13\text{m/s}$

14-9 $a_a = 2.236\text{m/s}^2$，$v_a = 2.236t\text{m/s}$

14-10 $a_a = 113.74\text{cm/s}^2$（↓）

$a_r = 113.78\text{cm/s}^2$，与法向夹角为 28.49°

14-11 $v_a = 6.11\text{cm/s}$，方向水平向右

$a_a = 26.52\text{cm/s}^2$，与 x 正向夹角为 −97.3°

14-12 $v_a = 206\text{mm/s}$，$a_a = 211.23\text{mm/s}^2$

14-14 $\omega = \dfrac{v}{2L}$（↻），$\alpha = -\dfrac{v^2}{2L^2}$（↻）

14-15 $v_x = 7.697\text{m/s}$，$v_y = 1.414\text{m/s}$

$a_x = 35.54\text{m/s}^2$，$a_y = -114.5\text{m/s}^2$

14-16 $a_a = 27.78\text{m/s}^2$

14-17 $v_a = \dfrac{7}{2}r\omega$，$a_a^{\tau} = \dfrac{21}{8}\sqrt{3}r\omega^2$，$a_a^{n} = \dfrac{49}{4}r\omega^2$

14-18 a）$\omega_2 = \dfrac{\omega_1}{2} = 1.5\text{rad/s}$，$\alpha_2 = 0$

b）$\omega_2 = \dfrac{2}{3}\omega_1 = 2\text{rad/s}$，$\alpha_2 = -4.62\text{rad/s}^2$（↻）

14-19 $\omega_2 = 4.08\text{rad/s}$，$\alpha_2 = 233.3\text{rad/s}^2$

第十五章　刚体的平面运动

15-1 $x_A = 0$，$y_A = \dfrac{1}{3}gt^2$，$\varphi = \dfrac{g}{3r}t^2$

15-2 $\omega = \dfrac{v_1 - v_2}{2r}$，$v_O = \dfrac{v_1 + v_2}{2}$

15-5 $v = 10.5\text{m/s}$

15-6 $v_B = 234\text{cm/s}$，$\omega_{O_1C} = 3.9\text{rad/s}$

15-7 $\omega_{AB} = 2.09\text{rad/s}$

15-8 $n_1 = 10\ 800\text{r/min}$

15-9 $\omega_{OB} = 3.75\text{rad/s}$，$\omega_{\text{I}} = 6\text{rad/s}$

15-10 $\omega_{AB} = 4\text{rad/s}$，$\omega_O = 4\text{rad/s}$

15-11 $\omega_{EF} = 1.33\text{rad/s}$，$v_F = 46.2\text{cm/s}$

15-12 $v_F = 129.53\text{cm/s}$

15-13 $\omega_{01} = 6.19\text{rad/s}$

15-14 $\omega_{AB} = 2\text{rad/s}$（↻），$\alpha_{AB} = 16\text{rad/s}^2$（↻）

$a_B = 565.6\text{cm/s}^2$

15-15 $\alpha_{\text{II}} = \dfrac{a\sin\beta}{2r_2}$，$\omega_{\text{II}} = \sqrt{\dfrac{a\cos\beta + a_1}{2r_2}}$

$\alpha = \dfrac{a\sin\beta}{2(r_1 + r_2)}$，$\omega = \sqrt{\dfrac{a\cos\beta - a_1}{2(r_1 + r_2)}}$

15-16 $v_{\text{I}} = 1.26\text{m/s}$，$a_{\text{I}} = 2.79\text{m/s}^2$

15-17 $\omega_{01} = 0$，$\alpha_{01} = -\dfrac{\sqrt{3}}{2}\omega_0^2$（↻），$a_M = \dfrac{\sqrt{39}}{4}r\omega_0^2$

15-18 （1）$\omega = 3\text{rad/s}$；（2）$v_C = 0.14\text{m/s}$

（3）$v_F = 0.38\text{m/s}$；（4）以速度瞬心为圆心半径 $R \leqslant 0.05\text{m}$ 的圆内之点速度小于 0.15m/s；

（5）$\alpha=12.1\text{rad/s}^2$；（6）$a_F=4.697\text{m/s}^2$

15-19 $\omega_{O2}=0.577\text{rad/s}$，$\alpha_{O2}=7\text{rad/s}^2$

第十六章　动力学基本定律

16-1 $F_{T1}=5\,904\text{N}$，$F_{T2}=4\,704\text{N}$，$F_{T3}=3\,504\text{N}$

16-2 $v=0.921\text{m/s}$，$F_T=11.316\text{N}$

16-3 $f\geqslant\left(\dfrac{a}{g}+\sin\theta\right)/\cos\theta$

16-4 $F_{AM}=\dfrac{F_Q l}{2gb}(\omega^2 b+g)$（拉）

$F_{BM}=\dfrac{F_Q l}{2gb}(g-\omega^2 b)$（压）

16-5 $F_{TAB}=\dfrac{F}{g}\left(g+\dfrac{v_0^2 l^2}{x^3}\right)\sqrt{1+\left(\dfrac{l}{x}\right)^2}$

16-6 $n=\dfrac{30}{\pi}\sqrt{\dfrac{gf}{r}}$

16-7 $v=6.29\text{m/s}$，$t\approx3.7\text{s}$

16-8 $F_{NA}=\dfrac{W_A}{g}$（$a_e\sin\theta+g\cos\theta$）

$a_r=g\sin\theta-a_e\cos\theta$

第十七章　动 能 定 理

17-1 $A=-2.072\text{N}\cdot\text{m}$

17-2 $f=0.574$

17-3 $v=0.7\text{m/s}$

17-4 （1）$T=\dfrac{W}{6g}l^2\omega^2$，（2）$T=\dfrac{W}{4g}(r^2+2e^2)\omega^2$；

（3）$T=\dfrac{3W}{4g}v^2$

17-5 $T=\dfrac{1}{2g}\left(W_A+W_B+\dfrac{W}{2}\right)v^2$

17-6 $T=\dfrac{1}{2}(m_1+3m_2)v^2$

17-7 $v_A=\sqrt{3gl}$

17-8 $v_A=\sqrt{\dfrac{10l\ (1-\cos\theta)\ g}{2r^2+5l^2}}l$

17-9 $v=2.36\text{m/s}$

17-10 $v_C=\sqrt{3gh}$

17-11 $\omega=\dfrac{2}{l}\sqrt{\dfrac{3\pi M}{m_1+m_2}}$

17-12 $v_A=1.29\text{m/s}$

17-13 $a=\dfrac{2m_2 g}{2m_2+m_1}$

17-14 $a = \dfrac{(M_0 + m_1 gr - m_B gR\sin\theta)\ R}{m_B R^2 + m_1 r^2 + m\rho^2}$

17-15 $F = 2.9\text{N}$

17-16 $v = 2.625\text{m/s}$

17-17 $\omega_{CD} = 100\text{rad/s}$，$\omega_{AB} = 66.75\text{rad/s}$

17-18 $v_A = 0.789\text{m/s}$

第十八章　动　静　法

18-1 $F_{NAB} = 8.66\text{N}$

18-2 $g\tan(\theta - \varphi) \leqslant a \leqslant g\tan(\theta + \varphi)$

18-3 $F_{NA} = \dfrac{Wb + Te - fWh}{a + b}$

$F_{NB} = \dfrac{Wa - Te + fWh}{a + b}$

18-4 $F = 176.4\text{N}$，$F_{NA} = 227.85\text{N}$，$F_{NB} = 360.15\text{N}$

18-5 （1）$F_{TA} = 73.2\text{N}$，$F_{TB} = 273.2\text{N}$

（2）$F_{TA} = F_{TB} = 253.6\text{N}$

18-6 $m_3 = 50\text{kg}$，$a = 2.45\text{m/s}^2$

18-7 $\alpha = 14.7\text{rad/s}^2$，$F_{Ax} = 0$，$F_{Ay} = 29.4\text{N}$

18-8 $\alpha = \dfrac{(m_B r - m_A R)g}{J + m_B r^2 + m_A R^2}$

$F_{RO} = (m_A + m_B)g - \dfrac{(m_B r - m_A R)^2 g}{J + m_B r^2 + m_A R^2}$

18-9 1）$a_C = 2.8\text{m/s}^2$　2）$a_C = 2.45\text{m/s}^2$

18-10 $F_{NB} = 14\ 144\text{N}$，$F_{Ax} = -3\ 657.5\text{N}$，$F_{Ay} = 19\ 114\text{N}$

18-11 $F'_{NA} = F'_{NB} = 507.5\text{N}$

参考文献

1 刘鸿文. 材料力学，北京：高等教育出版社，1983

2 吴镇. 理论力学. 上海：上海交通大学出版社，1989

3 西北工业大学. 理论力学. 北京：人民教育出版社，1980

4 苏翼林. 材料力学. 北京：高等教育出版社，1987